한국산업인력공단 새 출제기준에 따른 최신판!!

식품기사 산업기사
실기시험문제

크라운출판사

- 개정법령은 크라운 출판사 홈페이지 자료실 "최신개정법령" 게시판에서 확인하실 수 있습니다.
- 오탈자 및 오답은 크라운 출판사 홈페이지 자료실 "도서정오표" 게시판에서 확인하실 수 있습니다.

이 책을 발행하며

급속한 경제 성장 및 사회 전반에 따른 발전과 더불어 식생활 문화도 다양한 형태로 빠르게 변해 가고 있습니다. 이에 따라 식품에 대한 욕구도 양적인 측면보다는 맛과 영양, 안전성 등을 고려한 질적인 측면으로 변해 가고 있고, 식품 제조 및 가공 기술 또한 급속하게 발달하면서 식품을 제조하는 공장의 규모도 커지고 공정도 다양해지고 있습니다.

따라서 이렇게 방대하고 다양해지는 식품 분야에 대한 기본적인 지식을 바탕으로 식품 재료의 선택에서부터 새로운 식품의 기획, 연구 개발, 분석, 검사 등의 업무 담당은 물론 식품 제조 및 가공 공정, 식품의 보존과 저장, 공정에 대한 유지 관리, 위생 관리·감독의 업무 등을 수행할 수 있는 전문 기술 인력에 대한 필요성이 그 어느 때보다 절실한 상황입니다.

이처럼 식품기사 및 산업기사의 양성과 이에 대한 인재 수요 및 관심도가 증가하면서 식품기사·산업기사 시험을 준비하는 수험생들에게 시험의 합격률을 높일 수 있는 알차고 유용한 수험서의 필요성이 증가하게 되었습니다. 이에 수험생들의 욕구를 충족시킬 수 있는 교재를 준비하게 되었습니다.

교재의 특징

▶ **필답형** : 과목별 주요 내용 및 관련 실험에 대한 필요한 내용을 요약·수록하고, 출제 예상 문제를 상세하고 이해하기 쉬운 저자의 해설과 함께 수록함으로써 시험을 준비하는 수험생들이 필답형 문제에 완벽하게 대비할 수 있게 하였습니다. 또한 시험에 출제될 확률이 높은 문제만을 엄선한 필답형 적중 모의고사 문제를 수록하였습니다.

▶ **작업형** : 저자진들이 직접 실험한 내용을 사진과 함께 수록하여 실제로 실험실에서 실험을 하는 것 같은 생생한 현장 효과를 줌으로써 수험생들의 적응력을 키울 수 있도록 하였습니다.

그동안 산업 현장에서 쌓은 실무 경험과 수험생들을 지도·강의하면서 정리한 이론을 바탕으로 정성껏 집필한 이 교재가 식품기사·산업기사 실기시험을 준비하는 모든 분들에게 합격의 영광을 주었으면 합니다.

끝으로 이 책이 나오기까지 도움을 주신 교수님들과 크라운출판사 이상원 회장님 및 기획편집부 임직원 여러분께 깊은 감사를 드립니다.

저자 일동

※ 이 책에 대한 문의는 chakj56@hanmail.net으로 보내주시면, 친절하고 상세히 답변해 드리겠습니다.

이 책의 차례

Part I 식품위생실험

Chapter 01 식품위생검사 개론
1. 식품위생검사의 의의 ·· 16
2. 식품위생검사의 목적 ·· 16
3. 식품위생검사의 종류 ·· 16

Chapter 02 검체의 채취 및 취급방법
1. 검체채취의 의의 ·· 17
2. 검체채취의 일반원칙 ·· 17
3. 검체의 채취 및 취급요령 ·· 18
4. 검체채취 기구 및 용기 ·· 21

Chapter 03 일반 검사
실험 1. 일반세균수 측정(SPC법) ·· 22
실험 2. 대장균군 시험 - 정성시험(유당배지법) ·································· 26
실험 3. 대장균군 시험 - 정성시험(BGLB 배지법) ······························ 31
실험 4. 대장균군 시험 - 정성시험(데스옥시콜레이트 유당한천 배지법) ·· 34
실험 5. 대장균군 시험 - 정량시험(최확수법) ······································ 36
실험 6. 대장균 정량검사(건조필름법) ·· 41
실험 7. 대장균군의 감별 시험법(IMViC test) ···································· 44
실험 8. 살모넬라(*Salmonella spp.*)의 검사법 ····································· 47
실험 9. 황색포도상구균(*Staphylococcus aureus*)의 검사법(정성시험법) ······ 50
실험 10. 장염비브리오(*Vibrio parahaemolyticus*)의 검사법 ················· 52
실험 11. 바실러스 세레우스(*Bacillus cereus*) 정량시험 ······················ 54
실험 12. 식품용기(유리, 도자기, 법랑 및 옹기류)에서의 납(Pb) 용출검사 ······· 56
실험 13. 통조림 식품 중의 주석(Sn) 검사 ··· 58
실험 14. 포름알데히드(formaldehyde)의 용출검사 ····························· 61
실험 15. 착색료시험법 - 타르색소(산성색소) ···································· 63
실험 16. 식품별 이물시험법 ·· 65
실험 17. 어패류의 신선도 검사(Conway 미량확산법에 의한 VBN 및 TMA 측정) ······ 68

Part II 식품분석 및 화학 실험

Chapter 01 용액의 농도
1. 용액의 농도 ·· 72
2. 농도의 표시 ·· 72
3. 농도의 변경 ·· 72
4. 규정농도와 규정농도 계수(Normality & Normality factor) ········· 74

Chapter 02 관련 실험
실험 1. 0.1N HCl 조제 및 표정 ·· 75
실험 2. 0.1N H_2SO_4 조제 및 표정 ··· 79
실험 3. 0.1N NaOH 조제 및 표정 ··· 82
실험 4. 식품 중 유기산의 정량 ··· 85
실험 5. 수분의 정량(상압가열 건조법) ······································· 87
실험 6. 조회분의 정량(직접회화법) ·· 90
실험 7. 조단백질의 정량(Kjeldahl 질소정량법) ··························· 93
실험 8. 조지방 정량(Soxhlet's 추출법) ······································ 99
실험 9. 조지방 정량(Rose–Göttlieb법) ···································· 102
실험 10. 조섬유 정량 ·· 104
실험 11. 식품의 산도와 알칼리도 ·· 108
실험 12. 전분(starch) 정량(알코올 추출법) ······························· 112
실험 13. 전분(starch) 정량(Somogyi법) ···································· 113
실험 14. 전분(starch) 정량(Bertrand법) ···································· 115
실험 15. 총탄수화물 정량(페놀–황산법) ··································· 119
실험 16. 식염(NaCl)의 정량(Volhard법) ···································· 123
실험 17. 식염(NaCl)의 정량(Mohr법) ·· 126
실험 18. 칼슘(Ca)의 정량(과망간산칼륨 적정법) ······················· 128
실험 19. 우유의 칼슘(Ca) 정량 [킬레이트(EDTA chelate) 적정법] ········· 131
실험 20. 인(P)의 정량 [몰리브덴 청(molybden blue) 비색법] ········ 133
실험 21. 철(Fe)의 정량(Ortho–phenanthroline 비색법) ············· 135
실험 22. 산가(Acid Value) 측정 ··· 137
실험 23. 검화가(Saponification Value) 측정 ····························· 139
실험 24. 요오드가(Iodine Value) 측정 ······································ 141
실험 25. 과산화물가(Peroxide Value) 측정 ······························· 144

실험 26. 액상당의 pH 측정(수소이온농도) – 유라전극법 ·············· 147
실험 27. 액체식품의 비중 측정(비중병 사용) ························· 149
실험 28. 발효유 품질검사 ·· 151

Part III 식품가공 실험

Chapter 01 식품가공 실험

실험 1. 쌀의 도정도 판정(M.G. 염색법) ······························· 156
실험 2. 찹쌀과 멥쌀의 판정 ·· 159
실험 3. 햅쌀과 묵은쌀의 판정 ··· 160
실험 4. 건조밥 제조 ··· 162
실험 5. 쌀 코지(Koji) ··· 164
실험 6. 빵의 제조 ·· 166
실험 7. 밀가루 반죽의 팽창력 실험 ······································ 171
실험 8. 밀가루의 글루텐 함량 ··· 173
실험 9. 전분 제조 ·· 175
실험 10. 물엿 제조 ·· 179
실험 11. 카스텔라 ·· 182
실험 12. 두부 제조 ·· 184
실험 13. 양갱(단팥묵) 제조 ··· 187
실험 14. 밀감주스 제조 ·· 189
실험 15. 토마토주스 제조 ··· 191
실험 16. 사과주스 제조 ·· 193
실험 17. 포도주스 제조 ·· 195
실험 18. 딸기잼 제조 ··· 197
실험 19. 마멀레이드(Marmalade) 제조 ································ 200
실험 20. 밀감 통조림 제조 ··· 202
실험 21. 복숭아 통조림 제조 ·· 205
실험 22. 양송이 통조림 제조 ·· 208
실험 23. 토마토 퓨레(Tomato puree) 제조 ·························· 211
실험 24. 토마토 케첩(Tomato ketchup) 제조 ······················· 213
실험 25. 우유의 검사 ··· 215

실험 26. 우유의 지방측정 ·············· 218
실험 27. 발효유 제조 ·············· 221
실험 28. 버터(butter) 제조 ·············· 224
실험 29. 아이스크림(Ice cream) 제조 ·············· 228
실험 30. 자연치즈(Natural Cheese) 제조 ·············· 231
실험 31. 햄(Ham) 제조 ·············· 234
실험 32. 소시지(Sausage) 제조 ·············· 237
실험 33. 베이컨(Bacon) 제조 ·············· 240

Part IV 식품미생물 및 발효실험

Chapter 01 미생물 시험법
1. 검체의 채취 및 취급 ·············· 244
2. 배지 ·············· 246

Chapter 02 실험기구 및 멸균법
1. 실험기구 ·············· 254
2. 멸균법 ·············· 255

Chapter 03 일반검사
실험 1. 광학 현미경의 조작 및 취급법 ·············· 258
실험 2. 균체의 계측법 ·············· 260
실험 3. 영양 한천배지(Nutrient Media)의 제조 ·············· 263
실험 4. 맥아즙 한천배지(Malt Extract Agar Media) 제조 ·············· 267
실험 5. 곰팡이(사상균, mould)의 배양 ·············· 269
실험 6. 효모(Yeast)의 배양 ·············· 271
실험 7. 세균(Bacteria)의 배양 ·············· 273
실험 8. 효모의 당류 발효성 실험 ·············· 275
실험 9. pH에 따른 미생물 발육영향 실험 ·············· 277
실험 10. 단순염색(Simple Staining) ·············· 279
실험 11. 그람염색(Gram Staining) ·············· 282
실험 12. 아포염색(Spore Staining) ·············· 286
실험 13. *Aspergullus niger*에 의한 구연산 발효 ·············· 289
실험 14. 포도주 제조 ·············· 291

이 책의 차례

Part V 필답형 예상문제

1. 식품 등의 품질 및 위생검사
- 제1장 식품의 영양성분 분석 및 조작 ········· 296
- 제2장 식품첨가물, 용기, 포장 및 기구의 시험분석 ········· 323
- 제3장 식품 등의 물리화학적, 미생물학적 품질 및 위생검사 ········· 326
- 제4장 중금속, 잔류농약, 항생물질, 내분비계 장애물질 등 오염물질 검사 ········· 352

2. 식품의 위생관리 및 실무
- 제1장 원·부재료의 운송, 보관 등 취급상 위생관리 및 실무 ········· 353
- 제2장 제조사업장, 기계, 기구류 등의 시설의 위생관리 및 실무 ········· 358
- 제3장 제조 종사자에 대한 위생관리 및 실무 ········· 359
- 제4장 생산제품(완제품)의 위생관리 및 실무 ········· 364

3. 식품제조·가공 실무
- 제1장 단위조작관리 및 실무 ········· 380
- 제2장 식품 제조·가공 공정 실무 ········· 386
- 제3장 식품종류별 제조·가공 및 실무 ········· 420

4. 제품개발 및 생산관리 실무
- 제1장 제품개발 및 실무 ········· 528

식품기사 필답형 적중 모의고사 문제

Part VI 작업형 예상문제

제1과제 분석화학실험
- 실험 01-1. 수분 정량 ········· 596
- 실험 01-2. 농도변경 ········· 599
- 실험 02-1. 조회분 정량(직접회화법) ········· 602
- 실험 02-2. 농도변경 ········· 605
- 실험 03-1. 총산도(과일 중 유기산의 정량) ········· 606
- 실험 03-2. 총산도(식초 중 초산의 정량) ········· 609
- 실험 04-1. 산(0.1N H_2SO_4) 조제 및 표정 : 참고 ········· 612

실험 04-2. 알칼리(0.1N NaOH) 조제 및 표정 ················· 615
실험 05-1. 조단백질 정량(Macro Kjeldahl 증류법) ················· 617
실험 05-2. 조단백질 정량(Semimicro Kjeldahl 증류법) ················· 621
실험 06. 산가(Acid Value) 측정 ················· 625
실험 07. 과산화물가(Peroxide Value) 측정 ················· 627
실험 08. 총탄수화물 정량(페놀-황산법) ················· 629
실험 09. 식염(NaCl)의 정량(Mohr법) ················· 634
실험 10. 액상당의 pH 측정 ················· 637
실험 11. 액체식품의 비중 측정 ················· 640
실험 12. 식품의 산도 · 알칼리도 ················· 643
실험 13. 발효유 품질검사 ················· 647

제2과제 미생물실험
실험 01. 일반세균 검사 ················· 653
실험 02. 대장균군 검사(유당부이온법) ················· 655
실험 03. 배지제조 및 이식 ················· 659
실험 04. 그람염색(Gram Staining) ················· 664
실험 05. 바실러스 세레우스(*Bacillus cereus*) 정량시험 ················· 669
실험 06. 대장균 정량검사 ················· 673

※ 2020년부터 식품기사 실기는 필답형만 시행하고 있습니다.
※ 2020년부터 식품산업기사 실기는 작업형만 시행하고 있습니다.

시험 구분	식품산업기사 표준 시험 문제
시험1	① 회분정량, 식염정량 ② 수분정량, 알칼리용액 조제 및 표정
시험2	① 일반세균검사 ② 대장균군검사
시험 1, 2 각각 ①, ② 2개 중 1개 과제 배정 [예시] "시험1 ① 회분정량, 식염정량 + 시험2 ① 일반세균검사" 배정	

출제기준

식품기사 출제기준(실기)

직무분야	식품가공	중직무분야	식품	자격종목	식품기사	적용기간	2023.01.01.~2024.12.31.

○ **직무내용** : 식품기술분야에 대한 전문적인 지식을 바탕으로 하여 식품의 단위조작 및 생물학적, 화학적, 물리적 위해요소의 이해와 안전한 제품의 공급을 위한 식품재료의 선택에서부터 신제품의 기획·개발, 식품의 분석·검사 등의 업무를 담당하며, 식품제조 및 가공공정, 식품의 보존과 저장 공정에 대한 업무를 수행하는 직무이다.

○ **수행준거** :
1. 식품제조와 관련된 이론 및 실제공정을 이해하고 식품가공에 필요한 기초가공 공정을 수행할 수 있다.
2. 식품위생관련법규를 이해하고 적용할 수 있다.
3. 식품성분분석을 할 수 있다.
4. 식품위생검사를 위한 분석실험 및 미생물검사를 할 수 있다.
5. 식품위생관리기법(HACCP / ISO22000 등)을 적용할 수 있다.

실기검정방법	필답형	시험시간	2시간 30분 정도

실기과목명	주요항목	세부항목	세세항목
식품생산관리 실무	1. 생산관리	1. 생산계획수립하기	1. 생산관리 지침에 따라 계약서 및 발주서에 따라 제품생산계획을 수립할 수 있다. 2. 생산관리 지침에 따라 제품 및 재공품 재고현황을 참고하여 품목별 생산물량을 산출할 수 있다.
		2. 생산실적관리하기	1. 생산관리 지침에 따라 생산실적 데이터를 수집할 수 있다.
		3. 재고관리하기	1. 생산관리 지침에 따라 생산실적자료, 입출고현황 분석 및 제품 현황을 파악할 수 있다. 2. 생산관리 지침에 따라 파악된 제품 및 재공품 현황을 기록·관리할 수 있다.
		4. 생산성 관리하기	1. 생산관리 지침에 따라 생산계획과 생산실적 정보를 기준으로 계획대비 실적 차이를 분석할 수 있다. 2. 생산관리 지침에 따라 생산실적을 기준으로 수율, 원가, 설비 가동률, 인당 생산성, 손실률을 분석할 수 있다.
	2. 식품제조	1. 품질관리하기	1. 품질보증시스템(ISO, GMP, HACCP, SSOP) 등을 이해할 수 있다. 2. 식품의 관능적 특성을 이해하고 관능검사를 실시할 수 있다. 3. 식품의 이화학적 품질 특성의 품질관리를 이해할 수 있다.(양, 외관, 조직감, 향미 등) 4. 식품품질관리의 통계적 처리 및 데이터 해석을 할 수 있다.
		2. 개발하기	1. 성분 개발의 프로세스를 이해할 수 있다.

실기과목명	주요항목	세부항목	세세항목
식품생산관리 실무	3. 식품안전 관리	1. 식품성분관리 및 위해요소관리하기	1. 식품 중 일반성분시험 및 특수성분시험의 원리를 이해하고 실험할 수 있다. 2. 식품 중 식품첨가물시험의 원리를 이해하고 실험할 수 있다. 3. 식품 중 유해성중금속시험의 원리를 이해하고 실험할 수 있다. 4. 식품 중 이물시험법의 원리를 이해하고 실험할 수 있다. 5. 식품에 영향을 미치는 미생물시험법의 원리를 이해하고 실험할 수 있다. 6. 식품 중 농약잔류시험법을 이해하고 실험할 수 있다.
	4. 식품 인증 관리	1. 식품 관련 인증제 파악하기	1. 식품 제조가공에 대한 품질경영시스템(ISO9001)과 식품안전시스템(ISO22000) 인증을 확인할 수 있다.
		2. 식품안전관리인증기준(HACCP) 관리하기	1. 식품 위해요소를 중점관리하기 위해 식품안전관리인증기준(HACCP)을 적용할 수 있다. 2. 작성된 식품안전관리인증기준(HACCP) 운영 매뉴얼에 따라 식품안전관리시스템을 운영할 수 있다.
	5. 식품 위생 관련법규	1. 식품위생관련법규 이해 및 적용하기	1. 식품위생법규를 이해하고 생산현장에서 적용할 수 있다.

식품산업기사 출제기준(실기)

직무분야	식품가공	중직무분야	식품	자격종목	식품산업기사	적용기간	2023.01.01.~2024.12.31.

○ **직무내용**: 식품기술분야에 대한 전문적인 지식을 바탕으로 하여 식품의 단위조작 및 생물학적, 화학적, 물리적위해요소의 이해와 안전한 제품의 공급을 위한 식품재료의 선택에서부터 식품의 분석, 검사 등의 업무를 담당하며, 식품제조 및 가공공정, 식품의 보존과 저장공정에 대한 실무를 수행하기 위한 직무

○ **수행준거**: 1. 식품가공에 필요한 기초가공 공정을 수행할 수 있다.
     2. 식품일반성분분석을 할 수 있다.
     3. 식품위생검사를 위한 분석실험 및 미생물검사를 할 수 있다.
     4. 식품위생관리 기법(식품안전관리인증기준(HACCP) / ISO22000 등)을 적용할 수 있다.

실기검정방법	작업형	시험시간	6시간 정도

실기과목명	주요항목	세부항목	세세항목
식품품질관리실무	1. 식품가공공정	1. 기초공정 수행하기	1. 선별 및 정선공정을 할 수 있다. 2. 분무세척법, 부유세척법, 초음파세척법 등으로 세척공정을 할 수 있다. 3. 분쇄기의 종류를 이해하고 가공적성에 맞는 분쇄기를 선정할 수 있다. 4. 혼합 및 유화공정을 할 수 있다. 5. 여과, 막분리 등으로 분리공정을 할 수 있다. 6. 증류 및 추출공정을 할 수 있다. 7. 흡착, 압착공정을 할 수 있다. 8. 성형공정을 할 수 있다
		2. 응용공정 수행하기	1. 건조곡선, 건조에 영향을 미치는 인자, 건조에 의한 이화학적 변화를 이해하고 건조공정을 할 수 있다. 2. 가공하고자 하는 제품에 알맞은 농축방법으로 농축공정을 할 수 있다. 3. 냉장·냉동의 원리를 이해하고 냉장·냉동·해동공정을 할 수 있다. 4. 가열의 원리와 식품의 가열살균법을 이해하고 가열공정을 할 수 있다. 5. 포장재의 조건과 종류를 이해하고 가공적성에 알맞은 포장방법으로 포장공정을 할 수 있다.
	2. 식품위생검사	1. 식품안전관리인증기준(HACCP) / ISO22000 적용 및 관리하기	1. 식품안전관리인증기준(HACCP) / ISO22000을 적용 및 관리할 수 있다.
		2. 식품위생검사하기	1. 식품위생검사를 위한 분석실험을 할 수 있다.
		3. 미생물검사하기	1. 식품위생검사를 위한 미생물실험을 할 수 있다.
	3. 식품분석	1. 식품분석의 기초 이론 이해 및 분석하기	1. 식품분석의 기초이론을 이해하고 적용할 수 있다.
		2. 식품일반성분 분석하기	1. 식품일반성분분석의 이론을 이해하고 실험할 수 있다.

실기과목명	주요항목	세부항목	세세항목
식품품질관리 실무	4. 위생관리	1. 개인위생관리	1. 위생관리 지침에 따라 두발, 손톱 등 신체 청결을 유지할 수 있다. 2. 위생관리 지침에 따라 손을 자주 씻고 건조하게 하여 미생물의 오염을 예방할 수 있다. 3. 위생관리 지침에 따라 위생복, 위생모, 작업화 등 개인위생 장구 착용을 할 수 있다. 4. 위생관리 지침에 따라 질병 등 스스로의 건강상태를 관리하고, 보고할 수 있다. 5. 위생관리 지침에 따라 근무 중의 흡연, 음주, 취식 등에 대한 작업장 근무수칙을 준수할 수 있다.
		2. 가공기계 · 설비위생관리하기	1. 위생관리 지침에 따라 가공기계 · 설비위생 관리 업무를 준비, 수행할 수 있다. 2. 위생관리 지침에 따라 작업장 내에서 사용하는 도구의 청결을 유지할 수 있다. 3. 위생관리 지침에 따라 오븐, 화덕, 믹서, 냉장고, 배수구 등 작업장 기계 · 설비들의 위생을 점검하고, 관리할 수 있다. 4. 위생관리 지침에 따라 세제, 소독제 등을 정확하게 사용할 수 있다 5. 위생관리 지침에 따라 필요시 가공기계 · 설비 위생에 관한 사항을 책임자와 협의할 수 있다.
	5. 식품위생관련법규	1. 식품위생관련법규 이해 및 적용하기	1. 식품위생관련법규를 이해하고 생산현장에서 적용할 수 있다.

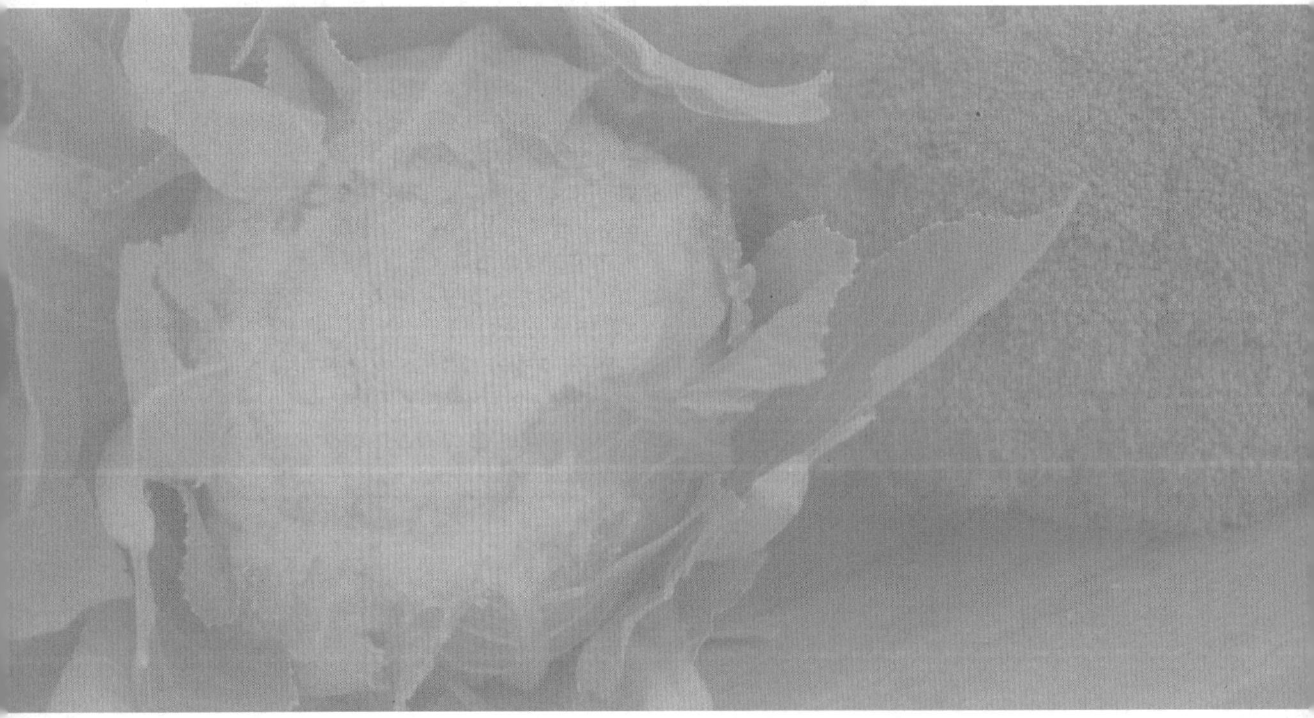

Part I 식품위생실험

Chapter 01	식품위생검사 개론
Chapter 02	검체의 채취 및 취급방법
Chapter 03	일반 검사

식품위생검사 개론

1 식품위생검사의 의의

① 식품 매개성 감염병, 식중독 등이 발생하였을 때 검사물을 대상으로 원인물질을 검색하기 위한 검사
② 식품에 의해 발생되는 위해를 미연에 방지하기 위해 식품을 안전한 상태로 유지하기 위한 수단으로 실시하는 검사
③ 식품 위생 대책의 입장에서 실시하는 검사

2 식품위생검사의 목적

① 식품 등이 규격, 기준에 맞게 제조, 가공, 보존되었는지를 검사
② 모조, 위조식품을 가려내기 위한 검사
③ 위생상 위해를 일으키는 유독, 유해물질의 함유 여부 또는 함유량을 알기 위한 검사
④ 식중독 또는 그 의심이 있을 때 원인물질의 검색을 위한 검사
⑤ 식품의 제조, 가공 공정에 대한 위생관리, 오염원의 확인, 결함의 파악을 위한 검사

3 식품위생검사의 종류

학문적 배경을 기준으로 크게 관능검사, 물리적 검사, 화학적 검사, 생물학적 검사 및 독성검사의 5가지로 나눌 수 있다.

종류	검사항목
관능검사	외관, 색체, 경도, 냄새, 맛, 이물의 부착 등을 정상품과 비교, 검사
물리적 검사	온도, 비중, 수소이온농도(pH), 방사능오염 등 검사
화학적 검사	성분검사(수분, 총질소, 조지방, 당류, 조섬유, 회분, 미량 함유성분 등) 독성물질검사(유해 중금속, 농약, 천연독물 등) 식품첨가물의 검사, 항생물질의 검사
생물학적 검사	병원성 미생물(전염병원균, 세균성 식중독균)의 검사 세균수 검사(일반세균, 곰팡이 효모), 기생충 검사, 항생물질의 검사
독성검사	급성독성검사, 만성독성검사, LD_{50}, 발암성, 최기형성 검사

Chapter 02 검체의 채취 및 취급방법

1 검체채취의 의의

검체의 채취는 검사대상으로부터 일부의 검체를 채취하는 것을 의미하며, 채취된 검체의 기준·규격 적합여부, 오염물질 등에 대한 안전성 검사를 실시하여 그 검사결과에 따라 행정조치 등이 이루어지게 되므로, 검사대상 선정, 검체채취·취급·운반·시험검사 등은 효율성을 확보하면서 과학적인 방법으로 수행하여야 한다. 따라서 검체를 채취하여 식품 등 시험·검사기관 또는 축산물 시험·검사기관에 검사의뢰하는 것은 중요한 의의를 가지므로 검체채취는 검체채취 및 취급방법 등에 대한 충분한 지식을 가지고 있는 자가 그 직무를 수행하여야 한다.

2 검체채취의 일반원칙

1) 검체의 채취는 「식품위생법」 제32조 또는 「축산물 위생관리법」 제13조 등에서 규정하는 자(이하 "검체채취자"라 한다.)가 수행하여야 한다.
2) 검체를 채취하는 때에는 검사대상으로부터 난수표를 사용하여 대표성을 가지도록 하여야 한다. 다만, 난수표법을 사용할 수 없는 사유가 있을 때에는 채취자가 검사대상을 선정·채취할 수 있다.
3) 검체는 검사목적, 검사항목 등을 참작하여 검사대상 전체를 대표할 수 있는 최소한도의 양을 수거하여야 한다.
4) 검체채취 시에는 검체채취결정표에 따라 검체를 채취하며, 검체채취지점수 또는 시험검체수와 중복될 경우에는 강화된 검체채취지점수 또는 시험검체수를 적용하여 채취하여야 한다. 다만, 기구 및 용기·포장의 경우에는 검체채취결정표에 따르지 아니하고 식품등의 기준 및 규격 검사에 필요한 양만큼 채취한다.
   ※ 검체채취결정표 : 식품공전 참조
5) 냉동검체, 대포장검체 및 유통중인 식품 등 검체채취결정표에 따라 채취하기 어려운 경우에는 검체채취자가 판단하여 수거량안에서 대표성 있게 검체를 채취할 수 있다.
6) 일반적으로 검체는 제조번호, 제조년월일, 유통기한이 동일한 것을 하나의 검사대상으로 하고 이와 같은 표시가 없는 것은 품종, 식품유형, 제조회사, 기호, 수출국, 수출년월일,

도착년월일, 적재선, 수송차량, 화차, 포장형태 및 외관 등의 상태를 잘 파악하여 그 식품의 특성 및 검사목적을 고려하여 채취하도록 한다.

7) 채취된 검체가 검사대상이 손상되지 않도록 주의하여야 하고, 식품을 포장하기전 또는 포장된 것을 개봉하여 검체로 채취하는 경우에는 이물질의 혼입, 미생물의 오염 등이 되지 않도록 주의하여야 한다.

8) 채취한 검체는 봉인하여야 하며 파손하지 않고는 봉인을 열 수 없도록 하여야 한다.

9) 기구 또는 용기·포장으로서 재질 및 바탕색상이 같으나 단순히 용도·모양·크기 또는 제품명 등이 서로 다른 경우에는 그중 대표성이 있는 것을 검체로 할 수 있다. 다만, 재질 및 바탕색이 같지 않은 세트의 경우에는 판매단위인 세트별로 검체를 채취할 수 있다.

10) 검체채취자는 검사대상식품 중 곰팡이독소, 방사능오염 등이 의심되는 부분을 우선 채취할 수 있으며, 추가적으로 의심되는 물질이 있을 경우 검사항목을 추가하여 검사를 의뢰할 수 있다.

11) 미생물 검사를 위한 시료채취는 검체채취결정표에 따르지 아니하고 제2. 식품일반에 대한 공통기준 및 규격, 제3. 영·유아를 섭취대상으로 표시하여 판매하는 식품의 기준 및 규격, 제4. 장기보존식품의 기준 및 규격, 제5. 식품별 기준 및 규격에서 정하여진 시료수 (n)에 해당하는 검체를 채취한다.

3 검체의 채취 및 취급요령

1) 검체의 채취 요령

(1) 검사대상식품 등이 불균질할 때

① 검체가 불균질할 때에는 일반적으로 다량의 검체가 필요하나 검사의 효율성, 경제성 등으로 부득이 소량의 검체를 채취할 수밖에 없는 경우에는 외관, 보관상태 등을 종합적으로 판단하여 의심스러운 것을 대상으로 검체를 채취할 수 있다.

② 식품 등의 특성상 침전·부유 등으로 균질하지 않은 제품은 전체를 가능한 한 균일하게 처리한 후 대표성이 있도록 채취하여야 한다.

(2) 검사항목에 따른 균질 여부 판단

검체의 균질 여부는 검사항목에 따라 달라질 수 있다. 어떤 검사대상식품의 선도판정에 있어서는 그 식품이 불균질하더라도 이에 함유된 중금속, 식품첨가물 등의 성분은 균질한 것으로 보아 검체를 채취할 수 있다.

(3) 포장된 검체의 채취
① 깡통, 병, 상자 등 용기·포장에 넣어 유통되는 식품 등은 가능한 한 개봉하지 않고 그대로 채취한다.
② 대형 용기·포장에 넣은 식품 등은 검사대상 전체를 대표할 수 있는 일부를 채취 할 수 있다.

(4) 선박의 벌크검체 채취
① 검체채취는 선상에서 하거나 보세장치장의 사일로(silo)에 투입하기 전에 하여야 한다. 다만, 부득이한 사유가 있는 경우에는 그러하지 아니할 수 있다.
② 같은 선박에 선적된 같은 품명의 농·임·축·수산물이 여러 장소에 분산되어 선적된 경우에는 전체를 하나의 검사대상으로 간주하여 난수표를 이용하여 무작위로 장소를 선정하여 검체를 채취한다.
③ 같은 선박 벌크 제품의 대표성이 있도록 5곳 이상에서 채취 혼합하여 1개로 하는 방법으로 총 5개의 검체를 채취하여 검사 의뢰한다.

(5) 냉장, 냉동 검체의 채취
냉장 또는 냉동 식품을 검체로 채취하는 경우에는 그 상태를 유지하면서 채취하여야 한다.

(6) 미생물 검사를 요하는 검체의 채취
① 검체를 채취·운송·보관하는 때에는 채취당시의 상태를 유지할 수 있도록 밀폐되는 용기·포장 등을 사용하여야 한다.
② 미생물학적 검사를 위한 검체는 가능한 미생물에 오염되지 않도록 단위포장상태 그대로 수거하도록 하며, 검체를 소분채취할 경우에는 멸균된 기구·용기 등을 사용하여 무균적으로 행하여야 한다.
③ 검체는 부득이한 경우를 제외하고는 정상적인 방법으로 보관, 유통 중에 있는 것을 채취하여야 한다.
④ 검체는 관련정보 및 특별수거계획에 따른 경우와 식품접객업소의 조리식품 등을 제외하고는 완전 포장된 것에서 채취하여야 한다.

(7) 기체를 발생하는 검체의 채취
① 검체가 상온에서 쉽게 기체를 발산하여 검사결과에 영향을 미치는 경우는 포장을 개봉하지 않고 하나의 포장을 그대로 검체단위로 채취하여야 한다.
② 다만, 소분 채취하여야 하는 경우에는 가능한 한 채취된 검체를 즉시 밀봉·냉각시키는 등 검사결과에 영향을 미치지 않는 방법으로 채취하여야 한다.

(8) 페이스트상 또는 시럽상 식품 등

① 검체의 점도가 높아 채취하기 어려운 경우에는 검사결과에 영향을 미치지 않는 범위내에서 가온 등 적절한 방법으로 점도를 낮추어 채취할 수 있다.

② 검체의 점도가 높고 불균질하여 일상적인 방법으로 균질하게 만들 수 없을 경우에는 검사결과에 영향을 주지 아니하는 방법으로 균질하게 처리할 수 있는 기구 등을 이용하여 처리한 후 검체를 채취할 수 있다.

(9) 검사 항목에 따른 검체채취 주의점

※ 식품공전 참조

2) 검체채취내역서의 기재

검체채취자는 검체채취시 당해 검체와 함께 검체채취내역서를 첨부하여야 한다. 다만, 검체채취내역서를 생략하여도 기준·규격검사에 지장이 없다고 인정되는 때에는 그러하지 아니할 수 있다.

3) 식별표의 부착

수입식품검사(유통수거 검사는 제외한다)의 경우 검체채취 후 검체를 수거하였음을 나타내는 식별표를 보세창고 등의 해당 식품에 부착한다.

4) 검체의 운반 요령

(1) 채취된 검체는 오염, 파손, 손상, 해동, 변형 등이 되지 않도록 주의하여 검사실로 운반하여야 한다.

(2) 검체가 장거리로 운송되거나 대중교통으로 운송되는 경우에는 손상되지 않도록 특히 주의하여 포장한다.

(3) 냉동 검체의 운반

① 냉동 검체는 냉동 상태에서 운반하여야 한다.

② 냉동 장비를 이용할 수 없는 경우에는 드라이아이스 등으로 냉동상태를 유지하여 운반할 수 있다.

(4) 냉장 검체의 운반

냉장 검체는 온도를 유지하면서 운반하여야 한다. 얼음 등을 사용하여 냉장온도를 유지하는 때에는 얼음 녹은 물이 검체에 오염되지 않도록 주의하여야 하며 드라이아이스 사용 시 검체가 냉동되지 않도록 주의하여야 한다.

(5) 미생물 검사용 검체의 운반
　① 부패·변질 우려가 있는 검체
　　미생물학적인 검사를 요하는 검체는 멸균용기에 무균적으로 채취하여 저온(5±3℃ 이하)을 유지시키면서 24시간 이내에 검사기관에 운반하여야 한다. 부득이한 사정으로 이 규정에 따라 검체를 운반하지 못한 경우에는 재수거하거나 채취일시 및 그 상태를 기록하여 식품 등 시험·검사기관 또는 축산물 시험·검사기관에 검사 의뢰한다.
　② 부패·변질의 우려가 없는 검체
　　미생물 검사용 검체일지라도 운반과정 중 부패·변질우려가 없는 검체는 반드시 냉장온도에서 운반할 필요는 없으나 오염, 검체 및 포장의 파손 등에 주의하여야 한다.
　③ 얼음 등을 사용할 때의 주의사항
　　얼음 등을 사용할 때에는 얼음 녹은 물이 검체에 오염되지 않도록 주의하여야 한다.

(6) 기체를 발생하는 검체의 운반
　소분 채취한 검체의 경우에는 적절하게 냉장 또는 냉동한 상태로 운반하여야 한다.

4 검체채취 기구 및 용기

1) 검체채취 기구 및 용기는 검체의 종류, 형상, 용기·포장 등이 다양하므로 검체의 수거 목적에 적절한 기구 및 용기를 준비하여야 한다.
2) 기구 및 용기·포장의 기준·규격에 적합한 것이어야 한다.
3) 기구 및 용기는 운반, 세척, 멸균에 편리한 것이어야 하며 미생물 검사를 위한 검체 채취의 기구·용기 중 검체와 직접 접촉하는 부분은 반드시 멸균 처리하여야 한다.
4) 검체와 직접 접촉하는 기구 및 용기는 검사결과에 영향을 미치지 않는 것이어야 한다.

5) 검체채취 및 기구·용기의 종류

(1) **채취용 기구** : 핀셋, 가위, 칼, 캔따개, 망치, 전기톱 또는 톱, 곡물검체채취기, 드라이어, 피펫, 커터, 액체검체채취용 펌프 또는 튜브, 국자, 깔때기 등

(2) **채취용 용기·포장** : 검체봉투(대, 중, 소), 검체 채취병(광구병) 등

(3) **미생물검사용 검체채취 기구** : 멸균백, 멸균병, 일회용 멸균플라스틱 피펫, 멸균피펫 inspirator, 일회용 멸균 장갑, 70% 에틸알콜, 멸균스테인레스 국자, 멸균스테인레스 집게 등

(4) **냉장·동 검체 운반기구** : 아이스박스, 아이스팩, 실시간온도기록계 등

(5) **기타** : 안전모, 간이사다리, 위생장화, 테이프, 아이스박스, 사진기, 필기구 등

Chapter 03 일반 검사

실험 1 일반 세균수 측정(SPC법)

■ 실험목적

표준평판(Standard Plate Count, S.P.C) 균수는 검체 중에 존재하는 세균 중 표준한천배지 내에서 발육할 수 있는 중온균수를 말한다. 수질검사 시에는 이 균수를 일반세균수라고 부른다. 특히 이 방법은 보통 검체와 표준한천배지를 페트리 접시 중에서 혼합 응고시켜 배양 후 발생한 세균의 집락수로부터 검체 중의 생균수를 산출하는 방법이다.

식품의 신선도를 판별하거나 또는 제조 가공공정 전반에서의 위생적 취급여부 특히 식품취급기구, 기계의 청결유지, 식품의 저온보존의 가부 등을 판별할 경우에 검사한다.

- ◎ **일반생균수만을 측정하는 경우** : 식품의 현재의 오염정도나 부패의 진행도 등을 알고자 할 때
- ◎ **총세균수를 측정하는 경우** : 유제품 통조림 등 가열 살균한 제품에 대한 제조원료의 위생 상태나 위생적 취급의 가부를 알고자 할 때

■ 실험재료 및 기구

시험용액, 표준한천배지(plate count agar), 시험관, 피펫(pipette), 페트리 접시(petri dish), auto clave, 인큐베이터(incubator), 현미경, colony counter

■ 실험방법(식품공전)

① 시험용액 1mL와 10배 단계 희석액 1mL씩을 멸균 페트리접시 2매 이상씩에 무균적으로 취하여 약 43~45℃로 유지한 표준한천배지 약 15mL를 무균적으로 분주한다.
② 페트리접시 뚜껑에 부착하지 않도록 주의하면서 조용히 회전하여 좌우로 기울이면서 검체와 배지를 잘 혼합하여 응고시킨다.
③ 확산집락의 발생을 억제하기 위하여 다시 표준한천배지 3~5mL를 가하여 중첩시킨다.

④ 응고시킨 페트리접시는 뒤집어 35±1℃에서 48±2시간(시료에 따라서 30±1℃ 또는 35±1℃에서 72±3시간) 배양한다.
⑤ 검액을 가하지 아니한 동일 희석액 1 mL를 대조시험액으로 하여 시험조작의 무균여부를 확인한다.

집락수 산정

① 배양 후 생성된 집락수를 신속히 계산한다.
② 집락수의 계산은 확산집락이 없고(전면의 1/2이하 일 때에는 지장이 없음) 1개의 평판당 15~300개의 집락을 생성한 평판을 택하여 집락수를 계산하는 것을 원칙으로 한다.
③ 전 평판에 300개 초과 집락이 발생한 경우 300에 가까운 평판에 대하여 밀집평판 측정법에 따라 계산한다.
④ 전 평판에 15개미만의 집락만을 얻었을 경우에는 가장 희석배수가 낮은 것을 측정한다.

세균수의 기재보고

① 표준평판법에 있어서 시료 1㎖ 중의 세균수를 기재 또는 보고할 경우에 그것이 어떤 제한된 것에서 발육된 집락을 측정한 수치인 것을 명확히 하기 위하여 1평판에 있어서의 집락수는 상당 희석배수로 곱하고 그 수치가 표준평판법에 있어서 1mL 중(1g 중)의 세균수 몇 개라고 기재보고하며 동시에 배양온도를 기록한다.
② 숫자는 높은 단위로부터 3단계에서 반올림하여 유효숫자를 2단계로 끊어 이하를 0으로 한다.

세균수 산출방법

① 15~300CFU plate인 경우

$$N = \frac{\Sigma C}{\{(1 \times n1) + (0.1 \times n2)\} \times (d)}$$

구분	희석배수		CFU/g(mL)
	1:100	1:1,000	
집락수	232	33	24,000
	244	28	

$$\frac{232 + 244 + 33 + 28}{\{(1 \times 2) + (0.1 \times 2)\} \times 10^{-2}} = 537/0.22 = 24.409 = 24,000$$

② 15CFU / plate 이하인 경우

구분	희석배수		CFU/g(mL)
	1:10	1:100	
집락수	14	2	120
	10	1	

$$N = \frac{(14 + 10)}{(1 \times 2) \times 10^{-1}} = 24/0.2 = 120$$

결과

SPC법에 의하여 시료 1㎖ 중의 일반세균수 측정 결과 100배에서 270 colony와 250 colony, 그리고 1000배에서 56 colony와 35 colony로 계산되었다면 시료의 일반세균수는

$$\frac{270 + 250 + 56 + 35}{\{(1 \times 2) + (0.1 \times 2)\} \times 10^{-2}} = \frac{611}{0.022}$$

$$≒ 27,773 ≒ 27,000 = 2.7 \times 10^4$$

실험 2-2 일반 세균수 측정(건조필름법)

1) 시험조작

① 시험용액 1mL와 각 10배 단계 희석액 1mL를 세균수 건조필름배지에 각 2매 이상씩 접종한 후 잘 흡수시킨다.

② 35±1℃에서 48±2시간 배양한다.

③ 생성된 붉은 집락수를 계산하고 그 평균집락수에 희석배수를 곱하여 일반세균수로 한다.

④ 균수 산출 및 기재보고는 일반세균수에 따라 한다.

도해설명

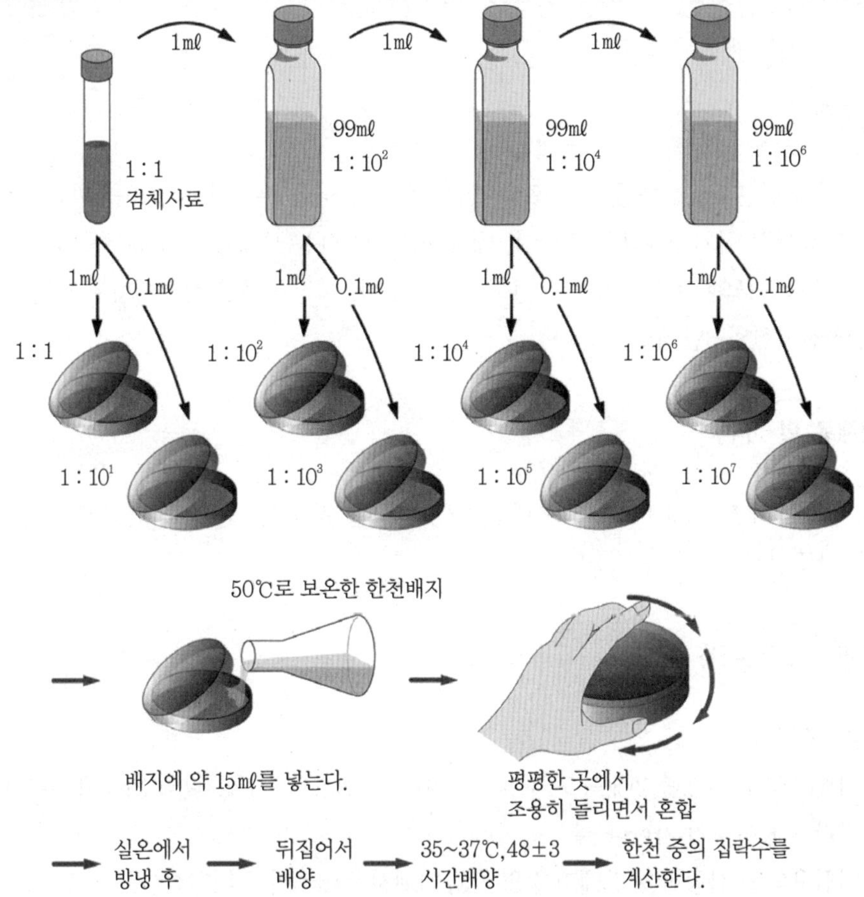

■■ **그림 1-1** 표준평판(SPC) 균수 측정법 ■■

참고

※ **표준한천배지(균수측정용)** : Standard Methods Agar(Plate Count Agar)

Tryptone	5.0g
Yeast Extract	2.5g
Dextrose	1.0g
Agar	15.0g

위의 성분에 증류수를 가하여 1,000㎖로 만들고 멸균한 후 pH7.0±0.2로 조정한 후 121℃로 15분간 멸균한다.

실험 2 대장균군 시험 - 정성시험(유당배지법)

■ 실험목적

대장균군이라 함은 gram음성, 무아포성 간균으로서 유당을 분해하여 가스를 발생하는 모든 호기성 또는 통성 혐기성세균을 말한다. 대장균군 시험에는 대장균군의 유무를 검사하는 정성시험과 대장균군의 수를 산출하는 정량시험이 있다. 대장균군의 정성시험은 추정시험, 확정시험, 완전시험의 3단계로 나눈다.

■ 실험재료 및 기구

LB배지, BGLB배지, EMB배지, 보통한천배지, 시험관, 듀람관, 백금이, 인큐베이터, 그람염색 시약, 아포염색 시약

■ 실험방법(식품공전)

(1) 추정시험

① 시험용액 10 mL를 2배 농도의 유당배지에, 시험용액 1 mL 및 0.1 mL를 유당배지에 각각 3개 이상씩 가한다.
② 시험용액을 접종한 유당배지를 35~37℃에서 24±2시간 배양한다.
③ 24±2시간 내에 발효관 내에 가스가 발생하면 추정시험 양성이고 가스가 발생하지 아니하였을 때에는 더 배양을 계속하여 48±3시간까지 관찰한다.
④ 이 때까지 가스가 발생하지 않았을 때에는 추정시험 음성이고 가스발생이 있을 때에는 추정시험 양성이며 다음의 확정시험을 실시한다.

(2) 확정시험

① 추정시험에서 가스 발생한 유당배지발효관으로부터 BGLB배지에 접종한다.
② 35~37℃에서 24±2시간 동안 배양한다.
③ 가스가 발생하지 아니하였을 때에는 배양을 계속하여 48±3시간까지 관찰한다.
④ 가스발생을 보인 BGLB배지로부터 Endo 한천배지 또는 EMB 한천평판배지에 분리 배양한다.
⑤ 35~37℃에서 24±2시간 배양한다.

⑥ 전형적인 집락이 발생되면 확정시험 양성으로 판정한다.
⑦ BGLB배지에서 35~37℃로 48±3시간 배양했을 때 배지의 색이 갈색으로 되었을 때에는 반드시 완전시험을 실시한다.

(3) 완전시험
① 확정시험의 Endo 한천배지나 EMB 한천배지에서 전형적인 집락 1개 또는 비전형적인 집락일 경우에는 2개 이상을 보통한천배지에 접종한다.
② 35~37℃에서 24±2시간 동안 배양한다.
③ 보통한천배지의 집락에 대하여 그람음성, 무아포성 간균이 증명되면 완전시험은 양성이며 대장균군 양성으로 판정한다.

결과

(1) 추정시험 : 가스가 발생하지 않았다면 추정시험 음성이고, 가스가 발생하면 추정시험 양성이다.

(2) 확정시험 : 전형적인 대장균군은 약간 요철상의 집락으로 황금색의 금속광택이 있다.

(3) 완전시험 : LB발효관에 가스가 발생하였고, 그람음성, 무아포성 간균이 증명되면 완전시험은 양성이며 대장균군 양성으로 판정한다.

참고

※ 유당배지(Lactose Broth)
Peptone 5.0g, Beef Extract 3.0g, Lactose 5.0g을 증류수 1,000㎖에 녹여 pH 6.9±0.2로 조정한 후 121℃에서 15분간 멸균한다.

※ BGLB배지(Brilliant Green Lactose Bile Broth)
① 펩톤 10g 및 유당 10g을 증류수 500㎖에 녹인다.
② 신선한 우담즙 200㎖를 증류수 200㎖에 녹인 것으로서 pH 7.2±0.2가 되도록 한 것을 가한다.
③ 이에 물을 가하여 전량이 약 975㎖가 되도록 하고 pH 7.4로 조정한다.
④ 0.1% Brilliant Green 수용액 13.3㎖를 가한다.
⑤ 전량 1,000㎖를 탈지면으로 여과하여 분주할 때 발효관에 넣고 상법에 따라 멸균한다(멸균 후 pH 7.2±0.1).

일반 검사

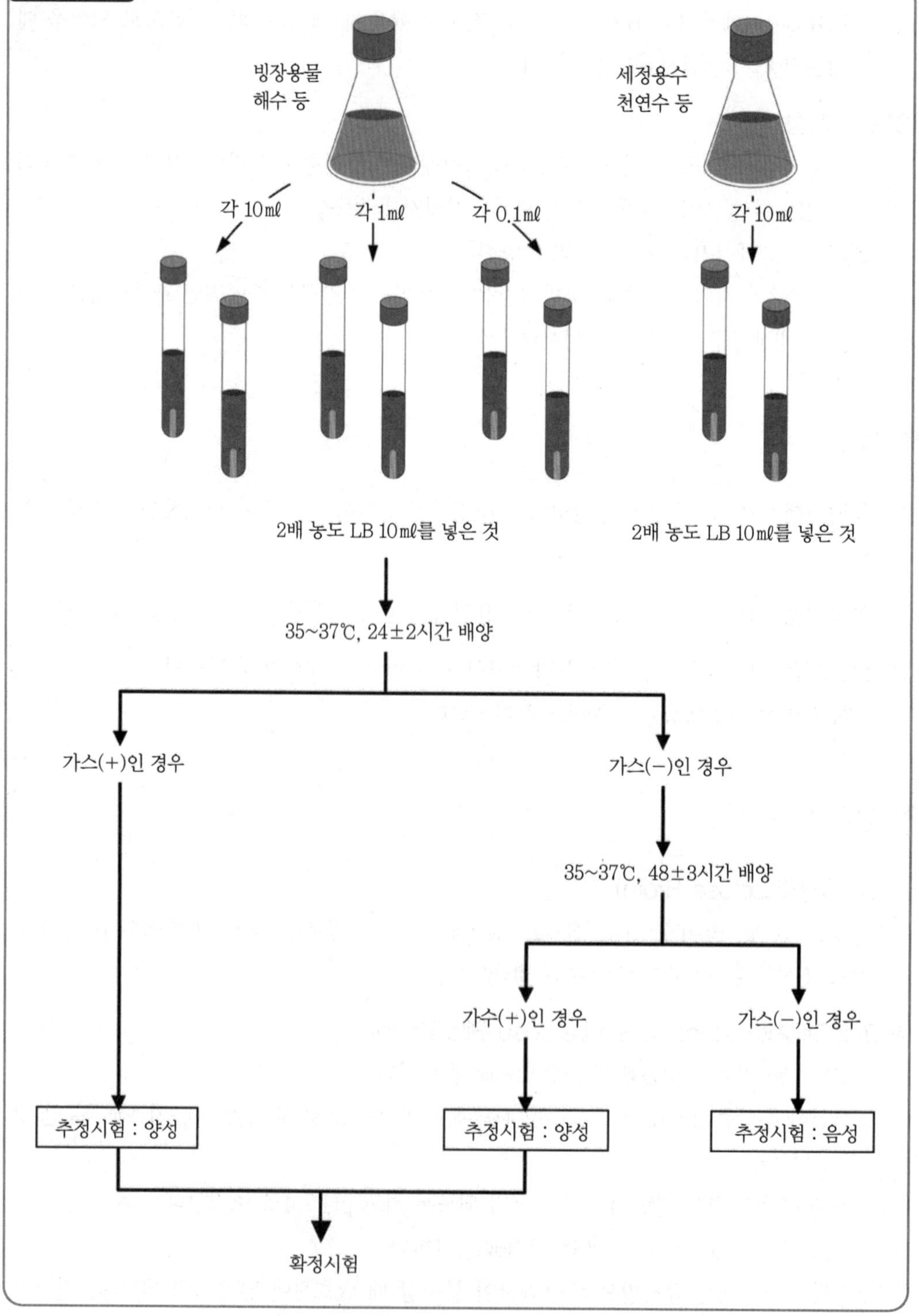

■■ **그림 2-1** LB(유당부이온) 발효관에 의한 방법(추정시험) ■■

※ **EMB 한천배지(Eosine Methylene Blue Agar)**

Peptone 10.0g, Lactose 5.0g, Sucrose 5.0g, Dipotassium Phosphate 2.0g, Eosin Y 0.4g, Methylene Blue 0.065g, Agar 13.5g을 증류수 1,000㎖에 녹여 pH 6.8±0.2로 조정한 후 121℃에서 15분간 멸균한다.

※ **보통한천배지(Nutrient Agar)**

Peptone 5.0g, Beef Extract 3.0g, 정제한천 15g을 증류수 1,000㎖에 녹여 pH 6.8±0.2로 조정한 후 121℃에서 15분간 멸균한다.

도해설명

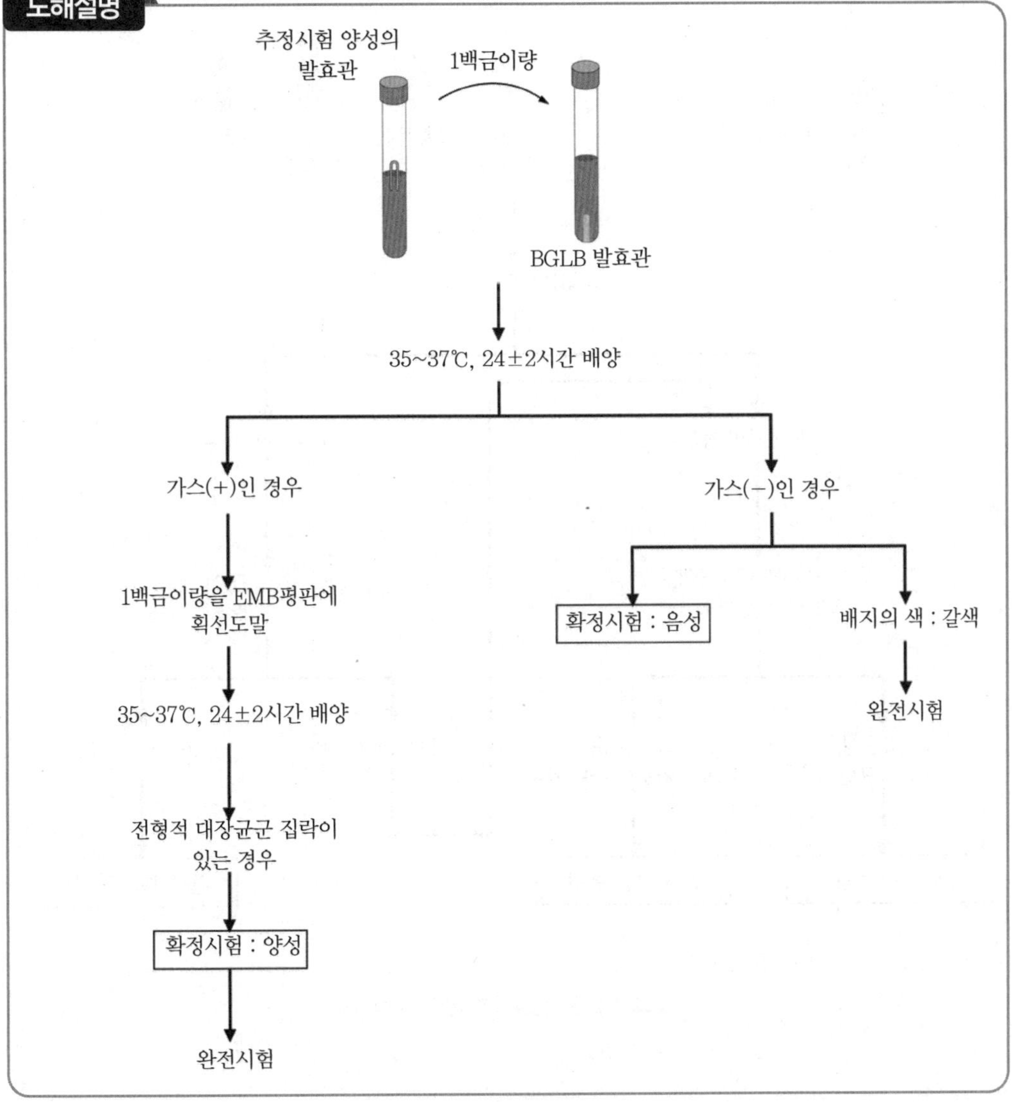

```
        추정시험 양성의         1백금이량
            발효관        ────────→
                                    BGLB 발효관
                              │
                   35~37℃, 24±2시간 배양
                    ┌─────────┴─────────┐
              가스(+)인 경우          가스(-)인 경우
                    │                ┌─────┴─────┐
         1백금이량을 EMB평판에    확정시험 : 음성    배지의 색 : 갈색
             획선도말                               │
                    │                            완전시험
         35~37℃, 24±2시간 배양
                    │
         전형적 대장균군 집락이
              있는 경우
                    │
             확정시험 : 양성
                    │
                완전시험
```

■■ **그림 2-2** 정성시험법(확정시험) ■■

Chapter 03 일반 검사

도해설명

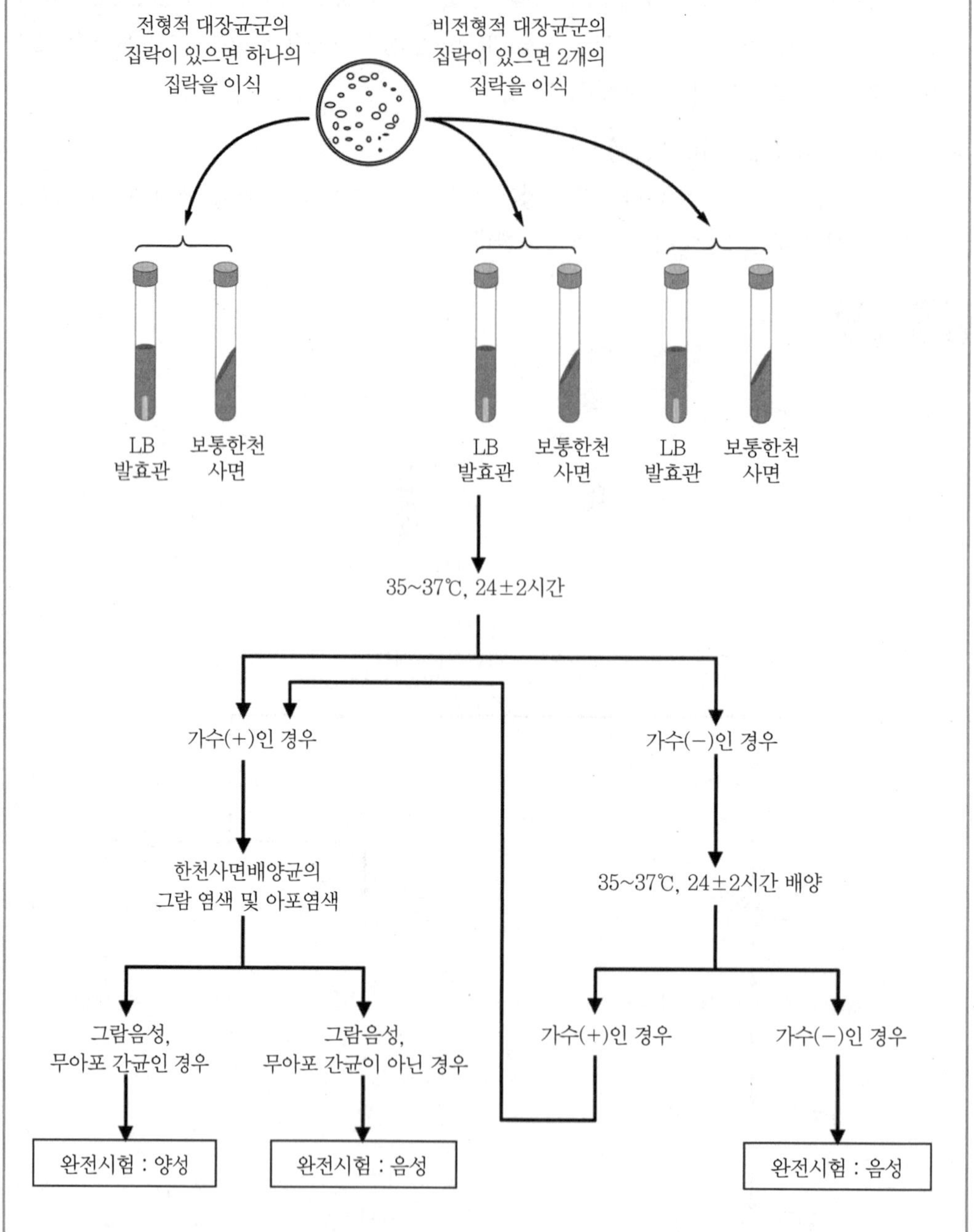

■■ 그림 2-3 정성시험법(완전시험) ■■

실험 3 대장균군 시험 – 정성시험(BGLB 배지법)

■ 실험목적

BGLB 배지법에 의한 대장균군 시험은 영양소가 풍부한 일반 식품에 널리 쓰이는 방법이다.

■ 실험재료 및 기구

LB배지, BGLB배지, EMB배지, 시험관, 듀람관, 백금이, 인큐베이터, 그람염색 시약, 아포 염색 시약

■ 실험방법(식품공전)

① 시험용액 1mL와 0.1mL를 2개씩 BGLB 배지에 기한다.
② 시험용액을 넣은 BGLB 배지를 35~37℃에서 48±3시간 배양한다.
③ 가스발생이 없는 경우는 다시 24시간 배양한다. 그래도 가스 발생이 없는 경우는 정성시험 음성으로 한다.
④ 가스발생이 있는 경우 또는 배지를 흔들 때 거품 모양의 가스가 인정되는 경우에는 EMB 한천배지 또는 Endo 한천배지에 분리 배양한다.
⑤ 이하의 조작은 유당배지법의 확정시험 또는 완전시험 때와 같이 행하여 대장균군의 유무를 확인한다.하고 대장균군의 유무를 확인한다.

■ 결과

Chapter 03 일반 검사

도해설명

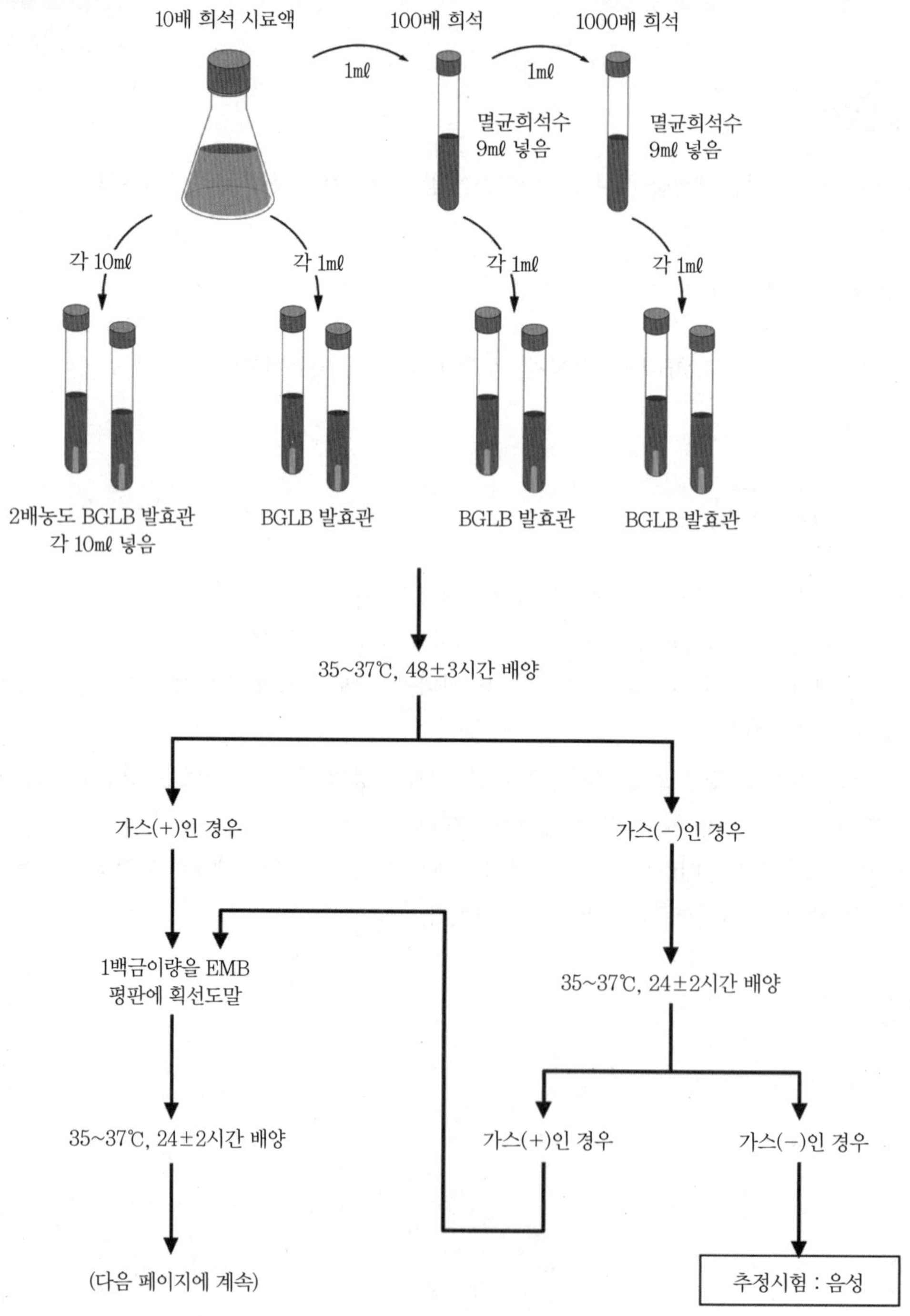

■■ 그림 3-1 BGLB 발효관에 의한 법 (a) ■■

도해설명

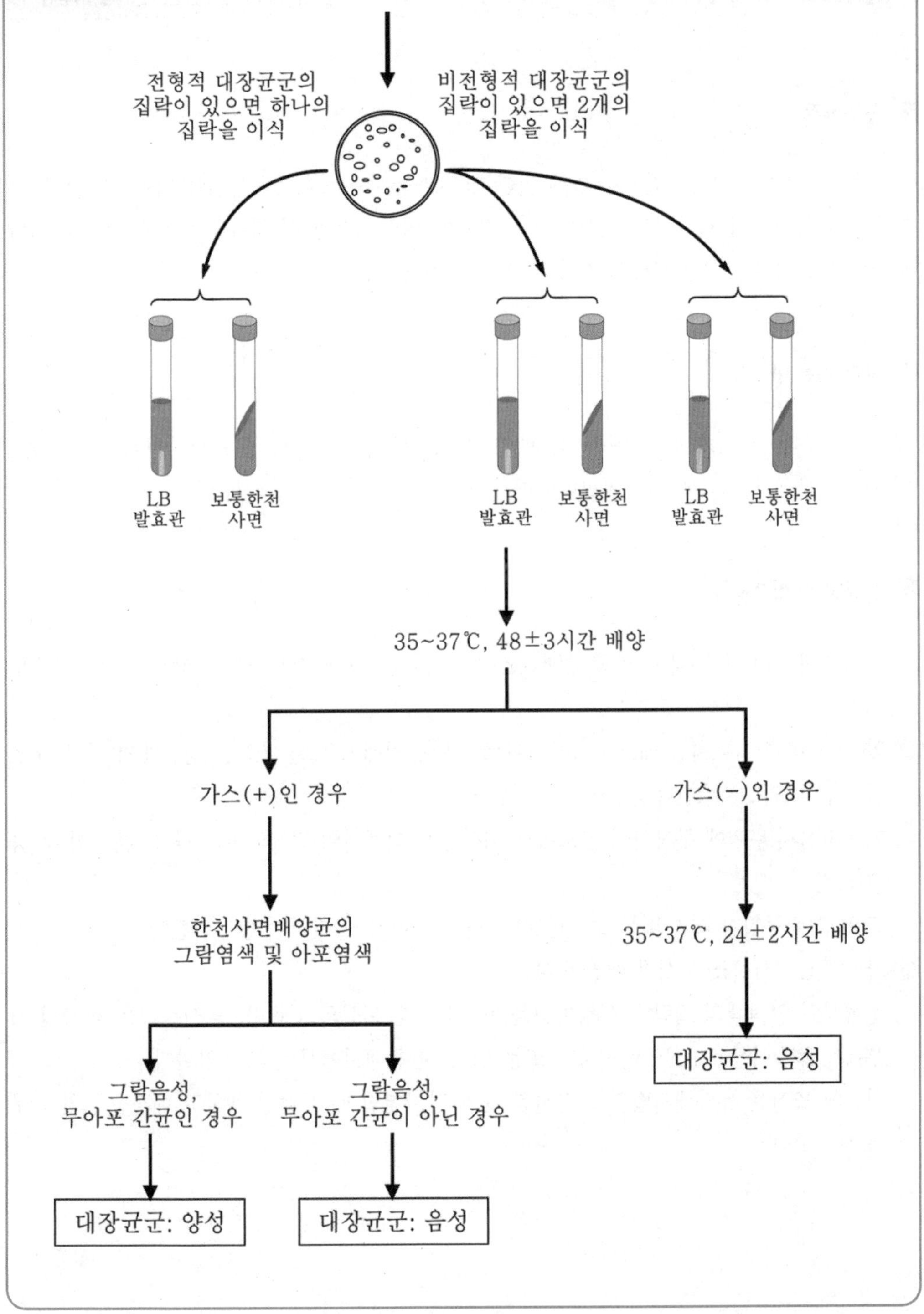

전형적 대장균의 집락이 있으면 하나의 집락을 이식

비전형적 대장균의 집락이 있으면 2개의 집락을 이식

LB 발효관 | 보통한천 사면 | LB 발효관 | 보통한천 사면 | LB 발효관 | 보통한천 사면

35~37℃, 48±3시간 배양

가스(+)인 경우 → 한천사면배양균의 그람염색 및 아포염색

가스(-)인 경우 → 35~37℃, 24±2시간 배양 → 대장균군: 음성

그람음성, 무아포 간균인 경우 → 대장균군: 양성

그람음성, 무아포 간균이 아닌 경우 → 대장균군: 음성

그림 3-2 BGLB 발효관에 의한 법 (b)

실험 4   대장균군 시험 – 정성시험(데스옥시콜레이트 유당한천 배지법)

■ 실험목적

데스옥시콜레이트 유당한천 배지법에 의한 대장균군 시험은 식품위생법에 의한 세균학적 성분규격에서 사용이 정하여진 식품이거나 검체에 영양소가 많이 함유되어 멸균되지 않거나 오염도가 높게 추정되는 식품의 검사에 쓰이는 방법이다.

■ 실험재료 및 기구

데스옥시콜레이트 유당한천 배지, LB배지, BGLB배지, EMB배지, 보통한천배지, 시험관, 페트리 접시, 듀람관, 백금이, 인큐베이터, 그람염색 시약, 아포염색 시약

■ 실험방법(식품공전)

① 시험용액 1mL와 10배 단계 희석액 1mL씩을 멸균 페트리접시 2매 이상씩에 무균적으로 취한다.
② 약 43~45℃로 유지한 데스옥시콜레이트 유당한천배지 또는 VRBA 평판배지 약 15 mL를 무균적으로 분주한다.
③ 페트리접시 뚜껑에 부착하지 않도록 주의하면서 회전하여 검체와 배지를 잘 혼합한 후 응고 시킨다.
④ 그 표면에 동일한 배지 또는 보통한천배지를 3~5 mL를 가하여 중첩시킨다.
⑤ 35~37℃에서 24±2 시간 배양 한다.
⑥ 전형적인 암적색의 집락을 인정하였을 때에는 1개 이상의 집락을, 의심스러운 집락일 경우에는 2개 이상을 EMB 한천배지 또는 Endo 한천배지에서 분리 배양한다.
⑦ 이하의 조작은 유당배지법의 확정시험 및 완전시험법 때와 같이 행하고 대장균군의 유무를 시험한다.

■ 결과

■ 참고

※ 데스옥시콜레이트 유당한천배지

Peptone 10.0g, Lactose 10.0g, Sodium Chloride 5.0g, Sodium Citrate 2.0g, Sodium Desoxycholate 0.5g, Agar 15.0g, Neutral Red 0.03g을 증류수 1,000㎖에 녹여 pH 7.3~7.5로 조정한 후 1분간 끓여 용해시켜 멸균하지 않고 즉시 사용할 수 있다.

Chapter 03 일반 검사

실험 5 대장균군 시험 – 정량시험(최확수법)

■ 실험목적

최확수란 이론상 가장 가능한 수치를 말하여 동일 희석배수의 시험용액을 배지에 접종하여 대장균군의 존재 여부를 시험하고 그 결과로부터 확률론적인 대장균군의 수치를 산출하여 이것을 최확수(MPN)로 표시하는 방법이다. 최확수는 연속한 3단계 이상의 희석시료(10, 1, 0.1 또는 1, 0.1, 0.01 또는 0.1, 0.01, 0.001)를 각각 5개씩(별표 1) 또는 3개씩(별표 2) 발효관에 가하여 배양 후 얻은 결과에 의하여 검체 1 mL중 또는 1g 중에 존재하는 대장균군수를 표시하는 것이다.

■ 실험재료 및 기구

LB배지, BGLB 배지, EMB배지, 보통한천배지, 시험관, 페트리접시, 듀람관, 백금이, 인큐베이터, 그람염색 시약, 아포염색 시약

■ 실험방법(식품공전)

(1) 유당배지법

① 연속한 3단계 이상의 희석시료(10, 1, 0.1 또는 1, 0.1, 0.01 또는 0.1, 0.01, 0.001)를 5개 또는 3개씩의 유당배지에 접종한다. 단, 10 mL를 접종할 때에는 두 배 농도 유당배지를 사용하고 0.1 mL 이하를 접종할 필요가 있을 때에는 10배 희석단계 액을 각각 1 mL씩 사용한다.

② 가스발생 발효관 각각에 대하여 추정, 확정, 완전시험을 행하고 대장균군의 유무를 확인한 다음 최확수표로부터 검체 1mL 또는 1g 중의 대장균군수를 구한다.

③ 이때 시험용액을 가한 배지의 전부 또는 대부분에서 가스발생이 인정되거나 또 최소량을 가한 배지의 전부 또는 대부분이 가스가 발생되지 않도록 접종량과 희석도를 고려하여야 한다.

(2) BGLB배지법

① 연속한 3단계 이상의 희석시료(10, 1, 0.1 또는 1, 0.1, 0.01 또는 0.1, 0.01, 0.001)를 5개 또는 3개씩 BGLB 배지에 각각 접종한다. 단, 10 mL를 접종할 때에는 두배농도 BGLB 배지를 사용하고 0.1 mL 이하를 접종할 필요가 있을 때에는 10배 희석 단계액을 각각 1 mL씩 사용한다.

② 이때 시험용액을 가한 배지의 전부 또는 대부분에서 가스발생이 인정되거나 또 최소량을 가한 배지의 전부 또는 대부분이 가스가 발생되지 않도록 접종량과 희석도를 고려하여야 한다.

③ 이하의 조작은 각 발효관에 대하여 BGLB 배지에 의한 정성시험법에 따라 하고 대장균군의 유무를 확인한 다음 최확수표로부터 검체 1 mL 또는 1 g중의 대장균군수를 산출한다.

결과

대장균군의 최확수법에 의한 정량시험에 의하여 검체 또는 희석검체 각각의 발효관을 5개씩 사용하여 다음과 같은 결과를 얻었다면

검체접종량	0.1㎖	0.01㎖	0.001㎖
가스양성관 수	5개	3개	1개

최확수표에 의한 검체 100㎖ 중의 MPN은 110 이 된다.

이때 검체 접종량이 1, 0.1, 0.01㎖일 때에는 110×0.1=10 으로 한다.

일반 검사

〈 별표 1 〉 3단계희석 시험관 5개씩 시험하였을 때 양성에 대한 최확수(95%의 신뢰한계)

*1, 2, 3=0.1, 0.01, 0.00

양성시험 관수 1 2 3	MPN/ (mL)	양성시험 관수 1 2 3	MPN/ (mL)	양성시험 관수 1 2 3	MPN/ (mL)	양성시험 관수 1 2 3	MPN/ (mL)	양성시험 관수 1 2 3	MPN/ (mL)	양성시험 관수 1 2 3	MPN/ g(mL)
0 0 0	<1.8	1 0 0	2	2 0 0	4.5	3 0 0	7.8	4 0 0	13	5 0 0	23
0 0 1	1.8	1 0 1	4	2 0 1	6.8	3 0 1	11	4 0 1	17	5 0 1	31
0 0 2	3.6	1 0 2	6	2 0 2	9.1	3 0 2	13	4 0 2	21	5 0 2	43
0 0 3	5.4	1 0 3	8	2 0 3	12	3 0 3	16	4 0 3	25	5 0 3	58
0 0 4	7.2	1 0 4	10	2 0 4	14	3 0 4	20	4 0 4	30	5 0 4	76
0 0 5	9	1 0 5	12	2 0 5	16	3 0 5	23	4 0 5	36	5 0 5	95
0 1 0	1.8	1 1 0	4	2 1 0	6.8	3 1 0	11	4 1 0	17	5 1 0	33
0 1 1	3.6	1 1 1	6.1	2 1 1	9.2	3 1 1	14	4 1 1	21	5 1 1	46
0 1 2	5.5	1 1 2	8.1	2 1 2	12	3 1 2	17	4 1 2	26	5 1 2	63
0 1 3	7.3	1 1 3	10	2 1 3	14	3 1 3	20	4 1 3	31	5 1 3	84
0 1 4	9.1	1 1 4	12	2 1 4	17	3 1 4	23	4 1 4	36	5 1 4	110
0 1 5	11	1 1 5	14	2 1 5	19	3 1 5	27	4 1 5	42	5 1 5	130
0 2 0	3.7	1 2 0	6.1	2 2 0	9.3	3 2 0	14	4 2 0	22	5 2 0	49
0 2 1	5.5	1 2 1	8.2	2 2 1	12	3 2 1	17	4 2 1	26	5 2 1	70
0 2 2	7.4	1 2 2	10	2 2 2	14	3 2 2	20	4 2 2	32	5 2 2	94
0 2 3	9.2	1 2 3	12	2 2 3	17	3 2 3	24	4 2 3	38	5 2 3	120
0 2 4	11	1 2 4	15	2 2 4	19	3 2 4	27	4 2 4	44	5 2 4	150
0 2 5	13	1 2 5	17	2 2 5	22	3 2 5	31	4 2 5	50	5 2 5	180
0 3 0	5.6	1 3 0	8.3	2 3 0	12	3 3 0	17	4 3 0	27	5 3 0	79
0 3 1	7.4	1 3 1	10	2 3 1	14	3 3 1	21	4 3 1	33	5 3 1	110
0 3 2	9.3	1 3 2	13	2 3 2	17	3 3 2	24	4 3 2	39	5 3 2	140
0 3 3	11	1 3 3	15	2 3 3	20	3 3 3	28	4 3 3	45	5 3 3	180
0 3 4	13	1 3 4	17	2 3 4	22	3 3 4	31	4 3 4	52	5 3 4	210
0 3 5	15	1 3 5	19	2 3 5	25	3 3 5	35	4 3 5	59	5 3 5	250
0 4 0	7.5	1 4 0	11	2 4 0	15	3 4 0	21	4 4 0	34	5 4 0	130
0 4 1	9.4	1 4 1	13	2 4 1	17	3 4 1	24	4 4 1	40	5 4 1	170
0 4 2	11	1 4 2	15	2 4 2	20	3 4 2	28	4 4 2	47	5 4 2	220
0 4 3	13	1 4 3	17	2 4 3	23	3 4 3	32	4 4 3	54	5 4 3	280
0 4 4	15	1 4 4	19	2 4 4	25	3 4 4	36	4 4 4	62	5 4 4	350
0 4 5	17	1 4 5	22	2 4 5	28	3 4 5	40	4 4 5	69	5 4 5	430
0 5 0	9.5	1 5 0	13	2 5 0	17	3 5 0	25	4 5 0	41	5 5 0	240
0 5 1	11	1 5 1	15	2 5 1	20	3 5 1	29	4 5 1	48	5 5 1	350
0 5 2	13	1 5 2	17	2 5 2	23	3 5 2	32	4 5 2	56	5 5 2	540
0 5 3	15	1 5 3	19	2 5 3	26	3 5 3	37	4 5 3	64	5 5 3	920
0 5 4	17	1 5 4	22	2 5 4	29	3 5 4	41	4 5 4	72	5 5 4	1,600
0 5 5	19	1 5 5	24	2 5 5	32	3 5 5	45	4 5 5	81	5 5 5	>1,600

*4, 5, 6 = 10, 1, 0.1

양성시험관수 4 5 6	MPN/100mL	양성시험관수 4 5 6	MPN/100mL	양성시험관수 4 5 6	MPN/100mL	양성시험관수 4 5 6	MPN/100mL	양성시험관수 4 5 6	MPN/100mL	양성시험관수 4 5 6	MPN/100mL
0 0 0	<1.8	1 0 0	2	2 0 0	4.5	3 0 0	7.8	4 0 0	13	5 0 0	
0 0 1	1.8	1 0 1	4	2 0 1	6.8	3 0 1	11	4 0 1	17	5 0 1	23
0 0 2	3.6	1 0 2	6	2 0 2	9.1	3 0 2	13	4 0 2	21	5 0 2	31
0 0 3	5.4	1 0 3	8	2 0 3	12	3 0 3	16	4 0 3	25	5 0 3	43
0 0 4	7.2	1 0 4	10	2 0 4	14	3 0 4	20	4 0 4	30	5 0 4	58
0 0 5	9	1 0 5	12	2 0 5	16	3 0 5	23	4 0 5	36	5 0 5	76
0 1 0	1.8	1 1 0	4	2 1 0	6.8	3 1 0	11	4 1 0	17	5 1 0	95
0 1 1	3.6	1 1 1	6.1	2 1 1	9.2	3 1 1	14	4 1 1	21	5 1 1	33
0 1 2	5.5	1 1 2	8.1	2 1 2	12	3 1 2	17	4 1 2	26	5 1 2	46
0 1 3	7.3	1 1 3	10	2 1 3	14	3 1 3	20	4 1 3	31	5 1 3	63
0 1 4	9.1	1 1 4	12	2 1 4	17	3 1 4	23	4 1 4	36	5 1 4	84
0 1 5	11	1 1 5	14	2 1 5	19	3 1 5	27	4 1 5	42	5 1 5	110
0 2 0	3.7	1 2 0	6.1	2 2 0	9.3	3 2 0	14	4 2 0	22	5 2 0	130
0 2 1	5.5	1 2 1	8.2	2 2 1	12	3 2 1	17	4 2 1	26	5 2 1	49
0 2 2	7.4	1 2 2	10	2 2 2	14	3 2 2	20	4 2 2	32	5 2 2	70
0 2 3	9.2	1 2 3	12	2 2 3	17	3 2 3	24	4 2 3	38	5 2 3	94
0 2 4	11	1 2 4	15	2 2 4	19	3 2 4	27	4 2 4	44	5 2 4	120
0 2 5	13	1 2 5	17	2 2 5	22	3 2 5	31	4 2 5	50	5 2 5	150
0 3 0	5.6	1 3 0	8.3	2 3 0	12	3 3 0	17	4 3 0	27	5 3 0	180
0 3 1	7.4	1 3 1	10	2 3 1	14	3 3 1	21	4 3 1	33	5 3 1	79
0 3 2	9.3	1 3 2	13	2 3 2	17	3 3 2	24	4 3 2	39	5 3 2	110
0 3 3	11	1 3 3	15	2 3 3	20	3 3 3	28	4 3 3	45	5 3 3	140
0 3 4	13	1 3 4	17	2 3 4	22	3 3 4	31	4 3 4	52	5 3 4	180
0 3 5	15	1 3 5	19	2 3 5	25	3 3 5	35	4 3 5	59	5 3 5	210
0 4 0	7.5	1 4 0	11	2 4 0	15	3 4 0	21	4 4 0	34	5 4 0	250
0 4 1	9.4	1 4 1	13	2 4 1	17	3 4 1	24	4 4 1	40	5 4 1	130
0 4 2	11	1 4 2	15	2 4 2	20	3 4 2	28	4 4 2	47	5 4 2	170
0 4 3	13	1 4 3	17	2 4 3	23	3 4 3	32	4 4 3	54	5 4 3	220
0 4 4	15	1 4 4	19	2 4 4	25	3 4 4	36	4 4 4	62	5 4 4	280
0 4 5	17	1 4 5	22	2 4 5	28	3 4 5	40	4 4 5	69	5 4 5	350
0 5 0	9.5	1 5 0	13	2 5 0	17	3 5 0	25	4 5 0	41	5 5 0	430
0 5 1	11	1 5 1	15	2 5 1	20	3 5 1	29	4 5 1	48	5 5 1	240
0 5 2	13	1 5 2	17	2 5 2	23	3 5 2	32	4 5 2	56	5 5 2	350
0 5 3	15	1 5 3	19	2 5 3	26	3 5 3	37	4 5 3	64	5 5 3	540
0 5 4	17	1 5 4	22	2 5 4	29	3 5 4	41	4 5 4	72	5 5 4	920
0 5 5	19	1 5 5	24	2 5 5	32	3 5 5	45	4 5 5	81	5 5 5	1,600 >1,600

※ 최확수법을 이용한 판정 시 양성 시험관수가 모두 0인 경우 결과값은 0으로 간주한다.

〈 별표 2 〉 3단계 희석(10, 1, 0.1㎖) 시험관 3개씩 시험하였을 때의 양성에 대한 최확수와 95%의 신뢰한계

*1, 2, 3=0.1, 0.01, 0.001   *4, 5, 6=10, 1, 0.1

양성 시험관수 1 2 3	MPN/g (mL)	양성 시험관수 1 2 3	MPN/g (mL)	양성 시험관수 10 1 0.1	MPN/100 (mL)	양성 시험관수 10 1 0.1	MPN/100 (mL)
0 0 0	<3	2 0 0	9.2	0 0 0	<3	2 0 0	9.2
0 0 1	3	2 0 1	14	0 0 1	3	2 0 1	14
0 0 2	6	2 0 2	20	0 0 2	6	2 0 2	20
0 0 3	9	2 0 3	26	0 0 3	9	2 0 3	26
0 1 0	3	2 1 0	15	0 1 0	3	2 1 0	15
0 1 1	6.1	2 1 1	20	0 1 1	6.1	2 1 1	20
0 1 2	9.2	2 1 2	27	0 1 2	9.2	2 1 2	27
0 1 3	12	2 1 3	34	0 1 3	12	2 1 3	34
0 2 0	6.2	2 2 0	21	0 2 0	6.2	2 2 0	21
0 2 1	9.3	2 2 1	28	0 2 1	9.3	2 2 1	28
0 2 2	12	2 2 2	35	0 2 2	12	2 2 2	35
0 2 3	16	2 2 3	42	0 2 3	16	2 2 3	42
0 3 0	9.4	2 3 0	29	0 3 0	9.4	2 3 0	29
0 3 1	13	2 3 1	36	0 3 1	13	2 3 1	36
0 3 2	16	2 3 2	44	0 3 2	16	2 3 2	44
0 3 3	19	2 3 3	53	0 3 3	19	2 3 3	53
1 0 0	3.6	3 0 0	23	1 0 0	3.6	3 0 0	23
1 0 1	7.2	3 0 1	38	1 0 1	7.2	3 0 1	38
1 0 2	11	3 0 2	64	1 0 2	11	3 0 2	64
1 0 3	15	3 0 3	95	1 0 3	15	3 0 3	95
1 1 0	7.4	3 1 0	43	1 1 0	7.4	3 1 0	43
1 1 1	11	3 1 1	75	1 1 1	11	3 1 1	75
1 1 2	15	3 1 2	120	1 1 2	15	3 1 2	120
1 1 3	19	3 1 3	160	1 1 3	19	3 1 3	160
1 2 0	11	3 2 0	93	1 2 0	11	3 2 0	93
1 2 1	15	3 2 1	150	1 2 1	15	3 2 1	150
1 2 2	20	3 2 2	210	1 2 2	20	3 2 2	210
1 2 3	24	3 2 3	290	1 2 3	24	3 2 3	290
1 3 0	16	3 3 0	240	1 3 0	16	3 3 0	240
1 3 1	20	3 3 1	460	1 3 1	20	3 3 1	460
1 3 2	24	3 3 2	1100	1 3 2	24	3 3 2	1100
1 3 3	29	3 3 3	>1,100	1 3 3	29	3 3 3	>1,100

※ 최확수법을 이용한 판정 시 양성 시험관수가 모두 0인 경우 결과값은 0으로 간주한다.

실험 6 대장균군 정량검사(건조필름법)

■ 실험목적

대장균 측정용 건조필름 배지를 이용하여 검체 중의 대장장균군의 유무와 대당균 수를 산출한다.

■ 실험재료 및 기구

(1) **시료**
(2) **실험기구** : 대장균용 건조필름배지, 피펫, 1ml 팁(tip), test tube

■ 실험방법

① 시험용액 1ml와 각 10배 단계 희석액 1ml를 2매 이상씩 대장균 건조필름배지Ⅰ(배지 1) 또는 대장균 건조필름배지Ⅱ(배지 2)에 접종한다.
  ■ 건조필름 사용법
  ㉠ 시험용액 1ml를 취한다.
  ㉡ 건조필름 배지 중의 상부필름을 들어 올린 후 피펫을 수직이 되게 하여 하부필름 중간에 접종한다.
  ㉢ 공기방울이 생기지 않게 상부필름을 조심히 덮는다.
  ㉣ 누름판의 평평한 부분이 아래로 가게하여 상부필름에 놓고 조심스럽게 힘을 가하여 시료가 골고루 퍼지게 한다.
   ※ 누름판을 돌리거나 밀지 않아야한다.
  ㉤ 누름판을 들어내고 겔이 형성될 때까지 1분간 기다린다.
  ㉥ 10장 이하로 쌓아서 배양한다.
② 35±1℃에서 24±2시간 배양한다.
③ 대장균군 건조필름배지Ⅰ에서는 붉은 집락 중 주위에 기포를 형성한 집락수를 계산하고, 대장균군 건조필름배지Ⅱ에서는 청색 및 청녹색의 집락수를 계산하여 그 평균집락수에 희석배수를 곱하여 대장균군 수를 산출한다.
④ 균수 산출 및 기재보고는 일반세균수에 따라 한다.

■ 결과

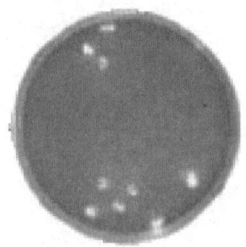

■ 참고

(1) 대장균군 건조필름배지 Ⅰ

Yeast Extract	9.6g
Pancreatic Digest of Gelatin	20.9g
Bile Salt No. 3	1.6g
Peptic Digest of Animal Tissue	1.6g
Lactose	21.4g
Sodium Chloride	5.3g
Crystal Violet	0.002g
Neutral Red	0.1g
Guar gum	65.7g
2,3,5-Triphenyltetrazolium Chloride	0.11g

위의 성분을 증류수 1,000mL에 녹인 후 121℃에서 15분간 멸균하여 건조필름을 제조한다.

(2) 대장균 건조필름배지 II

Peptone	2g
Bonito meat extract(Erlich meat extract)	8g
Gall powder	1.5g
Sodium deoxycholate	1g
Sodium dodecyl sulfate	1g
Potassium nitrate	1g
Potassium hydrogen phosphate	1g
Isopropyl-β-D-thiogalactopyranoside	0.03g
5-bromo-4-chloro-3-indoxyl-β-D-galactopyranoside	0.5g
6-chloro-3indoxyl-β-D-glucuronic acid	0.5g

위의 성분을 1,000mL에 녹인 후 121℃에서 15분간 멸균하여 건조필름을 제조한다.

실험 7 대장균군의 감별 시험법(IMViC test)

■ 실험목적

IMViC 시험법은 *Escherichia coil* 등의 장내 세균을 검색하는 데 쓰이는 일련의 검정법으로 Indole 생산 시험, Methyl red 반응, Voges-Proskauer 반응, Citrate 이용성의 4가지 실험을 함께 하는 검정이다. 특히 IMViC 시험법은 수질 오염의 지표 미생물인 *Escherichia coil* 인지, 아니면 이와 유사한 *Enterobacter aerogenes* 인지를 최종적으로 판정하는 데 응용되는 실험 방법이다.

- **Indole Production test** : 세균이 아미노산인 Tryptophan을 분해하여 Indole을 생산하는 능력이 있는지 보기 위한 시험이다.
- **Methyl Red test(MR test)** : 세균이 glucose를 산화시켜 높은 농도의 혼합산(mixed acid)을 생성하는지를 보는 시험이다.
- **Voges-Proskauer test(VP test)** : 세균이 glucose를 발효 시 생성된 유기산으로부터 acetylmethylcarbinol(acetion)을 생성하는지의 여부를 관찰하는 시험이다.
- **Citrate Utilization Test** : 어떤 세균이 탄소원으로 Citric Acid를 이용하는지 Amm. phosphate를 질소원으로 이용하는지 여부를 관찰하는 시험이다.

■ 실험재료 및 기구

(1) **Indole Production test** : SIM medium, Kovac's reagent
(2) **Methyl Red test** : MRVP 배지, methyl red 지시약
(3) **Voges-Proskauer test** : MRVP 배지, Barrit's 시약(A용액, B용액)
(4) **Citrate Utilization test** : simmon citrate agar, Bromthymol blue 지시약

■ 실험방법

(1) **Indole Production test**
 ① 10㎖의 SIM배지를 넣은 시험관에 신선한 배양균을 천자 접종한다.
 ② 37℃에서 24~48시간 배양한다.
 ③ Kovac's 시약을 0.2~0.5㎖ 첨가한다.
 ④ 튜브를 조용히 흔든 후(10분간 방치) 관찰한다.

(2) Methyl Red test
① 10㎖의 MR-VP 배지에 신선한 배양균을 접종한다.
② 37℃에서 24~48시간 배양한다.
③ Methyl Red 5방울을 가한다.
④ 튜브를 조용히 흔든 후 관찰한다.

(3) Voges-Proskauer test
① 10㎖의 MR-VP 배지에 신선한 배양균을 접종한다.
② 37℃에서 24~48시간 배양한다.
③ 균배양액에 Barrit's 시약 A용액 0.6㎖(6방울)과 B용액 0.2㎖(2방울)을 가한 후 30초 ~1분간 흔들어 대기 중에서 산화시킨다.
④ 튜브를 잘 흔들고 10~15분 방치한 후 관찰한다.

(4) Citrate Utilization test
① 백금선으로 각 세균을 취하여 simmons의 구연산소다 사면배지에 접종한다.
② 37℃에서 24~48시간 배양한 후 관찰한다.

■ 결과

(1) Indole Production test
시약 층이 적색으로 변하면 양성, 황색으로 변하면 음성이다.
① 양성 : *E. coli, Yersinia, Proteus*
② 음성 : *Enterobacter, Klebsiella, Salmonella, P. mirabilis*

(2) Methyl Red test
배지 표면이 선명한 적색으로 변하면 양성, 핑크 또는 황색으로 변하면 음성이다.
① 양성 : *E. coli, Yersinia, Proteus, listerria monocytogenes*
② 음성 : *E. aerogenes, Klebsiella*

(3) Voges-Proskauer test
선명한 핑크 또는 적색으로 변하면 양성, 엷은 핑크 또는 황색으로 변하면 음성이다.
① 양성 : *Enterobacter, Staphylococcus*
② 음성 : *E.coli, Micrococcus*

(4) Citrate Utilization test
배지가 청변하면 양성, 발육이나 색의 변화가 없으면 음성이다.

① 양성 : *Enterobacter group, Aeromonas hydrophilia*
② 음성 : *E.coli, Aeromonas, Salmonella*

※ 시약제조

① kovac's reagent

ρ-Dimetylaminobenze aldehyde 5g과 amyl or isoamyl alcohol 75㎖를 온욕 상태로 용해하며, 다음에 HCl 25㎖를 가하여 냉장고에 보관한다.

② MRVP 배지

peptone 7g, Dipotassium phosphate 5g, glucose 5g, 증류수 1ℓ (pH 6.8로 조정)

③ barrit's 시약(VP 반응시약)

- A 용액 : α-Naphtol 5g에 Absolute ethyl alcohol 100㎖에 용해
- B 용액 : KOH 40.0g과 creatine 0.3g을 증류수 100㎖에 용해

④ simmon citrate agar

magnesium sulfate 0.2g, monoammonium phosphate 1g, Dipotassium phosphate 1g, Sodium citrate 2g, Sodium chloride 5g, agar 15g, Brom thymol blue 0.08g, 증류수 1ℓ (pH 6.8로 조정)

⑤ methyl red pH indicator

Methyl red 0.1g을 95%의 ethanol 300㎖에 용해

실험 8 살모넬라(*Salmonella* spp.)의 검사법

■ 실험목적

*Salmonella*균은 동물계에 널리 분포되어 있으며 무포자 그람 음성 간균으로서 편모를 가지고 있어 운동성이 있다. 호기성 또는 통성혐기성이며 보통배지에서 잘 자라고 24~48시간 정도에서 2~3mm의 대장균과 유사한 colony를 만든다. 최적온도는 37℃, 최적 pH는 7~8이다. 육류와 그 가공품, 어패류와 그 가공품, 가금류의 알(건조란 포함), 우유 및 유제품, 생과자류, 납두, 샐러드 등에서 감염된다.

■ 실험재료 및 기구

(1) **증균배양** : Buffered Peptone Water, Tetrathionate 배지, Rappaport-Vassiliadis 배지

(2) **분리배양** : XLD Agar, Desoxycholate Citrate Agar, XLD 한천배지

(3) **확인시험** : TSI Agar 또는 LIA 사면배지,

■ 실험방법(식품 및 식육, 식품공전)

(1) **증균배양**

① 시료 25mL(g)에 225mL의 펩톤식염완충액(Buffered Peptone Water)을 첨가한다.
② 36±1℃에서 18~24시간 배양한다.
③ 이 배양액을 2종류의 증균배지, 즉 10mL의 Tetrathionate 배지에 1mL를 첨가함과 동시에 10mL의 RV 배지 또는 RVS 배지에 0.1mL를 첨가한다.
④ 각각 36±1℃(Tetrathionate 배지) 및 41.5±1℃(RV 배지 또는 RVS 배지)에서 20~24시간 동안 증균배양한다.

(2) **분리배양**

① 각각의 증균배양액을 XLD Agar 및 BG Sulfa 한천배지(Bismuth Sulfite 한천배지, Desoxycholate Citrate 한천배지, HE 한천배지, XLT4 한천배지)에 도말한다.
② 36±1℃에서 20~24시간 배양한다.
③ 의심집락은 5개 이상 취하여 확인시험을 실시한다.

(3) 확인시험

① 생화학적 확인시험

㉠ 의심스러운 집락에 대해 TSI Agar 또는 LIA 사면배지에 천자하여 37±1℃에서 20~24시간 배양한다.

㉡ TSI 및 LIA 검사결과 살모넬라균으로 추정되는 균에 대해서는 그람음성의 간균임을 확인하고, Indol(−), MR(+), VP(−), Citrate(+), Urease(−), Lysine(+), KCN(−), malonate(−) 시험 등의 생화학적 검사를 실시하여 살모넬라 양성유무를 판정한다.

② 응집시험

㉠ 균종 확인이 필요한 경우 살모넬라진단용 항혈청을 사용한 응집반응 결과에 따라 균종을 결정한다.

㉡ 먼저 살모넬라 O혼합혈청 시험으로서 다가 O항혈청을 사용하여 슬라이드 응집반응검사를 실시한다.

㉢ 살모넬라 O인자 혈청시험 즉 A, B, C, D, E군 등의 인자 항혈청으로 슬라이드 응집반응을 실시하여 O혈청형을 결정한다.

㉣ 살모넬라 H인자 혈청시험은 편모(H)항혈청 즉 a, b, c, d, e, h, g, k, l, r, y, 1.2, 1.3, 1.5, 1.6 등에 대해 시험관 응집반응을 실시하여 결정한다.

■ 결과

■ 참고

※ 배지제조

① Peptone water

Peptone 10g, Sodium Chlroride 5g을 증류수 1,000㎖에 녹여 pH 7.2±0.2가 되도록 조정한 후 121℃에서 15분간 멸균한다.

② Rappaport-Vassiliadis 배지

Tryptone 5g, NaCl 5g, KH_2PO_4 1.6g, Distilled water 1,000㎖을 각각 제조한 후, 액체배지 1,000㎖에, 100㎖ Magnesium Chloride용액과 10㎖의 Malachite green oxalate용액을 혼합하여 시험관에 10㎖씩 분주하고 121℃에서 15분간 멸균하여 사용한다.

③ MacConkey Agar

Peptone 17.0g, Polypeptone 3.0g, Lactose 10.0g, Bile Salts No.3 1.5g, Sodium Chloride 5.0g, Neutral Red 0.03g, Crystal Violet 0.001g, Agar 13.5g을 증류수 1,000㎖에 녹여 pH 7.1±0.2로 조정하고 가열 용해한 후 121℃에서 15분간 멸균한다.

④ Desoxycholate Citrate Agar

Beef Extract 5.0g, Peptone 5.0g, Lactose 10.0g, Sodium Citrate 8.5g, Sodium Thiosulfate 5.4g, Ferric Ammonium Citrate 1.0g, Sodium Desoxycholate 5.0g, Neutral Red 0.02g, Agar 12.0g을 증류수 1,000㎖에 녹여 pH 7.5±0.2로 조정한 후 끓인다.

⑤ TSI 한천배지(Triple Sugar Iron Agar)

Beef Extract 3.0g, Yeast Extract 3.0g, Peptone 20.0g, Lactose 10.0g, Sucrose 10.0g, Dextrose 1.0g, Ferrous Sulfate 0.2g, Sodium Chloride 5.0g, Sodium Thiosulfate 0.3g, Phenol Red 0.24g, Agar 13.0g을 증류수 1,000㎖에 녹여 pH 7.4±0.2로 조정한 후 121℃에서 15분간 멸균한다.

⑥ 보통한천배지(Nutrient Agar)

Peptone 5.0g, Beef Extract 3.0g, 정제한천 15g을 증류수 1,000㎖에 녹여 pH 6.8±0.2로 조정한 후 121℃에서 15분간 멸균한다.

실험 9. 황색포도상구균(Staphylococcus aureus) 정성시험법

■ 실험목적

사람과 동물의 화농성 질환의 가장 중요한 원인균이다. 그람 양성, 무포자 구균이고 통성혐기성 세균이며 coagulase 양성, mannitol 분해성, ribitol 양성, protein A 양성이다. 발육최적온도는 37℃이다. 포도상구균 식중독은 화농성 염증을 가진 조리사가 감염원이 되는 식중독이고 생성독소는 enterotoxin이다. 원인식품은 떡, 콩가루, 쌀밥, 우유, 치즈, 과자류 등이다.

■ 실험재료 및 기구

TSB배지, 난황첨가 만니톨 식염한천배지, 보통한천배지, 토끼혈청, 생리식염수

■ 실험방법(식품공전)

(1) 증균배양
   ① 검체 25g 또는 25㎖를 취하여 225㎖의 10% NaCl을 첨가한 TSB배지에 가한다.
   ② 35~37℃에서 18~24시간 증균 배양한다.

(2) 분리배양
   ① 증균 배양액을 난황첨가 만니톨 식염한천배지 또는 Baird-Parker 한천배지 또는 Baird-Parker(RPF) 한천배지에 접종한다.
   ② 35~37℃에서 18~24시간 배양한다.
   ③ 배양결과 난황첨가만니톨 식염한천배지에서 황색불투명 집락(만니톨분해)을 나타내고 주변에 혼탁한 백색환(난황반응 양성)이 있는 집락 또는 Baird-Parker 한천배지에서 투명한 띠로 둘러싸인 광택이 있는 검정색 집락 또는 Baird-Parker(RPF) 한천배지에서 불투명한 환으로 둘러싸인 검정색 집락은 확인시험을 실시한다.

(3) 확인시험
   ① 분리 배양된 평판배지상의 집락을 보통한천배지에 옮긴다.
   ② 35~37℃에서 18~24시간 배양한다.
   ③ 그람염색을 실시하여 포도상의 배열을 갖는 그람양성 구균을 확인한다.

④ 그람양성구균이 확인된 것은 coagulase 시험을 실시한다.
⑤ 24시간 이내에 응고유무를 판정한다.
⑥ Baird-Parker(RPF) 한천배지에서 전형적인 집락으로 확인된 것은 coagulase 시험을 생략할 수 있다.
⑦ Coagulase 양성으로 확인된 것은 생화학 시험을 실시하여 판정한다.

결과

참고

※ TSB 배지(Tryptic Soy Broth)

Tryptone 17g, Soytone 3g, Dextrose 2.5g, Sodium Chloride 5g, Dipotassium Phosphate 2.5g을 증류수 1,000㎖에 녹여 pH 7.3±0.2로 조정한 후 121℃에서 15분간 멸균한다.

※ 난황첨가 만니톨 식염한천배지

Beef Extract 2.5g, Peptone 10g, Mannitol 10g, Sodium Chloride 75g, Phenol Red 25㎎, Agar 15g을 증류수 1,000㎖에 녹여 가열 용해한 후 pH 7.2~7.6으로 조정한 후 121℃에서 15분간 멸균한다. 멸균시킨 배지를 50℃ 정도로 식혀 난황액을 10%의 비율로 무균적으로 가해 잘 혼합한 후 사용한다.

※ 토끼혈청

신선혈청 5%, 건조혈청의 용액 10%

일반 검사

실험 10　장염비브리오(Vibrio parahaemolyticus) 정성시험

■ 실험목적

장염비브리오균은 호염균이며 연안 해수, 플랑크톤 등에 널리 분포한다. 그람음성 무포자 간 균으로서 소금이 전혀 들어 있지 않은 배지에서는 발육하지 않으며 0.5~12%의 식염농도 범위에서 발육한다. 최적 pH는 7.5~8.0이며 발육최적 온도는 27~37℃이다. 원인식품은 주로 어패류로 생선회가 가장 대표적이지만, 그 외에도 가열 조리된 해산물이나 침채류를 들 수 있다.

■ 실험재료 및 기구

펩톤수, TCBS한천배지, TSI사면배지, LIM배지, 보통한천배지, VP 시험, ONPG배지

■ 실험방법(식품공전)

(1) 증균배양

① 검체 25g 또는 25㎖를 취하여 225㎖의 alkaline 펩톤수를 가한다.
② 35~37℃에서 18~24시간 증균배양한다.

(2) 분리배양

① 증균배양액을 TCBS한천배지에 접종한다.
② 35~37℃에서 18~24시간 배양한다.
③ 배양결과 직경 2~4㎜인 청록색의 서당(sucrose) 비분해 집락에 대하여 확인시험을 실시한다.

(3) 확인시험

① 분리 배양된 평판배지상의 집락을 TSI사면배지, LIM반유동배지, NaCl을 첨가한 보통한천배지에 각각 접종한다.
② 35~37℃에서 18~24시간 배양한다.
③ 장염비브리오는 TSI사면배지에서 사면부가 적색(유당, 서당 비분해), 고층부는 황색(포도당발효), 가스가 생성되지 않으며 LIM배지에서 Lysine Decarboxylase 양성, Indole 생성, 운동성 양성, Oxidase시험 양성이다.

④ 장염비브리오로 추정된 균은 0, 3, 8 및 10% NaCl을 가한 alkaline 펩톤수에 의한 내염성시험, VP 시험, Mannitol 이용성시험(1% mannitol첨가), Arginine 및 Ornithine 분해시험(1% arginine 또는 1% ornithine첨가), ONPG 시험을 실시한다.

⑤ 장염비브리오는 0% 및 10% NaCl을 가한 Peptone수에서 발육 음성, 3% 및 8% NaCl을 가한 Peptone수에서 발육 양성, VP 음성, 만니톨에서 산 생성 양성, Ornithine 분해 양성, Arginine 분해 음성, ONPG 시험 음성, 3% NaCl을 가한 Nutrient Broth, 42℃에서 발육 양성이다.

■ 결과

■ 참고

※ 펩톤수(Alkaline Peptone Water : 2% NaCl을 가한 것)

Peptone 10g, Sodium Chloride 20g을 증류수 1,000㎖에 녹여 pH 8.6으로 조정한 후 10㎖씩 분주하여 121℃에서 15분간 멸균한다.

※ TCBS 한천배지

Yeast Extract 5g, Peptone 10g, Sodium Citrate 10g, Sodium Thiosulfate 10g, Oxgall 5g, Sodium Cholate 3g, Sucrose 20g, Sodium Chloride 10g, Ferrous Citrate 1g, Brom Thymol Blue 0.04g, Thymol Blue 0.04g, Agar 15g을 증류수 1,000㎖에 녹여 가열한 후 50℃ 정도로 식혀 멸균 페트리 접시에 붓는다. 최적 pH는 8.6이며 고압증기멸균을 해서는 안 된다.

※ LIM 반유동배지

Peptone 10g, Yeast Extract 3g, Dextrose 3g, Brom Cresol Purple 0.02g, L-Lysin Hydrochloride 10g, L-Tryptophan 0.5g, Agar 3g을 증류수 1,000㎖에 녹여 pH 6.7로 조정한 후 시험관에 분주하여 121℃에서 15분간 멸균하여 사용한다.

※ VP 반유동배지

Yeast Extract 1g, Casein peptone 7g, Soypeptone 5g, Dextrose 10g, NaCl 5g, Agar 3g을 증류수 1,000㎖에 녹인 후 pH 7.0~7.2로 조정한 후 시험관에 분주하여 121℃에서 15분간 멸균한다.

일반 검사

실험 11 　바실러스 세레우스(*Bacillus cereus*) 정량시험

실험목적

*Bacillus cereus*는 그람 양성, 아포를 형성하고 주모성의 편모를 갖는 호기성 간균이다. 호기적 조건이나 혐기적 조건에서 모두 증식할 수 있으며, 30~40℃에서 가장 잘 자라나 5~55℃에서도 증식한다.

토양, 물 등 자연계에 널리 분포하고, 식품을 오염시킬 기회도 많다. 내열성 아포(spore)를 잘 형성하기 때문에 가열식품에도 증식하여 식품부패의 원인이 된다.

바실러스 세레우스균은 식중독 증상에 따라 독소형과 설사형의 2가지로 구분된다.

다른 *Bacillus* 속과 구별되는 특징으로는 β-용혈현상을 가지고 있고, lecitinase를 생성하여 egg-yolk 반응에 양성을 나타낸다.

실험재료 및 기구

(1) 시료

(2) 시약 및 배지

　　MYP 한천배지, Polymyxin B 용액(10,000unit/ml), 난황액

(3) 실험기구

　　배양기(incubator), 스프레더(cell spreader), 시험관

실험방법(식품공전)

(1) 균수 측정

　① 검체 25g 또는 25ml를 취한 후, 225ml의 희석액(멸균증류수 혹은 멸균인산완충용액)을 가하여 2분간 고속으로 균질화(stomaching)하여 시험용액으로 한다.

　② 희석액을 사용하여 10배 단계 희석액을 만든다.

　③ MYP 한천평판배지에 단계별 희석용액 총 접종액이 1ml가 되도록 3~5장을 도말한다.

④ 배양기(incubator)에 넣어 30℃에서 24±2시간 배양한다.
   ※ 배지는 뒤집어 놓는다.
⑤ 배양 후 집락 주변에 lecithinase를 생성하는 혼탁한 환이 있는 분홍색 집락을 계수한다.

(2) 확인시험
① 계수한 평판에서 5개 이상의 전형적인 집락을 선별하여 보통한천배지(배지 8)에 접종한다.
② 배양기(incubator)에 넣어 30℃에서 18~24시간 배양한 후 바실러스 세레우스 정성시험, 확인시험에 따라 확인시험을 실시한다.

(3) 균수계산
① 확인 동정된 균수에 희석배수를 곱하여 계산한다.
   예로 10^{-1} 희석용액을 0.2mL씩 5장 도말 배양하여 5장의 집락을 합한 결과 100개의 전형적인 집락이 계수되었고 5개의 집락을 확인한 결과 3개의 집락이 바실러스 세레우스로 확인되었을 경우 $100 \times (3/5) \times 10 = 600$으로 계산한다.

결과

참고

(1) MYP 한천배지(Mannitol Egg Yolk Polymyxin agar)

Beef Extract	1g
Peptone	10g
Mannitol	10g
Sodium Chloride	10g
Phenol Red	0.025g
Agar	15g

위의 성분을 증류수 900mL에 녹이고 pH 7.2로 조정한 후 500mL 플라스크에 225mL씩 분주하고 121℃에서 15분간 멸균하여 50℃로 식힌 다음 Polymyxin B 용액(10,000 unit/mL) 2.5mL와 난황액(시액 8) 12.5mL를 각각 넣어 혼합한다.

실험 12 식품용기(유리, 도자기, 법랑 및 옹기류)에서의 납(Pb) 용출검사

■ 실험목적

납은 축적성이 있으므로 급성 독성보다 만성 독성이 문제가 된다. 유리, 도자기, 법랑 및 옹기류 등의 조악품에서는 납이 용출될 가능성이 있다. 유약의 종류나 소성온도와 시간 등에 의하여 용출상황은 다르지만 일반적으로 그림을 그린 후에 유약을 바르지 않고 열처리하면 납의 용출이 심하다. 납 중독의 일반적인 증상으로는 복부의 선통, 운동신경 마비, 신장 장애, 빈혈 등이 있다.

■ 실험재료 및 기구

4% acetic acid, 비커, 시험관, 10% potassium chromate, 황산과 에탄올(1:1) 혼합용액

■ 실험방법

(1) 시험용액의 조제(액체를 넣었을 때 깊이가 2.5cm 이상의 검체)
① 검체를 물로 잘 씻는다.
② 액체를 넣었을 때 넘쳐흐르는 면으로부터 5mm 아래까지 4% 초산을 채운다.
③ 상온에서 암소에 24시간 방치한다.
④ 액을 비커에 옮겨 시험용액으로 한다.

(2) 정성시험(정색법)
① 시험용액 10㎖를 시험관에 취한다.
② 10% potassium chromate 용액을 몇 방울 가한다.
  ⇒ 납이 용출되면 황색 침전 또는 혼탁하게 된다.
③ 시험용액 10㎖를 시험관에 취한다.
④ 황산과 에탄올(1:1) 혼합용액을 몇 방울 가한다.
  ⇒ 납이 용출되면 백색 침전 또는 혼탁하게 된다.

■ 결과

양쪽 방법에 의하여 검출된 결과가 양성이면 부적격으로 판정한다.

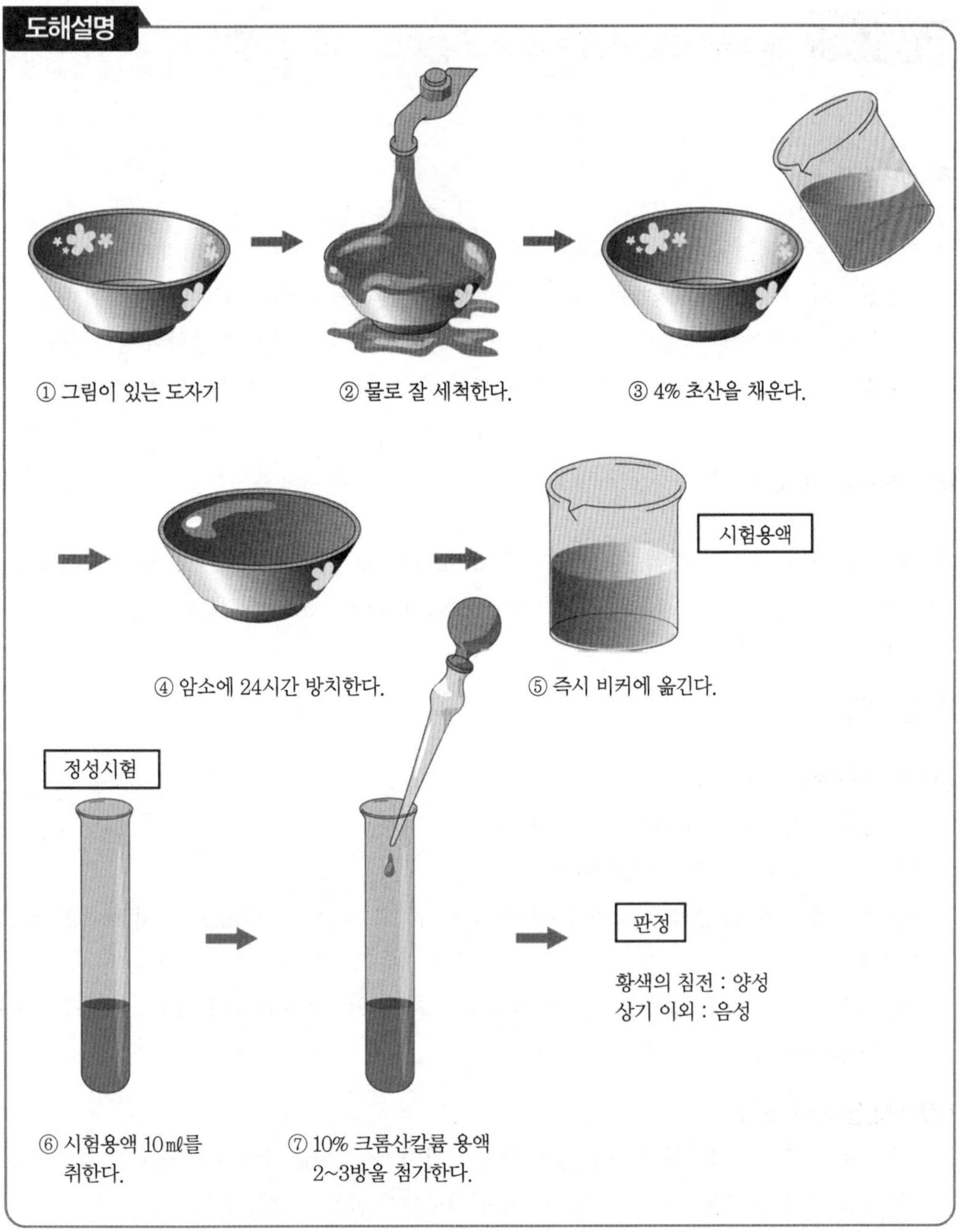

도해설명

① 그림이 있는 도자기
② 물로 잘 세척한다.
③ 4% 초산을 채운다.

④ 암소에 24시간 방치한다.
⑤ 즉시 비커에 옮긴다.

시험용액

정성시험

⑥ 시험용액 10㎖를 취한다.
⑦ 10% 크롬산칼륨 용액 2~3방울 첨가한다.

판정
황색의 침전 : 양성
상기 이외 : 음성

■■ 그림 12-1 용출 납의 검사 ■■

실험 13 통조림 식품 중의 주석(Sn) 검사

■ 실험목적

통조림 관의 내측에는 주석이 도금되어 있다. 보통 백관(plain can)이 사용되지만 미숙한 과실을 사용한 경우나 제조 시 사용하는 지하수에 질산염이 혼입되어 있는 경우에는 주석이 용출된다. 특히 개관 후에는 공기 중의 산소에 영향을 받아서 매우 빠른 속도로 주석이 용출된다. 주석이 과량 용출된 주스 등을 섭취하면 복통, 구토를 주 증상으로 하는 식중독을 일으킨다.

■ 실험재료 및 기구

전기로, 1N HCl, 주석 표준액, 공전 시험관, dinitrophenol 시액, 10% NaOH, 20% lactic acid, 1% sodium thiosulfate, SATP, xylene, spectrophotometer, 리트머스 종이

■ 실험방법

(1) 주석표준액 조제

① 금속 주석 0.5g에 염산 30㎖를 가한다.
② water bath 상에서 가열 용해한다.
③ 냉각 후 30% H_2O_2를 가하여 1N HCl에 용해하고, 전량을 500㎖로 해서 보존액으로 한다.
④ 보존액 1.0㎖를 1N HCl로 전량이 100㎖가 되게 한다(주석표준액 1㎖는 10㎍의 주석을 함유한다).

(2) 시험용액의 조제

① 시료를 믹서로 파쇄한 후에 1g를 비커에 취하여 hot plate 상에서 탄화한다.
② 다시 비커 중의 시료를 450~550℃의 전기로에서 완전 회화한다.
③ 잔류물에 1N HCl 10㎖를 가한다.
④ 1N HCl로 100㎖ 메스플라스크 표선까지 채운 후에 이것을 시험용액으로 한다.

(3) 정성시험(정색법)

① 시험용액 1.0㎖ 및 주석 표준액 1, 2, 3㎖를 각각 50㎖ 공전시험관에 취하고 1N HCl을 가하여 10㎖로 한다.

② dinitrophenol 시액 2방울을 가하고 10% NaOH 용액으로 중화한 후에 물을 넣어 20㎖로 한다.
③ 20% lactic acid 2㎖와 1% sodium thiosulfate 1㎖ 및 SATP 5㎖를 가하여 잘 진탕한 후 20분 동안 방치한다.
④ xylene 10㎖를 가하여 심하게 흔든 후 상부의 xylene층을 측정용 cell에 취한다.
⑤ 물을 대조로 하여 spectrophotometer를 이용하여 파장 415nm에서 흡광도를 측정한다.
⑥ 주석 표준액의 흡광도에 의하여 검량선을 그려서 통조림 식품 중의 주석량을 구한다.

결과

참고

※ **dinitrophenol 시액**
2,4-dinitrophenol 0.25g을 50% 에탄올 100㎖에 용해한다.

※ **SATP(salicylidene amino-2-thiophenol)**
ascorbic acid 1g을 에탄올 100㎖에 용해한 후 SATP 0.1g을 가하여 가열 용해한다.

Chapter 03 일반 검사

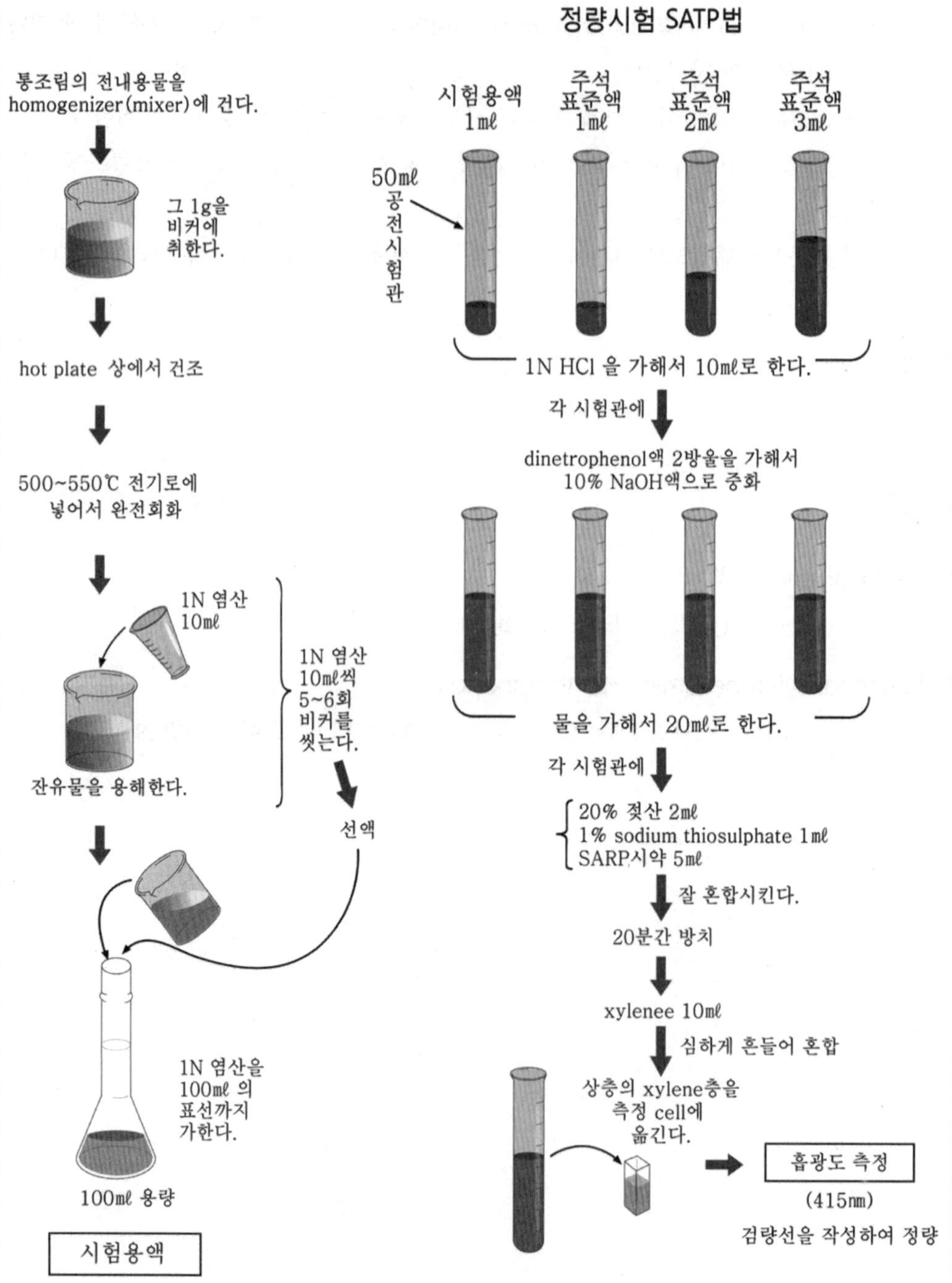

■■ 그림 13-1 통조림 식품에서 주석검사 ■■

실험 14 포름알데히드(formaldehyde)의 용출검사

■ 실험목적

포름알데히드는 산소를 함유하는 단순한 구조의 유기화합물이다. 강한 자극성 냄새가 나며, 물에 아주 간단히 용해되는 성질을 가지고 있다. 여러 휘발성 유기화합물 중에서도 가장 비등점이 낮아 초휘발성 유기화합물로 분류하며 공기 중에서 아주 쉽게 방산된다. 살균, 방부 작용이 있지만 독성이 강하므로 식품위생법상 식품에 사용하는 것이 금지되어 있다.

■ 실험재료 및 기구

HCl, 20% H_3PO_4, 시험관, 1% 염산페닐히드라진, 1% 니트로프루시드나트륨, 10% NaOH, water bath

■ 실험방법

(1) 시험용액의 조제

① 무색의 검체
- 고체 검체인 경우는 검체 5g을 취하여 50~60℃의 더운물 10㎖를 취한다.
- 묽은 HCl으로 약산성이 되도록 하여 20분 동안 방치한다.
- 여과하여 여액을 시험용으로 사용한다.
- 액체 검체인 경우에는 그대로 시험하여도 된다.

② 착색된 검체
- 액체 검체인 경우는 검체 10㎖를 취하고 물 10㎖를 가한다.
- 고체 검체인 경우는 검체 5g을 잘게 썰어 물 20㎖를 가한다.
- 20% H_3PO_4 1㎖를 가해서 약산성으로 하고 증류한다.
- 증류액 10㎖를 받아서 시험용액으로 사용한다.

(2) 정성시험(Rimini 반응)

① 시험용액 5㎖를 시험관에 취한다.
② 1% 염산페닐히드라진 용액 0.5㎖를 가하여 잘 진탕한다.
③ 1% 니트로프루시드나트륨 용액 2방울을 가하여 잘 진탕한다.
④ 10% NaOH 용액 1.5㎖를 관벽을 따라 가한다.

일반 검사

경계면이 청색을 띠며 진탕액이 청색으로 되면 포름알데히드가 존재하는 것이다. 포름알데히드를 제조 원료로 하는 용기는 용출시험이 규정되어 있다. 물을 침출액으로 하여 60℃에서 30분 동안의 조건에서 포름알데히드 음성이어야 한다.

실험 15 착색료시험법 – 타르색소(산성색소)

■ 실험목적

■ 실험재료 및 기구

탈지양모, 실리카겔 또는 폴리아마이드, 초산, 1% 암모니아수, 크로마토그래피용 여과지, 모세관, 전개용매, 전개조, water bath

※ 전개용매
- 아세톤 : 이소아밀알코올 : 물(6 : 5 : 5)
- n-부탄올 : 무수에탄올 : 1% 암모니아수(6 : 2 : 3)
- 25% 에탄올 용액 : 5% 암모니아수(1 : 1)

■ 실험방법(모사염색법)

(1) 시험용액의 조제(추출)
① 액상검체(알코올 음료, 청량음료, 액체 조미료 등) : 착색의 정도에 따라 검체 20~200 ml를 취하여 적당히 물을 가하여 시험용액으로 한다. 알코올을 함유한 것은 중화한 다음 수욕 상에서 알코올을 증발시키고 물을 보충하여 색소추출액으로 한다.
② 농산식품 : 착색의 정도에 따라 검체 20~200g을 취하여 가능한 한 작게 부수고 식품공전(5. 착색료시험법)의 방법에 따라 색소추출액을 만든다.
③ 수산 및 축산식품(햄, 소시지, 연제품 등) : 검체를 착색의 정도에 따라 20~200g을 취하여 식품공전(5. 착색료시험법)의 방법에 따라 색소추출액을 만든다.

(2) 시험용액의 조제(정제)
① 색소추출액 5ml에 1% 초산 1ml를 가하고 탈지양모 0.1g을 넣고 잘 흔들어 섞는다.
② 수욕 중에서 30분간 가온한 다음 양모를 건져낸다.
③ 양모가 염색되지 않으면 불검출로 하고 양모가 염색되면 이 염색된 양모를 1% 암모니아용액 5ml 중에 넣고 30분간 가온한다.
④ 양모를 건져내어 초산으로 중화하고 약 1%의 농도로 조제하여 시험용액으로 한다.

(3) 시험조작(여과지 크로마토그래피)

① 크로마토그래피용 여과지의 끝에서 40mm의 곳에 연필로 줄을 긋는다.
② 그 위에 시험용액과 색소표준용액을 각각 20mm의 간격으로 미량 피펫 또는 모세관으로 직경 약 5mm의 원이 되게 찍고 말린다.
③ 이 여과지를 규정의 전개용매를 넣은 용기에 여과지가 기벽에 닿지 않도록 주의하여 수직으로 매달고 하단 약 10mm를 전개용매 중에 담그고 뚜껑을 닫아 방치한다.
④ 용매가 반점에서 13~25cm의 높이까지 상승하였을 때 여과지를 건져내어 말린다.
⑤ 시험용액과 색소표준용액으로부터 전개된 반점의 위치와 색을 처음에 자연광, 다음에 자외선(약 365nm)에서 비교 관찰한다.

실험 16 식품별 이물시험법

■ 실험목적

■ 실험재료 및 기구

■ 실험방법

(1) 식빵, 라면, 국수, 두부, 건과, 유과, 건빵, 도너츠, 전분 및 이유식
① 검체 50~100g을 잘게 하여 1ℓ의 와일드만 플라스크에 넣는다.
② 석유 에테르를 검체가 담겨질 정도로 부어 때때로 흔들어 섞으면서 1시간 방치한다.
③ 브후나깔때기로 흡인 여과해서 가능한 한 석유 에테르를 제거한다.
④ 깔때기 위의 검체를 물로 와일드만 플라스크에 씻어 넣는다.
⑤ 물을 가하여 전량을 500㎖로 하고 수욕 상에서 가열한다.
⑥ 이때 때때로 흔들어 검체 덩어리를 더욱 잘게 하면서 남아 있는 석유 에테르를 제거한 후 식힌다.
⑦ 염산을 1%가 될 정도로 가하여 약 1시간 끓여 소화시킨다.
⑧ 이 때 될 수 있는 대로 검체를 더 잘게 한 후 일반시험법에 따라 시험한다.

(2) 된장, 고추장, 춘장, 케첩, 잼, 커피, 차, 고춧가루, 후춧가루 및 카레
① 검체 50g을 500㎖의 비커에 넣고 물 300㎖를 가하여 잘 저어 균일하게 한다.
② 염산 12㎖를 가하고 약 5분간 조용히 끓인 후 식히고 와일드만 플라스크법에 따라 시험한다.
③ 침전물이 있을 때는 수분을 제거한 후 침강법에 따라 시험한다.

(3) 버터, 마가린, 쇼트닝, 참기름, 채종유, 미강유, 대두유 및 크림
① 검체 100g을 1ℓ의 비커에 넣고 2% 염산용액 200㎖를 가하여 섞는다.
② 가열하여 검체가 완전히 녹으면 여과지로 여과한다.
③ 따로 열탕을 준비하여 여과지에 지방이 응고되어 잘 여과되지 아니할 때, 이 열탕으로 완전히 녹여 여과한 후 여과지에 부착된 이물을 검사한다.

일반 검사

(4) 아이스크림 분말, 무당연유, 가당연유, 가당탈지연유, 전지분유, 탈지분유, 가당분유 및 조제분유

① 검체 100g을 1ℓ의 비커에 넣고 2% EDTA용액 100㎖를 가하여 잘 섞어서 덩어리가 없도록 한다.

② 저으면서 2% EDTA용액 400㎖를 천천히 가한다.

③ 저어서 섞는 동안에 차차 황색의 반투명한 액체가 되며 약 30분 방치하면 완전히 녹는다.

④ 이를 브후나깔때기 또는 힐슈깔때기로 흡인 여과하여 여과지 상의 이물을 검사한다.

(5) 식육제품, 어육제품

① 검체 50g을 사방 약 7mm의 크기로 잘라서 와일드만 플라스크에 넣는다.

② 1% 염산용액 300㎖를 가하여 끓인다.

③ 수산화나트륨 용액으로 pH 6으로 하고 다시 제3인산나트륨용액으로 pH를 7~8로 조정한다.

④ 온도를 40℃로 한 후 판크레아틴용액 50㎖를 가하여 충분히 섞어 40℃에서 30분간 방치한다.

⑤ 다음에 pH를 7~8로 조정하고 하룻밤 40℃ 항온기에 넣어 소화시킨다.

⑥ 소화 후 일단 끓이고 식혀서 휘발유 25㎖를 가하여 와일드만 플라스크법에 따라 시험하고 침전물이 있을 때는 수분을 제거한 후 침강법에 따라 시험한다.

(6) 마요네즈

① 검체 100g을 1ℓ의 비커에 넣고 인산 50㎖를 넣어 잘 섞는다.

② 물 300㎖를 가하여 다시 잘 섞는다.

③ 브후나깔때기 혹은 힐슈깔때기로 흡인 여과하여 여과지에 부착된 이물을 검사한다.

(7) 캐러멜 및 알사탕류

① 검체 100g을(필요하면 분쇄한다) 500㎖의 비커에 넣는다.

② 250㎖의 열탕을 가하여 약 80℃의 수욕 중에서 30분간 저어 녹인다.

③ 150메쉬 체로 여과하고 약 50℃의 온탕으로 잘 씻은 후 잔류물에 대하여 이물을 검사한다.

(8) 통조림

① 검체 약 350g을 깨끗한 용기에 옮겨 관 내면을 물로 잘 씻는다.

② 다시 물로 내용물이 부서지지 않게 주의해서 충분히 씻어 이 씻은 액을 브후나깔때기 혹은 힐슈깔때기로 흡인 여과하여 여과지 상의 이물을 검사한다.

③ 만일 작은 조직이 많을 때는 씻은 액을 와일드만 플라스크에 옮겨 휘발유를 가하여 와일드만 플라스크법에 따라 시험하고 무거운 이물이 있을 때는 침강법에 따라 시험한다.

| Chapter 03 | 일반 검사 |

실험 17 어패류의 신선도 검사(Conway 미량확산법에 의한 VBN 및 TMA 측정)

■ 실험목적

육류, 특히 어패류의 선도판정법 중 화학적 판정법의 하나로 VBN(Volatile Basic Nitrogen)은 암모니아를 주로 하여 TMA, DMA 등으로 된 휘발성 염기(Volatile Base)는 어획 직후의 근육 중에는 극히 적으나 선도의 저하와 더불어 증가하므로 이들 휘발성 염기 질소량을 측정하여 선도를 판정하는 방법이 널리 이용되고 있다. 식품이 부패할 때 그 지표가 되는 휘발성 질소의 정량으로 휘발성 질소의 생성량, 존재량과 식품의 가식 한계를 알 수 있으므로 중요한 실험법의 하나이다. 일반적으로 휘발성 염기질소의 경우 5~10mg%이면 신선한 어육, 15~25mg%이면 보통어육, 30~40mg%이면 초기부패, 50mg% 이상이면 부패어육으로 판정한다. 식품 100g당 70~100mg 이상의 히스타민이 생성되면 식중독이 발생하는 것으로 알려져 있으므로 이보다 안전한 기준으로 관리하여야 한다.

■ 실험재료 및 기구

붕산(H_3BO_3) 혼합액, 0.02N H_2SO_4 표준용액, K_2CO_3 포화용액, 10% trichloroacetic acid 용액, 10% 중성 포르말린 용액, Conway 미량확산용기(그림 17-1), 항온기

■ 실험방법

(1) 시험용액의 조제

① 잘게 마쇄한 생선 10g을 취해 유발에 넣는다.
② 증류수 약 10㎖를 가해 잘 으깬 후 10% trichloroacetic acid 용액 20㎖를 가해서 잘 갈아 부순다.
③ 소량의 해사를 50㎖ 메스플라스크에 여과해 넣는다.
④ 잔사는 5% trichloroacetic acid 용액으로 세척하여 세액을 여액에 합쳐 50㎖로 정용한다.

(2) VBN의 측정

① 건조한 Conway 확산용기의 뚜껑 접착 부위에 백색 바세린을 바른다.
② 확산용기 내실에 붕산혼합액 1㎖를 주입하여 액이 내실의 표면을 덮도록 한다.

③ 확산용기 밑에 유리봉을 받쳐 용기를 약간 경사지게 하고 외실의 하부에 시료 추출액을 정확히 1㎖를 취한다.
④ 스포이드 피펫으로 K_2CO_3 포화용액 1㎖을 취해 외실의 상부 쪽에 넣고 즉시 덮개를 덮어 클립으로 고정한다.
⑤ 확산용기를 가볍게 움직여서 시료와 K_2CO_3 포화용액을 혼합하고 37℃의 항온기에서 60분간 방치한 후 0.02N H_2SO_4 표준용액으로 적정한다(녹색 → 미적색).
⑥ 공시험은 시료 추출액 대신에 5% trichloroacetic acid 용액 1㎖을 취해 외실에 넣고 위와 똑같은 조작을 한다.

(3) TMA의 측정

위의 VBN 측정의 경우와 조작이 같으나 다만 시료 추출물에 K_2CO_3 포화용액을 가하기 전에 10% 포르말린 용액을 가하여 VBN 측정 때와 같은 방법으로 조작한다.

$$\text{휘발성 염기질소량(VBN 및 TMA의 N, mg\%)} = \frac{0.28 \times (V_0 - V_1) \times F \times D}{S} \times 100$$

여기서, V_0 : 본시험의 0.02N H_2SO_4 용액의 적정소비량(㎖)
        V_1 : 공시험의 0.02N H_2SO_4 용액의 적정소비량(㎖)
        F : 0.02N H_2SO_4 용액의 역가
        D : 희석배수(50)
        S : 시료 채취량(g)
        0.28 : 0.02N H_2SO_4 용액 1㎖에 상당하는 휘발성 염기질소량(mg)

■ 결과

■ 참고

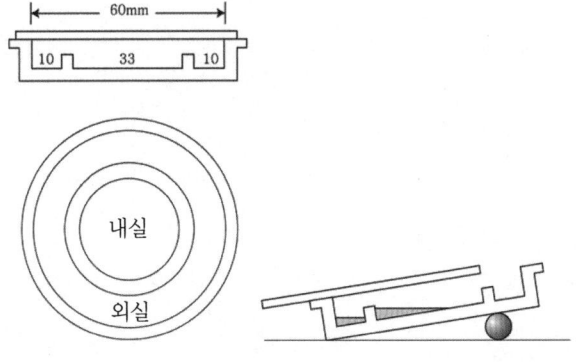

■■ 그림 17-1 Conway unit 및 unit의 경사 ■■

Part II 식품분석 및 화학 실험

Chapter 01 용액의 농도

Chapter 02 관련 실험

용액의 농도

1 용액의 농도

용액에 대한 용질의 양을 농도라 한다. (※ 용매에 대한 용질의 양이 아님)
① 용질(solute) : 용매에 녹는 물질
② 용매(solvent) : 용질을 녹이는 물질
③ 용액(solution) : 용매에 용질을 녹인 것, 즉 두 가지 이상의 물질이 원자, 분자, 이온으로 분산되어 있는 혼합물

2 농도의 표시

① 중량백분율(Wt%) : 용액 100g 중에 함유되어 있는 용질의 g수
② 용량백분율(Vol%) : 용액 100㎖ 중에 함유되어 있는 용질의 ㎖수
③ 중량·용량백분율(W/V %, g/dl) : 용액 100㎖ 중에 함유되어 있는 용질의 g수
④ 밀리그램백분율(mg%) : 용액 100g 또는 100㎖ 중에 함유되어 있는 용질의 mg수
⑤ 백만분율[ppm, mg/kg, ㎍/g(㎖)] : 1kg 또는 1ℓ (비중 1.000) 중에 함유되어 있는 용질의 mg수

  ※ ppm : part per million
⑥ 몰농도(M, mole/ℓ) : 용액 1ℓ에 함유되어 있는 용질의 g 분자량 수
⑦ 규정농도(N, normal) : 용액 1ℓ에 함유되어 있는 용질의 g 당량 수

  ※ g 당량 수 = $\dfrac{분자량}{원자가}$

3 농도의 변경

(1) 노르말 농도의 변경

일정량의 산 또는 알칼리용액의 농도를 묽게 할 때 진한 용액과 묽은 용액 속의 용질의 g 당량 수는 같다. 즉, N 규정농도의 산 또는 알칼리용액 V㎖의 물을 가해 N′ 규정농도용액 V′㎖를 만든다면 다음 식이 성립한다.

  $NV = N'V'$

예 2N NaOH(F : 0.9940)용액으로 0.1N NaOH용액 1000㎖를 조제하려고 할 때, 2N NaOH 용액 몇 ㎖가 필요한가?

$NV = N'V'$ 이므로 $(2 \times 0.9940) \times V = 0.1 \times 1000$

$$\therefore V = \frac{0.1 \times 1000}{2 \times 0.9940} = 50.3(㎖)$$

즉, 2N NaOH 용액 50.3㎖를 취하여 증류수를 가해 1000㎖로 mess up 시킨다.

(2) % 농도의 변경

a%용액 x(g)과 b%용액 y(g)을 혼합하여 c%의 용액 $(x+y)$(g)을 얻었다면

$ax + by = c(x+y)$ 즉, 혼합비는 $\dfrac{x}{y} = \dfrac{c-b}{a-c}$의 관계가 성립되므로 다음과 같다.

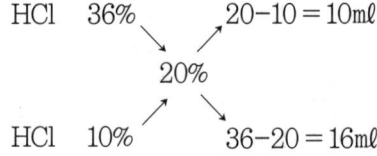

예1 98% H_2SO_4를 물로 희석하여 50%의 H_2SO_4를 만들려고 한다. 이때 98% H_2SO_4와 물은 각각 몇 ㎖가 필요한가?

H_2SO_4　98%　↘　↗ 50−0 = 50㎖
　　　　　　　　50%
H_2O　　0%　↗　↘ 98−50 = 48㎖

즉, 98% H_2SO_4 50㎖와 H_2O 48㎖를 섞으면 50%의 H_2SO_4가 된다.

예2 36% HCl 용액과 10% HCl 용액을 섞어 20% HCl 용액을 만들려고 한다. 이때 각각 필요한 양은 얼마인가?

HCl　36%　↘　↗ 20−10 = 10㎖
　　　　　　　20%
HCl　10%　↗　↘ 36−20 = 16㎖

즉, 36% HCl 용액 10㎖와 10% HCl 용액 16㎖를 섞으면 20% HCl 용액이 된다.

예3 95% 에탄올을 물로 희석하여 70% 에탄올 500㎖를 만들려고 한다. 이때 95% 에탄올과 물은 각각 몇 ㎖가 필요한가?

에탄올　95%　　　70−0 = 70
　　　　　　＼　↗
　　　　　　　70%
　　　　　　↗　＼
H₂O　　　0%　　　95−70 = 25

$$95\% \text{ 에탄올} = \frac{70}{70+25} \times 500 = 368.4 \, (\text{㎖})$$

$$H_2O = \frac{25}{70+25} \times 500 = 131.6 \, (\text{㎖})$$

4. 규정농도와 규정농도 계수(Normality & Normality factor)

규정농도는 용액 1ℓ 중에 함유된 용질 g당량 수, 즉 1㎖ 중 mg당량 수를 말하며 다음과 같이 구한다.

$$\text{Normality(N)} = \frac{1{,}000\text{㎖ 중 용질의 g수}}{1\text{g당량}} = \frac{1\text{㎖ 중 용질의 mg수}}{1\text{mg당량}}$$

즉, N 규정액 1,000㎖ 중에는 용질 Ng당량이 들어 있으며 또한 1㎖ 중에는 Nmg당량이 들어 있다.

$$NV = N_0V_0 = \text{mg당량수}$$

조제한 표준액의 실제 규정도(N)를 자기가 원하는 소정의 규정도(N_0)로 나눈 것을 규정도 계수(Normality factor, F)라 한다.

$$F = \frac{N}{N_0} = \frac{V_0}{V}$$

여기서, N : 실제규정도
　　　　N_0 : 소정규정도
　　　　V : N의 부피
　　　　V_0 : N_0의 부피

Chapter 02 관련 실험

실험 1 0.1N HCl 조제 및 표정

■ 실험원리

0.1N HCl 용액은 그 용액 1000㎖ 중 HCl 1g당량인 36.46g의 함유, 0.1N HCl은 0.1g당량인 3.646g의 순수한 HCl을 함유한다.

■ 실험재료 및 기구

HCl(M.W 36.465, S.G 1.18, 35.4%), Na$_2$CO$_3$(M.W 105.989, 99.97% 이상), KHCO$_3$(M.W 100.114), 0.2% methyl orange, 전자 저울, 시약스푼, 유산지, 비커, 유리막대, measuring 플라스크(1,000㎖), 삼각플라스크, 뷰렛, 피펫, 증류수, 홀피펫(20㎖), measuring 피펫(10㎖)

■ 실험방법

1) 0.1N HCl 표준용액 1000㎖ 조제

① 35.4%의 HCl 8.73㎖를 정확히 취한다(1급 시약 사용).

비중(S, 1.18), 순도(P, 35.4)%의 HCl을 사용하여 0.1N HCl 1,000㎖를 조제하는 데 필요한 용적 V_0는 다음과 같이 계산한다.

$$V_0 = \frac{3.646 \times 100}{P \times S} = \frac{3.646 \times 100}{35.4 \times 1.18} = 8.73\,(㎖)$$

② 증류수를 반쯤 채운 1,000㎖의 measuring 플라스크에 넣는다.
③ 증류수를 가해 표선까지 정용하고 혼합한다.

2) 0.1N HCl 표준용액의 표정

(1) 표준물질 Na$_2$CO$_3$로 표정

① Na$_2$CO$_3$(M.W 106.004)는 흡습성이 있으므로 표준품(99.97% 이상) 약 0.5g을 도가

관련 실험

도해설명

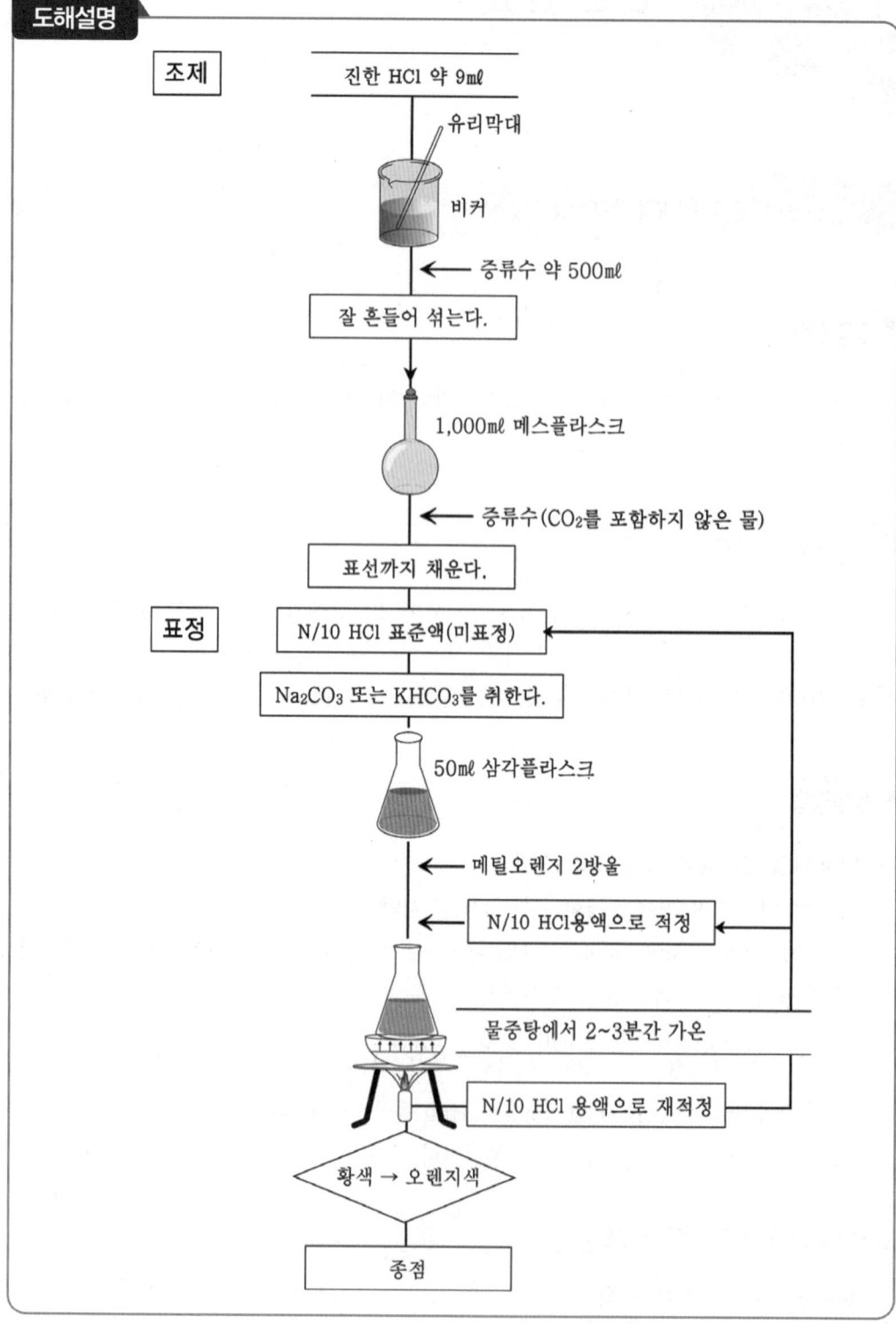

■■ **그림 1-1** 0.1N HCl 용액의 조제 및 표정 ■■

니에 넣어 dry oven에서 270℃/1hr 가열하고 데시케이터 내에 방냉 후 일정량 Ag(약 0.2g)을 칭량한다.

② 50mℓ의 증류수에 용해시키고 지시약 methyl orange를 3방울 가한다.

③ 표정하려는 0.1N HCl로 황색이 오렌지색이 될 때까지 적정한다.

④ 용기 내벽을 소량의 물로 씻고 2~3분간 가열하여 CO_2 가스를 휘산시킨다.

⑤ 냉각시킨 후 황색이 되면 다시 적정하고, 등적색이 되면 다시 한 방울씩 가하여 30초 정도 오렌지색이 지속되면 종말점으로 한다(황색 → 오렌지).

⑥ 위 조작을 되풀이하여 평균소비 mℓ로부터 factor를 구한다.

(2) 표준물질 $KHCO_3$로 표정

① 표준품 $KHCO_3$(데시케이터에서 24시간 건조) 0.28g을 정밀히 단다.

② 증류수 약 50mℓ에 녹인 후 methyl orange를 2~3방울 가한다.

③ 표정하려는 0.1N HCl로 황색이 등적색으로 될 때까지 적정한다.

④ 용기 내벽을 소량의 물로 씻고 2~3분간 가열하여 CO_2 가스를 휘산시킨다.

⑤ 냉각시킨 후 황색이 되면 다시 적정하고, 등적색이 되면 다시 한 방울씩 가하여 30초 정도 등적색이 지속되면 종말점으로 한다(황색 → 등적색).

⑥ 위의 조작을 3회 이상 반복하여 평균소비 mℓ를 구하여 factor를 구한다.

■ 계산

※ 0.1N HCl의 factor

(1) 표준물질 Na_2CO_3로 표정

$$F = \frac{V_0}{V} = \frac{1000 \times a}{5.3002 \times V} = 188.7 \times \frac{a}{V}$$

(2) 표준물질 $KHCO_3$로 표정

$$F = \frac{V_0}{V} = \frac{1000 \times a}{10.0114 \times V} = 99.89 \times \frac{a}{V}$$

■ 참고

※ 표준물질 Na_2CO_3로 표정하는 법(원리)

Na_2CO_3 일정량을 물에 녹인 후, 지시약 methyl orange를 3~5방울 가하고 0.1N HCl로 오렌지색이 될 때까지 적정한다. Na_2CO_3 채취량을 a(g), 0.1N HCl 소비량을 V_0(mℓ)라 하면,

$2HCl + Na_2CO_3 \rightarrow 2NaCl + H_2O + CO_2$

0.1N HCl 2000mℓ = 10.6004g Na_2CO_3

0.1N HCl 1000mℓ = 5.3002g Na_2CO_3

5.3002g : 1000mℓ = a : V_0

$V_0 = \dfrac{1000 \times a}{5.3002g}$ → 이론치

따라서, 0.1N HCl의 factor는

$$F = \dfrac{V_0}{V} = \dfrac{1000 \times a}{5.3002 \times V} = 188.7 \times \dfrac{a}{V}$$

※ 표준물질 $KHCO_3$로 표정하는 방법(원리)

$KHCO_3$ 일정량을 물에 녹인 후, 지시약 methyl orange를 가하고 0.1N HCl로 적정한다. $KHCO_3$ 채취량을 a(g), 0.1N HCl 소비량을 V_0(mℓ)라 하면,

$KHCO_3 + HCl \rightarrow KCl + H_2O + CO_2$

0.1N HCl 1000mℓ = 10.0114g $KHCO_3$

0.1N HCl 1mℓ = 0.01001g $KHCO_3$

10.0114g : 1000mℓ = a : V_0

$V_0 = \dfrac{1000 \times a}{10.0114g}$ → 이론치

따라서, 0.1N HCl의 factor는

$$F = \dfrac{V_0}{V} = \dfrac{1000 \times a}{10.0114 \times V} = 99.89 \times \dfrac{a}{V}$$

실험 2 0.1N H_2SO_4 조제 및 표정

■ 실험원리

0.1N H_2SO_4 용액은 그 용액 1000㎖ 중 H_2SO_4 1g당량인 49.04g을 함유, 0.1N H_2SO_4은 0.1g당량인 4.904g의 순수한 H_2SO_4을 함유한다.

■ 실험재료 및 기구

H_2SO_4(M.W 98.08, S.G 1.84, 98%), Na_2CO_3(M.W 105.989, 99.97% 이상), $KHCO_3$(M.W 100.114), 0.2% methyl red, 전자저울, 시약스푼, 유산지, 비커, 유리막대, measuring 플라스크(1,000㎖), 삼각플라스크, 뷰렛, 피펫, 증류수, 홀피펫(20㎖), measuring 피펫(10㎖)

■ 실험방법

(1) 0.1N H_2SO_4 표준용액 1000㎖ 조제

① 98%의 H_2SO_4 2.72㎖를 정확히 취한다(1급 시약 사용).
　비중 S(1.84), 순도 P(98)%의 H_2SO_4을 사용하여 0.1N H_2SO_4 1,000㎖를 조제하는 데 필요한 용적 V_0는 다음과 같이 계산한다.

$$V_0 = \frac{4.904 \times 100}{P \times S} = \frac{4.904 \times 100}{98 \times 1.84} = 2.72 (㎖)$$

② 증류수를 반쯤 채운 1,000㎖의 measuring 플라스크에 넣는다.
③ 증류수를 가해 표선까지 정용하고 혼합한다.

(2) 0.1N H_2SO_4 표준용액의 표정

표준물질 Na_2CO_3로 표정하는 방법

① 건조한 최순품 Na_2CO_3(99.97% 이상)을 일정량 a g(약 0.2g) 칭량한다.
② 50㎖의 증류수에 용해시키고 지시약 methyl red를 3방울 가한다.
③ 표정하려는 0.1N H_2SO_4로 황색에서 적색이 될 때까지 적정한다.
④ 용기 내벽을 소량의 물로 씻고 2~3분간 가열하여 CO_2 가스를 휘산시킨다.
⑤ 냉각시킨 후 적색이 없어지면 다시 적색이 될 때까지 적정한다(황색 → 적색).

Chapter 02

관련 실험

도해설명

조제

진한 H_2SO_4 2.8㎖

↓

유리막대 / 비커

← 증류수 약 500㎖

잘 흔들어 섞는다.

↓

1,000㎖ 메스플라스크

← 증류수(CO_2를 포함하지 않은 물)

표선까지 채운다.

표정

N/10 H_2SO_4 표준액(미표정) ←

Na_2CO_3 0.2g을 취한다.

↓

50㎖ 증류수 삼각플라스크

← 메틸오렌지 2방울

← N/10 10 황산으로 적정 ←

물 중탕에서 3분간 가온

N/10 황산으로 재적정

↓

황색 → 적색

↓

종점

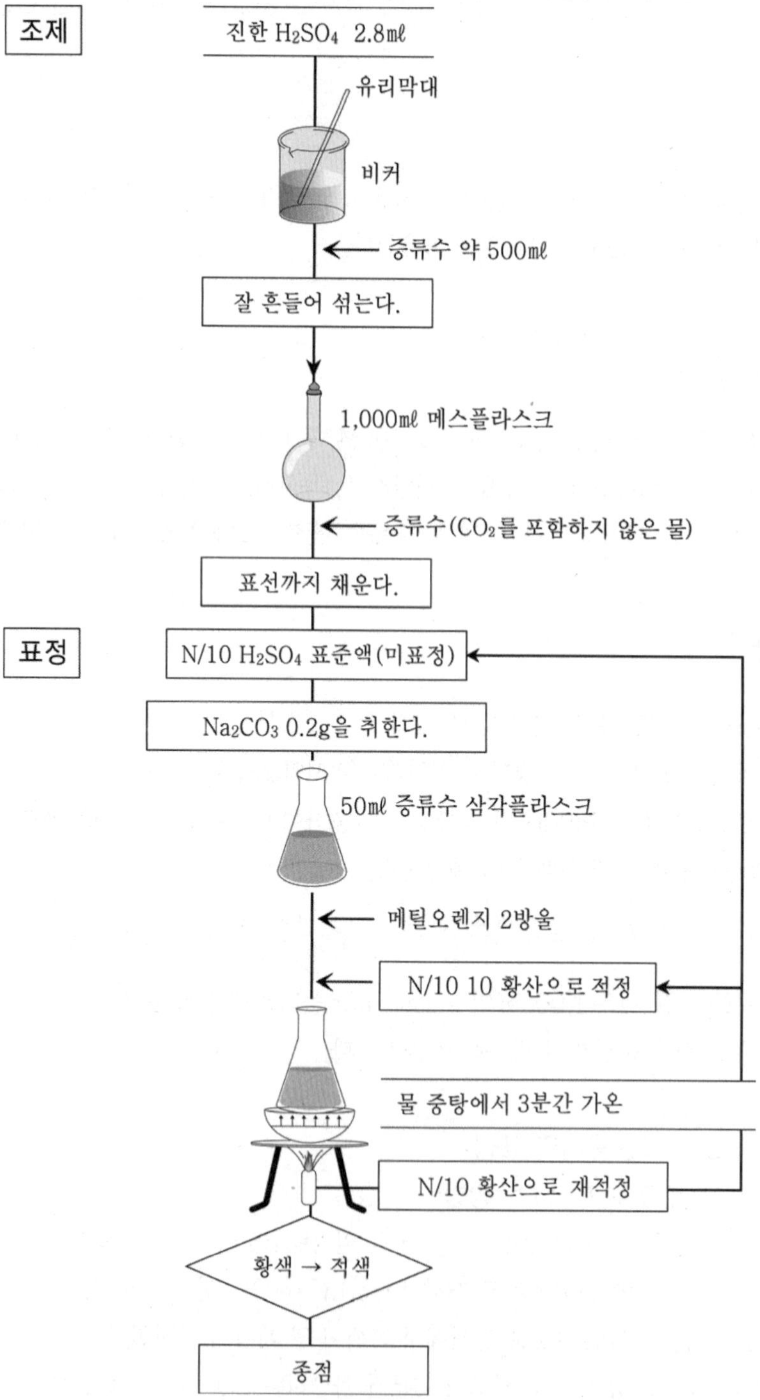

■■ 그림 2-1 0.1N H_2SO_4 용액의 조제 및 표정 **■■**

※ 0.1N H_2SO_4 factor

(1) 표준물질 Na_2CO_3로 표정

$$F = \frac{V_0}{V} = \frac{1000 \times a}{5.3002 \times V} = 188.7 \times \frac{a}{V}$$

※ 표준물질 Na_2CO_3로 표정하는 방법(원리)

Na_2CO_3 일정량을 물에 녹인 후, 지시약 methyl red를 3~5방울 가하고, 조제한 H_2SO_4로 적색이 될 때까지 적정한다. Na_2CO_3 채취량을 $a(g)$, 0.1N H_2SO_4 소비량을 $V_0(mℓ)$라 하면,

$Na_2CO_3 + H_2SO_4 \rightarrow Na_2SO_4 + H_2O + CO_2$

0.1N H_2SO_4 1,000mℓ = 5.3002g Na_2CO_3

5.3002g : 1,000mℓ = a : V_0

$V_0 = \dfrac{1000 \times a}{5.3002g}$ → 이론치

따라서, 0.1N H_2SO_4 factor는

$$F = \frac{V_0}{V} = \frac{1000 \times a}{5.3002 \times V} = 188.7 \times \frac{a}{V}$$

실험 3 0.1N NaOH 조제 및 표정

■ 실험원리

0.1N NaOH 용액 1000㎖ 중에서 NaOH(M.W 40.01gr)의 0.1g(0.1N)당량 4.001g이 함유되어 있다. 시판 NaOH는 순도가 90% 정도이고 불순물로서 탄산염을 함유하고 있으므로 개략적인 농도를 가진 표준액을 조제한 다음 표정하여 사용한다.

■ 실험재료 및 기구

Volumetric 플라스크(500㎖), 탄산제거용 buret(50㎖), 삼각 플라스크(200㎖), 칭량병, NaOH(M.W 40.01), Na_2CO_3(또는 $KHC_8H_4O_4$), p.p , pH meter(또는 만능 pH 시험지)

■ 실험방법

(1) 0.1N NaOH 표준용액 1,000㎖ 조제

① 0.1N NaOH 4.5g의 근사치를 취한다.
- 1N NaOH = NaOH 1g당량/NaOH 용액 1,000㎖
  = NaOH 40.01g/NaOH 용액 1,000㎖
- 0.1N NaOH = NaOH 0.1g당량/NaOH 용액 1,000㎖
  = NaOH 4.001g/NaOH 용액 1,000㎖

② 비커에 넣고 소량의 증류수로 용해한다.

③ 1,000㎖의 M-플라스크에 옮겨 넣고 증류수로 표선까지 채우고 혼합한다.

(2) 0.1N NaOH 표준용액의 표정

① 0.1N oxalic acid로 표정하는 방법
- 0.1N oxalic acid 20㎖를 200㎖ 삼각 플라스크에 정확하게 취하고 p.p 2~3방울을 가한다.
- 표정하려는 0.1N NaOH용액을 뷰렛으로부터 서서히 가하여 적정한다(무색 → 적색).
- 종말점에서의 pH를 pH meter로 알아본다.
- 되풀이하여 3번 이상 반복 실험을 한다.

$$\text{factor} = \frac{0.1N \text{ oxalic acid}\,㎖ \times F}{NaOH\ 용액\,㎖}$$

② 0.1N HCl로 표정하는 방법
- 0.1N HCl 20㎖를 200㎖ 삼각 플라스크에 정확하게 취하고, 다시 끓여 식힌 물 50㎖로 희석시키고 M.O를 2방울 가한다.
- 표정하려는 0.1N NaOH용액을 뷰렛으로부터 서서히 가하여 적정한다(등적색 → 황색).
- 종말점에서의 pH를 pH meter로 알아본다.
- 되풀이하여 3번 이상 반복 실험을 한다.

$$\text{factor} = \frac{0.1\text{N HCl}\,㎖ \times F}{\text{NaOH 용액}\,㎖}$$

도해설명

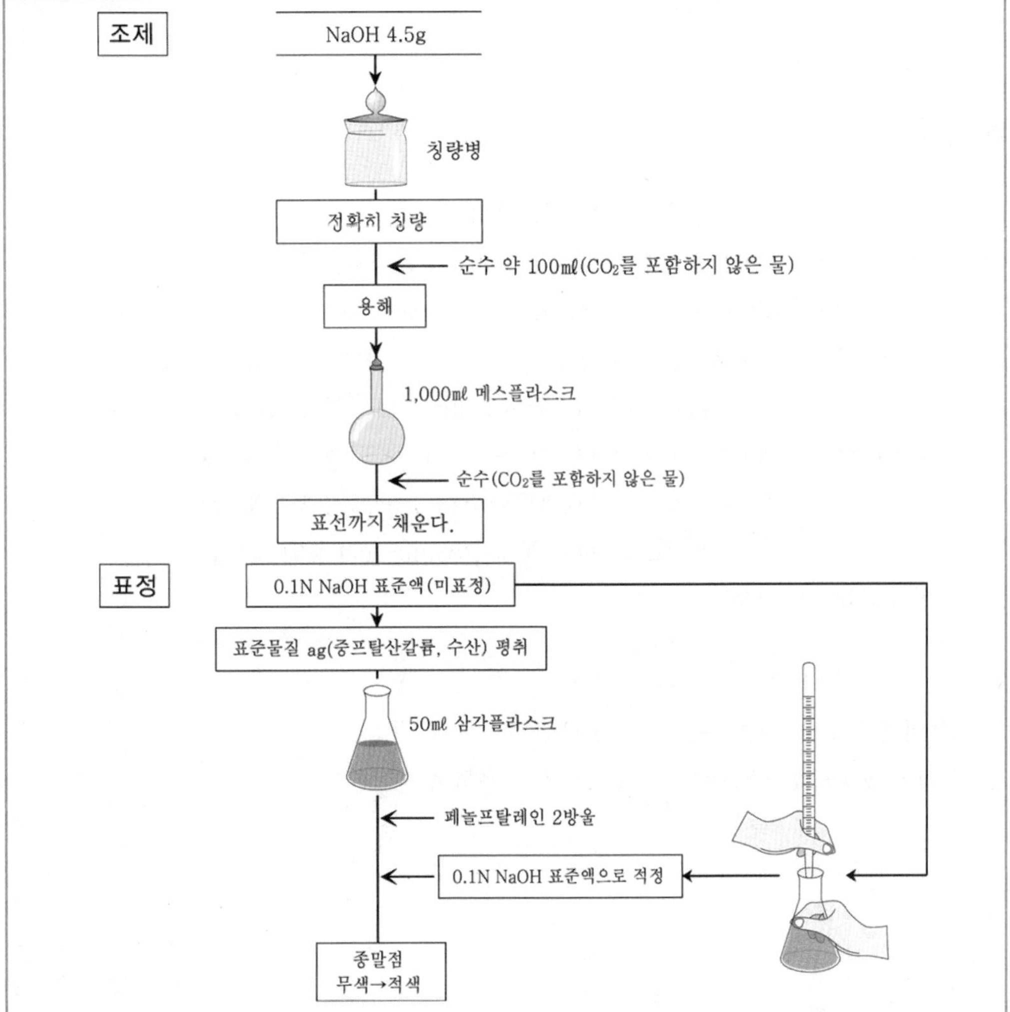

조제

NaOH 4.5g
↓
칭량병
↓
정확히 칭량 ← 순수 약 100㎖(CO_2를 포함하지 않은 물)
↓
용해
↓
1,000㎖ 메스플라스크 ← 순수(CO_2를 포함하지 않은 물)
↓
표선까지 채운다.

표정

0.1N NaOH 표준액(미표정)
↓
표준물질 ag(중프탈산칼륨, 수산) 평취
↓
50㎖ 삼각플라스크
↓
← 페놀프탈레인 2방울
↓
← 0.1N NaOH 표준액으로 적정
↓
종말점
무색→적색

■■ 그림 3-1　0.1N NaOH 용액 조제 및 표정 ■■

계산

(1) 표준물질 용액(0.1N oxalic acid)의 factor

$$F = 실제농도/이론농도 = N/N_0$$

(2) 0.1N NaOH factor

① 0.1N oxalic acid로 표정

$$factor = \frac{0.1N \text{ oxalic acid } m\ell \times F}{NaOH \text{ 용액 } m\ell}$$

② 0.1N HCl로 표정

$$factor = \frac{0.1N \text{ HCl } m\ell \times F}{NaOH \text{ 용액 } m\ell}$$

참고

※ 0.1N oxalic acid 표준물질용액 100㎖ 조제

① 순수한 oxalic acid(M.W 126.07) 0.63035g의 근사치를 취한다. 실제 취한 양으로부터 0.1N oxalic acid의 factor를 계산한다.

1N oxalic acid = oxalic acid 1g당량/oxalic acid 용액 1,000㎖
                = oxalic acid 63.035g/oxalic acid 용액 1,000㎖

0.1N oxalic acid = oxalic acid 0.1g당량/oxalic acid 용액 1,000㎖
                   = oxalic acid 6.3035g/oxalic acid 용액 1,000㎖
                   = oxalic acid 0.63035g/oxalic acid 용액 100㎖

$6.3034g : 1,000m\ell = a : V_0$

$$\therefore F = \frac{V_0}{V} = \frac{1000 \times a}{6.3034g \times V} = 158.6 \times \frac{a}{V}$$

② 비커에 넣고 소량의 증류수로 용해한다.
③ 100㎖ M-플라스크에 넣고 표선까지 정용하여 혼합한다.

실험 4 식품 중 유기산의 정량

■ 실험원리

식품의 일정량을 칭취하여 액체시료인 경우에는 그대로 희석하고, 고체시료인 경우에는 유기산을 물로 추출한 후 희석하여 알칼리 표준용액으로 적정하여 유기산의 함량을 구한다.

(1) 식초 중의 아세트산 정량

시판 식초 중에는 3~5% 아세트산(M.W 60.05)이 포함되어 있다. 식초를 N/10 NaOH로 적정하고 아세트산의 함유율을 구한다.

$CH_3COOH + NaOH = CH_3COONa + H_2O$

0.1N NaOH 1000㎖ = 6.005g CH_3COOH

0.1N NaOH 1㎖ = 0.006005g CH_3COOH

(2) 과일 중의 총 유기산 정량

과일 중의 유기산은 여러 종류의 유기산이 혼합되어 있으므로 알칼리 표준용액으로 적정한 다음 총 유기산(가장 함량이 많은 하나의 산을 대표로)의 양으로 환산한다. 밀감류 중에 함유된 유기산을 N/10 NaOH 표준용액으로 적정하여 구연산(citric acid)의 함량을 구한다.

$$\begin{array}{c} CH_2COOH \\ | \\ C(OH)COOH \\ | \\ CH_2COOH \end{array} + 3NaOH \rightarrow \begin{array}{c} CH_2COONa \\ | \\ C(OH)COONa \\ | \\ CH_2COONa \end{array} + 3H_2O$$

■ 실험재료 및 기구

0.1N NaOH(표정하여 factor를 구한다), Oxalic acid, phenolphthalein, 100㎖ mass 플라스크, 200㎖ erlenmeyer 플라스크(or beaker), 50㎖ 뷰렛, D.W

실험방법

(1) 0.1N NaOH 용액의 조제 및 표정

(2) 시료용액의 조제

　① 액체시료의 경우, 시료 10~20g을 취하여 100㎖ M-플라스크에 넣어 정량한다.

　② 고체시료의 경우, 시료 10~20g을 유발에 취한다.

　③ 소량의 해사와 온수를 가하여 마쇄한다.

　④ 100㎖ M-플라스크에 여과 후 정용한다.

(3) 유기산 정량

　① 100㎖ △-플라스크에 시료용액 25㎖를 취한다.

　② p.p 지시약 2~3방울을 가한다.

　③ 0.1N NaOH 표준용액으로 적정한다(무색 → 적색).

계산

식품 중의 유기산 양은 식품 중에 함유된 초산, 젖산, 사과산, 호박산, 주석산, 구연산 중에서 가장 함량이 많은 하나의 산을 대표로 하여 표시하고, 다음 식에 의해 계산한다.

$$\text{식품 중 유기산의 양}(\%) = \frac{V \times F \times A \times D}{S} \times 100$$

V : 0.1N NaOH 용액의 적정 소비량(㎖)

F : 0.1N NaOH 용액의 역가

A : 0.1N NaOH 용액 1㎖에 상당하는 유기산의 양(g)

　초산(acetic acid) 0.006, 사과산(malic acid) 0.0067, 주석산(tartaric acid) 0.0075,

　구연산(citric acid) 0.0064, 젖산(lactic acid) 0.009, 호박산(succinic acid) 0.0059

D : 희석배수

S : 시료의 채취량(g)

실험 5 수분의 정량(상압가열 건조법)

■ 실험원리

수분은 영양소는 아니지만 식품의 품질평가에 있어서 가장 기본적인 항목이다. 수분과 고형분은 보는 견지를 달리한 표현으로서, 수분과 고형분의 합은 100%의 관계에 있다. 상압가열 건조법은 물의 끓는점보다 약간 높은 온도(105℃)에서 시료를 건조하고 그 감량의 항량 값을 수분으로 한다. 이 방법은 가열에 불안정한 성분과 휘발성분을 많이 함유한 식품에는 부적당하나, 온도 및 압력 등의 조건이 크게 문제되지 않을 경우에는 일반적으로 가장 많이 이용된다.

■ 실험재료 및 기구

칭량병(항량병, 평량병) 또는 알루미늄 칭량접시, 항온 건조기(dry oven), 건조기(desiccator), 막자사발(시료분쇄용), 도가니 집게, 저울(balance)

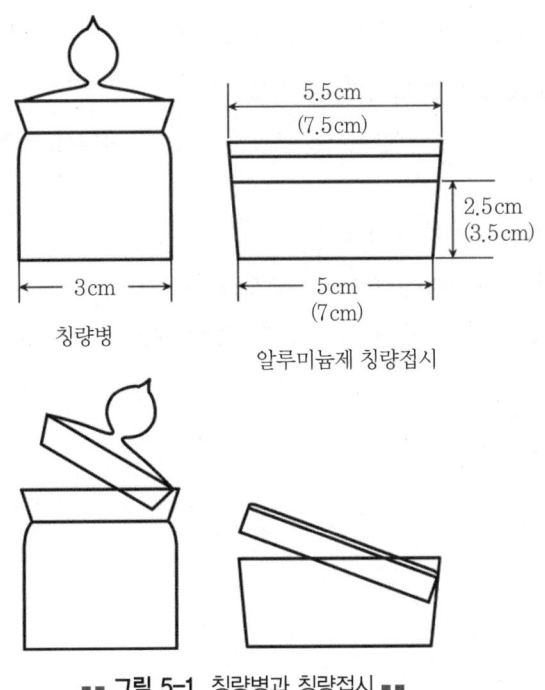

■■ 그림 5-1 칭량병과 칭량접시 ■■

Chapter 02 관련 실험

■ 실험방법

(1) 시료준비

① 시료를 분말상태가 될 때까지 막자사발에서 갈아서 칭량병(시약병)에 넣는다.

② 시료의 전처리
- 건조시료 : 분쇄
- 액체시료 : 해사와 함께 수욕에서 증발건조
- 수분함량이 많은 시료 : 40~60℃에서 재빨리 예비건조

(2) 알루미늄 칭량접시의 항량 측정

① 빈 알루미늄 칭량접시의 무게를 평량한다.
② 105℃ dry oven에서 2~3시간 건조(칭량접시의 뚜껑을 반드시 열 것)한다.
③ 데시케이터에서 30분 방냉(칭량접시의 뚜껑을 반드시 닫을 것)한다.
④ 천칭으로 무게를 칭량한다.
⑤ 항량이 될 때까지 이 조작(②~④)을 반복한다(W_1).

(3) 시료의 칭량

① 시료 2~10g을 칭량한다.
② 항량을 구한 칭량접시에 칭량한 시료를 넣고 무게를 측정한다(W_2).

(4) 건조 후 알루미늄 칭량접시의 항량 측정

① 시료를 취한 알루미늄 칭량접시를 dry oven(105℃)에서 뚜껑을 반쯤 열고 2~3시간 건조한다.
② 데시케이터에서 10분간 방냉한다.
③ 건조, 방냉한 알루미늄 칭량접시의 무게를 측정한다.
④ 이 조작(①~③)을 항량이 될 때까지 반복한다(W_3).

도해설명

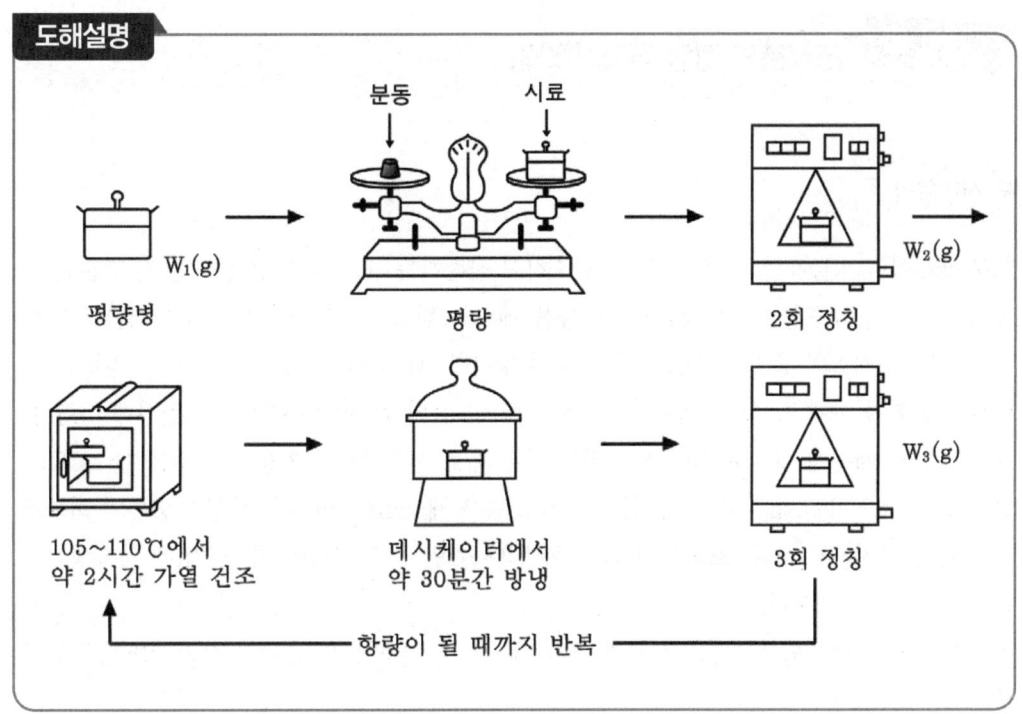

■■ 그림 5-2 상압가열건조법에 의한 수분의 정량 ■■

■ 계산

$$수분(\%) = \frac{W_2 - W_3}{W_2 - W_1} \times 100$$

W_1 : 칭량접시의 항량
W_2 : 빈 칭량접시 + 시료의 항량
W_3 : 건조 후 칭량접시와 시료의 항량

실험 6 조회분의 정량(직접회화법)

■ 실험원리

회분(ash)이란 식물체를 일정온도에서 연소하여 잔존하는 재(ash)의 양을 말한다. 회분은 식물체의 유기물을 구성하는 C, H, O, N 등을 제외한 원소로 mineral(무기물)이지만 실제로는 회분과 무기질의 총량은 반드시 일치하지 않는다. 대부분의 식품에서 염소는 일부 또는 대부분이 회화 시에 소실되며 두류, 야채류, 해조류 등의 회분에는 유기질인 탄산이 다량 함유되어 있기 때문에 실제로 식품을 태워서 남은 재를 순수하게 무기물 자체라고 할 수 없으므로 조회분(crude ash)이라고 한다. 회화하고 남은 재(ash)의 성격은 식품의 종류와 회화조건에 따라 일정하지 않다. 조회분의 색은 회백색이지만 금속 함량에 따라 Mn은 청록색, Cu은 흑색, Fe은 갈색이다.

직접회화법에 의한 회분함량은 시료를 550~600℃로 회화한 후 얻어진 잔존량을 중량백분율(%)로 표시한다.

■ 실험재료 및 기구

전기로, 회화용기(증발접시 또는 도가니), 건조기(데시케이터), 삼각로와 삼각가, 전기히터, hood, 도가니 집게

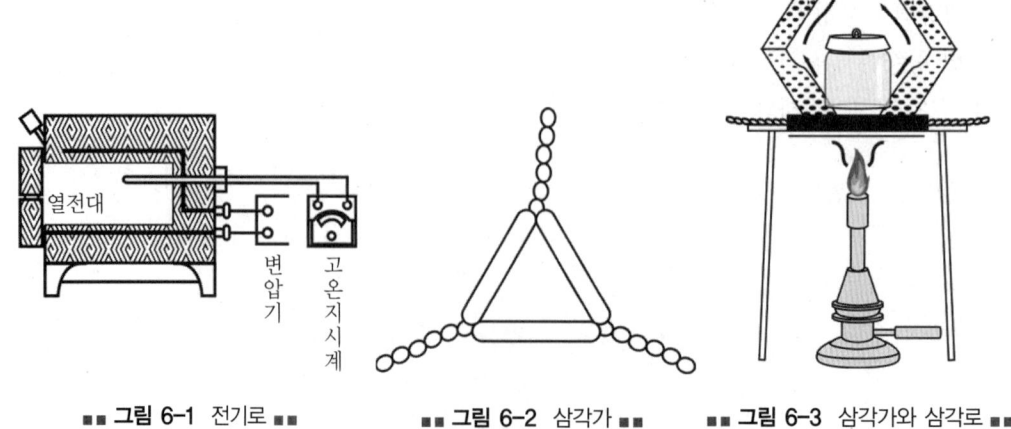

■■ 그림 6-1 전기로 ■■   ■■ 그림 6-2 삼각가 ■■   ■■ 그림 6-3 삼각가와 삼각로 ■■

■ 실험방법

(1) 도가니의 항량 측정

　① 깨끗한 도가니를 뚜껑과 함께 건조기에서 건조한다.
　② 550~600℃ 회화로에서 2시간 회화한다.
　③ 200℃까지 식힌 후 데시케이터에 옮겨 30분간 방냉한다.
　④ 천칭으로 도가니의 무게를 평량한다.
　⑤ 평량 무게차이가 0.3mg 이하에 도달할 때까지 ②~④의 조작을 반복하여 항량을 구한다(W_0).

(2) 시료의 평량

　항량을 구한 회화용기에 시료 2~5g을 정취한다(W_1).

(3) 시료의 전처리

　① 액체시료(술, 주스, 간장, 우유 등) : 탕욕 위에서 증발 건고시킨다.
　② 수분이 많은 시료(채소, 과일, 생선, 고기 등) : 건조기 내에서 예비 건조시킨다.
　③ 태우면 부피가 늘어나는 시료(설탕, 전분, 난백 등) : 내용물이 넘치지 않게 충분히 주의해서 버너를 약하게 하고 서서히 온도를 높여 예비 탄화한다.
　④ 유지류나 버터 등 : 미리 가열해 둔다.
　⑤ 이외의 식품은 일반적으로 전처리 할 필요가 없다.

(4) 회화

　① 처음에는 뚜껑을 덮지 않고 150~200℃에서 연기가 나지 않을 때까지 탄화시키고, 다음 뚜껑을 덮고 300~400℃로 몇 시간 가열하고 마지막에 550~600℃에서 2~3시간 작열 회화한다.
　② 회화 후 200℃ 정도 내려가면 데시케이터에 옮겨 30분간 방냉한다.
　③ 천칭으로 평량한다.
　④ 항량이 될 때까지 ①~③ 조작을 반복한다(W_2).

도해설명

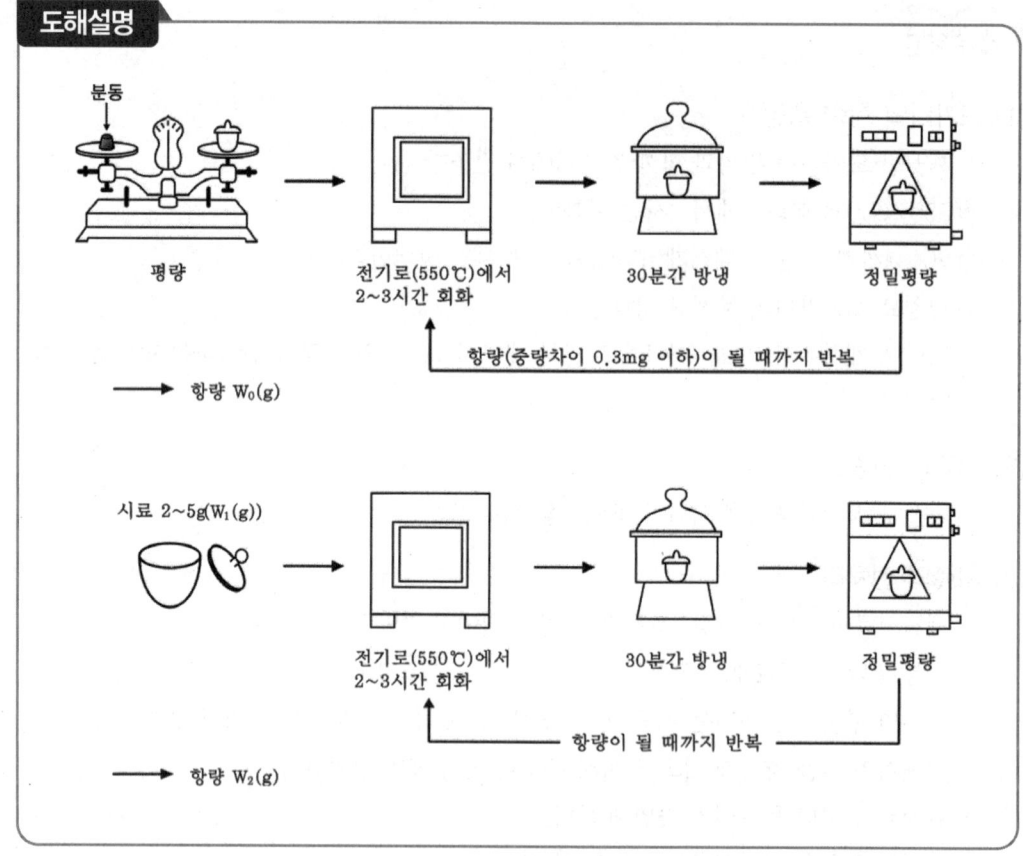

■■ 그림 6-4 직접회화법에 의한 회분정량 ■■

계산

$$조회분(\%) = \frac{W_2 - W_0}{W_1 - W_0} \times 100$$

W_0 : 회화용기의 항량(g)
W_1 : 회화 전의 회화용기와 시료의 항량(g)
W_2 : 회화 후의 회화용기와 재의 항량(g)

실험 7 조단백질의 정량(Kjeldahl 질소정량법)

■ 실험원리

대부분의 단백질은 평균 16%의 질소를 함유하고 있으므로 단백질량을 구하기 위해 질소량을 측정하여 6.25(100/16)를 곱한다. 단백질 이외에 아미드, 알칼로이드, 암모니아, 핵산, 요소 등도 질소를 포함하고 있기 때문에 총질소량에 질소계수를 곱한 것이 순수 단백질의 양을 나타내는 것이라고는 말할 수 없다. 그래서 이를 조단백질이라 한다.
Kjeldahl 질소정량법은 분해, 증류, 중화, 적정의 4단계를 거친다.

(1) 분해반응

시료에 진한 황산과 분해촉진제를 가해 가열하면 시료 중의 질소는 암모니아로 되고 진한 황산과 반응하여 황산암모늄의 형태로 분해액 중에 포집된다.

시료 중의 $N + H_2SO_4 \rightarrow (NH_4)_2SO_4 + SO_2 + CO_2 + CO + H_2O$

(2) 증류반응

황산 분해액 일정량에 과잉의 수산화나트륨을 가해 수증기 증류하면 암모니아 가스가 생성된다.

$(NH_4)_2SO_4 + 2NaOH \rightarrow 2NH_3 + Na_2SO_4 + 2H_2O$

(3) 중화반응

암모니아 가스와 수기 속 황산의 중화반응에 의해 황산암모늄이 생성된다.

$2NH_3 + H_2SO_4 \rightarrow (NH)_2SO_4 + H_2SO_4(잔여)$

(4) 적정반응

중화되고 남은 황산용액을 알칼리 표준용액으로 적정한다.

$H_2SO_4(잔여) + 2NaOH \rightarrow Na_2SO_4 + 2H_2O$

■ 실험재료 및 기구

진한 H_2SO_4, 분해촉진제(K_2SO_4와 Cu_2SO_4를 9 : 1로 혼합), 30% NaOH, 0.1N H_2SO_4 표준용액, 0.1N-NaOH 표준용액, 1% 페놀프탈레인 용액, 혼합지시약(0.1% methyl red alcohol 용액과 0.1% methylene blue alcohol 용액의 등량 혼합액), 비등석, 분해장치, 증류장치(kjeldahl 증류장치), 뷰렛, 삼각플라스크

Chapter 02 관련 실험

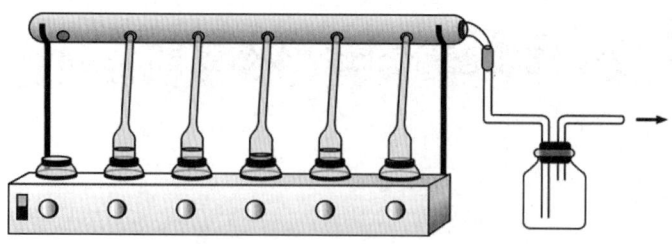

■■ 그림 7-1 Micro kjeldahl 분해장치 ■■

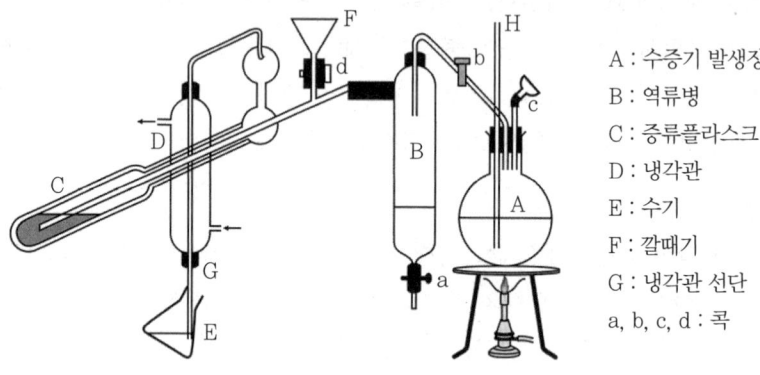

A : 수증기 발생장치
B : 역류병
C : 증류플라스크
D : 냉각관
E : 수기
F : 깔때기
G : 냉각관 선단
a, b, c, d : 콕

■■ 그림 7-2 Semimicro Kjeldahl 증류장치 ■■

실험방법

(1) 시료 채취

시료 채취량은 10~25mg 정도의 질소와 50~150mg 정도의 단백질을 함유하고 있을 정도의 양이 적당하므로 식품성분표 등에서 대략의 질소량을 조사하여 시료의 채취량과 희석량을 계산한다.

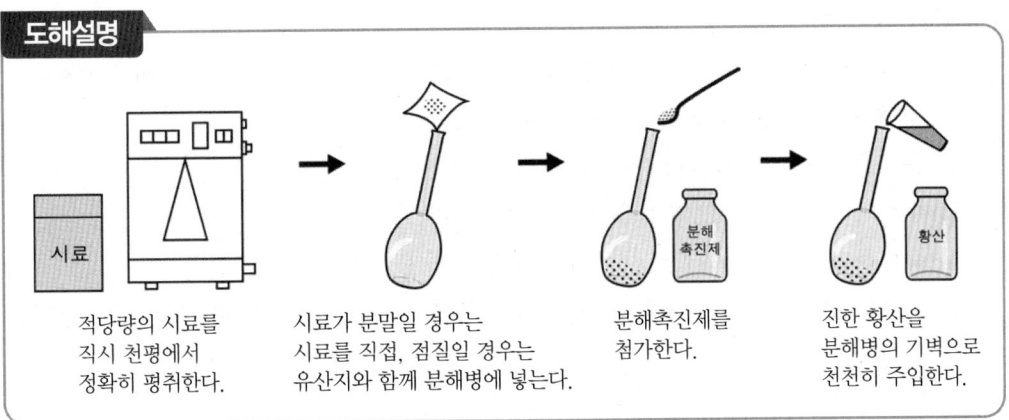

■■ 그림 7-3 시료채취와 분해준비조작 ■■

(2) 분해

① 300~500㎖용 kjeldahl 플라스크에 시료 0.5~10g을 정확히 칭량하여 넣는다.

② 분해촉진제 1~2g과 비등석을 넣은 후에 진한 H_2SO_4 20~30㎖를 가한다.

③ 시료 전체가 황산에 잠기도록 잘 혼합하여 분해장치에 설치, 가열한다.

④ 분해액이 흑갈색에서 녹갈색으로, 최후에는 청색 내지 황록색의 투명한 액으로 변하면 30~40분간 더 분해한 후 분해를 끝낸다.

⑤ 분해가 끝난 플라스크는 방냉시킨 후에 소량의 증류수를 가하여 석출한 염류를 재용해하고 흐르는 물에서 완전히 냉각한다.

⑥ 100~500㎖ mess 플라스크에 분해액을 넣고 방냉 후 표준선까지 증류수를 넣어서 mess up한다.

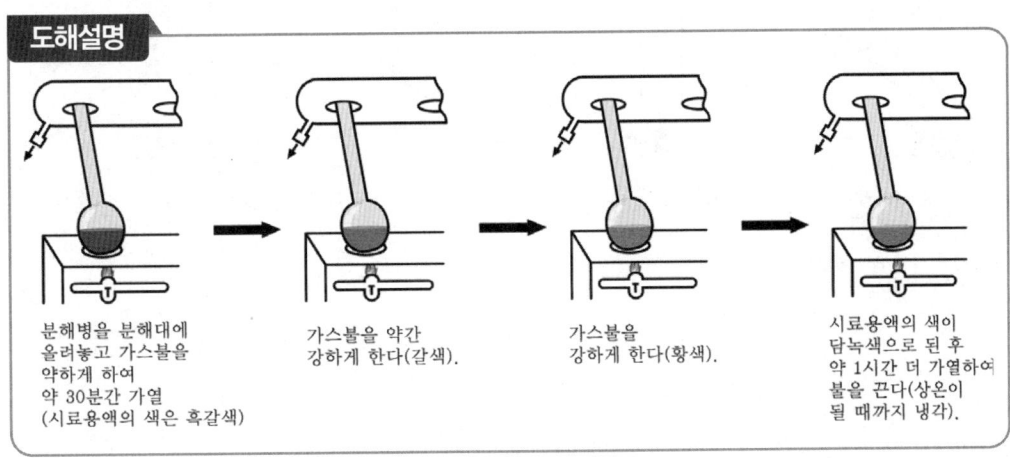

■■ 그림 7-4 단백질의 황산 분해조작 ■■

(3) 증류 및 중화

① 200~300㎖ △-플라스크에 0.1N H_2SO_4 표준용액 10~25㎖를 정확히 취하고 혼합지시약을 4~5방울 가한 후 냉각관 끝에 설치한다.
② 증류플라스크의 깔때기를 통하여 시료 분해액 10㎖를 넣는다.
③ 수증기 발생 플라스크에 물을 채우고 가열한다.
④ 증류플라스크에 30% NaOH 20㎖를 가하고 약 30~40분간 증류한다.
⑤ 증류가 끝나면 냉각관의 끝부분을 증류수로 잘 세척하여 △-플라스크에 넣어 냉각관에서 떼어낸다.
⑥ 역류조작을 반복하여 증류플라스크를 세척한다.

도해설명

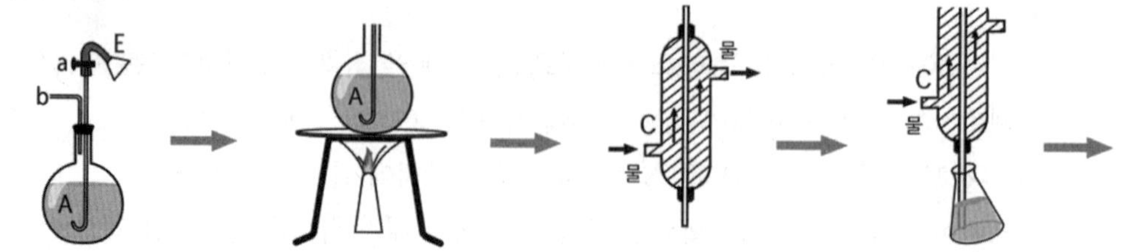

콕(a)을 열어 깔때기(E)로부터 물을 플라스크(A)의 절반 이상으로 채운다. 그후 콕(a)을 닫고 (b)와 (d)를 연다.

버너를 점화하여 수증기를 발생시킨다.

냉각관에 물이 흐르게 한다.

냉각관 하부에 0.1N H_2SO_4와 지시약을 넣은 삼각플라스크를 설치한다.

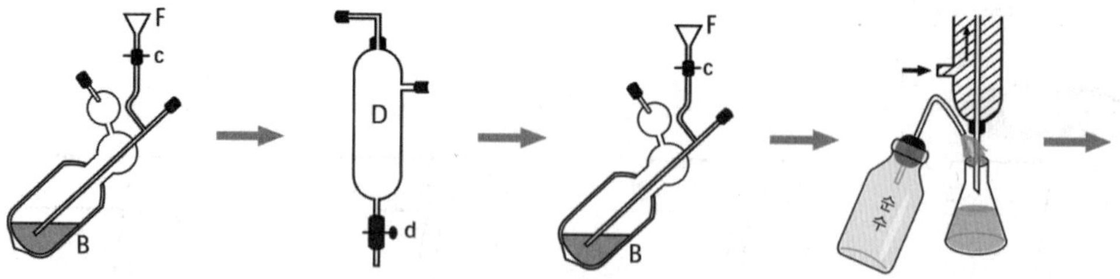

콕(c)을 열어서 깔때기(F)로부터 시료용액 10㎖를 (B)에 넣고 30% NaOH 용액 20㎖를 주입한다.

콕(d)을 닫는다.

증류한다.

증류가 끝나면 냉각관 끝을 순수로 씻고 삼각플라스크를 떼어낸다.

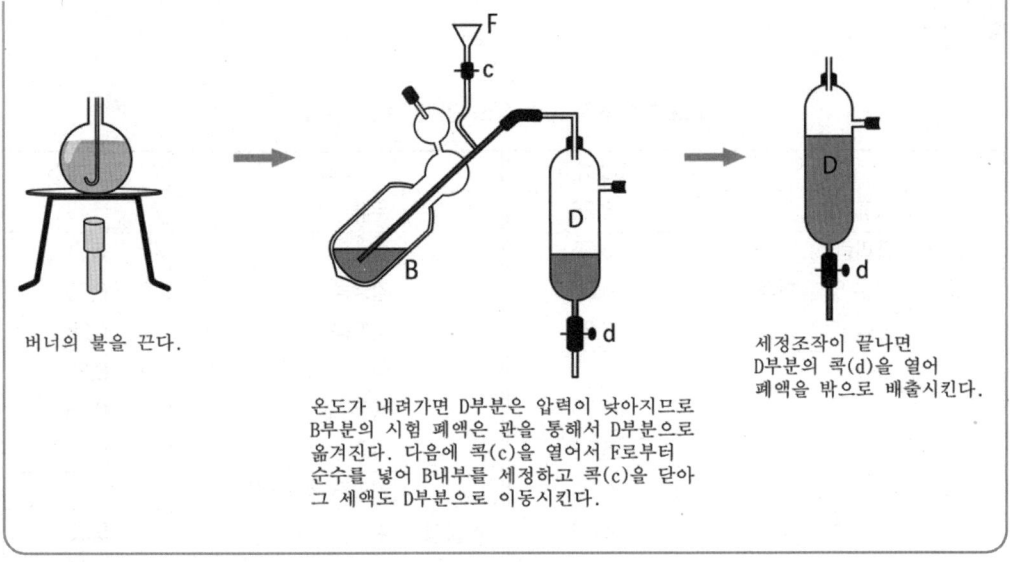

■■ **그림 7-5** 시료 분해액의 증류조작 ■■

■ 적정

① 증류 장치로부터 분리해 낸 △-플라스크(수기)의 잔여 H_2SO_4를 0.1N NaOH 표준용액으로 적정한다(보라색 → 회색).
② 시료를 넣지 않고, 다른 조건은 똑같게 하여 공시험을 한다.

■ 계산

$$조단백질(\%) = \frac{(b-a) \times F \times 0.0014 \times D \times N}{S} \times 100$$

a : 본시험에서 0.1N NaOH 표준용액의 적정치(㎖)
b : 공시험에서 0.1N NaOH 표준용액의 적정치(㎖)
S : 시료의 무게(g)
F : 0.1N NaOH의 역가
D : 희석배수
0.0014 : 0.1N NaOH 용액 1㎖에 상당하는 질소량(g)
N : 질소계수(6.25)

Chapter 02 관련 실험

■■ 표 7-1 식품 중의 질소-단백질 환산계수 ■■

식품		질소계수	식품		질소계수
동물성 식품	육류	6.25	식물성 식품	두류	
	젤라틴	5.55		콩	5.71
	우유 및 유제품	6.38		강낭콩	6.25
	달걀	6.25		작두콩	6.25
식물성 식품	곡류			팥	6.25
	쌀	5.95		녹두	6.25
	보리	5.83		땅콩	5.46
	연맥	5.83		견과류 및 종실류	
	밀, 전립	5.83		밤	5.30
	밀, 배아	5.80		Bragil nut	5.46
	밀, 배유	5.70		Butter nut	5.30
	옥수수	6.25		코코넛	5.30
	수수	6.25		참깨	5.30
	귀리	5.83		호박씨	5.30
	피	5.83		목화씨	5.30
	메밀	6.31		아마인	5.30
	국수	5.70		해바라기	5.30
	스파게티	5.70		호두	5.30

■■ 표 7-2 Macro, Semimicro, Micro Kjeldahl법 비교 ■■

구분	Macro Kjeldahl	Semimicro Kjeldahl	Micro Kjeldahl
시료 사용량	1~5(g)	100~500(mg)	10~50(mg)
분해플라스크 용량	100~800(mℓ)	50~150(mℓ)	10~30(mℓ)
증류장치	둘의 증류장치는 다르지만 두 방법 모두 Semimicro Kjeldahl 증류장치를 사용해도 무방하다.		—
표준용액	• 0.1N H_2SO_4 표준용액 • 0.1N NaOH 표준용액	• 0.05N H_2SO_4 표준용액 • 0.05N NaOH 표준용액	—

실험 8 조지방 정량(Soxhlet's 추출법)

■ 실험원리

지방질은 물에 녹지 않고 에틸에테르, 석유 에테르, 클로로포름, 아세톤, 벤젠 및 CCl_4 등의 유기용매에 녹는 일군의 화합물이다. 식품 중의 지방질은 일반적으로 Soxhlet 추출기나 이와 유사한 지방 추출기를 사용하여 에테르로 추출한다. 그러나 실제로 에테르에 의하여 추출되는 것은 순수한 지방만이 아니고 유기산, 알코올류, 정유, 색소 및 지용성 비타민 등도 포함된다. 따라서 이 방법으로 추출, 정량된 지방질을 조지방(crude fat)이라 한다.

Soxhlet's 추출법은 지방 수기(정량병)에 에테르를 넣고 가열하면 증기 상의 에테르가 측관을 통하여 상승하고 이는 냉각관에서 응축되어 추출관 내의 시료 위에 적하된다. 추출관의 에테르가 적당량으로 되면 사이폰의 원리에 의하여 지방을 녹인 에테르는 수기에 흘러내리고 다시 수기 중의 에테르만 재증발하여 순환하면서 연속적으로 지방을 추출한다. 추출물에서 에테르 및 소량의 수분을 증발시킨 후 그 건조물을 칭량하여 조지방량으로 한다.

■ 실험재료 및 기구

Soxhlet 추출기, 원통여지, 항온수조, 정온건조기, 데시케이터, 에틸에테르

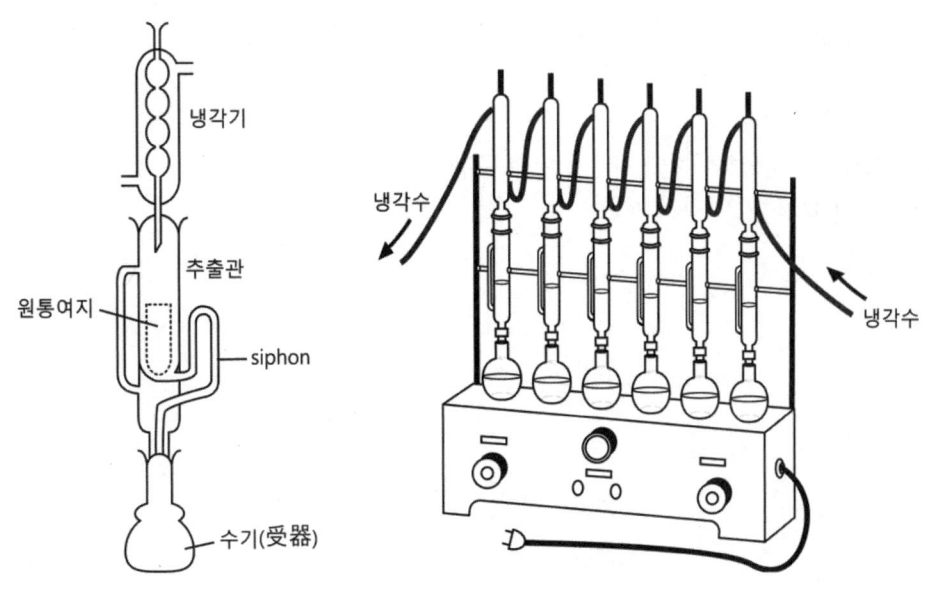

■■ 그림 8-1 Soxhlet's 추출기와 추출장치 ■■

실험방법

① 시료 2~10g을 정확히 취하여 원통여지에 넣고(S) 그 위에 탈지면을 가볍게 덮는다.
② 시료를 취한 원통여지를 비커에 넣고 100~105℃의 건조기에서 2~3시간 건조한 후 데시케이터에서 방냉시킨 다음 Soxhlet 추출기의 추출관에 넣는다.
③ 수기를 미리 100~105℃로 건조, 방냉, 칭량을 반복하여 항량을 구한다(W_0).
④ 항량이 된 수기에 무수 에테르를 약 1/2~2/3 정도 넣는다.
⑤ 즉시 냉각관, 추출관 및 수기를 잘 연결시켜 50~70℃의 항온수조에서 가열한다(약 8~16시간 정도 추출).
⑥ 추출이 끝난 후 냉각관과 추출관을 분리하여 원통여지를 핀셋으로 꺼낸 다음 다시 연결하여 항온수조에서 가온한다.
⑦ 수기 중의 에테르가 전부 추출관에 옮겨지면 수기만을 분리하여 항온수조에서 남은 에테르를 완전히 증발시킨다.
⑧ 수기를 98~100℃의 건조기에 넣고 약 1시간 건조시킨 다음 데시케이터에서 방냉, 칭량한다.
⑨ 건조, 방냉 및 칭량조작을 반복하여 항량을 구한다(W_1).

계산

$$조지방(\%) = \frac{W_1 - W_0}{S} \times 100$$

W_0 : 수기의 중량(g)
W_1 : 조지방을 추출하여 건조시킨 수기의 중량(g)
S : 시료의 채취량(g)

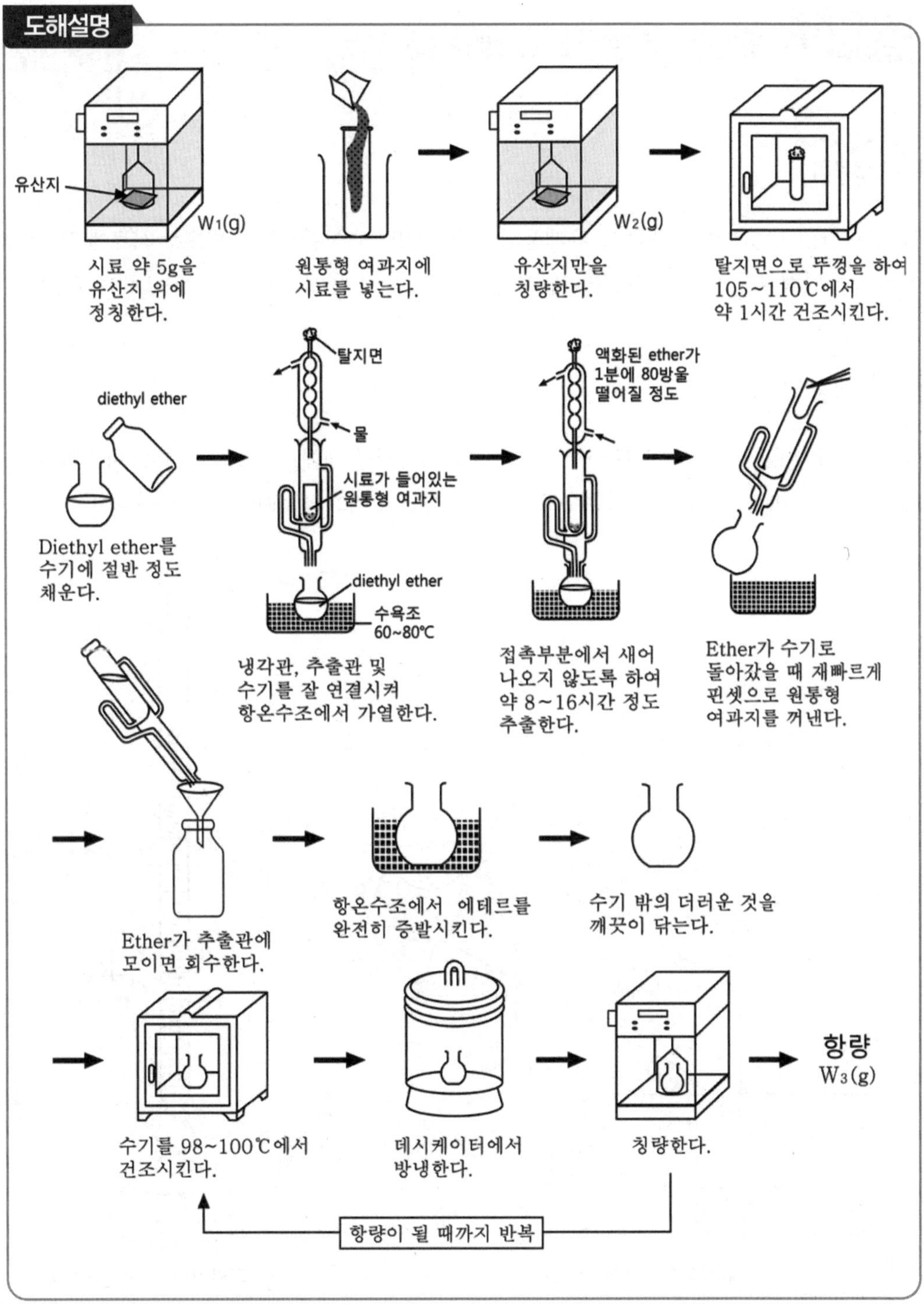

그림 8-2 Soxhlet's 추출법에 의한 조지방의 정량

실험 9 조지방 정량(Rose-Göttlieb법)

■ 실험원리

Rose-Göttlieb법은 주로 우유 및 유제품의 지방질 정량에 이용되는 방법으로 시료에 암모니아를 가해 단백질과 지질의 결합을 이완시키고 에테르와 석유에테르의 혼합액으로 추출한다.

■ 실험재료 및 기구

암모니아 용액(25% 이상의 NH_4OH), 95% ethanol, 에틸 에테르, 석유 에테르, 마조니어관(mojonnier), 여과지, 냉각관, 항온수조, 건조기, 둥근 플라스크(150~250㎖), 여과지

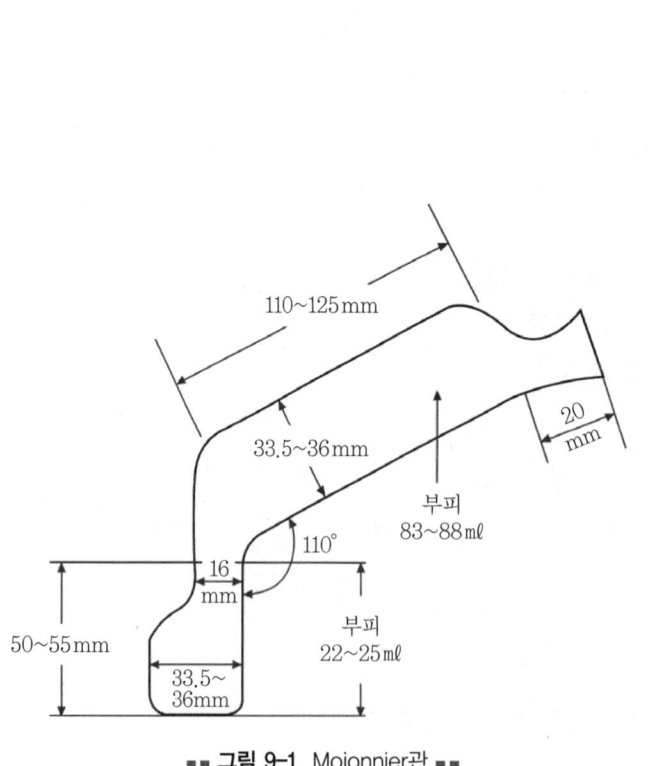

■■ 그림 9-1 Mojonnier관 ■■

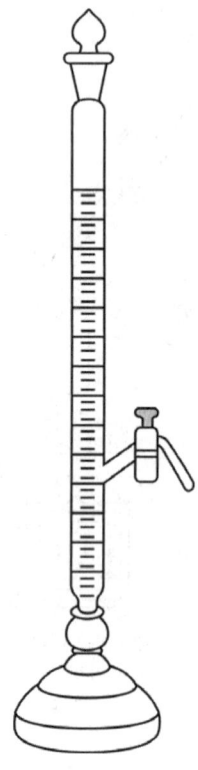

■■ 그림 9-1 Rohrig 관 ■■

■ 실험방법

① 마조니어관에 시료 1~10g을 정확히 칭량한다.
② 증류수를 가해 전량이 약 11㎖가 되도록 한 다음 진탕, 혼합하여 시료를 완전히 용해한다.
③ 암모니아 용액(25%) 1.5㎖를 가하여 충분히 혼합한다.
④ 95% 에탄올 10㎖를 가하여 혼합한다.
⑤ 에틸 에테르 25㎖를 가하고 마개를 하여 가볍게 흔들어 혼합 후 마개를 열어 에테르 증기가 새어나오도록 한다.
⑥ 석유 에테르 25㎖를 가해서 30초간 격렬히 흔든다.
⑦ 마개를 회전시켜 탈기시킨 후 그대로 정지시킨다.
⑧ 미리 항량을 구하여 둔 삼각플라스크(W_0)에 마조니어관을 기울여 상부의 에테르층을 옮겨 여과한다.
⑨ 마조니어관 내의 물층에 에테르와 석유에테르 각 15㎖씩을 가하여 추출, 분리, 여과 조작을 반복한다.
⑩ 마개, 여과지를 에테르와 석유에테르 혼합용액 수량으로 세척한다.
⑪ 삼각플라스크를 냉각관이 달린 회수장치에 연결하여 용매를 증류, 제거한다.
⑫ 플라스크 중의 에테르가 모두 증발하면 95~105℃의 건조기에 넣어 항량이 될 때까지 건조, 방냉, 칭량을 반복한다(W_1).

■ 계산

$$조지방(\%) = \frac{W_1 - W_0}{S} \times 100$$

W_0 : 빈 삼각플라스크의 항량(g)
W_1 : 건조 후 삼각플라스크의 항량(g)
 S : 시료의 무게(g)

실험 10 조섬유 정량

■ 실험원리

섬유소(cellulose)는 고등식물의 세포막 주성분으로 자연계에 광범위하게 다량으로 분포되어 있는 탄수화물이다. 사람은 섬유소를 분해하는 효소가 없기 때문에 식품에 존재하는 섬유소는 거의 소화되지 않고 체외로 배설된다. 하지만 적당한 양의 섬유소는 장을 튼튼하게 하는 등의 건강증진 효과가 있는 것으로 알려져 있다. 섬유소는 식품 중의 다른 성분과 달리 묽은 산과 묽은 알칼리에 녹지 않으며, 또한 에틸 알코올 및 에틸 에테르에도 녹지 않는 성질을 지닌다. 한편 식품의 일반성분 중 무기물도 이들의 처리에 의하여 녹지 않는다. 그러므로 식품을 묽은 산, 묽은 알칼리, 에틸 알코올, 에틸 에테르로 처리한 후, 남아 있는 물질의 무게를 측정하고 여기에서 무기물의 양을 빼면 이 무게가 섬유소의 양이 된다. 이것은 주로 섬유소이지만 그 외에 소량의 ligin, pentosan 등을 함유하기 때문에 조섬유(crude fiber)라고 한다. 현재 조섬유의 정량법으로는 AOAC법이 가장 많이 이용된다.

■ 실험재료 및 기구

삼각플라스크, 리히비 냉각기, Allihn 여과관, 유리여과기, Adaptor와 Witt 여과장치, 산 및 알칼리 용액의 가열장치, 정온건조기, 전기회화로, 1.25% H_2SO_4 용액(0.255N), 1.25% NaOH 용액(0.313N), 석면, amyl alcohol, 95% ethyl alcohol

■ 실험방법

(1) 시료의 조제 및 평취

  ① 시료 중의 조섬유량이 20~200mg 되도록 평취하여 500㎖용 삼각플라스크에 넣는다.
  ② 에테르를 가하여 5~6회 탈지한다.
  ③ 석면 약 0.5g을 평량해서 넣는다.

(2) 산처리 및 세척

  ① 끓인 1.25% H_2SO_4 용액 200㎖를 가하여 1분 이내에 끓도록 가열한다.
  ② 정확히 30분간 끓인다.
  ③ 삼각플라스크를 냉각기에서 떼어 내어 여과관을 넣어 흡인 여과한다.
  ④ 끓인 물로 4~5회 세척한다(여과액이 산성을 나타내지 않을 때까지).

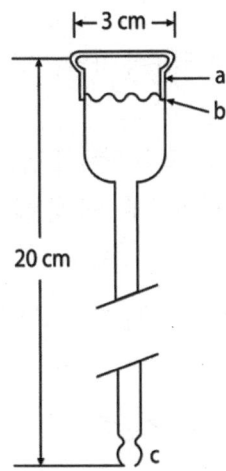

■■ 그림 10-1 조섬유 정량용 여과관 ■■

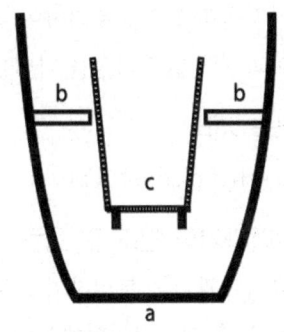

■■ 그림 10-2 유리여과기의 간접가열법 ■■

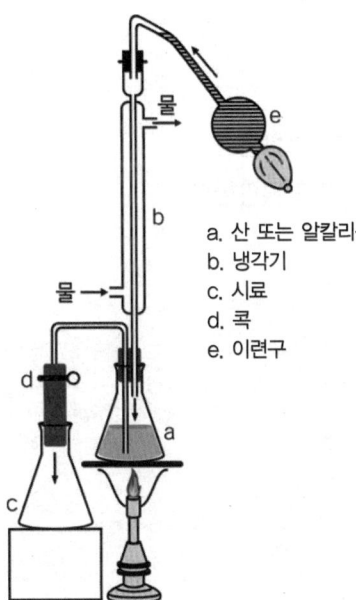

a. 산 또는 알칼리용액
b. 냉각기
c. 시료
d. 콕
e. 이련구

■■ 그림 10-3 산과 알칼리 가열장치 ■■

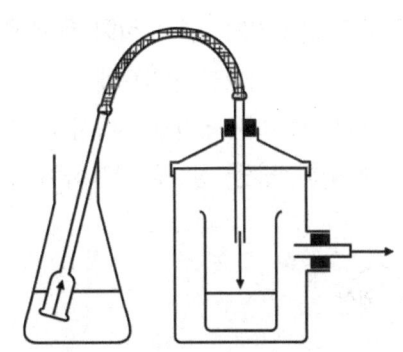

■■ 그림 10-4 여과관에 의한 흡인 여과장치 ■■

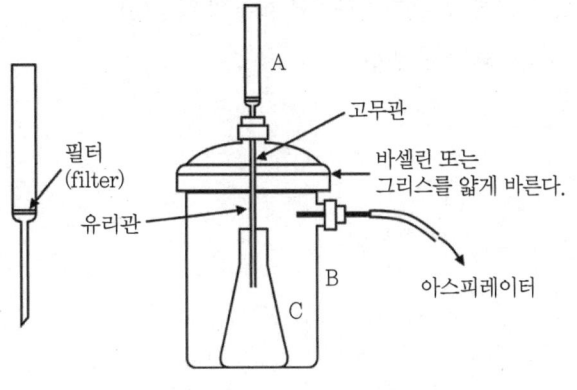

■■ 그림 10-5 Witt 여과기 ■■

유리여과기

(3) 알칼리 처리 및 세척

① 끓인 1.25% NaOH 용액 200㎖를 가하여 약 3분 이내에 끓도록 가열한다.
② 정확히 30분간 끓인다.
③ 삼각플라스크를 분리하여 유리여과기에 옮겨 수류펌프로 흡인 여과한다.
④ 여과액이 알칼리성을 나타내지 않을 때까지 흡인 여과하면서 증류수로 세척한다.

(4) 알코올 처리

95% ethyl alcohol 15㎖를 취하여 여과기에 옮겨 수류펌프로 흡인 여과시킨다.

(5) 유리여과기의 건조 및 항량 측정

① 유리여과기를 분리하여 105~110℃ 건조기에 넣어 1시간 건조한다.
② 건조 후 데시케이터에서 30분간 방냉한다.
③ 천칭으로 평량한다.
④ 건조, 방냉, 칭량을 반복하여 항량을 구한다(W_1).

(6) 유리여과기의 회화, 회화 후의 항량 측정

① 유리여과기를 전기로에 넣고 500~550℃에서 1시간 회화한다.
② 100℃까지 내려가면 데시케이터에서 30분간 방냉하고 평량한다.
③ 회화, 방냉, 칭량을 반복하여 항량을 구한다(W_2).

■ 계산

$$조지방(\%) = \frac{W_1 - W_0}{S} \times 100$$

W_1 : 건조 후 유리여과기와 시료의 항량(g)
W_2 : 회화 후 유리여과기와 회분의 항량(g)
 S : 시료의 무게(g)

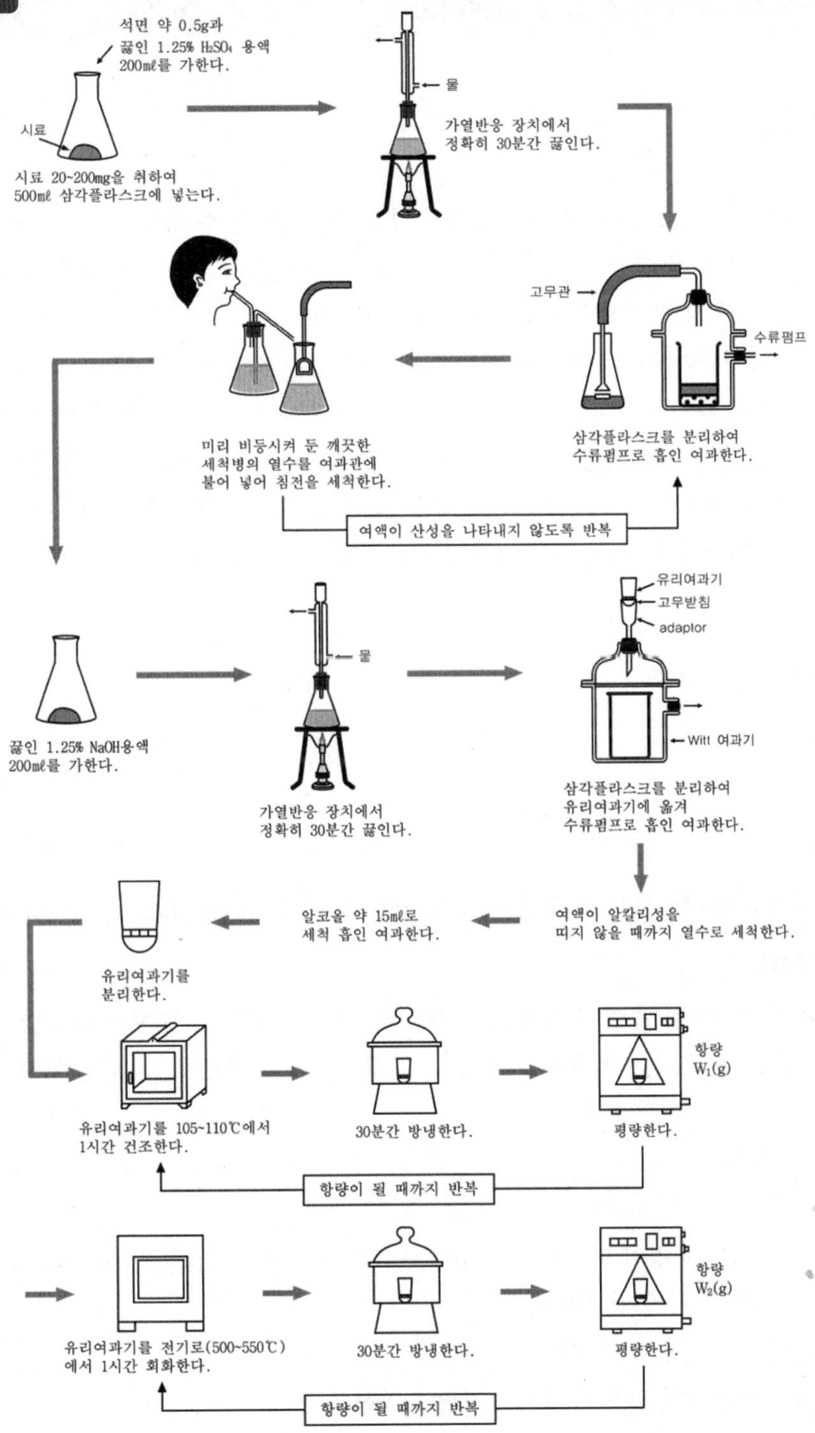

■■ 그림 10-6 조섬유의 정량 ■■

Chapter 02 관련 실험

실험 11 식품의 산도와 알칼리도

■ 실험원리

식품의 산도, 알칼리도는 식품성분 중에서 알칼리를 형성할 수 있는 K, Ca, Na, Mg 등의 금속 원소와, 산을 형성할 수 있는 P, S, Cl 등과 같은 원소의 상대적인 양을 나타내는 척도로서, 식품의 산-알칼리 평형을 측정하는 기초가 된다.

식품의 산도(알칼리도)는 식품 100g을 회화하여 얻은 회분을 중화하는 데 소비되는 1N NaOH(HCl)의 ㎖수를 말하는데, 이것을 측정하기 위해서는 식품의 일정량을 회화시켜 얻은 회분을 일정 농도의 염산 용액에 용해시키고 알칼리 표준용액으로 중화시켜 이때 소비된 알칼리 용액의 양으로부터 산도(알칼리도)를 계산한다. 계산결과가 (+)이면 이것은 식품의 알칼리도(알칼리성 식품), (-)이면 산도(산성 식품)를 나타낸다.

■ 실험재료 및 기구

(1) 시료

보리

(2) 시약

0.1N NaOH용액, 0.1N HCl 용액, 30% 과산화수소수, 0.1% phenolphtalen(pp)

(3) 실험기구

회화로, 도가니, 항온수조(water bath), 환류 냉각기, 뷰렛(50㎖), 피펫(10㎖), messflask(100㎖), 삼각플라스크(200ml), 유리봉, 알코올램프, 삼발이, 석면

■ 실험방법

① 시료를 도가니에 평취 한 후, 식품 1g당 0.1N NaOH용액 1ml를 hole pipette으로 가해 시료를 적신 후 증발 건고한다.

    ※ 무기물의 휘발을 막기 위해

② 이것을 회분정량과 같은 방법으로 작열 회화한다.

    ※ 450℃ 이하로 실시한다.

③ 회화 종료 후 도가니가 냉각하면 소량의 물 2~3ml를 가해서 유리봉으로 잘 섞는다.
④ 과산화수소용액을 5~6방울 가한 후 아주 천천히 가열해서 증발건고 한 후 도가니 바닥이 미적색이 나타날 때까지 가열한다.
⑤ 방냉 후 2~3ml의 물을 가해서 잘 섞은 후, 100~200ml 삼각플라스크에 정량적으로 옮겨 넣는다.
⑥ 0.1N HCl 용액을 시료 1g당 10ml의 비율로 hole pipette으로 가한다.
⑦ 환류 냉각기를 붙여서 15분간 조용하게 비등시킨다.
⑧ 냉각 후 0.1% pp를 2~3방울 가하고, 0.1N NaOH용액을 미홍색이 될 때까지 적가한다.

 계산

적정한 0.1N NaOH 용액량(ml) 50ml
① 시료명 : 보리
② 시료의 채취량 : 5g
③ A : 최초에 가한 0.1N NaOH 용액량(ml) : 5ml
④ B : 회분용해에 사용한 0.1N HCl 용액량(ml) : 50ml
⑤ C : 최후에 가한 0.1N NaOH 용액량(ml) : 50ml
⑥ 1/10 : 0.1N NaOH 용액을 사용했으므로 1N로 환산하기 위해 10으로 나눈다.
⑦ 계산

식품의 산 알칼리도 = {B − (A + C)} × 1/10 × 100/S
식품의 산 알칼리도 = {50 − (5 + 50)} × 1/10 × 100/5
　　　　　　　　　 = −10(산성식품)

도해설명

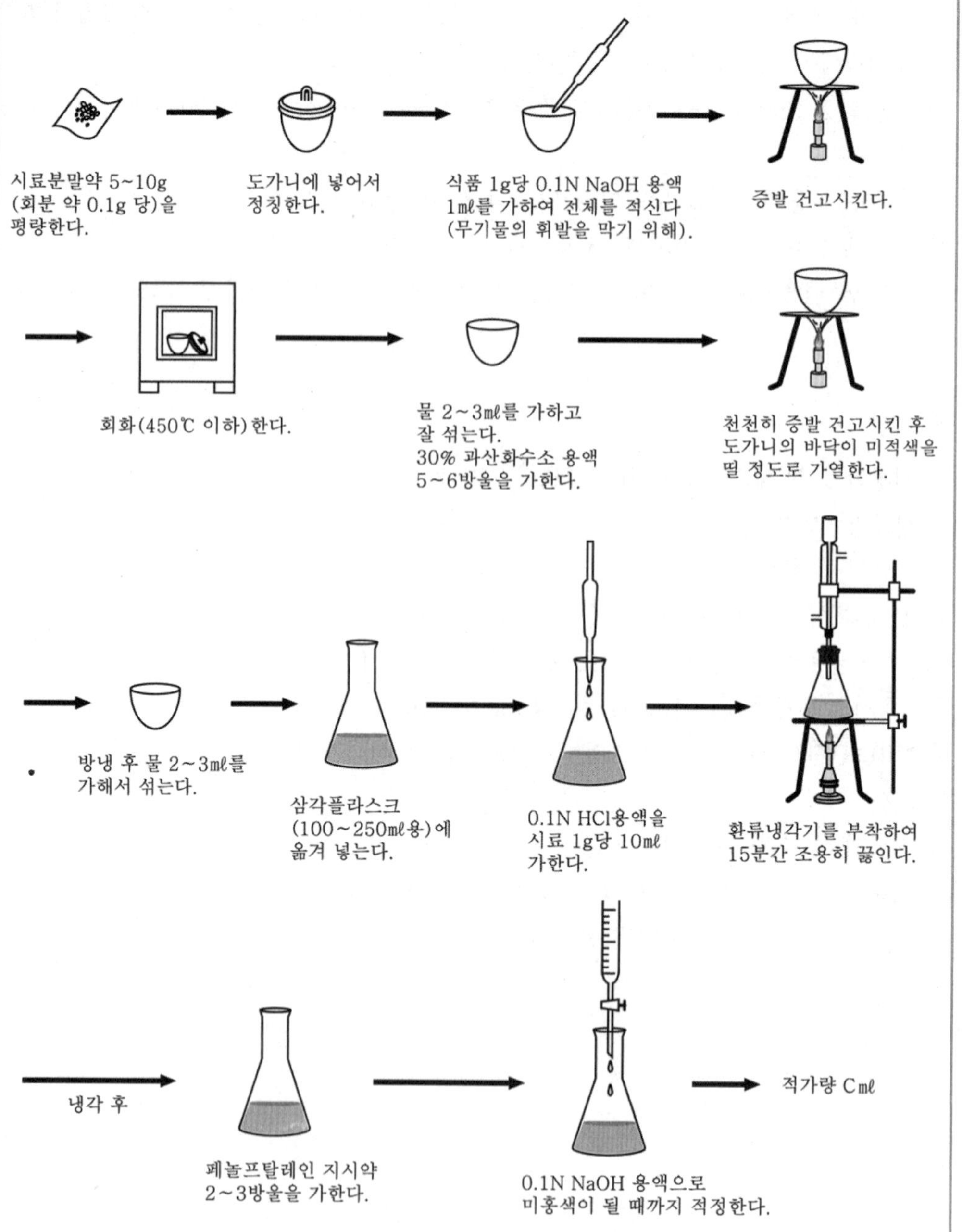

시료분말약 5~10g (회분 약 0.1g 당)을 평량한다. → 도가니에 넣어서 정칭한다. → 식품 1g당 0.1N NaOH 용액 1㎖를 가하여 전체를 적신다 (무기물의 휘발을 막기 위해). → 증발 건고시킨다.

→ 회화(450℃ 이하)한다. → 물 2~3㎖를 가하고 잘 섞는다. 30% 과산화수소 용액 5~6방울을 가한다. → 천천히 증발 건고시킨 후 도가니의 바닥이 미적색을 띨 정도로 가열한다.

→ 방냉 후 물 2~3㎖를 가해서 섞는다. → 삼각플라스크 (100~250㎖용)에 옮겨 넣는다. → 0.1N HCl용액을 시료 1g당 10㎖ 가한다. → 환류냉각기를 부착하여 15분간 조용히 끓인다.

→ 냉각 후 → 페놀프탈레인 지시약 2~3방울을 가한다. → 0.1N NaOH 용액으로 미홍색이 될 때까지 적정한다. → 적가량 C㎖

■■ **그림 11-1** 산도와 알칼리도 정량 ■■

■ 참고

※ 식품의 산도와 알칼리도

알칼리성 식품	알칼리도	산성 식품	산도
다시마	40	달걀	10~20
시금치	5~12	육류	10~20
콩	9~10	현미	9~14
고구마	6~10	보리	10
무	6~10	옥수수	5
감귤	5~10	흰쌀	3~5
감자	5~9	밀가루	3~5
토마토	3~5	버터	4
사과	1~3	흰빵	2~3

실험 12 전분(starch) 정량(알코올 추출법)

실험원리

펜토산류(pentosans)나 당-에스테르류가 많이 함유된 시료에 적용하는 방법으로 가용성 당류를 알코올로 녹여 분리한 다음 침전되는 전분만을 모아서 산으로 가수분해하고 환원당의 양으로 전분 함량을 구한다. 인삼에 존재하는 미량의 아라비노오스(arabinose), 크실로오스(xylose)나 정량을 방해하는 물질인 사포닌 배당체를 제거하기에 적합하며 시료를 건조하지 않아도 무방하므로 특히 수삼의 전분을 정량하고자 하는 경우에 사용된다.

실험재료 및 기구

마쇄기(Homogenizer), 물중탕 장치, 원심분리기(Centrifuge), 2.27% 염산 용액, 50%(v/v) 에탄올 용액, 95%(v/v) 에탄올 용액

실험방법

① 적당한 크기로 절단한 시료 10g을 정확하게 평량하여 마쇄기로 마쇄한다.
② 마쇄한 시료를 250㎖의 용량 플라스크에 넣고 50% 에탄올 용액 125㎖를 가한다.
③ 끓는 물속에서 1시간 동안 환류 추출한다. 이때, 냉각관 대신에 소형의 깔때기를 사용하여도 무방하며 시료가 산성인 경우는 탄산칼슘(CaCO$_3$) 1~3g을 넣어 중화시킨다.
④ 추출액을 실온에서 하룻밤 방치하고 95% 에탄올 용액을 가하여 250㎖로 정용한다.
⑤ 원심분리하여 저분자의 가용성 당류를 제거시킨다.
⑥ 침전물에 염산 용액 90㎖를 가하여 끓는 물속에서 30분간 환류추출하고 염산용액을 가하여 100㎖로 정용한다.
⑦ 이 액 10㎖에 염산용액 100㎖를 가하여 끓는 물속에서 2시간 30분 동안 가수분해시킨다.
⑧ 가수분해액을 중화시키고 당류 정량방법 중 소모기법에 따라 글루코오스를 정량한다.

계산

시료 중 전분 함량(%) = G × 0.9
(G : 가수분해액 10㎖ 중 글루코오스의 양(%))

실험 13 전분(starch) 정량(Somogyi법)

실험원리

Somogyi법은 Bertrand법과 같이 알칼리성 Fehling 용액을 당과 함께 가열하면 아산화동(Cu_2O)이 생성된다. 이 Cu_2O를 시약 중에 들어 있는 일정량의 요오드산칼륨(KIO_3)으로부터 유리된 요오드가 산화시킨다. 다음에 남아 있는 요오드를 티오황산나트륨($Na_2S_2O_3$) 표준용액으로 적정하여 Cu_2O를 산화시키는 데에 소요되는 요오드량을 구하고, 그 값으로부터 당의 양을 산출한다. 이때 반응식은 다음과 같다.

$$Cu(OH)_2 + R'CHO \longrightarrow Cu_2O\downarrow + RCOOH + H_2O$$
$$KIO_3 + 5KI + 3H_2SO_4 \longrightarrow 3I_2 + 3H_2O + 3K_2SO_4$$
$$2Cu_2O + 2I_2 \longrightarrow 4Cu^{2+} + 4I^- + O_2$$
$$2Na_2S_2O_3 + I_2 \longrightarrow Na_2S_4O_6 + 2NaI$$

실험재료 및 기구

Somogyi 시약, 1N 요오드산칼륨(KIO_3) 용액, 2.5% 요오드화칼륨(KI) 용액, 2N H_2SO_4 용액, 0.005N $Na_2S_2O_3$ 용액, 1% 전분용액(지시약)

실험방법

① 시료 당 용액 5㎖를 대형 시험관(내경: 2.5㎝, 높이: 20㎝)에 취한다.
② Somogyi 시약 5㎖를 가하여 잘 흔들어서 혼합시킨다.
③ 유리마개를 하여 끓는 수욕 안에 넣고 정확하게 10분간 가열한 후 즉시 5분간 흐르는 물에서 냉각시킨다.
④ KI 용액 2㎖를 메스피펫으로 조용히 가하고 다시 2N H_2SO_4 용액 2~2.5㎖를 가하여 흔들면 요오드가 유리된다.
⑤ 유리된 요오드는 즉시 Cu_2O와 반응하므로 남아 있는 요오드를 0.005N $Na_2S_2O_3$ 용액으로 요오드의 황갈색이 희미해질 때까지 적정한다.
⑥ 전분 지시약을 5~6방울을 떨어뜨려 청색이 없어질 때까지 $Na_2S_2O_3$용액으로 적정한다.
⑦ 이와 동시에 시료 당용액 대신 증류수 5㎖를 취하여 같은 방법으로 공시험을 실시한다.

■ 계산

포도당(glucose)을 단계적으로 희석한 용액(5mg%, 10mg%, 15mg%, 20mg%)을 조제하여 각각에 대해서 전과 같은 조작을 하고 당량에 대한 $Na_2S_2O_3$ 용액의 적정치($b-a$, $b-a'$, $b-a''$, $b-a'''$)를 구해서 그림 13-1과 같은 표준곡선을 작성한다.

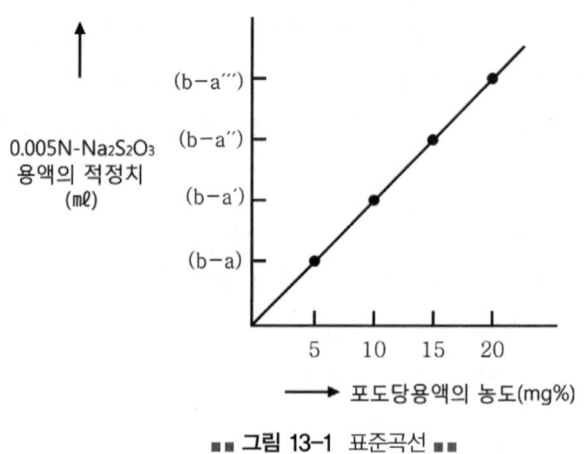

■■ 그림 13-1 표준곡선 ■■

b : 공시험에 대한 0.005N $Na_2S_2O_3$ 용액의 적정치(㎖)
a~a''' : 5~20mg% 당 용액에 대한 0.005N $Na_2S_2O_3$ 용액의 적정치(㎖)
a : 시료 당용액에 대한 0.005N $Na_2S_2O_3$ 용액의 적정치(㎖)

이 표준곡선으로부터 시료 당 용액의 경우 ($b-a^x$)에 대응하는 당량을 구하고, 희석배수를 곱해서 당량을 산출한다.

실험 14 전분(starch) 정량(Bertrand법)

■ 실험원리

황산동($CuSO_4 \cdot 5H_2O$) 용액에 같은 양의 알칼리성 Rochelle 염 용액을 가하면 수산화동 [$Cu(OH)_2$]으로 녹아 있는 진한 청색의 구리착염용액이 되는데 이것을 Fehling 용액이라 한다. 이 용액을 일정량의 환원당용액에 가하고 한정된 시간 동안 가열하면 환원당의 함량에 비례하여 2가의 구리(Cu^{2+})가 환원되어 적색의 1가의 구리인 아산화동(Cu_2O)이 침전된다.

$$2Cu(OH)_2 + RCHO \longrightarrow Cu_2O \downarrow + 2H_2O + RCOOH$$

이와 같이 생성된 아산화동의 침전을 황산 제2철[$(Fe_2SO_4)_3$, 3가철]의 산성 용액으로 녹이면 다음과 같이 아산화동은 산화되어 황산동이 되고 여기에 비례하여 황산 제2철은 제1철염($FeSO_4$, 2가철)으로 환원된다.

$$Cu_2O + Fe_2(SO_4)_3 + H_2SO_4 \longrightarrow 2CuSO_4 + 2FeSO_4 + H_2O$$

따라서 이와 같이 생성된 제1철염($FeSO_4$)를 $KMnO_4$ 표준용으로 적정하면,

$$10FeSO_4 + 2KMnO_4 + 8H_2SO_4 \longrightarrow 5Fe_2(SO_4)_3 + 2MnSO_4 + K_2SO_4 + 8H_2SO_4$$

위 반응으로 당에 의해 환원, 침전된 구리량을 계산할 수 있고, 경험적인 Bertrand 당류정량표, 표 14-1로부터 구리량에 상당하는 당량을 구할 수 있으므로 시료 당용액 중의 환원당량을 계산할 수 있다.

■ 실험재료 및 기구

$CuSO_4 5H_2O$ 용액(A액), 알칼리성 Rochelle 염용액(B액), $Fe_2(SO_4)_3$ 용액(C액), $KMnO_4$ 표준용액(D액), Witt 여과장치, 유리여과기(glass filter), 삼각플라스크, 피펫(20㎖)

*$KMnO_4$ 표준용액 1㎖에 상당하는 구리(Cu)의 양(mg)

$$5H_2C_2O_4 + 2KMnO_4 + 3H_2SO_4 \longrightarrow 10CO_2 + 2MnSO_4 + K_2SO_4 + 8H_2O \cdots$$

$$Cu(mg) = \frac{칭취한\ 수산의\ 양}{KMnO_4의\ 적정\ ㎖수} \times \frac{2Cu}{H_2C_2O_4 \cdot 2H_2O}$$

$$= \frac{칭취한\ 수산의\ 양 \times 63.55 \times 2}{KMnO_4의\ 적정\ ㎖수 \times 126.07}$$

$$= \frac{칭취한\ 수산암모늄의\ 양 \times 63.55 \times 2}{KMnO_4의\ 적정\ ㎖수 \times 142.12}$$

Chapter 02 관련 실험

■ 실험방법

① 200~250㎖ 삼각플라스크에 미리 조제한 시료 당용액 20㎖를 취한다.
② $CuSO_4$ 용액과 알칼리성 Rochelle 염용액 각각 20㎖씩을 가하여 혼합한다.
③ 가열하여 끓기 시작해서부터 정확히 3분 동안 끓인다.
④ 끓인 후 금망으로부터 내려서 흐르는 물에 플라스크를 담가 급랭시킨다.
⑤ Witt 여과장치에 부착된 유리여과기에 경사하여 서서히 흡인 여과한다.
⑥ 더운물로 세척조작을 여러 차례 반복한다.
⑦ 침전이 남아있는 플라스크를 유리여과기 아래의 여액이 담긴 여과장치 내의 용기와 바꾼다.
⑧ 황산 제2철액 20㎖를 메스실린더로 3~4회 나누어 유리여과기에 부어 침전을 녹이면서 흡인 여과한다.
⑨ 10㎖의 더운물로 여과기를 여러 차례 세척하고, 세액을 전부 플라스크에 모은다.
⑩ 플라스크를 여과장치에서 떼어내고 잘 흔들어 침전을 완전히 녹여 즉시 $KMnO_4$ 표준용액으로 적정한다(종말점 : 황록색 → 미적자색).

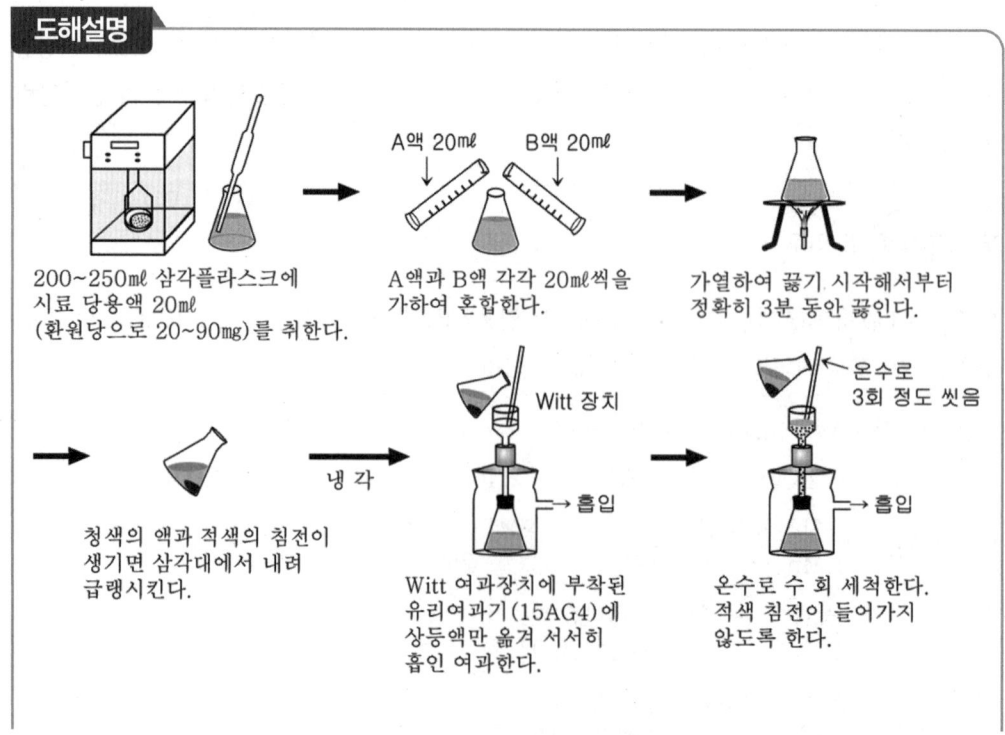

도해설명

200~250㎖ 삼각플라스크에 시료 당용액 20㎖ (환원당으로 20~90mg)를 취한다.

A액과 B액 각각 20㎖씩을 가하여 혼합한다.

가열하여 끓기 시작해서부터 정확히 3분 동안 끓인다.

청색의 액과 적색의 침전이 생기면 삼각대에서 내려 급랭시킨다.

Witt 여과장치에 부착된 유리여과기(15AG4)에 상등액만 옮겨 서서히 흡인 여과한다.

온수로 수 회 세척한다. 적색 침전이 들어가지 않도록 한다.

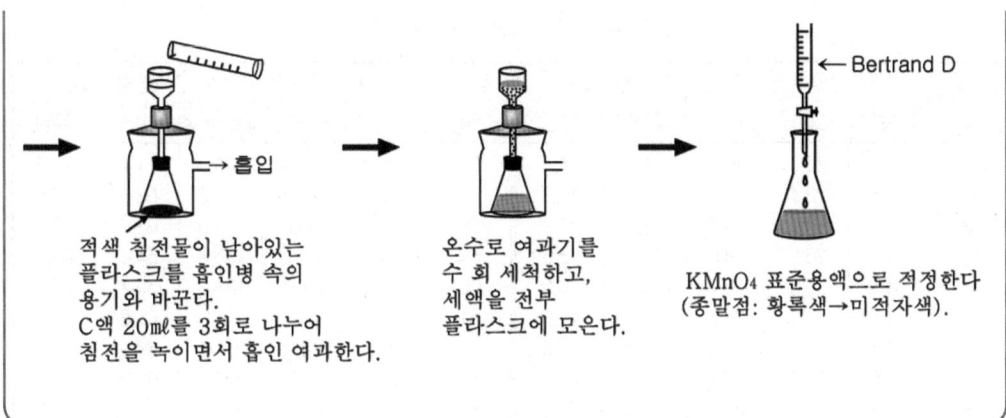

■■ 그림 14-1 Bertrand 법에 의한 환원당 정량 ■■

※ 20mℓ의 시료 당용액에 의해 침전된 구리(CuSO₄)의 양(mg)

① Cu(mg) = V × F

   V : KMnO₄ 용액의 적정 소비량(mℓ)

   F : KMnO₄ 용액의 역가 즉, 1mℓ에 상당하는 구리의 양(mg)

② Bertrand 당류 정량표로부터 위의 구리(Cu)량(mg)에 상당하는 당의 종류에 따른 환원당의 양(mg)을 구한다. 이때 구리량과 합치되는 값, 즉 이것에 상당하는 환원당량의 수치가 표에 없을 때는 비례배분 계산에 의해 산출한다.

③ 환원당(%) = $\dfrac{A \times D}{S} \times 100$

   A : Bertrand 당류 정량표로부터 구한 당의 양(g)

   D : 희석배수

   S : 시료 채취량(g)

④ 전분 함량(%) = 환원당 함량(%) × 0.9

Chapter 02 관련 실험

■■ 표 14-1 Bertrand 당류 정량표 ■■

당류 mg	전화당	포도당	galactose	맥아당	유당	당류 mg	전화당	포도당	galactose	맥아당	유당
10	20.6	20.4	19.3	11.2	14.4	56	105.7	105.8	101.5	61.4	76.2
11	22.6	22.4	21.2	12.3	15.8	57	107.4	107.6	103.2	62.5	77.5
12	24.6	24.3	23.0	13.4	17.2	58	109.2	109.3	104.9	63.5	78.8
13	26.5	26.3	24.9	14.5	18.6	59	110.9	111.1	106.6	64.6	80.1
14	28.5	28.3	26.7	15.6	20.0	60	112.6	112.8	108.3	65.7	81.4
15	30.5	30.2	28.6	16.7	21.4	61	114.3	114.5	110.0	66.8	82.7
16	32.5	32.2	30.5	17.8	22.8	62	115.9	116.2	111.6	67.9	83.9
17	34.5	34.2	32.2	18.9	24.2	63	117.6	117.9	113.3	68.9	85.2
18	36.4	36.2	34.2	20.0	25.6	64	119.2	119.6	115.0	70.0	86.5
19	38.4	38.1	36.0	21.1	27.0	65	120.9	121.3	120.9	71.1	87.7
20	40.4	40.1	37.9	22.2	28.4	66	122.6	123.0	118.3	72.2	89.9
21	42.3	42.0	39.7	23.3	29.8	67	124.2	124.7	120.0	73.3	90.3
22	44.2	43.9	41.6	24.4	31.1	68	125.9	126.4	121.7	74.3	91.6
23	46.1	45.8	43.4	25.5	32.5	69	127.5	128.1	123.3	75.4	92.8
24	48.0	47.7	45.2	26.6	33.9	70	129.2	129.8	125.0	76.5	94.1
25	49.8	49.6	47.0	27.7	35.2	71	130.8	131.4	126.6	77.6	95.4
26	51.7	51.5	48.9	28.9	36.6	72	132.4	133.1	128.3	78.6	96.7
27	53.6	53.4	50.7	30.0	38.0	73	134.0	134.7	130.0	79.7	98.0
28	55.5	55.3	52.5	31.1	39.4	74	135.6	136.3	131.5	80.8	99.1
29	57.4	57.2	54.4	32.2	40.7	75	137.2	137.9	133.1	81.8	100.4
30	59.3	59.1	56.2	33.3	42.1	76	138.9	139.6	134.8	82.9	101.7
31	61.1	60.9	58.0	34.0	43.4	77	140.5	141.2	136.4	84.0	102.9
32	63.0	62.8	59.7	35.5	44.8	78	142.1	142.8	138.0	85.1	104.2
33	64.8	64.6	61.5	36.5	46.1	79	143.7	144.5	139.7	86.2	105.4
34	66.7	66.5	63.3	37.6	47.4	80	145.3	146.1	141.3	87.2	106.7
35	68.5	68.3	65.0	38.7	48.7	81	146.9	147.7	142.9	88.3	107.9
36	70.3	70.1	66.8	39.8	50.1	82	148.5	149.3	144.6	89.4	109.2
37	72.2	72.0	68.6	40.9	51.4	83	150.0	150.9	146.2	90.4	110.4
38	74.0	73.8	70.4	41.9	52.7	84	151.6	152.5	147.8	91.5	111.4
39	75.9	75.7	72.1	43.0	54.1	85	153.2	154.0	149.4	92.6	112.9
40	77.7	77.5	73.9	44.1	55.4	86	154.8	155.6	151.1	93.7	114.1
41	79.5	79.3	75.6	45.2	56.7	87	156.4	157.2	152.7	94.8	115.4
42	81.2	81.1	77.4	46.3	58.0	88	157.9	158.8	154.3	95.8	116.6
43	83.0	82.9	79.1	47.4	59.3	89	159.5	160.4	156.0	96.9	117.9
44	84.8	84.7	80.8	48.5	60.6	90	161.1	162.0	157.6	98.0	119.1
45	86.5	86.4	82.5	49.5	61.9	91	162.6	163.6	159.2	99.0	120.3
46	88.3	88.2	84.3	50.6	63.3	92	164.2	165.2	160.8	100.1	121.6
47	90.1	90.0	86.0	51.7	64.6	93	165.7	166.7	162.4	101.1	122.8
48	91.9	91.8	87.7	52.8	65.9	94	167.3	168.3	164.0	102.2	124.2
49	93.6	93.6	89.5	53.9	67.2	95	168.8	169.9	165.6	103.2	125.0
50	95.4	95.4	91.2	55.0	68.5	96	170.3	171.5	167.2	104.2	126.5
51	97.1	97.1	92.9	56.1	69.8	97	171.9	173.1	168.8	105.3	127.7
52	98.8	98.8	94.6	57.1	71.7	98	173.0	174.6	170.4	106.3	128.9
53	100.6	100.6	96.3	58.2	72.4	99	175.0	176.2	172.0	107.4	130.2
54	102.2	102.3	98.0	59.3	73.7	100	176.5	177.8	173.6	108.4	131.4
55	104.0	104.1	99.7	60.3	74.9						

실험 15 총탄수화물 정량(페놀-황산법)

■ 실험원리

총당 측정법으로 미량의 시료 분석에 적합하다. 또 황산을 이용하기 때문에 전분, 셀룰로오스 등과 같은 고분자 물질도 미리 가수분해하지 않고도 시료용액으로 사용할 수 있다. 탄수화물을 진한 황산으로 처리하면 탈수되어 furfural 또는 그 유도체가 되며 안정된 오렌지색이 나타난다.

단당류 + 페놀 + 황산 → 오렌지색

오렌지색의 선명도는 총탄수화물의 양에 비례한다. 오렌지색 정도는 생성물인 furfural 또는 그 유도체의 양을 말한다. furfural의 벤젠링 구조는 빛을 잘 흡수하기 때문에 492nm에서 OD(Optical Density)값을 측정하여 glucose 용액으로 구한 표준곡선을 이용하여 정량분석한다.

■ 실험재료 및 기구

(1) 분석시료

시료 : 오렌지주스, 각 용액을 200배, 400배로 용해한다.

(2) 표준용액

① Glucose 표준용액 : 100µg/ml

② Fructose 표준용액 : 100µg/ml

- 각 용액을 농도별로 희석하여 튜브에 넣는다.
- 표준용액 농도 : 0, 10, 20, 30, 40, 50, 60µg/ml(총량 1.00ml)

(3) 시약

① 5% phenol 수용액

② 95.5% H_2SO_4

(4) 기구

테스트 튜브, 피펫(200µl, 1000µl), cell, spectrophotometer

Chapter 02 관련 실험

■ 실험방법

① 테스트 튜브에 희석한 시료 2㎖를 넣는다.(표준용액 2㎖를 넣는다)
② 5% 페놀(phenol) 용액 1㎖를 넣는다.
③ 농황산용액 5㎖를 넣는다.
④ Vortex 한다.
⑤ 10분 동안 실온에 방치한다.
⑥ 수욕상에 15분 정도 가열한다.
⑦ cell에 각 용액 200㎕를 옮긴다.
⑧ 492nm에서 흡광도를 측정한다.

■ 계산

(1) 시료 B(400배 희석)의 총탄수화물 함량 계산

시료 희석배수	1회	2회	3회	평균
200배	0.101	0.103	0.102	0.102
400배	0.098	0.095	0.102	0.098

평균 흡광도 = (0.098+0.095+0.102)/3
           = 0.098

(2) Glucose의 표준곡선을 이용할 경우

① Glucose의 표준곡선

당의 농도(㎍)		0	10	20	30	40	50	60
OD 측정치	1회	0.053	0.077	0.113	0.136	0.168	0.205	0.217
	2회	0.048	0.077	0.109	0.142	0.169	0.201	0.227
	3회	0.046	0.075	0.105	0.138	0.179	0.203	0.219
	평균	0.049	0.076	0.109	0.139	0.172	0.203	0.221

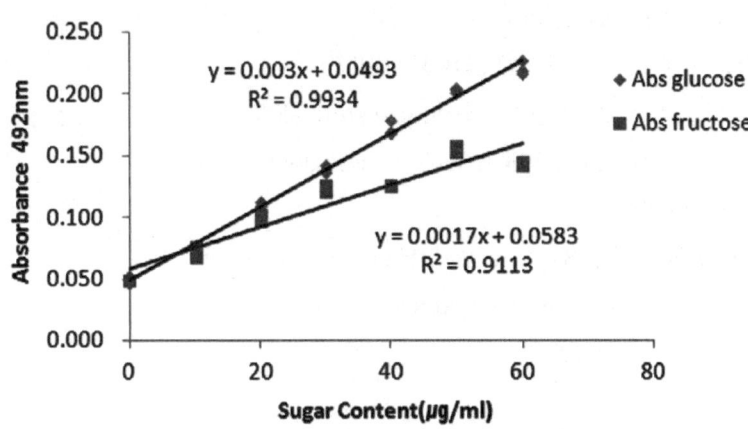

Fig. 1 Phenol sulfuric acid total sugar test, Glucose and Fructose Standard curve

② 계산식

　Y = 0.003X + 0.0493

　Y : 흡광도, X : 당함량(μg/2.0mℓ)

　2.0mℓ 중 CHO함량 = (0.098 − 0.0493)/0.003

　　　　　　　　　 = 16.23μg/2mℓ glucose equivalent

　　　　　　　　　 = 8.12μg/mℓ glucose equivalent

③ 희석배수 계산(400배)

　1.0mℓ 중 CHO함량 = 8.12μg×400/mℓ glucose equivalent

　　　　　　　　　 = 3248μg/mℓ glucose equivalent

　　　　　　　　　 = 0.32%

(3) Fructose의 표준곡선을 이용할 경우

　① Fructose의 표준곡선

당의 농도(μg)		0	10	20	30	40	50	60
OD 측정치	1회	0.049	0.068	0.097	0.121	0.125	0.153	0.143
	2회	0.049	0.069	0.098	0.122	0.125	0.153	0.142
	3회	0.049	0.076	0.102	0.125	0.125	0.158	0.144
	평균	0.049	0.071	0.099	0.123	0.125	0.155	0.143

② 계산식

Y = 0.017X + 0.0583

Y : 흡광도, X : 당함량(μg/2.0mℓ)

2.0mℓ 중 CHO함량 = (0.098 − 0.0583)/0.0017

= 23.35μg/2mℓ fructose equivalent

= 11.68μg/mℓ fructose equivalent

③ 희석배수 계산(400배)

1.0mℓ 중 CHO함량 = 11.68μg×400/mℓ fructose equivalent

= 4672μg/mℓ fructose equivalent

= 0.47%

실험 16 식염(NaCl)의 정량(Volhard법)

■ 실험원리

Volhard법은 질산산성의 염소이온(Cl^-)을 함유한 용액에 일정 과량의 $AgNO_3$를 가하여 반응시킨 후 남은 여분의 Ag^+이온에 제2철 이온(Fe^{3+})을 지시약으로 가하여 KSCN의 표준용액으로 적정한 다음 Cl^-의 함량을 구하는 방법이다.

$AgNO_3$와 제2철염 질산산성용액에 KSCN용액을 적가하면 AgSCN의 백색침전이 생성된다.

$$Cl^- + 일정 과량\ AgNO_3 \longrightarrow AgCl\downarrow + NO_3^- + 여분\ AgNO_3$$

$$AgNO_3 + KSCN \longrightarrow AgSCN + KNO_3$$

이 용액에 과잉의 KSCN이 존재하면 KSCN은 제2철 이온과 반응하여 적등색의 $Fe(SCN)_6^{3-}$를 생성하므로 적정의 종말점을 알 수 있다.

$$Fo(SO_4)_3 + 6KSCN \longrightarrow Fe[Fe(SCN)_6] + 3K_2SO_4$$

■ 실험재료 및 기구

10% Na_2CO_3 용액, 진한 HNO_3, 철명반지시약, 0.1N $AgNO_3$ 표준용액, 0.1N KSCN 표준용액

■ 실험방법

(1) 건식법

① 증발접시에 시료 적당량을 채취한다(야채, 어패류는 10g, 과실, 곡류, 두류와 같이 염소가 적은 것은 25g, 즉, 식염량 5% 이하까지는 1~2g, 5% 이상이면 0.5g을 취한다).
② 채취시료는 10% Na_2CO_3 용액 10㎖를 가하여 침투시킨다.
③ 끓는 수욕상에서 거의 건고될 때까지 증발시킨다.
④ 전기로에 옮겨 550℃에서 5~24시간 회화한 후 방냉한다.
⑤ 증류수 10~20㎖를 가하여 끓는 수욕상에서 가용물을 침출한 후 여과한다.
⑥ 침출, 여과 조작을 반복하여 알칼리성이 거의 없어질 때까지 수세하여 세액을 모은다.
⑦ 잔사는 여과지와 함께 다시 550℃에서 회화한다.
⑧ 회분은 냉각 후 물로 축여서 묽은 HNO_3용액을 몇 ㎖ 가하여 용해시키고 끓는 수욕상

에서 가온한다.
⑨ 수세하고 여액과 세액은 ⑥의 세액과 혼합한다.
⑩ 250㎖ 메스플라스크에 옮겨 표선까지 정용한다(시료용액).
⑪ 삼각플라스크에 시료용액 25㎖를 취하고 진한 HNO_3 2㎖를 가하여 산성으로 한다.
⑫ 0.1N $AgNO_3$ 표준용액 20㎖를 정확히 가하고 잘 교반하여, AgCl을 완전히 침전시킨다.
⑬ 300㎖의 삼각플라스크에 여과한 후 완전히 수세하여 여액과 세액을 합친다.
⑭ 여액에 진한 HNO_3 1㎖와 철명반지시약 5㎖를 가한다.
⑮ 0.1N KSCN 표준용액으로 과잉의 $AgNO_3$를 적정한다(종말점 : 적등색).

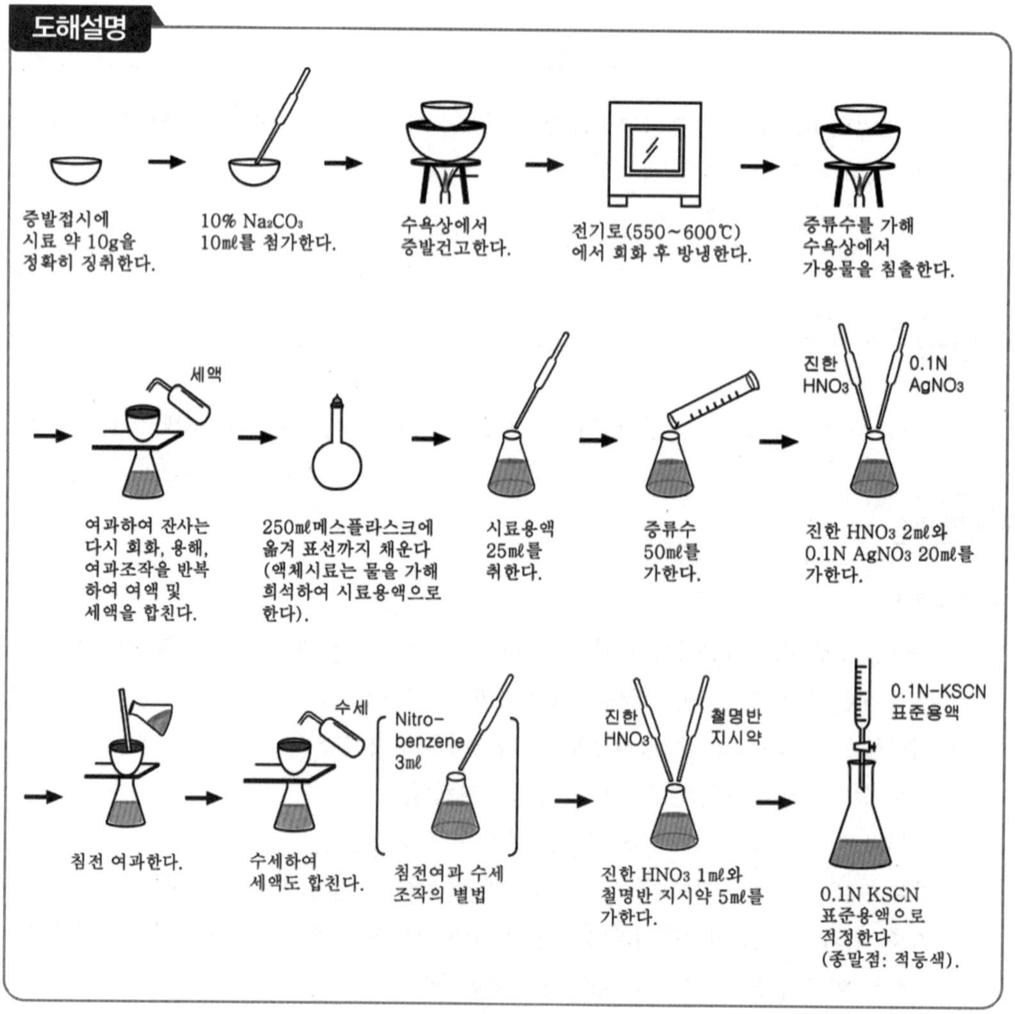

■■ 그림 16-1 Volhard법에 의한 염소의 정량 ■■

- $Cl(mg\%) = 3.546 \times (F_{Ag}V_1 - F_{SCN}V_2) \times D \times \dfrac{100}{S}$

- $NaCl(mg\%) = 0.00585 \times (F_{Ag}V_1 - F_{SCN}V_2) \times D \times \dfrac{100}{S}$

V_1 : 첨가한 0.1N AgNO₃ 표준용액의 ml수(보통 20ml)
F_{Ag} : 0.1N AgNO₃ 표준용액의 역가
V_2 : 적정시 소비된 0.1N KSCN 표준용액의 ml수
F_{SCN} : 0.1N KSCN 표준용액의 역가
D : 희석배수
S : 시료채취량(g)
3.546 : 0.1N AgNO₃ 표준용액 1ml에 상당하는 Cl의 양(mg)
0.00585 : 0.1N AgNO₃ 표준용액 1ml에 상당하는 NaCl의 양(g)

Chapter 02 관련 실험

실험 17 식염(NaCl)의 정량(Mohr법)

■ 실험원리

Mohr법은 K_2CrO_4를 지시약으로 한 침전적정으로 Cl^-, Br^-, I^-, CN^-, CNS^-, S^{2-} 등의 적정에도 이용된다. Cl^-의 경우는 식염 NaCl 용액을 비커에 넣고 K_2CrO_4 용액을 소량 가하고 뷰렛으로부터 $AgNO_3$ 표준용액을 적하하면 Cl^-는 전부 AgCl의 백색 침전으로 된다.

$$AgNO_3 + NaCl \longrightarrow AgCl\downarrow + NaO_3$$

또 K_2CrO_4와 반응하여 크롬산은 (Ag_2CrO_4)의 적갈색침전이 생기기 시작하므로 적정 종말점을 알 수가 있다.

$$2AgNO_3 + K_2CrO_4 \longrightarrow Ag_2CrO_4 + 2KNO_3$$

Mohr법은 이와 같이 간단하여 식품에 널리 적용되나 실제 이 방법은 용액의 pH가 6.5~10.5의 범위가 아니면 오차가 크게 생기는 결점이 있다.

■ 실험재료 및 기구

10% Ag_2CrO_4 용액, 0.1N $AgNO_3$ 용액

■ 실험방법

(1) 습식법

① 시료 일정량을 정확히 칭취하여 약 20㎖의 물을 가하여 균질기로 마쇄한다.
   ※ NaCl 함량이 5% 정도인 식품은 약 10g, 10% 정도인 식품은 5g
② 100㎖ 메스플라스크에 옮겨 정용한다.
③ 정용한 후 약 5분간 메스플라스크를 흔들어 균질화한다.
④ 건조여과지로 여과하여 시료용액으로 한다.
⑤ 시료용액 10㎖를 100㎖ 삼각플라스크에 정확히 취한다.
⑥ 10% K_2CrO_4 지시약 1㎖를 가하고 0.1N $AgNO_3$ 표준용액으로 적정한다.

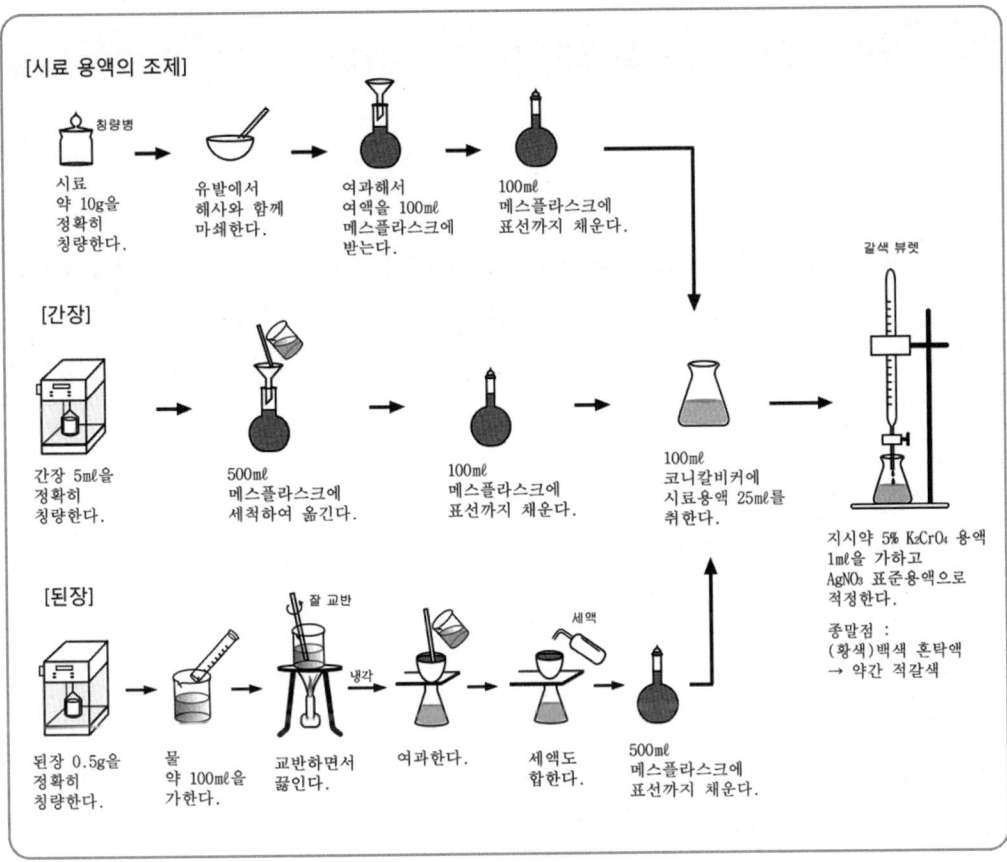

■■ 그림 17-1 Mohr법에 의한 염소의 정량 ■■

계산

- $Cl(mg\%) = 3.546 \times V \times F \times D \times \dfrac{100}{S}$

- $NaCl(mg\%) = 0.00585 \times V \times F \times D \times \dfrac{100}{S}$

V : 0.1N $AgNO_3$ 용액의 적정소비량(㎖)

F : 0.1N $AgNO_3$ 용액의 역가

D : 희석배수

S : 시료채취량(g)

3.546 : 0.1N $AgNO_3$ 용액 1㎖에 상당하는 Cl의 양(mg)

0.00585 : 0.1N $AgNO_3$ 용액 1㎖에 상당하는 NaCl의 양(g)

실험 18 칼슘(Ca)의 정량(과망간산칼륨 적정법)

■ 실험원리

시료용액에 함유되어 있는 칼슘이온(Ca^{2+})은 암모니아성 내지 미산성(pH 5.6)에서 수산기 ($C_2O_4^{2-}$)와 반응하여 난용성인 CaC_2O_4의 침전을 생성한다. 이 침전을 모액에서 분리하여 황산에 녹여 용액 중의 $C_2O_4^{2-}$를 $KMnO_4$ 표준용액으로 적정하여 간접적으로 칼슘(Ca)을 정량하는 방법이다.

$$Ca^{2+} + C_2O_4^{2-} \longrightarrow CaC_2O_4 \downarrow$$
$$CaC_2O_4 + H_2SO_4 \longrightarrow CaSO_4 + H_2C_2O_4$$
$$5H_2C_2O_4 + 2KMnO_4 + 3H_2SO_4 \longrightarrow 2MnSO_4 + K_2SO_4 + 10CO_2 + 8H_2O$$

이 방법이 가장 일반적인 Ca 정량방법으로 이용되고 있다.

■ 실험재료 및 기구

3% 수산암모늄용액, Methyl red 지시약, 요소[(NH_2)CO], 묽은 암모니아수(1 : 49), 묽은 H_2SO_4(1 : 25), 0.02N $KMnO_4$ 표준용액

■ 실험방법

(1) 시료용액의 조제

① 증발접시에 시료 약 2~10g을 취하여 400~500℃에서 회화한다.
② 증발접시의 회분을 증류수로 적신다.
③ 묽은 염산(1 : 1) 10㎖를 가하여 끓는 수욕 상에서 가열한다.
④ 묽은 염산(1 : 3) 10㎖를 가하여 가온 용해한다.
⑤ 100㎖ 메스플라스크에 여과하여 정용한다.

(2) 과망간산칼륨($KMnO_4$) 적정법에 의한 Ca 정량

① 시료용액 40㎖를 200㎖ 비커에 취한다(시료용액 중의 Ca량은 1~2mg이 되게 한다).
② methyl red 지시약 2~3방울과 3% 수산암모늄용액 10㎖를 가한다.
③ 건식법으로 얻은 용액이면 요소 2~3g을 가하고 용해한다(습식법으로 얻은 용액이면 요소 4~5g을 가한다).
④ 가열하여 수산칼슘 결정을 석출한다(methyl red의 적색 → 오렌지색 → 등황색).

⑤ 등황색으로 된 시점(pH 5.6)에서 방냉한다(2시간 이상 실온에서 방치하여 침전을 숙성시킨다).
⑥ 석출된 수산칼슘의 결정을 유리여과기로 흡인 여과한다.
⑦ 세척용 암모니아수 30~40㎖로 여러 차례 나누어 침전과 유리여과기를 잘 세척한다(모액의 $C_2O_4^{2-}$가 남아있지 않도록 완전히 세척한다).
⑧ 여과장치 내의 수기와 침전 생성 비커를 교체한다.
⑨ 유리여과기에 묽은 황산용액 5㎖를 가한다(침전을 용해한다).
⑩ 침전이 용해된 비커를 60~80℃로 가온한다.
⑪ 0.02N KMnO₄ 표준용액으로 적정한다(종말점 : 미홍색).

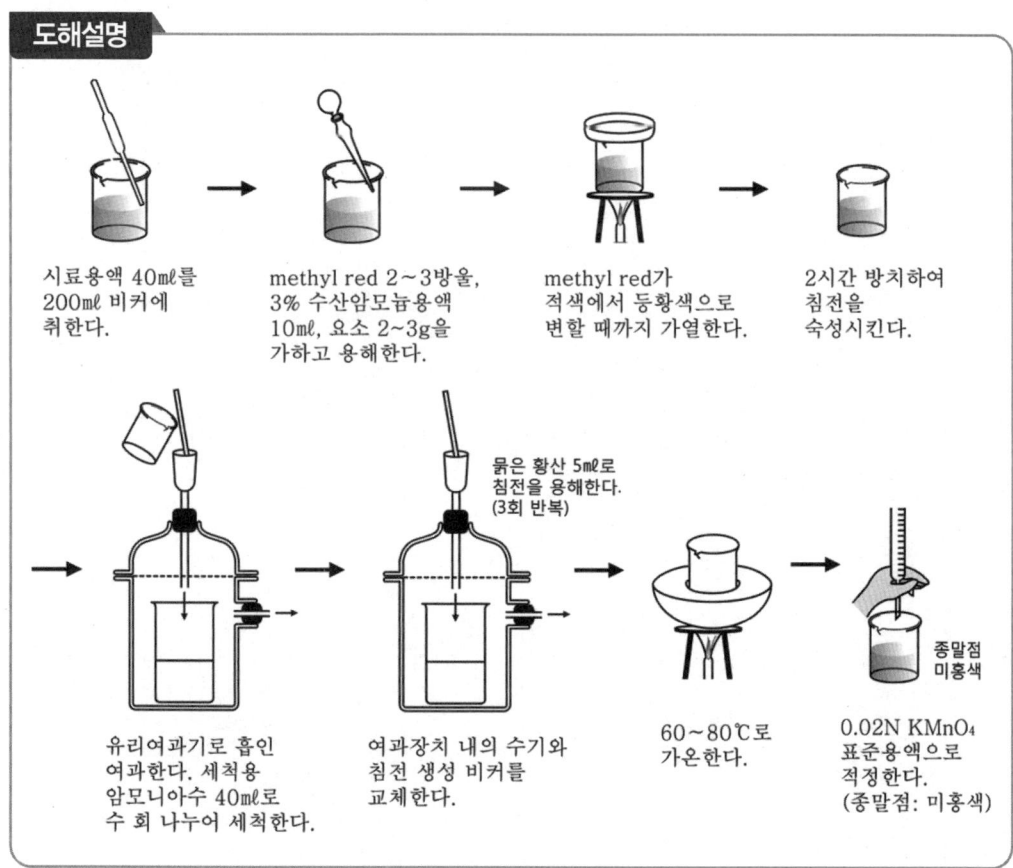

■■ 그림 18-1 KMnO₄ 적정법에 의한 Ca 정량 ■■

관련 실험

■ 계산

- Ca(mg) = $0.4008 \times F \times V \times D$

  F : 0.02N KMnO₄ 용액의 역가

  V : 0.02N KMnO₄ 용액의 적정소비량(㎖)

  D : 희석배수

- Ca(mg%) = $\dfrac{0.4008 \times F \times V \times D}{S} \times 100$

  S : 시료채취량(g)

실험 19 우유의 칼슘(Ca) 정량[킬레이트(EDTA chelate) 적정법]

실험원리

EDTA(Ethylene Diamine Tetraacetic Acid)는 여러 가지 중금속 이온 및 알칼리토류 금속 이온 등과 착염을 만든다. 이 착염은 적당한 pH(12~13) 하에서는 매우 안정하여, 그 안정도 정수가 크기 때문에 유리상태로 존재하는 금속이온의 농도가 매우 적어진다. 그러므로 금속 이온의 존재 유무에 따라 그 색깔이 변하는 색소, 즉 금속지시약을 반응계에 가해 줌으로써 각종 금속 EDTA로 적정할 수 있다.

$$Ca^{2+} + \text{Dotite NN} \longrightarrow Ca-\text{Dotite NN}$$
$$\text{blue} \qquad\qquad\qquad\qquad \text{red}$$

$$Ca-NH_4OH + EDTA^{4-} \longrightarrow Ca-EDTA + \text{Dotite NN}$$
$$\text{red} \qquad\qquad\qquad\qquad\qquad\qquad\qquad \text{blue}$$

실험재료 및 기구

0.01M EDTA 표준용액, 10% KCN용액, Dotite Murexide(Mx) 지시약, 10% NaOH 용액, 1N HCl 용액, 0.5N NaOH 용액

실험방법

(1) 시료용액의 조제
　① 200㎖ 삼각플라스크에 우유 10㎖를 정확히 취한다.
　② 증류수 20㎖와 1N HCl 20㎖를 가하여 약 10분간 정치한다.
　③ 0.5 N NaOH 22.5㎖를 가하고 pH 4.0~4.1로 하여 카세인(casein)을 완전히 침전시킨다.
　④ 250㎖ 메스플라스크로 옮겨 증류수로 표선까지 채운다.
　⑤ 카세인을 여과하여 투명한 시료용액을 조제한다.

(2) 적정
　① 시료용액 20㎖를 정확히 삼각플라스크에 취한다.
　② 10% KCN 0.5㎖, 10% NaOH 0.5㎖를 가한다.
　③ 지시약 Dtite Murexide 분말을 0.2g 가한 후 용해시킨다.
　④ 0.01M EDTA 표준용액으로 자색이 될 때까지 적정한다.

■ 계산

$$Ca(mg\%) = \frac{0.4008 \times F \times V \times D}{S} \times 100$$

V : 0.01M EDTA 용액의 적정소비량(㎖)

F : 0.01M EDTA 용액의 역가

D : 희석배수

S : 시료채취량(g)

0.4008 : 0.01M EDTA 용액 1㎖에 상당하는 Ca의 mg수

실험 20 인(P)의 정량[몰리브덴 청(molybden blue) 비색법]

■ 실험원리

시료용액 중에 존재하는 인산염과 몰리브덴산암모늄$[(NH_4)_6Mo(MoO_4)_6]$을 산성조건하에서 반응시켜 정량적으로 생성되는 인몰리브덴산암모늄$[(NH_4)_3PO_4 \cdot 12MoO_3]$에 다시 환원제를 가하여 생성되는 진한 청색인 몰리브덴 청을 비색 정량하여 인의 양을 산출하는 방법이다.

$$12(NH_4)_6Mo(MoO_4)_6 + 72H + 7PO_4 \longrightarrow 7[(NH_4)_3PO_4 \cdot 12MoO_3] + 51NH_4 + 36H_2O$$

■ 실험재료 및 기구

몰리브덴산암모늄 용액, Hydroquinone 용액, 10% Na_2SO_4 용액, 인(P) 표준용액(KH_2PO_4 결정 0.4394g을 물에 녹여 1ℓ로 하여 이 액 50㎖를 정확히 취하여 물을 가해 250㎖로 희석), 분광광도계 또는 광전비색계, Measuring 플라스크(25㎖ 또는 50㎖), Whole pipette(1㎖, 2㎖ 또는 5㎖) Measuring pipette(5㎖ 또는 10㎖)

■ 실험방법

(1) 시료용액 및 표준용액의 발색
   ① 시료용액 2㎖를 50㎖ 메스플라스크에 정확히 취한다.
      ※ 시료의 채취는 곡류, 두류, 어패류, 난류와 같이 인의 함량이 많은 것은 시료용액을 10배로 희석하여 5㎖를 취한다. 50㎖의 액량으로 비색하는 데 적당한 인의 양은 P로서 0.01~0.05mg이다.
   ② 동시에 인 표준용액 2㎖를 50㎖ 메스플라스크에 취한다.
   ③ 두 개의 플라스크에 몰리브덴산 암모늄용액을 4㎖씩 가한다.
   ④ 혼합한 후 몇 분간 방치한다.
   ⑤ 다시 hydroquinone 4㎖를 가하여 혼합한다.
   ⑥ Na_2SO_4 용액 4㎖를 가하며 이때의 시간을 기록해둔다.
   ⑦ 즉시 표선까지 증류수로 희석하고 잘 진탕한다.
   ⑧ 환원제를 첨가한 다음 각각 정확히 30분간 방치한다.

(2) 비색

① 반응액을 분광광도계에서는 파장 650nm, 광전비색계에서는 황색 필터(filter)에서 비색하여 흡광도를 측정한다.
② 대조 셀(cell)에는 증류수를 공시험용액으로 사용하여 영점을 조절한다.

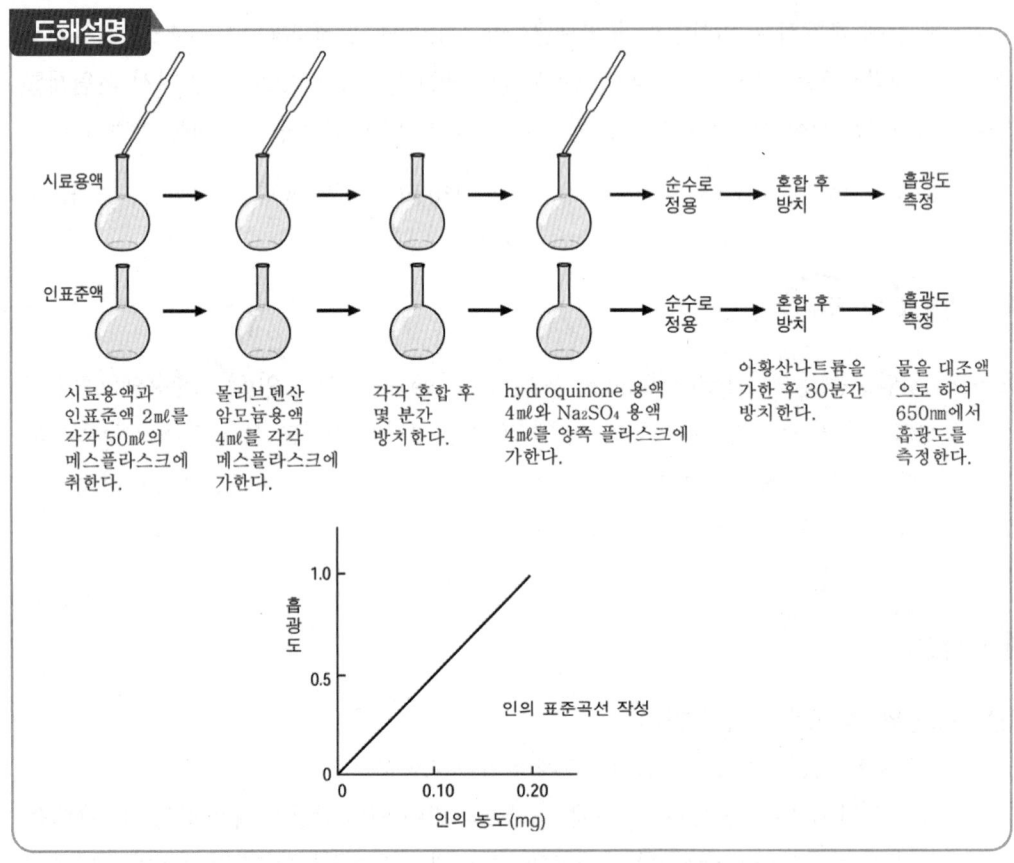

■■ 그림 20-1 Molybden blue 비색법에 의한 P의 정량 ■■

■ 계산

$$P(mg\%) = 0.040 \times \frac{A}{A_0} \times D \times \frac{100}{S}$$

A : 시료용액의 흡광도
A_0 : 인 표준용액의 흡광도
D : 희석배수
S : 시료채취량(g)
0.040 : 인 표준용액 2mℓ 중의 P 함량(0.020×2 = 0.040)

실험 21 철(Fe)의 정량(Ortho-phenanthroline 비색법)

실험원리

Ortho-phenanthrolin($C_{12}H_8N_2$)은 일정범위의 pH에서 시료용액 중에 있는 Fe^{2+} 1원자와 O-phenanthroline 3분자가 정량적으로 반응하여 적색의 착화합물[$(C_{12}H_8N_2) \cdot Fe^{2+}$]을 생성한다.

$$3C_{12}H_8N_2 + Fe^{2+} \longrightarrow (C_{12}H_8N_2)_3Fe^{2+}$$

이 적색의 농도는 Fe 10~200r, pH 2.9~9.0 사이에서 Fe의 농도와 비례하므로 비색정량에 의해 시료 중의 Fe함량을 구할 수 있다.

실험재료 및 기구

철(Fe) 표준용액, Bromophenol blue(BPB) 지시약, 2N 초산용액, 2N 초산나트륨용액, 초산완충용액(pH 3.5), 초산완충용액(pH 4.5), 1% hydroquinone 용액, 0.25% O-phenanthroline 용액, 분광광도계 또는 광전비색계, Measuring 플라스크(25㎖, 200㎖), Whole pipetty, Measuring pipette

실험방법

(1) 시료용액의 발색
   ① 시료용액 100㎖에서 10㎖를 정확히 취하여 25㎖ 메스플라스크와 삼각플라스크에 각각 넣는다.
   ② 삼각플라스크에는 BPB 지시약 4방울을 가한다.
   ③ 0.2N-초산나트륨용액(2N 용액을 10배로 희석)으로 적정한다(플라스크 용액의 pH가 3.5, 용액의 색이 황색으로부터 황록색으로 변할 때까지).
   ④ 같은 부피의 다른 삼각플라스크에 완충용액(pH 3.5) 10㎖를 취하고 여기에 BPB 지시약 4방울을 가하고 이의 색과 비교하여 적정한다.
   ⑤ 위의 소비된 적정량과 같은 양의 0.2N 초산나트륨용액을 시료용액이 들어 있는 25㎖의 메스플라스크에 가한다.

⑥ hydroquinone 용액 1㎖와 O-phenanthroline 용액 2㎖를 가하고 눈금까지 증류수를 가하여 정용한다.
⑦ 잘 혼합한 후 1시간 이상 실온에서 방치하여 충분히 발색되게 한다.

(2) 표준용액의 발색

① 철(Fe) 표준용액 20㎖를 200㎖의 메스플라스크에 취하고 표선까지 증류수를 채운 후 잘 혼합한다[철의 함유량 0.01mg(10㎍)/㎖].
② 희석표준용액 1, 2, 5, 10, 20㎖를 각각 한조로 하여 25㎖의 메스플라스크와 삼각 플라스크에 취한다.
③ 공시험을 위하여 표준용액을 가하지 않은 메스플라스크를 준비한다.
④ 10㎖ 이하의 표준용액이 들어있는 플라스크에 물을 가하여 10㎖가 되게 한다(공시험용 플라스크에도 물 10㎖를 가한다).
⑤ 각 플라스크 내의 용액을 위의 **(1) 시료용액의 발색**의 방법에 따라 발색시킨다.

(3) 비색

① 분광광도계에서는 파장 510nm, 광전비색계에서는 녹색의 필터에서 각 플라스크 내의 표준용액을 발색 정도에 따라 비색하여 흡광도를 측정한다.
② 대조 셀(cell)에는 공시험용액을 사용하여 영점을 조절한다.
③ 발색된 플라스크 내의 시료용액을 비색하여 흡광도를 측정한다.

계산

철 표준용액에 대한 표준곡선(검량곡선)을 작성한다. 즉, 가로축에는 각 표준용액량 중의 철의 함량(예를 들면 1㎖의 경우에는 0.01mg, 10㎖의 경우에는 0.1mg)을 표시하고, 세로축에는 흡광도를 표시하여 각 농도의 표준용액을 비색하여 얻은 흡광도를 각 농도 위에 나타내어 그래프를 작성한다. 여기서 얻은 표준곡선은 측정범위 내에서 직선이 되지 않으면 안된다. 이렇게 작성한 표준곡선으로부터 시료용액 10㎖ 중에 함유되어 있는 철의 함량을 구한다. 이것을 A(mg)이라고 하면 시료 중의 철의 함량(mg%)은 다음 식에 의해 계산한다.

$$Fe(mg\%) = A \times D \times \frac{100}{S}$$

A : 표준곡선으로부터 구한 시료용액 10㎖ 중의 Fe량(mg)
D : 희석배수
S : 시료채취량(g)

실험 22 산가(Acid Value) 측정

실험원리

산가란 유지 1g 중에 함유되어 있는 유리지방산을 중화하는 데 필요한 KOH의 mg 수이다.

$$RCOOH + KOH \longrightarrow RCOOK + H_2O$$

즉, 산가는 지방산이 glyceride로서 결합형태로 있지 않은 유리지방산의 양을 측정하는 것이다. 산가는 유지의 보존, 가열 등에 의하여 변하는 변수로 유지 및 유지를 함유한 식품의 품질판정에 필요한 항수이며, 특히 유지의 산패정도를 나타내는 기준이 되는 값이다. 정제된 식용유에서의 산가는 대체로 1.0 이하이다.

실험재료 및 기구

0.1N-KOH · 에탄올 용액, 에테르 · 에탄올 혼합액(용량으로 1 : 1 또는 2 : 1), 혹은 benzene · ethanol 혼합액(1 : 1 또는 2 : 1), 1% phenolphthalein · ethanol 용액(지시약)

실험방법

(1) 0.1N KOH · 에탄올 용액의 조제 및 표정

(2) 유지의 산가 측정

  ① 시료 5~20g을 정확히 200㎖ 삼각플라스크에 칭취한다.
  ② 에테르 · 에탄올 혼합용액 20~40㎖를 가하여 완전히 녹인다.
  ③ 1% phenolphthalein 용액 2~3방울을 가한다.
  ④ 0.1N KOH · 에탄올 용액으로 신속히 적정한다(종말점 : 미홍색).
  ⑤ 동시에 시료만 가하지 않은 조건에서 똑같은 방법으로 공시험을 한다.

Chapter 02 관련 실험

■ 계산

$$산가 = \frac{(V_1 - V_0) \times 5.611 \times F}{S}$$

여기서, V_1 : 본시험의 0.1N KOH 용액의 적정소비량(㎖)
V_0 : 공시험의 0.1N KOH 용액의 적정소비량(㎖)
F : 0.1N KOH 용액의 역가
S : 시료채취량(g)

유지 중의 유리지방산의 함량을 %로 표시하는 경우도 있다. 이 경우 유리지방산을 oleic acid 로 보고 환산하면 다음과 같다.

$$유리지방산(\%) = 산가 \times \frac{282}{56.1} \times \frac{100}{1000} ≒ 산가 \times \frac{1}{2}$$

도해설명

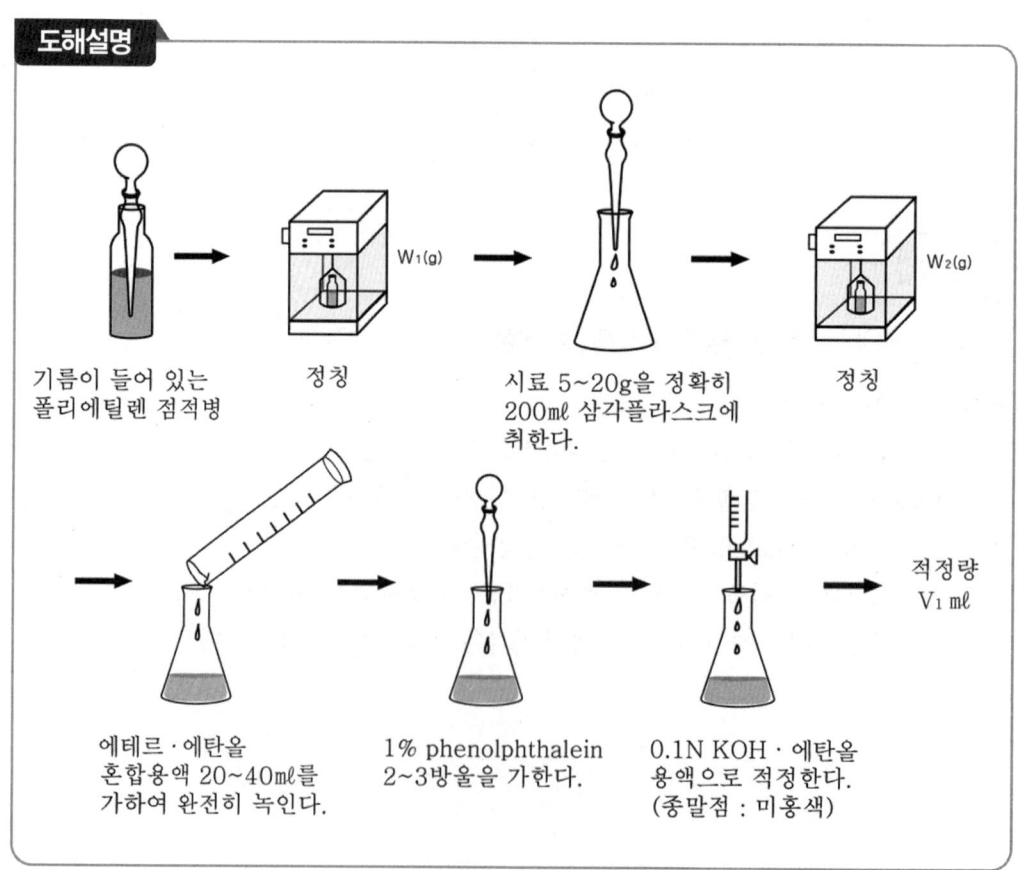

■■ 그림 22-1 산가 측정 ■■

실험 23 검화가(Saponification Value) 측정

■ 실험원리

검화가란 유지 1g을 완전히 검화시키는 데 요하는 KOH의 mg수이다.

$$\begin{array}{c} CH_2OOCR_1 \\ | \\ CHOOCR_2 \\ | \\ CH_2OOCR_3 \end{array} + 3KOH \rightarrow \begin{array}{c} CH_2OH \\ | \\ CHOH \\ | \\ CH_2OH \end{array} + \begin{array}{c} R_1COOK \\ \\ R_2COOK \\ \\ R_3COOK \end{array}$$

검화가로 유지 중에 검화될 수 있는 양과 유지의 구성지방산의 분자량의 대소를 알 수 있다. 즉 검화가는 유지의 구성지방산의 분자량에 반비례하므로 저급지방산 함량이 많은 유지는 검화가가 크며 고급지방산 함량이 많은 유지는 검화가가 작다. 보통 유지의 검화가는 180~200 정도이다.

■ 실험재료 및 기구

0.5N KOH · 에탄올 용액, 0.5N HCl 용액(정확히 표정, 표준물질 $KHCO_3$), 1% phenolphtalein 용액(지시약), 검화용 플라스크(약 100~200㎖), 환류냉각기 또는 공기냉각기(길이 약 75cm, 직경 7mm의 유리관), 수욕(water bath)

■ 실험방법

① 시료 1~2g을 검화용 플라스크에 정확히 취한다.
② 0.5N KOH · 에탄올 용액 25㎖를 정확히 가한다.
③ 환류냉각기를 연결하여 수욕 상에서 조용히 30분간 때때로 흔들어 주면서 가열한다.
④ 냉각한 후 phenolphthalein 용액을 2~3방울 가한다.
⑤ 과잉의 KOH를 0.5N HCl 표준용액으로 적정한다(종말점 : 미홍색).
⑥ 시료만 가하지 않은 조건에서 본시험과 같은 방법으로 공시험을 한다.

계산

$$검화가 = \frac{(V_1-V_0) \times 28.05 \times F}{S}$$

V_1 : 본시험의 0.5N HCl용액의 적정소비량(㎖)
V_0 : 공시험의 0.5N HCl용액의 적정소비량(㎖)
F : 0.5N HCl용액의 역가
S : 시료채취량(g)

도해설명

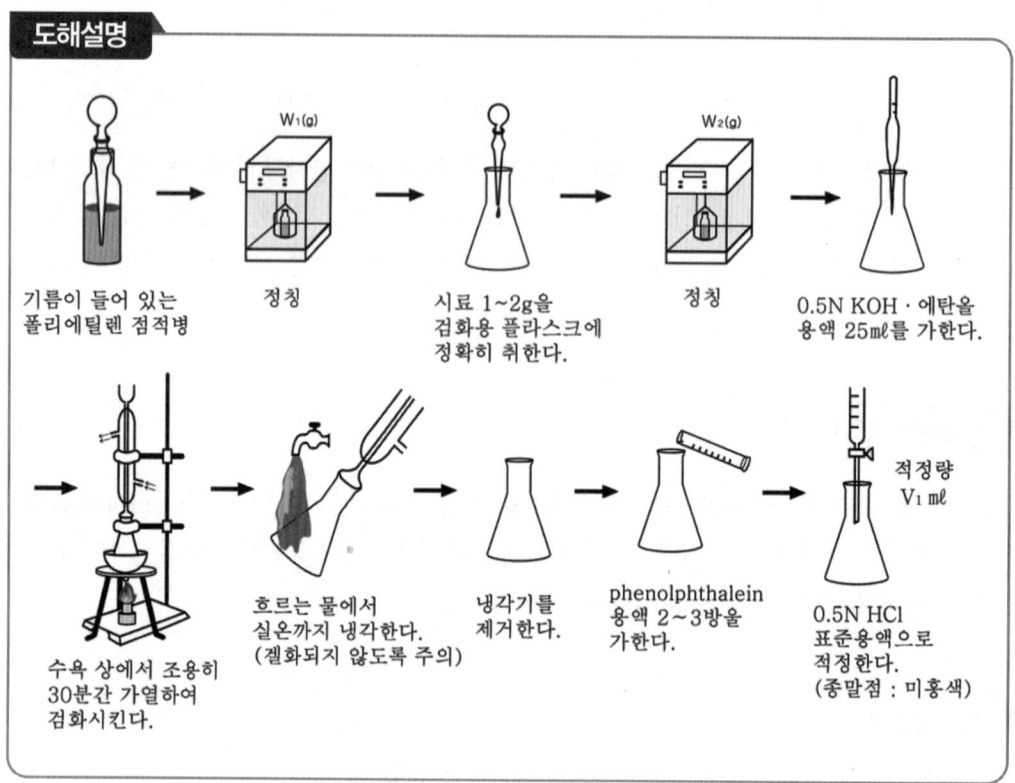

■■ 그림 23-1 검화가 측정 ■■

실험 24 요오드가(Iodine Value) 측정

실험원리

요오드가란 유지 100g에 흡수되는 요오드의 g수이다. 요오드는 유지 중의 불포화결합의 부분에 부가된다. 따라서 요오드가는 유지를 구성하는 지방산의 불포화도에 비례되는 수치이므로 요오드가가 높은 유지일수록 유지 중의 불포화지방산을 많이 함유하는 것이 된다. 여기에서는 일반적인 Wijs법에 따라 요오드가를 측정한다. 즉, 유지 중의 불포화결합의 부분에 염화요오드(ICl)는 다음과 같이 반응하여 흡수된다.

$$-CH=CH-\cdots + ICl \rightarrow \cdots-CHI-CHCl\cdots\cdots$$

따라서 과잉의 일염화요오드(ICl)를 가하여 반응시킨 후 잔존하는 미반응의 ICl를 KI로 분해시켜 생성된 유리 I_2를 $Na_2S_2O_3$용액으로 적정하여 공시험과 차를 구하면 흡수된 ICl양에 상당되는 I_2양으로써 구할 수가 있다.

$$ICl + KI \rightarrow I_2 + KCl$$
$$I_2 + 2Na_2S_2O_3 \rightarrow 2NaI + Na_2S_4O_6$$

일반적으로 요오드가 130 이상의 유지를 건성유, 100~130을 반건성유, 100 이하를 불건성유로 구별하고 있다.

실험재료 및 기구

Wijs 시약(ICl의 빙초산용액), 사염화탄소(CCl_4) 또는 클로로포름(chloroform), 10% KI 용액, 1% 전분용액, 0.1N $K_2Cr_2O_7$ 용액, 0.1N $Na_2S_2O_3$ 표준용액(정확히 표정)

실험방법

① 시료는 고체지방 0.6~1.0g, 불건성유 0.3~0.4g, 반건성유 0.2~0.3g, 건성유 0.1~0.2g의 범위로 칭취한다.
② 시료를 마개가 있는 300㎖ 삼각플라스크에 취한다.
③ 사염화탄소 또는 chloroform 10㎖를 가하여 시료를 완전히 용해한다.

④ Wijs 시약 25㎖를 넣어 마개를 한 다음 조용히 저어 섞은 후 암소에 방치한다.
(방치시간은 불건성유 30분, 반건성유 1시간, 건성유 2시간을 표준으로 한다.)

⑤ 10% KI용액 20㎖와 물 100㎖를 가해 혼합한다.

⑥ 유리된 요오드를 0.1N $Na_2S_2O_3$ 용액으로 적정한다(담황색이 될 때까지).

⑦ 1% 전분용액을 몇 방울 넣어 다시 0.1N $Na_2S_2O_3$ 용액으로 적정한다(종말점 : 전분의 청남색이 소실되는 점).

⑧ 본 시험과 병행하여 시료를 가하지 않고 공시험을 실시한다.

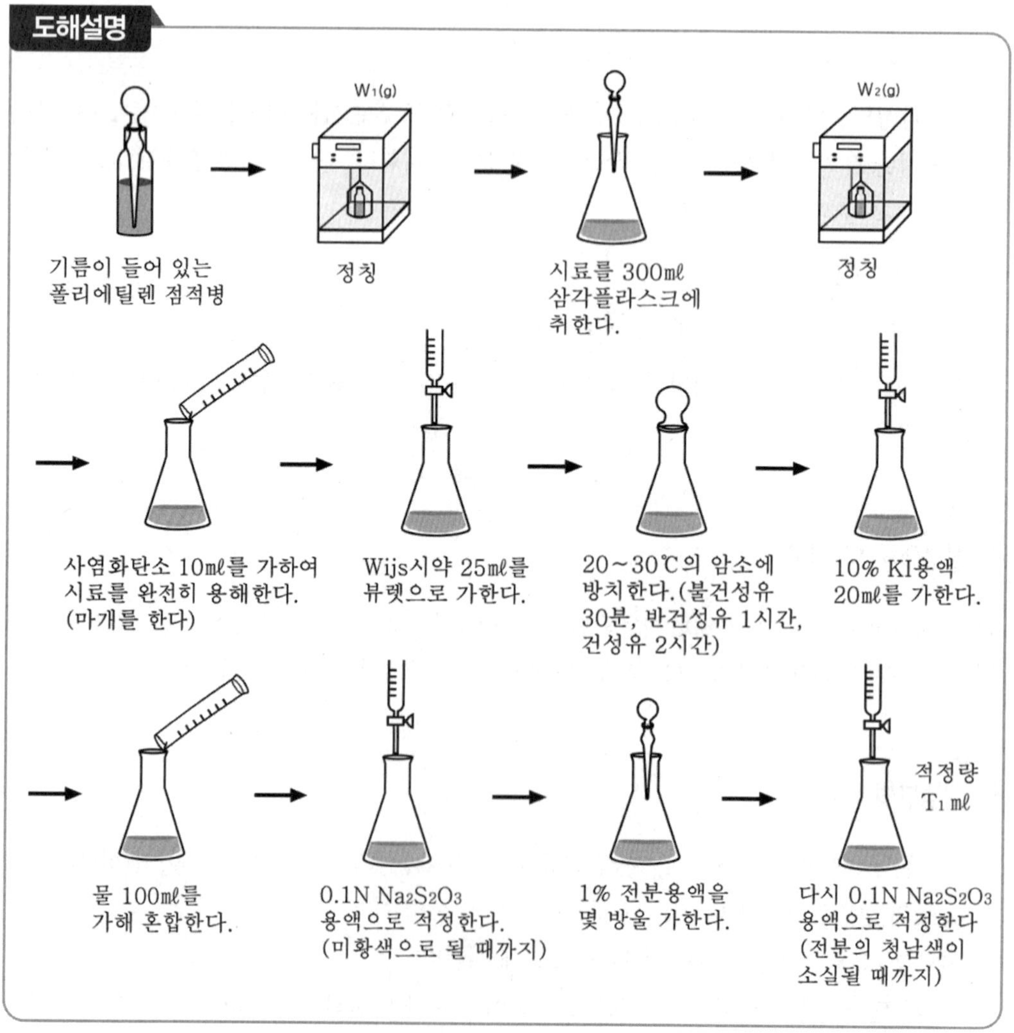

도해설명

기름이 들어 있는 폴리에틸렌 점적병 → 정칭 $W_1(g)$ → 시료를 300㎖ 삼각플라스크에 취한다. → 정칭 $W_2(g)$ →

사염화탄소 10㎖를 가하여 시료를 완전히 용해한다. (마개를 한다) → Wijs시약 25㎖를 뷰렛으로 가한다. → 20~30℃의 암소에 방치한다.(불건성유 30분, 반건성유 1시간, 건성유 2시간) → 10% KI용액 20㎖를 가한다. →

물 100㎖를 가해 혼합한다. → 0.1N $Na_2S_2O_3$ 용액으로 적정한다. (미황색으로 될 때까지) → 1% 전분용액을 몇 방울 가한다. → 다시 0.1N $Na_2S_2O_3$ 용액으로 적정한다 (전분의 청남색이 소실될 때까지)

적정량 T_1 ㎖

■■ 그림 24-1 요오드가 측정 ■■

■ 계산

$$\text{요오드가}(I.V) = \frac{(V_1 - V_0) \times 0.01269 \times F}{S}$$

V_1 : 본시험의 0.1N $Na_2S_2O_3$ 용액의 적정소비량(㎖)
V_2 : 공시험의 0.1N $Na_2S_2O_3$ 용액의 적정소비량(㎖)
F : 0.1N-$Na_2S_2O_3$ 용액의 역가
S : 시료채취량(g)
0.01269 : 0.1N $Na_2S_2O_3$ 용액 1㎖에 상당하는 I_2의 양(g)

실험 25 과산화물가(Peroxide Value) 측정

실험원리

과산화물가란 유지 1kg에 함유된 과산화물 mg 당량수를 말한다. 과산화물은 유지의 산화가 진행됨에 따라 증가하다가 carbonyl 화합물로 분해되어 결국에 가서는 감소되는 특징이 있다. 과산화물가는 유지의 초기단계에 있어서 산패정도를 나타내는 척도가 되며, 이 값이 높을수록 유지의 산패가 진행된 것으로 식품으로서 부적당한 것이다.

과산화물가는 일반적으로 ICU법에 따라 요오드적정법에 의해 측정한다. 즉 유지를 chloroform과 초산의 혼합액의 용매에 용해시킨 후 KI를 가하여 형성되는 I^-를 유지 중의 과산화물과 반응시켜 I_2로 산화시킨다. 이때 생성된 요오드의 양을 $Na_2S_2O_3$ 표준용액으로 적정하여 측정한다.

$$R-OOH + 2H^+ + 2KI \longrightarrow R-OH + I_2 + K_2O$$
$$I_2 + 2Na_2S_2O_3 \longrightarrow 2NaI + Na_2S_4O_6$$

일반적으로 식물성 유지의 경우에는 과산화물가가 60~100meq/kg, 동물성 유지의 경우에는 20~40meq/kg에 도달하는 시기를 산패발생시기로 본다.

실험재료 및 기구

빙초산, 클로로포름(chloroform), KI 포화용액, 1% 전분용액, 0.01N $Na_2S_2O_3$ 표준용액(정확히 표정)

실험방법

① 시료 0.5~1.0g을 200㎖ 마개가 있는 삼각플라스크에 칭취한다.
② 클로로포름(chloroform) 10㎖를 가하여 녹인다(완전히 투명한 상태가 된다).
③ 빙초산 15㎖를 가하여 혼합한다.
④ KI 포화용액 1㎖를 가하여 마개를 하고 1분간 진탕한 다음 5분간 어두운 곳에서 방치한다.
⑤ 물 75㎖를 가하여 마개를 다시 하고 심하게 진탕한다.
⑥ 0.01N $Na_2S_2O_3$ 용액으로 적정한다(담황색이 될 때까지).

⑦ 1% 전분용액을 지시약에 가하여 다시 0.01N $Na_2S_2O_3$ 용액으로 적정한다(종말점 : 청남색이 무색으로 되는 점).

⑧ 시료만을 가하지 않고 똑같은 방법으로 공시험을 실시한다.

도해설명

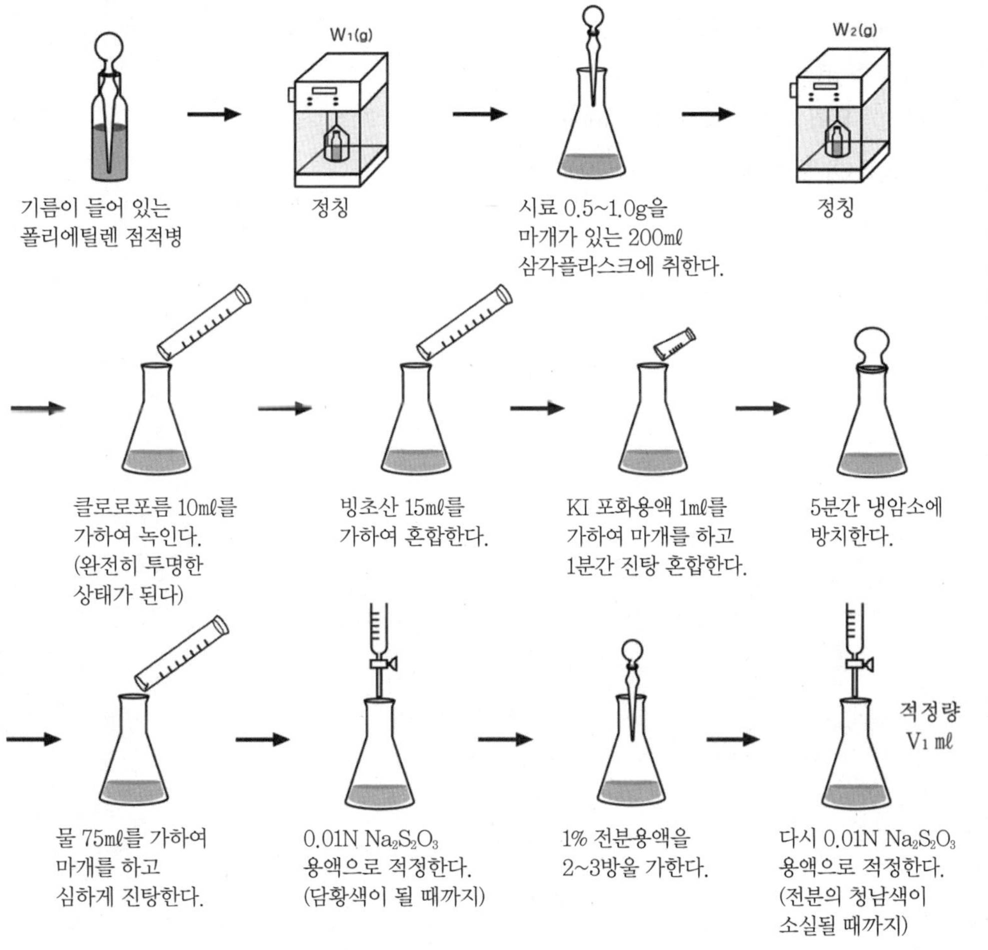

기름이 들어 있는 폴리에틸렌 점적병 → 정칭 $W_1(g)$ → 시료 0.5~1.0g을 마개가 있는 200ml 삼각플라스크에 취한다. → 정칭 $W_2(g)$

→ 클로로포름 10ml를 가하여 녹인다. (완전히 투명한 상태가 된다) → 빙초산 15ml를 가하여 혼합한다. → KI 포화용액 1ml를 가하여 마개를 하고 1분간 진탕 혼합한다. → 5분간 냉암소에 방치한다.

→ 물 75ml를 가하여 마개를 하고 심하게 진탕한다. → 0.01N $Na_2S_2O_3$ 용액으로 적정한다. (담황색이 될 때까지) → 1% 전분용액을 2~3방울 가한다. → 다시 0.01N $Na_2S_2O_3$ 용액으로 적정한다. (전분의 청남색이 소실될 때까지) 적정량 V_1 ml

■■ 그림 25-1 과산화물가 측정 ■■

계산

$$\text{과산화물가(meq/kg)} = \frac{(V_1 - V_0) \times F \times 0.01}{S}$$

V_1 : 본시험의 0.01N $Na_2S_2O_3$ 용액의 적정소비량(㎖)
V_0 : 공시험의 0.01N $Na_2S_2O_3$ 용액의 적정소비량(㎖)
F : 0.01N $Na_2S_2O_3$ 용액의 역가
S : 시료채취량(g)
1N $Na_2S_2O_3$ 용액 1㎖ ≡ 과산화물 1meq
0.01N $Na_2S_2O_3$ 용액 1㎖ ≡ 과산화물 0.01meq

실험 26 액상당의 pH 측정(수소이온농도) - 유리전극법

■ 실험원리

pH는 용액에 존재하는 수소이온(H^+)의 농도를 말한다. 물질의 산성, 염기성의 정도를 나타내는 수치로 사용된다.

pH는 수소이온농도의 음(역수)의 상용대수(밑이 10인 log)로써 정의한다.

$pH = \log 1/[H^+] = -\log[H^+]$

pH는 백금으로 이루어진 표준 수소전극과 기준 전극을 사용하여 수소이온의 활동도를 결정한다. Ag/AgCl 혹은 Hg/Hg_2Cl_2 기준전극을 보통 사용한다.

유리전극에서 발생하는 기전력은 pH에 비례하여 변화한다. 이러한 비례관계는 여러 완충용액의 pH에 따라 측정된 전위를 그래프로 그려 얻어진다.

pH는 특별한 조성으로 이루어진 유리막 사이의 전위차를 측정한다. 막을 통해 발생하는 전위는 용액의 H^+ 활동도에 따라 변화하고 일정한 기준전극을 기본으로 측정된다.

■ 실험재료 및 기구

(1) 시료

올리고당

(2) 시약

완충용액(pH 4), 완충용액(pH 7)

(3) 기구

pH meter, 피펫, 비커, 유리막대, 증류수통

■ 실험방법

(1) 시료용액의 조제(10배 희석 당용액)

① 비커에 증류수 9ml를 취한다.
② 시료(당용액) 1g을 취해 비커에 넣어 희석한다.

(2) 시료의 pH 측정

① 전원을 켜서 10분 이상 기다린다.
② 전극을 증류수로 씻은 다음 흡수성이 강한 종이로 가볍게 물기를 제거한다.
③ 완충용액으로 pH을 보정한다.
  ㉠ pH가 7인 완충용액에 전극(온도센서 포함)을 담가 '측정(measure)'을 누른 후 표준용액의 pH값이 되거나 안정화되었다는 표시가 나타나면 보정버튼(Cal.)을 누른다.
  ㉡ 전극봉을 증류수로 씻고 물기를 제거한다.
  ㉢ pH가 4인 완충용액에 전극을 담가 ㉠, ㉡번 과정을 진행한다.
④ 측정시료에 전극(온도센서 포함)을 충분히 담가 '측정(measure)' 버튼을 눌러 측정한다.
⑤ 측정이 끝나면 유리전극을 증류수로 세척하여 보존용액에 완전히 잠기게 하여 담가 놓는다.

■ 계산

(1) 희석 전 액상당 원액의 pH 구하기

- 희석된 당용액의 pH 6.6
- 희석 배수 10
- 희석수의 pH 7

① 희석된 당용액의 $[H^+]$
  $6.6 = -\log10[H^+]$
  $\log10[H^+] = -6.6$
  $[H^+] = 10^{-6.6}$
  $[H^+] = 0.000002512M$

② 희석수의 $[H^+]$
  $7 = -\log10[H^+]$
  $\log10[H^+] = -7$
  $[H^+] = 10^{-7}$
  $[H^+] = 0.0000001M$

③ 액상당 원액의 pH

  원액의 $[H^+]$을 x라 할 때

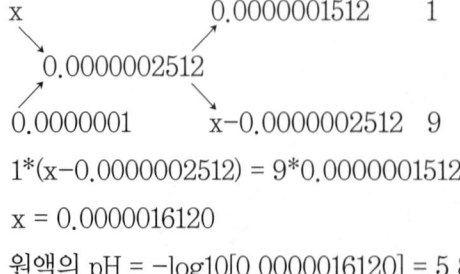

  $1*(x-0.0000002512) = 9*0.0000001512$
  $x = 0.0000016120$
  원액의 pH = $-\log10[0.0000016120] = 5.8$

■ 참고

실험 27 액체식품의 비중 측정(비중병 사용)

■ 실험원리

비중이란 물질의 질량과 그것과 같은 체적의 표준물질과의 질량의 비를 말한다.
고체와 액체의 경우 4℃의 물의 밀도(1kg/l)를 표준물질로 이용하며 기체의 경우는 0℃, 1기압에서 공기의 밀도(1.29g/l)를 사용한다.
비중은 순수물질 고유의 물성이며 이를 통하여 미지 물질의 확인, 화학반응의 진행 정도, 용액의 농도 확인 및 분체의 입도 분포 파악 등에 사용되는 물성이다.

■ 실험재료 및 기구

(1) 시료

식용유

(2) 실험기구

비중병, 항온수조, 건조기, 저울

■ 실험방법(식품공전 참조)

① 비중병을 미리 깨끗하게 씻고 건조기에 넣어 건조하여 무게(W_0)를 단다(항량값).
　※ 비중병 : 용량 10~100mL의 병으로서 온도계를 붙이는 갈아 맞춘 마개와 눈금 및 갈아 맞춘 뚜껑을 가진 측관이 있는 것
② 마개와 뚜껑을 빼고 검체를 가득 넣은 후 따로 규정이 없는 한 규정온도(25℃)보다 1~3℃ 낮게 하고 거품이 남지 아니하도록 주의하여 마개를 막는다.
③ 항온수조(25℃)에 넣어 천천히 온도를 올려 온도계가 표준온도를 나타낼 때 눈금보다 상부의 검체를 측관으로부터 제거하고 측관에 뚜껑을 하여 외부를 잘 닦은 다음 무게(W_1)를 단다.
④ 다시 같은 비중병으로 증류수를 사용하여 위와 같이 조작하고 그 무게(W_2)를 단다.
⑤ 다음 식에 따라 비중(d)을 구한다.
　※ 표준온도 : 식용유 25℃

관련 실험

※ 같은 비중병을 사용해서 측정하기 때문에 증류수를 먼저 측정하고 유지를 측정하는 것을 권장한다. 세척을 해야 하기 때문이다.

■ 계산

$$d = \frac{W_1 - W_0}{W_2 - W_0}$$

W_0 : 항량된 비중병의 무게
W_1 : 유지를 넣어 측정한 비중병의 무게
W_2 : 증류수를 넣어 측정한 비중병의 무게

■ 참고

실험 28   발효유 품질검사

1. pH(수소이온 농도) 검사

■ 실험원리

pH는 산(acid), 알칼리(alkali)의 정도를 표시하는 단위로 사용된다. pH는 대수를 이용하여 H^+의 농도를 나타낸다.

$$pH = \log \frac{1}{[H^+]} = -\log[H^+]$$

■ 실험재료 및 기구

(1) 시료

발효유

(2) 시약

완충용액(pH 7, pH 4), 지시약, 증류수

(3) 실험기구

pH meter, 비커

■ 측정방법

① 전원을 켜고 10분 이상 기다린다.
② 전극을 증류수로 깨끗이 세척한 후 흡수성이 강한 종이로 물기를 제거한다.
③ 완충용액으로 pH meter를 보정한다.
④ 시료를 잘 혼합한 후 비커에 취한다.
⑤ 전극을 세척하고 물기를 제거한다.
⑥ 시료에 전극이 충분히 잠기게 하여 측정한다.

■ 결과

2. 당도 검사

■ 실험원리

굴절당도계는 빛의 굴절변화를 이용하여 액체의 당분변화에 따라 굴절변화를 전기적 또는 광학적 신호로 나타낸 것이다. 굴절은 빛이 서로 다른 두 물질의 경계면에서 진행방향이 꺾이는 현상으로 굴절은 매질이 다르면 그 속에서 빛의 속도가 다르기 때문에 일어난다.

당도는 순수한 물과 설탕으로 이루어진 수용액의 총질량에 대한 용해된 설탕의 질량백분율(%)이며, 빛의 굴절을 이용한 당도 측정값은 Brix%로 표기한다. Brix%는 수용액 중에 함유된 가용성고형분의 % 농도를 말한다. 가용성 고형분에는 당, 염류, 단백질, 산 등 물에 녹는 물질들을 말한다.

■ 실험재료 및 기구

(1) 시료
   발효유

(2) 실험기구
   굴절당도계, 스포이드, 비커(100ml용)

■ 측정방법

① 검사시료를 충분히 교반한다.
② 프리즘 부분을 증류수로 세척하고, 부드러운 천으로 닦는다.
③ 스포이드로 시료를 취하여 프리즘에 2~3방울 떨어뜨리고 투명판을 덮는다.
④ 가볍게 눌러 준다.
⑤ 눈금과 푸른색/흰색 경계면이 일치하는 부분의 숫자를 읽는다.

■ 결과

3. 적정산도(titratable acidity) 검사

실험원리

일정량의 우유를 중화시키는 데 필요한 알칼리 양을 측정하여 이 알칼리와 결합한 산성 물질의 전량을 모두 젖산(lactic acid)으로 가정하여 그 것을 중량비율(%)로 표시한다.
우유의 신선도, 발효유의 젖산양의 변화 등을 측정할 수 있다.

실험재료 및 기구

(1) 시료

  발효유

(2) 시약

  0.1N 수산화나트륨액, 1.0% 페놀프탈레인시액

(3) 실험기구

  자동뷰렛, 피펫(10mℓ용), 비커(100mℓ용)

측정방법

① 검사시료를 충분히 교반한다.
② 시료 9g를 비커에 채취한다.
③ 탄산가스를 함유하지 않은 물 18g(시료량의 2배)을 가한다.
④ 페놀프탈레인시액 0.5mℓ를 가한다.
⑤ 0.1N 수산화나트륨액으로 30초간 홍색이 지속할 때까지 적정한다.

적정산도(젖산)계산

$$적정산도(젖산\%) = \frac{a \times f \times 0.009}{검사시료\ 채취량} \times 100$$

※ a : 0.1N 수산화나트륨액의 소비량(mℓ)
※ f : 0.1N 수산화나트륨액의 역가
※ 0.009 : 0.1N 수산화나트륨액 1mℓ에 상당하는 젖산의 양

결과

Part III 식품가공 실험

Chapter 01 식품가공 실험

식품가공 실험

> **실험 1** 쌀의 도정도 판정(M.G. 염색법)

실험원리

벼는 왕겨층으로 둘러싸여 있는데, 이 왕겨층을 벗겨낸 것이 현미이다. 왕겨는 단단해서 벌레나 미생물의 침입을 방지하나 수분만은 통과한다. 벼의 성분 비율은 현미 80%, 왕겨 20% 정도이다. 현미는 과피, 종피, 호분층, 배유, 배아로 구성되는데, 호분층과 배아에는 단백질·지방·비타민이 많으며, 배유는 대부분이 녹말로 되어 있다.

현미를 도정하여 배아, 호분층, 종피, 과피 등을 없앤 것이 백미(92%)이고, 여기서 떨어져 나온 것이 쌀겨(8%)이다. 배아가 쌀겨 속에 섞여 들어가는 것을 방지하여 도정한 것이 배아미이다.

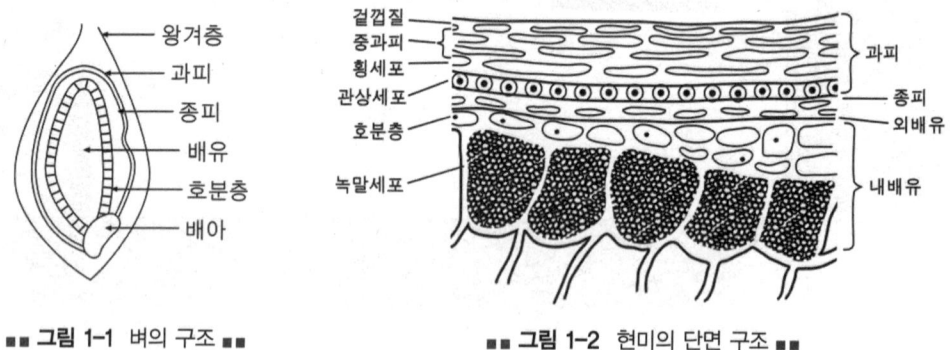

■■ 그림 1-1 벼의 구조 ■■   ■■ 그림 1-2 현미의 단면 구조 ■■

쌀의 도정도를 아는 방법에는 ① 쌀의 빛깔로 아는 방법, ② 등겨층이 벗겨진 정도로 아는 방법, ③ 도정 시간으로 아는 방법, ④ 쌀등겨(미강)의 발생량으로 아는 방법, ⑤ 염색법 등이 있다.

M.G. 염색법은 쌀알의 조직부위에 따라서 과종피는 청색, 호분층은 엷은 녹색 내지는 엷은 청색, 배유부는 엷은 흑청색 내지는 엷은 홍색, 배유는 엷은 황록색으로 염색되어 도정도를 판정하기가 용이하다.

■ 실험재료 및 기구

(1) 시약

M.G. 용액(May Grunwald) : Methylene blue와 에오신(eosin) 혼합액

※ 쌀을 염색할 때에는 2배, 보리를 염색할 때에는 3배의 methanol로 희석하여 사용한다.

(2) 재료

백미, 현미, 정백도가 다른 쌀

(3) 기구

시험관, 스포이드, 유리접시

■ 실험방법

① 메틸렌 블루와 에오신 혼합액을 메틸알코올로 2배 희석하여 M.G. 염색액을 만든다.
② 시험관에 깨끗이 씻은 쌀을 10~15알 넣는다.
③ 쌀알이 덮일 정도로 M.G. 염색액을 넣어 30초 정도 가볍게 흔든다.
④ 색소액을 따라내고 물로 2~3회 씻어 낸다.
⑤ 염색된 쌀알을 관찰하여 다음 기준에 따라 도정도를 판정한다.

도해설명

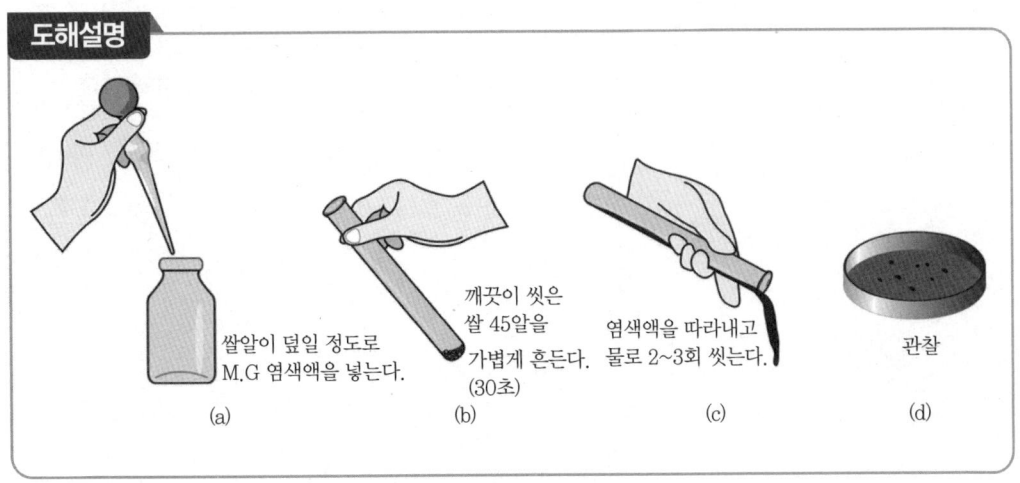

■■ 그림 1-3 쌀의 도정도 검사 ■■

결과

※ 염색법에 의한 도정도 판정 기준

관찰 색깔(전체적으로)	판 정
청록색(B.C.C. 121)	현미
엷은 청색(B.C.C. 131)	5분 도미
엷은 홍청색(B.C.C. 145)	7분 도미, 백미

※ 등겨층이 벗겨진 정도에 의한 도정도 판정 기준

관찰 색깔	판 정
측면부의 등겨층이 어느 정도 벗겨진 것	5분 도미
측면부의 등겨층이 완전히 벗겨진 것	6분 도미
복부 등겨층이 완전히 벗겨진 것	7분 도미
하단부 등겨층이 완전히 벗겨진 것	8분 도미
배부와 상단부의 등겨층이 완전히 벗겨진 것	9분 도미
고랑의 등겨층이 완전히 벗겨진 것	10분 도미

실험 2 찹쌀과 멥쌀의 판정

실험원리

녹말의 형태는 원료 식품의 종류에 따라 다른 특별한 구조를 갖는다. 녹말을 구성하고 있는 녹말분자는 포도당이 종합해서 된 것으로 아밀로오스(amylose)라는 긴 고리모양의 분자와 amylopectin이라는 가지모양을 한 분자의 혼합물이다. 찹쌀과 멥쌀의 구분은 전분구조의 차이에 의한다. 멥쌀에는 amylose가 들어 있지만, 찹쌀에는 amylose가 거의 없고 amylopectin이 대부분이다. Amylopectin의 요오드 반응은 적자색, amylose는 청록색을 나타낸다.

실험재료 및 기구

멥쌀과 찹쌀, 시험관, Lugol 용액(물 50㎖에 KI 1g과 0.7g을 가함), 유발 1개

실험방법

① 외형을 관찰하여 구별할 수 있다.
② 멥쌀과 찹쌀 2알을 유발로 분쇄하여 각각 시험관에 넣고 소량의 물을 가해 호화시킨다.
③ 이를 냉각시키고 요오드액을 각각 1~2방울 가해 착색시킨다.

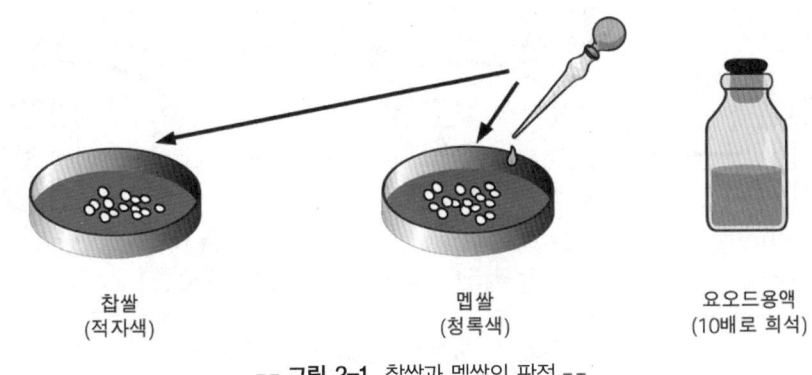

■■ 그림 2-1 찹쌀과 멥쌀의 판정 ■■

결과

멥쌀녹말은 요오드 액에 의해 청남색으로, 찹쌀녹말은 적갈색으로 염색된다.

실험 3 햅쌀과 묵은쌀의 판정

■ 실험원리

햅쌀에는 여러 종류의 효소 페르시디아제(peroxidase), 아밀리아제(amylase), 리피아제(lipase) 등이 있고, 그의 활성도 강하다. 그런데 이들 효소는 쌀을 오래 저장할수록 활성이 약해지는 동시에 쌀의 품질도 저하하는 것으로 알려졌다. 따라서 효소 중 특히 peroxidase를 조사하면 쌀의 선도를 판정할 수 있다.

■ 실험재료 및 기구

햅쌀, 묵은쌀, 시험관, 피펫, 1% paraphenylene diamine 용액, 1% guaiacol 용액, 1% H_2O_2

■ 실험방법

① 실험관 2개에 햅쌀과 묵은 쌀을 2g(약 100알) 정도 넣는다.
② 1% paraphenylene diamine 용액 3㎖와 1% guaiacol 용액 5㎖를 넣는다.
③ 1% H_2O_2 용액을 몇 방울 넣고 잘 흔든다.
④ 쌀을 꺼내어 적색으로 착색된 정도를 비교한다.

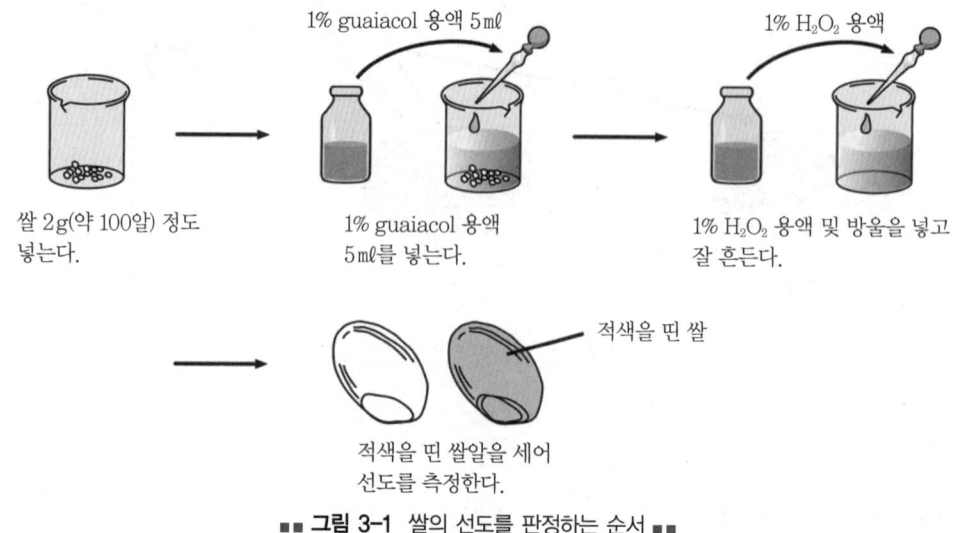

■■ 그림 3-1 쌀의 선도를 판정하는 순서 ■■

■ 결과

햅쌀이면 녹적색을 나타내고 묵은 쌀은 적갈색을 나타낸다.

※ 햅쌀은 과산화효소의 활성이 높으므로 녹적색을 띠나 묵은 쌀은 이 효소의 활성이 약하므로 약간 적갈색을 띠거나 또는 염색이 되지 않는다. 따라서 저온저장을 한 쌀은 묵은 쌀이라 하여도 상온 저장을 한 쌀에 비해 이 반응에 의한 염색이 더 잘 일어날 것이다.

실험 4 건조밥 제조

■ 제조원리

건조미는 멥쌀이나 찹쌀의 생녹말(β형)을 열처리하여 α화시켜서 적당히 건조한 것이다. α형은 안정하며 물을 가하면 가열하지 않고도 다시 팽윤된 쌀밥이 되므로 대개 비상식품으로 쓰이게 된다. 건조 방법으로는 자연에 의한 천일건조, 건조기를 이용하여 건조시키는 방법, 알코올로 탈수하여 건조시키는 방법과 냉동진공에 의한 건조방법 등이 있다.

■ 재료 및 기구

밥솥, 건조기, 삼각 플라스크(2ℓ), 메틸알코올 500㎖, 멥쌀 200g, 찹쌀 200g

■ 제조공정

쌀 → 세척 → 담그기 → 찌기 → 고두밥 → 고온건조 → 포장 → 건조밥

■ 제조방법

(1) 보통 찐쌀

① 멥쌀 또는 찹쌀로 밥을 만든다.
② 이것을 청결한 헝겊 위에 넓게 펼쳐서 천일건조로 완전히 건조한다.
③ 덩어리는 손으로 부수어 건조밥으로 한다(적당한 크기로 파쇄해도 된다).

(2) α 전분형 찐쌀

① 멥쌀 또는 찹쌀로 밥을 만든다.
② 밥을 80~100℃의 건조기에서 가급적 빨리 건조시킨 다음 건조된 덩어리를 부순다.
 (또는 더운밥을 밀봉할 수 있는 2ℓ 삼각 플라스크에 넣고, 밥 중량의 2배 정도되는 에틸알코올을 가해서 밀봉, 진탕하여 자연 냉각시켜 알코올을 경사하여 버리고 밥을 꺼내어 적당한 곳에 펴서 알코올을 증발시킨다. 그런 다음 탈수된 덩어리를 부순다.)

■ 참고

멥쌀이나 찹쌀의 생전분은 β형인데 반해 열처리로 호화시켜 밥의 상태로 되면 α형이 된다. 이것을 상온에서 방치하면 다시 β형으로 돌아가는데 이때 β형으로 돌아가는 것을 막기 위해 수분을 신속하게 제거하여 건조시키거나 또는 알코올로 수분을 제거시킨다.

실험 5　쌀 코지(Koji)

■ 제조원리

쌀코지(rice koji)는 쌀을 호화시켜 여기에 황국균(*Aspergillus oryzae*), 흑국균(*Asp. niger*), 백국균(*Asp. shirousami*), 기타의 코지국균을 배양시킨 것이다. 이것은 특히 당분해효소(amylase)와 단백질분해효소(protease) 등의 효소력이 강하기 때문에 간장, 된장, 고추장, 춘장 등의 장류와 약·탁주 등의 주류와 같은 발효식품을 만드는 데 이용된다.

■ 재료 및 기구

찜통, 페트리접시(지름 15cm), 헝겊(40cm 평방), 나무코지 상자, 찜통에 들어가는 주머니 또는 체, 주걱, 항온기, 백미 150g, 종국 0.1g

■ 제조공정

쌀 → 세척 → 담그기 → 찌기 → 제국 → 제품

■ 제조방법

① 백미를 잘 세척하여 10~20시간 담근다. 이때 물을 몇 번 갈아준다.
② 물에 담근 쌀을 주머니에 넣어서 물을 충분히 뺀다. 물을 완전히 빼서 증미하면 제국하기 쉽다.
③ 찜통의 크기에 따라 찜통 속에 헝겊을 깔고 그 위에 물을 뺀 쌀을 넣은 주머니를 넣고 찐다. 찌는 시간은 김이 세차게 나오기 시작한 후 30~60분 정도로 한다.
④ 찐쌀은 실험대 위에 청결한 헝겊을 깔고 그 위에서 건조하지 않도록 펴가며 품온이 40℃ 전후가 되게 한다.
⑤ 백미 300g에 해당하는 찐쌀에 대하여 소량(0.2g)의 종국을 사용하는데 종국은 고르게 살포한다.
⑥ 접종한 증미를 페트리 접시에 담아 헝겊을 덮고 다시 뚜껑을 덮는다. 헝겊은 제국 중에 증산하는 수분을 흡수한다. 또는 제국 중에 페트리접시의 밑바닥에 수분이 응집하므로 이 수분을 닦아낸다.

⑦ 균의 증식
- 뚜껑을 한 페트리접시를 항온기에 넣는다. 항온기 온도는 처음 12시간은 29℃, 다음 12시간은 30~31℃, 다음은 32~33℃로 약간씩 올리는 것이 좋다.
- 제국시간은 목적에 따라 다르나 48시간 전후가 가장 좋다.
- 일반적으로 포자가 형성된 황색코지는 단백질 분해력이 강하고, 균사가 자란 백색코지는 비교적 당화력이 강하다.

⑧ 완성된 제품은 곧 천일건조하거나 냉장고에 보존한다. 쌀 1.8ℓ에서 1.5kg의 코지가 얻어진다.

■ 참고

좋은 품질의 종국은 선황색 또는 선황록색을 띠고 포자가 많으며, 코지의 특유한 향기와 약간의 단맛이 난다. 또한 국균이 생산하는 산성물질의 중화와 낱알이 단단하게 건조되어 좋게 된다.

식품가공 실험

실험 6 빵의 제조

■ 제조원리

빵은 설탕, 소금, 지방, 물, 팽창제 등을 밀가루에 가하고 잘 반죽한 다음 오븐에 구워 다공질 해면상으로 만드는 것이다. 팽창제로서는 이스트(yeast)를 써서 그것의 작용에 의해 발생되는 CO_2가스를 이용하는 경우가 있고, 화학적인 베이킹 파우더(baking powder)를 써서 가스를 발생시켜 이용하는 경우도 있다. 팽창의 기질이 되는 것은 밀가루 속의 글루텐(gluten)이라고 불리우는 점성과 탄성이 있는 단백질이다. 글루텐이 가스를 내포하기 때문에 팽창이 일어나서 다공질 해면상의 빵이 되는 것이다.

(1) 발효에 의한 분류
   ① 발효빵 : yeast 발효로써 생긴 CO_2를 이용하여 만든 빵
      ex) 식빵, 롤빵, burns, 과자빵
   ② 무발효빵 : 팽창제로써 생긴 ammonia 및 CO_2를 이용하여 만든 빵
      ex) puffover, 머핀, 팬케이크, 도너츠, 비스킷, 쇼트 케이크

■ 재료 및 기구

빵의 주원료는 밀가루, 효모 또는 팽창제와 물이고, 그 밖의 부원료로 설탕, 소금, 지방 등이 함께 쓰인다.

(1) 밀가루

좋은 빵을 만들려면 좋은 품질의 밀가루를 원료로 써야 하는데, 밀가루는 글루텐의 함량이 많은 것일수록 비교적 흡수율이 크며, 흡수력이 클수록 제빵에 적당하다. 밀가루는 글리아딘(gliadin(4.5%)), 글루테닌(glutenin(4.0%))을 함유하고 있으며, 이들은 밀가루의 주단백질로 글루텐을 이루고 있다. 글리아딘은 점성을, 글루테닌은 탄력성을 가진다.

(2) 효모(Yeast)

제빵에 있어서 효모(Saccharomyces cerevisiae)는 팽창제의 역할을 하고 빵에 좋은 향기와 고유한 맛을 주며 세균의 번식을 억제한다. 또 빵의 외관, 빛깔, 맛, 영양 등의 모든 면에 효과를 준다. 제빵용 효모에는 건조효모와 압착효모의 두 가지가 있는데, 건조효모가 많이 쓰인다. 건조효모의 경우는 먼저 설탕 용액에 40분가량 활성시켜 사용하는 것이 좋다. 압착효모는 10℃ 이하에 보존하여 부패하지 않은 것을 사용한다.

(3) 팽창제(Baking Powder)

팽창제는 CO_2를 서서히 발생하게 하기 위해서 탄산염과 다른 염을 혼합한 것이다. 최근에는 탄산수소나트륨에 산성물질을 알맞게 배합하고 여기에 희석제를 넣어 이들 약품이 서로 접촉하지 않게 만든 것이 많다. 탄산수소나트륨($NaHCO_3$), 탄산암모늄[$(NH_4)_2CO_3$], 타르타르산수소칼륨(CHOH-COOH/CHOH-COOK), 인산수소칼륨($CaHPO_3$) 등이 있다.

(4) 설탕(Sugar)

효모의 영양원으로, 제빵에 설탕을 넣으면 발효를 촉진하고, 이산화탄소를 발생시키며, 빵에 단맛을 주며, 빛깔을 좋게 하고, 부드럽게 한다. 또한 반죽의 안전성을 높이고 빵의 노화를 방지하는 효과가 있다. 설탕 외에 물엿, 포도당, 맥아당(maltose)이 쓰이기도 한다. 설탕의 사용량은 밀가루의 3~4% 정도이다.

(5) 소금

소금은 설탕과 함께 맛을 좋게 하고, 해로운 균의 번식과 효모의 발효를 조절하는 작용을 한다. 또한 글루텐에 의한 물의 흡수를 증가시키므로 빵에 습기를 주어 빵의 노화를 방지하는 구실을 하고, 글루텐에 작용하여 탄력성을 크게 하고, 반죽을 오므려서 빵의 조직을 좋게 한다.

(6) 지방

지방을 넣으면 빵의 조직이 연해지고 노화를 방지하며 저장성을 좋게 하고, 반죽의 취급이나 형성을 용이하게 하는데, 이에 사용되는 유지류를 쇼트닝(shortening)이라 한다. Shortening은 물에 녹이지 않고 밀가루 반죽에 직접 넣어 충분히 교반하게 된다. 보통 버터, 마가린, 야자기름, 땅콩기름 등을 쓰며 사용량은 밀가루의 2~3%다.

(7) 물

알칼리성이 너무 강하면 글루텐이 잘 녹아 탄력이 없어져 가스(gas)의 보지력이 나쁘고, 빵의 품질이 저하되므로 보통 음료수이면 사용할 수 있다. 강력분에는 연수가 좋고 중력분에는 경수가 적당하다. 반죽의 최적 pH는 5.2~5.5이며 물의 사용량은 밀가루에 비해서 55~65%가량이다.

(8) 이스트푸드(Yeast food)

Yeast food의 성분은 효모의 영양이 되는 염화암모늄 등의 질소원, 황산칼슘 또는 글루텐의 질을 좋게 하고 빵을 잘 부풀게 하는 취소산칼륨 등의 소화제가 혼합한 것이다.

식품가공 실험

■ 제조공정

원료 → 반죽 → 이기기 → 발효 → 가스빼기 → 모양 만들기 → 굽기 → 냉각 → 제품

■ 제조방법(발효빵)

(1) 원료처리

배합에 필요한 물 가운데 미리 약 100㎖를 취하여 35℃ 정도로 따뜻하게 하고, 거기에 효모를 가하여 15~20분간 잘 젓는다. 그리고 나머지 물에 설탕과 식염을 용해한다.

(2) 반죽

반죽통에 밀가루를 넣어 (1)의 액을 가하여 잘 섞고, 다시 버터를 가해서 손으로 반죽한다. 반죽이 다 되었으면 통에서 꺼내어 청결한 작업대 위에 놓는다.

(3) 이기기

반죽덩어리를 펴서 다시 접고 손바닥으로 눌러서 다시 펴는 작업을 반복하면 반죽은 물렁물렁해지며 손에 끈끈하게 붙지 않게 된다.

(4) 발효

반죽한 것이 귓불 정도의 굵기로 되었을 때 반죽을 둥글게 만들어 발효용기에 옮긴다. 발효용기에 헝겊을 덮어서 30℃ 정도의 항온기에 넣는다. 1시간 반 내지 2시간 정도 지나면 반죽은 팽창해서 2.5배 정도의 크기로 된다.

(5) 가스빼기

작업대에 미리 소량의 밀가루를 묻혀서 이것에 발효된 반죽을 놓고 반죽의 가스를 충분히 뺀다. 반죽을 적당한 크기로 잘라서 둥글게 하여 10~20분 동안 방치한다.

(6) 모양 만들기

둥글게 된 반죽을 눌러 다지면서 가스를 빼고 다시 둥글게 하여 기름을 칠한 철판 또는 빵틀에 넣어서 물기가 있는 헝겊을 덮고 따뜻한 곳에 놓아둔다. 20분 정도 지나면 반죽은 다시 팽창한다.

(7) 굽기

팽창한 반죽에 물을 분무하여 오븐에 넣는다. 180~210℃ 전후의 온도에서 약 20~50분 간 가열한다. 반죽 400g에서 식빵 340g이 얻어진다. 빵의 껍질이 갈색으로 되면 꺼내어 빵틀에서 분리한다. 이어서 노른자, 설탕액, 버터를 표면에 바르는데 이것은 빵 껍질의 건조를 방지하고 빛을 좋게 하기 위해서이다.

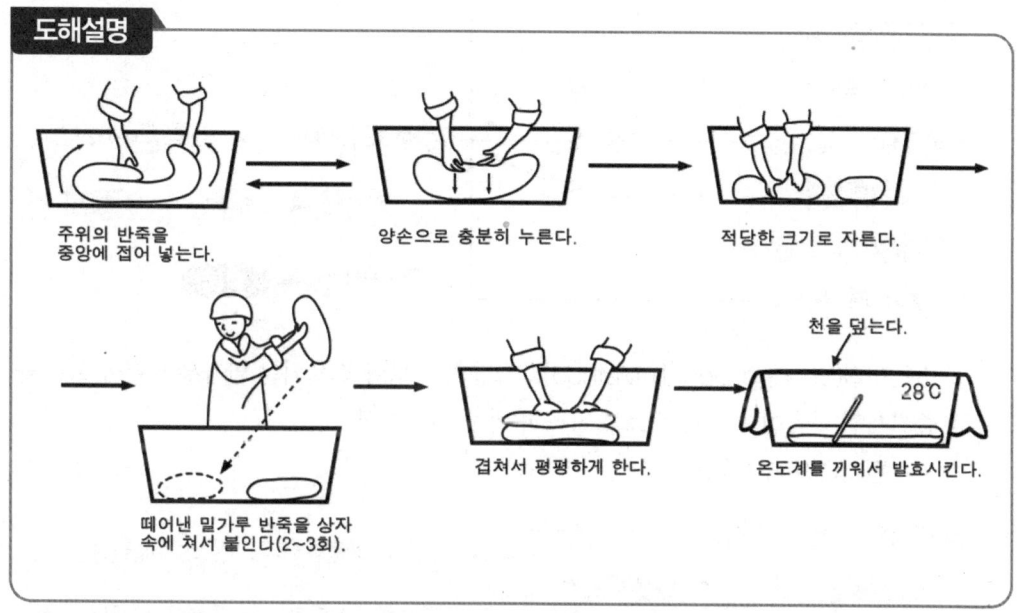

■■ 그림 6-1 손으로 반죽하는 방법 ■■

참고

(1) 원료 배합 방식에 따른 빵 제조법

① **직접반죽법(Straight Dough Method)** : 원료 전부를 한꺼번에 넣어서 발효시키는 방식
- 직접반죽법의 제조공정

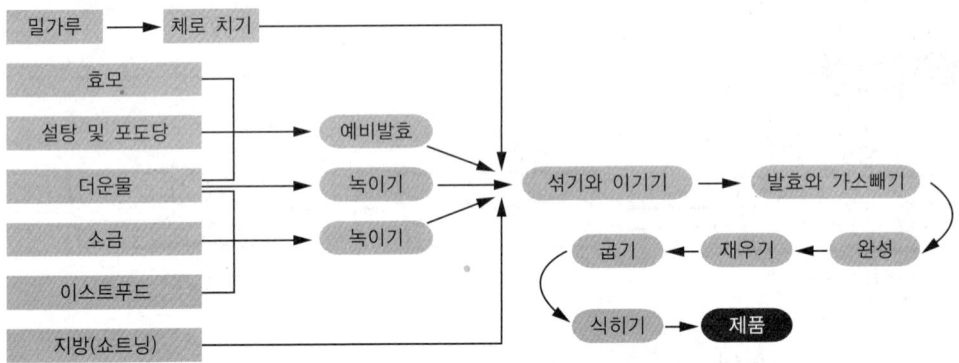

② **스펀지법(Sponge Dough Method)** : 소량의 효모와 소요되는 밀가루 일부에 효모를 증진시킨 다음에 나머지 원료를 가하여 반죽하는 방식
- 스펀지법의 제조공정

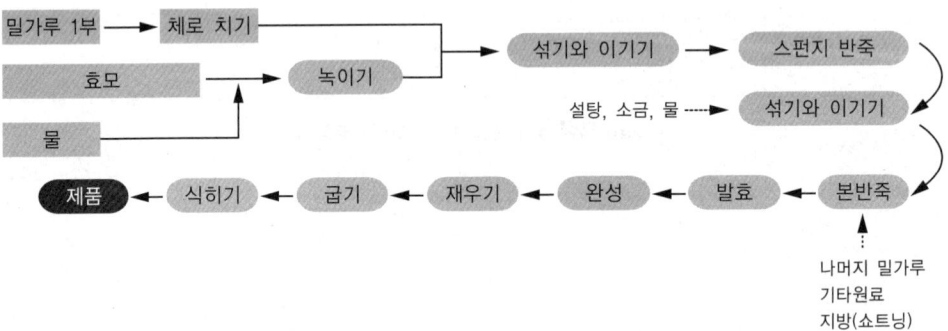

(2) 가스빼기의 목적

① 신선한 공기를 주어 효모의 활동을 왕성하게 한다.
② 반죽의 내부와 외부의 온도를 균일하게 한다.
③ 과잉의 가스를 빼고 가스를 골고루 반죽 내에 균일하게 분포시킨다.

실험 7 밀가루 반죽의 팽창력 실험

■ 실험원리

제빵용 밀가루는 글루텐량이 많은 강력분이 좋다. 강력분은 중력분 및 박력분에 비하여 여러 가지 점에서 차이가 있으나, 특히 이산화탄소에 의한 팽창력이 크다. 처음 발효는 효모의 zymase가 밀가루 중의 당분을 발효하여 알코올과 탄산가스를 유리한다. 이때의 탄산가스의 압력에 의하여 반죽이 팽창하는 것이다. 따라서 zymase의 세기에 따라 탄산가스의 발생력은 다르게 되며 또한 밀가루 중의 탄력성 물질인 글루텐의 함량에 따라서도 팽창력이 다르게 된다.

■ 실험재료 및 기구

팽창측정용 실린더(그림 7-1 참조), 항온기, 믹서(mixer), 스크레이퍼, 체(40메시), 빵형, 밀가루(강력분, 중력분 및 박력분), 건조 효모, 설탕, 소금

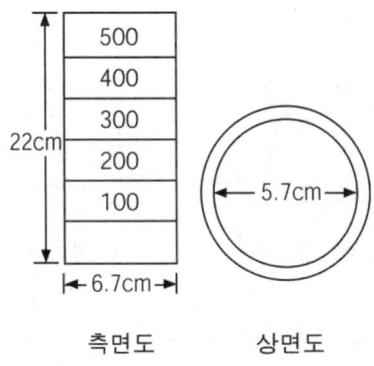

측면도   상면도

■■ **그림 7-1** 팽창측정용 실린더 ■■

■ 실험방법

(1) 반죽 배합

다음 배합률에 따라 혼합한다.

밀가루(종류별)	100g	식염	1.5g
압착효모	3g	물	55㎖
설탕	2.5g		

(2) 예비 조작

밀가루 100g을 각각 40mesh의 체로 쳐서 30℃의 항온기 속에 1시간 방치한다. 압착효모는 30℃의 물 30㎖를 가하고 30℃의 항온기 속에 10분간 방치한다. 건조효모를 쓰는 경우에는 설탕 1g을 30℃의 물 30㎖에 녹여 45분간 항온기에 방치한다. 위의 밀가루에 효모용액을 가하고 이어서 물 30㎖에 설탕 2.5g, 식염 1.0g을 녹인 것을 가한다. 이때 물의 온도는 반죽을 넣은 온도가 30℃가 되게 조절한다.

(3) 교반 · 발효

믹서로 2분간 교반하고 이것을 소정의 실린더에 넣고 30℃의 항온기에 넣는다. 습도 80%에서 120분간 두어 제 1발효를 마친다. 이때 실린더의 눈금을 읽고 기록해 둔다. 다음에 반죽을 꺼내고 가스빼기를 한다. 다시 실린더에 넣어 항온기 중에서 30℃, 습도 80%로 유지하며, 50분간 제 2발효를 끝낸 후 반죽의 용적을 읽어 기록한다. 이 조작은 30℃의 실내에서 하는 것이 원칙이다.

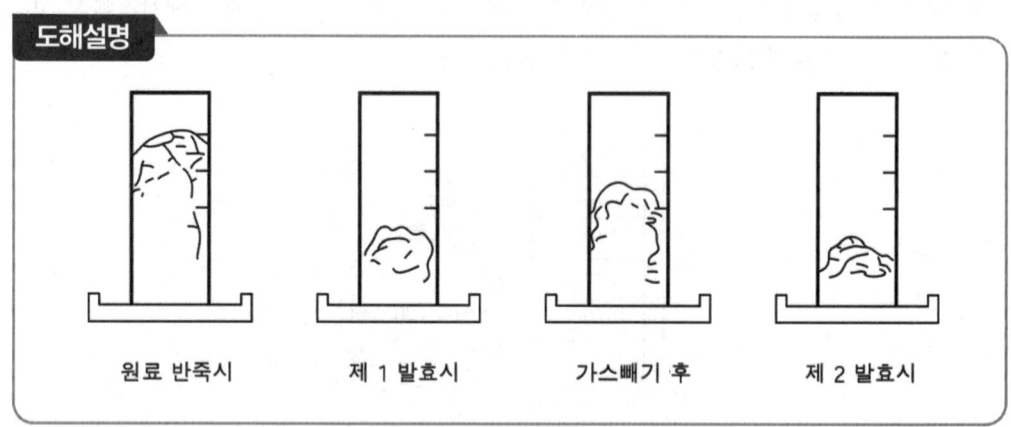

■■ 그림 7-2 팽창 발효 시험의 순서 ■■

■ 결과

밀가루의 글루텐 함유량에 따라 팽창률이 달라지며 효모의 종류에 따라서도 팽창률이 다른 것을 관찰할 수 있다.

■ 참고

실험 8 밀가루의 글루텐 함량

실험원리

글루텐 함량은 밀가루의 종류와 등급을 결정하는 가장 중요한 인자이다. 글루텐 함량에 따라 강력분, 중력분, 박력분으로 크게 나눌 수 있다. 습글루텐의 시료밀가루에 대한 중량을 습부량이라 하고 %함량을 습부율이라 하며 시료밀가루에 대한 건조 글루텐의 중량을 건부량, % 함량을 건부율이라 한다.

■■ 표 8-1 밀가루의 글루텐량 ■■

종류	습부량	건부량	용도
강력분	30% 이상	3% 이상	고급빵 · 식빵 sodium glutamate
중력분	30% 내외	10~13%	빵 · 면
박력분	25% 이하	10% 이하	과자 · 면

실험재료 및 기구

여러 가지 밀가루, 사기접시 또는 약절구, 약수저(금속제 주걱), 헝겊주머니 또는 체, 비커

실험방법

(1) 습부율(Wet gluten)

① 밀가루 25g을 사기접시 또는 약절구에 담고 약 15㎖의 물을 천천히 떨어뜨린다.
② 그릇 벽에 붙지 않게 주의하면서 약수저로 잘 이겨 반죽을 만든다.
③ 실온에서 반죽한 것을 물에 약 1시간 담가 두었다가 성긴 주머니 또는 체에서 가볍게 주무르며 흐르는 물로 녹말을 씻어낸다.
④ 비커에 넣어 둔 맑은 물에 씻은 액을 떨어뜨려 탁한 것이 없을 때까지 씻어 낸다.
⑤ 남은 글루텐을 1시간 동안 물속에 두었다가 손바닥으로 눌러 물기를 빼내고 그릇에 넣어 무게를 단다.

(2) 건부율(Dry gluten)

습글루텐을 100℃의 건조기에서 항량이 될 때까지(약 24시간) 건조시킨다. 그것을 냉각하여 저울에 달고 원료에 대한 %로 나타낸다.

$$건부율(\%) = \frac{건부중량}{사용한\ 밀가루의\ 무게} \times 100$$

■ 결과

① $습부율(\%) = \frac{습부중량}{사용한\ 밀가루의\ 무게} \times 100$

② $건부율(\%) = \frac{건부중량}{사용한\ 밀가루의\ 무게} \times 100$

■ 참고

글루텐은 보통 2배의 물을 흡수하는 성질이 있으므로 습부량의 1/3이 대체적인 건부량이 된다.

실험 9 전분 제조

■ 제조원리

전분은 포도당($C_6H_{12}O_6$) 분자가 여러 개로 결합된 다당류로서 식물의 종자, 감자, 고구마 및 연뿌리 등에 많이 포함되어 있다. 식물 세포 내에 입자 모양으로 존재하므로 적당한 방법으로 세포를 파괴시키고, 물과 같이 우유 모양으로 짜낸 다음 비중 차에 의하여 세포의 조각, 단백질, 모래 등의 혼합물을 분리하여 정제한 후 건조시켜 제품으로 한다.

■ 재료 및 기구

① 원료 : 전분질이 많은 감자, 고구마, 곡류 등
② 물 : 맑은 연수
③ 표백제 : $CaOCl_2$, Cl_2 등을 물에 녹여 최소량으로 사용한다.
④ 마쇄기
⑤ 무명자루
⑥ 침전조

■ 전분제조 공정

(1) 고구마 전분제조 공정

고구마는 그 품종에 따라 화학성분 및 전분함량에 차이가 많다. 일반적으로 고구마전분의 함유량은 17~24%로서 우리나라에서 재배되고 있는 품종 중 천미, 충증 100호, 수원 147호 등이 전분의 함량이 높다. 고구마 전분의 일반적 제조 공정은 다음과 같다.

고구마 → 씻기 → 부수기 → 사별 → 전분유 → 전분분리
                                    ↓
                                  전분박

(2) 감자 전분제조 공정

감자도 고구마와 같이 원료 중의 전분함량은 품종은 물론 산지, 수확시기, 재배조건 등에 따라 다르게 되므로 원료선택에 신중을 기해야 한다. 감자 중의 전분함량은 14~25%로 차이가 크다.

식품가공 실험

```
감자 → 씻기 → 부수기 → 사별 → 전분유 → 전분분리 → 정제 ┬ 토육
                        ↓                              └ 생전분 → 건조
                       전분박                                      ↓
                                                                 전분
```

■ 제조방법

(1) 고구마전분

① 씻기

고구마에 묻어있는 흙, 모래 등을 씻는다. 이때 완전히 씻지 않으면 마쇄기가 손상될 우려가 있을 뿐만 아니라 마쇄능률도 낮아져서 전분수율도 떨어지게 된다.

② 부수기

씻은 고구마는 빠른 속도로 회전하는 마쇄 롤러로 미세하게 부수어 세포막 속의 전분입자를 노출시킨다. 마쇄작업은 전분수율에 직접 관계가 있는 중요한 공정인데 마쇄가 불완전하게 되면 전분박 속에 전분이 남게 되어 결국 수율이 떨어지게 된다.

③ 사별

마쇄롤러에서 나온 전분미는 체를 사용하여 전분박을 분리한다. 체에는 거친 전분박을 제거하는 거친체와 고운 불순물을 제거하는 완성체로 크게 분류된다.

④ 분리

체에서 나온 전분유에는 전분질 외에 미세섬유, 단백질 및 협잡물이 들어 있다. 여기서 전분만을 얻으려면 비중차를 이용하여 불순물을 분리·제거하는데 그 방법은 다음과 같다.

- 침전법 : 전분유를 침전조에 넣고 8~12시간 정지하여 전분을 침전시킨다. 전분이 침전되면 그 밑바닥에는 흙, 모래와 굵은 입자의 조전분 등이 먼저 가라앉고, 그 위에는 질이 좋은 전분이 침전되며, 맨 윗부분에는 황갈색의 삽부가 침전된다. 완전히 침전되면 윗물을 조용히 내보내고 삽부는 삽부탱크에 따로 모아둔다.
- 테이블법(Tabling) : 경사진 테이블(홈통)에 전분유를 조용히 흘려보내 전분을 가라앉히는 방법이다. 테이블 가장 윗부분에 모래와 흙이 침전되고, 중간부에는 비교적 순수한 전분이 침전되며, 마지막으로 고운 전분입자와 섬유질이 침전하게 된다. 이 방법은 전분과 불순한 즙액을 속히 분리할 수 있으므로 전분의 착색이 덜 될 뿐만 아니라 테이블의 부분에 따라 전분의 순도가 다르므로 필요부분의 정제를 분리해서 따로 할 수 있는 장점이 있다.

- 원심분리법 : 원심분리기를 사용하여 분리하는 방법이다. 순간적으로 전분입자와 즙액을 분리할 수 있어 불순물과의 접촉시간이 가장 짧은 이상적인 분리방법이다.

⑤ 조전분의 용해 및 침전

침전법의 경우 윗물과 삽부를 제거한 조전분에는 불순물이 많이 섞여 있어 색깔이 좋지 않으므로 용해조에 물과 같이 넣어 뒤섞어서 18~22°Be의 전분유를 만들어 또 다른 침전조에 내보내 하루 또는 이틀간 방치하면 다시 비중에 따라 층을 이루어 분리 침전하게 된다. 완전히 침전된 후 윗물을 흘려보내고 토육층을 분리한다. 이것을 1번분이라고 하는데 빛깔이 좋을 때는 그대로 건조하기도 하지만 그렇지 않을 때는 다시 한번 물을 부어 같은 조작을 되풀이하여 정제분리한 후에 건조한다.

⑥ 건조

침전된 후의 생전분에는 수분이 약 45% 내외 함유되어 있는데 이것을 습윤전분이라고도 부른다. 생전분은 건조 상자에 넣어 햇볕이 닿지 않도록 음지에서 1~2주 동안 자연 건조하여 수분이 18% 정도가 될 때까지 건조한다. 이때 전분은 부슬부슬한 상태로 작은 덩어리가 되는데 이것을 미분이라 하고 덩어리를 잘게 부순 것을 범전분이라고 한다.

(2) 감자 전분

① 씻기

감자도 고구마와 같이 물로 잘 씻은 다음 마쇄해야 한다. 씻는 기계는 반원형의 철제통 내부의 회전자에 솔을 달아 이것이 회전할 때 감자표피에 부착된 흙과 협잡물을 제거할 수 있도록 되어있다.

② 마쇄

고구마와 같은 원리이지만 고구마보다 큰 롤러를 사용한다. 고구마보다 마쇄가 쉬워 마쇄효과가 좋다.

③ 사별

감자전분유는 주로 평면사를 이용해 많은 물을 사용하여 사별하나 공장규모에서는 원심력을 이용한 회전사 등을 사용하기도 한다.

④ 분리

감자는 침전법과 테이블법을 많이 쓰는데 전자를 쓰는 경우에도 감자전분의 입자가 고구마전분보다 커서 장시간 침전시킬 필요 없이 4~5시간 후에 배수한다. 감자전분은 정지 중에 단백질 및 기타 물질이 변질하여 전분입자에 흡착되는 등의 불리한 현상이 비교적 적게 일어나므로 질이 좋은 전분을 얻을 수 있다.

⑤ 정제

조전분에는 소량의 흙, 모래 및 그 밖의 불순물이 들어 있어서 황갈색 또는 회색을 띠므로 이것을 다시 정제해야 한다. 즉 먼저 용해조에 조전분을 넣고 약 2배의 물을 가하여 1시간 정도 뒤섞은 후 4~5시간 정지하면 전분은 가라앉고 불순물은 떠오르므로 이 위쪽의 액을 빼내서 버린 다음 착색되어 있는 위쪽의 액을 다시 분리해 낸다.

⑥ 건조

정제가 끝난 생전분은 45~50%의 수분을 함유하고 있으므로 고구마의 경우에 준하여 18% 이하의 수분으로 건조한 다음 미분을 분쇄하여 125메시의 체로 쳐서 제품으로 한다.

※ 석회처리 효과

고구마에서 펙틴(pectin)이라고 하는 물질이 들어 있어서 마쇄하였을 때 끈기있는 점성 펄프상을 이루게 되어 사별조작을 방해하고 전분립의 침전을 느리게 하는 등의 문제점이 있다. 그런데 석회를 첨가하면 석회와 펙틴질이 결합하여 펙틴산석회가 되므로 전분미의 사별을 쉽게 할 뿐 아니라 전분입자의 침전분리가 용이하게 된다. 또한 고구마는 마쇄 후 발효 변질되어 pH가 4.0까지 내려가는 수가 있으나 석회를 넣어 용액이 알칼리로 되면 고구마의 착색물질인 폴리페놀이 전분입자에 흡착되는 것을 방지하여 백색도가 높아지게 된다. 처리하는 방법은 마쇄 직후 전분이 침전되기 전에 용액 총량의 0.5% 정도에 해당하는 소석회를 넣은 후 잘 뒤섞어 주면 된다.

※ 전분제조용 감자 원료의 구비조건

① 전분함량이 높은 것
② 수용성 단백질의 함량이 적어 마쇄할 때 거품이 적게 나는 것
③ 전분입자가 고르고 분리가 쉬운 것
④ 껍질이 얇고 매끈한 것
⑤ 눈이 얕은 것

실험 10 물엿 제조

■ 제조원리

물엿에는 산당화엿과 효소당화엿의 2종류가 있다. 효소당화엿은 이를 다시 맥아를 이용한 것과 효소제를 사용한 것의 2가지로 나눈다. 산당화엿은 전분을 산으로 덱스트린(dextrin)과 포도당으로 가수분해한 것이며, 맥아엿은 맥아의 효소로 전분을 덱스트린(dextrin)과 맥아당으로 만든 것이다.

효소당화엿은 정제된 효소 아밀리아제(amylase)를 사용해서 전분을 당화한 것으로 dextrin과 포도당이 주성분이다. 산당화엿은 dextrin 약 40~50%, 포도당 약 50~60%를 함유하며, 맥아엿은 dextrin양이 적어 20~25%, 맥아당 40~60%이다. 전분원료로는 찹쌀이 가장 좋고 쌀 등의 기타 전분이 사용된다.

■ 재료 및 기구

① 재료 : 찹쌀 300g, amylase(전분액화용 0.6~0.9g, 쌀에 대해 0.2~0.3%), 당화제(건조맥아분말 30g), 전분반응검사용 요오드(0.03g)와 요오드화칼륨 용액(1g)을 100mℓ에 용해, 탈색용(활성탄)
② 기구 : 냄비, 압착기, 배양기, 여과주머니, 증발솥

■ 제조공정

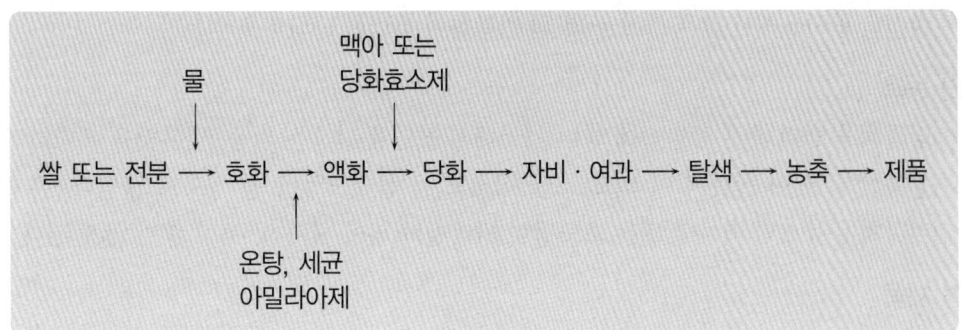

식품가공 실험

■ 제조방법

(1) 호화

원료쌀을 물로 씻어 물에 수 시간 침지 후 증자하거나 볶아서 호화시킨다. 전분인 경우 6~7배의 물을 가하여 전분유액으로 한 뒤 교반하면서 가열하여 호화시킨다.

(2) 액화

호화 쌀은 한번 끓여서 60℃로 냉각한 따뜻한 물을 가하여 부드러운 죽모양으로 한다. 쌀의 경우 작게 분쇄하면 액화, 당화가 진행되기 쉽다. 맥아만으로도 액화되지만 액화효소(세균, amylase)제제를 사용할 때는 호화온도가 85~85℃로 내려갔을 때 소량(쌀 또는 전분의 0.2~0.3%)가한다. 1~1.5시간으로 전분의 점도가 저하하고 거친 액이 된다.

(3) 당화

60℃ 전후로 냉각해서 분쇄맥아 또는 당화 효소제를 적당량 가해 전체를 잘 혼합한 뒤 55~60℃로 보온해서 당화를 실시한다. 당화에 필요한 시간은 맥아 또는 효소제제의 질(효소 역가), 사용량, 원료 전분의 질에 따라서 일정치 않으나 보통 8~20시간이다. 당화의 정도는 요오드, 요오드화칼륨용액에 의하여 전분 반응을 실시해 청색을 나타내지 않은 때를 종점으로 한다.

(4) 자비·여과

당화가 완료되면 효소활성을 중지하기 위해 90℃로 수 분간 가열해서 표면에 응고한 얇은 액체를 제거한 뒤 압착기 또는 마포를 사용해서 거른다.

(5) 탈색

여액에 활성탄을 1% 정도 한 뒤 교반 혼합하고 뒤 가온해서 90℃ 정도로 5~8분간 보온 후 여과해서 활성탄을 제거한다. 보통 1회 정도로는 쉽게 투명해지지 않으므로 새로운 활성탄을 사용해서 같은 조작을 몇 회 반복하여 투명한 당화액을 얻는다.

(6) 농축

당화액을 냄비 혹은 증발솥에 넣어 가열해서 표면에 나오는 거품, 떫은맛을 제거하면서 농축한다. 액이 실과 같이 되고 조금 식혀도 곧 물엿모양이 될 정도로 끓인다. 온도가 지나치게 높으면 맥아당 또는 포도당이 카라멜화 되어 빛과 맛 등이 좋지 않게 된다.

(7) 제품

완성된 물엿은 뜨거울 때 건조된 병에 채운다. 물엿은 빛이 담백하고 투명한 것이 좋다. 제품을 150℃로 가열해도 빛이 너무 짙어지지 않는 것이 양질의 것이다.

결과

찹쌀 300g에서 230g의 물엿을 얻게 된다.

참고

※ 전분당(Starch sugar)

녹말을 가수분해하면 구성단위인 포도당으로까지 분해한다. 분해조건에 따라 여러 가지 중간 분해산물의 혼합물이 생기게 된다. 이들을 모두 전분당이라고 한다.

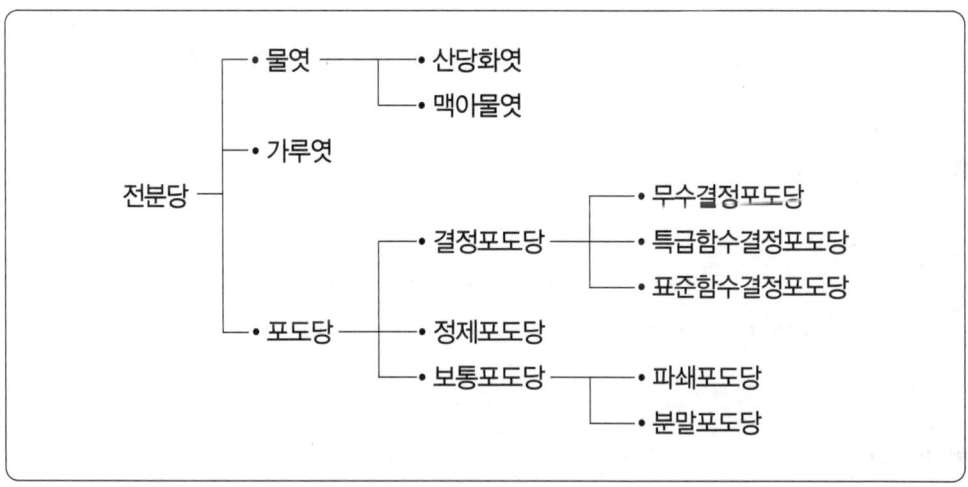

■■ 표 10-1 전분 가수분해 중간생성물의 특성 ■■

중간생성물	요오드 반응	물에 대한 용해도	알코올에 대한 용해도
녹말	청남색	녹지 않음	묽은 알코올에 안 녹음
가용성녹말	청남색	녹음	묽은 알코올에 안 녹음
amylodextrin	자주색	녹음	25%에 녹음
erythrodextrin	적색	녹음	55%에 녹음
achrodextrin	무색	녹음	70%에 녹음
maltose	무색	녹음	70%에 녹음
glucose	무색	녹음	75%에 녹음

실험 11 카스텔라

■ 제조원리

카스텔라는 계란과 설탕의 점조성을 이용하여 밀가루 반죽 속에 공기를 함유시켜 해면상으로 부풀게 한 것이다. 배합에 따라 여러 가지 형식이 있으나, 여기에서는 스펀지 케이크(Sponge cake)에 해당하는 것을 설명한다.

■ 재료 및 기구

그릇, 거품일구기, 오븐, 대칼, 나무틀(6×42×30cm), 밀가루, 달걀, 설탕

■ 제조공정

밀가루 → 체치기
달걀 ┐
설탕 ┘ → 거품내기
→ 섞기 → 믹스 → 틀에 넣기 → 굽기와 고르기 → 나무틀 떼기 → 제품

■ 제조방법

(1) 원료 처리

　밀가루 560g, 설탕 560g, 달걀 560g, 물 150㎖를 준비한다.

(2) 거품내기 및 섞기

　그릇에 설탕과 달걀을 넣고, 먼저 거품일구기로 휘저어서 거품이 일게 한 다음 물을 조금씩 넣으면서 휘젓기를 계속한다. 여기에 미리 체로 친 밀가루를 넣고 가볍게 교반하여 케이크 믹스를 만든다.

(3) 틀에 넣기 및 고르기

　나무틀에 물을 묻히고 안쪽에 종이를 깐 다음 케이크 믹스를 붓고, 대칼로 표면을 고르게 한다.

(4) 굽기 및 고르기

150~160℃ 되는 오븐에 넣고, 2~3분간 구워 나무틀을 떼어내고 대칼로 가볍게 고르기를 하며 거품을 없애는 것을 되풀이(2~3번)하여 굽는다. 완전히 구워지는 데는 보통 50분~1시간이 소요된다.

(5) 나무틀 떼기 및 제품

오븐에서 꺼내면 표면에 기름종이를 덮고 뒤집어서 나무틀을 해체하여 종이를 떼어내고, 약 10분이 지난 다음 다시 뒤집어서 기름종이를 떼어낸다.

■ 결과

식품가공 실험

실험 12 두부 제조

■ 제조원리

두부는 우리나라 전통적인 식품이며 식물성 단백질 식품으로 가장 중요한 것이다. 불린 콩을 마쇄기로 갈아 콩의 가용성분 글리시닌(glycinin) 및 인산칼륨을 더운물로 용출시켜 두유를 만들어 여기에 소량의 응고제($MgCl_2$, $CaSO_4$, $CaCl_2$ 등)를 넣어 응고시킨 것을 두부라 한다. 두부의 무기염류에 의하여 응고되는 것은 콩에 들어 있는 글리시닌이 음전하로 대전하고, 이에 양이온인 무기이온이 결합해 들어가기 때문이다.

■ 재료 및 기구

콩, 간수 또는 $CaCl_2$, 마쇄기, 헝겊주머니, 두부상자, 온도계, 압착기, 가열솥

■ 제조공정

대두 → 수침 → 마쇄 → 찌기 → 착즙 → 응고 → 압착 → 모양 만들기 → 절단 → 제품

■ 제조방법

(1) 콩의 수침

철분이 없는 물로 씻어 협잡물을 제거한 후 겨울에는 12~15시간, 여름에는 6~8시간, 봄, 가을에는 10시간 정도 물에 담가 둔다.

(2) 마쇄

물에 불린 콩을 소쿠리에 건져 물을 뺀 후 마쇄기로 조금씩 물을 떨어뜨리면서 마쇄한다. 이것을 두미라고 한다. 사용하는 물의 양은 생대두 1.8ℓ에 대하여 $2.7~3.6\ell$ 정도이다.

(3) 찌기 · 압축

두미를 솥에 넣고 10~20분 정도 끓이는데 이때 밑이 눋지 않도록 잘 저어 준다. 또 끓일 때 거품이 생겨 넘치기 쉬우므로 식물성 기름을 약간 넣어 주는 것이 좋다. 이와 같이해서 10~20분 정도 끓이면 비린내가 없어지는데 이것을 베주머니에 넣고 압착하여 비지를 분리한다. 이때 분리한 액을 두유라고 한다.

(4) 응고 · 압착 · 정형

두유는 여포로 또 한번 거르는 것이 좋다. 두유가 냉각하기 전(70~75℃)에 응고제를 넣는다. 그 사용량은 대두단백질의 함량, 질, 응고제의 품질, 농도, 두유의 양에 따라 다르다. 대두 1.8ℓ에 대한 응고제 사용량은 액체 간수는 2배로 희석한 것을 90㎖ 사용하거나 35% 염화칼슘을 90~108㎖ 정도 가한다. 간수 또는 염화칼슘은 2~3회 나누어 주걱으로 조용히 교반한 다음 10~15분간 방치하면 응고하게 된다. 단백질이 적당히 응고되어 황색의 윗물이 생겼을 때 베보자기를 깐 두부 상자에 넣는다. 물기가 흘러내린 다음 그 위에 다시 베보자기를 덮은 뒤 뚜껑을 덮고 돌을 얹어서 누른다. 돌은 2~3회 나누어 놓아 무게가 차차 가해지게 하며 그때마다 비뚤어진 것을 잘 정형하여 준다. 20분이 지나면 완전히 응고하여 두부가 된다. 응고제가 많이 들어가면 두부는 단단해지고 맛도 좋지 않다.

(5) 절단

두부상자에서 응고된 두부를 꺼내어 칼로 일정한 크기로 잘라 물속에 2~3시간 담가서 간수를 빼주는 동시에 두부모양이 허물어지는 것을 막으면서 냉각시킨다.

(6) 제품

두부는 질이 연하고 치밀한 것이 좋다.

결과

1kg의 콩에서 4.6kg의 두부가 얻어진다.

참고

※ 두부 응고제

① 염화마그네슘($MgCl_2$) : 응고반응이 빠르고 압착 시 물이 잘 빠진다.

② 황산칼슘($CaSO_4$) : 응고반응이 염화물에 비하여 대단히 느리나 두부의 색택이 좋고, 보수성과 탄력성이 우수하며, 수율이 높다. 불용성이므로 사용이 불편하다.

③ 글루코노델타락톤(glucono-δ-lactone) : 물에 잘 녹으며 수용액을 가열하면 글루콘산(gluconic acid)이 된다. 사용이 편리하고 응고력이 우수하고 수율이 높지만 신맛이 약간 있고, 조직이 대단히 연하고 표면을 매끄럽게 한다.

④ 염화칼슘($CaCl_2$) : 칼슘분을 첨가하여 영양가치가 높은 것을 얻기 위하여 사용하는 것으로 응고시간이 빠르고 압착 시 물이 잘 빠진다. 보존성이 좋으나 수율이 낮고, 두부가 거칠고 견고하다.

※ 두부와 비지의 조성(%)

	수분	단백질	지방	탄수화물
두부	84.9	9.6	3.3	1.3
비지	83.4	4.8	2.9	6.8

※ 두부의 제조 공정

① 보통두부

　콩 → 침지 → 마쇄 → 두미 → 증자 → 여과 → 두유 → 응고(응고제 첨가) → 탈수 → 모양 만들기 → 수침 → 보통두부

② 전두부

　콩 → 침지 → 마쇄 → 두미 → 증자 → 여과 → 두유 → 응고(응고제 첨가) → 모양 만들기 → 담그기 → 전두부

③ 자루두부

　콩 → 침지 → 마쇄 → 두미 → 증자 → 여과 → 두유 → 냉각 → 자루넣기(응고제 첨가) → 가열 → 냉각 → 자루두부

④ 동결두부

　생두부 → 절편 → 냉동 → 냉장 → 해동 → 건조 → 정형 → 팽연처리 → 동결두부

⑤ 튀김두부

　생두부 → 탈수 → 첫 번째 튀김 → 두 번째 튀김 → 튀김두부

실험 13 양갱(단팥묵) 제조

■ 제조원리

양갱은 한천(우무)용액에 소, 설탕 등을 넣어 응고시킨 것이다. 소는 팥, 완두로 만든다. 팥, 완두는 전분질이 많은데 단백질로 싸여 있으므로 설게 삶아 전분질인 소를 분리시킨다. 많이 삶으면 단백질이 풀 모양으로 되어 전분을 분리시키기 곤란하다.

■ 재료 및 기구

팥, 완두, 한천, 중조($NaHCO_3$), 설탕, 냄비, 소쿠리, 압착기, 칼, 체, 도시락 통, 알루미늄 호일 또는 셀로판지

■ 제조방법

(1) 소의 제조

① 원료의 처리
  팥과 완두를 물로 씻고 2배의 물과 0.02%의 중조를 솥에 넣어 1~1.5시간 가열하면서 도중에 찬물을 넣고 다시 0.5~1시간 가열하여 원료의 껍질이 파괴되면 냉각시킨다.

② 파쇄 · 침전
  가열하여 냉각시킨 팥 또는 완두를 체에 담고 주걱으로 알갱이를 부수어 그 남은 액을 모아 정치시킨다.

③ 압착 · 건조
  침전한 녹말은 윗물을 버리고 압착시켜 떡의 소나 양갱제조에 이용하든지 건조시켜 저장성을 갖게 한다.

④ 설탕 넣기 및 가열
  냄비 위에 생소를 반 정도 넣은 후 설탕 1kg을 넣고 가열하여 끓인다. 물기가 있는 점질이 되면 나머지 생소를 다 넣고 저으면서 가열한다. 처음엔 강하게 나중에는 약하게 가열한다.

(2) 양갱 제조

① 원료 배합

원료	보기 1	보기 2
소(건조하지 않은 것)	1kg	600g
설탕	1.4kg	1.2kg
한천	60g	30g
물	1.8ℓ	3.6ℓ

② 절단 및 담그기

한천을 잘게 절단하여 하룻밤 물에 담가둔다.

③ 가열 · 냉각

물기를 짜낸 뒤 깨끗한 물과 한천을 넣고 약한 불로 가열하여 한천이 완전히 용해되면 설탕을 첨가한다. 센 불로 가열하여 용해한 후 소를 넣어 교반하면서 밑이 눋지 않게 천천히 가열하고 나무상자 혹은 도시락 통에 부어 냉각시킨다.

④ 절단 · 포장

냉각시켜 완전히 굳어지면 일정하게 절단하여 알루미늄 호일 또는 셀로판 포장지 등으로 포장한다.

소를 넣고 농축을 할 때 적은 거품이 없어지고 큰 거품이 되어 죽모양이 되면 농축을 끝낸다.

실험 14 밀감주스 제조

■ 제조원리

과실류의 특징은 안토시아닌(anthocyanin), 카로테노이드(carotenoid), 플라보노이드(flavonoid) 등에 의하여 빛깔이 아름답기 때문에 기호성을 돋우며, 아스코르브산(ascorbic acid)을 비롯한 비타민류와 무기질이 많아서 알칼리성 식품으로 혈액을 중성으로 유지시켜 준다. 또 포도당, 과당, 서당 등에 의한 적당한 단맛과 구연산, 주석산 등에 의한 상쾌한 신맛을 가지며 알데히드(aldehyde) 및 테르펜(terpene) 등에 의한 방향과 펙틴의 미끄러운 감촉 등이 사람의 기호에 좋다고 할 수 있다. 과실주스의 종류는 보통 제품의 종류별로 나눠서 과실을 짠 그대로의 천연과실 주스, 이들을 저온에서 농축한 농축과실 주스, 가루주스와 과실주스를 기본으로 하여 가공한 과즙함유 음료 및 그 밖의 주스로 나누는 경우가 많다.

■ 재료 및 기구

밀감(mandarine orange), 설탕, 포도당, 냄비, 압착기, 체, 온도계, 병, 깡통

■ 제조공정

원료 → 씻기 → 껍질 벗기기 → 착즙 → 가당 → 탈기 → 병조림 → 제품

■ 제조방법

(1) 원료
  성숙이 잘 되고 병충해를 입지 않은 온주 밀감 등이 좋다. 상당한 향기를 갖는 밀감 등을 서로 조합하면 좋다.

(2) 씻기
  병에 걸린 것과 덜 익은 것을 골라낸 다음 물로 잘 씻어 흙, 모래, 약품 등의 기타 불순물을 제거한다.

(3) 껍질 벗기기
  80℃ 전후의 열탕 속에 1~2분간 담근 후 손으로 껍질을 벗긴다.

(4) 착즙

껍질을 벗긴 밀감은 칼로 2~3조각으로 절단하여 착즙기로 착즙하거나 펄퍼로 즙액을 분리한다.

(5) 가당

당도가 부족할 때는 설탕이나 포도당을 넣어 당도가 13~14%가 되게 한다. 밀감 4kg에서 2kg 정도의 과즙이 얻어진다. 여기에 물 200g과 설탕 150g 및 유화제 등을 가하여 제품화한다.

(6) 탈기

과즙은 진공장치를 하여 산소를 제거한다. 이때 Vacuum 25inch에 16℃ 이하로 한다.

(7) 병조림 · 살균

과즙은 80℃ 정도로 가열한 뒤 병에 넣고 밀봉하여 80~82℃에서 20분간 가열하거나 82~88℃에서 6~10초 순간 살균하여 급랭한다.

결과

원료 10kg에서 3~4ℓ가 얻어진다.

참고

과실 중에는 여러 가지 색소와 향기성분 및 유기산 등이 들어 있으므로 신선식품과 기호식품으로서의 특성을 잘 보존하려면 가공 중에 금속에 의한 갈변, 향기성분, 비타민류 등의 손실이 없도록 주의하여야 한다.

실험 15 토마토주스 제조

■ 제조원리

토마토주스는 비타민 A, C, D 등을 많이 함유하고 있어 영양가가 높으며 다른 과즙에 비하여 생산비도 저렴하고 우수한 음료이다. 토마토의 색소는 감귤과 같이 과육의 펄프에 고르게 들어 있다. 적색펄프를 고르게 함유하여 정치하여도 상징액이 생기지 않고 풍미가 좋은 것이 좋다.

■ 재료 및 기구

토마토, 설탕, 소금, 냄비, 착즙기, 파쇄기, 주걱, 헝겊주머니, 체, 광주리, 온도계, 칼

■ 제조공정

토마토 → 씻기·다듬기 → 데치기 → 부수기 및 거르기 → 조미·끓이기 → 제품

■ 제조방법

(1) 원료

진홍색으로 풍미가 높고 가용성 고형물이 많으며 씨 부분이 작은 주스용 품종이 좋다.

(2) 씻기·다듬기

원료를 물에 담갔다가 씻어서 금이 간 부분의 곰팡이는 잘 씻어 버리고 푸른 부분과 썩은 부분은 도려낸다. 꼭지가 섞이면 빛깔이 나빠지고 쓴맛이 날 뿐 아니라 갈색으로 변하기 쉽다.

(3) 데치기

토마토를 광주리에 담아서 끓는 물에 2~3분간 데치기를 하여 껍질과 과육의 분리가 잘 되게 한다.

(4) 부수기 및 거르기

데친 토마토를 큼직하게 잘라서 초퍼로 부순 다음 이것을 성긴 체(체눈 1mm)에 넣고 손으

로 비벼 과육을 곱게 만든다. 동시에 껍질을 제거하고, 다시 고운 체(체눈 0.5mm)로 걸러서 섬유질을 제거한다. 그러나 양이 많을 때에는 토마토 펄퍼와 토마토 피니셔를 쓴다. 주스 extractor를 써도 편리하다.

(5) 조미

토마토 펄프는 산미가 강하므로 0.5~1.0%의 소금과 설탕을 각각 넣는다.

(6) 끓이기 · 살균

조미한 후 에나멜을 입힌 솥이나 스테인리스스틸 솥에 넣고 가열하여 끓여서 주스로 만든다. 주스를 끓이면 토마토 주스에 들어 있는 공기가 달아나고 설탕 및 소금이 잘 녹아서 풍미가 좋아진다. 토마토 주스를 통조림할 때에는 뜨거운 주스를 통에 담아 탈기 · 밀봉하여 100℃에서 10~12분간 살균한 후 급랭한다.

토마토의 적색은 주로 리코펜(lycopen)이고 녹색은 엽록소이다. 가공할 때 가열함으로써 엽록소는 갈색으로 변색하므로 철이나 동제의 기계, 기구를 피하여 가공해야 한다.

실험 16 사과주스 제조

■ 제조원리

품질이 좋은 사과주스를 얻으려면 충분히 익은 사과를 골라서 써야 한다. 보통 사과를 수확한 뒤 통풍이 잘 되는 곳에 2~3주일 쌓아 두었다가 쓰는 것이 좋다.

■ 재료 및 기구

사과, 계란 흰자위(또는 펙틴분해효소제), 마쇄기, 압착기, 강판, 무명헝겊

■ 제조공정

사과 → 씻기 → 부수기 → 짜기 → 청징 → 거르기 → 제품

■ 제조방법

(1) 원료

  홍옥, 국광 및 왜금 등이 좋은데 특히, 향기가 강하고 산과 단맛이 알맞은 국광과 홍옥을 섞어서 사용하면 더욱 좋다. 덜 익은 것은 전분을 함유하며 산이 너무 많으므로 풍미가 떨어지고 풋냄새가 있어 좋지 않다.

(2) 씻기

  과실에 붙어 있는 농약 등을 제거하기 위하여 충분히 물로 씻거나 먼저 약 1%의 염산으로 5분쯤 담가두어 비산염을 제거한 후 물로 씻기도 한다. 그 후 부패되거나 병충해를 입은 부분을 칼로 베어 낸다.

(3) 부수기 및 짜기

  사과를 잘게 썰어 마쇄기로 부수든가 강판 같은 것을 깔고 무명 헝겊으로 싼 다음 압착기로 짠다. 이와 같이 하면 원래 사과의 약 55% 정도 되는 과즙을 얻을 수 있다.

(4) 청징과 여과

  과즙에 달걀 흰자위를 넣어 교반하고 75℃ 정도로 데웠다가 식혀서 놓아두면 침전이 생

긴다. 맑아지면 걸러서 과즙을 맑게 한다. 이 방법은 며칠이 걸리므로 효소법을 쓰는 것이 좋다. 즉, 과즙을 75℃ 정도로 데웠다가 45℃ 정도로 식히고 여기에 0.1% 정도의 펙틴분해효소(pectinase)를 넣고 잘 저어 몇 시간 온도를 유지시키면 위쪽 액이 맑게 된다. 이때 위쪽 액을 기울여서 따라낸 다음 75℃로 가열하여 흐리게 되면 다시 거른다.

(5) 살균

과실주스에 소량의 소금 또는 비타민 C를 넣으면 맛이 좋아진다. 제품을 병조림하려면 병에 넣고 밀봉하여 80℃에서 30분간 살균 후 식힌다. 그러나 식기 전에 살균한 병에 넣어 밀봉하여도 어느 정도 저장할 수 있다.

■ 결과

원료 10kg에서 6~7ℓ의 주스가 얻어진다.

실험 17 포도주스 제조

■ 제조원리

포도주스는 다른 주스에 비하여 주석을 침전시키는 공정, 투명 과실주스에서는 펙틴분해공정, 적색 과실주스에서는 적색색소를 과실주스에서 용출시키는 조작이 추가된다. 포도주스는 향기가 강하며 빛깔이 좋다.

■ 재료 및 기구

적포도, 냄비(또는 솥), 체, 압착기, 무명헝겊, 병

■ 제조공정

포노 → 씻기 → 포도알 따기 → 부수기 → 가열 → 짜기 → 주석제거 → 분리 → 병조림 → 살균 → 제품

■ 제조방법

(1) 원료

주로 적색계를 원료로 사용하고 있다. 콩코드를 주로 사용하고 이 외에 캠벨얼리(Campbell early), 머스캣베일리(Muscat bailey A)를 사용한다. 색이 진한 것을 원할 때는 나이애거러를 사용하지만 독특한 풍미가 있어 일반적으로 양조용으로는 그다지 좋지 않다. 당분의 함량이 많고 향기가 강한 적색종이 좋으며 신선하고 병충해를 입지 않은 것이 좋다.

(2) 씻기 및 다듬기

먼저 덜 익은 것과 썩은 것을 골라낸 다음 포도송이를 물에 잘 흔들거나 물을 뿌려 씻는다. 0.5% 염산수 또는 중성 세제액 등으로 씻으면 깨끗하다.

(3) 포도알 따기

성긴 쇠그물로 된 체를 통 뒤에 놓고 포도송이를 문질러 포도알을 딴다.

(4) 부수기 및 가열

절구 같은 곳에 원료를 넣어 잘 이기거나 압착기를 이용한다. 법랑질 냄비나 스테인리스 스틸 이중솥에서 60~80℃로 10분간 가열한다. 5분 정도 지나면 과피의 색소가 과즙에 녹아나온다.

(5) 짜기

무명헝겊으로 싸서 압착기로 짠다. 약 50%의 포도즙을 얻게 된다.

(6) 주석제거

포도과즙을 85℃까지 가열하여 2ℓ들이 병에 담고 마개를 막아 어두운 곳에 3~6개월 정도 놓아두면 병의 밑바닥에 주석의 결정이 생기는 동시에 기타의 침전물이 생긴다. 위쪽 액의 맑은 부분을 분리하여 제품화한다.

(7) 병조림 · 살균

주석이 완전히 침전되면 뚜껑을 열고 사이펀으로 위의 맑은 액만 분리한 다음 과즙 100 ㎖에 대하여 20g의 설탕과 적당량의 구연산을 넣고 조제한다. 끝내기를 한 즙은 병에 넣고 80℃에서 20분간 가열하여 밀봉한 후 80℃에서 5~10분간 다시 살균하여 식힌다.

실험 18 딸기잼 제조

■ 제조원리

잼류는 펙틴의 응고성을 이용한 것으로서 과즙 또는 과육에 설탕을 넣고 농축하여 만든 것이다. 이처럼 젤리 모양으로 되는 것 중에는 젤리(jelly), 마멀레이드(marmalade), 잼(jam) 등이 있다. 본질적으로 입상인 것을 펄프화한 것으로서 과육을 함유하는 겔(gel)이다. 이 겔 현상은 당, 산의 존재하에 펙틴에 의하여 형성된다.

젤리화의 기구는 펙틴의 ester화 등의 복잡한 화학변화에 의한 것이나 실제로는 당, 산, 펙틴에 의한 상호작용으로 서로 일정한 비율과 농도를 갖고 있어야 한다. 젤리화의 표준비율에는 일반적으로 펙틴이 1.0~1.5%, 당이 60~65%, 산이 0.3% 이상(pH 3.0) 필요하다.

딸기는 산, 당분, 품종, 성숙도에 따라 상당한 차이가 있고(산은 0.5~1.0%, 당 5~11%) 펙틴도 수용성이 비교적 많으며(수용성 펙틴 0.3%, 펙틴 총량 0.6%) 비타민 C 함량(50~80mg%)도 많다.

■ 재료 및 기구

딸기 2~3kg, 설탕 2~2.5kg, 냄비, 온도계, 컵, 용기, 소쿠리, 당도계

■ 제조공정

원료 → 꼭지 따기 → 씻기 → 가당 → 농축 → 제품

■ 제조방법

(1) 원료

형태가 일정하고 중간 정도 크기의 것, 과육이 상하지 않고 단단하며 과육 내부에 구멍이 없는 것, 착색이 과육 내까지 된 것, 가열 후에도 색상이 밝은 것, 꼭지가 나와 있고 꼭지 따기가 편리하며 향기가 우수한 것 등이 좋다. 산, 감미, 펙틴함량이 높은 것이 좋다.

(2) 제경 · 씻기

딸기를 물속에 넣어 천천히 흔들어서 흙이나 모래를 제거하여 소쿠리에 담아 물을 뺀다.

식품가공 실험

딸기의 꼭지를 제거한 후 다시 물로 씻어 소쿠리에 건져 물을 뺀다.

(3) 가당·농축

딸기의 70~80%의 설탕을 계량하여 둔다. 냄비에 딸기와 계량한 설탕의 1/2을 가하여 약한 불로 가열한다. 설탕이 용해되면 나머지 설탕을 넣어 용해시켜 약간 센 불에서 끓이면서 계속 주걱으로 저어 15~20분에 끝나도록 한다. 단시간에 끝나지 않으면 향기가 없어지고 빛깔이 나빠진다.

(4) 끝내기

컵, 스푼테스트에 의한 방법과 온도를 104℃ 가량으로 상승시켜 완성점으로 하는 방법이 있다. 당도계로 당도를 검사하여 65% 정도 되었을 때 완성점으로 한다.

(5) 담기·밀봉

완성된 잼을 80~90℃까지 냉각시키고 그 동안에 잼 표면의 기포를 한 곳으로 모아 떠낸다. 광구병 또는 통에 기포가 들어가지 않도록 잼을 넣어 바로 밀봉한다. 밀봉 후에는 즉시 냉각하여 품질저하를 방지해야 한다.

(6) 살균

잼이 뜨거울 때 밀봉하면 살균하지 않아도 되지만 오래 보존하려면 100℃에서 5~6분 살균한 후 빨리 냉각시킨다.

결과

원료 딸기에서 120~130%의 제품이 얻어진다.

참고

※ **젤리 점(jelly point)을 결정하는 방법**
  ① 컵 테스트(cup test) : 냉수가 담긴 컵에 농축물을 떨어뜨렸을 때 분산되지 않음.
  ② 스푼 테스트(spoon test) : 스푼으로 떴을 때 시럽상태가 되어 떨어지지 않고 은근히 늘어짐.
  ③ 온도계법 : 온도계로 104~105℃가 됨.
  ④ 당도계법 : 굴절당도계로 측정하여 65% 정도가 됨.

※ **산과 펙틴량에 의한 과실의 종류**
    ① 산과 펙틴이 많은 것 : 사과, 포도(미국종), 귤, 개살구
    ② 펙틴이 많고 산이 적은 것 : 복숭아, 무화과, sweet cherry
    ③ 산이 많고 펙틴이 적은 것 : 살구, 딸기
    ④ 산과 펙틴이 중간인 것 : 잘 익은 사과, 비파, 포도(유럽종)
    ⑤ 산과 펙틴이 적은 것 : 잘 익은 복숭아, 서양배, 과숙과실

식품가공 실험

실험 19 　마멀레이드(Marmalade) 제조

■ 제조원리

마멀레이드는 과실 젤리 중에 과피 절편을 넣은 것으로 포르투갈에서 Mar menow를 원료로 하여 제조한 것이 시초이며, 그 후 영국에서 오렌지를 원료로 하는 마멀레이드가 제조되었다. 재료로 밀감, 오렌지, 레몬, 포도 등이 이용되고 있다. 마멀레이드에는 쓴맛이 강한 영국식 마멀레이드와 단맛이 강한 미국식 마멀레이드가 있다.

■ 재료 및 기구

여름밀감, 설탕, 냄비(농축용 지름 39㎝), 스테인리스 스틸 칼, 숟가락, 헝겊주머니, 소쿠리, 압착기, 병

■ 제조공정

```
                            ┌ 과피 → 쓴맛 제거 → 펙틴액 ┐
원료 → 씻기 → 껍질 벗기기 →                               → 가당농축 → 제품
                            └ 과육 → 쓴맛 제거 → 착즙여과 ┘
```

■ 제조방법

(1) 원료

여름밀감, 네이블 밀감 등의 완숙하고 신선한 과실을 사용하는 것이 좋다. 오래된 것은 껍질이 위축되어 쪄도 연한 절편이 되지 않는다. 또한 원료에 상처가 있는 것이나 병충해를 입은 것은 제외한다.

(2) 껍질 벗기기

원료 과실을 선별하여 과피면을 물로 씻는 다음 칼로 과일의 꼭지부분을 자르고 십자형으로 네 쪽의 껍질을 벗긴다.

(3) 과피 · 절단

과피를 네모지게 자른 후 폭 1㎜, 길이 1㎝ 크기로 절단하여 끓는 물에 넣고 20~30분간

끓인 다음 꺼내어 냉수에 냉각시킨다. 한번 끓여서 쓴맛이 제거되지 않을 때는 같은 조작을 반복하여 쓴맛을 제거한다. 0.5%의 염산으로 처리하는 방법도 있으나 이 방법은 펙틴이 유실될 우려가 있다. 냉수에서 꺼낸 과피는 압착기로 탈수한다.

(4) 착즙 · 펙틴즙의 추출

과육은 가늘게 잘라 압축기로 즙을 짜낸다. 내피는 끓는 물에 넣고 5분간 끓여 냉수에 담가 쓴맛을 제거한다. 이 조작을 2회 반복한다. 쓴맛이 제거한 내피는 물을 빼서 솥에 넣고 앞에서 얻은 과즙의 약 1/2 정도를 가하여 약 30~40분간 끓여 펙틴을 침출시킨다.

(5) 가열 · 농축

소요 설탕(원료량의 80~90%의 1/2 분량)과 가늘게 자른 과피의 80%를 냄비에 넣고 잘 저은 후 펙틴액의 전체를 넣어 저으면서 가열한다. 설탕이 다 용해한 후 다시 나머지 설탕을 가하여 가열 농축하며 온도가 104~105℃까지 오르거나 당도계로 검사하여 당도가 65%에 이르고 투명하게 되면 가열을 중지한다.

(6) 밀봉

통조림 혹은 병조림할 때는 제품이 식은 후 온도가 80℃가 되었을 때 계량하여 넣고 밀봉한다.

(7) 살균

통조림은 100℃에서 15분, 병조림은 85℃에서 15분간 살균한다.

■ 결과

원료에 대하여 160%의 제품이 얻어진다.

■ 참고

실험 20 밀감 통조림 제조

■ 제조원리

통조림은 원료를 주석관에 밀봉하여 가열, 살균한 것이다. 미리 조리해서 담는 경우와 생긴 그대로 담는 경우가 있다. 어느 것이나 높은 온도로 부패, 변질의 원인이 되는 미생물을 사멸시켜 외부로부터 침입을 완전히 방지할 수 있는 점에서 현재까지 가장 보존성이 높은 저장법 중의 하나이다. 우리나라에서 재배되는 과실, 채소류는 날로 먹는 것이 많지만 반드시 통조림이나 병조림에 모두 알맞은 것은 아니다. 일반적으로 통조림용의 원료는 알맞은 품종 선택이나 수확시기 등을 고려해야 한다.

■ 재료 및 기구

밀감 2kg, 설탕 200g, 1~0.5% H_2SO_4 혹은 HCl 용액 2ℓ, 1~0.5% NaOH 용액 2ℓ, 냄비 2, PVC 양동이(3~4ℓ 정도), 301-7호관 5~6개, 당도계

■ 제조공정

밀감 → 외피 벗기기 → 염산처리 → 씻기 → 알칼리처리 → 씻기 → 시럽첨가 → 가권체 → 탈기 → 밀봉 → 살균 → 냉각 → 검사 → 제품

■ 제조방법

(1) 원료

신선하고 풍미가 좋으며 상하거나 부패하지 않은 것으로 숙도 및 입자의 크기가 일정하고 씨가 적으며 과육의 색이 진하고 껍질이 얇은 것을 택한다.

(2) 외피 벗기기

80~100℃의 물에 밀감을 넣어 3~4분 처리하여 과육이 상하지 않도록 꼭지에서부터 껍질을 하나씩 벗긴다. 감귤의 과육조각을 하나씩 쪼개어 물속에 넣는다.

(3) 내피제거(산, 알칼리 처리법)

① 산 처리

과육조각을 물에서 꺼내어 물기를 빼고 1~2%의 HCl 용액 또는 H_2SO_4 용액에 20~30℃에서 1시간 정도 담가 속껍질을 녹여 없앤 다음 물로 씻는다.

② 알칼리 처리

물을 빼고 30~35℃의 1~2% NaOH 용액에 10~15분간 처리하거나 끓은 1~2% NaOH 용액에 15~30초간 처리한 후 꺼내서 찬물에 넣고 남아 있는 속껍질을 씻어 낸다. 껍질을 벗기고 난 다음에는 제품을 흐리게 하는 헤스페리딘(hesperidin) 및 펙틴을 제거하기 위해 물에 6~16시간 담가둔다.

(4) 선별 · 담기

세척 후 선별해서 파손된 과육을 제거하고 파손되지 않은 것만을 301-7호관에 고형량으로 280g을 담고 관을 뒤집어 물을 빼낸다. 제품의 당농도가 17% 이상 되도록 계산하여 당액을 넣어 관내용 총량이 255g 이상 되도록 담는다. 제품이 되는 과정에 내용물의 부피가 줄게 되므로 최저 내용으로 고형물의 약 20~30%를 더 담는 것이 좋다. 밀감이 큰(L) 것은 68개 이하, 중간(M) 것은 54~102개, 작은(S) 것은 80~147개를 담는 것이 표준으로 되어 있다.

(5) 탈기 · 밀봉 · 살균

가권체하여 95℃에서 8분 정도 탈기한 다음 시머(seamer)로 완전 밀봉한 후 95℃에서 10분 정도 살균한다.

(6) 냉각

살균한 관을 빨리 냉수에 넣어 냉각한다.

※ 감귤 통조림의 혼탁

① 혼탁의 주원인

프라바논 배당체(flavanone glucoside)인 헤스페리딘의 결정이 생기기 때문이다.

② 혼탁을 방지하는 방법
- 헤스페리딘의 함량이 가급적 적은 품종을 고른다.
- 완전히 익은 감귤을 택한다.
- 물로 감귤을 완전히 세척한다.
- 내용물이 변질되지 않을 만큼 가열한다.
- 제품을 재차 가열한다.
- 가급적 당도가 높은 당액을 사용한다.

③ 밀감 담는 양과 주입당액 농도의 계산

$$W_1 \cdot x + W_2 \cdot y = W_3 \cdot z$$

$$\therefore\ y = \frac{W_3 \cdot z - W_1 \cdot x}{W_2}$$

여기서, W_1 : 담는 고형물량(g)

W_2 : 주입 당액의 무게(g)

W_3 : 관 속의 당액과 과실 전체무게(g)

x : 담기 전 과육의 당도(%)

y : 주입할 당액의 농도(%)

z : 제품규격 당도(%)

실험 21 복숭아 통조림 제조

■ 제조원리

복숭아는 그대로 저장하기는 어렵지만 이것을 통조림으로 하면 오랫동안 저장할 수 있을 뿐만 아니라 풍미가 매우 좋아지기 때문에 널리 애용되고 있다. 우리나라의 대표적인 과실통조림이다.

■ 재료 및 기구

복숭아 2~3kg, 설탕 1kg, 식염 20~30g, 2% NaOH 용액 3ℓ, 냄비 2, 금속망, 씨빼는 칼(pitting knife) 2, 스테인리스 스틸칼, 301-7호관 6~8, 당도계, 작두, autoclave, 권체기

■ 제조공정

복숭아 → 고르기 및 씻기 → 쪼개기 → 씨 제거하기 → 껍질 벗기기 → 담기 → 당액 넣기 → 탈기 → 권체 → 살균 → 냉각 → 제품

■ 제조방법

(1) 원료

핵이 작고 핵의 둘레나 과육 중에 붉은 색소가 없으며 과육이 두껍고 육질은 탄력성이 있어야 하며, 가열하여도 육질이나 향기가 변하지 않으며 적당한 산미나 방향이 있는 것이 좋다. 이러한 점에서 황육종이 가장 적합하다. 보통 수확하는 것보다 1~2일 전에 따서 후숙시킨다.

(2) 씻기 및 쪼개기

깨끗이 씻은 다음 봉합선을 따라 회전 칼이나 작두를 사용하여 두 쪽으로 나눈다.

(3) 씨 제거하기

두 쪽으로 나눈 복숭아의 씨를 제거한 다음 찬물 또는 2% 식염수에 담가두어 산화를 방지한다.

(4) 껍질 벗기기

① 열처리법

육질이 부드러운 백육종을 원료로 할 때 쓰이는 방법이다. 핵을 빼낸 쪽을 밑으로 하여 수증기로 3~8분간 찌거나 85~95℃의 열탕에 3~5분간 담근 다음에 찬물 속에서 껍질을 벗긴다.

② 알칼리 처리법

열처리로 껍질이 잘 벗겨지지 않는 백도나 황도를 원료로 할 때에 쓰는 방법이다. 끓은 3% NaOH 용액에 30~50초 동안 담그고 수세한 후에 껍질을 벗기기도 한다.

(5) 담기 및 당액넣기

복숭아를 칼로 잘 다듬어 크기에 따라 골라서 통조림 통에 규정 고형량인 250g보다 10% 정도 많이 담는다. 당액의 당도(35~40%)를 계산하여 관에 주입한다.

(6) 탈기 및 권체

90℃에서 약 5분간 탈기한 다음 바로 권체한다.

(7) 살균

오토클레이브(autoclave)에 넣어 95~100℃에서 20~30분간 살균한 다음 곧 냉수에 냉각시킨다. 살균 후에 냉각이 충분하지 못하면 과육이 분홍색으로 변한다. 수량은 생과에 대하여 40% 내외이다.

■ 결과

■ 참고

※ **통조림의 검사방법**

① 외관검사 : 통조림을 외관으로 보아 살균이 불완전한 것, 제품이 팽창한 것, 밀봉(seaming)이 불완전한 것 등을 골라내는 검사법이다.

② 타관검사 : 통조림 제품을 책상 위에 놓고 타검봉으로 통의 뚜껑을 두드렸을 때 맑은 소리가 나는 것은 좋은 것이고, 탁한 소리가 나는 것은 불량이다.

③ 가온검사 : 통조림 제품을 30~37℃의 항온기에 넣고 1~3주일 동안 두어 세균을 속히 증식시키거나 화학 변화를 일으키게 한 다음 검사를 한다.

④ 진공도검사 : 통조림통 뚜껑에 진공계의 끝을 꽂아 나타내는 값으로, 내부의 진공도를

측정하는 것이다. 통의 크기에 따라 다르나 일반적으로 15in. 이상이면 좋다.
⑤ 개관검사 : 통을 열고 내용물의 외관, 풍미, pH, 부패 여부 등을 검사하는 방법이다.

※ 병조림의 검사
병의 종류가 앵커 또는 피닉스병 같은 뚜껑이 함석인 경우에는 통조림과 같은 방법으로 검사한다. 그 밖의 병조림은 속이 보이므로 액의 혼탁도, 빛깔 등을 보고 판단한다.

실험 22 양송이 통조림 제조

■ 제조원리

양송이는 육질이 부드러워 외부에 의해 상처가 나기 쉬우며 받기 쉬울 뿐 아니라 산화, 변색되어 품질이 떨어지므로 생산지에서 가공공장까지 주의해서 수송해야 한다. 특히 상처가 생기는 것을 피하고 햇볕에 쪼이지 않도록 하며 철이나 구리로 만든 용기를 사용하지 않아야 한다.

■ 재료 및 기구

양송이, 2~3% 식염용액, 150~200mg% 아스코르브산 및 MSG 용액, 아황산, 칼 또는 가위, 선별기, 301-7호관

■ 제조공정

양송이 → 자루절단 → 고르기 → 씻기 → 데치기 → 고르기 → 슬라이스 → 담기 → 식염수 넣기 → 탈기·밀봉 → 살균 → 냉각 → 제품

■ 제조방법

(1) 원료

양송이 채취의 적기는 우산이 피기 12시간 전후(우산 지름 20~40mm)가 좋다. 양송이는 산화, 변색되기 쉬우므로 나무상자, 단보루상자 혹은 물에 담가 3~5시간 내에 가공공장까지 운반하도록 하고 있다. 24시간이 경과한 것은 아황산염 0.1%용액을 사용한다.

(2) 자루절단·고르기

칼이나 가위로 각포와 자루를 잘라내고 우산의 크기, 균막의 열린 정도, 모양, 손상 정도 등을 기준으로 하여 버튼 스타일(Button style) 또는 홀 스타일(Whole style)의 모양으로 절단하여 품질별로 선별한다.

(3) 씻기

여러 번 물을 갈면서 15분 정도 물에 담가 두었다가 흙, 모래 등을 물로 씻어낸다.

(4) 데치기

처리시간과 온도는 양송이의 크기, 신선도에 따라 다르다. 100℃의 끓는 물에 5~10분 정도 혹은 80~85℃에서 8~15분 동안 데치기를 한 다음 바로 찬물로 식힌다. 데치기를 할 때에는 공기에 의하여 양송이가 변색되는 것을 막기 위해서 솥 또는 냄비의 뚜껑을 닫는다.

(5) 고르기 · 슬라이스

버튼 스타일 또는 홀 스타일 제품은 선별기로 우산의 지름이 35mm 이상인 것을 E, 27.5~35.0mm를 L, 21.0~27.5mm를 M, 16.5~21.0mm를 S, 12.0~16.5mm를 T, 12.0mm 이하의 것을 m으로 선별한다. 그리고 지름이 35mm 이상의 것과 등외품에 해당하는 것은 2~4쪽으로 나눠 슬라이스로 한다. 버튼 및 홀로서 적당하지 않은 것은 3mm 두께로 슬라이스하여 피스 앤드 스템(piece and stem) 스타일로 한다.

(6) 담기

선별이 끝나면 크기에 따라 관에 넣는다. 살균될 때 원래의 크기보다 약간 축소되므로 10~15% 더 많이 담는다. 2~3% 식염수나 열처리 할 때의 침출액 또는 150~200mg% 아스코르브산이나 MSG 용액으로 헤드 스페이스(haed space)가 6~7mm 되게 넣는다.

(7) 탈기 · 살균

301-7호관이면 탈기는 90~100℃에서 5~20분간, 살균은 113℃에서 40~90분간 실시한다.

(8) 냉각

살균이 끝나면 관 내부 온도가 40℃ 정도가 될 때까지 냉각한다.

결과

■ 참고

■■ 표 22-1 양송이 제품의 스타일 종류 ■■

스타일	설명
버튼(button)	우산(갓)의 바로 밑을 자른 것
홀(whole)	우산에서 자루부위 지름의 약 1/2을 남기고 자루를 자른 것
슬라이트 버튼(sliced button)	버튼 스타일을 약 3.3mm의 두께로 자른 것이며 피스는 넣지 않음
슬라이트 홀(sliced whole)	홀 스타일을 약 3.3mm의 두께로 자른 것이며 피스는 넣지 않음
피스 앤 스템(piece and stem)	버튼과 홀에서 슬라이스를 만들고 난 양쪽의 피스와 자루를 합한 것으로 피스가 40% 이상인 것

■■ 표 22-2 양송이 크기의 기준 ■■

(단위 : mm)

크기	우산의 지름	크기	우산의 지름
E	35.0 이상	S	16.5~21.0
L	27.5~35.0	T	12.0~16.5
M	21.0~27.5	m	12.0 이하

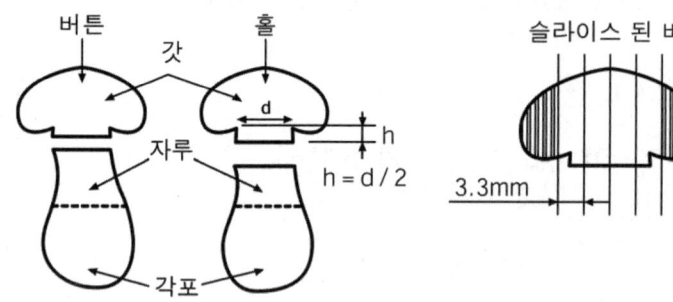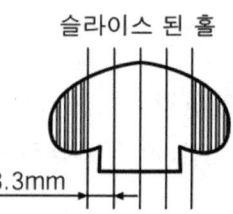

■■ 그림 22-1 양송이 제품의 스타일 ■■

실험 23 | 토마토 퓨레(Tomato puree) 제조

■ 제조원리

토마토 퓨레는 토마토 소스(tomato sauce)라고도 하며, 토마토를 파쇄하여 껍질, 씨, 심 등을 제거한 후에 그대로 농축하거나 약간의 식염을 넣어 농축시킨 것이다. 고형물의 양에 따라 다음과 같이 토마토 퓨레, 토마토 페이스트(Tomato paste) 종류로 분류한다.

① 저도 토마토 퓨레 : 고형물 함량이 6.3% 이상인 것
② 중도 토마토 퓨레 : 고형물 함량이 8.37% 이상인 것
③ 고도 토마토 퓨레 : 고형물 함량이 12% 이상인 것
④ 토마토 페이스트 : 고형물 함량이 22% 이상인 것
⑤ 고도 토마토 페이스트 : 고형물 함량이 33% 이상인 것

■ 재료 및 기구

토마토, 냄비(또는 증발솥), 초퍼(chopper), 체, 광주리, 칼, 온도계, 비중계, 병(또는 통), 타전기

■ 제조공정

토마토 → 씻기 → 다듬기 → 펄핑(Pulping) → 농축 → 끝내기 → 밀봉 → 살균 → 제품

■ 제조방법

(1) 원료

수분이 적고 고형물이 많은 품종으로서 적색 색소가 많고 육질이 두꺼운 것이 좋다. 마글로브(Marglove), 폰데로사(Ponderosa), 베스트 오브 올(Best of all) 등의 품종이 좋다.

(2) 씻기

꼭지를 따내고 물에 1~2시간 담가두었다가 흙, 모래 등을 씻어낸다. 양이 많은 경우에는 토마토 세척기로 씻어 낸 뒤 녹색 부분을 도려낸다.

(3) 펄핑(Pulping)

토마토 파쇄법은 토마토에 증기를 쬐거나 더운 물로 끓인 다음 처리하는 열법(Hot pulping)과 열처리를 하지 않고 부순 후 바로 거르는 냉법(Cold pulping)이 있다. 냉법으로 제조한 펄프는 씨를 이용할 수 있고 향기가 좋으나 펙틴질과 비타민 C가 파괴되는 결점이 있다. 열법으로 제조한 펄프는 가열에 의하여 산화효소와 펙틴분해효소가 파괴되는 동시에 프로토펙틴이 펙틴으로 되고, 고무질의 용출량이 많아져서 토마토 퓨레의 점조도를 높이는 효과가 있어 좋은 펄프를 얻을 수 있다. 한편 과피가 유연해지면 과육과 과피의 분리가 쉬워지는데, 이는 찜통에 넣고 강한 증기로 3~4분간 찌면 된다.

(4) 농축 및 완성

이중솥이나 냄비에서 가열, 농축하여 원래 용적의 약 1/2 정도가 될 때까지 농축한다. 대규모의 경우 상압에서도 변색, 변향을 방지할 수 있는 진공증발관에서 농축시켜 1.03~1.04 정도의 비중이 되도록 한다. 육질을 균일하게 하기 위하여 토마토 피니셔로 다시 여과한 뒤 병에 넣어 왕관타전기로 밀봉하거나 관에 넣어 권체한다.

(5) 살균

병이나 관에 넣어 100℃에서 40~50분간 살균하여 냉각시킨다.

결과

수량은 품종에 따라 다르나 가공용이면 원료 3.75kg에서 1.8~2.7ℓ, 생식용이면 1.5ℓ 정도의 제품이 얻어진다.

참고

선홍색으로 특유의 풍미가 있고 과육과 과즙이 분리되지 않으며, 여액의 비중이 1.03~1.04의 것이 좋다.

실험 24 토마토 케첩(Tomato ketchup) 제조

■ 제조원리

토마토 케첩은 토마토 퓨레에 식염, 설탕, 식초, 양파, 마늘, 향신료, 녹말 등을 가하여 농축시켜 비중 1.12~1.13 정도로 완성시킨 것이다. 설탕은 순백색 설탕을 소금은 정제염, 식초는 식용 빙초산을 10%로 희석하여 사용하는 경우가 많다.

■ 재료 및 기구

토마토 퓨레, 설탕, 양파, 식초, 마늘, 향신료, 녹말, 냄비, 초퍼, 비중계, 헝겊

■ 제조공정

토마토 퓨레 → 가열·농축 → 완성 → 병조림 → 제품
              ↑
      각종 조미료·향신료

■ 제조방법

(1) 원료배합

■■ 표 24-1 토마토 케첩의 원료배합 ■■

품명	수량	품명	수량
토마토 퓨레	10ℓ	초산	70~150㎖
설탕	400~900g	올스파이스	0~5g
식염	100~150g	전분	소량
양파	50~200g	화학조미료	7.5g
마늘	0.1g	육계	2~20g
정향	3~10g	고춧가루	1.0~1.5g

(2) 가열 · 농축 및 각종 조미료, 향신료 넣기

토마토 퓨레를 냄비에 끓이면서 설탕의 반 정도를 가하여 용해하면서 분말로 된 양파나 마늘을 넣고 농축시킨다. 거의 완성점에 가까워지면 서서히 온도를 낮추며 나머지 설탕, 식염, 식초 및 향신료를 가한다. 설탕을 농축하는 도중에 넣거나 설탕의 일부를 펄프가 처음 끓을 때 집어넣으면 빛깔을 고정시키는 효과가 있다. 소금은 가열용기의 금속에 작용하며, 금속을 용출시켜 제품의 색을 퇴색시키므로 마지막에 넣어야 한다. 향신료 및 식초는 완성 직전에 첨가하고, 약 40~50분 이내에 완성시켜야 좋다.

(3) 완성

케첩의 비중이 1.12~1.13 정도, 고형물은 25~30%로 제품화한다. 피니셔를 이용하여 케첩의 입자를 균질화하면 더욱 좋다. 완성이 되면 식기 전에 병에 담아 밀봉하고 살균하는 경우도 있다.

(4) 제품

농축시키지 않은 생퓨레(비중 1.20) 10ℓ로부터 케첩 3.3~4.5ℓ가 얻어진다. 저장 중 온도에 의한 변색이 있으므로 저온에서 저장한다.

■ 결과

농축시키지 않은 생퓨레 10ℓ에서 케첩 3.3~4.5ℓ가 얻어진다.

■ 참고

실험 25 우유의 검사

■ 실험원리

(1) 우유의 비중

우유의 비중은 15℃에서 1.028~1.034로 평균 1.032이다. 우유 속에 물이나 소금 등의 첨가 유무를 판정할 수 있다.

(2) 수소이온 농도(pH)

우유의 신선도, 미생물 증식상태, 유방염 유무 등을 간접 측정할 수 있다. 정상유 pH는 6.4~6.6, 초유 pH는 6.0, 유방염유 pH는 7.5이다.

(3) 알코올(Alcohol test)

에틸알코올의 탈수작용에 의하여 산도가 높은 우유의 카제인(casein)이 응고되는 현상을 이용한 것이다. 우유의 가열에 대한 안정성 판정, 산패 유무를 판정할 수 있다.

(4) 직정산도(Titratable Acidity)

일정량의 우유를 중화시키는 데 필요한 알칼리의 양을 측정하여 이 알칼리와 결합한 산성 물질의 전량을 모두 젖산(lactic acid)으로 가정하여 그것을 중량비율(%)로 표시한 것으로 우유의 신선도를 측정할 수 있다. 정상유의 산도(TA)는 0.18 이하이다(축산물가공처리법).

■ 실험재료 및 기구

(1) 우유의 비중

우유(정상유, 이상우유), 비중계(lactometer, 1.015~1.045), 온도계(0~100℃), 메스실린더(mess cylinder, 100~250㎖)

(2) 수소이온농도(pH)

원유, pH meter, 완충용액(buffer solution), 비커, 증류수

(3) 알코올(Alcohol test)

우유(신선한 우유, 오래된 우유), 스포이드, 샬레(직경 3cm), dipper, 70% 에틸알코올, 피펫(1~2㎖)

식품가공 실험

(4) 적정산도(TA)

우유, 피펫(10㎖용), 비커(100㎖용), 자동뷰렛, 0.1N NaOH, 1.0% 페놀프탈레인(phenolphthalein) 용액

■ 실험방법

(1) 우유의 비중
① 우유시료를 충분히 혼합한다.
② 메스실린더에 거품이 일지 않도록 200㎖를 취한다.
③ 비중계가 바닥이나 벽에 충돌하지 않게 서서히 넣은 후 1~3분 정치한다.
④ 메니스커스(meniscus) 상단의 눈금을 읽는다.
⑤ 온도를 측정하여 비중 보정표에 의해 판정한다.
  예를 들면, 시료의 온도가 18℃이고 lactometer의 눈금이 31이라면 보정표 상의 숫자는 31.7이다. 이때 실제 우유의 비중은 보정표 상의 숫자의 앞에 1.0을 더 붙여 비중값으로 하면 된다. 즉 비중은 1.0317이다.

(2) 수소이온농도(pH)
① pH meter의 전원을 켜고 10분 이상 기다린다.
② 전극봉을 증류수로 깨끗이 닦아 낸다.
③ 완충용액(pH 4, 7)으로 pH meter를 보정한다.
④ 시료를 잘 혼합한 후 비커에 넣어 측정한다.

(3) 알코올(alcohol test)
① 우유 시료를 교반기로 잘 혼합한다.
② 시료 2㎖와 동량의 70% 알코올을 샬레나 알코올시험용 트레이(tray)에 옮긴다.
③ 샬레를 빠르게 수평으로 흔들어 섞는다(5~7초 이내).
④ 응고여부를 관찰한다.
   • curd가 생성되면 양성(+) : 비정상유
   • curd가 생성되지 않으면 음성(-) : 정상유
   • 주의 : 시료와 알코올의 온도 차이가 없도록 해야 한다(상온 15℃).
   • boiling test : 우유의 선도판별시험으로 시료 10~20㎖을 시험관(test tube)에 넣고 끓인 후에 동량의 증류수를 가하여 희석했을 때 응고 여부로써 판정한다.

(4) 적정산도(TA)

① 우유시료를 충분히 교반한다.

② 시료 8.8㎖를 비커에 취한다(동량의 물로 희석하는 것이 좋다).

③ p.p 지시약을 넣고 0.1N NaOH용액으로 적정한다.

④ 미홍색이 30초간 소실되지 않은 점을 종점(end point)로 한다.

⑤ 적정산도(젖산) 계산

$$적정산도(\%) = \frac{0.1N\ NaOH\ 적정㎖ \times F \times 0.009}{시료의\ 용량(㎖) \times 비중} \times 100$$

$$= \frac{0.1N\ NaOH\ 적정㎖ \times F \times 0.9}{시료중량(g)} \Leftarrow 이\ 값의\ 1/10을\ 산도로\ 한다.$$

• 0.009 : 0.1N NaOH 1㎖에 상당하는 젖산량

식품가공 실험

실험 26 우유의 지방측정

■ 실험원리

우유의 지방구는 단백질로 싸여 있어서 에테르, 석유에테르 등의 비극성 용매로는 추출되지 않기 때문에 지방구막을 파괴하는 특수한 방법이 필요하다. 그런 목적으로 바브콕법(Babcock method)과 게르버법(Gerber's method)이 있는데 이들은 농황산을 이용하여 지방 이외의 유(乳)성분을 분해해서 지방을 유리시켜 지방량을 구한다.

(1) 바브콕법(Babcock Method)

우유에 황산을 혼합시켜 발생되는 열로 지방 이외의 성분을 용해시키고 원심력으로 지방을 상층으로 이동시켜 분리된 지방량을 구한다.

(2) 게르버법(Gerber's Method)

바브콕법과 동일하나 지방분리가 잘되고 이소아밀알코올(iso-amylalcohol)을 첨가하는 것이 다르다.

■ 실험재료 및 기구

(1) 바브콕법(Babcock Method)

우유, 시료 채취용 피펫(20㎖), 황산용 피펫(20㎖), 전유 측정용 babcock 유지계(0~8%), 원심분리기, water bath, 황산(90.05~92.1%)

(2) 게르버법(Gerber's Method)

원유, 전유용 Gerber 유지계(butyrometer 8%), Gerber centrifuge, water bath, 피펫(우유시료용 11㎖, 아밀알코올용 1㎖, 황산용 10㎖), 온도계, 황산(90.05~95.5%), 이소아밀 알코올(iso-amylalcohol)

■ 실험방법

(1) 바브콕법(Babcock Method)

① Babcock 유지계에 우유시료 17.6㎖을 우유용 피펫으로 취하여 넣는다.
② 시료가 들어 있는 유지계를 기울여 황산용 피펫으로 황산 17.5㎖을 서서히 벽을 따라 흘려 혼입시킨다.

③ 마개를 막고 회전운동이 되도록 유지계를 흔들어 혼합하고, 일시적으로 발생된 응유(curd)를 분해시킨다.
④ 분해한 후 55℃로 보온된 원심분리기에 넣어 700~1000r.p.m으로 5분간 원심분리한다.
⑤ 유지계에 60℃ 이상 온수를 목 눈금 아래까지 가하고 다시 2분간 원심분리 한다.
⑥ 다시 온수를 가해서 지방층이 눈금범위까지 떠오르도록 하고 1분간 원심분리 한다.
⑦ 유지계를 55~60℃ 온수조에 2~3분간 두었다가 디바이더(divider)로 지방층 최하단에서 메니스커스(meniscus)의 최상단까지 읽으면 지방율을 알 수 있다.

(2) 게르버법(Gerber's Method)

① 유지측정기(Butyrometer)에 황산용액 10㎖을 피펫으로 취한다.
② 우유시료 11㎖을 관벽을 따라 서서히 넣은 후 아밀 알코올 1㎖을 가한다.
③ 고무마개를 꼭 막은 후 상하로 흔들어 잘 혼합시킨다.
④ 시료가 흑갈색으로 용해된 후 50~60℃의 water bath에서 약 15분간 수침한다.
⑤ 원심분리기에 균형있게 넣고 700~1000r.p.m으로 5분간 원심분리시킨다.
⑥ water bath에 5분간 두었다가 꺼내어 마개를 조절하여 지방층이 지방주 눈금 사이에 오도록 조절하여 모자라는 경우 가온된 증류수를 보충하여 메니스커스(meniscus) 상부의 하단과 하부의 하단 사이를 지방율(%)로 한다.

■ 결과

■ 참고

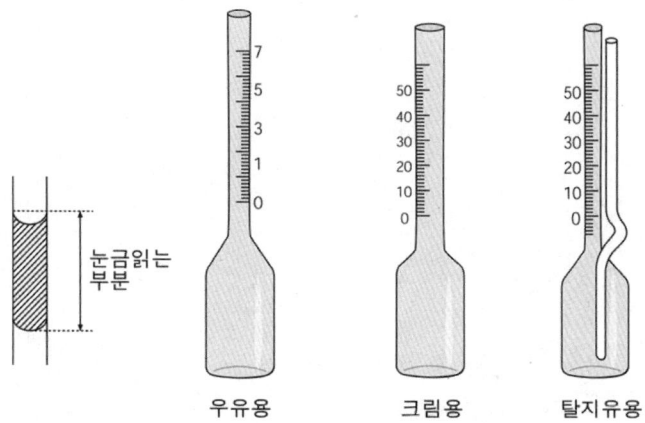

■■ 그림 26-1 Babcock 유지계와 지방층의 눈금읽는 법 ■■

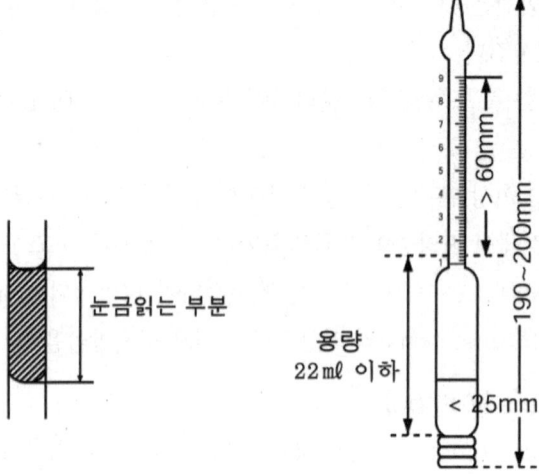

■■ 그림 26-2 Gerber용 유지계와 눈금읽는 법 ■■

실험 27 발효유 제조

■ 제조원리

우유, 산양유, 마유 등을 원료로 하여 유산균이나 효모 또는 이 양자를 혼합 배양하여 발효에 의해 산미와 향미를 강화시킨 것을 발효유(fermented milk)라고 한다. 발효유는 유산균에 의해 생성된 유산에 의해 우유가 응고되고 그 응고물에 설탕, 향료, 안정제 등을 혼합하여 제조한다.

■ 재료 및 기구

탈지분유(T.S 9~12% 탈지우유), 젖산종균(Lac. bulgaricus, Str. thermophilus), 솜, 삼각 플라스크(△flask) (500㎖), 나사형 시험관(screwcap tube) (16×150mm), 피펫, 인큐베이터(incubator), 오토클레이브(autoclave), water bath, 알코올 램프

■ 제조공정

원료유 → 살균 → 냉각 → Starter첨가 → 배양(발효) → 냉각 → 첨가물 첨가 → 균질 → 포장
　　　　　　　　　　종균 → 모배양 → 본배양

■ 제조방법

(1) 스타터(Starter) 제조

① Mother starter 제조(모배양)

　원유나 환원탈지유를 멸균용기에 넣어 오토클레이브(auto clave)에서 121℃, 15~20분간 고압 멸균시키거나 100℃, 10분간 감압 멸균시키고 30~35℃로 냉각시킨다. 여기에 종균(seed culture)으로 접종하거나, 계대 배양한 종균으로 활력을 높힌 후 접종하여 적정온도로 인큐베이터(incubator)에서 배양한다.

② Bulk starter 제조(본배양)

　발효유 제조량의 2%를 제조한다. 원유나 환원 탈지유를 고압 멸균시키고 냉각시킨 후 Mother starter 1~2%를 접종하여 20~25℃에서 12~16시간(일반적), 30~40℃

에서 8~14시간(고온유산균) 배양한다.

(2) 농후 발효유 제조

① 원료유

원유, 탈지유, 전지유 등을 사용하며, 원료유는 신선하고 내열성 세균이 적으며 유산균 발육 저해물질이 함유되지 않은 것을 사용한다.

② 살균

80~90℃에서 10분간 고온 단시간 살균(제품의 특성에 따라 선택)한다. 황갈색을 띤 제품을 만들려면 갈변화 반응이 충분히 일어나는 고온 장시간 살균을 한다. 백색제품인 경우에는 초고온 단시간 살균(UHT)법을 이용한다.

③ 냉각

배양에 적당한 온도(30~35℃)로 냉각한다.

④ Starter 첨가

Bulk starter를 원료유의 약 2% 정도 첨가한다. 생균수, 산도, 파지(phage)오염, 효모 오염 등을 검사하여 이상이 없는 바로 배양이 끝난 활력이 좋은 종균을 사용하는 것이 좋다.

⑤ 발효(배양)

제품의 맛과 품질에 영향을 미치는 가장 중요한 부분이다. 특히, 종균에 의한 산 생성력과 단백질 분해 정도에 따라 각 제품 특유의 맛과 향이 부여된다. 배양온도는 보통 20~35℃로 14~20시간 배양, 고온 유산균은 30~38℃로 6~8시간 배양한다.

⑥ 냉각

5℃ 이하로 냉각하여 유산발효를 억제시킨다.

⑦ 첨가물 첨가

설탕(8~15%), 과육, 향료, 안정제 등을 첨가한다.

⑧ 균질

균질기나 믹서로 첨가물과 응유(curd)를 잘 혼합시킨다.

⑨ 제품

용기에 넣어 밀봉하고 4~10℃ 냉장고에 보관한다.

 결과

 참고

※ 최종생산물에 따라 유산발효유와 알코올발효유로 나눈다.
 ① 유산발효유 : 유산발효에 의한 것으로 산유라고도 하며 요구르트(yoghurt), 인공버터밀크(cultured butter milk), 유산균 우유(acidophilus milk), 칼피스(calpis) 등이 여기에 속한다.
 ② 알코올발효유 : 유산균과 특수한 효모를 병용하여 유산발효와 알코올발효를 시킨 것이며 쿠미스(kumiss), 케피어(kefir) 등이 여기에 속한다.

※ 농후발효유, 액상발효유와 유산균음료의 차이점

	무지고형분(SNF)	유산균수(1㎖)
농후발효유	8% 이상	10^8 이상
액상발효유	3% 이상	10^7 이상
유산균음료	3% 이하	10^6 이상

※ 유산균음료는 발효유에 속하지 않는다.

※ 농후발효유는 제조방법에 따라 스터드 타입, 세트 타입, 드링크 타입으로 구분한다.
 ① 스터드 타입(stirred type)
   원료유 → 균질 → 살균 → 냉각 → 스타터 접종 → 배양 → 냉각 → 과육혼합 → 충전·포장
 ② 세트 타입(set type)
   원료유 → 균질 → 살균 → 냉각 → 스타터 접종 → 충전·포장 → 배양 → 냉각
 ③ 드링크 타입(drink type)
   원료유 → 균질 → 살균 → 냉각 → 스타터 접종 → 배양 → 냉각 → 커드분쇄 → 과즙혼합 → 충전·포장

실험 28 버터(Butter) 제조

■ 제조원리

생우유 또는 시유에서 유지방을 분리하여 교동, 연합한 유지방 80% 이상, 수분 18% 이하인 것을 버터(butter)라 한다. 버터는 우유에서 분리한 크림을 교동하면 유지방구막이 파괴되어 지방만 유출되어 뭉쳐서 좁쌀과 같은 크기로 엉킨다. 이것을 모아 짓이겨서 남아있는 물이 지방에 분산되도록 유화시켜 만든다.

■ 재료 및 기구

우유, 크림분리기(cream separator), 교동기(churn), 연압기(worker), 냉장고, 살균솥

■ 제조공정

원료유 → 크림분리 → 중화 → 살균·냉각 → 숙성 → 교동 → 버터밀크 배제 → 수세 → 가염 → 연압 → 포장

■ 제조방법

(1) 원료유 검사

관능 검사, 산도, 지방율, 비중 등의 이화학적 검사, 미생물학적 검사 등을 실시하여 위생적으로 안전한 원유를 사용한다.

(2) 크림분리

크림분리기로 크림을 분리하여 지방함량이 30~40%의 범위가 되도록 조절한다.

(3) 크림의 중화

원료유의 산도가 0.18% 이상일 때는 10% $NaCO_3$ 또는 $NaHCO_3$ 용액 등의 중화제로 0.18%까지 중화해야 한다. 산도가 높은 크림을 살균하면 카제인이 응고하여 버터의 품질을 저하시키고, 버터의 생산량을 감소시키는 원인이 된다.

(4) 살균·냉각

보통 75~85℃에서 5~10분간(저온장시간법), 90~98℃에서 15초(고온단시간법) 살균하

는 방법이 있다. 살균 후 4~22℃ 범위로 냉각시킨다.

(5) 숙성
크림을 비교적 낮은 온도에서 교동하기까지 냉각 저장하는 과정을 말하며 겨울에는 8-19-16법, 여름에는 19-16-8법의 조건으로 숙성한다.

① 숙성 조건
- 겨울에는 8-19-16법 : 8℃로 2~3시간 유지, 19℃로 가온하여 결정화한 후 16℃에서 10시간 숙성 ⇒ 겨울에 딱딱한 버터를 부드럽게
- 여름에는 19-16-8법 : 19℃로 4~6시간 유지, 16℃로 냉각 하룻밤, 8℃로 냉각한 후 교동 ⇒ 여름에 묽은 버터를 단단하게

② 숙성효과
- 냉각에 의해 유지방을 결정화(固化)한다.
- 교동시간을 일정하게 한다.
- 버터밀크의 손실을 감소시킨다.
- 버터의 조직을 단단하게 한다.
- 버터에 과잉수분이 함유되지 않게 한다.
- 연압(working)을 용이하게 한다.

(6) 교동
크림에 기계적인 충격을 주어 지방끼리 뭉쳐서 버터입자가 형성되고 버터밀크와 분리되도록 하는 작업이다.

① 교동온도
여름철에는 8~10℃, 겨울철에는 12~14℃를 표준으로 한다.

② 크림의 양
교동기 내의 크림 용량은 1/3~1/2 정도이고, 1/3 정도가 가장 적당하다.

③ 교동기의 회전수
교동기의 형식이나 크기에 따라 다르지만 일반적으로 대형일수록 회전수를 적게 하는데 20~35rpm으로 50~60분을 기준으로 한다.

(7) 버터밀크의 배제
교동의 종료는 버터입자 크기가 좁쌀 크기(0.3~0.6mm) 정도 되었을 때로 한다. 교동작업이 끝나면 교동기의 회전을 멈추고 버터입자가 떠올라 버터밀크와 분리되도록 약 5분 정도 기다렸다가 버터밀크를 배제한다.

(8) 수세

버터밀크와 거의 같은 양의 물을 넣고 여러 번 교동기를 회전시킨 다음 배수한다. 이 작업을 2~3회 반복한다.

① 수세용 물

　　온도는 3~10℃이며, 위생상 양호한 물을 사용한다.

② 수세 효과

- 버터입자에 부착된 버터밀크 완전 제거
- 버터의 경도 증가
- 수용액의 특이취 제거

(9) 가염

식염의 첨가량은 1.0~2.5% 정도의 분말 정제 식염을 뿌리고 잘 혼합한다. 식염은 버터의 풍미를 좋게 하고, 미생물의 증식을 억제하여 보존성을 향상시킨다.

(10) 연압

버터입자를 모아 짓이겨 덩어리로 만드는 작업이다. 연압기 내에서 처음에는 저속으로 시작하여 서서히 가속시킨다. 버터입자가 잘 밀착하여 조직으로부터 수분이 유리되지 않으면 작업을 종료한다.

① 연압 조건

- 최적온도 : 여름철에는 14~16℃, 겨울철에는 15~18℃
- 시간 : 약 60~80분 정도

② 연압 효과

- 알맞은 점조성 부여
- 식염의 용해 촉진 및 균일 분포
- 수분함량 조절
- 잔존 버터밀크 제거

(11) 포장

유산지, 파라핀 피복지, 비닐, 은박지 등으로 내포장하고 두꺼운 종이 상자로 외포장한다. 포장할 때의 온도는 10℃ 전후가 좋다.

■ 결과

■ 참고

※ 버터의 증용률(Over run, %)

크림 또는 버터 지방량에 대해서 버터의 중량과 크림의 지방량과의 차이를 백분율로 나타낸 것을 말하며, 계산식은 다음과 같다.

$$증용률(\%) = \frac{버터의\ 중량(kg) - (크림의\ 중량 \times 크림의\ 지방률)}{크림의\ 중량 \times 크림의\ 지방률} \times 100$$

이론적으로는 증용률이 21~25% 정도로 나타나지만, 실제 가공에서는 교동작업에서의 손실, 연압작업에 의한 손실, 포장시의 손실 등으로 약 14~16% 정도가 된다.

실험 29 아이스크림(Ice cream) 제조

■ 제조원리

크림을 주원료로 하고 그 밖의 각종 유제품(지방, 유고형분, 우유, 탈지유 등)에 설탕, 향료, 유화제, 안정제 색소 등 여러 가지 원료를 첨가하여 동결한 것으로 동결 과정 중에 공기를 균일하게 혼합하여 조직을 부드럽게 한 동결 유제품이다.

■ 재료 및 기구

원유(또는 시유), 크림(cream), 탈지분유, 설탕, 펙틴(pectin) 혹은 젤라틴(gelatin), 향료, 아이스크림 냉동고, 균질기, 배합용기, 냉장고, 여과기

■ 제조공정

원료검사 → 표준화 → 혼합·여과 → 살균 → 균질 → 숙성 → 동결(-2 ~ -7℃) → 충전·포장(soft ice cream) → 경화(-15℃ 이하, hard ice cream)

■ 제조방법

(1) 아이스크림 믹스 배합(mix 표준화)

아이스크림을 제조하기 위한 여러 가지 원료를 배합한 것을 아이스크림 믹스라 하며, 지방, 무지고형분, 전고형분, 설탕, 안정제, 유화제 등을 표준 조성표에 맞도록 원료를 배합한다.

(2) 혼합 및 여과

① 탱크 내의 온도는 50~60℃로 유지한다.
② 혼합과정 : 낮은 점도를 갖는 액체원료(우유, 물 등) → 높은 점도를 갖는 액체원료(연유, 크림, 액당) → 쉽게 용해되는 고체원료(설탕 등) → 분산성을 갖는 고체원료(전지분유, 안정제)의 순서이다.
③ 탱크 안의 교반기의 속도를 480rpm으로 작동시켜 용해시킨다.
④ 각 원료가 잘 용해되면 금속망, 합성수지망을 통과시켜 이물질이나 용해되지 않는 덩어리를 제거한다.

(3) 균질

① 균질기를 사용하여 믹스 중 지방구를 2㎛ 이하로 미세화시켜 크림층 형성을 방지하고, 균일한 유화상태를 유지하는 데 목적이 있다.

② **균질 효과** : 아이스크림의 조직을 부드럽게 하고, 증용률을 향상시킨다. 숙성 시간의 단축과 동결공정 중 지방의 응고현상을 방지하고 안정제, 유화제의 사용량이 절감된다.

(4) 살균

① 저온장시간 살균(LTLT, 68.3℃에서 30분), 고온단시간 살균(HTST, 79.4℃에서 25초)을 이용한다.

② **살균효과** : 혼합 원료들의 완전한 용해, 유해균의 사멸, 지방분해 효소의 가열에 의한 불활성화로 산패취 발생억제, 풍미의 개량, 아이스크림 조직의 연성화 등

(5) 숙성과 향료첨가

① 숙성 온도 0~4℃, 시간 4~25시간 정도, 교반기 속도는 240rpm으로 한다.

② 숙성목적
- 지방성분들을 고형화한다.
- 안정제에 의하여 겔(gel)화를 촉진시킨다.
- 점성을 증가시켜 제품의 조직이나 기포성의 개량을 돕는다.
- mix 중의 단백질의 수화를 증가하여 부피와 조직을 향상시킨다.

③ 숙성할 때에 색소, 향료, 과즙을 일정량씩 넣으면서 혼합, 숙성시킨다.

(6) 동결

① 아이스크림 제조에 있어서 가장 중요한 공정으로서 숙성이 완료된 믹스를 교반하면서 (130~140rpm) 동결하여 반고체의 약간 유동성이 있는 상태로 한다.

② 동결 온도는 -2 ~ -7℃ 정도이다.

③ 목적은 mix에 공기의 균일한 혼입과 mix를 동결시키는 데 있다.

(7) 포장 · 경화

숙성, 동결된 아이스크림을 일정한 용기(carton box, plastic box)에 담아서 중심온도가 -17℃ 이하가 되도록 동결, 경화시킨다.

■ **결과**

식품가공 실험

■ 참고

※ **아이스크림 믹스의 배합 예**

크림(지방 35%, 무지고형분 2.0%), 탈지분유(지방 1.0%, 무지고형분 96%), 원유(지방 3.4%, 무지고형분 8.6%)를 표준화하여 지방 10%, 무지고형분 10%, 설탕 15%, 펙틴 0.5%의 조성분을 갖는 mix 1000g을 만들 경우

■■ 표 29-1 믹스의 배합표 ■■

	배합량	Fat(%)	SNF(%)	설탕	안정제	T.S
우유	x	3.4%	8.6%	–	–	12%
탈지분유	y	1.0%	96%	–	–	97%
설탕	150g	–	–	15%	–	15%
펙틴	5g	–	–	–	0.5%	0.5%
휘핑 크림	z	35%	2.0%	–	–	37%
총계	1000g	10%	10%	15%	0.5%	35.5%

- 배합의 총량 : $x + y + z = 1000 - (150 + 5) = 845$ ─── ①
- 총 지방량 : $0.034x + 0.01y + 0.35z = 1,000 \times 0.1 = 100$ ─── ②
- 총 SNF량 : $0.086x + 0.96y + 0.02z = 1,000 \times 0.1 = 100$ ─── ③

식 ①, ②, ③을 방정식으로 풀면 $x ≒ 567,\ y ≒ 49,\ z ≒ 229$

즉, 원유는 567g, 탈지분유는 49g, 크림은 229g, 설탕 15g, 펙틴은 0.5g 혼합하면 된다.

※ **증용률(over run, %)**

아이스크림의 조직감을 좋게 하기 위해 동결 시 크림조직 내에 공기를 갖게 함으로써 생기는 부피의 증가율을 말한다. 계산식은 다음과 같다.

$$\text{Over run}(\%) = \frac{\text{아이스크림의 부피} - \text{mix의 부피}}{\text{mix의 부피}} \times 100$$

$$= \frac{\text{mix의 중량} - \text{같은 부피의 아이스크림의 중량}}{\text{같은 부피의 아이스크림의 중량}} \times 100$$

※ 바람직한 증용률은 90~100%이다.

실험 30   자연치즈(Natural Cheese) 제조

■ 제조원리

생우유 또는 시유를 유산균에 의하여 발효시키거나 효소를 가하여 응고시키고 유장(whey)을 제거한 것을 치즈(cheese)라 한다. 즉 우유의 성분을 여러 가지 방법으로 응고시켜 발효, 숙성, 또는 비발효한 식품이다.

■ 재료 및 기구

우유, rennet, 유산균 starter, $CaCl_2$, 정제소금, cheese vat, cheese knife, cheese mould, 온도계, 비커, pH meter, 0.1N NaOH, 뷰렛

■ 제조공정

원료유 → 살균 · 냉각 → 스타터 첨가 → 발효 → 렌넷 첨가 → 응고 → 커드 절단 → 가온 → 유청 배제 → 퇴적 → 가염 → 압착 → 숙성

■ 제조방법

(1) 원료유

선도검사에 합격한 우유, 미생물 검사, 항생물질검사, 박테리오파지(bacteriophage) 검사 등에 합격한 우유을 사용한다.

(2) 살균 · 냉각

① 살균온도
- 72~75℃에서 15~16초 고온단시간법이 주로 사용되나 63℃에서 30분 저온 장시간법도 이용된다.
- UHT법은 응고가 지연되기 때문에 잘 사용하지 않는다.

② 냉각온도 : 30~35℃

(3) 발효

① 유산균을 제조량의 0.5~2% 첨가한다.

② 발효시간은 치즈종류, 유질, 스타터 활력에 따라 다르지만 보통 20분~2시간 정도 소요된다.

(4) 응고
① 원료유의 0.002~0.004%의 레넷(rennet)을 첨가(2% 식염수에 용해)하여 잘 저어준다.
② 치즈 배트의 뚜껑을 덮고 정치한다.
③ 응고시간은 20~40분이 적당하다.

(5) 커드 절단
① **절단 시기**: 칼이나 손을 커드 속에 넣어서 살며시 위쪽으로 올렸을 때 커드가 깨끗이 갈라지고 투명한 유청이 약간 스며 나올 때이다.
② 커드칼을 이용하여 0.5~2cm 간격으로 입방체로 절단한다.
③ **절단목적**: 커드의 표면적을 넓게 하여 유장(whey) 배출을 쉽게 하고, 온도를 높일 때 온도의 영향을 균일하게 받도록 하기 위해 절단한다.

(6) 가온
① 절단된 입자의 응집화를 막기 위해 서서히 교반하면서 가온한다.
② 연질치즈는 35℃ 전후, 경질은 39℃ 전후이다. 가온 시에는 온도를 1℃ 상승하는 데 2~5분 소요되도록 서서히 가온한다.
③ 목적: 유청 배출이 빨라지고 수분조절이 되며, 유산발효가 촉진되고, 커드가 수축되어 탄력성 있는 입자로 된다.

(7) 유청제거
유청의 산도가 적당하게 상승하면 유청을 제거한다. 1차 유청의 반은 TA 0.14~0.15에서, 2차 나머지 유청은 TA 0.20~0.22에서 완전히 제거한다.

(8) 퇴적
① Cheese vat 내에서 1.5시간~2시간에 걸쳐 퇴적과 반전을 계속(매 10~15분 간격)한다.
② 원하는 산도(TA 0.50~0.55)와 pH(5.4~5.5)가 되면 1.5×1.5×2cm 크기로 분쇄한다.

(9) 가염
① 예상 생산량의 2~3% 정제염을 균일하게 혼합한다. 건염법(Cheddar, Blue, Camembert 등)이나 습염법(Mozzarella, Brie, Limburger 등)으로 가염한다.
② 가염은 삼투압에 의해 잔여 유장이 빠져나가고 유산발효 억제, 세균의 오염 및 증식을 방지한다.

(10) 틀에 넣기 · 압착

치즈 종류에 따라 성형 틀에 넣고 모양을 만들며, 지방의 유출을 방지하기 위하여 천천히 가압한다.

(11) 숙성

플라스틱 코팅 혹은 필름으로 진공포장한 후 숙성시킨다.
① Camembert : 12~13℃, 14개월 이상
② Limburger : 15~20℃, 2개월
③ Gouda : 13~15℃, 4~5개월
④ Cheddar : 13~15℃, 6개월

■ 결과

보통 우유 100g에서 10~11g의 치즈를 생산할 수 있다.

■ 참고

※ **치즈의 분류(수분함량에 따라)**
① **초경질치즈** : 수분함량 13~34%, Romano, Parmesan, Sapsago 등
② **경질치즈** : 수분함량 34~45%, Cheddar, Gouda, Edam 등
③ **반경질치즈** : 수분함량 45~55%, Brick, Munster, Limburger, Roqueforti, Gorgonzola 등
④ **연질치즈** : 수분함량 55~80%, Belpaese, Camembert, Brie, Cottage, Mozzarella, Mysost 등

식품가공 실험

실험 31 햄(Ham) 제조

■ 제조원리

햄이란 돼지의 뒷다리 부위의 고기를 원료로 하여 정형을 한 후 염지, 훈연, 가열해서 제품화한 것을 말하며 다른 부위를 사용하여 제조한 로인햄, 락스햄을 포함하여 햄이라 한다.

(1) 햄의 종류

　① regular(bone in) ham : 돼지 볼기살을 뼈가 있는 채로 제조한 것
　② boneless ham : regular 햄에서 뼈를 제거하고 제조한 것
　③ press ham : 작은 고깃덩어리(육괴)를 서로 밀착시켜 한 덩어리의 육괴로 제조한 것
　④ 기타 : 등심햄(loin 부위), 어깨햄(boston butt 부위), shoulder ham(어깨 부위), belly ham(아랫배 부분) 등이 있다.

■ 재료 및 기구

돼지 뒷다리, 식염, 질산나트륨, 설탕, 화학조미료(M.S.G), 복합인산염(tripolyphosphate), 향신료, 훈연실, 솥

■ 일반적인 제조공정(boneless ham)

원료육의 전처리 → 혈교 → 염지 → 수침 → 두루마리(정형) → 예비건조·훈연 → 가열·냉각 → 포장 → 제품

■ 제조방법

(1) 원료육의 전처리

　돼지 뒷다리에서 뼈를 제거한 후 표면의 지방층 두께를 3~5mm로 정형시킨다.

(2) 혈교(precuring)

　① 1차적으로 핏물을 제거하는 작업이다.
　② 혈교작업은 원료육의 중량에 대하여 식염 2~3%, 질산칼륨 0.15~0.25%의 혼합염을 육의 표면에 바른 다음 2~4℃에서 1~2일간 유지한다.

(3) 염지(curing)
① 고기를 소금에 절이는 작업이다.
② 염지재료는 소금 이외에 아질산염, 질산염, 설탕, 화학조미료, 인산염, sodium ascorbic acid 등이고, 염지통에 쌓아 3~4℃에서 kg당 2~3일간 유지한다.

(4) 수침(soaking)
① 염지 후 육은 염지제의 분포가 균일하지 않거나 육표면에 식염함량이 많아 육을 깨끗한 물에 넣어 염분을 제거하여 적당한 염미를 지니도록 하기 위한 작업이다.
② 수침은 5~10℃ 정도의 물속에 1kg당 10~20분간 유지한다.

(5) 두루마리(정형) 작업
① 청결한 면포에 지방면이 접히도록 놓고 공간이 생기지 않도록 원통형으로 두루마리 작업을 한다.
② 스테인리스 스틸로 된 리테이너(retainer)이나 fiber casing을 이용하기도 한다.

(6) 예비건조 · 훈연
훈연실에서 서로 표면이 닿지 않도록 사이를 띄운다. 예비건조하여 훈연을 실시하는 데 냉훈법은 15~25℃에서 5~7일간, 열훈법은 60~65℃에서 2~3시간 실시한다.

(7) 가열 및 냉각
① 훈연이 끝난 후 70~75℃의 탕 중에 넣고 중심 온도가 65℃에 도달한 다음 30분 가열한다.
② 본레스 햄의 경우 약 5~6시간 가열하며, 가열이 끝나면 빨리 10℃ 이하로 냉각해야 하는데 이유는 햄 표면의 주름방지와 호열성 세균의 사멸 효과 때문이다.

(8) 외관검사, 포장
외관, 색깔, 내포장 상태, air pocket 여부, 탄력성 검사 후 내포장된 셀로판을 벗겨내고 비통기성, 방습성, 차광성의 필름으로 진공 포장한다.

■ 결과

■ 참고

※ 염지 3단계
    혈교(precureing) → 본염지(curing) → 수침(soaking)

(1) 혈교의 목적
    ① 육 표면에 세균의 번식 억제
    ② 혈액 등의 제거
    ③ 염미 부여
    ④ 발색 촉진

(2) 염지의 목적
    ① 육색소를 고정시켜 신선한 고기색을 그대로 유지시킨다.
    ② 고기 중의 육단백질의 용해성을 높여 보수성, 결착성을 증가시킨다.
    ③ 고기의 보존성을 향상시킴과 동시에 독특한 풍미를 갖도록 한다.

(3) 수침의 목적
    ① 과잉 염분제거
    ② 염분 균일 분포
    ③ 오염물 제거

실험 32 소시지(Sausage) 제조

■ 제조원리

소시지는 염지시킨 육을 육절기로 갈거나 세절한 것에 조미료, 향신료 등을 넣고 여기에 야채, 곡류, 곡분 등을 넣어 반죽 혼합한 것을 케이싱에 넣고 훈연하거나 삶아서 가공한 것이다. 각종 고기와 햄 또는 베이컨을 제조할 때에 나오는 자투리 고기를 주원료로 하고, 소, 돼지, 말, 산양, 토끼, 상어, 가다랭이 등과 가축의 부산물 내장, 심장 등을 원료육으로 이용한다.

식품공전상의 정의는 식육에 조미료 및 향신료 등을 첨가한 후 케이싱에 충전하여 냉동, 냉장한 것 또는 훈연하거나 열처리한 것으로 수분 70% 이하, 조지방 35% 이하의 것을 말한다.

■ 재료 및 기구

햄이나 베이컨, 제조하고 남은 잔육, 적색 돼지고기, 지방, 소금, 얼음, 향신료, 조미료, 케이싱, 충전기(stuffer), 초퍼(chopper), 사일런트 커터(silent cutter), 절임용 통, 저울

■ 제조공정(domestic sausage)

원료육의 처리 → 염지 → 세절 → 유화 및 혼합 → 충전 → 건조, 훈연 → 가열, 냉각 → 포장 및 표시

■ 제조방법

(1) 원료육의 처리

햄, 베이컨 가공 후에 나온 잔육이나 적색 돼지고기가 주원료가 되며 건, 인대, 연골, 뼈 등을 제거 및 절단하고 A급 지방은 세절하여 준비한다.

(2) 염지

소금, $NaNO_3(NaNO_2)$, 설탕, 중합인산염, 가는 얼음 등을 원료육과 meat mixer에서 잘 혼합시켜 2~3℃에서 2~3일간 염지 유지한다.

(3) 세절

염지 후 chopper로 고기입자 크기를 6mm 크기로 세절한다. 고기온도가 10℃ 이상 상승하면 결착력이 떨어지므로 열 상승에 주의해야 한다.

(4) 유화 및 혼합

① 사일런트 커터(silent cutter)에 세절된 육을 넣고 더욱 곱게 세절하여 점착성을 생성시켜 전분, 분리 대두단백질, 화학조미료, 향신료를 넣고 혼합, 유화시킨다.

② 지방은 육이 충분히 결착력이 생기면 첨가한다. 이때 얼음은 20% 정도 준비해 놓고 (넣는 양의 1/3씩 나누어 첨가), 사일런트 커터(silent cutter) 작동시간은 5~8분 이내, 육의 온도는 9℃ 이내로 유지한다.

(5) 충전

유화, 혼합된 고기 반죽을 공기가 혼입되지 않도록 충전기(stuffer)에 넣고 노즐을 끼운 케이싱에 충전한다. 케이싱에 채우고 난 후 양끝을 단단히 매어 준다.

(6) 건조 및 훈연

40~50℃에서 1시간 표면건조를 실시한 후 50~55℃에서 2~3시간 훈연을 실시한다.

(7) 가열 및 냉각

① 가열이 필요한 제품은 70℃의 온수에서 1시간 이상 가열한다.

② 냉각은 25~30℃의 중심온도가 되도록 냉수로 샤워를 실시하고, 1~4℃의 냉장실에 저장한다.

결과

참고

※ 소시지의 종류

① domestic sausage
- 수분함량이 50% 이상으로 많으며 부드러우나 오랫동안 저장할 수 없다.
- Fresh sausage, smoked sausage, cooked sausage 등이 있다.

② dry sausage
- 미훈연 건조 sausage(hard형) : 수분 35% 이하
- 훈연건조 sausage(hard형) : 수분 35% 이하

- 반건조 sausage(soft형) : 수분 55% 내외

③ 기타

Pork sausage, frankfurt sausage, bologna sausage, winner sausage, mortadela sausage, liver sausage, head sausage, blood sausage, salami sausage, cerverat sausage 등이 있다.

실험 33 베이컨(Bacon) 제조

■ 제조원리

베이컨은 돼지의 삼겹부위 또는 특정부위를 정형한 것을 염지한 후 훈연하거나 열처리한 것으로 수분 60% 이하, 조지방 45% 이하의 제품이다. 원료육의 부위에 따라 복부육을 이용하여 가공한 bacon류, 등심육 또는 복부육이 붙어 있는 등심육을 가공한 loin bacon류, 어깨육으로 가공한 shoulder bacon류가 있다.

■ 재료 및 기구

삼겹부위, 소금, 아질산염($NaNO_2$), 질산염($NaNO_3$), 설탕, 향신료

■ 제조공정

원료육의 선정 → 늑골골발 → 정형 → 염지 → 수세 → 건조, 훈연 → 냉각 → 슬라이스 → 포장 → 냉각 → 제품

■ 제조방법

(1) 원료육의 선정

돼지 도체 중에서 배 부위육을 선정, 지방층 껍질을 제거한 후 갈비뼈 골발, 장방형으로 정형한다.

(2) 염지

① 베이컨의 염지는 건염법을 이용한다.
② 염지제는 원료 중량에 대해 소금 2~3.5%, 아질산염 0.01~0.02%, 질산염 0.15~0.25%, 설탕 1.3%, 향신료 0.6~1.0%를 혼합시켜 베이컨 표면에 마사지하면서 문지른다. 비닐로 밀착시켜 덮은 다음, 냉장실에서 베이컨 중량당 4~5일 유지시킨다.

(3) 수침, 정형

① 수침은 표면의 과도한 염분을 제거하고, 균일하게 분포시킬 목적으로 실시한다.

② 원료 중량의 10배가 되는 5℃의 물에 1~2시간 수침하고, 다시 마른 수건으로 물기를 제거한 후 다시 적당한 크기로 잘라 정형시킨다.

(4) 건조, 훈연
① Bacon육의 결체조직 사이에 bacon pin을 꿰어 현수시킨다.
② 건조와 훈연은 여러 가지 조건에 있어서 다르나, 건조처리는 65℃에서 50분간 실시한 후 70℃에서 50~60분간 훈연 처리한다.

(5) 냉각, 포장
① 훈연이 끝나면 실온에서 냉각시켜 2~3℃ 냉장실에서 12시간 정도 유지한다.
② 두께 2~3mm로 절편시켜 진공포장하여 10℃ 이내의 저장고에서 유지, 유통시킨다. 유통기한은 15일 정도이다.

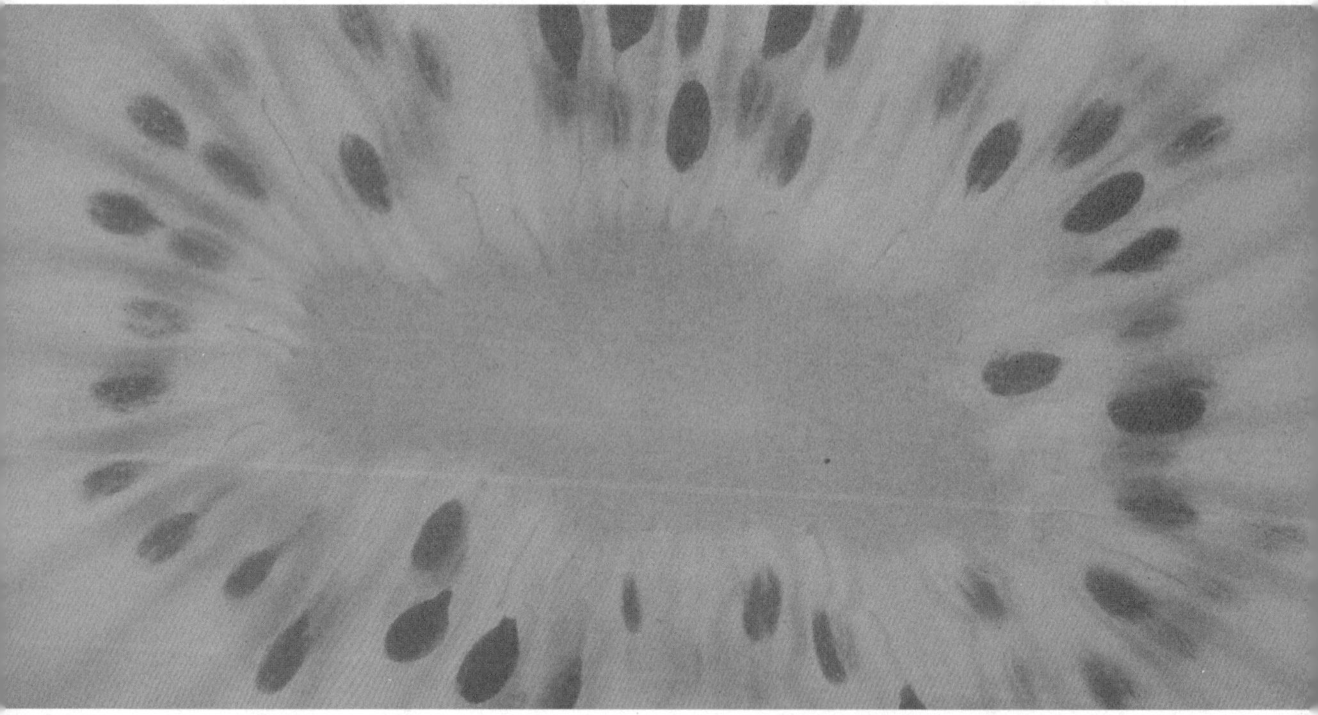

Part IV 식품미생물 및 발효실험

Chapter 01	미생물 시험법
Chapter 02	실험기구 및 멸균법
Chapter 03	일반검사

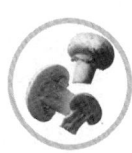

미생물 시험법

식품의 미생물 시험에 있어서 제일 유의하여야 할 점은 검체 중 미생물의 상황이 시시각각으로 변하여 증식하거나 사멸하는 수가 있으며 원래 검체 중에 함유되어 있던 미생물 외에 별개의 미생물이 시험조작 중 오염될 수 있다는 것이다.
이와 같은 시험상의 오염을 방지하기 위하여 시험조작은 원칙적으로 무균조작이어야 하며 동시에 실험실 내부는 청결을 유지하여야 한다.

1 검체의 채취 및 취급

(1) 채취방법

① 검체가 균질한 상태일 때에는 어느 일부분을 채취하여도 무방하나 불균질한 상태일 때에는 일반적으로 많은 양의 검체를 채취하여야 한다.

② 미생물학적 검사를 하는 검체는 잘 섞어도 균질하게 되지 않을 수 있기 때문에 실제와는 다른 검사 결과를 가져올 경우가 많다. 예를 들면 우유 한 병(180㎖)에서 검체 1㎖를 취하여 대장균군 시험을 할 때 이 한 병 중에 90개의 대장균군이 있어도 검출되지 않을 확률이 60.7%나 된다. 그러므로 가능한 한 검체를 잘 섞어 균질에 가깝도록 하여 검체를 채취하여야 한다.

③ 미생물학적 검사를 위한 검체의 채취는 반드시 무균적으로 행하여야 하며 멸균한 용기(유리제용기, 페트리접시 등)에 넣어 원칙적으로 저온(5±3℃)으로 유지시키면서 빨리(검체 채취 후 4시간 이내) 검사기관에 운반하여야 하며 될 수 있는 대로 빨리 시험에 착수하여야 한다. 부득이 저온으로 검체를 유지할 수 없거나 즉시 운반이 곤란할 경우에는 반드시 채취 일시 및 채취 당시의 검체 상태를 상세히 기록하여야 한다. 특히 신선한 어패류와 같이 세균의 증식이 적당한 검체는 채취와 운반에 특히 주의하여야 한다.

④ 검체 채취 기구는 핀셋, 스푼, 스파테르 등을 미리 몇 개씩 건열 및 화염멸균을 한 다음 검체 1건마다 바꾸어 가면서 사용하여야 한다.

⑤ 미생물학적 검사용 검체일지라도 곡분이나 분유와 같이 건조되서 잘 변질되지 않거나 부패되지 않는 검체는 냉장상태에서 운반할 필요가 없지만 2차 오염을 방지하기 위하여 밀봉 또는 밀폐하여야 한다.

⑥ 냉장운반을 위하여 얼음을 사용할 때에는 2차 오염을 방지하기 위하여 얼음이나 그 녹은 물이 검체에 직접 접촉되지 않도록 하여야 한다.

⑦ 시험에 사용되는 검체의 균질화를 위하여 액상검체인 경우에는 강하게 진탕하여 균질화하고 고형 및 반고형인 검체는 균질기(homogenizer 또는 stomacher)를 이용하여 적당량의 희석액과 혼합하여 균질화한 것을 검액으로 사용한다.

⑧ 칼·도마 및 식기류에서 검체를 채취할 때에는 멸균한 탈지면에 멸균생리식염수를 적셔, 검사하고자 하는 기구의 표면을 완전히 닦아낸 탈지면을 무균용기에 넣어 시험용액으로 사용한다.

(2) 시험용액의 조제

일반적인 주의사항으로는 검체를 무균적으로 취급하는 것이다. 미생물의 수가 적은 것으로 예상되는 검체에 대해서는 특히 신중하게 취급하여야 한다.

① **액상검체** : 채취된 검체를 강하게 진탕하여 혼합한 것을 시험용액으로 한다.

② **반유동상검체** : 채취된 검체를 멸균유리봉과 멸균스파테르 등으로 잘 혼합한 후 그 일정량(10~25㎖)을 멸균용기에 취해 9배 양의 멸균생리식염수와 혼합한 것을 시험용액으로 한다.

③ **고체검체** : 채취된 검체의 일정량(10~25g)을 멸균된 가위와 칼 등으로 잘게 자른 후 멸균생리식염수를 가해 균질기를 이용해서 가능한 한 저온으로 균질화한다. 여기에 멸균생리식염수를 가해서 일정량(100~250㎖)으로 한 것을 시험용액으로 한다.

④ **고체표면검체** : 검체표면의 일정면적(보통 100cm^2)을 일정량(1~5㎖)의 멸균생리식염수로 습한 멸균가제와 면봉 등으로 닦아내어 일정량(10~100㎖)의 멸균생리식염수를 넣고 세게 진탕하여 부착균의 현탁액을 조제하여 시험용액으로 한다.

⑤ **분말상검체** : 검체를 멸균유리봉과 멸균스파테르 등으로 잘 혼합한 후 그 일정량(10g)을 멸균용기에 취해 9배 양의 멸균생리식염수와 혼합한 것을 시험용액으로 한다.

⑥ **버터와 아이스크림류** : 버터와 아이스크림류는 40℃ 이하의 온탕에서 15분 내에 용해시켜 10㎖를 취한 후 멸균생리식염수를 가하여 100㎖로 한 것을 시험용액으로 한다.

⑦ **캡슐제품류** : 캡슐을 포함하여 검체의 일정량(10~25g)을 취한 후 9배 양의 멸균생리식염수를 가해 균질기와 스토마커 등을 이용하여 균질화한 것을 시험용액으로 한다.

이와 같이 조제된 시험원액에 대해서는 멸균생리식염수를 이용하여 필요에 따라 10배, 100배, 1,000배… 희석액을 만들어 사용한다.

시험용액의 조제 시 검체를 용기 포장한 대로 채취할 때에는 그 외부를 물로 씻고 자연

건조시킨 다음 마개 및 그 하부 5~10cm의 부근까지 70% 알코올 탈지면으로 닦고, 화염 멸균한 후 냉각하고 멸균한 기구로 개봉, 또는 개관하여 2차 오염을 방지하여야 한다. 지방분이 많은 시료의 경우는 Tween 80과 같은 세균에 독성이 없는 계면활성제를 첨가하는 것이 좋다.

냉동식품은 냉동상태의 검체를 포장된 상태 그대로 40℃ 이하에서 될 수 있는 대로 단시간에 녹여 용기, 포장의 표면을 70% 알코올 솜으로 잘 닦은 후 상기 ①~⑦의 방법으로 시험용액을 조제한다.

2 배지

(1) 표준한천배지(균수측정용) : Standard Methods Agar(Plate Count Agar)

Tryptone	5.0 g
Yeast extract	2.5 g
Dextrose	1.0 g
Agar	15.0 g

위의 성분에 증류수를 가하여 1,000ml로 만들고 멸균한 후 pH 7.0±0.2로 조정한 후 121℃로 15분간 멸균한다.

(2) 유당배지(Lactose broth)

Peptone	5.0 g
Beef extract	3.0 g
Lactose	5.0 g

위의 성분을 증류수 1,000ml에 녹여 pH 6.9±0.2로 조정한 후 121℃에서 15분간 멸균한다.

(3) BGLB배지(Brilliant green lactose bile broth)

① 펩톤 10g 및 유당 10g을 증류수 500ml에 녹인다.

② 신선한 우담즙 200ml(또는 건조 우담즙말 20g)을 증류수 200ml에 녹인 것으로서 pH 7.2±0.2가 되도록 한 것을 가한다.

③ 이에 물을 가하여 전량이 약 975ml가 되도록 하고 pH 7.4로 조정한다.

④ 0.1% Brilliant green 수용액 13.3ml를 가한다.

⑤ 전량 1,000ml를 탈지면으로 여과하여 분주할 때 발효관에 넣고 상법에 따라 멸균한다 (멸균 후의 pH 7.2±0.1).

(4) Endo 한천배지(Endo agar)

Dipotassium phosphate(K_2HPO_4)	3.5 g
Peptone	10.0 g
Lactose	10.0 g
Sodium sulfite	2.5 g
Basic fuchsin	0.5 g
Agar	15.0 g

위의 성분을 증류수 1,000㎖에 녹여 pH 7.4±0.2로 조정한 후 121℃에서 15분간 멸균한다.

(5) EMB 한천배지(Eosine methylene blue agar)

Peptone	10.0 g
Lactose	5.0 g
Sucrose	5.0 g
Dipotassium phosphate	2.0 g
Eosin Y	0.4 g
Methylene blue	0.065 g
Agar	13.5 g

위의 성분을 증류수 1,000㎖에 녹여 pH 6.8±0.2로 조정한 후 121℃에서 15분간 멸균한다.

(6) 보통배지(Nutrient broth)

Peptone	5.0 g
Beef Extract	3.0 g

위의 성분을 증류수 1,000㎖에 녹여 pH 7.0~7.4로 조정한 후 121℃에서 15분간 멸균한다.

(7) 보통한천배지(Nutrient agar)

보통배지 1,000㎖에 정제한천 15g을 가하여 가열 용해하고 증류수량을 보정한다. pH 6.8±0.2로 조정한 후 121℃에서 15분간 멸균한다.

(8) 데스옥시콜레이트 유당한천배지(Desoxycholate lactose agar)

Peptone	10.0 g
Lactose	10.0 g
Sodium Chloride	5.0 g

Sodium citrate	2.0 g
Sodium desoxycholate	0.5 g
Agar	15.0 g
Neutral red	0.03 g

위의 성분을 증류수 1,000㎖에 녹여 pH 7.3~7.5로 조정한 후 1분간 끓여서 용해시켜 멸균하지 않고 즉시 사용할 수 있다(고압증기멸균하면 배지의 pH가 떨어져 데스옥시콜산나트륨이 침전할 수 있으므로 피하는 것이 좋다).

(9) EC 배지(EC broth)

Peptone	20.0 g
Lactose	5.0 g
Bile salt mixture	1.5 g
Dipotassium phosphate	4.0 g
Monopotassium phosphate	1.5 g
Sodium chloride	5.0 g

위의 성분을 증류수 1,000㎖에 녹여 pH 6.9±0.2로 조정해서 시험관에 분주하여 발효관을 넣은 후 121℃에서 15분간 멸균한다.

(10) 티오글리콜린산염배지(Fluid thioglycollate medium)

Yeast extract	5.0 g
Casitone	15.0 g
Dextrose	5.0 g
Sodium chloride	2.5 g
L-Cystine	0.75 g
Thioglycollic acid	0.5 g
Agar	0.75 g
Resazurin	0.001 g

위의 성분을 증류수 1,000㎖에 녹여 pH를 7.1±0.2로 조정하고 121℃에서 15분간 멸균한 후 찬물에 급랭하여 레자즈린층이 나타나게 한다.

(11) 난황첨가 만니톨 식염한천배지(Mannitol salt agar with egg yolk agar)

Beef extract	2.5 g
Peptone	10 g
Mannitol	10 g
Sodium chloride	75 g

Phenol red	25 mg
Agar	15 g

위의 성분을 증류수 1,000㎖에 녹여 가열 용해한 후 pH 7.2~7.6으로 조정한 후 121℃에서 15분간 멸균한다. 멸균시킨 배지를 50℃ 정도로 식혀 난황액(난황에 동량의 멸균생리식염수를 가한 것)을 10%의 비율로 무균적으로 가해 잘 혼합한 후 사용한다.

(12) 펩톤수(Alkaline peptone water : 2% NaCl을 가한 것)

Peptone	10 g
Sodium Chloride	20 g

위의 성분을 증류수 1,000㎖에 녹여 pH 8.6(당을 포함한 제품의 경우에는 pH 9.2)으로 조정한 후 10㎖씩 분주하여 121℃에서 15분간 멸균한다.

(13) TCBS 한천배지(Thiosulfate citrate bile salt sucrose agar)

Yeast extract	5 g
Peptone	10 g
Sodium citrate	10 g
Sodium thiosulfate	10 g
Oxgall	5 g
Sodium cholate	3 g
Sucrose	20 g
Sodium chloride	10 g
Ferrous citrate	1 g
Brom thymol blue	0.04 g
Thymol blue	0.04 g
Agar	15 g

위의 성분을 증류수 1,000㎖에 녹여 가열한 후 50℃ 정도로 식혀 멸균페트리접시에 붓는다. 최적 pH는 8.6이며 고압증기멸균을 해서는 안 된다.

(14) TSB 배지(Tryptic soy broth)

Tryptone	17 g
Soytone	3 g
Dextrose	2.5 g
Sodium chloride	5 g
Dipotassium phosphate	2.5 g

위의 성분을 증류수 1,000㎖에 녹여 pH 7.3±0.2로 조정한 후 121℃에서 15분간 멸균한다.

(15) 클로스트리디움퍼프린젠스 한천배지(Clostridium perfringens agar)

Heart Infusion	5 g
Casein Peptone	10 g
Proteose Peptone	10 g
Sodium Chloride	5 g
Lactose	10 g
Phenol Red	50 mg
Agar	20 g

위의 성분을 증류수 1,000㎖에 녹여 pH 7.5~7.7로 조정한 후 121℃에서 15분간 멸균 후 배지를 50℃ 정도로 식혀 난황액(난황에 동량의 멸균생리식염수를 가한 것)을 10%가 되도록 첨가한다.

(16) SS 한천배지(Salmonella shigella agar)

Beef extract	5.0 g
Proteose peptone	5.0 g
Lactose	10.0 g
Bile salt No.3	8.5 g
Sodium citrate	8.5 g
Sodium thiosulfate	8.5 g
Ferric citrate	1.0 g
Agar	13.5 g
Brilliant green	0.0033 g
Neutral red	0.025 g

위의 성분을 증류수 1,000㎖에 녹여 pH 7.0±0.2로 조정한 후 100℃로 끓여 완전용해한다.

(17) 맥콘키배지(MacConkey agar)

Peptone	17.0 g
Polypeptone	3.0 g
Lactose	10.0 g
Bile salts No.3	1.5 g

Sodium chloride	5.0 g
Neutral red	0.03 g
Crystal violet	0.001 g
Agar	13.5 g

위의 성분을 증류수 1,000㎖에 녹여 pH 7.1±0.2로 조정하고 가열 용해한 후 121℃에서 15분간 멸균한다.

(18) Desoxycholate Citrate Agar

Beef extract	5.0 g
Peptone	5.0 g
Lactose	10.0 g
Sodium citrate	8.5 g
Sodium thiosulfate	5.4 g
Ferric ammonium citrate	1.0 g
Sodium desoxycholate	5.0 g
Neutral red	0.02 g
Agar	12.0 g

위의 성분을 증류수 1,000㎖에 녹여 pH 7.5±0.2로 조정한 후 끓인다.

(19) TSI 한천배지(Triple sugar iron agar)

Beef extract	3.0 g
Yeast extract	3.0 g
Peptone	20.0 g
Lactose	10.0 g
Sucrose	10.0 g
Dextrose	1.0 g
Ferrous sulfate	0.2 g
Sodium chloride	5.0 g
Sodium thiosulfate	0.3 g
Phenol red	0.24 g
Agar	13.0 g

위의 성분을 증류수 1,000㎖에 녹여 pH 7.4±0.2로 조정한 후 121℃에서 15분간 멸균한다.

(20) Tryptic soy agar

Tryptose	17 g
Soytone	3 g
Glucose	2.5 g
Sodium chloride	5 g
Dipotassium phosphate	2.5 g
Agar	15 g

위의 성분을 증류수 1,000㎖에 녹여 pH 7.3±0.2로 조정 후 121℃에서 15분간 멸균한다.

(21) mEC 배지

Tryptone	20 g
Bile salt No.3	1.12 g
Lactose	5.0 g
Dipotassium phosphate	4.0 g
Monopotassium phosphate	1.5 g
Sodium chloride	5 g

위의 성분을 증류수 1,000㎖에 녹여 pH 6.9±0.2로 조정한 후 121℃에서 15분간 멸균하여 식히고, 여과멸균한 Novobiocin sodium salt 용액(0.02g/ℓ)을 첨가한다.

(22) 세균수 건조필름배지

Pancreatic digest of casein	3.4 g
Yeast extract	2.4 g
Sodium pyruvate	6.8 g
Dextrose	0.6 g
Potassium phosphate(dibasic)	1.3 g
Potassium phosphate(monobasic)	0.4 g
Guar gum(Cold water soluble gelling agent)	91.4 g
2,3,5-Triphenyltetrazolium chloride	0.0205 g
(Tetrazolium indicator dye for red color reaction)	

위의 성분을 증류수 1,000㎖에 녹인 후 121℃에서 15분간 멸균하여 건조필름을 제조한다.

(23) 대장균군 건조필름배지

Yeast extract	9.6 g
Pancreatic digest of gelatin	20.9 g
Bile salt #3	1.6 g
Peptic digest of animal tissue	1.6 g
Lactose	21.4 g
Sodium chloride	5.3 g
Crystal violet	2 mg
Neutral red	0.1 g
Guar gum(Cold water soluble gelling agent)	65.7 g
2,3,5-Triphenyltetrazolium chloride	0.11 g

위의 성분을 증류수 1,000㎖에 녹인 후 121℃에서 15분간 멸균하여 건조필름을 제조한다.

(24) 대장균 건조필름배지

Yeast extract	9.6 g
Pancreatic digest of gelatin	20.9 g
Bile Salt #3	1.6 g
Peptic digest of animal tissue	1.6 g
Lactose	21.4 g
Sodium chloride	5.3 g
Crystal violet	2 mg
Neutral red	0.1 g
Guar gum	65.4 g
5-Bromo-4-Chloro-3-Indoxyl-beta-D-Glucuronic acid, Cyclohexyl ammonium salt	0.2 g
2,3,5-Triphenyltetrazolium chloride	0.11 g

위의 성분을 증류수 1,000㎖에 녹인 후 121℃에서 15분간 멸균하여 건조필름을 제조한다.

(25) 펩톤수(Peptone water)

Peptone	10 g
Sodium chlroride	5 g

위의 성분을 증류수 1,000㎖에 녹여 pH 7.2±0.2 되도록 조정한 후 121℃에서 15분간 멸균한다.

실험기구 및 멸균법

1 실험기구

(1) 배양기(Incubator)
여러 미생물의 배양실험에 필요하며 내부를 히터로 가열하고 온도는 자동 온도 조절기로 조절하여 일정하게 유지한다. 일반적으로 곰팡이는 30℃, 효모는 25℃, 세균은 30~37℃에서 배양한다.

(2) 진탕배양기(Shaking incubator)
온도는 자동으로 온도조절기로 조절하며, 회전장치를 사용하여 일정한 속도를 유지할 수 있어서 산소의 공급이 필요한 통성 호기성미생물의 액체배양에 사용한다.

(3) 항온 수조기(Water bath)
수조 속의 수온을 일정하게 유지하는 기구로 곰팡이, 세균, 바이러스 등의 온도 저항력 실험 등의 용도로 사용된다.

(4) 페트리접시(Petri dish)
평판배양에 사용하는 것으로 유리와 1회용 플라스틱 두 종류가 있으며 크기는 90mm(지름), 15mm(높이)이며 흔히 샬레라고도 한다.

(5) 시험관(Test tube)
보통 반지름이 18mm이고 길이가 170mm 크기의 유관구를 가장 많이 사용하며, 한천사면배지, 천자배지 제조에 많이 쓰이고 균의 보존 및 운반에도 사용한다.

(6) 접종기구(Inoculating apparatus)

① 백금이(Loop transfer needles)
직경 2~3mm의 둥근 원을 만들어 균체를 옮겨 심을 때 이용한다. 주로 액체, 사면, 평판배지 등에 균주를 이식하거나 도말할 때 이용한다.

② 백금선(Straight transfer needles)
주로 균총이 작은 세균의 이식이나 고층배지의 천자배양에 사용한다.

③ 백금구(Went wire)
곰팡이류의 포자 접종용으로 사용한다.

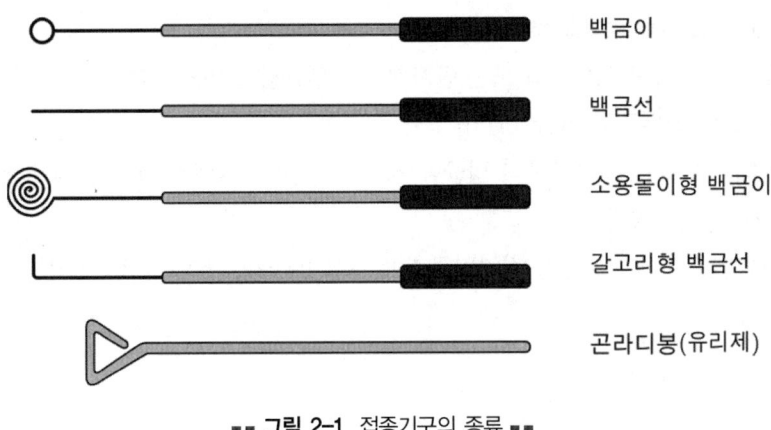

■■ 그림 2-1 접종기구의 종류 ■■

(7) 플라스크, 비커류(flask, beaker)

경질 유리로 벽이 두꺼운 것이 좋다. 소량의 배지제조나 보관에는 300㎖ 또는 500㎖의 삼각플라스크가 편리하며 1ℓ나 2ℓ인 것도 있다.

(8) 고압증기멸균기(Autoclave)

고압증기로 100℃ 이상 온도를 올려 내열성 포자도 사멸시킬 수 있는 고압에 견디도록 견고하게 만들어진 철제의 솥이다.

(9) 무균 실험대(Clean bench)

공기를 필터로 제균하여 무균 실험대 안으로 불어넣고, 외부의 압력보다 높은 에어 커튼(air curtain)이 형성되어 있어서 외부의 오염된 공기는 들어가지 못하게 차단되어 실험대 위의 공간은 무균상태로 된다.

2 멸균법(Sterilization)

모든 미생물 실험에 있어서 가장 중요한 것은 무균조작이다. 따라서 사용기구 및 배지는 무균이어야 한다.

(1) 화염살균법(Flaming sterilization)

멸균하고자 하는 물체를 불꽃에 직접 접촉시킴으로써 표면에 붙어 있는 미생물을 태워서 멸균시키는 방법이다.

① **사용기구** : 알코올 램프나 분젠버너
② **사용대상** : 주로 접종기구나 시험관구, 면전 등의 멸균에 이용
③ **살균방법** : 멸균대상물을 불꽃 중에 넣고 가열하여 멸균

(2) 건열멸균법(Dryair sterilization)
건열에 의하여 미생물을 산화 또는 탄화시켜서 멸균하는 방법이다.
① **사용기구** : 건열멸균기(dryoven)
② **사용대상** : 보통 유리기구의 멸균에 사용, 면전된 시험관이나 신문지로 싼 페트리접시, 피펫, 시약병 등
③ **살균방법** : 멸균 대상물을 건열멸균기에 넣고 150~160℃에서 30~60분간 가열

(3) 습열멸균
① **자비소독(Boiling)**
- 사용대상 : 주사기, 가위, 핀셋, 유발 등
- 살균방법 : 끓는 물속에서 약 15분간 넣어 멸균
- 소독기 내의 물속에 탄산나트륨을 넣어두면 녹이 생기는 것도 방지되고 소독의 효과도 높아진다.

② **고압증기멸균(High pressure steam sterilization)**
고온(100~135℃) 고압의 수증기를 이용하여 미생물, 내열포자 등을 멸균시키는 방법이다.
- 사용기구 : 고압증기멸균기(autoclave)
- 사용대상 : 고온고압에 변질 분해되지 않는 모든 배지류나 건열멸균이 곤란한 기구 등
- 살균방법 : 고압증기멸균기 내에 멸균 대상물을 넣고 121℃, 15Lb에서 15~20분 가열하여 멸균

(4) 상압증기멸균 일명 간헐멸균(Discontinuous sterilization)
1회의 100℃ 가열에 사멸하지 않는 포자들은 다음날까지 발아시켜 열에 약한 영양세포로 하여 다시 멸균하는 방법이다.
① **사용기구** : 코호의 증기솥
② **사용대상** : 고온으로 인하여 변성을 일으킬 물질을 함유한 배지 등의 멸균
③ **살균방법** : 멸균 대상물을 1일 1회 100℃에서 30분씩 연속 3일 동안 가열하여 멸균

(5) 자외선에 의한 살균
자외선 전등을 이용하여 살균력이 강한 전자파를 방출하여 멸균시키는 방법이다.
① **사용기구** : 자외선등
② **사용대상** : 공기나 물의 살균에 대표적으로 사용되며, 무균상자 및 무균실의 살균에 이용

③ **살균방법** : 살균 대상물을 살균력이 가장 강한 파장인 2537Å의 자외선으로 조사하여 살균

④ 주의하여야 할 점은 전구를 직접 보지 않아야 한다. 자외선 빛을 직접 보게 되면 눈에 통증이 오거나 결막염 증상을 일으킬 수 있기 때문이다.

(6) 여과제균

적당한 세균여과기를 사용하여 균을 여과 제균하는 방법이다.

① **사용기구** : 섬유소(cellulose), 아세테이트(acetate) 막으로 된 막여과기(membrane filter) 등

② **사용대상** : 가열에 의하여 영향을 받는 물질을 함유한 용액의 멸균에 이용

③ **살균방법** : 막여과기(membrane filter) 등의 세균 여과기를 사용하여 균을 여과하여 제균

(7) 화학적 살균

① **승홍수**
- 보통 0.1% 수용액을 사용하며 영양세포들의 경우 수분 내에 사멸한다.
- 주로 손 등의 소독에 쓰이며 금속제 고무류의 소독에는 쓰지 않는 것이 좋다.
- 승홍수에 식염을 가하면 용해가 용이해지고 단백질과의 결합을 막아 소독력이 강해진다.

② **알코올**
- 70%의 수용액이 살균력이 가장 강하다.
- 손의 소독이나 동물의 주사, 국소소독, 코르크마개의 소독에 사용한다.

③ **석탄산 수용액**
- 3~5%의 수용액으로 사용한다.
- 의류나 세균실험을 한 실험대 소독에 사용하며 손의 소독에는 적합하지 않다(피부에 흡수되어 지각신경을 마비시킨다).

④ **역성비누(계면활성제의 일종)**
- 고무제품의 살균에는 1/5,000~1/10,000의 농도로 쓰인다.
- 손, 배양초자기구, 조리대, 식기 등의 소독에 쓰인다.

Chapter 03 일반 검사

실험 1 광학 현미경의 조작 및 취급법

■ 실험목적

현미경은 육안으로 관찰할 수 없는 미생물이나 생물의 일차적 구조와 세포학적 특성을 연구하는 데 필수불가결한 기구라 할 수 있다. 따라서 현미경을 사용하기에 앞서 현미경의 종류, 구조, 관리법 및 적절한 사용법에 대한 이해와 조작 방법의 숙달이 요구된다.

■ 실험재료 및 기구

현미경, 여러 가지 표본, 슬라이드글라스, 커버글라스, 렌즈 페이퍼, 시더유(cedar oil)

■ 실험방법

(1) 현미경의 기본구조

① **렌즈부분** : 대물렌즈, 대안렌즈
② **조명부분** : 광원, 반사경, 조리개, 집광기, 광선 여과판(ligh filter)
③ **기계부분** : 경각 또는 경대(base), 손잡이, 재물대 또는 검체판(stage), 경통, 조준장치, 슬라이드 고정판, 대물렌즈 회전판

(2) 현미경의 조작 순서

① 현미경을 직사광선이 비치지 않는 수평한 곳에 놓는다.
② 조동 나사로 프레파라트와 재물대 사이의 거리를 넓히고, 배율이 가장 낮은 대물렌즈가 경통의 바로 밑에 오게 한다.
③ 반사경을 조절하여 시야가 밝게 보이도록 한다.
④ 프레파라트를 재물대 위에 놓고 클립으로 고정한 후 조리개로 빛의 양을 조절한다.
⑤ 옆에서 보면서 조동 나사로 프레파라트와 대물렌즈 사이의 거리를 최대한 좁힌다.

⑥ 접안렌즈를 들여다보면서 조동 나사를 조금씩 돌려 대강의 초점을 맞춘 후, 미동나사를 돌려 초점을 정확히 맞춘다.
⑦ 필요하면 배율을 높이고 배율을 바꾸기 전에 관찰할 부분을 시야의 중앙으로 옮긴다.
⑧ 두 눈을 모두 뜨고, 한 눈으로는 현미경을 들여다보고 다른 쪽 눈으로는 스케치한다.

(3) 현미경 사용 시 유의 사항
① 현미경을 옮길 때에는 한 손으로 손잡이를 잡고 한 손으로는 받침대를 잡는다.
② 직사광선이 비치지 않는 수평한 곳에서 관찰한다.
③ 처음에는 저배율로 관찰하고, 필요에 따라 배율을 높인다.
④ 현미경을 조작할 때에는 무리한 힘을 가하지 않는다.
⑤ 렌즈가 더러워졌을 때에는 렌즈 페이퍼로 닦는다.
⑥ 사용하고 난 현미경은 재물대 위에 있는 프레파라트를 치우고, 배율이 가장 낮은 대물렌즈가 경통 밑에 오게 하여 건조하고 그늘진 곳에 보관한다.

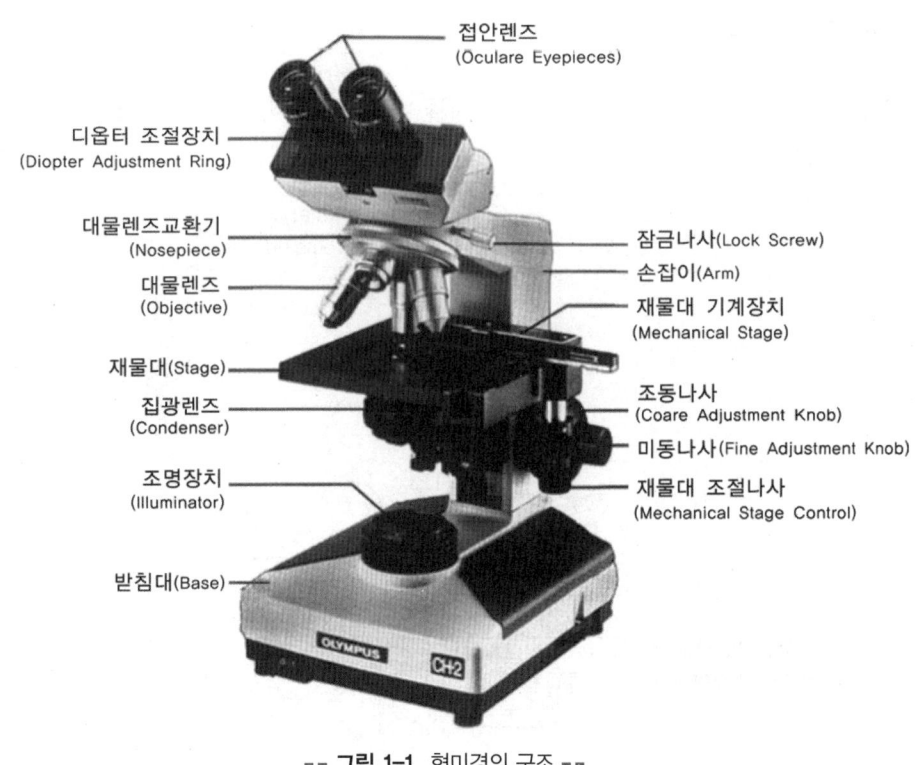

■■ 그림 1-1 현미경의 구조 ■■

Chapter 03 일반 검사

실험 2 균체의 계측법

실험목적

미생물은 육안으로 크기를 측정할 수 없으므로 현미경으로 미생물의 크기를 확대하여 실제 크기를 측정할 수 있다. 이때 미생물의 크기는 대안 마이크로미터와 대물 마이크로미터를 사용하여 측정한다. 접안 마이크로미터는 원형 유리판 중앙에 한 눈금이 1/10mm(100μm)인 미세한 눈금이 있는 5mm의 선이 새겨진 것이고, 대물 마이크로미터는 유리판의 중앙에 10μm의 눈금을 가진 약 2cm인 원형의 작은 유리판을 부착한 것이다. 본 실험에서는 광학 현미경으로 균체를 관찰하여 대안 마이크로미터와 대물 마이크로미터를 사용하여 균체의 크기를 재는 실험을 한다.

실험재료 및 기구

현미경, 배양균주, 대(접)안 마이크로미터, 대물 마이크로미터, 백금이, 알코올램프, 슬라이드글라스, 커버글라스, 멸균증류수

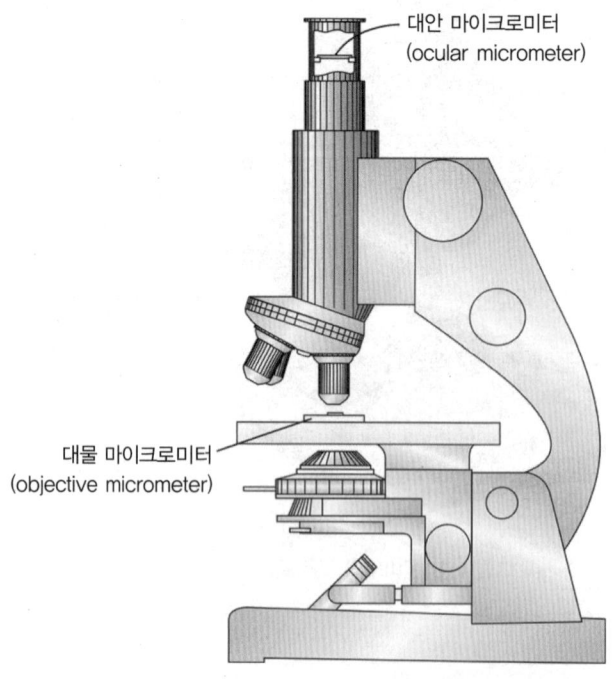

■■ **그림 2-1** 현미경의 구조(마이크로미터의 위치) ■■

실험방법

① 대안렌즈 위의 렌즈를 돌려 빼고 대안 마이크로미터를 넣은 후 본래대로 끼운다.
② 검경하여 보면서 정확한 상이 잡혀서 초점이 맞았는지를 확인한다.
③ 대물 마이크로미터를 제물대에 놓고 최저 배율로 검경하여 눈금의 위치를 시야의 중앙에 오도록 한다. 최후에 대물렌즈를 최고비율로 정확히 초점을 맞춘다.
④ 대안 마이크로미터와 대물 마이크로미터가 교차하고 있을 때 접안렌즈를 회전하면서 눈금을 평행이 되도록 한다.
⑤ 대안 마이크로미터의 한 눈금이 대물 마이크로미터의 몇 눈금에 상당하는가를 읽음으로써 대안 마이크로미터 한 눈금의 크기를 계산한다.
⑥ 재물대 위의 대물 마이크로미터 대신에 균체 표본을 놓는다.
⑦ 초점을 맞추고 균체의 크기가 대안 마이크로미터의 몇 눈금에 상당하는가를 관찰한다.
⑧ 대안 마이크로미터 한 눈금의 크기를 곱하여 균체의 크기를 계산한다.

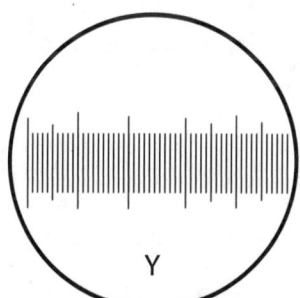
A. 대안 마이크로미터 한 눈금 사이인 5mm를 50등분하였다.

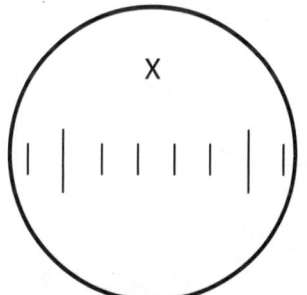
B. 대물 마이크로미터 한 눈금이 10μm로 1mm를 100등분하였다.

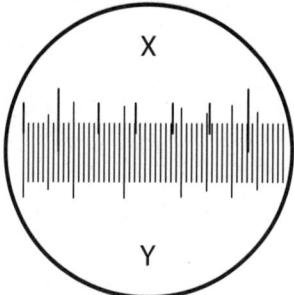
C. 대안 마이크로미터와 대물마이크로미터가 일치하는 것을 관찰

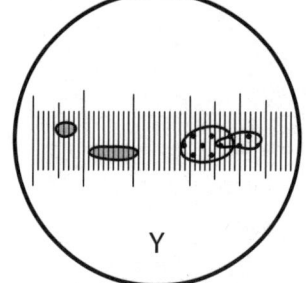
D. 실제표본의 관찰

■■ **그림 2-2** 대안 마이크로미터를 이용한 물체의 측정 ■■

결과

(1) 대안 마이크로미터 한 눈금의 크기 계산

대물 마이크로미터 눈금 X개 위치에 대안 마이크로미터 눈금 Y개가 일치한다면 대안 마이크로미터 눈금 한 개의 크기는 [$X/Y \times 10\mu m$]의 공식에 대입시켜서 구한다.

예를 들어, 대물 마이크로미터 3눈금과 대안 마이크로미터 20눈금이 일치하였다면 대안 마이크로미터 한 눈금의 절대값(크기)은 [$3/20 \times 10\mu m = 1.5\mu m$]이다.

(2) 균체의 크기 측정(예)

점선은 대물 마이크로미터이고 실선은 대안 마이크로미터이며 대물 마이크로미터 1눈금은 $10\mu m$이다.

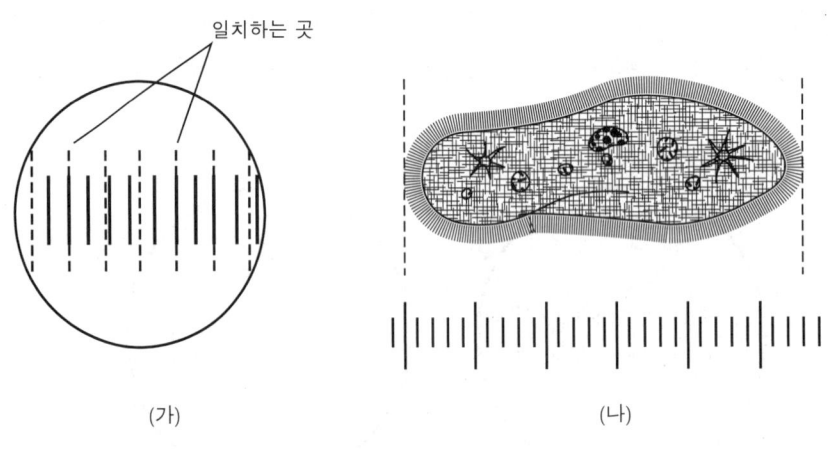

■■ 그림 2-3 균체의 크기 측정 ■■

① 대안 마이크로미터 1 눈금의 길이 = $3/5 \times 10 = 6$ (㎛)
② 생물체의 크기 = $28 \times 6 = 168$ (㎛)

실험 3 영양 한천배지(Nutrient Media)의 제조

■ 실험목적

배지란 적당한 영양성분을 혼합해서 미생물을 생존시키고 지속적으로 증식시키기 위해서 인공적인 증식환경이 만들어진 상태를 말하는데 이들 배지는 배지의 성분, 배지의 물리적 성상과 사용목적에 따라 몇 가지로 나눌 수 있다.

(1) 배지 성분성상에 따른 분류

① 자연배지(natural medium)
  단백질의 가수분해물, 동물조직의 침출물 등 화학적 성질이 분명하지 않은 물질을 혼합하여 만든 것으로 세균의 증식, 분리 배양에 널리 사용된다.

② 합성배지(synthetic medium)
  화학적 성질이 분명한 것을 합성하여 만든 배지로서 세균의 생화학적 성상검사, 균체성분, 세균의 대사연구에 주로 사용한다.

③ 반합성 배지(semisynthetic medium)
  고분자 물질은 들어 있지 않으나 단백질의 완전 가수분해물을 주성분으로 한 배지이다.

(2) 물리적 성상에 따른 분류

① 액체배지(liquid media, broth)
  배지 내에 agar 성분이 들어 있지 않은 배지로 액체 상태이다. 미생물의 생리, 화학적 연구 또는 미생물의 대량 배양에 사용된다.

② 고체배지(solid media)
  배지 내에 한천 성분이 1.3~1.5% 함유된 배지로 고체 상태이다. 사용목적에 따라 다음과 같이 구분한다.
  - 평판 배지 : 세균분리배양, 용혈능 관찰, 집락 관찰 등
  - 고층 배지 : 세균의 성상검사균주의 보존, 세균의 운동성
  - 사면 배지 : 세균증식 및 보존
  - 반사면 배지 : 세균의 생물학적 성상검사

③ 반고체 배지(semisolid media)
  배지 내에 agar의 농도가 0.3~0.5% 함유된 배지로 반고체 상태를 이룬다. 세균의 운동성 관찰과 세균의 보존 및 수송에 이용된다.

(3) 사용 목적에 따른 분류

① **증식용 배지(growth media)**

여러 종류의 적당량의 영양소를 함유한 배지로서 균종에 대한 선택성은 없다. 세균의 증식, 순수배양, 보존 등 특수한 목적이 아닌 일반적인 배양에 주로 사용한다.

② **증균용 배지(enrichment media)**

분변과 같이 많은 세균이 혼합된 경우 특정한 균종만을 다른 균종보다 빨리 증식시켜 분리배양이 쉽게 되도록 만든 배지이다.

③ **특수증균 배지(special enriched media)**

특수한 영양조건을 필요로 하는 세균을 배양하기 위하여 특별히 배지성분을 가감하여 만든 배지이다.

④ **선택배지(selective media)**

두 종 이상의 세균이 혼합되어 있는 검체에서 원하는 세균을 분리하는 데 사용하는 배지이다. 이 배지에는 색소나 중금속, 화학약품, 항균제 등 원하지 않는 균을 억제시키는 억제제가 들어 있다.

⑤ **감별배지(differential media) 또는 성상확인 배지**

보통 순수배양된 세균의 특정한 효소반응을 보통 정성적으로 확인하고 균종의 감별과 동정을 목표로 하는 배지이며 이런 배지는 반응 물질과의 반응을 판정하기 위해 지시약이 함유되는 경우가 있다.

■ 실험재료 및 기구

Nutrient agar(Beef extract, peptone, agar, 증류수), 삼각플라스크(2ℓ용), 시험관, 고압멸균기, pH 측정기, 1N HCl, 1N NaOH

■ 실험방법 (5g의 배지 분말을 용해하여 100㎖의 배지를 만들 경우)

(1) 평량

일정량(5g)의 상품화된 배지 분말을 칭량한다.

(2) 용해

200~300㎖ 삼각플라스크에 적당량(80㎖)의 증류수를 넣고 배지 분말을 넣은 다음 나머지 증류수(20㎖)를 서서히 가한다. 플라스크를 잘 흔들어 분말이 완전히 풀어지면 내용물이 완전히 녹을 때까지 끓은 물에서 중탕한다.

(3) pH 조절

용해된 배지를 50~60℃로 식힌 다음 1N HCl이나 1N NaOH로 생육에 적절한 최적 pH로 조절한다. 곰팡이나 효모는 pH 4~6, 세균류는 pH 7~8에서 잘 생육한다.

(4) 분주

시험관 등 용도에 따라 적당한 용기에 분주한다. 고체 평판배지인 경우는 플라스크체로 멸균한다.

(5) 멸균

고압증기멸균기(autoclave)을 이용하여 121℃, 15ℓb에서 15~20분간 멸균한다.

(6) 배지제조

① 사면배지(Slant media) : 경사지게 하여 굳힌 것(균주 보존용)
② 고층배지(Strap media) : 반듯이 세워서 굳힌 것(혐기성균의 배양)
③ 평판배지(Plate media) : 무균적으로 페트리 접시에 주입하여 굳힌 것(미생물 순수분리용)

■ 계산

■ 참고

※ 고층배지 접종법

① 백금선을 화염멸균한다.
② 시험관 입구를 화염멸균한다.
③ 균액을 채취한다.
④ 중심에 이식한다.
⑤ 이식 후 백금선을 화염멸균한다.

※ 사면배지 접종법

 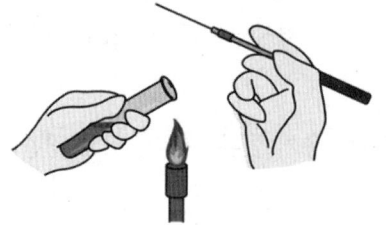 

① 백금선을 화염 멸균한다.　② 시험관 입구를 화염 멸균한다.　③ 균액을 채취한다.

④ 중심선으로 긋는다.　⑤ 밑에서 위로 도말한다.　⑥ 이식 후 백금선을 화염멸균한다.

※ 액체배지 접종법

① 백금선을 화염 멸균한다.　② 시험관 입구를 화염 멸균한다.　③ 균액을 채취한다.

④ 균을 배지에 용해한다.　⑤ 전체에 이식한다.　⑥ 이식 후 백금선을 화염멸균한다.

실험 4 맥아즙 한천배지(Malt Extract Agar Media) 제조

■ 실험목적

맥아(엿기름) 당화액을 이용하여 균류배양에 적합한 천연배지를 제조한다. 맥아즙은 효모나 곰팡이의 배양에 널리 쓰인다.

■ 실험재료 및 기구

분쇄 맥아, 달걀, agar-agar, lugol sol'n, 4% HCl, 4% NaOH, 삼각플라스크, water bath, 시험관, 고압증기멸균기, pH 측정기, 당도계

■ 실험방법

(1) 효소침출

건조맥아 1kg에 물 3~4ℓ를 가하여 45℃에서 1~2시간 방치한다.

(2) 당화

60~65℃ 수조(water bath)에서 5~6시간 당화시킨다. 당화액 소량에 lugol sol'n을 가하여 보라색이 나타나지 않으면 당화가 종료된 것으로 한다.

(3) 착즙 및 여과

거즈와 깔때기를 이용하여 당화액을 착즙 여과한다.

(4) 난백처리

당화액을 가열하면서 당화액 1ℓ당 달걀 한 개 분량의 흰자위를 넣고서 교반한 후에 여과한다.

(5) 당도보정

당도계로 당화액의 당도를 측정한 후에 10%로 보정한다. 당화액의 당도가 10% 이상인 경우에는 보충해야 할 물의 양을 계산하여 첨가하고, 10% 이하인 경우에는 첨가해야 할 설탕량을 계산하여 보당한다.

(6) pH 조절

pH를 측정하여 4% HCl 또는 4% NaOH 용액을 이용하여 pH 5.5~6.0으로 조절한다.

(7) agar-agar 첨가
당화액 양의 1.5~2.0%의 agar를 칭량하여 수조(water bath)에서 가온 용해한다.

(8) 분주
건열 멸균된 시험관에 분주한다.

(9) 멸균
고압증기멸균기를 이용하여 멸균한다.

(10) 배지제조
사용목적에 따라 사면, 고층, 평판배지로 굳힌다.

■ 참고

※ 당도보정 방법

① 12%의 당화액 100kg를 10%로 희석할 경우

$$\frac{12}{100+x} \times 100 = 10 \quad 이므로$$

첨가할 물의 양 $x = 20$kg

② 7% 당화액 450㎖를 10%로 보당할 경우

첨가할 당의 양 $S = \frac{w(b-a)}{100-b} = \frac{450(10-7)}{100-10} = 15\,(g)$

(단, w : 당화액의 양, a : 당화액의 당도, b : 목표 당도)

실험 5 곰팡이(사상균, mould)의 배양

■ 실험목적

곰팡이는 토양, 물, 공기 등의 자연 환경에 널리 분포하고 있으며, 세균에 비해 크고 복잡한 구조를 가진 다세포의 균사상 진핵세포 생물로 그 형태가 매우 다양하기 때문에 형태학적으로 곰팡이를 분류하는 것은 매우 중요하다. 보존된 곰팡이 균주를 새로운 배지에 이식 접종하여 미생물의 이식조작을 익히고, 배양된 곰팡이의 모양을 관찰하고 그 특성을 습득한다.

■ 실험재료 및 기구

(1) 균주

Aspergillus oryzae, *Asp. niger*, *Mucor hiemalis*, *Mu. racemosus*, *Rhizopus delemar*, *Penicillium citrinum* 등

(2) 배지

Malt extract agar media, Potato dextrose agar(PDA) media

(3) 기타

삼각플라스크, 수조(water bath), 시험관, 페트리 접시, 백금이, 알코올램프, 고압증기멸균기(autoclave), 클린벤치, 배양기(incubator), 70% 알코올

■ 실험방법

① 일정량의 배지를 녹여서 사용목적에 따라 배지를 준비한다.
② 백금이와 보존균주의 마개를 화염멸균한다.
③ 화염멸균한 백금이의 끝을 새로운 배지 중의 응축수로 냉각시킨다.
④ 보존 균주에서 곰팡이 1백금이를 취한다.
⑤ 새 배지에 균을 일정한 방법으로 도말한다.
 • 사면배지 : 곰팡이 1백금이를 취해 새로운 사면배지에 깊숙이 넣어 도말면의 중앙에 일직선으로 도말한 뒤 다시 넣어 가볍게 지그재그로 도말한다.
 • 평판배지 : 평판의 도말면 전체를 이용하여 연속 도말법으로 접종한다.

⑥ 30~32℃의 배양기에서 24~48시간 도치시켜서(뒤집어서) 배양한다.
⑦ 균주의 모양을 육안 및 현미경으로 관찰한다.

실험 6 효모(Yeast)의 배양

■ 실험목적

효모는 단세포성의 진균으로 유성생식포자에 의한 전통적인 분류 시 대부분 자낭균류에 속한다. 효모는 맥주나 빵을 만드는 데 이용되는 *Saccharomyces*와 같이 유용한 것도 있으나 *Candida albicans*와 같이 캔디다증(candidiasis)을 유발시키는 종류도 존재한다. 또한 특정 성분을 함유한 폐수의 처리에 유용한 효모도 있다. 보존된 효모 균주를 새로운 배지에 이식 접종하여 미생물의 이식조작을 익히고, 배양된 효모의 모양을 관찰하고 그 특성을 습득한다.

■ 실험재료 및 기구

(1) 균주

Saccharomyces cerevisiae, *Sacch. ellipsoideus* 등

(2) 배지

Yeast malt agar(YM agar) media

(3) 기타

삼각플라스크, 수조, 시험관, 페트리 접시, 백금이, 알코올램프, 고압증기멸균기, 클린벤치, 배양기, 70% 알코올

■ 실험방법

① 일정량의 배지를 녹여서 사용목적에 따라 배지를 준비한다.
② 백금이와 보존균주의 마개를 화염멸균한다.
③ 화염멸균한 백금이의 끝을 새로운 배지 중의 응축수로 냉각시킨다.
④ 보존 균주에서 효모 1백금이를 취한다.
⑤ 새 배지에 균을 일정한 방법으로 도말한다.
  • 사면배지 : 효모 1백금이를 취해 새로운 사면배지에 깊숙이 넣어 도말면의 중앙에 일직선으로 도말한 뒤 다시 넣어 가볍게 지그재그로 도말한다.
  • 평판배지 : 평판의 도말면 전체를 이용하여 연속 도말법으로 접종한다.

⑥ 25~28℃의 배양기(incubator)에서 24~48시간 도치시켜서(뒤집어서) 배양한다.
⑦ 균주의 모양을 육안 및 현미경으로 관찰한다.

실험 7 세균(Bacteria)의 배양

■ 실험목적

세균은 분열에 의해 번식하는 원핵 미생물이고 균의 폭은 0.2~10㎛이며, 일반적으로 세포 바깥쪽에 세포벽이 있다. 단세포이나 세포가 집합하여 특정한 형을 만드는 경우가 있어 때로는 1열로 배열된 사상체가 분기하기도 하고 사상체가 1개의 껍질 속에 포함되는 경우도 있지만 세포간의 분화는 거의 나타나지 않는다. 대부분의 세균은 간상, 구상, 섬유상을 띤다. 보존된 세균 균주를 새로운 배지에 이식 접종하여 미생물의 이식조작을 익히고, 배양된 세균의 모양을 관찰하고 그 특성을 습득한다.

■ 실험재료 및 기구

(1) 균주

Escherichia coli, *Bacillus subtilis*, *Streptococcus lactis* 등

(2) 배지

Nutrient agar(NA) media

(3) 기타

삼각플라스크, 수조(water bath), 시험관, 페트리 접시, 백금이, 알코올 램프, 고압증기 멸균기(autoclave), 클린벤치, 배양기(incubator), 70% 알코올

■ 실험방법

① 일정량의 배지를 녹여서 사용목적에 따라 배지를 준비한다.
② 백금이와 보존균주의 마개를 화염멸균한다.
③ 화염멸균한 백금이의 끝을 새로운 배지 중의 응축수로 냉각시킨다.
④ 보존 균주에서 세균 1백금이를 취한다.
⑤ 새 배지에 균을 일정한 방법으로 도말한다.
  • 사면배지 : 세균 1백금이를 취해 새로운 사면배지에 깊숙이 넣어 도말면의 중앙에 일직선으로 도말한 뒤 다시 넣어 가볍게 지그재그로 도말한다.
  • 평판배지 : 평판의 도말면 전체를 이용하여 연속 도말법으로 접종한다.

⑥ 30~37℃의 배양기(incubator)에서 24~48시간 도치시켜서(뒤집어서) 배양한다.
⑦ 균주의 모양을 육안 및 현미경으로 관찰한다.

■ 참고

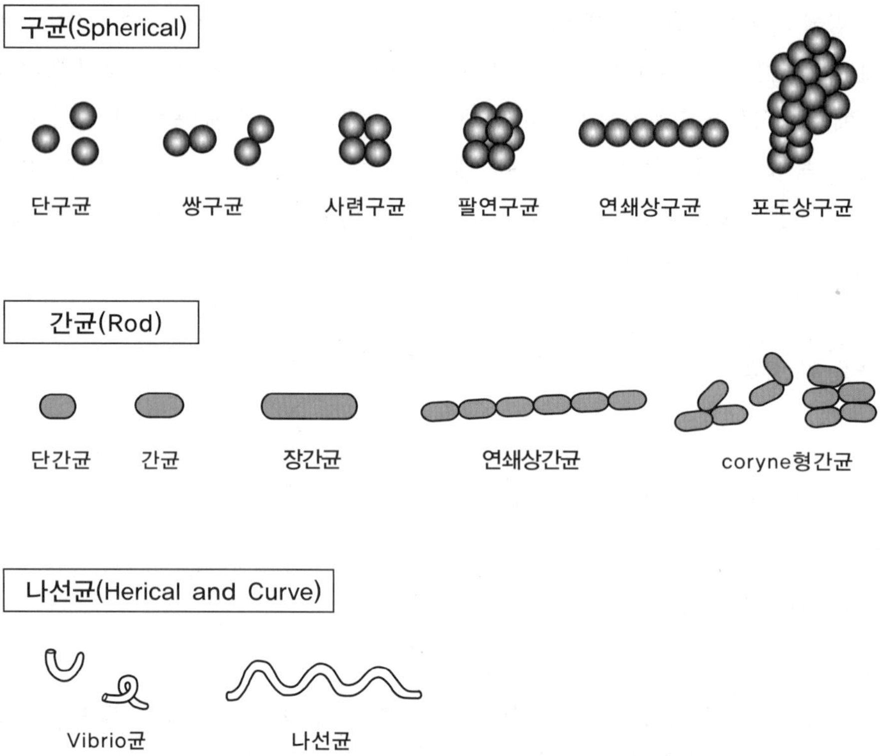

구균(Spherical)

| 단구균 | 쌍구균 | 사련구균 | 팔연구균 | 연쇄상구균 | 포도상구균 |

간균(Rod)

    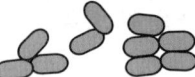

| 단간균 | 간균 | 장간균 | 연쇄상간균 | coryne형간균 |

나선균(Herical and Curve)

Vibrio균   나선균

■■ 그림 7-1 세균의 기본 모양 ■■

극모(polar flagella)			주모 (peritrichous flagella)
단극모 (monotrichous) 	속극모 (lophotrichous) 	양극모 (amphitrichous) 	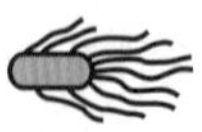

■■ 그림 7-2 세균 편모(flagella)의 모양 ■■

실험 8 효모의 당류 발효성 실험

■ 실험목적

효모는 종류에 당류를 선택적으로 발효하므로 당의 발효성을 조사하는 것은 효모의 종류를 판정하는 데 중요한 수단이 된다. 효모의 당 발효성 실험은 아이혼(Einhorn)관 방법, 린드너(Lindner) 방법, 듀람(Durham)관 방법 등이 있다. 여기서는 Einhorn tube에 의한 방법으로 당액에서 발생하는 CO_2량을 측정한다.

■ 실험재료 및 기구

10% 당액(xylose, glucose, galactose, fructose, maltose, sucrose, lactose, starch 등), 효모, Einhorn tube, 삼각플라스크, 수조, 시험관, 페트리 접시, 백금이, 알코올램프, 고압증기멸균기, 클린벤지, 배양기

■ 실험방법

① 아인혼관(Einhorn tube)를 면전한 후에 건열 멸균하여 준비한다.
② 당류의 10% 용액을 각각 제조한다.
③ 제조한 10% 당용액을 각각 시험관에 30㎖씩 분주하여 고압증기 멸균한다.
④ 클린벤치 안에서 건열 멸균한 Einhorn tube에 멸균한 당용액을 주입한다.
⑤ 효모 현탁액을 2~3방울 접종한다.
⑥ 25~30℃의 배양기에서 24~48시간 배양한 후에 CO_2량을 관찰한다.
⑦ 이때 효모를 넣지 않은 당액을 대조 시험으로 함께 배양해 본다.

■ 결과

발효성 효모인 경우는 아인혼관의 위쪽에 CO_2가 모이게 된다. CO_2량을 발효관의 눈금으로 알 수 있다. CO_2의 생성량의 다소에 따라 발효 정도를 정성적으로 알 수 있다.

Chapter 03 일반 검사

■ 참고

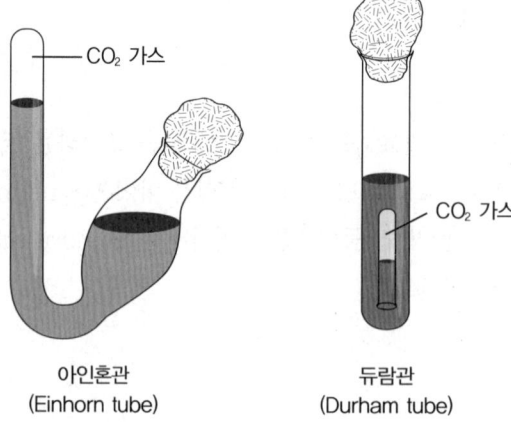

아인혼관　　　　　　듀람관
(Einhorn tube)　　　(Durham tube)

■■ 그림 8-1 효모 발효관 ■■

실험 9 pH에 따른 미생물 발육영향 실험

■ 실험목적

미생물의 증식은 수소이온 농도 즉 pH에 큰 영향을 받는다. 균의 종류에 따라 그의 증식에 최적, 최저, 최고의 생육 조건 pH가 있다. 증식에 영향을 미치는 환경요인 중에서 pH는 미생물의 생육을 비롯해서 여러 가지 대사능이나 화학적인 활성에 큰 영향을 미치게 된다. 세균은 알칼리성 영역인 pH 6.5~7.5 정도이며, 유산균은 pH 3~5에서도 발육한다. 곰팡이와 효모는 산성 조건인 pH 4~6에서 잘 발육한다. 본 실험에서는 배지의 pH가 미생물의 발육에 어떤 영향을 미치는지와 미생물 발육의 최적 pH를 알아보도록 한다.

■ 실험재료 및 기구

(1) 균주

Escherichia coli, Alcaligenes faecalis, Saccharomyces cerevisiae

상기 균주를 nutrient broth에 24시간 배양하여 600nm 파장에서 O.D(흡광도) 0.05로 맞추어 saline 부유액을 만든다.

(2) 배지

① pH 3, 5, 7, 9로 맞춘 trypticase soy broth를 균주별로 준비한다.
② pH 조정은 1N NaOH, 1N HCl로 한다.

(3) 기구

분젠버너, 백금이, 1㎖ 멸균 피펫, Spectrophotometer, 퀴베트(cuvette)

■ 실험방법

① trypticase soy broth을 넣은 시험관에 각각 균명과 pH 3, 5, 7, 9의 표시를 한다.
② 준비된 균주 부유액 0.1㎖씩을 각각 시험관에 분주한다.
③ *E. coli, A. faecalis*는 37℃에서 24~48시간 배양하고, *Sacch. cerevisiae*는 25℃에서 48~72시간 배양한다.
④ Spectrophotometer를 이용하여 600nm의 파장에서 O.D(흡광도)를 측정한다.

결과

각 균종별 pH에 따라 O.D를 측정하여 가장 발육이 잘된 pH(최적 pH)와 pH에 따른 발육범위를 판단한다.

실험 10 단순염색(Simple Staining)

■ 실험목적 및 원리

세균을 슬라이드 글라스에 도말 고정한 후 한 가지 염색액으로 염색하는 방법을 단순 염색법이라고 하며, methylene blue, carbol fuchsin, crystal violet 등의 염기성 염료(basic dye)를 주로 사용한다. 염기성 염료는 주로 리보솜(ribosome)이 많은 부분인 원형질을 염색하여 이를 통해 기본적인 세균의 모양, 크기, 배열 등을 알 수 있다. 미생물의 염색을 위한 도말 표본의 준비를 위해서는 미생물 균체의 적당한 도말, 자연 건조한 열 고정 등의 기본적인 과정을 거친 후 단순 염색을 실시한다. 세균의 핵산물질과 단백질 물질은 대체로 음전하를 띠므로 이들과 강하게 결합할 수 있는 염기성 염색시약이 염색이 훨씬 잘 된다.

■ 실험재료 및 기구

(1) 균주

Nutrient broth와 Nutrient agar에 18~24시간 배양된 균

① *Bacillus subtilis*

② *Escherichia coli*

③ yeasts

(2) 염색시약

① methylene blue solution

: methylene blue 1.5g, 95% ethyl alcohol 100㎖

② Loffler methylene blue solution

: KOH 10% 용액 0.1㎖, methylene blue 용액 8㎖, D.W 100㎖

③ Ziehl-Neelsn's carbol fuchsin solution

④ Hucker's crystal violet solution

(3) 기타

슬라이드 글라스, 백금이, 알코올 램프, 현미경

Chapter 03 일반 검사

■ 실험방법

(1) 도말
① 깨끗한 슬라이드 글라스를 불꽃에 2~3회 통과시켜 지방을 제거한다.
② 왁스 연필로 slide 위에 검체를 떨어뜨릴 부위에 원을 그려 표시한다.
③ 멸균된 백금이로 균액 1~2방울을 슬라이드 글라스 위에 가능한 한 얇고 넓게 편다.

(2) 건조
도말표본을 공기 중에서 말린다.

(3) 고정
도말표본을 불꽃에 2~3회 통과시켜 slide에 세균을 고정시킨다.

(4) 염색
고정시킨 도말표본을 식힌 후 염색액(methylene blue)을 2~3방울 떨어뜨리고 약 1분간 염색한다.

(5) 수세
① 염색액을 버리고 슬라이드 글라스 뒷면을 약하게 흐르는 수돗물에 조심스럽게 수세한다.
② 여과지로 가볍게 눌러 슬라이드 글라스 위의 수분을 제거한다.

(6) 건조
실온에서 건조시킨다.

(7) 검경
건조된 것을 확인한 후 균을 관찰한다.

■ 결과

① methylene blue로 염색된 균은 청색으로 염색
② crystal violet으로 염색된 균은 자색으로 염색
③ carbol fuchsin으로 염색된 균은 적색으로 염색

■ 참고

도해설명

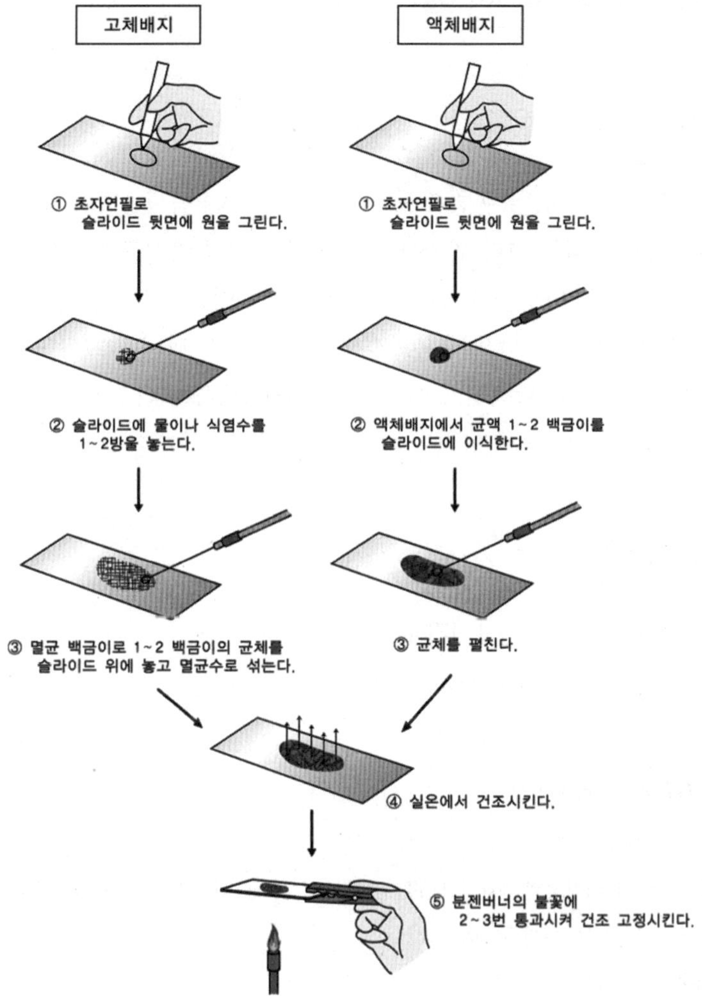

고체배지

① 초자연필로 슬라이드 뒷면에 원을 그린다.

② 슬라이드에 물이나 식염수를 1~2방울 놓는다.

③ 멸균 백금이로 1~2 백금이의 균체를 슬라이드 위에 놓고 멸균수로 섞는다.

액체배지

① 초자연필로 슬라이드 뒷면에 원을 그린다.

② 액체배지에서 균액 1~2 백금이를 슬라이드에 이식한다.

③ 균체를 펼친다.

④ 실온에서 건조시킨다.

⑤ 분젠버너의 불꽃에 2~3번 통과시켜 건조 고정시킨다.

■■ 그림 10-1 도말표본제작 순서 ■■

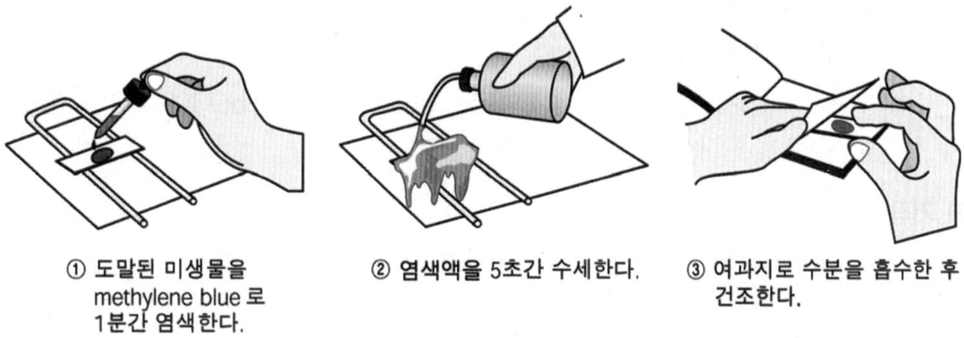

① 도말된 미생물을 methylene blue 로 1분간 염색한다.

② 염색액을 5초간 수세한다.

③ 여과지로 수분을 흡수한 후 건조한다.

■■ 그림 10-2 단순염색 과정 ■■

Chapter 03 일반 검사

실험 11 그람염색(Gram Staining)

■ 실험목적

그람 염색은 세균의 동정 또는 구분에 쓰이는 가장 중요한 염색방법의 하나이다. 세균 분류의 중요한 특성 중의 하나는 그람 염색성이며, 세균은 그람 양성균과 그람 음성균의 두 균으로 대별할 수 있다. 그람 양성균은 crystal violet 등의 염료로 염색한 후, 탈색제 처리로 탈색되지 않기 때문에 염색 후 남색이나 보라색을 나타낸다. 반면에 그람 음성균은 매염제의 처리 후에도 탈색제에 의해 탈색되기 때문에 나중에 염색하는 대조 염색액에 의해 염색되어 적색으로 관찰된다.

■ 실험재료 및 기구

(1) 고체나 액체배지에 18~24시간 배양된 균주

① 그람 양성균 : *Staphylococcus aureus*
② 그람 음성균 : *Escherichia coli*

(2) 염색시약(Hucker's 변법)

① Crystal violet 용액
제1액(crystal violet액 2g + 95% alcohol 20㎖)와 제2액(ammonium oxalate 0.8g + 증류수 80㎖)을 조제한 후 혼합
② Lugol액(매염제)
KI 2g, I_2 1g, 증류수 300㎖
③ 95% 에틸알코올(탈색제)
④ Safranin(대조염색액)
2.5% Safranin O 원액(safranin O 2.5g + 95% ethyl alcohol 100㎖) 10㎖을 증류수 100㎖에 넣어 희석

(3) 기타

슬라이드 글라스, 백금이, 알코올 램프, 여과지, 멸균증류수, 현미경

■ 실험방법

① 슬라이드 글라스 위에 왁스 연필로 검체를 떨어뜨릴 부위에 원을 그려 표시한다.
② 배양된 균액 1~2 백금이를 넓게 펴서 도말, 건조, 고정시킨다.
③ 슬라이드에 crystal violet을 가하여 1분간 염색한다.
④ 수돗물로 서서히 염색액을 씻어낸다.
⑤ Lugol 액으로 1분간 염색한다.
⑥ 수돗물로 씻어내고 여과지로 물을 흡수시킨다.
⑦ 95% 알코올에 30초간 담가 씻은 액이 무색이 될 때까지 탈색시킨다.
⑧ 수돗물로 다시 알코올을 씻어낸다.
⑨ Safranin O 용액으로 45초 동안 대조 염색한다.
⑩ 수돗물로 safranin을 씻어낸다.
⑪ 여분의 수분을 건조시킨 후 검경한다.

도해설명

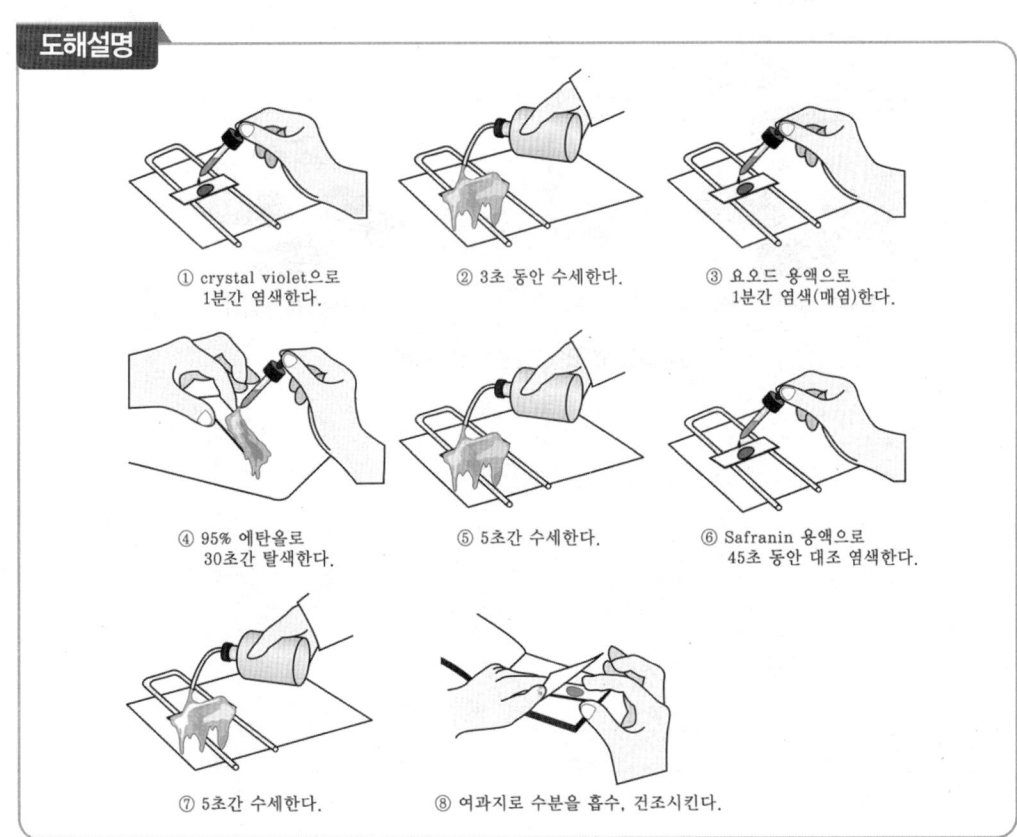

■■ 그림 11-1 그람염색 순서 (a) ■■

Chapter 03 일반 검사

■ 결과

① 그람 양성균은 violet color(청자색)
② 그람 음성균은 red color(적자색)

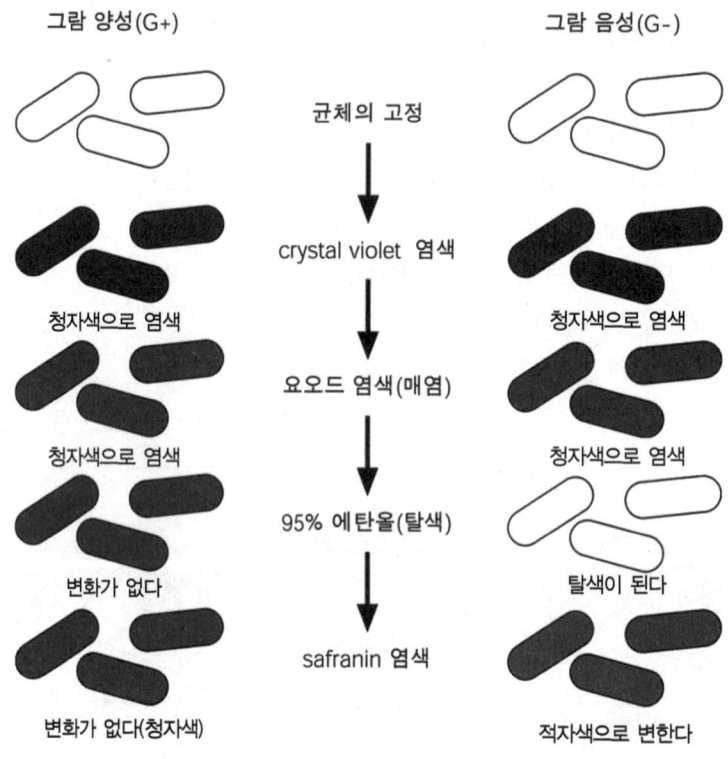

■■ 그림 11-2 그람염색 순서 (b) ■■

■ 참고

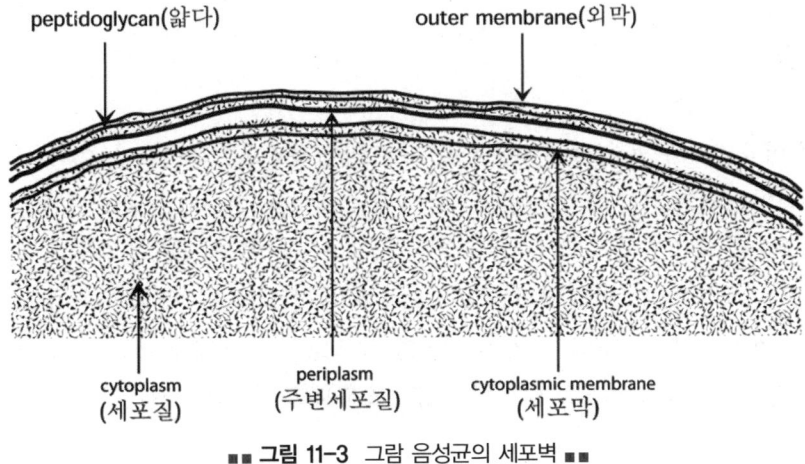

■■ 그림 11-3 그람 음성균의 세포벽 ■■

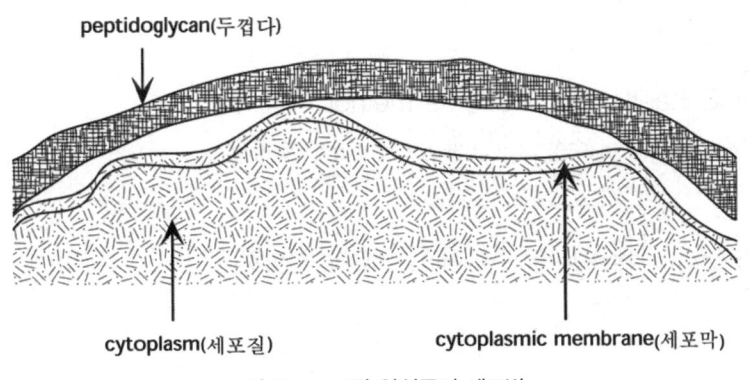

■■ 그림 11-4 그람 양성균의 세포벽 ■■

Chapter 03 일반 검사

실험 12 아포염색(Spore Staining)

■ 실험목적

*Bacillus*속이나 *Clostridium*속의 세균은 아포 또는 내생포자를 형성한다. 이들 아포 소유균들은 외부적인 물리적 화학적 약품에 대하여 대단한 내성을 갖는다. 또한 아포벽은 굴절성이 있고 2~3중으로 되어 있어서 외부로부터 저항이 강하다. 일반 염색소의 침투가 비교적 어려우므로 가온 염색하여 색소가 아포에 침투하도록 하여 아포 염색을 진행한다. 아포를 가온염색하면 색소가 아포에 침투되고 균체에 비하여 알코올 등 탈색제에 어느 정도 내성이 있어 탈색이 잘 되지 않는다. 그러므로 탈색된 영양세포에 대조 염색하여 관찰할 수 있다.

■ 실험재료 및 기구

(1) 고체나 액체배지에 18~24시간 배양된 균주
   Bacillus subtilis

(2) 염색시약(Schaeffer and Fulton's method)
   5% Malachite green 수용액, 0.5% Safranin O 수용액

(3) 기타
   슬라이드 글라스, 백금이, 알코올 램프, 여과지, 현미경

■ 실험방법

① 슬라이드 글라스 위에 균 배양액을 도말, 건조시킨 후 불꽃 고정시킨다.
② 도말 부위에 여과지를 덮고 5% Malachite green 수용액을 충분히 가한다.
③ 알코올 램프로 김이 날 정도로 약 5분간 가온 염색한다.
④ 여과지를 떼고 수세한 후 Safranin O 수용액으로 30초간 대조 염색한다.
⑤ 흐르는 물로 수세하고 여과지로 습기를 제거한 다음 검경한다.

■ 결과

① Spore : 녹색
② Cells : 분홍색

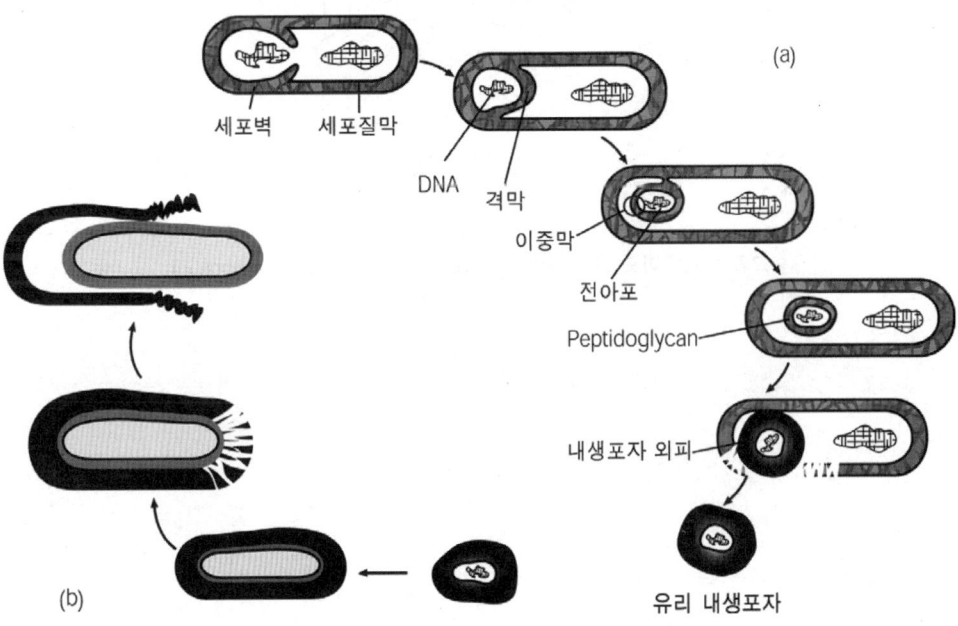

■■ 그림 12-1 아포의 특징 및 형성과정 ■■

Chapter 03 일반 검사

도해설명

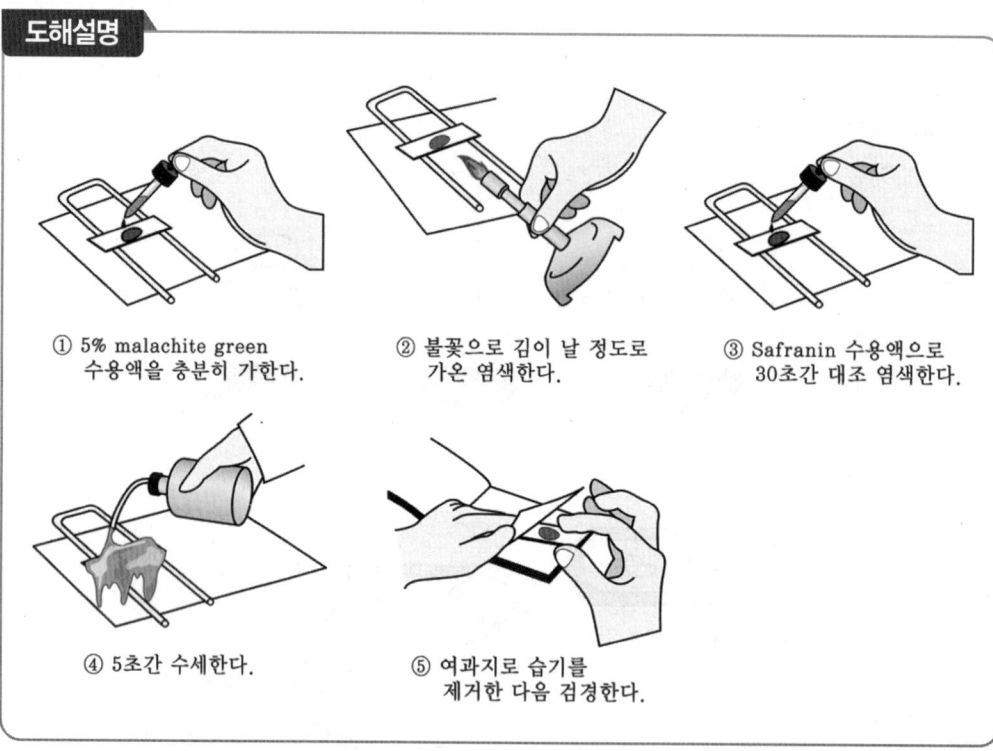

① 5% malachite green 수용액을 충분히 가한다.
② 불꽃으로 김이 날 정도로 가온 염색한다.
③ Safranin 수용액으로 30초간 대조 염색한다.
④ 5초간 수세한다.
⑤ 여과지로 습기를 제거한 다음 검경한다.

■■ **그림 12-2** 아포 염색 과정(Schaeffer and Fulton's method) ■■

실험 13 Aspergillus niger에 의한 구연산 발효

■ 실험목적

*Aspergillus niger*는 당액을 발효하여 구연산(citric acid)을 생산하는 균주로 유기산 발효공업에 이용되고 있다. 본 실험에서는 *Asp. niger*의 당류 발효기작을 알아보고 발효에 의해 생성되는 구연산의 양을 화학적인 방법으로 정량한다.

■ 실험재료 및 기구

(1) 균주
Aspergillus niger

(2) Bernhaner 배양액 200㎖ 제조
sucrose 40g(20%), NH_4NO_3 0.4g(0.2%), KH_2PO_4 0.2g(0.1%), $MgSO_3$ 0.5g(0.25%)을 0.1N HCl로 pH 3으로 조절

(3) 구연산 정량
0.1N NaOH(표정한 것), 지시약(phenolphthalain)

(4) 기타
삼각플라스크, 백금이, 알코올램프, 고압증기멸균기, 클린벤치, 배양기, 피펫, 뷰렛

■ 실험방법

(1) *Aspergillus niger*의 배양
① 조성에 맞게 Bernhaner 배양액을 조제하여 대조구(B)와 실험구(M)의 삼각플라스크에 각각 50㎖씩 분주한다.
② 121℃, 15ℓb에서 15분간 고압증기멸균한다.
③ 멸균배양액을 30℃ 정도로 냉각시킨 후에 클린벤치 내에서 실험구(M)에 *Asp. niger* 포자 현탁액을 접종한다.
④ 30℃에서 7~14일간 배양시킨다.

(2) 구연산 정량

① 대조구(B)와 실험구(M)의 배양액을 여과한다.
② 여과 배양액을 각각 새로운 삼각플라스크에 2㎖씩 취한다.
③ 각 삼각플라스크에 증류수 20㎖를 가하여 희석한다.
④ phenolphthalain을 1방울 적가하고 0.1N NaOH로 적정한다(무색 → 미홍색).
⑤ 대조구(B)와 실험구(M)의 0.1N NaOH 표준용액 소비량으로부터 생성된 구연산의 양을 계산한다.

결과

$$구연산(\%) = \frac{0.0064 \times (M-B) \times f}{S} \times 100$$

0.0064 : 0.1N NaOH 1㎖에 상당하는 구연산의 양(g)

예 배양액 3㎖를 취하여 적정한 결과 0.1N NaOH(f = 1.0102) 표준용액 소비량이 실험구(M)는 0.7㎖이고, 대조구(B)는 0.5㎖였다면 배양액 중의 구연산 함량은?

$$구연산(\%) = \frac{0.0064 \times (0.7-0.5) \times 1.0102}{3} \times 100 = 0.043(\%)$$

실험 14 포도주 제조

■ 제조원리

포도주는 포도의 껍질에 붙어 있는 야생효모가 과즙 중의 당분을 발효시켜 알코올을 만든 것이다. 원료 포도의 종류에 따라 적포도주와 백포도주로 나누는데 적포도주는 적포도를, 백포도주는 주로 청포도를 원료로 하며 제조법에도 차이가 있다. 공업적으로 만들 때는 포도주 효모인 *Saccharomyces ellipsoideus*를 순수배양해서 사용한다.

■ 재료 및 기구(백포도주)

포도(Delaware, Niagara, Golden, Queen, New muscat 등), 설탕, 배양효모, 굴절당도계, 발효마개, 발효통, 마쇄기, 압착기

■ 제조공정(백포도주)

원료 → 선립 → 제경 → 마쇄 → 압착 → 과즙 → 가당 → 주발효 → 앙금 떠내기 → 저장 → 청징 → 병에 담기 → 제품

■ 제조방법

(1) 술밑(starter)

① 포도과즙 125㎖를 삼각플라스크에 넣고 100℃ 이하에서 30분 정도 살균 냉각한다.
② 순수 액체 배양한 효모 10㎖를 가하여 30℃의 항온기에서 20시간 정도 증균시킨다.
③ 별도의 삼각플라스크에 1,125㎖의 포도과즙을 넣고 아황산 100~200ppm을 가한다.
④ 증균된 125㎖의 배양을 첨가하여 30℃의 항온기에서 24시간 정도 발효시킨다.

(2) 포도주 제조(백포도주)

① 원료

포도주 원료는 당분이 많고 산미가 적당하며 향기가 좋은 품종을 골라서 사용하되 색소도 고려하여야 한다. 포도의 품종에는 유럽종과 미국종이 있는데 당분이 많고 유기산이 적은 유럽종이 좋다.

② 과즙제조

꼭지를 따내고 포도파쇄기를 사용하여 파쇄한 다음 바로 압착하여 포도즙을 만든다. 포도 과피에는 포도주 효모 이외에 야생효모, 곰팡이, 유해세균(초산균, 젖산균)이 부착되어 있으므로 과즙을 그대로 발효하면 주질이 나빠질 수 있다. 때문에 이들 유해세균을 억제하기 위해서 아황산으로 메타칼리($K_2S_2O_5$)와 메타나트륨($Na_2S_2O_5$)을 과즙에 대하여 200ppm 정도 넣어준다.

③ 과즙의 조정

포도주의 품질과 가장 관계가 큰 것은 당분 및 산의 양이다. 당분이 적을 때는 알코올의 생산량이 적을 뿐 아니라 초산균 및 그 밖의 잡균이 번식하여 포도주의 보존 및 저장이 어렵게 된다. 따라서 제품의 알코올 함량이 10% 이상이 되도록 발효시키려면 당을 첨가하여 포도과즙의 당도가 18~24% 정도 되게 한다.

$$첨가해야할\ 당의\ 양(kg) = \frac{W(b-a)}{100-b}$$

a(%) : 포도과즙의 당도
b(%) : 목표당도
W(kg) : 포도과즙의 무게

④ 주발효

당분과 산의 양을 조정한 과즙을 살균한 발효통에 넣고 자연발효시키거나 효모를 순수배양하여 증식시킨 술밑을 과즙의 2~3% 가량 넣고 통기하여 34℃ 이상이 되지 않도록 조절하면 1~2일 지나서 발효가 왕성해지고 3~4일 사이에 발효최성기에 도달한다. 이후부터는 발효관으로 밀폐하여 혐기적으로 상태를 유지시킨다. 밀폐 후 7~10일이 지나면 주발효는 끝난다.

⑤ 후발효, 찌꺼기 빼기

밀폐한 그대로 15℃ 가량의 발효실에서 후발효를 시킨다. 후발효를 시작한 지 1~2개월이 지났을 때 펌프로 저장통으로 옮겨 담아 앙금을 떠낸다. 2~3개월이 지난 후에 같은 요령으로 두 번째 앙금빼기를 한다.

⑥ 저장

저장 용기에 가득 채운 다음 10℃ 이하에서 1~5년 저장하면 술이 청징되어 향미가 생성된 완숙 포도주가 된다. 오래 저장할수록 품질은 좋아진다.

■ 참고

※ 적포도주 제조공정

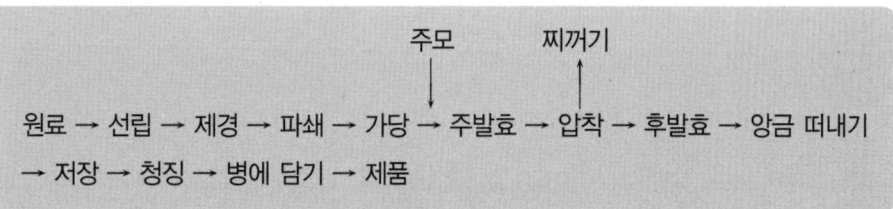

※ 포도주 양조 시 아황산을 첨가하는 목적

① 유해균의 사멸 또는 증식 억제
② 술덧의 pH를 내려 산도를 높임
③ 과피나 종자의 성분을 용출시킴
④ 안토시안(anthocyan)계 적색색소의 안정화
⑤ 주석의 용해도를 높여 석출 촉진
⑥ 산화를 방지하여 적색색소의 산화, 퇴색, 침전을 막고, 백포도주에서의 산화효소에 의한 갈변방지

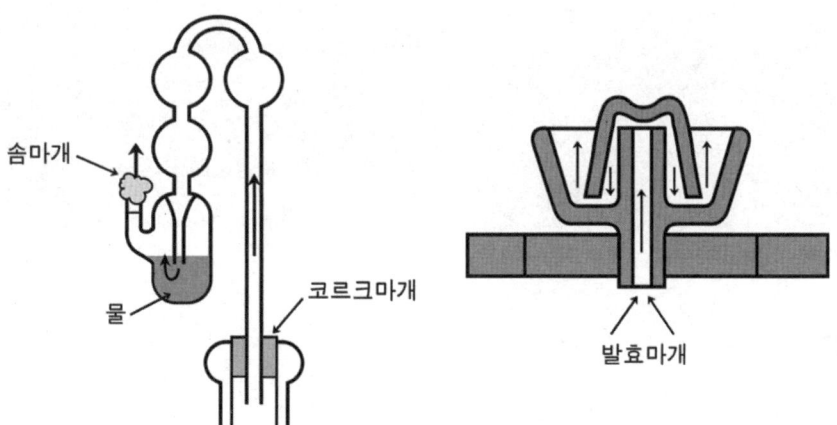

■■ 그림 14-1 발효관 ■■

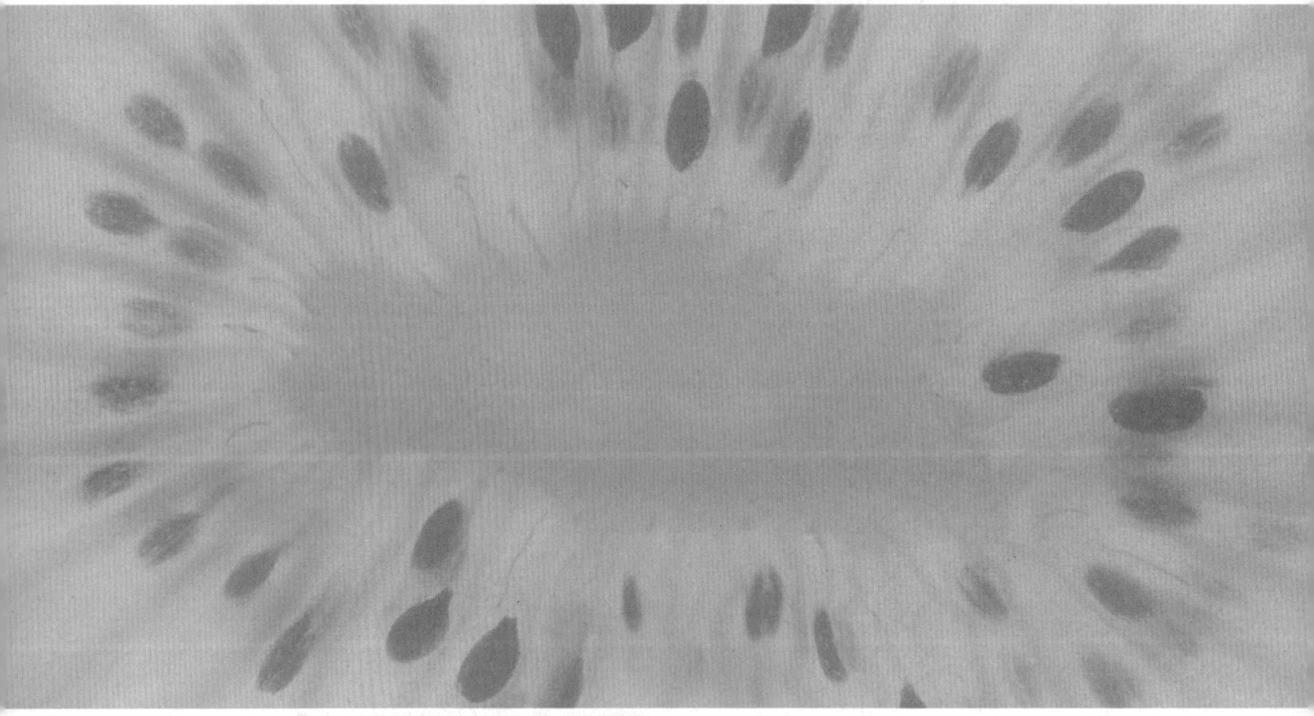

Part V 필답형 기출문제 및 예상문제(기사)

- 01 식품 등의 품질 및 위생검사
- 02 식품의 위생관리 및 실무
- 03 식품제조·가공 실무
- 04 제품개발 및 생산관리 실무

식품 등의 품질 및 위생검사

제1장 식품의 영양성분 분석 및 조작

01 양질의 식품을 판단하는 구비조건을 기술하라.

> **해답**
> ① **영양가** : 영양가를 골고루 갖추고 있고 소화, 흡수 및 동화가 용이할 것
> ② **위생적 조건** : 식중독을 일으키는 유독성분, 병원균, 기생충, 유해물질과 흙, 모래, 기타 협잡물이 들어있지 않을 것
> ③ **기호성** : 식품의 빛깔, 외형, 향기, 맛 등 식욕을 높이고 소화액 분비 촉진
> ④ **경제성** : 모든 사람이 섭취할 수 있도록 지나치게 비싸지 않을 것
> ⑤ **실용성** : 가공, 조리, 저장, 운반이 용이할 것

02 검체의 보존 시 성분 변화에 영향을 미치는 인자 3가지는 무엇인가?

> **해답**
> ① 보존 용기 ② 보존 온도 ③ 보존 기간

03 0.1N NaOH 200㎖를 조제하려면 2N NaOH 몇 ㎖가 필요한가?

> **해답**
> $NV = N'V'$
> $2 \times x = 0.1 \times 200$ ∴ $x = 10 (㎖)$

04 0.5N H_2SO_4에 몇 ㎖의 물을 가하면 0.3N H_2SO_4 500㎖를 얻을 수 있는가?

> **해답**
> $NV = N'V'$
> $0.5 \times x = 0.3 \times 500$
> $x = 300$
> ∴ 물의 필요량 $= 500 - 300 = 200 (㎖)$

05

15% NaCl 수용액 1200g을 만드는 데 필요한 NaCl과 물의 양은 각각 얼마인가?

해답

%농도는 용액 100㎖(또는 g) 중에 들어있는 용질의 ㎖ 수(또는 g)
15% NaCl 수용액 100g = NaCl 15g + 물 85g
15% NaCl 수용액 1200g = NaCl 180g + 물 1020g

06

25% NaCl 수용액 1000㎖를 만들기 위한 NaCl과 물의 양을 구하시오.

해답

$25 : 100 = x : 1000$
NaCl의 양은 250g
물의 양은 750㎖

07

✿ 2013년 1회 출제

1N oxalic acid 500㎖를 제조하는 데 필요한 oxalic acid량(계산식&답)과 만드는 방법을 간단히 쓰시오(oxalic acid 분자량 126.07).

해답

① 필요한 oxalic acid량
   1N oxalic acid = oxalic acid 1g 당량/용액 1,000㎖
                  oxalic acid 63.035g/용액 1,000㎖
                  oxalic acid 31.5175g/용액 500㎖
   * oxalic acid 1g 당량 = 분자량/원자가
                        = 126.07/2 = 63.035

② 1N oxalic acid 표준물질용액 500㎖ 조제
   ㉠ 순수한 oxalic acid 31.5167g의 근사치를 취한다.
   ㉡ 비이커에 넣고 소량의 증류수로 용해한다.
   ㉢ 100㎖ M-flask에 넣고 표선까지 정용하여 혼합한다.
   ㉣ 표준물질(1N NaOH)로 표정하여 factor를 구한다.

08 98% H_2SO_4으로 20%의 H_2SO_4 용액 500mℓ를 만들려면 98% H_2SO_4 용액은 몇 mℓ 필요한가?

> **해답**
> $NV = N'V'$
> $98 \times x = 20 \times 500$
> $\therefore x = 102.04 (m\ell)$

09 황산 9.8g을 250mℓ로 만들 때 M 농도는?

> **해답**
> 황산의 분자량이 98이므로 1M일 때 물 1ℓ에 황산 98g이 함유되어 있고, 물 250mℓ에는 황산 24.5g이 함유되어 있다.
> $1M : 24.5g = x : 9.8g$
> $\therefore x = 0.4(M)$

10 수분함량 95%의 무 100kg을 원료로 하여 수분 15%의 절간무를 제조할 경우 그 생산수량은?

> **해답**
> 생산수량(%) = $\dfrac{\text{원료중량}(100 - \text{생원료 중의 수분})}{100 - \text{건조무의 수분}}$
> = $\dfrac{100(100 - 95)}{100 - 15} = 5.9(\%)$

11 40%의 소금물 1.5ℓ를 희석하여 15%의 소금물로 만들려면 얼마를 더 넣으면 되는가?

> **해답**
> $\dfrac{40}{100} \times 1.5 = \dfrac{15}{100}(1.5 + x)$
> $\therefore x = \dfrac{0.375}{0.15} = 2.5(\ell)$

12 ❖❖ 2014년 1회 출제
5% 설탕액 1kg를 농축시켜 25%설탕액을 제조하려고 한다. 어느 정도 증발 시켜야 하는가?

> 증발시켜야 할 수분의 양(x)
> $$\frac{5}{100} \times 1 = \frac{25}{100} \times (1-x)$$
> $x = 0.8\text{kg}$

13 ❖❖ 2014년 1회 출제
35%의 소금물 100ml를 5%의 소금물로 희석하려면 첨가해야하는 물의 양은 얼마인가?

> 첨가해야 할 물의 양
> $$\frac{35}{100} \times 100 = \frac{5}{100}(100+x)$$
> $x = \frac{30}{0.05} = 600\text{ml}$

14 ❖❖ 2013년 2회 출제
5% 소금물 10kg을 20% 소금물로 농축할 때 증발시켜야 하는 수분의 양은?

> 증발시켜야 할 수분의 양(x)
> $$\frac{5}{100} \times 10 = \frac{20}{100} \times (10-x)$$
> $x = 7.5\text{kg}$

15 생리적 식염수 조제법을 설명하라.

> 염화나트륨 0.9g를 증류수 100㎖에 녹여 멸균한다.

16 항량에 대해 설명하라.

> 건조 또는 강열할 때 "항량"이라고 기재한 것은 다시 계속하여 1시간 더 건조 혹은 강열할 때에 전후의 칭량차가 이전에 측정한 무게의 0.1% 이하임을 말한다. 다만, 칭량차가 화학천칭을 썼을 때 0.5mg 이하, 마이크로 화학천칭을 썼을 때 0.01mg 이하인 경우에는 항량으로 본다(식품공전).

17 식품의 수분 정량법 중 상압가열건조법에 대하여 설명하라.

> 시료 일정량을 칭량하여 상압 하에서 105℃로 가열 건조하여 수분을 제거한 후 다시 칭량하여 건조 전후의 중량 차이를 수분량으로 산출하는 방법이다.
>
> $$수분(\%) = \frac{W_1 - W_2}{W_1 - W_0} \times 100$$
>
> W_0: 칭량병의 중량(g)
> W_1: 건조 전의 칭량병과 시료의 중량(g)
> W_2: 건조 후의 칭량법과 시료의 중량(g)
> ※ 수분의 정량법에는 건조법(상압, 감압, 동결), 증류법, 적정법 등이 있다. 보통 건조법이 많이 이용된다.

18 전 수분량이 69.6%일 때 유리수의 양이 22.4%이다. ① 결합수 함량(%), ② 보수력(%)를 계산하라.

> ① 결합수 함량
>   총수분량 = 유리수의 양 + 결합수의 양
>   69.6(%) = 22.4(%) + 결합수의 양
>   ∴ 결합수의 양 = 69.6(%) − 22.4(%) = 47.2(%)
> ② 보수력
>   22.4/47.2 × 100 = 47.5(%)

19. ✦✦ 2012년 2회 출제
건조기를 이용하여 5,000kg의 당근을 수분함량이 87.5%에서 4%로 건조하려 한다.

해답
① 당근의 고형분 함량은?
$5000 \times (100 - 87.5) / 100 = 625(kg)$
② 증발 후 남은 수분의 무게는?
건조 후 제품의 양(X) = $X \times 0.96 = 625$ ∴ $X = 651$
$651 \times 0.04 = 26 kg$
③ 증발시키는 수분의 양은?
$(5000 - 625) - 26 = 4349(kg)$

20. Fehling 용액이란?

해답
Rochell 염과 NaOH의 혼합액에 $CuSO_4 \cdot 5H_2O$ 수용액을 섞어서 만든 등량 혼합액으로 환원당의 검출과 정량에 쓴다. 환원당에 펠링(Fehling) 용액을 가하여 가열하면 짙은 푸른색의 용액에서 산화구리의 붉은색 침전이 생긴다.

21. Fehling 당의 환원작용으로 생기는 적색침전물의 명칭과 화학식을 써라.

해답
① 명칭 : Cu_2O
② 화학식 : $R-CHO + Cu^{2+} \rightarrow R-COOH + Cu_2O(적색)\downarrow$

22. Bertrand법에 의한 환원당 정량 시에 ① 적정단계의 표준용액, ② 표준용액으로 적정되는 물질, ③ 종말점에서 색깔은?

해답
① $KMnO_4$ 표준용액
② $FeSO_4$
③ 녹색에서 미홍색

23. Somogy 변법에 의한 환원당 정량 시에 사용되는 ① 표준용액, ② 표준용액으로 적정되는 물질, ③ 지시약은?

해답

① 0.05N $Na_2S_2O_3$ 표준용액　　② I_2　　③ 1% 전분용액

24. Somogy 변법에 사용하는 시약 및 반응식을 기술하라.

해답

① 환원당 정량법이며 시약은 Na_2HPO_4, NaOH, $CuSO_4$, KIO_3, KI용액, H_2SO_4, $Na_2S_2O_3$
② 반응식

$$2Cu(OH)_2 + R \cdot CHO \rightarrow Cu_2O \downarrow + R \cdot COOH + 2H_2O$$
$$KIO_3 + 5KI + 3H_2SO_4 \rightarrow 3I_2 + 3K_2SO_4 + 3H_2O$$
$$2Cu_2O + 2I_2 \rightarrow 4Cu^{2+} + 4I^- + O_2$$
$$2Na_2S_2O_3 + I_2 \rightarrow Na_2S_4O_6 + 2NaI$$

25. 조섬유 정량방법에 대한 개요를 설명하라(Hennerberg-Stohmann법을 개량한 AOAC법).

해답

AOAC법에 의한 조섬유의 정량
① 조작
- 용해과정과 회화과정 두 단계로 나누어서 한다.
- 용해과정은 식품을 묽은 산(1.25% H_2SO_4)과 묽은 알칼리(1.25% NaOH)로 처리하여 가용성 물질을 모두 제거하는 과정이고, 회화과정은 용해과정에서 용해되지 않은 물질 중에 무기물이 소량 함유되어 있으므로 무기물의 양을 측정하기 위한 과정이다.
- 즉 조섬유 양은 시료를 용해시킨 다음 남아 있는 물질의 무게에서 회분의 무게를 빼면 얻어진다.

② 시약 : 1.25% H_2SO_4, 1.25% NaOH, 95% 알코올, 아밀알코올(소포제), 석면
③ 계산식

$$조섬유(\%) = \frac{W_1 - W_2}{S} \times 100$$

W_1 : 용해과정 후 유리여과기의 항량(g)
W_2 : 회화과정 후 유리여과기의 항량(g)
S : 시료의 채취량(g)

26 시료의 양이 5.00g이고, 용해 후 여과기의 항량 10.80g, 건조 후 여과기의 항량이 10.40g일 때 조섬유 함량을 계산하시오.

> **해답**
>
> $$조섬유(\%) = \frac{W_1 - W_2}{S} \times 100$$
>
> W_1 : 용해과정 후 유리여과기의 항량(g)
> W_2 : 회화과정 후 유리여과기의 항량(g)
> S : 시료의 채취량(g)
>
> $$조섬유(\%) = \frac{10.80 - 10.40}{5} \times 100 = 8\%$$

27 시료 4.3825g을 취하여 AOAC법에 의하여 조섬유를 정량하였다. 이때 건조 후 유리여과기의 중량이 16.2534g이고, 회화 후의 유리여과기 중량이 16.0135g이라면 조섬유의 함량은 몇 %인가?

> **해답**
>
> $$조섬유(\%) = \frac{W_1 - W_2}{S} \times 100$$
>
> W_1 : 용해과정 후 유리여과기의 항량(g)
> W_2 : 회화과정 후 유리여과기의 항량(g)
> S : 시료의 채취량(g)
>
> $$\therefore 조섬유(\%) = \frac{16.2534 - 16.0135}{4.3825} \times 100 = 5.47(\%)$$

28 식품 중 조단백질 정량에 있어서 질소계수는 무엇인가?

> **해답**
>
> 식품 중의 단백질은 평균 16% 정도의 질소를 함유하고 있다. 따라서 식품 중의 단백질 양을 구하고자 할 경우에는 총질소량을 정량하여 그 값에 [100/16 = 6.25]를 계수로 곱하면 산출될 수 있다. 이때의 계수를 질소계수(nitrogen coefficient)라고 한다.

29 | 조단백질(킬달법)의 정량에 대해 설명하라.

해답

① 원리

식품 중의 질소화합물을 황산으로 고온에서 가열·분해시켜 황산암모늄 형태로 만든다. 분해액에 과잉의 알칼리를 가하여 수증기로 증류시키면 암모니아가 다시 방출되며, 이 암모니아 가스를 일정 규정 농도의 황산용액에 흡수시키고 남은 과잉의 산을 규정 알칼리 용액으로 역적정하여 질소량을 산출한다.

② 방법

분해(conc. H_2SO_4) → 증류(35% NaOH) → 중화(0.1N H_2SO_4) → 적정(0.1N NaOH)

㉠ 시료를 1~2g 취한다.
㉡ 진한 황산 25mℓ와 촉매($CuSO_4$: K_2SO_4 = 1 : 9)를 가한다.
㉢ 가열하여 청색이 생긴 후 1시간 더 가열한다(분해).
㉣ 100mℓ로 정용하여 일정량(25mℓ)을 취한다.
㉤ 35% NaOH로 증류장치에서 증류한다.
㉥ 증류한 액을 혼합지시약(0.1% methyl red 알코올 + 0.1% methyl blue 알코올)을 넣은 0.1N H_2SO_4에 포집한다(중화).
㉦ 0.1N NaOH로 회색이 될 때까지 적정한다(적정).
㉧ 같은 조작으로 공시험을 한다.

③ 계산

$$조섬유(\%) = \frac{(b-a) \times f \times 0.0014 \times d \times 6.25}{S} \times 100$$

b : blank test의 적정치
a : 시료의 적정치
S : 시료 채취량
f : 0.1N NaOH용액의 factor
d : 희석배수
0.0014 : 0.1N H_2SO_4 1mℓ에 상당하는 N량(g)

30 ✜ 2014년 3회 출제
킬달 질소정량법은 분해, 증류, 중화, 적정의 단계를 거친다. 다음은 증류반응의 화학식이다. ( )을 채우시오.

$$(NH_4)_2SO_4 + (\text{①}) \rightarrow (\text{②}) + (\text{③}) + 2H_2O$$

해답
① 2NaOH　　② 2NH$_3$　　③ Na$_2$SO$_4$

31 식품 중 조단백질을 정량할 때 분해촉진제로 가하는 K$_2$SO$_4$와 CuSO$_4$의 혼합비율은 얼마인가?

해답
9 : 1

32 식품 중 조단백질을 정량할 때 분해액을 증류하여 암모니아를 유출시키기 위해 첨가하는 시약은 무엇인가?

해답
30% NaOH 용액

33 Kjeldahl법으로 식품 중 조단백질을 정량할 때 증류하기 전에 지시약을 수기에 미리 넣는 이유는 무엇인가?

해답
적정 시 NaOH 표준용액을 사용하므로 수기에 들어 있는 H$_2$SO$_4$가 NH$_3$와 반응하고 여분의 H$_2$SO$_4$가 남아있으므로 산성상태를 확인하기 위해 미리 넣는다.

34 Kjeldahl법으로 식품 중 조단백질을 정량할 때 0.1N H_2SO_4 용액을 넣은 수기에 보통 첨가하는 지시약은?

> 해답
> 0.1% methyl red 알코올 용액과 0.1% methylene blue 알코올 용액의 혼합용액

35 시료 2.2345g을 취해 분해한 다음 분해액을 증류수로 희석하여 100㎖로 만들었다. 이 중 25㎖를 취하여 증류하고서 0.1N H_2SO_4 20㎖를 넣은 수기에 포집하여 0.1N NaOH(factor 1.003)로 적정하였더니 17.2㎖이었다. 이때 blank test 소비량이 20.0㎖였다면 시료의 조단백질 함량(%)은 얼마인가?

> 해답
> $$조단백질(\%) = \frac{(b-a) \times f \times 0.0014 \times d \times 6.25}{S} \times 100$$
> $$= \frac{(20.0-17.2) \times 1.003 \times 0.0014 \times \frac{100}{25} \times 6.25}{2.2345} \times 100 = 4.399(\%)$$

36 곡류, 마른 멸치, 과자 등 고체 식품의 조지방 정량에 일반적으로 이용하는 방법은?

> 해답
> Soxhlet 지방추출법

37 우유 및 유제품의 지방정량에 일반적으로 이용하는 방법은?

> 해답
> Babcock법과 Gerber법

38 ❖ 2014년 1회 출제
soxhlet 추출법을 이용한 조지방 분석의 원리를 쓰시오.

> **해답**
> 조지방 정량(soxhlet 추출법) 원리
> - 지방수기(정량병)에 에테르를 넣고 가열하면 증기 상의 에테르가 측관을 통하여 상승하고 이는 냉각관에서 응축되어 추출관 내의 시료 위에 적하된다. 추출관의 에테르가 적당량으로 되면 사이폰의 원리에 의하여 지방을 녹인 에테르는 수기에 흘러 내리고 다시 수기 중의 에테르만 재증발하여 순환하면서 연속적으로 지방을 추출한다.
> - 추출물에서 에테르 및 소량의 수분을 증발시킨 후 그 건조물을 칭량하여 조지방량으로 한다.

39 다음은 식품의 지질 양을 정량하는 원리와 속실렛(Soxhlet) 추출법을 설명한 것이다. (   ) 안에 알맞은 것을 쓰시오.

지질은 물에 녹지 않고 유기용매에 녹는 성질을 지닌다. 그러므로 삼각플라스크와 같은 기구 내에서 시료와 유기용매를 반응시켜 시료 중의 지질을 모두 추출할 수 있다. 그 후에 기구로부터 유기용매와 시료의 잔여물을 제거하면 (①)의 양만큼 그 기구의 무게가 증가하게 된다. 이것이 지질 정량법의 기본 원리이다. 즉, 지질 정량법은 (②)분석법이며 지질을 정량할 때에는 유기 용매로 (③)를(을) 주로 사용한다. 속실렛 추출법에서는 위의 과정을 보다 쉽게 하기 위해서 속실렛 추출 장치(옆그림)를 사용하는데, 이것을 이용하여 지질 정량을 할 때에는 시료로부터 지질을 추출하기 전의 (④)무게와, 시료로부터 지질을 추출하고 유기용매를 제거한 후에 지질이 남아 있는 (④)의 무게를 정확하게 측정하는 것이 특히 중요하다.

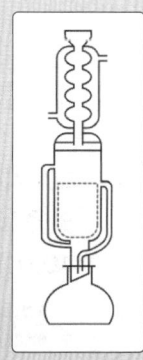

> **해답**
> ① 지질 ② 무게 ③ ether ④ 수기

40 Soxhlet 추출기에 의한 조지방 정량 시 추출용매(ether)가 들어있는 수기는 몇 도(℃)로 가온해야 하는가?

> **해답**
> 60~70℃

41. Soxhlet 추출법에 의해 육류의 지방을 정량할 때에 시료를 전처리하는 이유는?

해답
육류, 난류, 어류, 된장 등과 같이 수분과 단백질이 많아 건조하여도 분쇄하기 어려운 시료는 다량의 무수황산나트륨을 혼합함으로써 조직의 고화를 방지하고 시약의 탈수 효과를 가져올 수 있으므로 에테르로 추출할 수 있는 시료로 만들 수 있다. 따라서 에테르가 시료의 조직 내부에 깊숙이 스며들어 지방이 잘 유출되도록 전처리를 한다.

42. 젤리 등과 같이 점질상이고 당분을 많이 함유한 식품으로부터 지방을 정량할 때 시료의 전처리 방법은?

해답
젤리 등과 같이 점질상이고 당분을 많이 함유한 식품은 $Cu(OH)_2$(수산화구리)로 전처리하여 당분을 침전시키고 건조한 후에 Soxhlet 추출법을 적용한다.

43. 고체시료 3.5201g을 원통여지에 취해 Soxhlet 추출기에 의한 조지방 정량을 하였을 경우 수기의 중량이 38.7421g이고, 지방추출 후의 수기의 중량이 40.0125g일 때 조지방 함량(%)은 얼마인가?

해답
$$조지방(\%) = \frac{W_1 - W_0}{S} \times 100$$
$$= \frac{40.0125 - 38.7421}{3.5201} \times 100 = 36.09(\%)$$

44. 회분 정량 시 시료의 회화온도는 얼마인가?

해답
550~600℃

45 조회분 정량 시 시료를 완전히 회화시켰을 때 청녹색을 띠고 있으면 회분 중 어떤 성분이 많이 존재하기 때문인가?

> **해답**
> 망간(Mn)
> 시료가 완전히 회화되면 보통 회백색을 띠지만 망간(Mn)이 많으면 청녹색, 철(Fe)은 갈색, 구리(Cu)는 연청색을 띠는 경우가 많다.

46 간장, 우유, 주스같은 수분이 많은 액체 식품의 조회분 정량 시 회화하기 전의 전처리는 어떻게 해야 하는가?

> **해답**
> 액체식품은 수욕 상에서 예비 건조시킨 후 회화한다.

47 당분이 많은 시료나 동물성 시료는 회화될 때 심하게 부풀어 오른다. 이런 시료는 어떤 전처리를 하는 것이 좋은가?

> **해답**
> 용기에 비하여 시료를 소량 취하거나 전열기 온도를 낮게 하여 회화용기의 아래 면을 서서히 가열시켜 내용물이 부풀어 넘치지 않도록 하면서 점차 온도를 상승시켜 탄화시킨다.

48 식품에서 무기성분을 정량할 때 이용하는 건식회화법을 설명하라.

> **해답**
> 무기성분 정량(건식회화법)
> - 시료를 고온에서 회화한 후 산에 용해하는 방법이다. 주로 식물성 식품, 유제품, 음료 등에 이용된다.
> - 조작이 간단하며 회화 후의 용액의 산량이 자유로이 조정되는 장점이 있지만 무기질 일부(염소 등)가 휘산하거나 인산 함량이 많은 시료는 회화하기 어렵다.

49 식품에서 무기성분을 정량할 때 이용하는 습식회화법을 설명하라.

해답

무기성분 정량(습식회화법)
- 시료를 진한 질산, 황산, 과염소산($HClO_4$) 등과 같은 강산의 혼합물로 열분해하는 방법이다.
- 동물성 식품(육류, 어류, 난류 등), 회화 시 부풀어 오르는 시료, 인을 정량할 때 알맞다. 조작이 번잡하고 시간이 오래 걸리며 분해 후 다량의 산이 남는다.

50 시료 2.5432g을 취하여 회분정량을 하였다. 회화용기의 중량이 14.8756g이고 회화 후 회화용기와 회분의 중량이 15.1278g이었다. 이 시료의 회분함량은 몇 %인가?

해답

$$회분(\%) = \frac{W_2 - W_0}{W_1 - W_0} \times 100 = \frac{W_2 - W_0}{S} \times 100$$

$$= \frac{15.1278 - 14.8756}{2.5432} \times 100 = 9.92(\%)$$

51 과망간산칼륨 적정법에 의한 Ca정량 시에 시료 중의 Ca과 결합하여 난용성의 침전을 생성시키기 위해 일반적으로 첨가하는 시약은 무엇인가?

해답

수산암모늄[$(NH_4)_2C_2O_4$]
시료 용액에 함유되어 있는 칼슘(Ca^{2+})은 약산성(pH 5~6)이나 암모니아 알칼리성에서 수산기($C_2O_4^{2-}$)와 반응하여 난용성인 수산칼슘(CaC_2O_4)의 침전을 생성한다.

52 과망간산칼륨 적정법에 의한 Ca정량 시에 $KMnO_4$ 용액의 표정을 위하여 사용하는 시약은?

해답

수산기($H_2C_2O_4$) 또는 수산나트륨($Na_2C_2O_4$)

53 과망간산칼륨 적정법에 의한 Ca정량 시 CaC_2O_4의 침전을 생성하기 위한 최적 pH를 유지하기 위해 첨가하는 시약은 무엇인가?

> 요소(urea)
> 요소는 가수분해에 의하여 서서히 암모니아와 탄산가스를 방출하고 암모니아가 용액에 흡수되어 액의 pH를 수산칼슘(CaC_2O_4)의 침전을 생성하기에 적당하게 될 때까지 연속적으로 높여준다.

54 EDTA 적정법에 의한 Ca의 정량 원리를 설명하시오.

> EDTA는 중금속, 알칼리 토금속과 킬레이트를 형성하는데 이는 pH의 영향을 크게 받으므로 금속이온의 종류에 따라 적당한 금속 지시약과 pH를 정한다. Ca의 경우 pH 12~13에서 매우 안정하다.

55 $KMnO_4$ 적정법에 의한 Ca의 정량 원리를 설명하시오.

> 칼슘이온은 약산성(pH 5~6) 또는 암모니아 알칼리성에서 수산기($C_2O_4^{2-}$)와 반응하여 수산칼슘(CaC_2O_4) 침전을 생성한다. 이 침전을 황산(H_2SO_4)으로 녹여 용액 중의 유리된 수산기($C_2O_4^{2-}$)를 $KMnO_4$ 규정 용액으로 적정한다.

56 EDTA 적정법에 의한 Ca의 정량 시, 시료용액의 pH는 어느 정도가 적당한가?

> pH 12~13
> EDTA와 Ca의 착염은 pH 12~13과 같은 강알칼리에서도 매우 안정하다.

57 비색법에 의해 인의 함량을 정량할 때 청색을 발현하기 위해 발색제로 첨가하는 시약은?

> 몰리브덴산암모늄 용액

58 비색법에 의한 인의 함량을 정량할 때 분광광도계의 흡광도는?

> **해답**
> 650nm

59 몰리브덴 블루 비색법으로 인의 정량 시 보통 인 표준용액 1mℓ 중에는 몇 mg의 인을 함유하도록 조제하는가?

> **해답**
> 0.020~0.025mg

60 몰리브덴 블루 비색법에 의한 인의 정량 원리를 쓰시오.

> **해답**
> 시료액 중에 존재하는 인산염과 몰리브덴산암모늄을 반응시켜 정량적으로 생성되는 몰리브덴산암모늄에 환원제를 가하여 생성되는 진한 청색인 몰리브덴 청을 비색 정량하여 인의 양을 산출하는 방법이다.

61 몰리브덴 블루 비색법으로 인의 함량을 정량 때 ① 발색제, ② 환원제, ③ 계산식을 기술하라.

> **해답**
> ① 발색제 : Ammonium molydate solution(몰리브덴산암모늄 용액)
> ② 환원제 : Hydroquinone 용액
> ③ 계산식 : $P(mg\%) = $ 인 표준용액의 양 $= \dfrac{A}{A_0} \times D \times \dfrac{100}{S}$
>
>   A : 시료용액의 흡광도
> A_0 : 인 표준액의 흡광도
>   D : 희석배수
>   S : 시료의 채취량(g)

62 시료 5.1256g을 건식분해한 후, 물을 가해 100㎖로 용해한 후 2㎖를 취해 25㎖로 희석한 다음 흡광도를 측정하였더니 0.382였으며, 인 표준용액 2㎖를 희석하여 25㎖로 하고 흡광도를 측정하였더니 0.456이었다. 인 표준용액의 함량이 0.025mg/㎖일 때 시료의 인 함량은 몇 mg%인가?

해답

$$P(mg\%) = \text{인 표준용액의 양} = \frac{A}{A_0} \times D \times \frac{100}{S}$$

$$= 0.05 \times \frac{0.382}{0.456} \times \frac{100}{2} \times \frac{100}{5.1256} = 40.86 \, (mg\%)$$

63 Ortho-phenanthroline 비색법에 의한 철분함량의 ① 정량 원리, ② 계산식을 기술하라.

해답

① 2가 철 이온(Fe^{++})은 pH 3~9에서 Ortho-phenantholine 3분자와 결합하여 적색의 착화합물을 형성하므로 3가 철 이온을 완전히 2가 철 이온으로 환원시킨다. Ortho-phenantholine 용액을 가한 후, pH 3.5~4.0으로 하고 발색된 등적색의 Fe 착화합물을 510nm에서 흡광도를 측정하여 시료 중의 철의 양을 구한다.

② 계산식

$$\text{철의 함량}(mg\%) = a \times D \times \frac{100}{W}$$

a : 표준곡선으로부터 구한 시료용액 10㎖ 중의 철의 양
D : 희석배수
W : 시료 채취량

64 Ortho-phenanthroline 비색법에 의한 철 정량 시에 광전비색계의 필터를 어떤 색깔로 맞추어 흡광도를 측정하는가?

해답

녹색 필터

65 Ortho-phenanthroline 비색법에 의한 철 정량 시 분광광도계의 파장은 얼마로 맞추어 흡광도를 측정하는가?

해답

철 이온(Fe^{++})은 pH 3~9에서 Ortho-phenantholine 3분자와 결합하여 적색의 착화합물을 형성하며 파장은 510nm로 측정한다.

66 시료 4.2537g을 취해 회화한 후 분해액을 100㎖로 용해한 다음 이 중에서 10㎖를 취해 발색제로 발색을 시켰다. 흡광도를 측정한 후, 철 표준용액으로 작성한 표준곡선과 대조하였더니 철의 양이 0.15mg이었다. 시료 중의 철 함량은 몇 ㎖%인가?

> **해답**
>
> 철의 함량(mg%) = $a \times D \times \dfrac{100}{W}$
>
> a : 표준곡선으로부터 구한 시료용액 10㎖ 중의 철의 양
> D : 희석배수
> W : 시료 채취량
>
> ∴ 철의 함량(mg%) = $0.15 \times \dfrac{100}{10} \times \dfrac{100}{4.2537}$ = 35.26(mg%)

67 Mohr법에 의한 염도 측정 시에 0.1N $AgNO_3$로 적정할 때 종말점의 색깔은?

> **해답**
>
> 적갈색
>
> Mohr 법은 K_2CrO_4를 지시약으로 한 침전적정으로 Cl^-, Br^-, I^-, CN^-, CNS^-, S^{2-} 등의 적정에도 이용된다. Cl^-의 경우는 식염 NaCl 용액을 비커에 넣고 K_2CrO_4 용액을 소량 가하고 뷰렛으로부터 $AgNO_3$ 표준용액을 적하하면 Cl^-는 전부 AgCl의 백색 침전이 생성된다.
>
> $AgNO_3$ + NaCl → AgCl↓(백색) + $NaNO_3$
>
> 또, K_2CrO_4와 반응하여 크롬산은 Ag_2CrO_4의 적갈색 침전이 생기기 시작하므로 적정 종말점을 알 수 있다.
>
> K_2CrO_4 + $2AgNO_3$ → Ag_2CrO_4↓(적갈색) + $2KNO_3$

68 Mohr법에 의한 염소(Cl) 정량 시에 적정에 사용되는 표준용액은 무엇인가?

> **해답**
>
> 0.1N $AgNO_3$ 용액

69 | Mohr법에 의한 염소(Cl) 정량 시에 적정에 사용되는 지시약은 무엇인가?

> **해답**
> 10% K_2CrO_4

70 | Mohr법에 의한 염소(Cl) 정량 시에 시료용액의 pH를 중성으로 유지해 주는 이유는 무엇인가?

> **해답**
> 강알칼리성에서는 Ag_2CrO_4의 침전이 생기기 전에 Ag_2O가 침전되며, 산성에서는 $Cr_2O_7^-$으로 되어 $[CrO_4^-]$의 농도가 저하되므로 지시약의 작용이 저하된다.

71 | Mohr법에 의해 식염(NaCl)을 정량할 때 ① 정량 방법, ② 반응식, ③ 계산식을 기술하라.

> **해답**
> ① 정량방법
> • 시료 5~10g을 취하여 증류수 20㎖와 함께 마쇄한 후 100㎖ M-플라스크에 옮겨 정용한다(시료용액).
> • 삼각플라스크에 시료용액 10㎖를 취한다.
> • 10% K_2CrO_4 용액 1㎖를 가한다.
> • 0.1N $AgNO_3$ 용액으로 적정한다(종말점 : 백색 → 적갈색).
> ② 반응식
> $AgNO_3 + NaCl \rightarrow AgCl\downarrow$ (백색) $+ NaNO_3$
> $K_2CrO_4 + 2AgNO_3 \rightarrow Ag_2CrO_4\downarrow$ (적갈색) $+ 2KNO_3$
> ③ 계산식
>
> $$NaCl(\%) = 0.00585 \times V \times F \times D \times \frac{100}{S}$$
>
> V : 0.1N $AgNO_3$ 용액의 적정소비량(㎖)
> F : 0.1N $AgNO_3$ 용액의 역가
> D : 희석배수
> S : 시료채취량(g)
> 0.00585 : 0.1N $AgNO_3$ 용액 1㎖에 상당하는 NaCl의 양(g)

72 단무지 5.4321g을 취하여 마쇄하고 100mℓ로 정용한 후 여액 10mℓ를 취하여 0.1N AgNO₃ 용액으로 적정한 결과 8.50mℓ가 소비되었다. 단무지의 식염함량은? (0.1N AgNO₃ 용액의 역가는 1.0008)

> **해답**
>
> $$NaCl(\%) = 0.00585 \times V \times F \times D \times \frac{100}{S}$$
>
> V : 0.1N AgNO₃ 용액의 적정소비량(mℓ)
> F : 0.1N AgNO₃ 용액의 역가
> D : 희석배수
> S : 시료채취량(g)
>
> $$\therefore NaCl(\%) = 0.00585 \times 8.50 \times 1.008 \times \frac{100}{10} \times \frac{100}{5.4321} = 9.23(\%)$$

73 Volhard법에 의한 식품 중의 염소(Cl) 정량의 원리는?

> **해답**
>
> 질산산성의 염소이온(Cl^-)을 함유한 용액에 $AgNO_3$를 가하여 반응시킨 후 남은 여분의 Ag^+ 이온에 제2철 이온(Fe^{3+})을 지시약으로 가하여 로단칼륨(KSCN)의 표준용액으로 적정한 다음 Cl^-의 함량을 구한다.

74 Volhard법에 의한 식염(NaCl) 정량 시에 가하는 ① 표준용액, ② 지시약, ③ 종말점의 색깔, ④ 계산식은 무엇인가?

> **해답**
>
> ① 표준용액 : 0.1N KSCN
> ② 지시약 : $NH_4Fe(SO_4)_2$ (황산 제2철암모늄, 철명반)
> ③ 종말점의 색깔 : 황백색 → 미홍색
> ④ 계산식 : $NaCl(\%) = 0.00585 \times (F_{Ag}V_1 - F_{SCN}V_2) \times D \times \frac{100}{S}$
>
> V_1 : 0.1N AgNO₃ 표준용액의 mℓ수 (보통 20mℓ)
> F_{Ag} : 0.1N AgNO₃ 표준용액의 역가
> V_1 : 적정 시 소비된 0.1N KSCN 표준용액의 mℓ수
> F_{SCN} : 0.1N KSCN 표준용액의 역가
>   D : 희석배수
>   S : 시료채취량(g)
>   0.00585 : 0.1N AgNO₃ 표준용액 1mℓ에 상당하는 NaCl의 양(g)

75 간장 5㎖를 희석하여 500㎖로 한 후, 이 중에서 25㎖를 취해 Volhard법에 의한 식염(NaCl) 정량을 하였다. 이때 가한 0.1N AgNO₃ 용액(factor 1.020)은 20 ㎖였으며 0.1N KSCN 용액(factor 1.050)의 적정 소비량은 10.50㎖이었다. 이 시료 중 NaCl 함량은 몇 %인가?

해답

$$\text{NaCl}(\%) = 0.00585 \times (F_{Ag}V_1 - F_{SCN}V_2) \times D \times \frac{100}{S}$$

$$= 0.00585 \times (20 \times 1.02 - 10.50 \times 1.05) \times \frac{500}{25} \times \frac{100}{5} = 21.94\,(\%)$$

76 Indopherol 적정법에 의한 환원형 비타민 C의 정량방법을 기술하라.

해답

① 표준용액의 조제
- Indophenol 용액 : 미리 탄산수소나트륨(NaHCO₃) 약 50mg을 더운 증류수 약 150㎖에 용해하고 여기에 2,6-dichlorophenol indophenol의 Na염 약 500mg을 용해시켜서 냉각한 후 증류수를 가하여 200㎖로 한다. 여과 후 차광하여 냉소에 보존 시 1주간 사용할 수 있다. 다만, 사용할 때 다음 방법으로 표정한다.
- 표정 : 비타민 C 표준품 100mg을 정밀히 취하여 500㎖의 메스플라스크에 넣고 묽은 HPO₃-CH₃COOH 용액으로 500㎖로 한다. 그 5㎖를 정밀히 취하여 묽은 HPO₃-CH₃COOH 용액 5㎖를 가하고 indophenol 용액으로 액이 적어도 5초간 적색이 될 때까지 적정한다. 여기에 적정된 indophenol 용액의 소비량을 T(㎖)로 한다.

② 시험용액 조제
- 검체 일정량을 정밀히 단다.
- 정확히 같은 양의 HPO₃-CH₃COOH 용액을 잘 혼합해서 균등한 죽 상태로 한다.
- 환원형 비타민 C로서 1~5mg 함유되도록 균등한 죽 상태의 일정량(Wg)을 100㎖의 플라스크에 옮기고 묽은 HPO₃-CH₃COOH 용액으로 100㎖로 한다.
- 이 용액을 여과하여 처음의 수 ㎖를 제거해서 그 후의 여액을 취하든지 또는 원심 분리해서 상등액을 취하여 시험용액으로 한다.

③ 환원형 비타민 C의 적정
- 2,4-Dinitrophenylhydrazine법에서 조제한 시험용액 10㎖를 삼각 플라스크에 정확히 취하여 즉시 indophenol 용액으로 액이 적어도 5초간 적색이 지속될 때까지 적정한다.
- 이때 적정된 indophenol 용액의 소비량을 S(㎖)로 한다.

④ 계산

$$\text{환원형 비타민 C}(mg/100g) = A \times \frac{S}{T} \times 10 \times \frac{\text{시료채취량} \times 2}{W} \times 100$$

A : Indophenol 용액 T(㎖)에 대응하는 아스코르빈산(비타민 C)의 양(㎎)

77 Indopherol 적정법에 의한 환원형 비타민 C의 정량 원리를 설명하라.

> **해답**
> 2,6-Dichlorophenol indophenol(indophenol)은 산성 수용액 중에서 ascorbic acid에 의하여 환원되어 무색으로 된다. 따라서 일정량의 indophenol 용액에 ascorbic acid 용액을 적가하여 용액의 홍색이 사라지는 점을 종말점으로 하여 적정량으로부터 ascorbic acid의 양을 구하는 방법이다.

78 Ascorbic acid 용액을 조제할 때 용매제로 사용되는 것은 무엇인가?

> **해답**
> 2% 메타인산(HPO_3) 용액

79 Indopherol 적정법에 의한 환원형 비타민 C의 정량 시에 종말점에서의 색깔 변화는?

> **해답**
> Indopherol 색소의 분홍색(또는 적색)이 무색으로 변화된다.

80 총 비타민 C의 정량 시에 산화형 dehydroascorbic acid를 환원형으로 변화시키기 위하여 가하는 시약은?

> **해답**
> 황화수소(H_2S)

81 ✥✥ 2014년 3회 출제
비타민C 정량 시 환원형인 (①)와 산화형인 (②)를 함께 정량, 탈수제로 (③)를 넣으면 적색이 돼서 520나노미터에서 확인이 가능하다.

> **해답**
> ① AsA(Ascorbic Acid)
> ② DHAA(Dehydroascorbic Acid)
> ③ H_2SO_4

82 밀감 5.1234g을 취해 5% 메타인산 용액 20㎖로 마쇄하고 물 25㎖로 희석한 후 원심분리하여 시료용액을 조제하여 Indopherol 적정법에 의해 환원형 비타민 C 를 정량하였다. 이때 ascorbic acid 용액의 농도는 0.425mg/㎖, ascorbic acid 용액에 의한 적정치는 0.815㎖이었고, 시료침출액에 의한 적정치는 0.678 ㎖이었다. 이 시료 중의 ascorbic acid 함량은 몇 mg%인가?

해답

① 시료침출액 중의 ascorbic acid의 양(mg/mℓ)

$$b = a \times \frac{V_0}{V}$$

a : Ascorbic acid 용액의 농도(mg/mℓ)
V_0 : 색소용액에 대한 ascorbic acid 용액의 적정소비량(mℓ)
V : 색소용액에 대한 시료침출액의 적정소비량(mℓ)

$$\therefore \text{ascorbic acid(mg/mℓ)} = 0.425 \times \frac{0.815}{0.678} = 0.05109 \,(\text{mg/mℓ})$$

② 밀감 중의 ascorbic acid(mg%)

$$\text{ascorbic acid(mg\%)} = a \times \frac{V_0}{V} \times \frac{D}{S} \times 100$$

D : 희석침출액의 전량(mℓ)
S : 시료채취량(g)

$$\therefore \text{ascorbic acid(mg\%)} = 0.05109 \times \frac{50}{5.1234} \times 100 = 49.86 \,(\text{mg\%})$$

83 완충용액이란?

해답

완충용액(buffer solution)이란 산이나 염기를 가해도 공통 이온 효과에 의해 그 용액의 수소이온농도(pH)가 크게 변하지 않는 용액을 말한다.

84 어떤 식품의 수소이온농도가 5×10^{-6}일 때 이 식품의 pH는 약 얼마인가?
(단, log5=0.699로 계산한다)

해답

$$pH = -\log[H^+] = -\log(5 \times 10^{-6}) = -0.699 + 5.999 = 5.3$$

85 | 수분활성도(A_w)란?

해답

수분활성도(water activity)는 어떤 임의의 온도에서 식품이 나타내는 수증기압(P_s)에 대한 그 온도에 있어서 순수한 물의 최대 수증기압(P_o)의 비율로 정의된다.

$$A_w = \frac{P_s}{P_o} = \frac{N_w}{N_w + N_s}$$

P_s : 식품 속의 수증기압 = 용액의 증기압
P_o : 순수한 물의 증기압 = 용매의 증기압
N_w : 물의 몰수
N_s : 용질의 몰수

86 | 수분활성도를 감소시켜 주는 방법을 기술하라.

해답

당장(설탕 첨가), 염장(소금 첨가), 건조(수분 제거), 냉동

87 | 수분활성도(A_w)와 미생물과의 관계를 설명하라.

해답

미생물이 번식과 성장할 때에는 실제로 이용할 수 있는 일정량 이상의 수분이 필요하므로 수분활성은 미생물의 활동에 큰 영향을 미친다. 일반적으로 세균이 증식할 수 있는 최저한의 A_w는 0.91, 효모는 0.88, 곰팡이는 0.80 정도이다. 그러나 내건성 곰팡이는 0.65, 내삼투압성 효모는 0.60 정도에서도 생육이 가능하다.

88 30%의 수분과 20%의 설탕(sucrose)을 함유하고 있는 식품의 수분활성도(A_W)는? (단, 분자량은 H_2O : 18, $C_6H_{12}O_6$: 342이다.)

해답

$$A_W = \frac{P_S}{P_O} = \frac{N_W}{N_W + N_S}$$

$$= \frac{\frac{30}{18}}{\frac{30}{18} + \frac{20}{342}} = \frac{1.667}{1.667 + 0.058} = 0.97$$

A_W : 수분활성도
N_W : 물의 몰수
N_S : 용질의 몰수

89 식품의 등온흡습(탈습)곡선에 대하여 설명하라.

해답

일정 온도에서의 상대 습도와 평형수분 함량 사이의 관계를 상대 습도의 증감에 따라 표시한 곡선이다. 대기 중의 수분을 흡수함으로써 평형에 이르는 것을 표시한 그래프가 등온흡습곡선, 반대로 식품에서 대기 중으로 수분이 방출됨으로써 평형에 이르는 것을 표시한 그래프가 등온탈습곡선이다. 온도가 높을수록 같은 상대 습도에 대응하는 수분 함량은 커진다.

90 등온흡습(탈습)곡선 그래프상 가로축과 세로축의 의미를 표시하여 일반적인 모형을 그리시오.

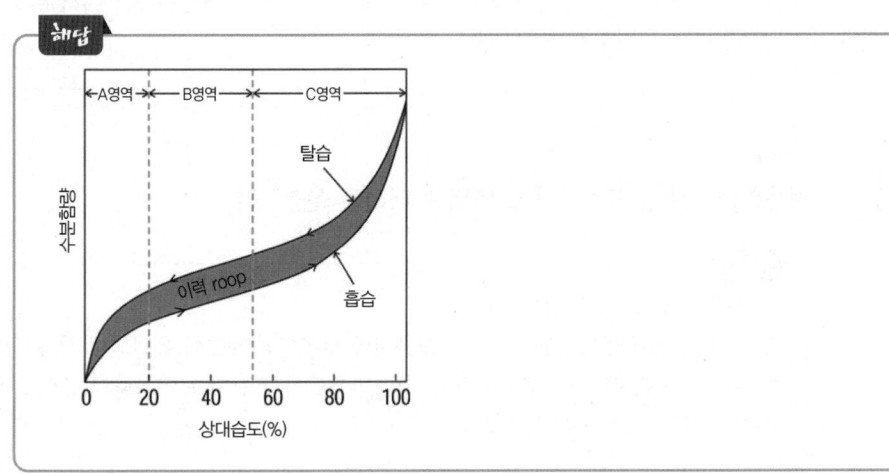

91 | 등온흡습곡선 중 이력현상(hysteresis effect)이란?

해답

등온흡습곡선과 등온탈습곡선이 일치되지 않는 현상으로 그 효과는 등온 곡선의 굴곡점에서 가장 크다. 많은 건조한 식품이 흡습할 때보다 탈습할 때가 동일한 수분활성도(A_W)에 있어서 수분 함량은 높게 나타난다. 이는 식품 조직의 변화나 성분의 변화에 기인한 것으로 이러한 현상을 이력현상이라고 한다.

92 | 등온흡습곡선 중 단분자층 영역에 대하여 설명하라.

해답

※ 83번 해답 그래프 참조
A영역으로 식품의 수분 함량이 5~10%에 이르고 식품 내의 수분이 단분자막을 형성하는 영역이다. 식품 성분 중의 carboxyl기나 amino기와 같은 이온 그룹과 강한 이온 결합을 하는 영역이며 식품 속의 물 분자가 결합수로 존재한다(흡착열이 매우 크다). 저장성이나 안정성은 B영역보다 떨어진다. 이 영역에서는 광선 조사에 의한 지방질의 산패가 심하게 일어난다.

93 | 등온흡습곡선 중 다분자층 영역에 대하여 설명하라.

해답

※ 83번 해답 그래프 참조
B영역으로 물 분자들이 복수분자막을 형성하며 식품의 안정성에 가장 좋은 최적 수분 함량을 나타낸다. 수분은 결합수로 주로 존재하나 이온 결합보다는 여러 기능기들이 수소결합에 의하여 결합되어 있다.

94 | 등온흡습곡선 중 모세관응고 영역에 대하여 설명하라.

해답

※ 83번 해답 그래프 참조
C영역으로 식품의 다공질 구조, 즉 모세관에 수분이 자유로이 응결되며 식품성분에 대해 용매로서 작용한다. 따라서 화학, 효소반응들이 촉진되고 미생물의 증식도 일어날 수 있다. 물은 주로 자유수로 존재한다.

제2장 식품첨가물, 용기, 포장 및 기구의 시험분석

01 산형 보존제가 낮은 pH에서 보존효과가 큰 이유는?

> **해답**
> 정균작용은 보존료의 미생물 세포 투과 능력에 따라 좌우된다. 투과능력을 가진 부분은 대부분 비해리 분자 그룹이다. pH가 낮아지면 H^+의 농도가 증가하여 해리를 억제하여 비해리 분자 농도가 커져 지질 친화성이 증가한다. 흡착량이 커져서 정균 효과가 커진다.

02 투석법에 의한 sorbic acid 정량시험에서 투석 보조액으로 사용되는 시약은?

> **해답**
> NaOH(NaOH 0.8g을 물에 용해하여 1000mℓ로 한다)

03 식품 중 tar색소 검출시험을 하고자 할 때, 양모의 탈지는 어떻게 처리하는가?

> **해답**
> ① 암모니아 용액에 의한 탈지 : 백색 양모를 암모니아수에 담갔다가 온탕·냉수로 수세하여 건조한다.
> ② 석유 에테르로 탈지 : 양모를 soxhlet 추출기에서 석유에테르로 탈지한 다음 풍건한다.

04 크로마토그래피에는 이동상과 고정상이 있다. 이것이 어떤 원리로 물질을 분리하는지 쓰시오.

> **해답**
> 혼합된 시료성분이 이동상과 고정상 사이를 흐르면서 흡착, 분배, 이온교환 또는 분자 크기 배제작용 등에 의해 각각의 단일 성분으로 분리되는 것을 말한다. 분리, 정성, 정량 등의 분석목적과 분리, 정제, 분취 목적에 이용된다. 이동상의 종류에 따라 기체 크로마토그래피와 고체 크로마토그래피로 대별한다.

05 ✥ 2012년 2회 출제
가스크로마토그래피(GC)에서 가스가 들어오는 이동상과 데이터를 분석하는 부분을 제외한 주요기관 3개는?

> **해답**
> 시료주입구(Injector), 고정상(Column), 검출기(Detector)

06
Paper chromatography법에 의한 식품의 타르(tar)색소를 분리하고자 할 때, 사용 가능한 전개용매를 기술하라.

> **해답**
> ① Acetone : Isoamyl alcohol : H_2O = 6 : 5 : 5
> ② n-Butanol : Ethanol : 1% Ammonia 용액 = 6 : 2 : 3
> ③ 25% Ethanol : 5% Ammonia 용액 = 1 : 1
> ④ Acetone : H_2O = 7 : 3

07
Paper chromatography의 원리를 설명하라.

> **해답**
> 분배 크로마토그래피의 일종인 종이 paper chromatography는 거름종이에 흡착된 용매(물)는 정지상이고, 물과 섞이지 않는 유기용매는 이동상이다. 그리고 거름종이는 정지상의 지지체(supporting medium)가 된다. 혼합물인 시료의 용액을 거름종이 위에 점적하고 말린 다음 물로 포화된 유기용매 속에 그 한쪽 끝을 담가두면, 용매는 모세관 현상에 의해 종이 위쪽으로 올라가는 상승식 전개법 또는 중력에 의해 아래쪽으로 내려오는 하강식 전개법으로 이동하게 된다. 이때, 시료의 성분들도 용매와 함께 따라 이동하게 되는데 이동하는 동안에 물과 유기용매에 대한 용해도의 차이(분배계수)에 따라 이동속도가 다르다. 이동상에 잘 녹는 물질은 많이 전진하고 정지상에 잘 녹는 물질은 많이 전진하지 못한다. 각 성분의 이동거리는 Rf값으로 나타낸다.

08
서로 혼합되기 어려운 두 가지 용매에 물질이 용해될 때, 두 용매에 녹는 물질의 농도 비율을 무엇이라고 하는가?

> **해답**
> 분배계수

09 Paper chromatography의 방법 중 밀폐용기 내에서 전개용매를 모세관 현상에 의해 여과지의 위쪽으로 올라가게 하는 방법을 무엇이라 하는가?

> **해답**
> 상승식 전개법

10 Paper chromatography의 2차원법이란 무엇인가?

> **해답**
> 넓은 사각형의 여과지를 이용하여 먼저 한 종류의 용매를 한 방향으로 전개시킨 다음, 직각 방향으로 돌려 제2의 용매로 전개시키는 방법이다. 2차원법은 1차원법보다 분리도가 크므로 많은 물질의 혼합성분을 분리하는 데 효과적이다.

11 Paper chromatography에 의한 아미노산 정량에서 발색제로 가장 많이 사용되는 시약은?

> **해답**
> 0.1% ninhydrin butanol 용액

12 Paper chromatography에서 물질의 판정기준이 되는 값인 이동도, 즉 Rf란?

> **해답**
> Rf(rate of flow)값이란
> 측정하고자 하는 물질을 spot한 원점으로부터 용매에 의해 그 물질이 이동하여 생긴 spot 중심까지의 이동거리를 원점으로부터 용매가 이동한 거리로 나눈 값을 의미한다.
> $$Rf = \frac{\text{원점에서 각 성분의 반점(spot) 중심까지의 거리}}{\text{원점에서 용매의 침투전선(front)까지의 거리}}$$

13 식품포장 재료의 시험법 중 일반 시험법에 대해 간단히 설명하라.

① 두께시험과 인장시험
② 인열 저항시험과 충격파열 시험
③ 투습도 시험, 산소 투과도 시험
④ 내열, 내한성 시험 그리고 접착성, 시착성 시험이 있다.

14 합성수지제 용기의 용출시험에서 가장 문제가 되는 물질은?

최근 요소나 석탄산 등을 축합한 열경화성 합성수지제의 식기가 많이 쓰이는데 축합, 경화가 불안전한 것은 포름알데히드와 페놀이 용출되어 문제가 되고 있다.

제3장 식품 등의 물리화학적, 미생물학적 품질 및 위생검사

01 농도에서 (1 → 5)와 (1 + 5)의 차이점을 설명하라.

용액의 농도를 (1 → 5), (1 → 10), (1 → 100) 등으로 나타내는 것은 고체시약 1g 또는 액체시약 1ml를 용매에 녹여 전량을 각각 5ml, 10ml, 100ml 등으로 하는 것을 말한다. 또한 (1+1), (1+5) 등으로 기재한 것은 고체시약 1g 또는 액체시약 1ml에 용매 1ml 또는 5ml 혼합하는 비율을 나타낸다. 용매는 따로 표시되어 있지 않으면 물을 써서 희석한다(식품공전).

❖❖ 2014년 2회 출제
02 식품공전상 식품의 이물시험법을 기술하라.

체분별법, 여과법, 와일드만 라스크법, 침강법, 금속성이물(쇳가루) 시험법, 김치 중 기생충(란) 시험법

03 무당연유, 가당연유, 전지분유, 탈지분유 및 조제분유 등의 이물시험 과정을 서술하라.

> **해답**
> ① 검체 100g을 1ℓ의 비커에 넣는다.
> ② 2% EDTA 용액 100㎖를 가하여 잘 섞어서 덩어리가 없도록 한 후 저으면서 2% EDTA용액 400㎖를 천천히 가한다. 황색의 반투명한 액체가 되며 약 30분간 방치하면 완전히 녹는다.
> ③ 이를 브후나 깔때기로 흡인 여과하여 여과지상의 이물을 검사한다.

04 버터, 마가린, 쇼트닝, 참기름, 채종유 등의 이물시험 과정을 서술하라.

> **해답**
> ① 검체 100g을 1ℓ의 비커에 넣는다.
> ② 2% 염산용액 200㎖를 가하여 섞은 후 가열하여 검체가 완전히 녹으면 여과지로 여과한다.
> ③ 여과시에 지방이 응고되어 잘 여과되지 아니할 때, 열탕으로 완전히 녹여 여과한 후 여과지에 부착된 이물을 검사한다.

05 식품의 비중을 비중병으로 측정할 때 ① 조작법과 ② 계산식을 기술하라.

> **해답**
> ① 조작법
> • 비중병의 항량을 구한다.
> • 비중병에 증류수를 넣은 후 측정하고자 하는 온도에서 1시간 방치한다.
> • 모세관 속의 증류수를 표준선에 정확히 맞추어 그 무게를 측정한다.
> • 증류수 대신 시료를 넣고 먼저 조작한 후 무게를 측정한다.
> ② 계산식
> $$비중 = \frac{W_2 - W_0}{W_1 - W_0}$$
> W_0 : 비중병 항량
> W_1 : 증류수를 담은 비중병의 무게
> W_2 : 시료를 담은 비중병의 무게

06 비중병의 무게는 42.2452g이고 증류수를 넣어 20℃에서 칭량하였을 때의 무게는 68.2312g이며 식용유를 넣어 같은 온도에서 칭량하였을 때의 무게는 67.1245g이다. 식용유의 비중은 얼마인가?

해답

$$비중 = \frac{W_2 - W_0}{W_1 - W_0}$$

$$= \frac{67.1245 - 42.2452}{68.2312 - 42.2452} = 0.9574$$

07 유지의 비중을 측정할 때 일반적으로 온도는 몇 도(℃)로 유지하는가?

해답
20℃

08 물의 경도 측정방법을 기술한 것이다. 괄호 안을 채우시오.

물속의 (①)과 (②)의 양을 (③)ppm으로 환산하면 총경도이다. 이를 측정하려면 pH를 (④)로 조절하고 (⑤) 표준용액으로 적정한다.

해답
① Ca^{2+} ② Mg^{2+} ③ $CaCO_3$ ④ 10 ⑤ EDTA

09 유지의 화학적 측정방법인 ① 산가 ② 검화가 ③ 요오드가 ④ 과산화물가의 정의와 측정목적을 설명하라.

해답
① 산가 : 유지 1g 중에 함유된 유리지방산을 중화하는 데 필요한 KOH의 mg수. 유지의 신선도 판정에 이용
② 검화가 : 유지 1g를 비누화하는 데 필요한 KOH의 mg수. 유지의 평균분자량 판정에 이용
③ 요오드가 : 유지 100g에 흡수되는 요오드의 g수. 유지의 불포화도를 측정하는 데 이용
④ 과산화물가 : 유지 1kg 중에 함유되어 있는 과산화물의 mg 당량수. 산패정도와 유도기간의 길이 판정에 이용

10 ❖ 2014년 3회 출제

유지의 요오드가는 (①) 측정, (②)는 버터 진위 판단, (③)는 불포화지방산 개수나 분자량 측정, (④)는 초기부패 정도를 알 수 있다.

해답
① 유지의 불포화도
② 라이헤르트 마이슬가(Reichert-Meissel가)
③ 검화가(비누화가)
④ 과산화물가

11 유지의 산가 측정 시에 사용되는 시약명과 용도를 설명하라.

해답
① 0.1N KOH · ethanol 용액 : 시료 중의 유리지방산 중화용 표준용액
② Ether와 Ethanol 혼합용액 : 유지시료를 녹이는 용매
③ 1% phenolphthalein 알코올 용액 : 지시약

12 유지시료 6.89g를 취하여 산가를 측정한 결과 0.1N KOH 용액(factor 1.03)의 소비량은 1.26mℓ였고, 대조구 소비량은 1.04mℓ이었다. 이 유지의 산가는 얼마인가? (단, KOH의 분자량은 56.11)

해답

$$산가 = \frac{(V_1 - V_0) \times 5.611 \times F}{S}$$

$$= \frac{(1.26 - 1.04) \times 5.611 \times 1.03}{6.89} = 0.18$$

V_1 : 본시험의 0.1N KOH 용액의 적정소비량(mℓ)
V_0 : 공시험의 0.1N KOH 용액의 적정소비량(mℓ)
F : 0.1N KOH 용액의 역가
S : 시료채취량(g)

13 유지시료 5.6g의 산가를 측정할 때 0.1N KOH 용액의 소비량은 1.1mℓ이고, 대조구 소비량은 1.0mℓ이다. 이때 0.1N KOH를 표정하기 위해 안식향산 0.244g을 취해 에테르에탄올에 녹여 적정하는 데 20mℓ가 소비되었다. ① 0.1N KOH의 factor값을 구하고 ② 산가를 계산하라.

> **해답**
>
> ① 0.1N KOH 용액의 역가(F) = $\dfrac{\text{안식향산 채취량(g)} \times 1000}{0.1 \times 122.13 \times \text{0.1N KOH의 적정치(mℓ)}}$
>
> $= \dfrac{0.244 \times 1000}{0.1 \times 122.13 \times 20} = 0.999$
>
> ② 산가 = $\dfrac{(V_1 - V_0) \times 5.611 \times F}{S}$
>
> $= \dfrac{(1.1 - 1.0) \times 5.611 \times 0.999}{5.6} = 0.10$

14 유지의 검화가 측정 시에 적정에 사용되는 ① 표준용액과 ② 지시약은?

> **해답**
>
> ① 0.5N HCl 표준용액
> ② 1% phenolphthalein 알코올 용액

15 유지시료 3.1213g을 취하여 검화가를 측정한 결과, 0.5N HCl 용액(factor 1.02)의 적정치가 6.67mℓ였고, 공시험의 적정치는 19.18mℓ이었다. 이 유지의 검화가는 얼마인가?

> **해답**
>
> 검화가 = $\dfrac{28.05 \times (b - a) \times F}{S}$
>
> $= \dfrac{28.05 \times (19.18 - 6.67) \times 1.02}{3.1213} = 114.67$
>
> a : 본시험의 0.5N HCl의 소비량(mℓ)
> b : 공시험의 0.5N HCl의 소비량(mℓ)
> S : 시료의 채취량(g)
> F : 0.5N HCl의 역가

16 요오드가 측정 시에 시료 유지를 용해하기 위하여 첨가하는 시약은?

> 사염화탄소(CCl_4) 또는 클로로포름

17 요오드가를 측정할 때 적정에 사용되는 표준용액은 무엇인가?

> 0.1N $Na_2S_2O_3$ 표준용액

18 요오드가 측정 시에 사용하는 ① 지시약과 ② 종말점에서의 색깔변화는?

> ① 지시약 : 1% 전분용액
> ② 색깔변화 : 청남색에서 무색

19 유지시료 0.2138g을 취해 요오드가를 측정한 결과, 0.1N $Na_2S_2O_3$ 용액(factor 1.02)의 적정치가 2.48㎖였고, 공시험의 적정치는 18.7㎖이었다. 이 유지의 요오드가는?

> 요오드가 $= \dfrac{(V_0 - V_1) \times 0.01269 \times F}{S} \times 100$
>
> $= \dfrac{(18.7 - 2.48) \times 0.01269 \times 1.02}{0.2138} \times 100 = 98.2$
>
> V_1 : 본시험의 0.1N $Na_2S_2O_3$ 용액의 적정소비량(㎖)
> V_0 : 공시험의 0.1N $Na_2S_2O_3$ 용액의 적정소비량(㎖)
> F : 0.1N $Na_2S_2O_3$ 용액의 역가
> S : 시료채취량(g)

20 과산화물가 측정할 때 시료 유지를 용해시키기 위해 가하는 시약은 무엇인가?

> 클로로포름

01 식품 등의 품질 및 위생검사

21 ✤✤ 2014년 1회 출제

유지시료 0.6759g을 취하여 요오드 적정법에 의한 과산화물가를 측정한 결과, 0.01N $Na_2S_2O_3$ 용액(factor 1.03)의 적정치가 18.67㎖였고, 공시험의 적정치는 0.28㎖였다. 이 시료의 과산화물가는?

해답

$$\text{과산화물가(meq/kg)} = \frac{(V_1 - V_0) \times F \times 0.01}{S} \times 1000$$

$$= \frac{(18.67 - 0.28) \times 1.03 \times 0.01}{0.6759} \times 1000 = 280.24$$

V_1 : 본시험의 0.1N $Na_2S_2O_3$ 용액의 적정소비량(㎖)
V_0 : 공시험의 0.1N $Na_2S_2O_3$ 용액의 적정소비량(㎖)
S : 시료채취량(g)

22 유지의 측정요소인 TBA가에 대해서 설명하시오.

해답

유지의 산화 시에 생성되는 carbonyl 화합물 중 malonaldehyde의 양을 나타내는 수치로서 유지의 산패정도를 측정하는 데 이용된다. TBA가는 유지 1kg 중에 함유되어 있는 malonaldehyde의 몰수로써 표시된다.

23 식품의 갈변반응에 대하여 설명하라.

해답

① 효소적 갈변반응
  - Polyphenol oxidase에 의한 갈변 : 채소나 과일에 존재하는 catechol이 plolyphenol oxidase에 의해 산화되어 melanin을 생성
  - Tyrosinase에 의한 갈변 : 특히 감자의 갈변의 주원인이며 tyrosin이 산화되어 melanin 생성
② 비효소적 갈변반응
  - Maillard 반응 : 당의 carbonyl기와 단백질의 amino acid가 반응하여 생기는 자연적 반응
  - Caramelization : 각종 당의 가열에 의한 산화에 의해 형성되며 캔디나 과자에 영향을 줌
  - Ascorbic acid 산화반응 : ascorbic acid 산화에 의한 반응으로 주스의 갈변에 영향을 줌

24 | 효소적 갈색반응에 대하여 상술하라.

해답

① polyphenol oxidase에 의한 갈변
사과, 배, 가지, 살구 등에 들어 있는 catechin, gallic acid, chlorogenic acid 등의 polyphenol성 물질이 산소 존재 하에 polyphenol oxidase에 의하여 quinone 유도체로 산화되고 이것이 중합하여 갈색물질(melanin)을 생성한다.

② tyrosinase에 의한 갈변
채소나 과실류, 특히 감자에 들어 있는 tyrosine이 산소 존재 하의 tyrosinase에 의해 산화되어 dihydroxy phenylalanine(DOPA)을 거쳐 O-quinone phenylalanin (DOPA-quinone)이 되고 다시 산화, 계속적인 축합·중합반응을 통하여 흑갈색의 멜라닌 색소를 생성한다.

25 | 효소적 갈변의 방지법을 기술하라.

해답

① Blanching(열처리) : 효소의 불활성화
② 아황산가스 또는 아황산염의 이용
③ 산소의 제거
④ phenolase기질의 메틸화
⑤ 산의 이용 : pH 저하
⑥ 소금에 의한 억제
⑦ 붕산 및 붕산염의 이용 : 독성 때문에 식품에 사용하지 않음
⑧ 저장온도의 저하 : 10℃ 이하로 냉각

26 | 마이야르 반응(Maillard Reaction)에 대하여 설명하라.

해답

거의 모든 식품에서 자연발생적으로 일어날 수 있는 비효소적 갈변반응으로 아미노산의 amino기와 환원당의 carbonyl기가 축합하는 초기단계, 중간단계 및 최종단계를 거쳐서 갈색물질인 melanoidine을 생성하는 반응이며, Amino-carbonyl 반응이라고도 한다. 이 반응은 식품의 품질저하를 가져오는 단점이 있으나 커피, 간장, 된장, 식빵, 홍차 등의 식품의 색깔과 맛, 냄새에 큰 영향을 미친다.

27. Maillard 반응에 영향을 주는 인자들을 기술하라.

해답

① 온도 : 온도가 높을수록 갈변속도가 빠르다. 실온에서 10℃ 상승에 3~5배 촉진된다.
② 수분 : 수분 12~15%에서 가장 갈변하기 쉽다.
③ 당의 종류 : 반응성이 큰 순서는 pentose 〉 hexose 〉 sucrose이고, hexose의 반응 순서는 mannose 〉 galactose 〉 glucose의 순이다.
④ pH : pH 3 이하에서는 갈변속도가 느리나 그 이상에서는 pH가 커질수록 갈변속도가 커진다.
⑤ carbonyl 화합물 : α, β-불포화 aldehyde, furfurals가 갈변하기 쉽고 ketones는 갈변하기 어렵다.
⑥ 반응물질의 농도 : 환원당 농도가 높을수록 갈변을 촉진한다.
⑦ amino 화합물 : carbonyl 화합물과 공존하면 갈변이 촉진된다.
⑧ 금속 ion : 철이나 구리는 reductones의 산화를 촉매하여 갈변을 촉진시킨다.
⑨ 저해물질 : 아황산염, 황산염, thiol 및 칼슘염 등은 갈변을 억제한다.

28. Maillard 반응에 의한 갈변 방지법을 기술하라.

해답

① 저장온도의 조절 : 10℃ 이하로 냉각시킨다.
② 수분함량의 조절 : 수분이 10~15%에서 가장 갈변하기 쉬우므로 이를 피한다.
③ 환원당의 조절 : 환원당의 농도가 높을수록 갈변을 촉진하므로 환원당의 농도를 낮춘다.
④ pH 조절 : pH 3 이상에서 갈변속도가 빠르므로 pH 3 이하로 낮춘다.
⑤ carbonyl 화합물 제거 : α, β-불포화 aldehyde, furfurals가 갈변하기 쉽고, ketone는 갈변하기 어렵다.
⑥ amino 화합물 제거 : 단독으로는 갈변하는 일은 적지만 carbonyl 화합물과 공존하면 갈변이 촉진된다.
⑦ 금속 ion 제거 : 철이나 구리는 갈변을 촉진시키므로 철이나 구리 등의 금속이온의 접촉을 피한다.

29 카라멜화 반응(caramelization)에 관하여 서술하라.

> **해답**
> 당류의 가열에 의한 산화 및 분해산물에 의한 갈색화 반응이다. 당류는 그 융점보다 높은 온도(180~200℃)로 가열하면 주로 탈수(dehydration), 분해(degradation), 중합(polymerization) 반응이 일어난다. 당류의 함량이 많은 식품들이 가열이나 가공 중에 흔히 일어나며, 그 분해물들은 식품의 향기와 맛에 큰 영향을 미친다.

30 화학적 살균법의 종류와 그 방법을 기술하라.

> **해답**
> ① 알코올 : 70% 에탄올, 주로 손 소독
> ② 승홍수 : 0.1% 수용액, 주로 손 소독
> ③ 역성비누 : 계면활성제로 손, 조리대, 식기, 고무제품 등 소독
> ④ 석탄산 수용액 : 3~5% 수용액, 주로 실험대, 의류 소독
> ⑤ 자외선 살균 : 2537Å으로 공기 살균
> ⑥ 여과제균 : membrance filter법으로 가열로 영향을 받는 용액 등의 제균에 이용

31 미생물 실험 조작에서 백금이와 백금선의 용도차이를 기술하라.

> **해답**
> 백금이(loop)는 호기성 세균, 효모이식할 때, 일정 농도의 균액을 제조할 때나 접종 균량을 한정하는 실험을 할 때 사용한다. 백금선(needle)은 혐기성 세균 이식할 때, 주로 천자접종에 이용한다.

32 균총이 작은 세균의 이식이나 고층배지의 천자배양에 사용하는 접종기구는 무엇인가?

> **해답**
> 백금선(Needle)

33 | 화염멸균을 해야 하는 기구를 3가지 이상 기술하라.

해답
백금이, 백금선, 시험관 입구, 면전, 삼각플라스크 입구

34 | 건열멸균을 행하는 시험기구류는?

해답
주로 초자기구, 솜마개한 시험관이나 플라스크, 신문지에 싼 샤레, 피펫, 시약병, 시험관 등

35 | 배지의 고압증기멸균 조건(멸균온도와 시간)은?

해답
121℃(15Lb)에서 15~20분

36 | 면전에 사용하는 솜(cotton)은 어떤 종류이며, 그 이유는 무엇인가?

해답
탈지하지 않은 목화솜을 사용한다. 그 이유는 지방이 없는 탈지면은 수분을 통과시키기 때문에 삼각플라스크나 시험관의 면전 시에 오염의 원인이 될 수 있다.

37 | 신문지에 싼 샤레, 시험관, 삼각플라스크 등을 건열멸균기(drying oven)에서 멸균시킬 때의 온도와 시간은?

해답
150~160℃에서 30~60분

38. 미생물 배지의 종류를 기술하라.

해답

① 배지 성분의 성상에 따른 분류 : 천연배지, 합성배지, 반합성배지
② 물리적 성상에 따른 분류 : 액체배지, 고체배지, 반고체배지
③ 사용 목적에 따른 분류 : 증식용배지, 증균용배지, 선택배지, 감별배지, 수송용 또는 보존배지

39. 미생물 배지의 종류에서 ① 액체배지 ② 고체배지 및 ③ 반고체배지의 용도를 기술하라.

해답

① 액체배지 : 미생물의 생리, 생태적 연구, 대량 배양에 이용
② 고체배지 : 미생물의 보존, 분리 배양에 이용
③ 반고체배지 : 세균의 운동성 관찰, 보존 및 수송에 이용

40. 호기성 내지 통성혐기성 세균의 순수배양법에 대하여 기술하라.

해답

① 고체배양
- 사면배양 : 한천배지를 넣은 시험관을 가열 용해하여 경사지게 방냉시킨 다음 사면에 직선 또는 지그재그로 백금이로 그어 항온기에서 배양한다.
- 천자배양 : 한천배지를 넣은 시험관을 가열 용해하여 그대로 세워서 방냉시킨 다음 백금선을 아래로 하여 찔러 접종하여 항온기에서 배양한다. 대개 통성혐기성균의 보존이나 일반세균류 및 효모의 생리를 관찰할 때 이용한다.

② 액체배양
- 정치배양 : 시험관이나 배양병에 액체배지를 넣고 백금이로 접종하여 항온기에서 그대로 배양한다.
- 통기배양 : 산화 발효의 경우 혹은 산화세균, 효모 등의 경우 액내에 통기하여 다량의 증식을 목적으로 하는 경우 사용하며, jar fermentor(자발효기)가 고안되어 있다.
- 진탕배양 : 배양액을 연속 진탕하여 통기교반을 하여 배양한다.

41 미생물 균주 보존용으로 주로 쓰이는 배지는 무엇인가?

> 사면배지(Slant media)

42 일반적인 배지의 제조법을 기술하라.

> ① 평량 : 100mg의 감량이 천평으로 필요량을 평량한다.
> ② 용해 : 비커 등에 잘 용해하여 증발된 수분을 보충한다.
> ③ pH 조절 : 4% NaOH, 3~4% HCl 등을 이용하여 소정의 pH를 조정한다.
> ④ 분주 : 시험관에 분주한다(15~20mℓ).
> ⑤ 멸균 : 121℃에서 15분 멸균시킨다.
> ⑥ 평판, 사면, 고층배지로 하여 blank test 후에 사용한다.

43 대조 한천배지를 만드는 이유는 무엇인가?

> 대조배지를 이용하는 것은 표준한천배지가 무균적으로 처리되었는가를 확인하기 위함이다. 대조배지에서 균이 증식하였다면 살균이 부족하거나 사용한 용기 등에서 배양 중 오염된 것으로 판정할 수 있다.

44 맥아즙 배지의 제조과정을 간단히 기술하라.

> 건조맥아 분쇄 → 당화 → 당화 확인 → 여과 → 청징 → 멸균 → pH 및 당도조절 → agar 첨가 → test tube에 분주 → 멸균 → 평판, 사면, 고층으로 응고

45 맥아즙 당화 시에 당화온도와 시간은 어느 정도가 적절한가?

> 60~65℃에서 5~6시간

46 맥아즙 배지의 제조 시에 당화액의 당도보정 공식을 기술하라.

해답

$$S = \frac{W(b-a)}{100-b}$$

(S : 첨가할 설탕량, b : 목표당도, W : 당화액량, a : 당화액의 당도)

47 맥아즙 배지의 제조 시에 첨가하는 agar(한천)의 양은 얼마인가?

해답

당화액량의 1.5~2.0%

48 곰팡이와 효모의 사면배양에서 보존기간은 각각 몇 개월인가?

해답

맥아즙 한천배지에서 곰팡이는 6개월, 효모는 3~6개월

49 효모의 당류 발효성 실험의 발효기작은?

해답

$C_6H_{12}O_6 \rightarrow 2C_2H_5OH + 2CO_2 + 56kcal$

50 효모의 당류 발효성을 조사하는 데 가장 많이 이용하는 방법은 무엇인가?

해답

아인혼관(Einhorn tube)에 의한 방법

51 | 효모의 당류 발효성 실험과정을 간단하게 기술하라.

해답
① 10% 당용액 제조
② 10% 당용액을 시험관에 30㎖씩 분주하여 고압증기멸균
③ 아인혼관(Einhorn tube)에 멸균한 당 용액 주입
④ 효모접종
⑤ 25~30℃에서 24~48시간 배양
⑥ CO_2 발생량 측정

52 | meissel법에 의한 알코올 정량에 대해 기술하라.

해답
① Meissel 발효병에 glucose 4.0g을 넣는다.
② 30℃의 DW 200㎖를 가하여 용해한다.
③ KH_2PO_4 및 $(NH_4)_2HPO_4$를 각각 0.25g을 함유한 용액 10㎖를 가한다.
④ 시료를 증류수 20㎖에 녹여 균일하게 잘 혼합한다.
⑤ 약 5㎖의 황산을 넣어 흡수관을 붙이고 30℃에서 5시간 발효시킨다.
⑥ 발효 전후의 중량의 차를 탄산가스의 발생량이라 한다.

53 | 탄산가스의 양이 0.5g인 경우 효모에 의한 알코올 발효력은 얼마인가?

해답
Meissel 정량법으로 계산 시에 일반적으로 탄산가스 1.75g을 발생하는 효모의 발효력을 100으로 한다.

∴ 알코올 발효력 $= \dfrac{0.5}{1.75} \times 100 = 28.6$

54 | 미생물 증식곡선을 그리고 4단계로 구분하여 설명하라.
✿✿ 2014년 3회 출제

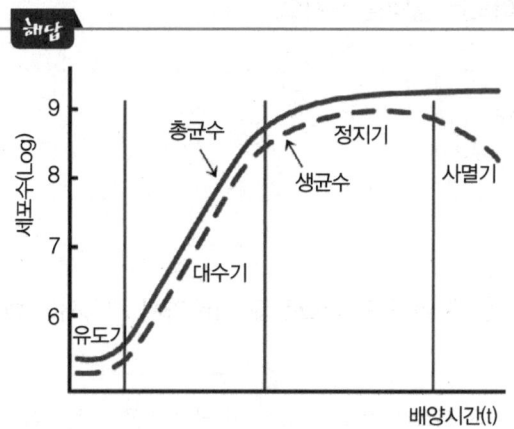

① 유도기(잠복기, lag phase)
 • 미생물이 새로운 환경(배지)에 적응하는 데 필요한 시간이다.
 • 증식은 거의 일어나지 않고, 세포 내에서 핵산(RNA)이나 효소단백의 합성이 왕성하고, 호흡활동도 높으며, 수분 및 영양물질의 흡수가 일어난다.
 • DNA 합성은 일어나지 않는다.
② 대수기(증식기, logarithimic phase)
 • 세포는 급격히 증식을 시작하여 세포 분열이 활발하게 되고, 세대시간도 짧고, 균수는 대수적으로 증가한다.
 • RNA는 일정하고, DNA가 증가하고, 세포의 생리적 활성이 가장 강하고 예민한 시기이다.
 • 이때의 증식 속도는 환경(영양, 온도, pH, 산소 등)에 따라 결정된다.
③ 정상기(정지기, stationary phase)
 • 생균수는 최대 생육량에 도달하고, 배지는 영양물질의 고갈, 대사생성물의 축적, pH의 변화, 산소부족 등으로 새로 증식하는 미생물 수와 사멸되는 미생물 수가 같아진다.
 • 더 이상의 증식은 없고, 일정한 수로 유지된다.
 • 포자를 형성하는 미생물은 이때 형성한다.
④ 사멸기(감수기, death phase)
 • 환경의 악화로 증식보다는 사멸이 진행되어 균체가 대수적으로 감소한다.
 • 생균수보다 사멸균수가 증가한다.

식품 등의 품질 및 위생검사

55 ✥✥ 2014년 2회 출제
미생물실험 시 미생물을 희석하는 데 사용하는 ① 희석액 두 가지를 쓰고 ② 지방분이 많은 검체에 첨가해야하는 용액을 쓰시오.

> ① 희석액 : 증류수, 식염수
> ② 지방분 검체 첨가용액 : 에테르

56 ✥✥ 2014년 3회 출제
미생물 시험 검체를 채취 할 때 멸균 면봉으로 몇 cm^2까지 채취해야 하는가?

> 멸균 생리식염수에 적신 멸균 면봉을 검체 $100cm^2$ 씩 닦아서 멸균 생리식염수(0.8%) 10ml를 넣은 시험관에 넣고 진탕 한 다음 1ml 씩 시험용액으로 사용한다.

57 미생물 시험방법 중 고체 검체의 제조방법을 기술하라.

> 채취된 검체의 일정량(10~25g)을 멸균된 가위와 칼 등으로 잘게 자른 후 멸균생리식염수를 가해 균질기를 이용해서 가능한 한 저온으로 균질화한다. 여기에 멸균생리식염수를 가해서 일정량(100~250㎖)으로 한 것을 시험용액으로 한다.

58 대장균이 식품 오염판정의 기준이 되는 이유는?

> 자연수에는 보통 대장균군이 존재하여 대개는 그 자신은 유해하지 않지만 너무 많이 존재하면 물속에 균의 영양분이 되는 물질이 존재함을 의미하므로 음용수에서 오염판정의 지표가 된다.

59 식품 중 대장균을 검사하는 이유를 기술하라.

> **해답**
> ① 소화기 계통의 감염균이 오염된 식품이나 오염이 의심되는 식품에서 병원균의 검사는 매우 어렵지만 대장균은 검사가 용이하다.
> ② 대장균은 병원균의 서식장소와 같으며, 대장균이 존재하면 분뇨에 오염된 식품으로 간주한다. 따라서 병원균 오염의 가능성이 있는 비위생적인 식품으로도 단정할 수 있기 때문에 대장균검사는 식품 위생상 매우 중요하다.

60 다음은 대장균에 대한 설명이다. ( ) 안을 채워라.

> 동물이나 사람의 장내에 서식하는 세균을 통틀어 대장균이라 한다. 대장균은 그람 (①), 호기성 또는 통성혐기성, 주모성 편모, 무포자 간균이고, (②)을 분해하여 CO_2와 H_2 gas를 생성한다. (③)의 지표가 되기 때문에 음료수의 지정세균 검사를 제외하고는 대장균을 검사하여 음료수 판정의 지표로 삼는다.

> **해답**
> ① 음성 ② 젖당 ③ 분변 오염

61 대장균군 검사에 사용되는 배지의 종류를 기술하라.

> **해답**
> ① Lactose bouillion 배지 ② BGLB 배지
> ③ EMB 배지 ④ Desoxycholate 한천배지
> ⑤ Endo 배지 ⑥ 보통한천배지

62 대장균군의 정성시험에서 추정시험, 확정시험, 완전시험에 사용되는 배지를 기술하라.

> **해답**
> ① 추정시험 : Lactose broth
> ② 확정시험 : BGLB 배지, EMB 배지, Endo 배지
> ③ 완전시험 : EMB 배지

63 | 대장균군 시험법에 관하여 기술하라.

해답

대장균군 시험법에는 대장균의 유무를 검사하는 정성시험과 대장균군의 수를 산출하는 정량시험법이 있다.
① 대장균군의 정성시험
  • 추정시험
  • 확정시험
  • 완전시험
② 대장균군의 정량시험
  • 최확수법
  • BGLB 배지에 의한 정량법
  • 데스옥시콜레이트 유당한천 배지에 의한 정량법

64 | 대장균 정성시험 시 Lactose bouillion 배지의 ① 조성분과 ② 조제법을 기술하라.

해답

① 조성분 : Lactose, peptone, BTB, meat extract, DW
② 조제법
  • 총량을 섞어 가열, 용해하여 총량이 1000㎖가 되게 한다.
  • pH를 7.2로 조정하여 이것을 Durham 발효관에 약 10㎖ 분주한다.
  • 121℃에서 15분간 멸균한다.

65 | 다음은 최확수법에 대한 설명이다. (   )를 채워라.

최확수법은 수 단계의 연속한 동일희석도의 검체를 3개의 (①)에 접종하여 대장균군의 존재 여부를 시험하고 그 결과로부터 확률론적인 대장균군의 수치를 산출하여 최확수로 표시하는 방법이다. 최확수란 이론상으로 가장 가능한 수치를 말하며 이 방법은 미생물의 정량 측정을 목적으로 하고 있다. 대장균군은 (②)를 이용하여 (③)를 생성하며 듀람관에 가스가 포집된다. 가스 생성이 된 것을 양성(균이 있다), 되지 않은 것을 음성(균이 없다)으로 보아 균의 정량을 책정한다.

해답

① lactose broth   ② lactose   ③ 가스

66 | 시료 원액이 1mℓ, 0.1mℓ, 0.01mℓ라면 대장균군 시험의 최확수 표에서 얻은 값을 어떻게 하면 MPN을 얻을 수 있는가?

> 대장균군 시험의 최확수표는 검체 10mℓ, 1mℓ, 0.1mℓ의 3단계로 희석된 것을 5개씩 발효관에 접종하여 얻은 결과로부터 산출한 검체 100mℓ(또는 100g) 중의 대장균군 MPN표이다. 따라서 시료 원액이 1mℓ, 0.1mℓ, 0.01mℓ인 경우에는 10배하면 된다.

67 | 식품 중 대장균군의 정성시험의 3단계는?

> 추정시험, 확정시험, 완전시험의 3단계로 실시한다.

68 | 식품 중 대장균군의 정성시험은 무엇을 검사하기 위한 시험인가?

> 식품 중 대장균군의 존재유무를 검사하는 시험방법이다.

69 | 대장균군의 정성시험에서 EMB 평판배지 집락의 전형적인 특징을 기술하라.

> 금속성 광택이 있는 심흑녹색의 집락(colony)을 형성한다.

70 | 대장균군의 MPN은 어떤 시험 결과로 표시하는가?

> 100mℓ 또는 100g 중의 균수를 최확수로 표시한다.

71 | 대장균의 검출방법 4가지를 쓰시오.

> ① 유당배지법
> ② BGLB 배지법
> ③ 데스옥시콜레이트 유당한천 배지법
> ④ 건조필름법

72 세균 측정용 표준한천배지는 무엇인가?

> Standard methods agar(Plate count agar)

73 표준한천배지의 주성분은 무엇인가?

> Tryptone(5g), yeast extract(2.5g), dextrose(1g), agar(15g)

74 균수 측정용 한천배지의 ① 멸균조건과 ② 최적 pH는 얼마인가?

> ① 121℃에서 15분 ② pH 7.0

75 포도상구균(*Staphylococcus aureus*) 정성시험법에 대하여 기술하라.

> ① 증균배양 : 검체 25g 또는 25mℓ를 취하여 225mℓ의 10% NaCl을 첨가한 Tryptic Soy 배지에 가한 후 35~37℃에서 18~24시간 증균 배양한다.
> ② 분리배양 : 증균배양액을 난황첨가 만니톨식염 한천배지에 접종하여 35~37℃에서 18~24시간 배양한다. 배양결과 난황첨가 만니톨식염 한천배지에서 황색 불투명집락(만니톨 분해)을 나타내고 주변에 혼탁한 백색환(난황반응 양성)이 있는 집락은 확인시험을 실시한다.
> ③ 확인시험 : 분리배양된 평판배지 상의 집락을 보통 한천배지에 옮겨 35~37℃에서 18~24시간 배양한 후 그람염색을 실시하여 포도상의 배열을 갖는 그람양성 구균을 확인한다.
> ④ 그람양성구균이 확인된 것은 coagulase 시험을 실시한다.
> ⑤ 24시간 이내에 응고유무를 판정한다.
> ⑥ Coagulase 양성으로 확인된 것은 생화학 시험을 실시하여 판정한다.

76 식중독이 발생한 검액을 증균 배양 후 그 균액을 난황첨가 만니톨식염한천배지에 분리 배양한 결과 황색의 불투명한 집락을 형성한 것은?

해답
포도상구균

77 혐기성균 배양방법 3가지를 기술하라.

해답
① 중층법
　① Burri씨법
　　Burri씨관을 2개 준비하고 한쪽 끝은 고무마개를 다른 쪽은 솜마개를 하여 오토 클레이브에서 1kg/cm², 20분간 살균하고, 여기에 이미 가열, 용해한 육즙한천배지 및 포도당 육류한천배지를 순차적으로 3단계로 부어 냉수로 냉각시킨다. 접종이 끝난 후 항온기에서 배양한다.
　② 포도딩 한천배양법
　　포도당 한천배지에 천자배양을 하면 지면에 군락이 생긴다.
② 진공배양법
　진공 dessicator 속에 배양할 것을 넣고 공기를 제거하고 진공 dessicator를 그대로 항온기에 넣는다.

78 다음은 세균수 검사법에 관한 설명이다. ( ) 안을 채워라.

총 세균수 검사법은 주로 (①)법에 의하고, 생균수 검사법은 식품 중에 함유되어 있는 일반 세균수를 검사하는 (②)법에 의한다.

해답
① breed
② 표준한천 평판배양

79. 세균수 측정에서 표준평판법이란?

해답

표준평판균수는 시료 중에 존재하는 세균 중 표준한천배지 내에서 발육할 수 있는 중온균의 수를 말한다. 수질검사 시에는 이 균수를 일반세균수라고 부른다. 특히 이 방법은 보통 시료와 표준한천배지를 샬레 중에 혼합·응고시켜 배양 후 발생한 세균의 집락수로부터 시료 중의 생균수를 산출하는 방법이다.

80. 표준평판법에 의한 세균수 측정의 시험조작을 기술하라.

해답

① 시험용액 1mℓ와 각 단계 희석액 1mℓ씩을 멸균 페트리 접시 2매 이상씩에 무균적으로 취한다.
② 약 43~45℃로 유지한 표준한천배지 약 15mℓ를 무균적으로 분주하고 시료와 배지를 잘 섞고 냉각 응고시킨다.
③ 특히, 확산집락의 발생을 억제하기 위해서는 다시 표준한천배지 3~5mℓ를 가하여 중첩시킨다. 이 경우 시료를 취하여 배지를 가할 때까지의 시간은 20분 이상 경과하여서는 안된다.
④ 냉각 응고시킨 페트리 접시는 거꾸로 하여 35±1℃에서 48±2시간(시료에 따라서 30±1℃ 또는 35±1℃에서 72±3시간) 배양한다.
⑤ 배양 후 즉시 집락 계산기를 사용하여 생성된 집락수를 계산한다.

81. 표준평판법에 의한 세균수의 기재 또는 보고법을 설명하라.

해답

표준평판법에 있어서 시료 1mℓ 중의 세균수를 기재 또는 보고할 경우에 그것이 어떤 제한된 것에서 발육된 집락을 측정한 수치인 것을 명확히 하기 위하여 1평판에 있어서의 집락수는 상당 희석배수로 곱하고 그 수치가 1mℓ중(1g중)의 세균수 몇 개라고 기재 보고하며 동시에 배양온도를 기록한다.
숫자는 높은 단위로부터 3단계를 반올림하여 유효숫자를 2단계로 끊어 그 이하를 0으로 한다.

82. 현적슬라이드 제작실험은 어떤 실험에서 사용되는가?

해답

미생물의 운동성 관찰과 세포배열 관찰

83 균주의 보존법에 대하여 간략히 설명하라.

> **해답**
> ① 계대배양법 : 세균은 6개월, 효모는 3~6개월 보존가능
> ② 천자배양 : 혐기성균의 보존에 이용, 약 2개월 보존 가능
> ③ 당액중보존법 : 효모의 보존에 이용, 살균된 10% 설탕 또는 젖당 용액에 보존
> ④ 토양중보존법 : 곰팡이, 방선균을 토양과 함께 보존
> ⑤ 모래보존법 : 포자 형성균, 곰팡이를 모래와 함께 보존
> ⑥ 유중보존법 : 곰팡이 보존에 이용, 배양시킨 균체 위에다 살균된 광유를 약 1cm 두께로 중층한다.
> ⑦ 동결건조법 : 곰팡이, 효모, 세균의 장기보존에 이용, 영하 70℃에서 건조시켜 보존, 장기보존 가능

84 일반적으로 가장 많이 쓰이는 염색법으로 염색의 기본이 되는 염색법은 무엇인가?

> **해답**
> 단일염색(simple stain)

85 단일염색(simple stain)의 조작 순서를 간단히 열거하라.

> **해답**
> 도말 → 건조 → 고정 → 염색 → 수세 → 건조 → 검경

86 세균의 분류에 중요한 염색법은?

> **해답**
> 그람 염색(gram stain)

87 그람 염색 시 염색결과 양성과 음성의 색깔은?

> **해답**
> 양성은 청자색이며, 음성인 경우에는 적색을 띤다.

식품 등의 품질 및 위생검사

88 그람염색(gram stain) 조작방법을 서술하라.

해답

고체, 액체배지 → 슬라이드 글라스(slide glass)에 도말 → 건조 → 화염고정 → crystal violet액으로 1분간 염색 → 수세 → Lugal액으로 1분간 염색 → 수세 → 95% ethanol로 탈색 → 수세 → safranin액으로 20~30초간 염색 → 수세 → 건조 → 검경

※ 각 단계별 시약
 1단계: crystal violet액
 2단계: Lugal액
 3단계: 95% ethanol
 4단계: safranin액

89 그람염색에 사용되는 다음의 시약들을 사용 순서대로 나열하시오.

| 알코올 사프라닌 크리스탈바이올렛 요오드용액 |

해답

크리스탈바이올렛 → 요오드용액 → 알코올 → 사프라닌

90 일반세균수 측정방법을 쓰시오.

해답

검체를 적당한 농도로 희석하여 일정량을 페트리 접시(petri dish)에서 배지와 혼합하여 응고시켜서 항온기에서 배양시킨 후 발생된 colony수를 표준측정 방법에 의해 측정한다.

91 ❖❖ 2014년 1회 출제
표준평판배지로 배양한 결과 colony수가 다음과 같았다. colony수를 계산하라.

	100배	1000배
	250	30
	256	40

해답

colony 수 계산

$$\frac{250 + 256 + 30 + 40}{\{(1 \times 2) + (0.1 \times 2)\} \times 10^{-2}} = 26{,}181 \fallingdotseq 26{,}000 \fallingdotseq 2.6 \times 10^4 \, \text{SPC/m}\ell \text{ 또는 CPU/m}\ell$$

92 김밥에 오염된 균을 표준평판배양법으로 희석하여 배양한 결과 colony수가 다음과 같을 때, g당 균수를 계산하라.

1g의 1000배 희석	2500	280	
1g의 10000배 희석	20	25	

해답

$$\frac{250 + 280 + 20 + 25}{\{(1 \times 2) + (0.1 \times 2)\} \times 10^{-2}} = 26{,}136 \fallingdotseq 26{,}000 \fallingdotseq 2.6 \times 10^4 \, \text{SPC/m}\ell \text{ 또는 CPU/m}\ell$$

제4장 중금속, 잔류농약, 항생물질, 내분비계 장애물질 등 오염물질 검사

01 Dithizon법에 의한 납의 정량 시 표준용액의 ① 시약명과 ② 조제법을 기술하라.

> **해답**
> ① 시약명 : $Pb(NO_3)_2$
> ② 조제법
>   - 질산 1mℓ를 물 100mℓ에 녹인다.
>   - $Pb(NO_3)_2$ 159.8mg을 묽은 질산에 녹여 1000mℓ로 한다.
>   - 위의 용액 10mℓ를 취해 100mℓ(100배)로 하여 납 표준용액으로 한다.

02 납(Pb)의 정성시험에서 시험용액으로 사용되는 시약은?

> **해답**
> 4% acetic acid 용액
>
> ※ 납의 정성시험
> ① 식기류를 물로 세척한 후 4%의 acetic acid 용액을 채운 후 24시간 방치한 후 즉시 용출액을 비커에 옮겨 시험용액으로 사용한다.
> ② 시험용액 10mℓ를 시험관에 취하여 납의 용출 시험을 한다.
> ③ 10%의 포타슘 클로메이트 용액을 몇 방울 떨어뜨리면 황색침전 또는 혼탁이 생성된다.
> ④ 황산과 에탄올(1 : 1) 용액을 가하면 백색 또는 혼탁이 생성된다.

03 납(Pb)의 정성시험 중 시험용액에 크롬산칼륨을 몇 방울 가하였다. 이때 납이 용출되면 어떤 반응이 일어나는가?

> **해답**
> 황색침전 또는 혼탁현상

04 SATP법은 어떤 중금속을 측정하는 방법인가?

> **해답**
> 주석(Sn)

식품의 위생관리 및 실무

[제1장] 원·부재료의 운송, 보관 등 취급상 위생관리 및 실무

01 양송이를 산지에서 공장으로 운반 시 산화 변색되는 ① 이유와 ② 산화억제방법을 기술하라.

> **해답**
>
> ① 이유 : 양송이 내 티로시나아제(tyrosinase)에 의해 공기 중에서 산화되어 갈변이 일어난다.
> ② 산화억제방법
> - 양송이 통조림 주입액에 담아 운반한다(2~3%의 염수에 비타민 C 첨가).
> - 상처 없이 조심스럽게 취급, 그늘 보관, 금속제 용기 사용금지
> - 갈변방지를 위해 0.01% 아황산수 사용
>
> ※ 티로시나아제(tyrosinase)는 Cu에 의해 활성화되며 Cl에 의해 억제되므로 식염수에 담가두면 산화변색을 방지할 수 있다.

02 고추를 말려서 건조하는 데 오랫동안(약 1년간) 보관하더라도 색을 그대로 유지할 수 있는 저장조건을 쓰시오.

> **해답**
>
> ① 온도관리 : 적정온도 8~10℃
> ② 상대습도 관리 : 상대습도 95% 유지
> ③ PE필름 포장효과 : 0.08mm PE필름, 탄산가스 농도 5% 미만 유지

03 과일 및 채소를 저장할 때 호흡이 품질에 미치는 영향을 서술하라.

> **해답**
>
> 수확한 과실 및 채소는 산소를 흡수하여 효과적으로 산화시켜 이산화탄소를 내보내는 호흡작용을 함으로써 성분변화를 가져오는 동시에 선도와 무게가 변한다. 일반적으로 호흡작용은 수확 직후에 가장 왕성하고 시간이 경과함에 따라 점차 쇠퇴한다.

식품의 위생관리 및 실무

04 과일 및 채소를 저장할 때 호흡에 영향을 주는 인자를 기술하라.

① 온도 : 0℃ 부근에서 호흡작용이 가장 느리고 10℃ 올라갈 때마다 급격히 높아지고 30~40℃에서 가장 높다.
② 습도 : 적으면 호흡작용이 낮아진다.
③ 공기 : 저장 대기 중에 이산화탄소가 많아지면 호흡작용이 낮아진다.

05 과일 및 채소를 저장할 때 호흡을 억제하는 방법을 기술하라.

① CA저장법 : 저장고 내의 공기 중의 이산화탄소와 산소의 농도를 적당하게 조절시켜 저장하여 과실 및 채소의 산화분해를 억제함으로써 신선한 상태로 유지하는 저장법이다.
② Wax처리법 : 저장물의 표면에 적당히 발라 준다.
③ Plastic film : plastic film 으로 포장하면 호흡작용과 증산작용이 억제되고 냉장을 겸용하면 상당히 효과가 크다.

06 환경기체조절포장(MAP)에서 사용되는 주요 가스의 특징을 기술하라.

① 산소(O_2) : 신선육의 밝은 적색 유지, 과채류에서의 기본대사의 유지, 혐기적 변패의 방지
② 질소(N_2) : 화학적으로 불활성, 산화·산패의 방지
③ 이산화탄소(CO_2) : 세균과 미생물의 생장억제, 지방 및 물에 가용성이며, 해충의 성장을 억제, 고농도에서의 제품의 색깔이나 향미를 변화시키고, 과채류에서는 질식을 가져올 수 있음

07 과일의 CR(Climacteric rise)에 관하여 기술하라.

> CR(Climacteric rise, 호흡급상승)
> - 수확 후 과일의 대사 속도가 급격히 커지는 현상을 말한다.
> - 이산화탄소의 생성량이 많아지면서 에틸렌 가스의 생성(1ppm), 과육이 연화되고, 착색, 향기성분의 생성, 유기산의 감소와 당함량의 증가 등의 변화가 일어난다.
> - 과일 성숙의 지표로 이용하고 있다.
> - 대상과일 : 사과, 바나나, 배, 토마토, 멜론, 복숭아, 감, 수박

08 CA저장(Controlled Atmosphere storage)에 대하여 설명하라.

> - 야채나 과일을 저장하는 경우 호흡을 최소화하여 저장기간을 연장할 목적으로 저장고의 온도, 습도, 가스조성 등을 조절하여 저장하는 방법이다.
> - 수확된 과일 야채의 호흡이 생리작용으로 인해 CO_2가스가 시간이 지날수록 많은 양이 배출되어 밀봉 시 질식 상태까지 되며 산소를 흡수하여 대사를 왕성하게 하면 선도가 빨리 떨어진다. 그러므로 1~1.5% 저농도의 O_2와 2~10%의 적당한 농도의 CO_2 가스하에서 호흡을 억제시켜 냉장상태를 유지하면서 가스 조성을 인위적으로 조절하고, 온도·습도를 조절하여 저장시킨다.
>   - 장점 : 품질유지 기간의 연장, 엽록소 분해억제와 녹색유지, 과육 연화억제, 후숙억제, 생리작용억제, 발아와 발근억제, 영양가 손실억제, 외관 변화억제
>   - 단점 : 저장고의 내외 기압차에 의해 벽, 천장에 균열이 생길 수 있으므로 이중벽 시설(시설비가 많이 듬)을 해야 한다. 과일의 호흡열에 의한 온도 변화를 억제하기 위한 항온장치를 해야 한다.

09 MA저장(Modified Atomosphere storage)에 대하여 설명하라.

> 각종 플라스틱 필름으로 과일을 포장하는 경우 필름 등의 기체투과성, 과일로부터 발생기체의 양과 종류에 의해 포장 내부의 기체조성을 조절하여 저장하는 방법이다.

10 호흡작용을 사용하는 과일·채소의 ① 생체저장법과 ② 원리에 대해 기술하라.

> ① 저장법 : CA저장법(Controlled Atmosphere storage)
> ② 원리 : 저장실 내의 공기와 온도를 조절하여 과채류의 호흡을 억제시켜 저장시간을 증가시킨다. 공기의 조성은 O_2 1~1.5%, CO_2 2~10%가 좋다.

11 Q_{10} Value(온도계수)란?

> 온도변화에 따른 반응 속도 차, 즉 저장온도가 10℃ 변동 시 여러 가지 작용이 어떻게 변하는가를 나타내는 숫자이다. 예를 들면 호흡량, 청과물 육질의 연화의 정도, 미생물의 작용을 보면 보통 Q_{10} = 2~3인 경우 온도가 10℃ 상승하면 변질이 2~3배 증가하며, 10℃ 낮아지면 변질이 1/2~1/3로 낮아진다.
>
> $$Q_{10} = \frac{\text{온도 } T + 10\text{℃에서의 반응속도}}{\text{온도 } T\text{℃에서의 반응속도}} \quad 혹은 \quad Q_{10} = \frac{T\text{℃에서의 유통기한}}{T + 10\text{℃에서의 유통기한}}$$

12 어떤 제품이 25℃에서의 유통기한이 3개월이라면 Q_{10}값이 4인 경우 15℃에서의 유통기한은?

> Q_{10}값이 4인 경우 10℃ 낮아지면 변질이 1/4로 낮아진다. 따라서 25℃에서 유통기한이 3개월이면 15℃에서는 12개월로 연장될 수 있다.

❖❖ 2012년 3회 출제
13 Q_{10}값이 2일 때 20도에서 반응속도가 10일 때 30도에서의 반응속도는?

> $$Q_{10} = \frac{\text{온도 } T + 10\text{℃에서의 반응속도}}{\text{온도 } T\text{℃에서의 반응속도}}$$
>
> $$2 = \frac{30\text{℃에서의 반응속도}}{10}$$
>
> 30℃에서의 반응속도 = 20

14 사과의 30℃에서의 호흡량이 154mg CO_2/kg/h 일 때 Q_{10}=1.8이다. ① 20℃일 때의 호흡량 ② 10℃일 때의 호흡량 ③ 저장법은?

> **해답**
> Q_{10}값은 저장온도가 10℃ 변동 시 여러 가지 작용이 어떻게 변하는가를 나타내는 숫자이다. 따라서 Q_{10} = 1.8이므로 10℃ 낮아지면 호흡량은 1/1.8만큼 낮아진다.
> ① 154 ÷ 1.8 = 85.55(mg)
> ② 85.55 ÷ 1.8 = 47.53(mg)
> ③ 저장실 내의 공기와 온도를 조절하여 과채류의 호흡을 억제시켜 저장시간을 증가시킨다. 공기의 조성은 O_2 1~1.5%, CO_2 2~10%가 좋다.

15 육류의 신선도를 검사할 때의 판정기준은 무엇인가?

> **해답**
> 색깔, 탄력성, 냄새, 표면의 상태, 기생충의 유무 등이다. 윤기가 있고 탄력성이 있는 것이 신선육이고, 암모니아 냄새가 나고, 끈적거리거나 짙은 색으로 착색된 것은 부패육이다.

16 저온유통체제(Cold Chain System)란?

> **해답**
> 식품의 품질을 그대로 유지하기 위하여 생산에서 소비까지 유통단계에 있어서 저온을 계속해서 유지시킬 수 있도록 하는 방법

17 ✤✤ 2013년 3회 출제
식품 저장 중 미생물에 의한 오염을 막기 위해 조건을 변화시킬 수 없는 ① 내적인자 3가지와 저장성 향상을 위해 변화 시킬 수 있는 ② 외적인자 3가지를 기술하시오.

> **해답**
> ① 내적인자 : 물리적 구조, 영양인자, 천연저해제, pH, 수분활성, 산화환원전위 등
> ② 외적(환경)인자 : 수분, 산소, 산화환원전위, 온도, pH, 압력 및 삼투압, 이산화탄소 등

제2장 제조사업장, 기계, 기구류 등의 시설의 위생관리 및 실무

01 식품제조시설의 공기살균에 가장 적합한 방법은 무엇인가?

> 자외선 살균법
> 자외선 살균법은 열을 사용하지 않으므로 사용이 간편하고 살균효과가 크며, 피조사물에 대한 변화가 거의 없고 균에 내성을 주지 않으나 살균효과가 표면에 한정되고, 지방류에 장시간 조사 시 산패취를 낸다. 식품공장의 실내공기 소독, 조리대 등의 살균에 이용된다.

02 ❖❖ 2012년 2회 출제
자외선으로 살균 시 자외선 조사 시간이 긴 순서는?

> 세균 < 효모 < 곰팡이

03 안전한 식품 제조를 위한 작업장의 공기를 관리하는 방법을 설명하라.

> 안전한 식품 제조를 위한 작업장 공기관리는 청정도가 가장 높은 구역을 가장 큰 양압으로 하고 점차 청정도가 낮은 구역으로 향하게 하여 실압으로 낮추어 간다(단, 시설내부가 음압이 되지 않도록 설치).

04 작업상 필요한 감시 및 검사지역의 조도(lux)는 어느 정도로 해야 하는가?

> 600lux

05 식품위생법상 '기구'란 무엇인가?

> 식품 또는 식품첨가물에 직접 닿는 기계, 기구나 그 밖의 물건(농업과 수산업에서 식품을 채취하는 데에 쓰는 기계·기구나 그 밖의 물건은 제외한다)을 말한다.
> ① 음식을 먹을 때 사용하거나 담는 것
> ② 식품 또는 식품첨가물을 채취, 제조, 가공, 조리, 저장, 소분, 운반, 진열할 때 사용하는 것

06 식품공장에서 사용되는 용수에 대한 기본적인 처리 방식을 기술하라.

> - 식품공장에서 사용하는 용수로 지하수를 이용할 경우 공공시험기관의 검사를 받아 그 물의 적성이나 안정성을 확인하여야 하며 항상 지하수가 오염되지 않도록 주의하여야 한다.
> - 표준적인 정수처리방식은 응집, 침전, 급속여과, 경수의 연화 방식이 가장 널리 이용되고 있다.

제3장 제조 종사자에 대한 위생관리 및 실무

01 식품취급자는 1년에 한 번씩 정기 건강검진을 받아야 한다(보건증 발급). 이때 검사하는 병명 3가지는 무엇인가?

> 건강진단항목은 장티푸스, 폐결핵, 감염성피부질환(한센병 등 세균성 피부질환)이며 1년에 1회 실시한다.

02 자외선 살균기를 사람이 그 안을 쳐다볼 때 유해성 여부를 설명하라.

> 자외선 살균기의 자외선 파장은 250~260nm 정도로 백내장, 결막염 등을 일으킬 수 있다.

03 식중독을 일으키는 균과 원인물질 등을 나열하고 표 안에 알맞게 쓰시오.
✤ 2014년 2회 출제

해답

- 로타바이러스, 노로바이러스, 여시니아, 캠필러박터, 살모넬라, 장염비브리오, 클로스트리디움 보툴리눔, 황색포도상구균, 솔라닌, 버섯독, 복어독, 베네루핀, 맥각독, 황변미독, 비소, 납, 카드뮴, 아연, 구리, 유해성 감미료, 인공착색료, 보존료, 벤조피렌, 3-MCPD, 벤젠

구분	유형	원인균(물질)
세균성 식중독	감염형	살모넬라, 장염비브리오, 여시니아, 캠필러박터
	독소형	클로스트리디움 보툴리눔, 황색포도상구균
	바이러스형	로타바이러스, 노로바이러스
자연독 식중독	식물성	버섯독, 맥각독, 황변미독
	동물성	복어독, 베네루핀
유해 물질	고의 또는 잘못으로 첨가되는 유해물질	유해성 감미료, 인공착색료, 보존료
	식품가공 중에 생성되는 유해물질	벤조피렌, 3-MCPD, 벤젠
	기구, 용기 등으로부터 용출 이행되는 유해물질	비소, 납, 카드뮴, 아연, 구리

04 노로바이러스 식중독이 경구로 감염되는 경로와 이로 인한 식중독의 원인 규명과 감염경로의 확인이 어려운 이유를 쓰시오.

해답

① 노로바이러스 특징은?
어린 유아에서 어른까지 모든 연령층에 감염성 위장염을 일으키는 바이러스로 감염되었을 때는 메스꺼움, 구토, 설사, 복통 등이 주증상이다. 잠복기는 24~48시간으로 사람간의 감염성이 매우 높으며 최근 우리나라 겨울철에 발생하는 식중독의 50% 이상이 노로바이러스에 의한 것이다. 그러므로 11월부터 2월까지 겨울철에는 특히 노로바이러스의 감염예방에 주의를 기울여야 한다.

② 노로바이러스의 감염경로?
감염자의 분변이나 구토물에서 발견되며 사람은 다양한 경로를 통해 감염된다. 예를 들면, 노로바이러스에 감염된 식품이나 음용수를 섭취했을 때, 노로바이러스에 오염된 물건을 만진 손으로 입을 만졌을 때, 노로바이러스에 감염된 환자를 간호하거나 환자와 접촉 후 식품, 기구 등을 사용했을 경우 등이다.

③ 원인규명과 감염경로 확인이 어려운 이유는?

노로바이러스는 사람의 경우 다양한 경로를 통해 감염되기 때문에 어떠한 경로를 통해서 감염되었는지 원인규명과 감염경로 파악이 어렵고, 노로바이러스를 몸 안에 보유한 사람 중 일부는 설사 등의 감염증상이 나타나지 않아 정상인과 차이가 없는 경우가 있으며, 노로바이러스는 사람의 몸 밖에서 성장할 수 있는 세균이나 기생충과 달리 사람의 장내에서만 증식되므로 식재료가 변질되어 생기는 세균성 식중독과는 다른 특성을 보이고 있다.

노로바이러스는 많은 유전자 형태가 있고 또한 배양한 세포 및 실험동물에서 바이러스를 증식시킬 수 없어 바이러스를 분리하여 특정하기가 곤란하다. 특히 식품 중에 포함된 바이러스를 검출하는 것이 어려워 식중독의 원인규명이나 감염경로의 특정이 어렵다.

05 | ※※ 2013년 2회 출제
노로바이러스의 ① 무증상 작용, ② 외부환경에서 오래 생존할 수 있는 이유, ③ 배양하기 어려운 이유를 쓰시오.

해답

① 구토나 설사 증상 없이도 바이러스를 배출
② 물리·화학적으로 안정된 구조를 가지며 다양한 환경에서 생존 가능
③ 사람의 장(腸)에서만 증식되는 특성으로 현재까지 세포배양이 불가능

06 | ※※ 2013년 1회 출제
최근 여러 학교의 식중독 사고 원인으로 노로바이러스가 지목됨에 따라 김치제조업체의 노로바이러스 오염여부를 조사하였다. 김치에 넣는 어떤 재료 속에 노로바이러스가 있다고 의심되는가?

해답

지하수

07 | 오염지표세균이란?

해답

식품이 병원성 미생물에 의해 오염되었는지 여부를 간접적으로 알아보기 위한 지표세균으로 일반식품의 경우 *Escherichia coli*가 있고 통조림의 경우 *Clostridium Botulinum*이 있다.

08 사카자키균의 ① 영·유아에 대한 위해성을 설명하고, ② 소비자 측면에서 영·유아에 대한 감염위험을 최소화할 수 있는 방법 3가지만 쓰시오.

해답

① 엔테로박터 사카자키(Enterobacter sakazakii)
- 엔테로박터(Enterobacteriaceae)군에 속하는 장내세균이다.
- 그람음성의 간균으로서 발생빈도는 낮지만 장염 또는 수막염을 유발하는 고위험균이며 주로 건강한 성인보다는 면역력이 약한 신생아 및 저체중아에 감염될 위험이 있다.
- 특히 영유아에게서 뇌막염 또는 장염을 일으키는 것으로 알려져 있으며 이 질병에 걸린 영유아의 20~50%가 사망한 적도 있다.
- 유아의 사카자키균 감염은 조제분유가 주 원인으로 알려졌는데 유아 중에서 28일 이전의 영아가 가장 위험하며 그 중에서도 미숙아, 저 체중아, 면역결핍아 등이 사카자키균 감염의 위험에 더 노출되어 있다.
- 사카자키균에 감염된 영아 및 유아에게는 수막염이나 장염 등이 생길 수 있으며, 회복되더라도 심각한 신경학적 장애를 겪을 수 있다.

② 사카자키균에 오염되지 않기 위한 올바른 분유 및 이유식 조제방법
　㉠ 70℃ 이상의 물로 조제한다.
　㉡ 조제 후에는 흐르는 물로 식힌 후 즉시 수유한다.
　㉢ 수유 후 남은 분유나 이유식은 보관하지 말고 버린다.
　㉣ 젖병과 젖꼭지는 깨끗이 씻어 살균한다.
　㉤ 손과 스푼 등도 청결히 한다.

09 광우병에 대해 설명하라.

해답

우뇌해면증(광우병, BSE)
- 원인 물질은 프리온(prion)이다.
- 프리온은 핵산을 포함하지 않는 단백질로 정상적인 동물이나 사람의 뇌에 존재하는 물질이다. 스크래피에 걸린 양, 광우병에 걸린 소, 크로이츠펠트-야콥병 환자의 뇌에서 프리온이 변질된 형태로 발견되었다.
- 변질된 프리온이 감염력을 가지고 있으며 이 변형된 프리온을 먹을 경우 그것이 소화기에서 뇌까지 도달하여 정상적인 프리온을 질병 프리온으로 변화시키며 증식한다.

10 엔테로톡신을 생성하는 식중독 세균은?

해답

황색포도상구균(Staphylococcus aureus)
- 그람 양성, 무포자 구균이고 통성혐기성 세균이다.
- 포도상구균의 50% 이상은 엔테로톡신(enterotoxin, 장독소)을 산생하며, 이 장독소는 120℃에서 20분 동안 가열해도 완전히 파괴되지 않는다.
- 포도상구균에 의한 식중독의 잠복기는 보통 3시간 정도이다.
- 증상은 가벼운 위장증상이며 사망하는 예는 거의 없다. 불쾌감, 구토, 복통, 설사 등이 증상이고 발열은 거의 없다.

11 해수, 플랑크톤, 어패류에 분포하고 있으며 중독 시 콜레라와 비슷한 증상이 나타나는 식중독 원인 세균은?

해답

장염비브리오균(Vibrio parahemolyticus)
- 그람음성 무포자 간균이고, 3% 전후의 식염농도배지에서 잘 발육한다.
- 최적 발육 온도 37℃, pH는 7.5~8.0이고, 열에 약하다(60℃에서 2분에 사멸)
- 세균성 이질과 비슷하게 급성 장염을 일으킨다.
- 원인식품은 주로 어패류로 생선회가 가장 대표적이지만, 그 외에도 가열 조리된 해산물이나 침채류를 들 수 있다.

12 ❖❖ 2012년 1회 출제
한국인이 알레르기 증상을 나타내는 ① 식품 3가지와 ② 증상을 쓰시오.

해답

① 식품 : 땅콩, 우유, 계란, 호두, 새우, 게, 콩, 밀 등 동·식물성 단백질 식품
② 증상
- 두드러기, 아토피성 피부염과 같은 피부증상
- 복통, 구토, 설사와 같은 소화기 증상
- 천식, 비염과 같은 호흡기 증상

[제4장] 생산제품(완제품)의 위생관리 및 실무

01 부패와 변패의 차이점을 설명하라.

해답
① 부패 : 미생물에 의해 단백질 성분이 분해되어 악취가 나고, 불가식화되는 현상
② 변패 : 질소(N)가 들어있지 않은 당질이나 지질이 미생물뿐만 아니라 O_2, 광선, 온도, 습도 등에 의해서 분해되어 산미를 생성하거나 특유의 방향을 잃거나 하는 현상

02 식품의 부패속도에 영향을 미치는 인자 6가지를 기술하라.

해답
온도, 수분, pH, 염류농도, 산소와 산화·환원 전위, 식품 중의 영양성분

03 식품의 풍미 분석방법 4단계를 기술하라.

해답
성상시험법(관능시험법) : 식품 고유의 풍미를 다음의 성상 채점기준에 따라 채점한 결과가 평균 3점 이상이고 1점 항목이 없어야 한다.
① 풍미가 양호한 것 5점
② 대체로 양호한 것은 정도에 따라 4, 3점
③ 나쁜 것은 2점
④ 현저히 나쁘거나 이미와 이취가 나는 것 1점

04 ❖❖ 2012년 1회 출제
단백질 열변성에 영향을 주는 요인 3가지와 그 영향을 쓰시오.

해답
① 온도 : 일반적으로 60~70℃ 부근에서 변성이 일어나며 온도가 높아지면 변성 속도가 매우 빨라진다. ovalbumin은 70℃에서 응고
② 수분 : 단백질에 수분이 많으면 비교적 낮은 온도에서 열변성이 일어나나 수분이 적으면 높은 온도에서 변성이 일어난다.
③ pH : 일반적으로 등전점에서 가장 잘 일어난다. ovalbumin의 등전점 pH 4.8
④ 전해질 : 단백질에 염화물, 황산염, 젖산염 등의 소량의 전해질을 가해주면 열변성이 촉진된다. 두부는 $MgCl_2$, $CaSO_4$에 의해 응고

05 우유의 신선도 검사 방법의 종류를 기술하라.

> **해답**
> 산도검사, 알코올검사, 자비시험법, pH 검사, methylene blue 환원법

06 어패류의 선도 판정법에서 화학적 방법과 그 설명을 쓰시오.

> **해답**
> ① pH : 탄수화물이 많은 식품은 미생물이 증식하면 유기산을 생성하기 때문에 pH가 저하된다. 신선한 어류, 식육 등은 일단 pH가 저하한 후 상승한다. 따라서 초기부패를 pH의 변화 등에서 포착하기에는 어려운 경우가 많다.
> ② 휘발성 염기질소 : 단백질 식품에서는 미생물이 증식하면 아미노산, 암모니아, 아민으로 분해되어 휘발성 염기질소(volatile basic nitrogen, VBN)가 축적된다. 식품검체 100g 중 30mg(30mg%) 이상이 되면, 초기부패 과정에 들어갔다고 판정한다. 그러나 상어고기의 경우에는 요소가 많기 때문에 요소 분해균이 미생물균 중에 존재하면 암모니아가 다량 생성되어 선도가 좋은 경우에도 VBN이 증가한다.
> ③ 트리메틸아민(TMA) : 어류에서는 TMA의 생성을 정량하면 부패의 정도를 알 수 있다. 식품 검체 100g 중 3mg 이하에서 선도는 양호하며, 4~5mg에서는 초기부패에 도달하였다고 판정할 수 있다.
> ④ 히스타민 : 꽁치, 가다랑어, 참치, 고등어 등 적색의 어육 가공품은 당질이 첨가되거나 피섞인 어육이 혼합되는 경우 부패의 방향이 탈아미노 반응보다 탈탄산 작용이 우세해진다. 즉, 아미노산으로부터 아민이 생성된다. 특히, 히스티딘으로부터 히스타민이 생성되어 어육 1g 중 4~10mg 정도 축적되면 알레르기성 식중독을 일으키는 원인이 된다.
> ⑤ K치 : 죽은 직후의 신선한 고기에는 핵산(polynucleotide, nucleic acid)의 구성 성분인 뉴크레오티드(nucleotide)가 다량 잔존하여 있다. 이 뉴크레오티드의 양이 많을수록 선도가 양호하다. 즉, K치는 ATP 관련물질에 대한 ATP 분해물질의 백분율이다. 따라서 뉴크레오티드가 분해될수록 뉴크레오시드, 퓨린유도체가 많아지므로 K치는 높아지고 선도는 저하한다. 다시 말하면, ATP 분해물질이란 이노신(HxR)과 같은 뉴크레오시드와 하이포크산틴(Hx)과 같은 퓨린유도체를 말하며, ATP 관련물질이란 ATP, ADP, AMP, IMP, HxR 및 Hx를 말한다. 판정은 일반적으로 K치 10% 이하는 선도가 양호하고 20% 이하는 생선초밥 또는 날것으로 먹기 적당하며, 40~60%는 어육 가공원료로 이용할 수 있으며, 60~80%는 초기부패의 단계에 있다고 할 수 있다.

07 | 육류와 어류(바다생선)의 부패 시 만들어지는 냄새성분은?

✧ 2014년 2회 출제

해답
- 육류 : 메트미오글로빈, 니트로소아민
- 어류 : 트리메틸아민

08 | 육류의 신선도를 판정하는 방법의 하나로 휘발성 염기질소(VBN)량을 측정하는 이유를 기술하라.

해답

육류가 부패하면 육조직 내의 단백질이 효소의 작용을 받아 아미노태 질소나 암모니아태 질소로 변한다. 따라서 부패된 정도를 휘발성인 염기성 질소량을 측정하여 판정하기도 한다.

09 | 휘발성 염기질소(VBN)량을 측정하는 기기는 무엇인가?

해답

Conway 확산기(또는 Conway 미량검출기)

10 | 식품의 품질수명(shelf life)이란?

해답

일정한 환경조건에서 유통 중 품질기준에 비하여 큰 변화가 없이 섭취가 가능한 기간을 말한다.

11 다음은 식품 등의 표시기준상 트랜스지방의 정의를 나타낸 것이다. ( ) 안에 들어갈 용어를 순서대로 쓰시오.

> "트랜스지방"이라 함은 트랜스구조를 (①)개 이상 가지고 있는 (②)의 모든 (③)을 말한다.

해답

① 1   ② 비공액형   ③ 불포화지방산

우리나라 식품 등의 표시기준 제2조 7의3에 의하면 「"트랜스지방"이라 함은 트랜스구조를 1개 이상 가지고 있는 비공액형의 모든 불포화지방을 말한다.」라고 정의하고 있다.

12 식품 등의 표시기준을 수록한 식품 등의 공전은 누가 작성, 보급하는가?

해답

식품의약품안전청장

13 식품 첨가물 공전 상 표준온도, 상온, 실온, 미온의 수치 또는 범위를 쓰시오.

해답

① 표준온도 : 20℃
② 실온 : 1~35℃
③ 냉소 : 따로 규정이 없는 한 15℃ 이하
④ 냉수 : 10℃ 이하
⑤ 미온탕 : 30~40℃
⑥ 온탕 : 60~70℃
⑦ 열탕 : 100℃의 물
⑧ 상온 : 15~25℃
⑨ 미온 : 30~40℃

14 ✦✦ 2012년 1회 출제
식품공전에서 규정하는 식품 유통 온도 4가지를 쓰시오.

해답

① 냉동 : -18℃   ② 냉장 : 0~10℃   ③ 표준온도 : 20℃
④ 상온 : 15~25℃   ⑤ 실온 : 1~35℃   ⑥ 미온 : 30~40℃

식품의 위생관리 및 실무

15 식품 등의 표시기준에 의한 표시사항을 쓰시오.

> **해답**
> ① 제품명 : 기구 또는 용기·포장은 제외
> ② 식품의 유형 : 따로 정하는 제품에 한함
> ③ 업소명 및 소재지
> ④ 제조연월일 : 따로 정하는 제품에 한함
> ⑤ 유통기한 또는 품질유지기한 : 식품첨가물과 기구 또는 용기·포장은 제외
> ⑥ 내용량 : 기구 또는 용기·포장은 제외
> ⑦ 원재료명 및 함량 : 원재료를 제품명 또는 제품명의 일부로 사용하는 경우에 한함
> ⑧ 성분명 및 함량 : 성분표시를 하고자 하는 식품 및 성분명을 제품명 또는 제품명의 일부로 사용하는 경우에 한함
> ⑨ 영양성분 : 따로 정하는 제품에 한함
> ⑩ 기타 식품 등의 세부표시기준에서 정하는 사항

16 식품 등 표시기준의 영양소 함량 강조표시 세부기준이다. 괄호 안을 채워라.

영양성분	강조표시	표시조건
열량	저	식품 100g당 (①) 미만 또는 식품 100㎖당 (②) 미만일 때
	무식품	100㎖당 (③) 미만일 때

> **해답**
> ① 40kcal ② 20kcal ③ 4kcal

17 ❖❖ 2012년 1회 출제

영양소 함량 강조 표시 기준에서 열량 무 표시, 열량 저 표시, 트랜스지방 저 표시에 대해 설명하시오.

> **해답**
> 식품위생법 식품 등의 표시기준(10조 관련) 식품 등 표시기준의 영양소 함량 강조표시 세부기준
>
> | 영양성분 | 강조표시 | 표시조건 |
> |---|---|---|
> | 열량 | 저 | 식품 100g당 40kcal 미만 또는 식품 100㎖당 20kcal 미만일 때 |
> | | 무 | 식품 100㎖당 4kcal 미만일 때 |
> | 트랜스지방 | 무 | 식품 100g당 0.5g 미만일 때 |

18 ❖❖ 2012년 2회 출제
영양소 표시량과 실제 측정값의 허용오차 범위에 대한 설명이다. 다음의 괄호 안을 채워라.

> 열량, 지방, 콜레스테롤, 당분 등 영양소 양의 표기 시 허용오차는 (①)% 미만이고, 무기질, 비타민 등 표기 시 허용오차는 (②)% 이상이다.

> ① 120 ② 80
> * 영양소 표시량과 실제 측정값의 허용오차 범위
> ① 열량, 당류, 지방, 포화지방, 트랜스지방, 콜레스테롤 및 나트륨의 실제측정 값은 표시량의 120% 미만이어야 한다.
> ② 비타민·무기질·단백질·탄수화물·식이섬유의 실제측정 값은 표시량의 80% 이상이어야 한다.

19 다음은 트랜스 지방과 나트륨의 식품 표시 기준량이다. ( ) 안을 채우시오.

> • 트랜스지방 0.5g 미만은 "(①)g 미만"으로 표시할 수 있으며, (②)g 미만은 "0"으로 표시할 수 있다.
> • 나트륨은 5mg 이상 120mg 이하인 경우에는 그 값에 가장 가까운 (③)mg 단위로, 120mg을 초과하는 경우에는 그 값에 가장 가까운 (④)mg 단위로 표시하여야 한다. 이 경우 (⑤)mg 미만은 "0"으로 표시할 수 있다.

> ① 0.5 ② 0.2 ③ 5 ④ 10 ⑤ 5

20

식품의약품안전청은 숯이나 활성탄을 식용으로 승인되었다고 판매하거나 설사, 소화불량 등의 효능이 있는 것처럼 허위 광고, 판매한 인터넷 사이트를 적발해 고발 조치하였다. 이와 관련된 숯과 활성탄에 대한 설명에서 아래 표의 빈 칸을 채워 쓰시오(식품첨가물로 등재되지 않은 경우 식품첨가물 규격기준란은 "-"로 표시한다).

해답

숯과 활성탄의 비교

구분	숯	활성탄
제조와 제조방법	나무를 탄화하여 얻은 흑색의 탄소화합물로 백탄과 검탄(흑탄)이 있음	톱밥, 목편, 야자껍질 등을 탄화시킨 다음, 수증기 등의 가스 또는 염화아연 등 약품으로 활성화시켜 얻어진 탄소화합물
식용여부	식용으로 사용 불가 (식품공전)	식용으로 사용 불가
식품첨가물	-	등재
식품첨가물 규격기준(사용기준)	-	• 식품제조 또는 가공상 여과 보조제(여과, 탈색, 탈취, 정제 등)의 목적으로 사용 • 최종 완성 전에 제거토록 규정[식품 중 잔량은 0.5% 이하이어야 한다(규조토, 백도토, 벤토나이트, 산성백토, 탈크 및 퍼라이트 등 다른 불용성광물성 물질과 병용 시에는 전잔존량의 합계가 0.5% 이하).]

21

❖❖ 2012년 1회 출제
나트륨의 표시 단위, 0으로 표기시는 몇 mg 미만인가?

해답

나트륨의 단위는 밀리그램(mg)으로 표시하며, 그 값을 그대로 표시하거나, 5mg 이상 120mg 이하인 경우에는 그 값에 가장 가까운 5mg 단위로 120mg을 초과하는 경우에는 그 값에 가장 가까운 10mg 단위로 표시하여야 한다. 이 경우 5mg 미만은 "0"으로 표시할 수 있다.

22. 레토르트 식품의 기준 및 규격 중 아래의 항목에 대해 쓰시오.

> 보존료 사용기준, 타르색소 사용기준

해답
① 보존료 사용기준 : 일절 사용하여서는 안된다.
② 타르색소 사용기준 : 검출되어서는 안된다.

23. 다음 기준에 적합하지 않은 허위표시나 과대광고의 예를 3가지 쓰시오.

> 1. 허가받은 사항이나 신고한 사항 또는 수입신고한 사항과 다른 내용을 표시, 광고
> 2. 외국어의 사용 등으로 외국제품으로 혼동할 우려가 있는 광고 또는 외국과의 기술 제휴한 것으로 혼동할 우려가 있는 내용표시 광고 여부

해답
① 제품명, 업소명 임의 변경한 경우
② 식품 유형을 임의로 변경한 경우
③ 수출용 식품포장지의 재고가 많아 국내에서 사용하고자 별도의 한글표시를 한다하더라도 외국제품으로 혼동하거나 외국과 기술 제휴한 것으로 혼동할 우려가 있어 사용할 수 없다.

24. ✤ 2012년 3회 출제
식품, 식품첨가물, 건강기능식품의 유통기한 설정기준에 의거하여 유통기한 설정실험을 생략할 수 있는 근거를 쓰시오.

해답
식품, 식품첨가물 및 건강기능식품의 유통기한 설정실험을 생략할 수 있는 경우 – 유통기한 설정실험 생략 사유 및 그 근거 제시

① 식품
- 권장유통기간 이내로 유통기한을 설정하는 경우
- 정한 유통기한 또는 품질유지기한 표시를 생략할 수 있는 식품에 해당하는 경우(다만, 식품 제조·가공업자가 유통기한을 표시하고자 하는 경우에는 제외)
- 유통기한이 설정된 제품과 다음 각 항목 모두가 일치하는 신제품의 유통기한을 이미 설정된 유통기한 이내로 하는 경우

- 식품유형(「식품의 기준 및 규격」 제5. 식품별 기준 및 규격 중 식품유형 정의에 구체적인 식품종류가 나열되어 있는 경우에는 식품종류까지 동일하여야 한다, 예 과자류 – 과자 – 비스킷)
- 성상(예 분말, 건조물, 고체식품, 페이스트상, 시럽상, 액체식품 등)
- 포장재질(예 종이재, 합성수지재, 병, 금속캔, 파우치 등) 및 포장방법(예 진공포장, 밀봉포장 등)
- 보존 및 유통온도
- 보존료 사용여부
- 유탕 · 유처리 여부
- 살균(주정처리, 산처리 포함) 또는 멸균방법
• 유통기한 설정과 관련한 국내 · 외 식품관련 학술지 등재 논문, 정부기관 또는 정부출연기관의 연구보고서, 한국식품공업협회 및 동업자조합에서 발간한 보고서를 인용하여 유통기한을 설정하는 경우

② **식품첨가물**

유통기한이 설정된 제품과 다음 각 항목 모두가 일치하는 신제품의 유통기한을 이미 설정된 유통기한 이내로 하는 경우
• 「식품첨가물의 기준 및 규격」으로 고시한 품목명(혼합제제의 경우에는 원료성분명) 및 성상
• 포장재질 및 포장방법
• 보존 및 유통온도

③ **건강기능식품**

• 유통기한이 설정된 제품과 다음 각 항목 모두가 일치하는 신제품의 유통기한을 이미 설정된 유통기한 이내로 하는 경우
  - 기능성원료 또는 식품유형(건강기능식품의 기준 및 규격의 소분류까지 동일하여야 한다. 한편, 식품의 식품유형과 비교할 경우, 사용한 기능성 원료 또는 성분의 경시적 변화 특성에 대한 자료를 추가로 제출하여야 한다)
  - 성상(예 캡슐, 정제, 분말, 과립, 액상, 환, 편상, 페이스트상, 시럽, 겔, 젤리, 바 등)
  - 포장재질(예 종이재, 합성수지재, 병, 금속캔, 파우치 등) 및 포장방법(예 진공포장, 밀봉포장 등)
  - 보존 및 유통온도
  - 보존료 사용여부
  - 유탕 · 유처리 여부
  - 살균 또는 멸균방법
• 유통기한 설정과 관련한 국내 · 외 식품관련 학술지 등재 논문, 정부기관 또는 정부출연기관의 연구보고서, 한국식품공업협회 , 한국건강기능식품협회 및 동업자조합에서 발간한 보고서를 인용하여 유통기한을 설정하는 경우

25 식품 100g 중 트랜스지방의 함량을 계산하시오. *2013년 2회 출제*

> 지방 4.0g(식품 100g 중) 트랜스지방산 0.3g(g/지방산 100g)

해답
4 × 0.003 = 0.012g

26 트랜스 지방 함량(g/식품 100g)을 구하는 공식을 쓰시오. 단, 아래의 단어를 이용하시오.

> A : 조지방 함량(g/식품 100g)
> B : 트랜스 지방 함량(g/식품 100g)

해답
$$\text{트랜스 지방 함량(g/식품 100g)} = \frac{A \times B}{100}$$

27 피부 건강에 도움을 주는 건강기능식품이 지니는 효능과 고시형 또는 개별인정형 건강기능식품 원료 3가지를 쓰시오. *2013년 2회 출제*

해답
① 효능 : 피부 보습에 도움, 햇볕 또는 자외선에 의한 피부 손상으로부터 피부건강을 유지하는 데 도움을 줌
② 원료
  ㉠ 개별인정형 기능성원료
    • 소나무껍질추출물 등 복합물
    • 쌀겨추출물
    • 지초추출분말 이외 17품목
    • 홍삼·사상자·산수유복합추출물
    • AP 콜라겐 효소 분해 펩타이드
  ㉡ 고시형 원료
    • 엽록소 함유 식물
    • 스피루리나
    • N-아세틸글루코사민
    • 히알루론산
    • 클로렐라
    • 포스파티딜세린
    • 알로에 겔
    • 곤약감자추출물

식품의 위생관리 및 실무

28 ✤✤ 2013년 2회 출제

카페인을 첨가하거나 카페인을 포함한 원료를 이용해 제조·가공한 (①)식품 중 카페인이 1mL 당 0.15mg 이상 함유된 경우 '(②)' 표시를 하고 총 카페인 함량(mg)을 함께 표기하도록 하고 있다.

> **해답**
> ① 고 카페인 액상
> ② 섭취주의문구

29 ✤✤ 2012년 2회 출제

수입식품 이력사항 표기해야할 사항 중 3가지를 적으시오.

> **해답**
> ① 영업소의 명칭(상호)과 소재지
> ② 제품명
> ③ 원산지(국가명)
>
> ※ 식품이력추적관리의 등록사항은 다음 각 호와 같다.
> ① 국내식품의 경우
>   • 영업소의 명칭(상호)과 소재지   • 제품명과 식품의 유형
>   • 유통기한 및 품질유지기한   • 보존 및 보관방법
> ② 수입식품의 경우
>   • 영업소의 명칭(상호)과 소재지   • 제품명
>   • 원산지(국가명)   • 제조회사 또는 수출회사

30 ✤✤ 2014년 2회 출제

방사선조사 기준상의 사용 방사선의 선원 및 선종을 쓰고 사용목적 3가지를 쓰시오.

> **해답**
> 식품의 방사선 조사기준
> ① 사용 방사선의 선원 및 선종 : ^{60}Co의 감마선(γ)
> ② 사용목적 : 식품의 발아억제, 살충, 살균 및 숙도조절

31 아래 설명의 밑줄친 부분에 대한 근거를 간략하게 설명하시오.

> 트랜스지방은 심혈관계 질환의 발생 위험을 높인다는 보고가 있어 사회적인 관심이 증대하고 있다. 트랜스지방의 위해성은 <u>운동으로 지방을 소모하는 것만으로는 해결이 되지 않으며 섭취량을 최소화하는 것이 최선</u>이다.

해답

트랜스지방
- 불포화지방의 일종임에도 불구하고 사람의 혈관에서는 포화지방처럼 활동하기 때문에 위험하다.
- 혈관을 청소해주는 HDL(고밀도지방단백질)콜레스테롤의 혈중 농도를 낮추는 대신 몸에 나쁜 LDL(저밀도지방단백질)콜레스테롤 수치를 높여 혈관을 좁게 하는데, 그 위험도가 포화지방보다 2배나 높다.
- 그러므로 심장병(심근경색, 협심증), 뇌졸중, 동맥경화증의 발생 위험을 높인다. 이미 섭취한 트랜스 지방산은 인위적인 노력으로 사라지게 할 수는 없다.
- 트랜스 지방산이 위험한 이유는 몸에 들어오는 순간 산화됨으로써 혈관벽에 염증을 일으키고 세포막을 딱딱하게 굳게 만들어 동맥경화와 노화를 유발하기 때문이다.
- 따라서 트랜스 지방산이 함유된 음식은 먹지 않는 것이 최선의 방법이다.

32 ✤✤ 2012년 1회 출제
식품 중에서 퓨란(Furan)이 생성되는 ① 주요경로와 ② 제품 중 거의 잔류되지 않는 이유를 설명하시오.

해답

① 주요경로 : 커피, 빵, 조리된 가금류, 통조림 식품 등 가열처리 제품에서 주로 생성된다.
② 잔류하지 않는 이유 : 고휘발성 유기물질이기 때문에 열을 가하는 식품의 제조가공 과정에서 일부 생성된다 하더라도 대부분 휘발되므로 식품에 남아 있지 않게 된다.

33 화학성 식중독의 발생요인을 2가지 이상 쓰시오.

해답

① 고의 또는 과실에 의해 식품에 첨가, 혼입된 경우(불허용 첨가물)
② 식품 제조, 가공과정에 우연히 혼입된 경우(유해금속, 열매체 등)
③ 기구, 용기, 포장으로부터 식품으로 이행된 경우(유해금속, formaldehyde 등)
④ 식품 제조, 가공, 보존 중에 유독물질이 생성된 경우(변이성 물질, 니트로소아민류 등)
⑤ 환경으로부터 식품에 이행된 경우(유해금속, 농약, 항생물질, 유기 유해화합물 등)

34 호기성 세균을 폐수에 20°C로 5일간 배양한 뒤 산출할 수 있는 수치는?

해답

BOD

35 피마자 독성분은?

해답

피마자 종자 중에는 알칼로이드(alkaloid) 계통인 리시닌(ricinine)과 유독한 단백체인 리신(ricin)이 함유되어 있다.

36 *Aspergillus flavus*의 생육에 가장 적당한 조건은?

해답

*Asp. flavus*의 생육조건
- 탄수화물이 풍부하고, 기질수분이 16% 이상, 상대습도 80~85% 이상, 최적온도 30°C이다.
- 땅콩, 밀, 쌀, 보리, 옥수수 등의 곡류에 오염되기 쉽다.

37 '프탈레이트'에 대해 설명하라.

해답

프탈레이트(phthalate)
- 플라스틱을 부드럽게 하기 위해 사용하는 화학 첨가제로 특히 폴리염화비닐(PVC)을 부드럽게 하기 위해 사용하는 화학성분으로 사용되어 왔다.
- 다이에틸헥실프탈레이트(DEHP)가 대표적인 예로 화장품, 장난감, 세제 등 각종 PVC 제품이나 가정용 바닥재 등에 이르기까지 광범위하게 쓰였다.
- 현재는 환경호르몬 추정물질로 구분하여 사용이 금지되었다.

38 | LD$_{50}$이란?

해답

시험물질을 시험 동물에 투여하였을 때 시험동물의 반수가 죽는 투여량을 말한다.
① ED$_{50}$: 반수가 영향을 받는 것
② LC$_{50}$: 휘발성물질 테스트시 사용하는 단위

39 | 어떤 물질의 LD$_{50}$값이 낮음이 의미하는 것은?

해답

LD$_{50}$(50% Lethal Dose)이란
- 실험동물의 반수를 1주일 내에 치사시키는 화학물질의 양을 말한다.
- LD$_{50}$값이 작을수록 독성이 강함을 의미한다.

40 | ADI(Acceptable Daily Intake)를 간단히 설명하라.

해답

사람이 평생 섭취하여 바람직하지 않은 영향이 나타나지 않을 것으로 예상되는 화학물질의 1일 섭취량을 말한다.

41 | NOAEL(최대무영향량) 350mg/kg, 안전계수 100, 식품계수 0.1kg/day일 때 ① ADI(일일섭취허용량) ② MPI ③ MRL을 구하라.

해답

① ADI(mg/kg/day) : 일일섭취허용량
   ADI = NOAEL(mg/kg/day) × 1/100(안전계수) = 350/100 = 3.5mg/kg
② MPI(mg/day) : 1인당 일일 최대섭취허용량(체중 60kg인 경우)
   MPI = ADI × 성인체중(mg/kg) = 3.5 × 60 = 210 (mg/day)
③ MRL(mg/kg 또는 ppm) : 식품 중의 최대잔류허용량
   MRL = MPI/식품계수(mg/kg) = (3.5 × 60) / 0.1 = 2100 (ppm)

42 어떤 물질에 대해 쥐의 ADI가 150mg/kg/day이다. 안전계수를 100으로 하면 60kg인 성인의 일일 섭취 허용량은?

> **해답**
> ① 사람의 일일 섭취 허용량 : 150/100 = 1.5mg/kg/day
> ② 60kg인 성인의 일일 섭취 허용량 : 1.5×60 = 90mg/kg/day

43 ✦✦ 2012년 1회 출제
어떤 식품 첨가물의 1일 섭취허용량(ADI)을 구하기 위하여 동물(쥐)실험을 한 결과 ADI가 250mg/kg/day였다면 안전계수 1/100로 하여 체중 50kg인 사람의 ADI를 구하시오.

> **해답**
> $$ADI(mg/kg/day) = NOAEL(mg/kg/day) \times \frac{1}{100} (안전계수) \times 체중$$
> $$= 250 \times \frac{1}{100} \times 50$$
> $$= 125$$

44 기생충란 검사법에 대해 설명하라.

> **해답**
> ① 도말법
>   - 대변을 슬라이드 글라스 위에 약간 도말한 후 증류수를 대변량과 같이 가하여 혼합한다.
>   - 커버 글라스를 덮고 대물렌즈와 접안렌즈를 사용하여 검경한다.
> ② 부유법
>   - 비중 1.08 이상인 용액에서 충란이 떠오른다.
>   - 용액은 $CaCl_2$이나 포화식염수와 글리세린(glycerine)의 양을 같게 하여 서로 혼합하여 원심분리한다.
>   - 원심분리한 후 표면의 물을 채취하여 표본 후 검경한다.
> ③ 침전법
>   - 소량의 대변을 채취하여 시험관에 넣어 진흙 모양으로 분산시킨다.
>   - 같은 양의 묽은 염산이나 20~25%의 안티호르몬을 섞어 잘 혼합한다.
>   - 에테르를 가하여 진탕한다.
>   - 거즈 2장으로 여과하고 여액을 원심분리한다.
>   - 침전물을 취하여 표본을 만들어 검경한다.

45 채소에 붙어 있는 기생충란을 부유법으로 검사할 표본을 만들고자 한다. 다음 설명의 ( ) 안을 채워라.

> 부유법에 의한 기생충란의 검사는 충란의 (①)을 이용한다. 충란의 비중은 1.050~1.100이므로, 비중이 1.08 이상인 용액을 만들어 원심분리하면 (②)은 위로 떠오르므로 표면의 물을 채취하여 표본을 만든다.

해답
① 비중　② 충란

46 바퀴벌레의 생태 조건에 대해 설명하라.

해답
바퀴벌레는 야간 활동성이고 잡식성, 질주성이며 집단서식을 한다.

47 곡류, 곡분, 건조과일 등의 저장식품에서 흔히 발견되며, 몸길이가 0.3~0.5mm 정도인 유백색 타원형 진드기는?

해답
긴털가루진드기

식품제조 · 가공 실무

[제 1 장] 단위조작관리 및 실무

01 식품의 단위공정(unit processing)이란?

> 식품가공에 이용되는 단위조작(unit operation)은 액체의 수송, 저장, 혼합, 가열살균, 냉각, 농축, 건조에서 이용되는 기본공정으로 유체의 흐름, 열전달, 물질이동 등의 물리적 현상을 다루는 것이다. 또한 전분에 산이나 효소를 이용하여 당화시켜 포도당이 생성되는 것과 같은 화학적인 변화를 주목적으로 하는 조작을 반응조작 또는 단위공정(unit processing)이라 한다.

02 물질수지(meterial balance)란?

> 식품의 가공공정에서는 여러 종류의 성분을 혼합하거나 분리하는 조작을 거친다. 각 단위조작 또는 전체공정을 통과하는 물질의 양적 관계는 물질수지로써 표현된다. 물질수지는 장치의 설계, 조작 조건의 결정, 가공 조작 후의 제품의 최종 조성 및 수율의 평가 등에 유용하게 이용된다.

03 ✤✤ 2014년 2회 출제
3% 설탕물 100kg에 다른 설탕을 혼합하여 15% 설탕물을 만들고자 한다. 첨가해야 할 설탕의 양은 몇 kg인지 계산하시오(단, 첨가하는 설탕은 무수설탕이고, 물질 수지식을 이용하여 계산할 것).

> $S = w(b - a) / 100 - b$ (w : 용량, a : 최초 당도, b : 나중 당도)
> $S = 100(15 - 3) / 100 - 15 = 14.12(kg)$

04
시간당 우유 5,500kg을 5℃에서 65℃까지 열교환장치를 사용하여 가열하고자 한다. 우유의 비열이 3.85kJ/kg·K일 때 필요한 열에너지의 양은?

해답

$$\frac{5500 \times (65-5) \times 3.85}{3600} = 352.916 \text{(kW)}$$

(시간당이므로 sec단위로 바꾸면 60(sec)×60(min)=3600)

05
✤ 2013년 3회 출제

열교환기에 사용하는 90℃의 온수는 1000kg/h의 유량으로 열교환기에 들어가 40℃로 냉각되어 나온다. 기름의 유량은 5000kg/h이고 들어갈 때의 온도가 20℃라면 나올 때의 온도는 얼마인가? 물 열용량은 1.0kcal/kg℃, 기름 열용량은 0.5kcal/kg℃이다.

해답

에너지 수지 계산
- 열교환기로 들어간 열량과 나간 열량이 같으므로 90℃ 물의 엔탈피+20℃ 기름의 엔탈피=40℃ 물의 엔탈피+T℃ 기름의 엔탈피
- $(1000 \times 1 \times 90) + (5000 \times 0.5 \times 20) = (1000 \times 1 \times 40) + (5000 \times 0.5 \times T)$
  T=40℃

06
Thixotropic fluid(의액성 유체)란?

해답

비뉴톤성, 시간 의존형 유체로서 층밀림(전단)시간이 경과할수록 점도 감소하는 유체이다. 케첩, 호화 전분액, 마요네즈, 우유커드 등이 thixotropic fluid에 해당된다.

07
토마토케첩을 막 흔들어 줄 경우 더 잘 나오는데, 이런 현상을 토마토케첩의 물성 특징에 따라 설명하라.

해답

토마토케첩과 같은 thixotropic 유체는 응력을 가하면 연속적인 구조의 파괴나 재배열로 흐름에 대한 저항이 시간의 흐름에 따라 감소하므로 전단 시간에 따라 겉보기 점도가 감소한다.

식품제조 · 가공 실무

08 ❖❖ 2012년 1회/2회 출제
다음은 레이놀드수에 관한 설명이다. ( ) 안을 채워라.

> 관속을 흐르는 유체는 원형 직선관에서 레이놀즈수가 (①) 이하이면 층류, (②) 이상이면 난류이다.

해답
① 2100   ② 4000
※ 레이놀드수
• Re < 2100 : 층류
• 2100 < Re < 4000 : 중간류
• Re > 4000 : 난류

09 다음은 유기가공식품 품질 인증기준에 대한 설명이다. 빈칸을 채워라.

> 유기식품에는 원료 첨가물 보조제를 모두 유기적으로 생산 및 취급된 것을 사용하되, 원료를 상업적으로 조달할 수 없는 경우 물과 소금을 제외한 제품 중량의 (①)% 비율 내에서 비유기 원료를 사용할 수 있다. (②)과 (③)은 첨가할 수 있으며 최종 계산 시 첨가한 양은 제외한다. (④) 미생물 제제는 사용할 수 없다.

해답
① 5   ② 물   ③ 소금   ④ 유전자 변형
앞으로 유기가공식품으로 인증을 받으려면 원료는 물론 첨가물 보조제까지 모두 유기적으로 생산 취급된 것을 사용해야 한다. 다만 유기원료를 상업적으로 조달이 불가능한 경우 물과 소금을 제외한 제품 중량의 5% 내에서 비유기 원료를 사용하되 최종 생산물의 유기적 순수성을 유지해야 한다. 특히 유전자변형농산물과 그 유래 원료 및 미생물 제제 사용을 금지하되 비의도적 혼입치 3%는 허용된다.

10 유기가공식품은 식품 등의 표시기준상 식품의 제조·가공에 사용한 ① 원재료의 몇 % 이상이 ② 어떤 법의 기준에 의해 유기농림산물 및 유기축산물의 인증을 받아야 하는지 쓰시오.

> ① 퍼센트 기준 : 95% 이상
> ② 법명 : 친환경농업육성법
>
> ※ 유기가공식품의 제조·가공기준
> 식품의 제조·가공에 사용한 원재료(정제수와 염화나트륨을 제외한다. 이하 같다)의 95퍼센트(%) 이상이 「친환경농업육성법」 제17조 및 동법 시행규칙 제9조 관련 제2호의 규정에 의한 유기농림산물("전환기"로 표시된 유기농림산물은 제외한다. 이하 같다) 및 제3호의 규정에 의한 유기축산물의 인증기준에 의하여 인증을 받은 농·축·임산물(이하 "유기농산물"이라 한다)이어야 한다.

11 초임계유체란?

> "임계 온도와 압력 이상에서 있는 유체"로 정의되며, 기존의 용매와 차별되는 독특한 특성을 갖고 있다.

12 초임계 유체의 특성을 설명하라.

> 초임계 유체의 특성
> ① 고밀도(high density) : 밀도가 높기 때문에 용해력이 뛰어나다.
> ② 고압축성(high compressibility) : 조건에 따라 다양한 밀도조절이 가능하기 때문에 용해력을 마음대로 조절할 수 있다.
> ③ 저점도(low viscosity) : 점도가 낮기 때문에 좋은 유체역학적 특성을 가진다.
> ④ 고확산력(high diffusivity) : 확산이 높아서 반응속도가 매우 빠르다.
> ⑤ 초저표면장력(very low surface tension) : 표면장력이 매우 낮아서 우수한 침투력을 갖는다.

13 | 초임계 유체기술이란?

해답

초임계 유체의 장점을 이용한 기술로서 기존의 반응 및 분해, 추출, 증류, 결정화, 흡수, 흡착, 건조, 세정 등의 공정에서의 저효율, 저품질, 저속, 환경에의 악영향 등과 같은 기술적 어려움을 해결할 수 있는 새로운 혁신기술로서 주목받고 있다.

14 | 초임계 추출(supercritical extraction)에 대하여 설명하라.

해답

어떤 물질에 임계점보다 높은 온도와 압력이 가해질 때 즉, 초임계 유체일 때 이를 이용하여 추출하는 기술이다. 초임계 유체는 유동성이 있고 추출용매로서의 역할을 하므로 이 초임계 유체를 추출용매로 사용하여 물질을 추출하는 방법으로 혼합물질을 분리하거나 향료물질로부터 향기성분을 추출하거나 원료로부터 기능성 소재의 추출 및 잔류농약 분석 시에 식품으로부터 농약성분을 추출할 때에 이용한다.

15 | 초임계 유체를 이용하여 식품의 성분을 추출하고자 한다. 초임계 유체의 정의와 성질, 장점 그리고 실제 식품 산업에서의 응용의 예를 기술하라.

해답

① 초임계 유체의 정의
  • 특정 물질이 가지는 고유의 임계 온도와 임계 압력을 초월한 상태에 있는 유체
② 초임계 유체의 성질
  • 기체와 같은 투과성과 확산성
  • 액체와 같은 용해성
  • 낮은 점도
  • 빠른 열이동성
  • 빠른 침투성
③ 초임계 유체의 장점
  • 환경친화적인 공정
  • 에너지 절약의 공정
  • 잔류용매가 없음
  • 물질의 변성을 최소화 시킬 수 있음
④ 식품산업에서의 응용
  • 동물유지 추출(어유, 간유), 식물유지 추출(대두유, 해바라기유, 팜유)
  • 식품의 지방질 제거(튀김, 포테이토 칩, 무지방 녹말)
  • 커피 및 차의 카페인 제거
  • 버터로부터 콜레스테롤 제거
  • 호프로부터 알파산과 향 추출
  • 향신료 추출, 식물색소 추출, 식품의 탈색 및 탈취

16 식품관련 열전달에서 정상상태와 비정상상태를 비교하여 설명하라.

> 가공공정 중에 온도가 변하는 경우 열전달 속도도 변하게 되는데 이러한 경우를 비정상상태의 열전달이라 하고, 온도가 변하지 않을 경우에는 정상상태의 열전달이라 한다.
> • 비정상상태의 열전달의 예 : 통조림 살균 시에 가압솥 내에서의 가열과 냉각과정

17 ❖❖ 2012년 2회 출제
Hurdle technology ① 정의 ② 예 2가지 ③ 장점을 서술하시오

> ① 정의
>   식품 안전에 미치는 기본 요소(원료, 시설, 환경)와 온도, 영양분, pH, 수분, 기타 공정에서의 제어를 통해 일정기간 동안 식품의 안전성을 유지하는 기술로서 최소가공 기술, 고전압 펄스자기장, 초고압 등을 활용한 비열처리 가공기술과 박테리오신 등 항균성 물질을 이용한 보존 기술을 말한다.
> ② 예 2가지
>   • 통조림을 제조할 때 : 총균수, pH, 당도 등의 장애물(hudle)을 사용
>   • 게살을 제조할 때 : 감마선 조사, MA포장, 냉장 등의 장애물을 사용
> ③ 장점
>   무방부제, 무균유통 가능, 상온유통 가능, 사용의 편리성 등

18 두께가 1cm인 합판의 한쪽은 −10℃이고 다른 쪽은 20℃라고 할 때, 합판 1m²을 통해서 한 시간 동안 이동되는 열량은 몇 kJ인지 계산하라(단, 합판의 열전도도는 0.042 w/m.k).

> 열량(Q) = $\dfrac{\text{열전도도} \times \text{평판넓이} \times \text{온도차}}{\text{두께}} = \dfrac{k \cdot A \cdot dt}{dx}$
>
> $= \dfrac{0.042W \times 1 \times 30}{0.01} = 126W$
>
> W = J/s 이므로
> ∴ 126 × 3600 = 453600 (J/h) = 453.6 (kJ/h)

19 W/O, O/W의 전기 전도도 결과에 대하여 설명하라.

> **해답**
> 전기전도도 차이를 이용하는 방법의 이론적 근거는 기름은 비전도도를 나타내고 물은 높은 전도도를 나타내므로 에멀전이 연속상인 물의 경우, 즉 O/W형 에멀전일 경우에는 장치의 램프에 불이 켜지며 W/O형일 때는 불이 켜지지 않는다.

20 Glucose oxidase를 식품에 적용할 때의 효과를 3가지 쓰시오.

> **해답**
> ① 포도당을 gluconic acid로 변화시켜 갈변화 방지
> ② 산소를 제거하여 식품고유의 맛과 색 유지
> ③ 식품의 산화방지
> ④ 생맥주 중의 호기성 미생물의 번식억제
> ⑤ 통조림에서 철, 주석의 용출방지

제2장 식품 제조 · 가공 공정 실무

01 저온살균과 고온살균을 비교하여 설명하라.

> **해답**
> ① 저온살균(pasteurization)
>   - 끓는점보다 낮은 온도인 60~70℃에서 수 분 또는 수 십분 동안 가열하는 방법으로 과실, 과즙, 주류, 간장에 사용된다.
>   - pH 4.5 이하인 식품의 살균에 이용된다.
>   - 모든 균을 사멸시킬 수 없으나 알코올이나 유기산이 함유된 식품에는 효과가 크다.
>   - 모든 병원성 미생물과 일정한 저장조건에서 생육가능한 일부의 변패 미생물을 사멸시키는 것이 목적이다.
> ② 고온살균(sterilization)
>   - 100℃ 또는 그 이상으로 가열살균(spore form, 살균)하는 방법이다.
>   - 원래는 멸균이 목적이지만 위생상 영향을 주지 않는 내열성 세균의 살균은 무시하거나 과잉가열로 인한 성분 변화를 예방하기 위한 어느 정도의 가열만 하고 있어(Commercial sterilization) 진정한 의미의 살균과는 구별된다.

02 | 상업적 살균(Commercial sterilization)이란?

해답

상업적 살균법
- 가열에 의해 식품고유의 성분이 변화되어 품질을 저하시키기 때문에 식품품질이 가장 적게 손상되면서 미생물학적으로 안전성이 보장되는 수준까지 살균하는 방법이다.
- 보통 100℃ 이하 70℃ 이상 조건에서 살균하며 주로 산성의 과일 통조림에 이용된다.

03 | 식품의 살균을 나타내는 값 중 D값의 의미를 쓰시오.

해답

D값(Decimal Reduction Time, DRT 90% 사멸시간)
- 일정온도 하에서 균 농도가 1/10까지 감소하는 데 필요한 가열시간을 D값이라고 한다.
- 미생물의 D값이 크면 내열성이 큼을 의미하며 따라서 D값은 미생물의 내열성의 지표로 사용할 수 있다.

04 | D, Z, F_0 value란?

해답

① D value : 균수를 1/10으로 줄이는 데 걸리는 시간
② Z value : D value를 1log cycle 변화시키는 데 상당하는 온도
③ F_0 value : 121℃에서 *Closridium botulinum*(Z = 10℃)을 기준으로 1분간 살균할 때의 살균효과를 1로 놓고 계산한 총 살균효과

05 | *Clostridium botulinum* 포자현탁액을 121.1℃에서 열처리하여 초기농도의 99.999%를 사멸시키는 데 1.2분이 걸렸다. 이 포자의 $D_{121.1}$은 얼마인가?

해답

포자 초기농도(N_0)를 1이라 하면 99.999%를 사멸시켰으므로 열처리 후의 생균의 농도 (N)는 $0.00001N_0$이다.

$$D_{121.1} = \frac{t}{\log(N_0/N)} = \frac{1.2}{\log(N_0/0.00001N_0)} = \frac{1.2}{5} = 0.24 \,(분)$$

(t : 가열 시간, N_0 : 처음 균수, N : t시간 후 균수)

06

세균포자를 10^8에서 10^2으로 하는데 125℃에서 45초 살균할 때 D값은?

해답

$$D_{125} = \frac{t}{\log N_1 - \log N_2} = \frac{45}{8-2} = 7.5$$

(t : 가열 시간, N_1 : 처음 균수, N_2 : t시간 후 균수)

07

균 초기농도의 1/100,000으로 만드는 데 121.1℃에서는 20분이 걸리고 125℃에서는 5.54분이 걸린다. 이때의 Z값을 구하라.

해답

$$D = \frac{t}{\log(N_0/N)} \rightarrow D_{121.1} = \frac{20}{\log(N_0/10^{-5}N_0)} = \frac{20}{5} = 4(\text{분})$$

$$D_{125} = \frac{5.54}{\log(N_0/10^{-5}N_0)} = \frac{5.54}{5} = 1.11(\text{분})$$

$$\therefore Z = \frac{T - 121.1}{\log(D_0/D_T)} = \frac{125 - 121.1}{\log(4/1.11)} = 7(℃)$$

08

B. stearothermophilus(Z=10℃)를 121.1℃에서 가열처리하여 균의 농도를 1/10,000로 감소시키는 데 15분이 소요되었다. 살균온도를 125℃로 높여 15분간 살균할 때의 치사율(L)을 계산하고 치사율 값을 121.1℃와 125℃에서의 살균시간 관계로 설명하라.

해답

① 치사율 값(L값) 계산식 : $L = 10^{-\frac{(121.1 - t)}{Z}} = 10^{-\frac{(121.1 - 125)}{10}} = 10^{0.39} = 2.45$

② 치사율 값을 121.1℃와 125℃에서의 살균시간 관계 : 125℃에서 1분간 가열했을 때와 동일한 살균효과를 가지는 121.1℃에서의 살균시간을 의미한다.

09 | 냉살균(cold sterillization)이란?

해답

- 가열처리하지 않고 살균하는 것을 말한다.
- 효율성, 안전성, 경제성 등을 고려할 때 가열 살균보다 떨어질 때가 많으나 열로 인한 품질 변화와 영양파괴를 최소화할 수 있는 장점을 갖는다.
  - 약제살균 : 화학물질, 즉 훈증제나 메탄올 등으로 살균하는 것
  - 방사선조사 : 코발트60(Co^{60})의 감마선을 이용하여 10KGy 이하로 조사하여 살균하는 것
  - 자외선 살균 : 자외선을 이용하여 공장내부의 공기를 살균하는 것
  - 여과제균 : micro filter 등을 이용하여 균을 여과하는 것

10 | 열을 사용하지 않는 식품의 살균방법(비가열 살균법)의 장점과 그 예를 각각 2가지씩 쓰시오.

해답

① 장점
  - 날것으로 섭취하는 식품에 응용 가능하다.
  - 열처리에 의한 영양성분의 파괴를 감소시킨다.
② 자외선 살균법, 방사선 살균법

11 | T.T.T(Time Temperature Tolerance)란?

해답

T.T.T(Time Temperature Tolerance / 시간, 온도, 허용한도)
- 식품이 품온에 따라 물질을 유지하는 시간이 다르며 동결식품에서는 품온이 낮을수록 품질을 유지하는 시간이 길어지는데 이러한 시간, 온도, 품질내성의 관계 또는 품질에 대한 허용시간과 온도의 형편을 의미한다.
- T.T.T를 그래프 상에 표현 시 직선으로 나타내는데 이를 "품질유지특성곡선"이라 한다.
- 어떤 동결식품의 초기품질이 일정하며 이때의 품질량은 1.0으로 하고 상품적 가치를 잃었을 때 이것이 0으로 되어있다고 생각하면 품질량이 1.0만큼 감소하기까지 걸린 일 수를 품질유지기간으로 본다. 따라서 1일당의 품질 저하량 $d = 1.0/t$ 의 관계이다.

12 | 냉동곡선(S자)에 관하여 설명하라.

해답

천연 식품 중에서 수분이 80~90%의 범위에 있는 육류, 수산물, 청과물 등을 동결하는 일이 많은데 이들 식품의 동결되어가는 상태를 그래프로 나타낸 것(식품 내의 임의의 한 점에서 시간의 경과에 따른 온도의 변화상태)이다.
※ 식품의 품온(y축), 시간(x축)과의 관계
① 냉동과정 : 식품을 냉동고에 넣으면 식품의 품온은 급격히 직선으로 강하하여 식품의 빙결점(-1~-5℃)의 범위에 도달한다. 식품의 전 수분량의 80% 정도가 얼음으로 변하게 되는 이때를 최대빙결정생성대(-1~-5℃)라 한다. 수분이 모두 빙결되면 냉각은 대부분 품온 하강에만 쓰이므로 품온은 다시 급속히 하강한다. 최대빙결점생성대를 통과하는 시간의 장단에 따라서 식품의 품질이 좌우된다.
② 급속냉동 : 최대빙결정생성대 통과시간이 35분 정도 소요(미세한 얼음결정 생성)
③ 완만냉동 : 최대빙결정생성대 통과시간이 35분 이상 소요(굵은 얼음결정 생성)

13 | 아래의 대표적인 식품 냉동곡선에서 ① 구간별로 일어나는 현상을 설명하고 ② 냉동식품의 품질과 관련이 깊은 구간을 제시하라.

해답

① 구간별로 일어나는 현상
- A-B : 예비냉각으로 감열(sensible heat)의 제거만이 관련되고 기간이 비교적 짧다.
- B-C : 과냉각지점 B에서 얼음입자의 결정화가 시작되면 이때 발생하는 열에 의하여 온도는 최초빙점(initial freezing point) C에 도달한다. 식품이나 생물체를 냉동하면 냉동과정이 진행되면서 빙점이 강하하는 현상을 흔히 볼 수 있다. 따라서 이런 경우에 빙점은 어떤 온도범위로 표시할 수 있으며 최초로 얼음결정이 형성되기 시작하는 온도를 최초빙점이라 한다.
- C-D : 대부분의 물이 결정화되는 기간으로 많은 양의 융해열을 제거해야 하기 때문에 상당한 시간이 걸리고 용액 중의 순수한 물이 얼음으로 변하여 용액의 농도가 증가하여 빙점강하현상이 일어난다. 특히, CD 부분의 초기에는 순수한 물이 얼음으로 제거되지만 후기에는 공융혼합물의 생성이 진행될 수 있다(최대빙결정생성대).
- D-E : 얼음결정의 형성이 거의 끝난 샘플을 저장온도 E로 냉각하는 과정이다. D를 넘어서면 비동결수의 양이 아주 제한되어 있기 때문에 소량의 에너지를 제거하여도 품온이 쉽게 떨어진다.

② 냉동식품의 품질과 관련이 깊은 구간 : C-D구간(최대빙결정생성대)

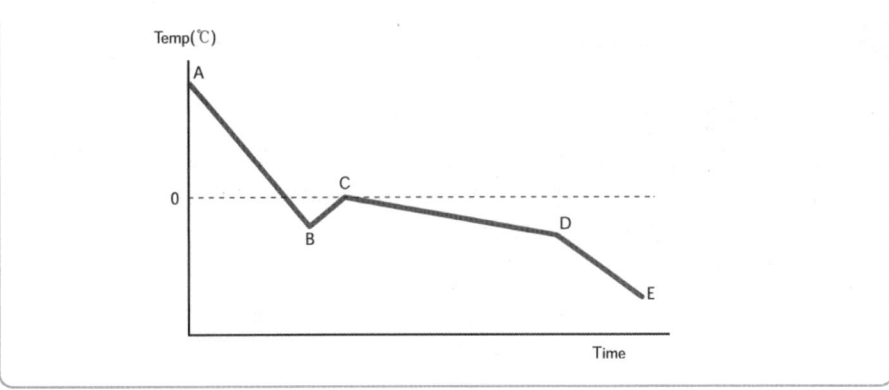

14 식품 냉동 중의 품질변화 방지 방법을 기술하라.

> **해답**
> ① **온도** : 최대빙결정생성대를 15분 이내에 통과하도록 하며 저장 기간 중에도 저장온도를 일정하게 유지한다.
> ② **공기의 차단** : 냉동저장 중의 식품은 그 표면의 얼음이 승화해서 다공질이 되고 여기에 산소가 접촉하면 변색, 유지의 산화가 일어난다.
> ③ **빙의** : 물뿌리개로 물을 뿌리거나 냉수에 식품을 담갔다 꺼내어 빙의를 만든다.
> ④ **세균오염도 감소** : 냉동 전에 저온성 세균을 감소시킨다.
> ⑤ **첨가물의 이용** : 당류, 아미노산류 또는 알코올 등의 첨가물을 첨가하여 변성을 방지한다.

15 품질 좋은 동결식품을 제조하기 위한 방법은 무엇인가?

> **해답**
> - 최대빙결정생성대(-1~-5℃)를 25~30분간(급속) 통과시켜 급속동결을 하여야 한다(빙결정 크기 : 70μl). 60~90분 완만히 통과시키면(완만동결) 식품조직의 세포 사이에 있는 물이 먼저 빙결, 세포 내의 물이 빠져나와 빙결정이 불균일하게 성장하게 된다. 그렇게 되면 세포는 빙결 시에 생기는 팽압으로 세포막이 손상되고 단백질이 변성되므로 해동 시에는 drip의 유출이 많아져서 품질에 나쁜 영향을 준다.
> - **동결육** : 표면부에 있는 빙결정이 승화하여 건조되면 그 자리에 공간이 생기게 되고, 건조가 진행되면 조직은 다공질 상태가 되므로 공기가 조직 내부까지 침투되어 지방의 산화가 촉진된다. 이로 인하여 변색을 일으키고 단백질이 변성되는 것을 동결화상이라 하며, 동결육 표면에 빙의를 입혀 식품이 직접 공기와 접촉하지 않도록 한다.
> - **동결저장** : 어개류와 육류, 증기나 열탕으로 수 분간 블랜칭(blanching) 처리하여 효소를 실활시킨 청과물을 동결상태에서 수개월에서 1년 전후의 장기간 동안 저장하는 방법이다.

16. 최대빙결정생성대의 ① 정의와 ② 냉동식품 품질에 미치는 영향을 설명하라.

> **해답**
> ① 정의 : 동결 시 −1~−5℃ 사이의 냉동곡선에서 시간이 경과하여도 식품의 온도가 평탄하게 내려가는데 이 동안은 응고잠열을 외부에 방출하는 기간으로 식품의 수분이 얼음으로 변하는 시기이다.
> ② 냉동식품의 품질에 미치는 영향 : 냉동식품에서 급속동결과 완만동결의 차이는 최대빙결정생성대를 얼마나 단시간에 통과하느냐에 의하여 결정되며 해동 시에 발생하는 Drip의 발생량에 영향을 준다.

17. 급속동결과 완만동결의 차이(빙결정 통과시간, 결정의 크기, 세포파괴의 유무)점을 설명하라.

> **해답**
> ① 급속동결 : 최대빙결정생성대 통과시간(35분 이하)이 짧다. 빙결정이 세포 내에 균일하게 분산되어 있으며, 빙결정의 크기는 작고(70㎛ 이하) 숫자가 많아서 세포파괴가 적다. Drip의 발생량이 적다.
> ② 완만동결 : 최대빙결정생성대 통과시간(35분 이상)이 길다. 빙결정이 세포외에서 발생하며 빙결정의 성장으로 조직이 손상되어 품질이 나빠지고, Drip의 발생량이 많아진다.

18. 지육의 온도가 20℃이고, 자연대류상태인 냉각실 온도가 −20℃라고 가정한다. 이 때 동결속도를 수정한 후 지육의 온도가 −20℃에서 자연대류 상태인 해동실(20℃)에서 해동시킬 때 해동속도를 측정하였더니 동결속도보다 상당히 느리다는 것을 알 수 있었다. 동일한 외부환경조건에서도 동결속도와 해동속도가 다른 이유는?

> **해답**
> 해동시키는 대부분의 열량이 지육 내부의 빙결정을 녹이는 융해잠열로 사용되기 때문에 해동에 작용하는 열량은 상대적으로 적어지게 되고 따라서 동결속도와 해동속도는 다르게 나타난다.

19 냉동부하의 의미를 간략히 쓰고 5℃에서 저장된 양배추 2,000kg의 호흡열 방출에 의한 냉장고 안의 냉동부하(W)를 계산하시오(단, 5℃에서 양배추의 저장을 위한 열방출은 1ton당 63W로 계산한다).

> ① 냉동부하 : 물체를 냉동시키기 위해 제거되어야 할 열량
> ② 계산법
>   2000(kg) × 0.063(W) = 126(W)

20 무게 6860.0N인 동결된 딸기의 질량을 kg으로 구하시오(단, 중력가속도는 9.80m/s^{2}으로 계산하시오).

> 무게 = 질량 × 중력가속도
> 6860.0 = m × 9.80
> ∴ m = 700(kg)

21 해동(thawing)이란?

> - 동결식품에 열매체로 온도를 상승시켜 식품 중의 빙결정을 융해시켜 동결 전과 같은 상태로 만드는 것을 말한다.
> - 해동속도는 표면온도가 너무 높게 상승하지 않으면서 빠른 속도로 해동되는 것이 좋으며, 해동온도를 약 15℃로 하여 약 2시간 정도로 급속히 해동하는 조건이 좋다.
>   - 해동곡선 : 동결곡선과 반대이고, 온도의 상승이 늦어지는 것은 가온시키는 열량의 대부분이 빙결정을 녹이는 융해잠열로 사용되기 때문에 온도의 상승에 작용하는 열량은 적어지기 때문이다.
>   - 해동 중에 생기는 품질 변화 : 재결정 형성, drip loss 발생, 영양가 손실, 미생물의 생육발생량이 줄어들어 육질에 흡수되는 시간이 길어지므로 drip발생량이 줄어들어 육질이 원래의 상태로 가깝게 복원된다.
>   - 급속해동 : 단백질의 변성이 일어나기 쉬운 온도대인 -2~-5℃의 통과시간이 짧아 내부 변질이 적고, 해동시간이 단축되므로 미생물, 효소의 작용이나 산화를 받는 시간이 짧아서 품질의 저하가 적다.

22 | 빙결정이 −1.4℃인 어육을 동결해서 최종 품온을 −20℃까지 냉각했다면 제품의 동결률은?

해답

동결점이 θ_f℃인 식품의 온도가 θ℃까지 내려간 경우 동결률(m)은

$$동결률(m) = \left(1 - \frac{\theta_f}{\theta}\right) \times 100$$

$$\therefore 동결률(\%) = \left(1 - \frac{-1.4}{-20}\right) \times 100 = 93(\%)$$

※ 동결률 : 동결점 하에서 초기의 수분함량에 대하여 빙결정으로 변한 비율

23 | 해동 시의 기본원칙을 기술하라.

해답

① 내외 온도에 의한 식품변질이 적을 것
② 텍스쳐에 변화가 적을 것
③ 드립이 적을 것
④ 단백질의 변성이 적을 것
⑤ 세균 번식이 적을 것
⑥ 선도저하가 적을 것

24 | 드립(Drip)이란?

해답

- 동결식품 해동 시 빙결정이 녹아 생성된 수분이 동결 전 상태로 식품에 흡수되지 못하고 유출되는 액즙이다.
- drip이 유출되면 수용성 성분이나 풍미물질이 함께 빠져나와 상품가치가 저하되고 무게가 감소된다.
- 동결온도가 낮을수록 동결기간이 짧을수록, 저온 완만 해동 시(식육류), 열탕 중 급속해동(채소, 야채류)시킬수록 drip이 적다.
- Drip 발생률은 식품품질의 측정 정도로 이용된다.

25 드립의 발생원인과 영향을 미치는 요인을 서술하라.

> ① **발생원인** : 식품을 동결시킬 때 식품 조직 내에 빙결정이 생겨 이를 해동하면 물로 되는데 이것이 완전히 식품조직 내부에 흡수되지 않았기 때문이다.
> ② **미치는 영향** : 얼음결정에 의한 세포의 파괴 및 손상, 세포체액의 빙결분리, 단백질 변성, 해동경직에 의한 강수축 등이다.

26 Freezer burn(냉동 화상)이란?

> - 동결된 식품의 표면이 공기와 접촉하면 얼음이 승화하고 점차 내부로 진행되어 다공질의 건조층이 생성되는 것이다.
> - 동결냉장 중의 건조는 식품 중의 빙결정이 승화하기 때문에 일어나지만 freezer burn은 물의 증발에 의해 일어나는 건조보다 좋지 않은 결과를 초래한다. 그 이유는 빙결정이 승화한 빈자리는 미세한 구멍이 생기게 되고 따라서 점점 내부까지 공기가 접촉하게 되어 승화작용이 계속 진행되며 동시에 산화작용이 일어나기 때문이다.
> - 동결냉장 중 건조에 의해서 탈수가 매우 많이 된 표면은 갈변하게 되는데 이것을 freezer burn이라 한다(냉동식품의 색깔, 풍미, 조직, 영양가의 비가역적 변화 초래).

27 증기, 압축, 냉각장치의 4가지 구성요소는?

> 압축기, 응축기, 팽창밸브, 증발기(압축냉동장치 4부위)

28 | 표면경화(case hardening)란?

해답

- 식품이 건조되면 수분이 증발 제거되므로 수분감소에 따른 조직의 수축이 일어나는데 수축 정도에 따라 조직의 변화 정도가 달라진다. 건조표면의 온도가 높아 불균일한 건조가 일어났을 때는 표면경화가 일어나는데 이 현상은 내부의 수분이 표면으로 이동하기 전에 건조 피막이 형성되므로 식품표면의 조직이 막혀버리기 때문이다.
- 이러한 표면경화현상은 수용성의 당이나 단백질을 많이 함유하고 있는 식품의 건조과정 중에 잘 일어난다.
- 장점 : 물 분자만을 투과시키고 다른 성분은 잔존 수분과 함께 식품 내부에 남게 되므로 식품이 가지고 있는 고유의 향기 등은 보존, 지속시킬 수 있다.
- 단점 : 표면이 딱딱해지면서 건조속도를 저하시켜 내부의 수분이 남아 있어 만족할 만한 건조효과를 얻을 수 없다.

29 | 식품의 건조 방법을 기술하라.

해답

① **열풍건조** : 식품을 건조실에 넣고 가열된 공기를 강제적으로 송풍기나 선풍기 같은 기구로 열풍을 불어 넣어 건조시키는 방법이다.
② **천일건조** : 햇볕, 바람 등 자연조건을 이용한 건조방법으로 특별한 기술이나 설비가 필요하지만 자연조건에 크게 영향을 받는다.
③ **복사건조** : 복사열과 상승기류에 의한 수분을 증발시키는 방법으로 배건법이라고도 한다.
④ **동결건조** : 식품을 동결시킨 다음 고도의 진공 하에서 식품 중의 빙결정을 직접 승화시켜 건조하는 방법이다.
⑤ **분무건조** : 액상의 원료를 분무, 미립화하여 열풍기류 중에 접촉시키면 순간적으로 증발, 건조되어 분말상 제품을 얻을 수 있는 방법이다.
⑥ **드럼건조** : 액상의 시료를 드럼에 묻게 하며, 이때 드럼에 열을 가하여 건조하여 칼로 긁어내는 방법이다.
⑦ **냉풍건조** : 열에 쉽게 파괴되는 성분이 있을 시에 주로 이용되는 방법이다.
⑧ **자연동건법** : 명태와 같이 자연적인 냉동과 해동이 반복되어 건조되는 방법이다.
⑨ **약품건조** : 실리카겔 등 약품을 이용한 방법이다.
⑩ **특수건조** : 포말건조, 포연건조 등이 있다.

30 | 동결 건조(freeze drying)의 ① 원리와 ② 장점 ③ 단점을 설명하라.

해답

① 동결 건조의 원리 : 식품 내 수분을 동결시킨 상태에서 액체 상태를 거치지 않고 기체 상태의 증기로 승화시켜 건조하는 방법이다.
② 동결 건조의 장점
- 다공질이므로 제품의 복원성이 좋다.
- 모양과 크기가 원래의 상태 그대로 유지된다.
- 가용성 성분의 이동, 수축, 표면경화 현상이 일어나지 않는다.
- 열에 의한 손상이 없다.
- 휘발성 향기 성분도 다량 그대로 유지된다.
- 저장성이 높다.

③ 동결 건조의 단점
- 다공질이므로 흡습성이 크다.
- 동결 중에 세포구조가 파괴되어 복원된 제품의 조직이 나빠진다.
- 부스러지기 쉽고 기계적인 손상을 받기 쉽다.
- 건조시간이 길고 설비가 비싸다.

31 | 동결 건조의 종류를 기술하라.

해답

① 상압동결건조 : 식품을 동결 후 저습, 저온의 기체를 강제로 순환하여 건조한다.
② 진공동결건조 : 식품을 동결한 후 진공실 내에서 고체 상태의 얼음을 기체상태의 증기로 승화시켜 건조한다.

32 | 동결건조(Freeze drying)의 원리를 물의 상평형도를 사용하여 설명하고, 장점과 단점을 기술하라.

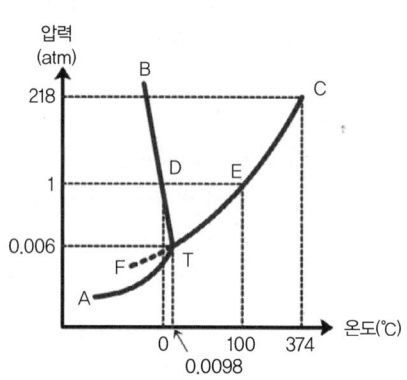

① 동결건조의 원리(물의 상평형도에 의한)

물질의 온도를 일정하게 유지하면서 압력을 변화시키면 특정한 압력에서 세 가지 상태(고체, 액체, 기체) 중, 두 상태 사이에서 상태 변화가 일어난다. 온도를 변화시켜 가면서 같은 과정을 되풀이하면 그 물질의 상평형 그래프를 얻을 수 있다.

- T : 삼중점(triple point) – 기체, 액체, 고체 상태가 동시에 평형을 이루며 공존하는 점으로, 이 삼중점에서 세 개 선이 뻗어 나가는데 각 선은 두 가지 상태가 평형을 이루면서 공존하는 조건을 나타낸다.
- TA선 : 승화 곡선 – TA선을 따라 고체와 기체가 공존한다.
- TB선 : 융해 곡선 – TB선을 따라 고체와 액체가 공존한다.
- TC선 : 증기 압력 곡선 – TC선을 따라 액체와 기체가 공존한다. 이 선은 액체 물질의 증기 압력 곡선과 같다.
- C점 : 임계점

얼음을 수증기로 승화시키기 위해서는 압력이 삼중점의 압력인 0.0060기압보다 낮아야 한다. 이러한 현상을 이용하여 동결 건조법이 개발되었다. 이 방법은 음식을 얼린 다음 용기의 압력이 0.0060기압보다 낮은 진공상태에서 건조시킨다.

② 장점
- 열에 민감한 물질의 손상을 최소화하고 비활성화한다.
- 수분의 침투가 용이하고 부스러지기 쉬운 구조를 형성한다.
- 정밀하고 깨끗한 충진이 가능하다.
- 빠르고 완벽한 재수화가 가능하다.

③ 단점
- 장비가 비싸다(다른 건조 방법에 비해 3배 이상).
- 에너지 비용이 많이 든다(다른 건조 방법에 비해 2~3배 이상).
- 공정시간이 길다(보통 24시간 이상의 건조 사이클).

33 | 동결농축(freeze concentration)이란?

해답
- 수용액을 냉각시키면 빙결정이 생기고, 이때 용질은 용액으로 이동하는 원리를 이용한 것으로 생성된 빙결정을 제거하면 농축이 된다.
- 과일주스의 농축에 주로 이용하는 방법으로 주스를 교반하면서 냉각시키면 순수한 물이 얼음입자로 전환되고 성장된 큰 얼음입자를 걸러내면 농축할 수 있다.
- 공업적으로 고품질의 오렌지주스 농축 시 이용된다.

34 | 식품의 농축 시 나타나는 비말동반에 대하여 설명하시오.
❖❖ 2014년 2회 출제

해답
농축과정 중 미소한 비말형태의 액체가 동반되는 현상으로 농축기 등의 부식이 원인이 된다.

35 | 분무건조(spray drying)의 방법을 기술하라.

해답
액체상태 식품을 건조실(150~250℃) 내에 미세한 액체입자(10~200μ)로 분무하여 미세화된 액체입자와 열풍을 접촉시켜 건조하는 방법이다.

36 | 분무건조에서 항류식과 병류식의 차이점을 설명하라.

해답
① 항류식(반대방향) : 초기에 저온의 습한 열풍과 접하므로 초기 건조속도가 느려 겉보기 밀도가 커진다. 낮은 수분함량까지 건조할 수 있으며, 열을 경제적으로 이용할 수 있지만 과열의 위험이 있다.
② 병류식(같은방향) : 초기에 고온건조 열풍과 접하므로 초기 건조속도가 높아 수축이 적으며 열에 의한 손상이 적지만 함수율이 낮은 제품은 얻기 어렵다.

37 종래의 건조 방법에 비하여 분무건조의 이점은 무엇인가?

해답
① 연속 운전
② 입상 원료의 생산
③ 유동, 방진 연료의 생산
④ 일점, 최종 습기 또는 용적 밀도의 직접 조절
⑤ 열에 의한 원료 소질 저하 없음
⑥ 설치 공간 절약
⑦ 조업 비용의 삭감

38 건조, 농축 등에 감압법을 이용하는데 감압법이 상압법보다 좋은 이유를 2가지 이상 쓰시오.

해답
① 건조속도가 높아 원료의 풍미 보유
② 건조식품의 맛, 향기, 색의 연화 억제
③ 영양성분의 분해, 산화 등의 화학반응 최소화
④ 2차 오염 없는 위생적인 제품을 얻을 수 있음

39 건조과정 중 일어나는 현상을 기술하라.

해답
① 물리적 : 가용성물질의 이동, 수축현상, 표면 피막현상, 성분석출
② 화학적 : 영양가의 변화, 단백질의 변성, 탄수화물의 변성, 지방의 변성, 핵산계 물질 변화, 향신료 성분변화, 색소성분 변화, 미생물학적 변화

40 | 진공건조(vacuum drying)란?

해답

밀폐된 용기의 내부압력을 30~100 Torr로 낮추어, 30~50℃의 저온에서 건조하는 저온영역의 건조법이다.
① 저온영역에서 건조하며 건조속도가 높아 원료의 풍미를 보유한다.
② 건조식품의 맛, 향기, 색의 연화를 억제할 수 있다.
③ 영양성분의 분해, 산화 등의 화학반응을 최소한으로 할 수 있다.
④ 발포현상이 일어나므로 물에 용해되기 쉬운 다공질의 과립상 제품으로 된다.
⑤ 다공질로 되므로 저수분까지 건조하기 쉽다.
⑥ 2차 오염이 없는 위생적인 제품을 얻을 수 있다.

41 | 20% 설탕액 1000kg/hr를 증발기에 넣고 50% 설탕액을 제조하려 한다. 어느 정도 증발시켜야 하는가?

해답

$$\frac{20}{100} \times 1000 = \frac{50}{100} \times (1000 - x)$$

$$\therefore x = 600 \text{(kg)}$$

42 | 소금농도가 20%인 것을 이용하려 한다. 농도가 3%인 바닷물 10kg을 20%짜리로 만들려면 수분을 얼마나 증발시켜야 하는가?

해답

$$\frac{3}{100} \times 10000 = \frac{20}{100} \times (10000 - x)$$

$$\therefore x = 8.5 \text{(kg)}$$

43 인스턴트 커피는 추출공정을 거친 다음 건조공정을 거치는데 이때 커피의 맛과 향을 가장 잘 보존할 수 있는 건조방법을 쓰시오.

> **해답**
> 동결감압건조 방법
> 감압 하에서는 물의 비등점이 낮아져서 낮은 온도(3~5℃)에서도 식품 중의 수분이 건조된다. 이 방법으로 건조한 제품은 풍미가 좋고 용해하기 쉬운 다공질의 과립성 제품이 된다.

44 ✤✤ 2012년 1회 출제
인스턴트 커피의 가공방법 중 ① 커피의 향과 맛을 가장 잘 보존할 수 있는 건조방법과 ② 빠르고 저비용으로 건조하는 방법을 설명하시오.

> **해답**
> ① 동결건조법 : 향미의 손실이 가장 적고 맛이 좋다. 건조설비가 비싸다.
> ② 분무건조법 : 수분 증발이 빠르지만 향미의 손실이 크다. 저비용으로 건조할 수 있다.

45 균체 내 효소추출법을 기술하라.

> **해답**
> ① 기계적 마쇄법 : 균체를 완충액과 함께 모터, 볼분쇄기(ball mill) 등으로 마쇄한다.
> ② 초음파 파쇄법 : 초음파 파쇄장치에 의해 100~600MHz의 초음파를 발생시켜 균체를 파괴한다.
> ③ 자기소화법 : 균체에 초산에틸(ethyl acetate)나 toyol 등을 첨가하여 20~30℃에서 자기소화시키면 균체 내의 효소는 균체 밖으로 용출된다.
> ④ 동결 융해법 : dry ice로 균체를 동결한 후 용해시킨다. 이 동작을 반복하면 세포가 파괴된다.
> ⑤ lysozyme : 단백의 lysozyme으로 세포벽을 용해하여 효소를 추출한다.

46. 균체 내 추출된 효소의 정제법을 쓰시오.

해답

① 염석, 투석, 흡착
② 유기용매(알코올, 아세톤)
③ 이온교환 크로마토그래피
④ Gel 여과
⑤ 결정화(황산암모늄, 아세톤)

47. 막분리에 대해 설명하라.

해답

막분리(Membrane separation)
- 막의 선택적 투과성을 이용하여, 상변화 없이 물질을 분리하는 기술이다.
- 연속조작이 가능하며 열이나 pH에 민감한 물질의 분리에 열을 사용하지 않고 분리하므로 열손상이 없고 휘발성 성분의 손실이 적다. 특히 냉각수가 필요 없으며 다른 농축방법보다 에너지 요구가 적은 편이다.
- 막분리법으로는 역삼투(reverse osmosis), 한외여과(ultrafilteration), 정밀여과(microfilteration), 전기투석(electrodialysis), 투석(dialysis), 기체분리(gas separation) 등이 있다.

48. 막분리(Membrane separation)의 원리를 설명하라.

해답

액체가 미세구멍을 통해서 흐르게 되는데, 특정 흐름속도를 유지하기 위해서는 작은 구멍에 적용되는 높은 압력이 필요하다. 특별한 막의 경우 주어진 압력을 더 증가시키면 흐름압력이 더 크게 생기게 된다. 이렇게 형성된 압력을 삼투압이라고 한다. 이 압력의 발생은 반투막이 용매분자를 통과시킨 경우 용매분자의 흐름에 대한 추진력이 생기는데, 이것은 두 막 사이에 작용하는 화학적 에너지의 차이 때문이다. 막을 통한 용매의 흐름은 농축된 용액 대신 생긴 액체압력의 경우에 적용되는데 막을 통해서 높은 농도용액에서 낮은 농도용액의 흐름이 결국 용매분자의 흐름을 촉진하므로 용액은 자연히 농축할 수 밖에 없다.

49 막분리법의 장점과 단점을 기술하라.

해답

① 장점
- 분리과정에서 상의 변화가 발생하지 않으며, 상온에서 가동되므로 에너지가 절약된다.
- 가열하지 않기 때문에 열에 민감한 물질의 열변성 또는 영양분 및 향기성분의 손실을 최소화한다.
- 가열, 진공, 응축, 원심분리 등의 장치가 필요 없으며, 단지 가압과 용액 순환만으로 운행되므로 장치와 조작이 간단하다.
- 대량의 냉각수가 필요 없다.
- 화학약품을 거의 필요로 하지 않기 때문에 2차 환경오염을 유발하지 않는다.

② 단점
- 최대 농축한계인 약 30% 고형분 이상의 농축이 어렵다.
- 순수한 하나의 물질을 얻기엔 많은 공정이 필요하다.
- 막의 오염형성으로 막을 세척하는 동안 운행이 중지된다.
- 다른 농축장비보다 설치비가 비싸다.

50 현재 식품산업에서 가장 광범위하게 사용되는 막분리는 정밀여과, 한외여과, 역삼투 등이다. 이들의 세공막 크기를 비교하라.

해답

정밀여과 > 한외여과 > 역삼투

51 Ultrafilteration(한외여과)에 대해 설명하라.

해답

한외여과(Ultrafilteration)
- 정밀여과와 역삼투의 중간에 위치하는 것으로 반투막을 이용하여 고분자물질과 저분자물질을 분리·농축하는 방법이다.
- 일반 여과법으로 분리하기 힘든 콜로이드상 물질을 분리, 정제, 농축하는 방법이다.
- 분자량 500~30만까지 분리 가능하며, 이때 이용되는 반투막에는 콜로디온막, 셀로판막, 젤라틴막 등이 있다.

52 | 한외여과의 식품분야 응용에 대해 기술하라.

> **해답**
> ① 분리 : 해조류에서 생리활성 다당류와 미네랄 성분의 분리, 주스의 청징화
> ② 농축 : 우유, 탈지유, 천연색소 등의 농축
> ③ 정제 : 기능성 올리고당 정제, 발효액으로부터 아스파탐 정제 등

53 | 한외여과와 역삼투의 특징을 설명하라.

> **해답**
> ① 공통점 : 압력차에 의하여 용액 중의 성분을 분리한다.
> ② 차이점 : 역삼투압은 고압을 이용하며, 염류 및 고분자물질 모두를 배제시킬 수 있는 반면, 한외여과는 저압을 이용하여 염류와 같은 저분자 물질은 막을 투과시키지만 단백질과 같은 고분자 물질은 투과시키지 못한다.

54 | 한외여과(ultra filtration: UF)와 역삼투(reverse osmosis: RO)에 의한 막처리 농축법을 가열농축공정방법과 비교해서 특징을 3가지 쓰시오

> **해답**
> 열을 필요로 하지 않기 때문에 에너지의 소비량이 적고 가열을 하지 않기 때문에 품질의 열화를 최소한으로 하여 목적하는 성분을 농축하거나 분리할 수 있다
> ① 한외여과와 역삼투는 가열농축과 다르게 열을 사용하지 않고 막의 선택적 투과성을 이용하여 상 변화없이 물질을 분리하여 농축시킨다.
> ② 가열에 의한 열변성 및 향기소실이 없다.
> ③ 대량의 냉각수가 필요 없다.

55 | ✧✧ 2014년 2회 출제
한외여과에서 막투과 유속에 영향을 주는 요인을 쓰시오.

> **해답**
> 압력, 원료액의 농도, 온도, 원료액의 공급 속도

56 | 소금의 방부작용 원리를 쓰시오.

해답
① 삼투압 작용
② 수분활성의 저하
③ Cl^-의 미생물에 대한 살균작용
④ 산소 용해도 저하에 따른 호기성세균 번식 억제

57 | 소금 절임의 원리에 대하여 서술하라.

해답
① 식품의 탈수
② 고 삼투압으로 부패균의 원형질 분리
③ 소금의 해리에 의해 생성된 염소이온의 방부작용
④ 부패균의 단백질 가수분해효소 작용 억제
⑤ 산소의 용해도 감소로 호기성 세균의 발육억제

58 | 염장의 효과를 설명하라.

해답
식염의 처리 효과
- 식품(채소류, 어류, 육류 등) 내외의 삼투압차에 의하여 일어나는 침투와 확산에 의해서 이루어진다.
    - 식염의 높은 삼투압에 의한 부패균의 탈수로 인해 원형질의 분리
    - 단백질 효소의 작용저해(펩티드 결합위치에 식염이 결합하므로 효소가 이곳에 결합하지 못하게 함)
    - 산소의 용해도 감소(호기성 세균의 발육억제)
    - 염소 이온의 방부작용 등
        ⇨ 부패균의 발육을 저해하고 저장성을 높여준다.

59 훈연의 저장 원리를 기술하라.

해답
① 나무를 연소시킬 때 발생하는 연기 중 200여 종의 방부성 화합물이 침투
② phenol류 화합물을 육제품의 산화방지제로 독특한 훈연취를 부여
③ 메틸알코올 성분은 약간의 살균효과
④ 카르보닐 화합물은 훈연 후 풍미를 부여하고 가열한 육색을 고정

60 식품에 훈연을 하는 목적을 기술하라.

해답
① 식품 중에 독특한 풍미(flavour)를 부여
② 일정한 색택을 부여(meat color 고정)
③ 산화 방지 효과(antioxidatim)
④ 저장성을 연장(long storage)

61 훈연의 방법을 기술하라.

해답
① 냉훈법(10~30℃, 3~5일) : 저장성
② 온훈법(30~50℃, 2~12시간) : 식미 향상
③ 열훈법(60℃, 3~6시간) : 소시지
④ 소훈법(95~140℃, 구워) : 즉석

62 식품 조사에 일반적으로 사용하는 ① 방사선의 핵종 ② 조사목적을 각각 한 가지씩 쓰시오.

해답
① 방사선의 핵종 : Co^{60}
② 조사목적 : 식품의 발아 억제, 살충 및 숙도 조절

63 ✦✦ 2013년 3회 출제
우리나라 식품의 방사선 기준에서 검사하는 방사선 핵종 2가지와 방사선 유발 급성질환 2가지를 쓰시오.

> **해답**
>
> 우리나라 식품 방사선 기준
> ① 방사선 측정핵종 : 세슘($^{134}Cs+^{137}Cs$), 요오드(^{131}I)
> ② 급성질환 : 오심, 구토, 복부 통증, 출혈 등의 증상이 발현되며 현기증 및 두통, 의식 저하가 동반될 수 있다. 불임증, 전신마비, 골수암, 폐암 등을 유발할 수 있다.

64 포장식품의 변패인자의 종류는?

> **해답**
>
> 포장식품의 변패인자는 가스 투과성, 투습성, 색소 물질, 휘발성 물질, 영양가 조성 등이다.

65 냉동식품의 포장지 구비조건을 기술하라.

> **해답**
>
> ① 방습성이 크고, 유연성이 있어야 한다.
> ② 가열수축성이 없어야 한다.
> ③ 저온에서 경화되지 않아야 한다.
> ④ 가스 투과성이 낮아야 한다.
> ※ 냉동식품의 포장 재료로 저압 폴리에틸렌 염화비닐리덴 등이 많이 사용되며, 래미네이트(laminate)를 병용하면 더욱 효과적이다.

66 포장재료로 쓰이는 알루미늄박(맥주 캔, 버터포장 등)의 장·단점을 기술하라.

> **해답**
> ① 장점
>   • 양철과 같이 붉은 녹이 슬지 않는다.
>   • 개관이 용이하다.
>   • DI(Drawn and Ironed can)관의 제조에 적합하다.
>   • 독성이 적고 위생상 안전하며, 비중이 가볍다.
> ② 단점
>   • 납땜이 거의 안 된다.
>   • 가격이 비싸다.
>   • 유연하여 표면에 상처가 나기 쉽다.

67 식품 포장재료로 사용되는 알루미늄의 특성을 기술하라.

> **해답**
> ① 무미, 무취이며 방습, 방기성이 매우 좋다.
> ② 유해물의 오염으로부터 식품을 보호하는 역할이 크다.
> ③ 지방질 식품의 포장에 적당하다.
> ④ 광선 차단성이 있어 자외선의 조사에 의하여 변질되는 식품의 포장에 적합하다.
> ⑤ 인쇄, 자동포장 기계적성이 좋다.
> ⑥ 식염을 함유한 식품 포장에는 부적당하다.
> ⑦ 과자, 커피, 버터, 치즈, 마가린 등의 포장에 이용된다.

68 건조 포장 시 산소 차단 포장 방법 4가지를 쓰시오.

> **해답**
> 가스치환, 진공포장, 방습제 투입포장, 질소충진포장

69 | 통조림 제조 시 살균 후 바로 냉각해야 하는 이유는?

① 호열성균 발아 억제
② 관내면 변색 방지
③ 수산 통조림의 struvite 생성을 방지
④ 조직의 연화 방지

70 | 통조림 살균지표 세균의 이름과 살균지표 효소를 쓰시오.
✦✦ 2013년 1회 출제

① 통조림 살균지표 세균 : *Clostridium botulinum*
② 살균지표 효소 : 포스파타아제(phosphotase)

71 | 통조림의 검사방법을 기술하라.

① 외관검사 : 통조림의 외관을 보아 상처가 있는 것, 중량이 부족한 것, 녹이 슨 것, 제품이 팽창한 것, 시밍(seaming)이 불완전한 것 등을 검사한다.
② 타검검사 : 관 뚜껑이나 밑바닥을 타검봉으로 가볍게 두드려 맑은 소리가 나는 것은 완전한 것이고, 둔한 소리가 나는 것은 불량한 것으로 구별한다. 둔한 소리의 경우는 미생물에 의한 가스발생, 내용량 과다, 탈기부족 등이 원인이다.
③ 가온검사 : 미생물의 번식 적온인 30~37℃의 항온기 속에서 1~4주간 보관하면서 팽창상태 확인과 미생물 증식상태를 확인한다.
④ 진공도검사 : 통조림 통의 뚜껑에 진공계 끝을 꽂아 내부의 진공도를 측정한다. 일반적으로 37.5cm(15in) 이상이면 좋은 것이다.
⑤ 개관검사 : 통조림의 뚜껑을 열고 내용물에 대한 제조 규격 및 관능, 성능 등을 검사(외관, 풍미, pH, 미생물 실험, 내용물 규격 측정, 당도, 내용량 등)한다.

72 통조림의 팽창관의 종류와 원인을 기술하라.

해답

① Flat sour
- 관의 외관은 정상이나 개관하여 보면 내용물이 신맛을 내는 것, 내용물이 gas의 생성 없이 산을 생성한 경우
- 원인 : 살균부족

② Flipper
- 관의 뚜껑과 밑바닥은 거의 정상이나 한쪽 면이 약간 부풀어 있는 상태. 이것을 손끝으로 누르면 소리를 내며 원상태로 돌아간다.
- 원인 : gas 비형성 세균에 의한 산패, 충진과다, 탈기부족, 수소팽창, 밀봉 후 살균까지 장시간 방치

③ Springer
- 관의 뚜껑과 밑바닥 중 어느 한쪽이 팽창되어 그것을 누르면 반대편이 소리를 내며 튀어나오는 상태
- 원인 : gas 생성균의 초기단계, 충진과다, 탈기부족, 수소팽창

④ Swell(Hard/Soft swell)
- 양면이 모두 팽창한 것
- 원인 : 살균부족, 용기상의 불완전

⑤ buckled
- 돌출변형관
- 원인 : retort 내 압력이 통조림관 외압보다 낮아 권체 부위가 돌출

⑥ panneled
- 위축 변형관
- 원인 : retort 내 압력이 통조림관 압력보다 크면 위축변형

73 ✤ 2013년 3회 출제
통조림 식품에서 팽창관이 생기는 원인을 설명하라.

해답

① 살균 부족으로 인한 미생물의 증식에 의해 가스 생성
② 관 내부의 화학적 작용으로 인한 H_2 가스 생성
③ 탈기 불충분
④ 내용물 충진 과다
⑤ 용기의 불완전
⑥ 살균 후 냉각의 부족으로 인한 팽창

74 | 통조림 제조 시 변질과 관계되는 4대 주요공정은 무엇인가?

해답

탈기, 밀봉, 살균, 냉각

75 | 통조림 제조 시 탈기의 목적을 기술하라.

해답

① 금속통 내부의 부식방지
② 내용물의 색, 향기, 비타민의 변화를 억제(산화방지)
③ 가열살균 시 열전달을 좋게 하기 위해
④ 가열살균 시 열팽창에 의한 용기의 찌그러짐을 방지
⑤ 병조림 및 레토르트에서 병마개의 밀착을 돕고 파우치의 파열을 방지
⑥ 내용물 상호성분 반응에 의한 팽창을 늦추고 제품의 보존기간 향상

76 | 통조림 탈기 방법을 쓰시오.

해답

가열 탈기법, 기계적 탈기법, 증기 분사법, 가스치환법, 열간 충전법

77 | 통조림 제조에서 기계적 탈기가 가열 탈기보다 좋은 이유는?

해답

① 가열처리가 어려운 식품을 취급할 수 있다.
② 작업장의 면적이 적다.
③ 내용물의 손실이 적다.
④ 위생적으로 취급할 수 있다.
⑤ 증기를 절약할 수 있다.
⑥ 단시간에 이루어진다.

78 | 통조림 관모양이 돌출된 형태인 Buckled can의 원인은?

해답

① 미생물학적 원인 : 통조림 내의 내용물이 부패되어 가스 생성으로 인한 팽창으로 인한 식용으로 사용 불가능하다.
② 화학적인 원인 : 통조림 내의 내용물과 관의 화학적 작용으로 인한 가스 생성 팽창이다.
③ 살균 : 살균 후 냉각의 부족으로 인한 팽창으로서, 저온으로 유지하여 충분한 냉각을 시켜준다.

79 | 통조림 보관 중에 나타나는 lip(석출)과 vee(족출)를 설명하라.

해답

① lip(석출)은 body hook이 밀봉부 밑으로 빠져 나온 것을 말한다. 관 주변의 일부분에만 나타날 수 있고, 관통이 변형되었을 때와 관통 플랜지의 현상이 불량하기 때문에 일어나기 쉽다.
② vee(족출)은 cover의 curl부가 말려 들어가지 않고 밀봉부 아연에서 처져 있는 것을 말하며, 보통 밀봉부 하부에 V자형의 돌기로 나타나는데 주로 lap부 주변에서 볼 수 있다.

80 | ❖ 2014년 1회 출제
통조림 살균시 100도 이하로 살균할 수 있는 ① 한계 pH를 쓰고, ② 그 이유를 쓰시오.

해답

① pH 4.5
② pH 4.5 이하인 산성식품에는 식품의 변패나 식중독을 일으키는 세균이 자라지 못하므로 곰팡이나 효모류만 살균하면 살균 목적을 달성할 수 있는 데, 이런 미생물은 끓는 물에서 살균되므로 비교적 낮은 온도(100℃ 이하)에서 살균한다.

81
통조림 살균 시 가장 늦게 열전달이 되는 곳이 냉점이다. 내용물이 액체일 때와 반고체일 때의 냉점을 비교하여 설명하라.

해답
- 액체는 대류에 의한 열전달이 일어나고, 1/3지점이 냉점이다.
- 고체는 전도에 의한 열전달이 일어나고, 1/2지점이 냉점이다.

82
✤✤ 2014년 1회 출제

통조림 살균 시 내용물이 고체 식품일 때의 냉점 위치는 (①)이고, 그 이유는 (②)이다. 액체 식품일 때의 냉점위치는 (③)이고, 그 이유는 (④)이다.

해답
① 1/2 지점
② 전도에 의한 열전달이 일어나기 때문
③ 1/3 지점
④ 대류에 의한 열전달이 일어나기 때문

83
통조림의 진공도를 재는 vacuum tester를 꽂는 곳은?

해답
역류(expansion ring)
원형관 및 각관에 대해서는 뚜껑의 역류(expansion ring)의 돌기부에, 타원관에 대해서는 관의 장경부에 진공계 끝을 밀착, 삽입시켜서 측정한다.

84
통조림 내의 진공도에 영향을 주는 인자들을 기술하라.

해답
가열온도와 가열시간, head space와 충진 상태, 내용물의 신선도, 내용물의 산성도, 기온과 기압, 살균온도

85
어떤 회사의 425g짜리 통조림 바코드가 880 1001 211110일 때 국제 상품코드 관리협회(EAN)에 의한 880의 의미는?

해답
국가 식별 코드

86 수산물 통조림의 관내기압은 43.2cmHg이고 관외기압이 75.0cmHg일 때 통조림의 진공도는?

> **해답**
> 통조림의 진공도 = 관외기압 − 관내기압
> $= 75.0 - 43.2 = 31.8 (cmHg)$
> ※ 통조림 내의 진공도는 통조림 내부압력과 외부압력의 차이를 말한다.

87 진공계를 사용하여 통조림의 진공도를 측정하였더니 지시진공도가 30cmHg였고 이 통조림의 head space가 4mℓ이었을 때 이 통조림의 진진공도는?(단, Bourdon관의 내용적은 1.2mℓ이다.)

> **해답**
> 진진공도 = 측정진공도 + $\dfrac{진공도}{headspace}$ + 내용적
> $= 30 + \dfrac{30}{4} + 1.2 = 38.7 (cmHg)$

88 통조림 제조 시 살균시간을 설정하기 위한 D-value 측정 실험방법(절차)을 간단히 설명하라.

> **해답**
> ① 멸균시험관에 시료를 넣은 후 품온이 살균온도로 유지되는 oil bath에서 경시적으로 시험관을 꺼내 생균수를 측정한 후 생존곡선을 그린다.
> ② 각 살균온도에서 90% 이상이 사멸하기까지 걸리는 시간을 D값으로 한다.

89 Corned beef 통조림 제조 시 살균온도와 고온으로 살균하는 이유는?

> **해답**
> Corned beef 통조림의 원료는 주로 저산성의 젖소의 폐우, 기타 노폐우, 폐마 등의 중질육을 사용하기 때문에 살균온도를 121℃ 정도의 고온으로 행한다.

90. 산성 통조림의 복숭아나 배를 가열할 때 붉은색이 나타나는 이유는?
※ 2014년 3회 출제

해답
복숭아나 배를 살균한 후에 냉각이 불충분하면 과육에 함유되어 있는 무색의 로이코안토시안(leucoanthocyan)이 발색을 일으키기 쉬운 온도인 40℃에서 시아니딘(cyanidin)으로 변화되어 홍변을 일으킨다. 따라서 가능한 한 빨리 실온으로 냉각해야 한다.

91. 단층 플라스틱필름이나 금속박 또는 이를 여러 층으로 접착하여, 파우치와 기타 모양으로 성형한 용기에 제조, 가공 또는 조리한 식품을 충전하고 밀봉하여 가열살균 또는 멸균한 식품을 무엇이라 하는가?

해답
레토르트 식품

92. 레토르트 식품제조의 공정은?

해답
원료 → 충전 → 탈기 → (밀봉) → (살균) → 냉각 → 건조 → 포장

93. 레토르트 식품의 장점은 무엇인가?

해답
통조림 식품과 같이 장기간 보관이 가능하고, 통조림 식품에 비하여 부드럽고 가벼워 휴대, 운반, 취급이 용이하며, 개봉 및 폐기물 처리가 쉽다. 또한 가열시간이 짧아서 조리시간이 단축된다.

94. CIP방식(Cold Isostatic Pressing)이란?

해답
- 초고압 식품가공으로 낮은 온도에서 액체를 압력 매체로 하여 분말재료를 성형하는 방법이다.
- 미세한 분말재료를 고무로 된 용기에 충진하여 밀봉 후 고압 용기 내에서 정수압을 가하면 겉보기 체적의 40~50%가 수축하여 치밀하고 균일하게 성형체가 된다.

95 | HVP(Hydrolyzed Vegetable Protein)란?

해답
- 식물성 가수분해단백질을 말한다.
- 탈지대두, 글루텐(gluten) 등 단백질이 많이 함유된 원료에 염산을 이용하여 가수분해한 단백가수분해물이다.
- 이 분해물은 조미간장, 수프 등의 기초 원료로 사용된다.

96 | HAP(Hydrolyzed Animal Protein)란?

해답
- 동물성 가수분해단백질을 말한다.
- 동물성 단백질을 염산으로 가수분해하여 만든다.
- 동물성 단백질의 원료는 동물가죽이나 젤라틴 함량이 높은 부위를 이용한다.

97 | CPP(Casein Phospho Peptide)란?

해답
- 우유 카제인이 트립신에 의해 가수분해된 산물로 분자 내에 포스포세린을 다수 함유한 펩티드이다.
- CPP의 중요기능은 pH 7~8의 중성-약알칼리 상에서 미네랄이 불용화되는 것을 저지하는 작용을 가지고 있다.
- 비교적 안정한 물질로 음료, 과자, 빵, 디저트류 등에 배합하면 아주 우수한 칼슘 흡수 효과를 얻을 수 있다.

98 | CPP(Casein Phospho Peptide)의 ① 생리작용과 ② 식품의 예를 기술하라.

해답
① 생리작용
- 어린이 골격, 치아형성 촉진
- 골다공증 예방
- 골절환자의 회복촉진
- 빈혈개선(Fe의 흡수촉진)

② 식품의 예
- Ca와 CPP를 첨가한 저유당요구르트
- Fe과 CPP를 강화한 유청음료, 과즙음료
- 과자류, 빵류, 디저트류

식품제조·가공 실무

99 식품의 ① 유통기한 ② 품질유지기간에 대하여 설명하라.

> ① 유통기한 : 소비자에게 판매를 위해 제공될 수 있는 최종 일자를 말하며, 그 이후에도 통상적인 기간 동안 가정에서 보관할 수 있다.
> ② 품질유지기간 : 미개봉의 식품이 바람직한 보존조건에서 보존된 경우 본래 갖고 있는 또는 기대되는 맛, 색, 냄새, 식감 및 영양소(특히 비타민)에 대해서 본래의 특성을 충분히 유지하고 있다고 인정되는 기간이며 일반적으로 맛, 색, 냄새, 식감에 대해서 관능적으로 문제가 없다고 인정되는 기간을 말한다. 이 기간이 지난 식품을 먹어서는 안 된다는 것을 의미하는 것은 아니고, 색의 변화 및 풍미 저하의 의미를 말하며 섭취 시 신체에 어떤 영향이 있는 것도 아니다.

100 발효공업에서의 탄소원을 3가지 이상 기술하라.

> 당밀, Glucose, Fructose, Sucrose, Maltose

101 HLB값이 4~6일 때 어떤 유형의 식품인가?

> HLB(Hydrophilic Lipophilic Balace)란
> - 유화제 특성을 나타내는 지표로서 계면활성제가 친유성과 친수성의 성질을 얼마만큼씩 가지고 있느냐 하는 것을 친수기의 양이 0%일 때는 0, 100%일 때는 20으로 하여 등분한 값이다.
> - 예를 들어 친수기가 10%이고 친유기가 90%일 경우의 HLB값은 2이고 반대로 친수기가 90%이고 친유기가 10%일 경우의 HLB값은 18이다.
> - 친수기와 친유기의 양이 같을 때의 HLB값은 10이 된다.
>
> | HLB | 0 | 1 | 2 | 3 | 4 | 5 | 6 | 7 | 8 | 9 | 10 | 11 | 12 | 13 | 14 | 15 | 16 | 17 | 18 | 19 | 20 |
> |---|---|---|---|---|---|---|---|---|---|---|---|---|---|---|---|---|---|---|---|---|---|
> | 친수기(%) | 0 | 5 | 10 | 15 | 20 | 25 | 30 | 35 | 40 | 45 | 50 | 55 | 60 | 65 | 70 | 75 | 80 | 85 | 90 | 95 | 100 |
> | 친유기(%) | 100 | 95 | 90 | 85 | 80 | 75 | 70 | 65 | 60 | 55 | 50 | 45 | 40 | 35 | 30 | 25 | 20 | 15 | 10 | 50 | 0 |
>
> - w/o(유중수적형) : 3.5 < HLB < 6 → 우유, 마요네즈 등
> - o/w(수중유적형) : 8 < HLB < 18 → 버터, 마가린 등

102 전단응력과 전단속도와의 관계로부터 뉴턴유체와 시간 독립성, 비뉴턴유체의 유동속도의 관계를 ① 그래프로 그리고 ② 이들의 특성을 간단히 설명하라.

해답

① 그래프

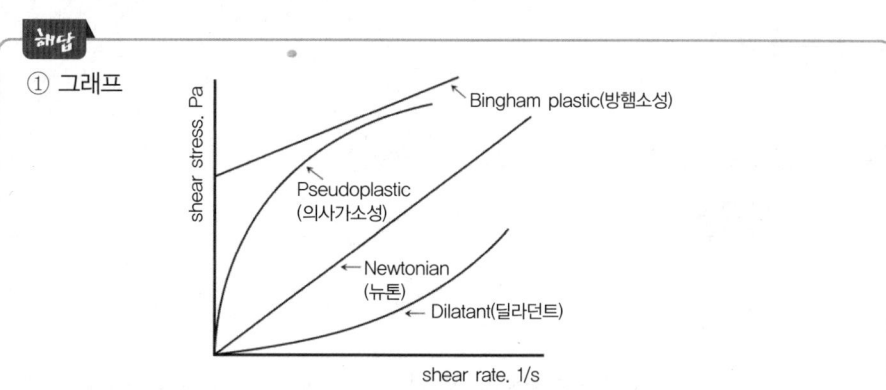

② 특성

전단응력 $\tau = k(dv/dh)^n$

- n = 1 : 뉴턴유체(물, 알코올)
  → 전단응력과 전단속도가 같다. 이외 모두 비뉴턴유체이다.
- n < 1 : 의가소성 유체(토마토 퓨레)
  → 전단응력이 낮을 때에는 점도가 높지만 전단응력이 점점 커질수록 점도는 낮아진다.
- n > 1 : 팽창성 유체(설탕액의 모래알 같은 슬러리)
  → 전단응력이 낮을 경우에는 겉보기 점도가 낮지만 높아지면 점도도 점점 높아진다.

103 ✤ 2013년 3회 출제

식품공장에서 식품 11t을 가공하는데, batch 한 대당 200kg 수용가능하며 40분이 걸린다. 공장에서 ① 8시간 일을 할 때와 ② 10시간 일을 할 때 필요한 기계의 대수를 구하라.

해답

① 8시간 일을 할 때
- 40분 : 200kg = 480분(8시간) : X
  X = 2400
  즉 1대당 2400kg을 가공할 수 있으므로 11000 ÷ 2400 = 4.6
- 약 5대

② 10시간 일을 할 때
- 40분 : 200kg = 600분(10시간) : X
  X = 3000
  즉 1대당 3000kg을 가공할 수 있으므로 11000 ÷ 3000 = 3.7
- 약 4대

제3장 식품종류별 제조·가공 및 실무

곡류가공

01 쌀의 정백을 판정하는 데 쓰이는 시약은?

해답
May-Grünwald 시약

02 쌀의 도정도 결성에 이용되는 M.G 염색법에서 May-Grünwald 시약은 어떻게 조제되는가?

해답
methylene blue와 eosin 등을 methanol에 녹여 제조

03 M.G 염색법에서 현미는 무슨 색을 띠는가?

해답
청녹색

04 쌀의 정백도를 판정할 때 M.G 염색법에서 담홍색을 나타내는 것은 몇 분도미인가?

해답
7분도미, 백미
① 염색법(M.G 시약)에 의한 도정도 판별
 • 과·종피 : 청색
 • 호분층 : 담녹색 및 담청색
 • 배유부 : 담청홍 및 담홍색
 • 배아 : 담황록색
② 염색법에 의한 도정도 판정 기준
 • 과·종피 : 청색
 • 현미 : 청녹색
 • 5분도미 : 담청색
 • 7분도미 : 담홍청색(백미)

05 요오드 처리로 도정도 판정 시에 현미, 5분도미, 7분도미의 색은?

> ① 현미 : 청녹색
> ② 5분도미 : 담청색
> ③ 7분도미 : 담홍청색(백미)

06 벼의 구성은 현미 (①)와 왕겨 (②)이고, 그중 현미의 구성은 백미 (③)와 겨 (④)로 되어 있다. ( ) 안을 채우시오.

> ① 80%   ② 20%   ③ 92%   ④ 8%

07 도정의 정도를 결정하는 법으로 등겨 층의 벗겨진 정도나 생산한 쌀겨의 양에 의해 결정하는데 도정률과 도감률을 현미, 5분도미, 10분도미별로 쓰시오.

도정미	도정율(%)	도감률(%)
현미	100	0
5분 도미	96	4
10분 도미	92	8

08 현미 1,000kg을 도정 후, 겨 30kg, 쇄미 10kg이 생산되었다. 정백률은?

> 1000 − (30 + 10) = 960
> (960/1000) × 100 = 96(%)

09 현미의 겨층을 제거하는 정미기의 도정원리는?

> 마찰, 절삭, 찰리, 충격

10 | 절단맥(활맥) 가공이란?

해답

보리의 깊은 고랑을 완전히 제거할 목적으로 보리알의 고랑을 따라 절단하여 도정하는 가공방법이다. 절단맥을 백맥, 활맥이라고도 한다.

11 | 햅쌀과 묵은쌀, 즉 신고미 판정에 사용하는 시약은?

해답

1% guaiacol 용액과 1% 과산화수소 용액

12 | 시약에 의한 신고미 판정시험에 있어 농적색을 띠는 쌀은?

해답

햅쌀은 농적색을 띤다. 묵은쌀은 적갈색을 띠거나 염색되지 않는다.

13 | 찹쌀과 멥쌀의 성상에서 가장 중요한 차이점은?

해답

아밀로오스(amylose)와 아밀로펙틴(amylopectin)의 함량

14 | 찹쌀과 멥쌀의 요오드 반응시험에 쓰이는 시약은?

해답

Lugol 용액(KI와 I_2를 용해시킨 것)

15 | 찹쌀과 멥쌀은 요오드반응에 의해서 무슨 색을 띠게 되는가?

해답

① 찹쌀 : 적갈색
② 멥쌀 : 청남색

16 찹쌀과 멥쌀을 판정하는 데 요오드반응의 실험방법을 요약하라.

> ① 멥쌀과 찹쌀 2~3알을 분쇄하여 각각 시험관에 넣는다.
> ② 소량의 물을 가하여 호화시킨다.
> ③ 냉각시키고 요오드액을 각각 1~2방울씩 가하여 착색시킨다.

17 α화 식품가공의 목적은?

> α-녹말상태로 유지시킨 식품은 열을 가하지 않아도 먹을 수가 있고, 맛도 좋아지며, 소화성도 양호하고, 저장성도 높아진다.

18 건조미반(α화미)을 제조하는 방법의 종류는?

> 천일건조방법, 고온건조방법, 알코올 탈수방법, 냉동진공건조방법

19 쌀을 건조시킬 때의 건조기의 온도는 몇 도(℃)로 조절하는 것이 바람직한가?

> 80~100℃ 정도

20 강화 건조미(벼를 쪄서 비타민 B가 스며들게 하는 것)를 설명하라.

> 쌀에 물을 가하고, 가열하여 β형의 녹말을 α형의 녹말로 변화시킨 다음 영양 강화제로서 비타민 B_1을 첨가하고 고온 하에서 수분함량이 15% 이하가 되도록 속히 탈수 건조시켜 α형 녹말로 고정시킨 것이다.

21 강화 건조미의 제조 목적은 무엇인가?

① 식품의 풍미와 품질 유지
② 식품 중의 영양소 강화
③ 식품의 섭취량에 따른 영양소의 강화량 결정
④ 저장성과 취식의 간편
⑤ 소비자의 경제적 부담 감소

22 강화 건조미에 주로 이용되는 영양소는?

비타민 B_1, 무기질 등

23 ✧✧ 2014년 3회 출제
수분함량이 15.5%인 원맥 300kg를 수분함량이 19.5%가 되도록 만들 때 첨가해야 할 물의 양은?

- 첨가해야 할 물의 양 = $\dfrac{w(b-a)}{100-b}$
  (w: 용량, a: 최초 수분함량, b: 나중 수분함량)
- 첨가해야 할 물 = $\dfrac{300(19.5-15.5)}{100-19.5}$ = 14.9kg

제분

01 밀가루 품질 평가에 있어 가장 중요한 성분은 무엇인가?

글루텐(gluten)의 함량

02 | 밀가루에서 강력분, 중력분 및 박력분의 글루텐(gluten) 함량은 각각 몇 %인가?

> **해답**
> ① 강력분 : 건부량이 13% 이상
> ② 중력분 : 건부량이 10~13%
> ③ 박력분 : 건부량이 10% 이하

03 | 밀가루의 종류, 건부와 습부율을 기술하라.

> **해답**
> ① 강력분 : 건부율 13% 이상, 습부율 36% 이상
> ② 중력분 : 건부율 10~13%, 습부율 25~36%
> ③ 박력분 : 건부율 10% 이하, 습부율 25% 이하

04 | 원료가 25g이고 글루텐이 7.6g일 때 습부율은?

> **해답**
> $$습부율 = \frac{습부중량}{사용한\ 밀가루의\ 무게} \times 100$$
> $$= \frac{7.6}{25} \times 100 = 30.4(\%)$$

05 | 밀가루 20g에 10ml의 물을 넣어 습부량(wet gluten)을 측정한 결과가 4g일 때 이 밀가루의 습부율을 구하라.

> **해답**
> $$습부율 = \frac{4}{20} \times 100 = 20(\%)$$

06
밀가루 20g에 물 약 13g을 넣고 반죽하여 도우를 만들고 거즈에 싸서 1시간 두었다. 1시간 후 흐르는 물로 액이 맑게 될 때까지 녹말을 씻어낸 후 물기를 빼고 무게를 달았더니 8.00g이었다. 이 밀가루의 ① 습부율을 구하고, ② 강력분, 중력분, 박력분을 판정하라.

해답

① 습부율 = $\dfrac{8}{20} \times 100 = 40(\%)$

② 습부율이 36% 이상이므로 강력분

07
원료가 25g이고 건부량이 2.7g일 때 건부율은?

해답

건부율 = $\dfrac{건부중량}{사용한 밀가루의 무게} \times 100$

= $\dfrac{2.7}{25} \times 100 = 10.48(\%)$

08
100g의 밀가루를 건조하여 15g의 글루텐을 얻었다. 이 밀가루의 건부율을 구하고 제과용이나 튀김용에 적합한지 판정여부를 건부율과 연관하여 설명하시오.

해답

① 건부율 = $\dfrac{15}{100} \times 100 = 15(\%)$

- 강력분(13% 이상) : 제빵, 마카로니
- 중력분(10~13%) : 면류
- 박력분(10% 이하) : 제과용, 튀김용

② 판정 : 건부율 13% 이상이면 강력분이므로 10% 이하의 박력분을 사용하는 제과용이나 튀김용으로 적합하지 않다.

09 | 밀의 초자율에 대한 설명과 계산식을 쓰시오.

> **해답**
>
> 초자율이란 밀알 단면의 반투명의 정도를 나타내는 말로 보통 50알씩 2번 측정하여 평균치를 구한다.
>
> $$초자율(\%) = \frac{(초자질\ 밀알의\ 수 \times 1) + (중간질\ 밀알의\ 수 \times 0.5) + (분상질\ 밀알의\ 수 \times 0)}{총밀알의\ 수} \times 100$$
>
> ※ 초자율이 높을수록 글루텐 함량이 많다.

10 | 밀가루 구성성분인 글루텐을 구성하는 주요 단백질은 무엇인가?

> **해답**
>
> 글리아딘(gliadin), 글루테닌(glutenine)

11 | 밀의 제분공정에서 수분첨가(조질, tempering) 과정이 있는데 수분을 조절하는 이유와 목표수분함량은?

> **해답**
>
> ① 이유 : 제분수율향상(밀기울 분쇄방지)과 품질개선
> ② 목표수분 : 14 ~ 15%

12 | 밀 제분과정 중 조질에 해당하는 2단계의 명칭을 쓰고 설명하라.

> **해답**
>
> ① 템퍼링(tempering) : 밀의 원료에 적당한 양의 물을 가하여 일정 시간 방치함으로써 배젖과 밀기울을 잘 분리시킨다. 또한 밀기울을 강인하게 하여 부스러져서 밀가루에 섞이는 것을 방지하고 배젖을 잘 분쇄하며 체에 의한 분리를 쉽게 한다.
> ② 컨디셔닝(conditioning) : 템퍼링의 온도를 높여서 그 효과를 더 높이는 것이며 보통 템퍼링에 이어서 한다. 컨디셔닝을 한 후 원료밀을 가열하고 냉각시키면 밀이 팽창·수축되어 밀기울과 배젖부의 분리성이 높아진다.

13 | 밀 제분과정 중 배젖과 밀기울을 분리하는 방법을 쓰시오(2가지).

2014년 1회 출제

해답

① 템퍼링(tempering)은 밀의 원료에 적당한 양의 물을 가하여 일정 시간 방치함으로써 배젖과 밀기울을 잘 분리시킨다. 또한 밀기울을 강인하게 하여 부스러져서 밀가루에 섞이는 것을 방지하고 배젖을 잘 분쇄하며 체에 의한 분리를 쉽게 한다.

② 컨디셔닝(conditioning)은 템퍼링의 온도를 높여서 그 효과를 더 높이는 것이며 보통 템퍼링에 이어서 한다. 컨디셔닝을 한 후 원료 밀을 가열하고 냉각시키면 밀이 팽창·수축되어 밀기울와 배젖부의 분리성이 높아진다.

14 | 100kg의 밀을 제분하기 위해 템퍼링을 할 때 밀의 수분함량은 12%인데, 16%로 만들기 위해 첨가해야 할 수분함량은?

해답

$$\text{첨가하는 물무게} = \text{밀무게} \times \left(\frac{100 - \text{원래의 수분함량}}{100 - \text{목적하는 수분함량}} - 1 \right)$$

$$= 100 \times \left(\frac{100 - 12}{100 - 16} - 1 \right) = 4.76 \, (\text{kg})$$

15 | 밀가루를 사별(篩別, sieving)하는 이유는?

해답

불순물 및 밀기울 제거, 산소의 공급, 가루입자의 균일화

16 | 제분에서 숙성(aging)의 원리 및 방법을 설명하라.

해답

① 원리 : 약품을 사용하여 단시일 안에 산화작용을 일으킨다. 약품을 사용하여 표백작용을 일으키는 것은 산화작용을 일으켜 품질을 개선시키는 데 그 목적이 있다.

② 방법 : NO_2(이산화질소), 과산화벤조일, 이산화염소 등의 산화제를 사용한다.

※ 제분 직후의 밀가루는 탄성이 약하므로 30~40일간 숙성기간을 두어 gluten 탄성을 높이는 것을 숙성(aging)이라 한다. 이렇게 함으로써 제빵 적성이 좋아지고 색도 희게 되어 좋다. 이것은 공기의 산화작용에 기인하는데 시일이 오래 걸리는 단점이 있다.

17 밀가루의 품질 측정 기준을 기술하라.

> 단백질(글루텐 함량), 점도, 효소함량(α-amylase), 흡수율, 회분 및 색상, 입도, 손상전분, 첨가물, 숙성 등

18 밀가루 품질 측정기기를 기술하라.

> ① Amylograph : α-amylase 역가, 액화상태의 점도 측정
> ② Farinograph : 점탄성 측정, 글루텐의 강도와 질을 알기 위한 시험
> ③ Extensograph : 신장도, 인장항력 측정
> ④ Pekar test : 색도(밀기울의 혼입도 – 입자가 고울수록 희다) 측정

제과 및 제빵

01 빵의 원료로 쓰이는 것은 여러 가지가 있으나 그중 가장 기본적인 원료와 그 배합비율은?

> 빵의 기본적인 원료는 밀가루, 효모, 소금, 물 등이며, 그 배합비는 밀가루 100에 비해 효모 1.5~2, 소금 1.5~2, 물 55~65이다.

02 제빵 시 사용하는 가장 기본적인 원료에 대해 설명하라.

> ① 밀가루 : 글루텐의 함량이 많은 것일수록 흡수력이 크다.
> ② 효모 : 팽창제의 역할을 하고 향기와 맛을 주며 세균의 번식을 억제한다. 빵의 외관, 빛깔, 영양 등의 효과를 준다.
> ③ 소금 : 노화를 지연시키고, 글루텐에 작용하여 탄력성을 크게 하고 빵의 조직과 맛을 좋게 한다. 또한 균의 번식을 방지하고 효모의 무기 영양원으로 발효를 조절한다.
> ④ 물 : 알칼리성이 강하면 품질이 저하되므로 강력분에는 연수가 좋고, 중력분에는 경수를 사용한다.

03 | 원료의 배합방식에 따른 빵 제조법 2가지를 쓰시오.

> ① 직접 반죽법(Straight method) : 원료 전부를 한번에 넣어서 반죽하는 것이다. 시간과 노력이 절약되며, 향기가 양호하고, 감량이 적다.
> ② 스폰지 반죽법(sponge method) : 소량의 효모와 밀가루의 일부에 효모를 증진시킨 다음 나머지 원료를 가하여 반죽하는 것이다. 효모를 절약할 수 있고, 가볍고, 조직이 우수하다.

04 | 발효 빵이란?

> 밀가루를 반죽할 때 효모를 사용하여 부풀게 한 빵이다.

05 | 식빵 제조용 밀가루는 어떤 것이 좋은가?

> 글루텐의 함량이 많은 것일수록 비교적 흡수율이 크고 제빵에 적당하며 회분함량이 적은 것이 좋다.

06 | 제빵에 사용하는 빵 효모는?

> *Saccharomyces cerevisiae*

07 | 식빵 제조 시 필요한 ① 원료(6가지), ② 발효온도, ③ 빵의 굽는 온도 ④ 설탕의 첨가량을 쓰시오.

> ① 원료 : 밀가루, 소금, 효모, 물, 버터, 설탕
> ② 효모의 적당 발효온도 : 26~30℃
> ③ 빵의 굽는 온도 : 200℃~204℃에서 25분 정도
> ④ 설탕의 첨가량 : 3~4% 정도

08 압착효모의 보존 온도는?

> **해답**
> 10℃ 이하의 온도에서 보존

09 제빵 시에 사용하는 yeast food의 역할은?

> **해답**
> 발효능력은 없으나 효모의 생활 작용에 영향을 주는 무기염류로 발효촉진제와 품질 개량제를 혼합한 것이다.

10 밀가루 반죽 시 물의 온도는?

> **해답**
> 20~30℃ 정도

11 반죽한 빵을 1.5~2시간 정도 ① 발효하는 이유와 발효 시 ② 팽창되는 정도를 기술하라.

> **해답**
> ① 반죽한 빵을 발효하였을 경우 CO_2 가스가 생성되며 효모의 작용으로 여러 원료에 생화학적 변화를 일으켜 빵에 향미를 부여할 수 있다.
> ② 1.5~2시간 정도 발효하면 2.5배 정도 팽창한다.

12 제빵 시 재우기의 보온기 조건은?

> **해답**
> ① 중간 재우기 : 30℃, 75~85% 습도, 5~15분간
> ② 굽기 전 재우기 : 32~37℃, 85~90% 습도, 30~60분간

13. 제빵에 있어서 빵을 부드럽게 하는 재료들은 무엇인가?

해답

설탕, 지방

14. 제빵 과정 중 가스빼기(punching)의 목적(4가지)을 기술하라.

해답

① 발효과정에서 생긴 CO_2를 내보낸다.
② 신선한 공기를 주어 효모의 활동을 왕성하게 한다.
③ 반죽 안팎의 온도를 균일하게 한다.
④ 여러 원료의 혼합을 잘되게 하며 효모의 생활력을 조장한다.

15. 빵을 오븐에 넣을 때 일어나는 화학적인 작용을 기술하라.

해답

① 전분의 호화가 일어난다.
② 단백질의 열변성이 일어난다.
③ 빵 특유의 색, 풍미, 조직감이 형성된다.

16. 제과, 제빵에서 사용되는 쇼트닝에 대하여 설명하라.

해답

쇼트닝
- 돼지기름의 대용품으로 제조된 가공유지로, 유지가 100%로 수분이 함유되어 있지 않은 제품을 말한다.
- 온도 범위가 넓어서 성형이 자유롭고 쇼트닝 자체는 풍미를 내지 않으나 저장성이 높아서 많이 사용되고 있다.
- 고체뿐만 아니라 액체나 분말 상태로도 사용된다.

17 제과, 제빵에서의 쇼트닝의 역할에 대해 설명하라.

> **해답**
> ① 바삭바삭한 촉감 부여
> ② 전분과 gluten의 윤활작용
> ③ 반죽의 부드러움 부여
> ④ 반죽 중의 공기 포집(크림성)

18 제빵 시 사용하는 팽창제는?

> **해답**
> 중탄산나트륨, 탄산암모늄, 주석산칼륨 팽창제, 주석산 팽창제

19 제빵 시 밀가루 대신 전분가루를 사용할 때 빵의 ① 물리적 특성 변화와 ② 그 원리를 설명하라.

> **해답**
> ① 물리적 특성 변화 : 빵의 껍질과 속의 질감 변화, 맛과 색깔 변화
> ② 원리 : 온도증가에 따른 전분의 호화

20 제빵 시 소금의 역할을 기술하라.

> **해답**
> ① 빵의 맛을 좋게 한다.
> ② 노화를 억제하는 역할을 한다.
> ③ 효모의 활성을 억제한다.
> ④ 젖산균 등 유해균의 발육을 억제한다.
> ⑤ 밀가루의 글루텐과 작용하여 탄력성을 좋게 한다.

21 빵의 노화를 방지하는 원료 3가지를 쓰시오.

> **해답**
> ① 설탕 : 반죽의 안정성을 높이고, 노화를 방지한다.
> ② 소금 : 글루텐에 의한 물의 흡수로 빵에 습기를 주어 노화를 방지한다.
> ③ 지방 : 빵의 조직이 연해지고 노화를 방지한다.

22 과자를 반죽 시 반죽온도가 낮을 경우 비중, 껍질과 향기에 미치는 영향은?

> **해답**
> 일반적으로 반죽의 온도는 23~24℃가 적정한 온도이며 반죽온도가 낮으면 설탕이 완전히 녹지 않아서 비중이 높아져 조직이 조밀하고 부피가 작아지고, 카라멜화로 인해 껍질색이 진해지며, 그로 인해 달콤한 냄새가 난다.

제면

01 당면의 주원료는?

> **해답**
> 고구마전분, 감자전분

02 당면의 제조 공정을 기술하라.

> **해답**
> 원료 → 반죽 → 삶기 → 동결 → 건조 → 절단 → 제품
> ※ 고구마 전분은 글루텐과 같은 끈끈한 성분이 없으므로 묽은 반죽으로 만들어 선 모양으로 끓는 물에 삶아 동결시킨다.

03 국수종류는 제법에 따라 (①), (②), (③)으로 분류하고, 국수 굵기는 절치 번수, 즉 (④) 폭 면대 선절수가 사용되고 번호가 (⑤)수록 면선은 가늘다. 일반국수는 중(박)력분이, 마카로니는 (⑥), 당면은 (⑦)이 사용된다. ( ) 안을 채우시오.

> **해답**
> ① 선절면   ② 신연면   ③ 압축면   ④ 3cm   ⑤ 클   ⑥ 강력분   ⑦ 전분

04 제면 시 소금의 역할을 기술하라.

> **해답**
> ① 밀가루의 점탄성을 높인다.
> ② 소금 중 염화마그네슘의 흡습성으로 건조할 때 면선 중의 수분이 내부로 확산되는 것을 촉진시켜 건조 속도를 조절한다.
> ③ 미생물의 번식 또는 발효를 억제하여 제품이 변질되는 것을 방지한다.

05 스낵 압출성형이 열처리와 다른 점은?

> **해답**
> ① 열이 아닌 압력 사용
> ② 휘발성인 향미성분 보존
> ③ 탈수, 탈지 가능

06 라면의 제조방법을 기술하라.

> **해답**
> ① **배합공정** : 소맥분과 배합수를 혼합하여 반죽을 만든다.
> ② **제면공정** : 반죽된 소맥분을 롤러에 압연(壓延)시켜가며 면대를 만든다. 압연된 면대를 제면기를 이용하여 국수모양(국숫발)을 만든다. 이어서 컨베이어 벨트의 속도를 조절하여 라면 특유의 꼬불꼬불한 면발형태를 만들어 준다.
> ③ **증숙공정** : 스팀박스를 통과시키면서 국수를 알파화시킨다(소화가 잘 되는 알파호화전분으로 만들어 주기 위해 100℃ 이상의 스팀을 사용한다).
> ④ **성형공정** : 증숙된 면을 일정한 모양으로 만들기 위해 납형(納型) 케이스를 이용한다.
> ⑤ **유탕공정** : 알파화된 증숙면을 정제유지로 150℃ 정도에서 튀겨준다. 이렇게 함으로써 알파화 상태를 계속 유지 및 증가시켜주는 것이 가능하며, 면의 수분을 휘발시키는 한편 면에 기름을 흡착시켜 준다.
> ⑥ **냉각공정** : 유탕에서 나온 면을 컨베이어 벨트를 통해 이동시켜 가면서 상온으로 냉각시킨다.
> ⑦ **포장공정** : 냉각된 면에 포장된 스프를 첨부하여 자동포장기를 이용, 완제품 라면으로 포장한다.

07. 라면 제조공정에서 스팀박스 통과 시 일부분이 호화되는데, 그 스팀의 ① 조건과 ② 작용에 대해 쓰시오.

> ① 조건 : 100~105℃의 증기를 2~5분 불어넣는다.
> ② 작용 : 밀가루의 주성분인 녹말이 호화되어 소화흡수가 용이한 알파 녹말의 상태로 된다.

■ 제분 제조

01. 전분제조방법에서 제조시간이 절약되는 방법은?

> 원심분리법

02. 전분을 분리, 침전시킬 때 사용하는 물은 맑은 연수를 사용하는 것이 좋은 이유는?

> 정화된 연수를 사용하지 않을 경우, 철분과 세균이 많이 들어가서 전분을 착색, 오염시킬 염려가 있다.

03. 전분의 분리가 가장 쉬운 것은?

> 감자

04 200kg 녹말을 산분해할 때 이론적으로 생성되는 포도당 양은?

해답

$$(C_6H_{10}O_5)_n + nH_2O \rightarrow n(C_6H_{12}O_6)$$
$$\phantom{(C_6H_{10}O_5)_n}162 180$$
$$162 : 180 = 200 : x$$
$$\therefore x = 222 \text{(kg)}$$

05 다음 전분 제조공정을 완성하고 전분 분리방법 3가지를 쓰시오.

원료 → 세척 → ( ) → ( ) → 분리 → 건조 → 제품

해답

① 공정도
원료 → 세척 → (마쇄) → (사별) → 분리 → 건조 → 제품
② 전분 분리법(3가지)
정치법, 테이블법, 원심 분리법

06 전분분리법(3가지)을 상술하라.

해답

① **침전법** : 일명 탱크침전법이라고도 하며, 전분유를 침전조에 넣고 물을 채워 정치시키면 제일 밑에는 모래와 굵은 전분이 가라앉고, 그 위에 질이 좋은 전분이 침전되며, 맨 위에는 황갈색의 흙탕 모양의 삽부가 침전된다.
② **테이블법** : 전분유를 경사구배가 1/200~1/500 되는 경사면에 흘려보내면 무거운 입자는 앞쪽에 침강되고, 가벼운 입자는 멀리 침강되며, 한번 침강된 입자는 액의 흐름이 흐트러지지 않는 한 흐름이 느리므로 떠오르지 않는다. 폐액이 연속적으로 제거되는 이점이 있다.
③ **원심분리법** : 원심분리기를 이용하는 방법으로 단시간에 전분입자를 분리할 수 있고, 전분과 불순물과의 접촉시간이 짧아 매우 이상적이다.

식품제조 · 가공 실무

07 전분의 비중은 얼마인가?

> **해답**
> 1.62 ~ 1.65

08 전분 제조 원료로서 주로 이용되는 것은?

> **해답**
> 고구마, 감자, 옥수수, 밀, 타피오카 등

09 전분박(찌꺼기)의 이용가치는?

> **해답**
> 건조 후 → 가축사료로 곰팡이 균주를 접종 → 발효사료

10 고구마전분 제조 시 전분박은 어느 공정에서 나오는가?

> **해답**
> 체질분리공정

11 습식법으로 옥수수 전분을 만들었을 때 나오는 부산물을 3가지만 쓰시오.

> **해답**
> corn steep liquor, gluten meal, gluten feed, 배아

12 전분의 알파화란?

해답
전분을 물에 넣고 가열하면 전분입자가 팽윤되면서 콜로이드 용액을 형성하여 풀이 되고 농도가 클 때나 일부 냉각되었을 때는 반고체의 gel상태가 된다. 이러한 현상을 호화(gelatinization) 또는 α화라고 한다. 이때 생전분의 단단한 micelle의 구조는 이완되거나 부서져서 전분입자는 팽윤 상태로 되고 amylose는 수용성인 sol로, amylopectin은 뜨거운 물에 불용성인 gel 상태로 된다. Gelatinization이 일어난 전분을 호화전분 또는 α-전분이라고 한다.

13 ✤✤ 2014년 1회 출제
호화전분의 노화방지책 4가지를 기술하라.

해답
① 수분 함량 조절 : 수분 함량을 15% 이하로 급격히 줄인다.
② 냉동법(0℃ 이하) : 빙점 이하에서의 수분 15%를 동시에 유지하는 것이 좋다.
③ 설탕첨가 : 수용액 안에서 수화되기 때문에 탈수제로 작용한다.
④ 유화제 사용 : 전분 교질용액의 안정도를 증가시켜 노화를 억제하여 준다.
⑤ pH 조절 : pH를 알칼리성으로 유지한다.

14 전분 제조 시 석회석 처리 이유는?

해답
고구마에 있는 펙틴이 마쇄되었을 때 끈기 있는 점성 펄프 상을 이루게 되어 사별조작을 방해하고 전분유의 침전을 느리게 하는 등의 영향을 끼치게 된다. 석회를 첨가하면 석회와 펙틴이 결합하여 Ca-pactate가 되므로 전분미의 사별을 쉽게 할 뿐만 아니라 전분입자의 침전분리가 빨라진다. 이러한 결과로 전분수율이 약 10% 증가한다. 또한 백도도 증가한다.

15 고구마전분 제조 시 소석회 처리효과(3가지)를 쓰시오.

해답
① 수율증대 : 단백질 등전점을 피하여 사별조장
② 품질향상 : polyphenol 같은 색소물질 제거
③ 이물질 제거 : pH 조절(pH 4.0 → pH 7.0)

16 | 옥수수전분 침지액의 ① 농도, ② pH 및 ③ 온도는?

해답

침지는 아황산 ① 농도 0.1~0.4%, ② pH 3~4, ③ 온도 48~52℃에서 48시간 행한다. 아황산은 옥수수를 부드럽게 하여 전분과 단백질의 분리를 쉽게 하고 잡균의 오염을 방지한다.

17 | 전분의 syneresis현상(이수현상)이란?

해답

물과 열에 의해 풀 모양으로 되고, 시간이 지나면 수화된 물이 유리되어 백탁 현상이 나타나고 노화되는 현상

18 | 전분질 원료의 ① 주정을 제조하는 공정을 완성하고 ② 고압증자를 장시간 할 때의 단점을 쓰시오.

원료 → 수세(건조) → (㉠) → (㉡) → (㉢) → 증류 → 제품

해답

① 제조공정 : ㉠ 증자(호정화)   ㉡ 당화   ㉢ 발효
② 증자를 장시간 할 경우 : 당화 불량이 된다.

19 | 전분 호화온도 측정법을 기술하라.

해답

① 0.1% 녹말 유액을 만든다.
② 잘 저으면서 수욕 중에서 가열한다.
③ 약 55℃에서부터 2℃ 간격으로 한 방울씩 채취한다.
④ 현미경으로 검경하고 호화된 때의 온도를 조사한다.

20 | 호화에 영향을 미치는 인자를 기술하라.

해답

① 수분 : 수분함량이 높을수록 호화가 촉진된다.
② 전분의 종류 : 전분의 입자 크기와 구조에 따라 차이가 있다.
③ pH : 알칼리성에서 전분의 팽윤과 호화가 촉진된다.
④ 온도 : 최저온도가 60℃인데, 더 올라갈수록 촉진된다.
⑤ 염(salt) : 호화를 촉진한다. 음이온이 팽윤제로서 작용이 강하다.
⑥ 설탕(sugar) : 농도가 20% 이상, 특히 50% 이상이면 호화가 억제된다.

21 | 전분의 노화(retrogradation)란?

해답

호화전분, 즉 α상태의 전분을 장시간 방치해 두면 β상태로 되돌아가는데 이 현상을 노화라 한다. 이것은 불규칙적인 배열을 하고 있던 전분이 차차 부분적으로 규칙적인 배열을 한 micelle 구조로 돌아간다.

22 | 전분의 노화에 영향을 미치는 인자를 서술하라.

해답

① 전분의 종류 : 전분의 크기와 종류에 따라 다르다.
② 전분의 농도 : 농도가 클수록 노화되기 쉽다.
③ 아밀로오스와 아밀로펙틴의 함량 : 아밀로오스가 많을수록 노화가 촉진되고 아밀로펙틴이 많을수록 억제된다.
④ pH : 산성일수록 노화가 촉진된다.
⑤ 수분함량 : 30~60% 정도에서 노화가 가장 잘 일어난다. 30% 이하이거나 60% 이상일 때에는 잘 일어나지 않는다.
⑥ 온도 : 온도가 낮을수록 노화가 잘 일어난다. 냉동시키거나 60℃ 이상의 온도에서 노화가 거의 일어나지 않는다.
⑦ 염류 : $CaCl_2$, $ZnCl_2$와 같은 대부분의 염류와 Ca^{2+}, Na^+, K^+, Ba^{2+} 등의 양이온은 호화를 촉진하는 반면 노화를 억제하는 작용이 크다.
⑧ 당류 : 식품 중의 자유수의 양을 감소시켜주며 일종의 탈수제로서 작용한다.

23 | 전분의 노화를 억제하는 방법을 기술하라.

해답

① 수분함량 조절 : 식품을 80℃ 이상에서 그 수분 함량을 15% 이하로 급격히 줄인다.
② 냉동법(0℃ 이하) : 빙점 이하에서의 수분 15%를 동시에 유지하는 것이 좋다.
③ 설탕첨가 : 수용액 안에서 수화되기 때문에 탈수제로 작용한다.
④ 유화제 사용 : 전분 교질용액의 안정도를 증가시켜 노화를 억제하여 준다.

24 | 고구마 전분의 소석회 첨가 시 장점 3가지를 쓰시오.

해답

① polyphenol을 흡착, 억제하여 전분의 백도(3~5% 가량)를 향상시킨다.
② 펙틴산 석회염을 형성하고 전분박의 교질을 파괴하여 전분 수율(10~20%)을 향상시킨다.
③ 단백질의 혼입을 막아 순도를 높인다.

25 | 고구마 전분을 제조할 때 석회처리를 하는 이유는?

해답

고구마 전분을 침전, 분리 시 4~5시간 경과하면 고구마 단백질 ipomein이 등전점 pH 4.0까지 떨어져 단백질이 침전, 변성하여 삽부라는 암록갈색 물질이 생긴다. 따라서 석회수를 사용하여 pH를 5.5~6.5로 조절하면 방지할 수 있다.

26 | 전분에서 포도당을 얻어 이성화하여 과당(fructose)을 얻을 경우 필요한 효소를 순서대로 쓰시오.

해답

① amylase : starch → dextrin
② glucoamylase : dextrin → glucose
③ glucoisomerase : glucose → fructose

27 물엿이란 무엇인가?

> **해답**
> 맥아당과 덱스트린의 혼합물

28 물엿에 함유되어 있는 맥아당과 덱스트린의 비율은?

> **해답**
> 맥아당 50~60%, 덱스트린 10~20%

29 전분의 당화에 필요한 온도와 시간은?

> **해답**
> 60~65℃에서 5~8시간

30 당화의 진행을 알려면 어떤 방법을 이용하는 것은 좋은가?

> **해답**
> 전분의 요오드반응, 덱스트린(dextrin)의 알코올 침전반응, 당화액의 점성 등

31 전분은 옥도반응에서 무슨 색을 띠는가?

> **해답**
> 청남색

32 엿 제조 공정을 쓰시오.

> **해답**
> 찌기 → 당화 → 여과 → 농축 → 제품

33 단맥아와 장맥아 중 당화시키는 데 적합한 맥아는 무엇인가?

> **해답**
> 장맥아 : 당화작용이 강하다.

34 물엿의 품질로서 중요한 것은?

> **해답**
> 단맛과 끈기

35 D.E(Dextrose Equivalent)를 설명하라.

> **해답**
> 전분은 가수분해 정도에 따라 성분이 달라지는데, 이들 비율을 당화율(D.E : dextrose equivalent)이라 하며, 다음과 같이 표시한다.
>
> $$D.E = \frac{직접환원당(포도당으로 표시)}{고형분} \times 100$$
>
> 전분은 분해도가 진행되어 D.E가 높아지면 포도당이 증가되어 단맛과 결정성이 증가되는 반면 덱스트린은 감소되어 평균분자량이 적어져 흡수성 및 점도가 낮아진다. 평균 분자량이 적어지면 빙점이 낮아지고 삼투압 및 방부효과가 커지는 경향이 있다.

36 전분당 제조 시 D.E가 높아지면 ① 감미도 ② 점도는 어떻게 변화하는가?

> **해답**
> 일반적으로 전분의 가수분해 정도를 나타내기 위하여 포도당 당량 D.E(Dextrose Equivalent, 당화율)로 표시한다.
>
> $$D.E = \frac{직접환원당(포도당으로서)}{고형분} \times 100$$
>
> D.E(당화율)이 높아지면 ① 감미도는 높아지고 ② 점도는 낮아진다.

37 가수분해정도를 나타내는 포도당 당량 D.E의 계산식을 쓰시오.

> **해답**
> $$D.E = \frac{직접환원당(포도당으로서)}{고형분} \times 100$$

38 42% 전분유 1,000㎖를 산분해시켜 D.E 42가 되는 물엿을 만들었을 때 생성되는 환원당의 양(g)은?

> **해답**
> 일반적으로 전분의 가수분해 정도를 나타내기 위하여 포도당 당량 D.E(Dextrose Equivalent)로 표시한다.
> $$D.E = \frac{직접환원당(포도당으로서)}{고형분} \times 100$$
> 42% 전분유 1000㎖의 고형분함량은 420g이므로
> $42 = \frac{x}{420} \times 100$
> $\therefore x = 176.4g$

39 고구마를 호화시키는 시간은?

> **해답**
> 약 1 ~ 1.5시간

40 맥아엿 제조 시 엿기름을 두 차례로 나누어 넣는 이유는?

> **해답**
> 액화와 당화를 효과적으로 시키기 위해서

41 전분의 효소당화에 가장 많은 쓰이는 효소 2가지와 그것을 생산하는 미생물을 각각 1가지씩 쓰시오.

> **해답**
> ① α-amylase : *Bacillus subtilis*
> ② glucoamylase : *Rhizopus niveus*

42. 포도당 20g을 물 80g에 녹였을 때 포도당의 몰분율을 구하시오.

해답

몰분율 = 해당성분의 몰 수 / 혼합물의 총 몰 수
- 포도당 몰 수 = 질량/분자량 = 20/180 = 0.111
  (포도당 분자식: $C_6H_{12}O_6$, 원자량 C: 12, H: 1, O: 16)
- 물의 몰 수 = 80/18 = 4.444

∴ 포도당의 몰분율 = 0.111/4.555 = 0.024

43. 전분을 가수분해하여 포도당을 제조할 때 산당화법보다 효소당화법이 유리한 장점(5가지)을 쓰시오.

해답

① 원료 전분을 정제할 필요가 없다.
② 제품의 색과 맛이 좋다.
③ 시설비가 적게 든다.
④ 순도 높은 포도당을 얻을 수 있다.
⑤ 당화 후 중화할 필요가 없다.

44. 포도당 제조 시 보당시키는 방법은?

해답

액화공정에서 액화당을 공급하고, 당화공정에서 고형당을 공급시킨다.

45. 효소당화와 산당화에 대하여 설명하라.

해답

① 효소당화 : 맥아 중의 amylase 작용을 받아 전분이 dextrin과 maltose로 분해되는 것으로 산당화보다 유리하다(원료 전분 정제가 필요 없고, 제품의 색과 맛이 좋으며 시설비가 적게 들고 순도 높은 포도당을 획득할 수 있고 중화과정이 필요 없다).
② 산당화 : 산에 의해 전분이 가용성 전분 → dextrin → 작은 분자로 분해되어 최종 포도당으로 분해된다.

46 효소당화 물엿 제조공정도를 완성하시오

전분 → 전분유 → 액화 → ( ) → 여과 및 정제 → 농축 → 제품

해답
당화

---

47 ✦✦ 2014년 3회 출제
물엿의 액화와 당화 시 첨가하는 효소를 각각 쓰시오(2가지).

해답
- 액화효소 : 알파 amylase
- 당화효소 : 베타 amylase

---

48 산당화 물엿의 제조 공정도를 완성하시오.

전분 → 전분유 → 사입 → (①) → 여과 → 예비농축 → (②) → 농축 → 제품

해답
① 당화   ② 탈색 정제

---

49 맥아당화로 제조한 물엿의 주성분과 당화온도, 시간은?

해답
① 성분 : 맥아당, 덱스트린
② 온도 : 55~60℃
③ 시간 : 5~8시간

03 식품제조 · 가공 실무

50 두개의 당으로 구성된 이당류인 자당은 포도당과 (①)으로 만들어지고 유당은 포도당과 (②)으로 구성되어 있다. (③)은 포도당이 두개 연결된 이당류로 엿이나 식혜의 단맛을 낸다. 또한 동물근육에 있는 다당류는 (④)이다.

해답
① fructose(과당) ② galactose ③ maltose ④ glycogen

51 탄수화물에서 5탄당(pentose) 3가지를 쓰시오.

해답
ribose, arabinose, xylose, rhamnose

52 다음은 효소와 그 분해생성물을 나타낸 것이다. ( ) 안을 채우시오.

효소이름	기질	생성물
(①)	전분	덱스트린
(②)	덱스트린	맥아당
(③)	설탕	포도당+과당
Lactase	유당	(④, ⑤)
Lipase	지방	(⑥, ⑦)

해답
① α-amylase ② β-amylase ③ invertase ④ 포도당
⑤ 갈락토오스 ⑥ 글리세롤 ⑦ 지방산

53 ✤✤ 2013년 2회, 3회 출제
다음의 효소가 식품가공에서 활용되는 분야를 각각 1가지 씩 쓰시오.

해답

α-amylase	물엿
β-amylase	식혜, 제빵, 주정발효
glucoamylase	포도당 제조

우유 및 유제품 제조

01 우유의 신선도 검사에 이용되는 판정법은?

> **해답**
> 관능검사, pH 측정, 산도측정, 알코올테스트, Methylene blue 환원법

02 우유신선도 판정 시험 중 산도측정에 대해 서술하시오.

> **해답**
> 신선유는 보통 산도가 0.05~0.18%로 이는 주로 우유 속의 단백질과 무기염에서 유래한 것이므로 고형분 함량에 의해 영향을 받는다. 우유는 보존기간 중 세균에 의해 산(유산)이 생성되어 산도가 올라가므로 우유의 신선도를 알리는 방법으로 산도를 측정하기도 한다.

03 우유 200㎖의 비중을 측정하고자 한다. 온도 15℃의 비중계 눈금이 31일 때 계산과정과 답을 쓰시오.

> **해답**
> 비중은 15℃를 기준으로 계산한다.
> 비중 = 1 + (눈금/1000) = 1 + 0.031 = 1.031

04 우유 비중계 눈금이 33이고, 우유의 지방 함량이 3.4%일 때 무지고형분(SNF)함량은 얼마인가?

> **해답**
> $SNF(\%) = \dfrac{L}{4} + (0.2 \times F)$
> $= \dfrac{33}{4} + (0.2 \times 3.4) = 8.93$ (L : 비중계 눈금, F : 지방함량)

05 우유의 알코올 시험법에서 사용하는 알코올 농도는 ① 몇 %이며, ② 산패유의 실험결과는?

> ① 70% 알코올
> ② 응고한다.

06 우유의 검사에서 ① alcohol test, ② babcock test, ③ TTC test 등의 검사 목적은 무엇인가?

> ① 우유의 신선도와 열안정성 판정
> ② 유지방 함량
> ③ 세균발육억제 물질(항생제 등) 판정

07 우유의 산도(TA) ① 측정목적과 ② 측정방법을 기술하라.

> ① 측정목적 : 우유의 신선도 판정
>   신선유의 산도는 보통 0.12~0.16, 축산물가공 처리법상 시유규격은 산도 0.18 이하
> ② 측정방법
>   • 우유 시료 8.8㎖를 비커에 넣는다.
>   • 증류수 8.8㎖와 지시약인 1% 페놀프탈레인 용액을 2~3방울 가한다.
>   • 0.1N NaOH 용액으로 적정하여 미홍색의 종말점을 구한다.
>   • 계산식
>
> $$TA(\%) = \frac{0.1N\ NaOH\ 적정치 \times F \times 0.009}{시료(㎖) \times 비중} \times 100$$
>
>   F : 0.1N NaOH 역가
>   0.009 : 0.1N NaOH 1㎖를 중화시키는 데 필요한 젖산의 양

08 저온살균유의 살균여부를 판정하는 시험법은?

> phosphatase test(인산가수분해효소 시험)

09 우유의 균질화 공정과 목적을 간단히 기술하라.

> ① 균질화 공정 : 우유 중의 지방구에 물리적 충격을 가하여 크기를 작게 분쇄하는 작업이다.
> ② 균질화 목적
> - 지방구 미세화
> - 지방의 크림화 방지(지방 분리 방지)
> - 점도 상승
> - 커드가 연화되어 소화 용이

10 지방율이 3.5%인 원유 5,000kg을 지방율이 0.1%인 탈지유를 섞어서 지방율이 3.0%인 우유로 표준화할 때 탈지유의 첨가량은 얼마인가?

> - 원유의 지방이 높을 때(탈지유 첨가)
>
> $$\text{탈지유 첨가량} = \frac{\text{우유량}(\text{원유지방\%} - \text{목표지방\%})}{\text{목표지방\%} - \text{탈지유지방\%}}$$
>
> $$= \frac{5000(3.5 - 3.0)}{3.0 - 0.1} = 862.07(\text{kg})$$

11 지방율이 3.1%인 원유 5,000kg을 지방율이 35%의 크림을 섞어서 지방율이 3.5%인 우유로 표준화하고자 할 때 크림의 소요량은?

> - 원유의 지방이 낮을 때(크림 첨가)
>
> $$\text{크림의 첨가량} = \frac{\text{우유량}(\text{목표지방\%} - \text{원유지방\%})}{\text{크림지방\%} - \text{목표지방\%}}$$
>
> $$= \frac{5000(3.5 - 3.1)}{35 - 3.5} = 63.5(\text{kg})$$

식품제조 · 가공 실무

12 우유의 성분 중 카제인과 유지방은 각각 우유 중에 어떤 상태로 존재하는가?

> 해답
> 카제인은 콜로이드(colloid) 상태이며 유지방은 유화(emulsion) 상태로 존재한다.

13 탈지유에 산이나 응류효소(renin)를 가하면 생성되는 응고물은 무엇인가?

> 해답
> 커드(curd)

14 탈지유에 산을 가하여 약 pH 4.6으로 조정하면 응고되는데 ① 이때 응고되는 주성분, ② 응고되는 원리, ③ 이 원리를 이용하여 만들어지는 대표적인 유제품 한 가지를 쓰시오.

> 해답
> ① casein
> ② 등전점에서 용해도 최저
> ③ 발효유(호상요구르트), 치즈

15 우유의 살균방법 중 저온장시간살균법(LTLT법), 고온단시간살균법(HTST법), 초고온순간살균법(UHT)의 살균온도와 시간이 각각 얼마인지 기술하라.

> 해답
> ① 저온장시간살균법(LTLT법) : 61~65℃, 20~30분
> ② 고온단시간살균법(HTST법) : 71~75℃, 15~16초
> ③ 초고온순간살균법(UHT) : 132~137℃, 2~5초

16 우유의 품질관리 시험 법 중 phosphatase 검사의 ① 목적과 ② 원리를 쓰시오.

> ① 저온살균유 살균여부 검사
> ② phosphatase는 61.7℃에서 30분 가열로 완전 불활성되므로 미가열 시 phosphopatase가 phospholic phenylester에 반응하여 phenol을 유리시키므로 posphotase의 잔류 여부로 살균여부 판정

17 우유나 주스같은 유동성 식품의 제조 시 장치를 청소, 세척하는 CIP(Clean In Place) 방법이란 무엇인지 쓰시오.

> 유처리 장치(pump, pipe line, PHE살균기, 균질기, tank 등)를 분해하지 않고 조립한 상태에서 pump 내의 유속도와 압력에 의해 자동 세척하는 방법이다.
> ✻ 순서 : 물세척 → 물순환 → 알카리용액순환 → 물헹구기 → 산용액순환 → 물헹구기 → 물순환 → 염소소독 → 세척 → 냉각 → 건조

18 아이스크림 제조 시 각종 원료를 배합비에 따라 혼합한 것을 무엇이라 하는가?

> 아이스크림 믹스

19 아이스크림 제조에서 살균된 믹스를 0~4℃의 냉장고에 방치하는 것을 무엇이라 하는가?

> 숙성(aging)

20. 아이스크림 제조공정을 쓰시오.

해답

아이스크림 원료 → 배합 → 살균 → 균질화 → 숙성 → 동결 → 경화

21. 아이스크림 ① Over run의 정의, ② 바람직한 over run, ③ 계산식에 대하여 설명하라.

해답

① Over run이란?
아이스크림의 조직감을 좋게 하기 위해 동결 시 크림조직 내에 공기를 갖게 함으로써 생기는 부피의 증가율을 말한다.

② 바람직한 over run은?
90~100%이다.

③ 계산식

$$\text{over run}(\%) = \frac{\text{아이스크림의 부피} - \text{mix의 부피}}{\text{mix의 부피}} \times 100$$

$$= \frac{\text{믹스의 중량} - \text{믹스와 같은 부피의 아이스크림의 중량}}{\text{믹스와 같은 부피의 아이스크림의 중량}} \times 100$$

22. 아이스크림 제조에 있어서 믹스 10ℓ의 무게가 9kg이고 만들어진 아이스크림 10ℓ의 무게가 5kg일 때의 증용률(over run)은?

해답

$$\text{over run}(\%) = \frac{\text{믹스의 중량} - \text{믹스와 같은 부피의 아이스크림의 중량}}{\text{믹스와 같은 부피의 아이스크림의 중량}} \times 100$$

$$= \frac{9-5}{5} \times 100 = 80(\%)$$

23. 계란을 이용하여 제조한 아이스크림(단, 난황 1.4~3% 함유)은?

해답

커스타드(custard)

24 | 유지방 대신 식물성 지방(6%)을 이용하여 제조한 아이스크림은?

해답

멜로라인(mellorine)

25 | 크림을 중화시키는 이유와 중화방법을 간단히 설명하라.

해답

① 크림 중화 이유(목적) : 버터 제조 시 크림의 산도가 높으면 살균할 때 casein이 응고하여 버터 속에 응고물질로 남게 되어 버터생산량이 감소하기 때문이다.

② 크림중화 방법
- 중화제(Na_2CO_3, $NaHCO_3$, $NaOH$, CaO, $Ca(OH)_2$)를 첨가한다.
- 중화범위 : 원료크림의 산도 0.2~0.3%
- 중화시켜야 할 젖산량(g) = 크림의 중량(kg) × $\frac{(원료크림산도 - 목표산도)}{100}$
- 첨가하여야 할 중화제의 양(g) = 중화할 젖산량(kg) × $\frac{사용\ 중화제\ 분자량}{젖산의\ 분자량}$

26 | 지방율 50% 원료크림 1,000kg으로부터 생산되는 버터밀크(butter milk) 양을 구하라.

해답

버터밀크 = (크림량 - 순지방량) × 0.85

지방량 = $1,000 \times \frac{50}{100} = 500$(kg) 이므로

∴ 버터밀크량 = (1,000 - 500) × 0.85 = 425(kg)

27 | 버터의 제조공정을 간략히 기술하라.

해답

원료유 → 크림분리 → 크림중화 → 크림의 살균 → 크림의 숙성 → 색소 첨가 → 교동 → 수세 → 가염 → 연압 → 포장

03 식품제조 · 가공 실무

28 버터 제조 시 교동(churning)작업을 하는 이유는?

> **해답**
> 숙성이 끝난 크림의 지방구를 파괴하여 지방을 뭉치게(버터의 입자 형성) 하는 것

29 버터 제조 시 연압(working)의 목적은?

> **해답**
> ① 수분분포 균일
> ② 소금 완전 용해와 균일 분포
> ③ 버터에 알맞은 점조성 부여
> ④ 잔존 버터밀크의 배제

30 8.2kg의 지방을 함유하는 크림으로 10kg의 버터를 만들었다면 이 버터의 오버런은 몇 %인지 계산하시오(단, 계산 결과는 소수 첫째자리에서 반올림한다).

> **해답**
> $$\text{버터의 오버런}(\%) = \frac{(\text{버터중량} - \text{크림중량})}{\text{크림중량}} \times 100$$
> $$= \frac{(10 - 8.2)}{8.2} \times 100 = 22(\%)$$

31 축산물 가공처리법 상 버터의 수분함량과 지방함량은?

> **해답**
> 수분함량 18% 이하, 지방함량 80% 이상

32 연유 제조 시 예비가열(preheating)의 목적은?

> **해답**
> ① 유해미생물과 효소의 파괴
> ② 눌어붙는 것 방지
> ③ 첨가한 당을 완전히 용해
> ④ 우유단백질을 변성시켜 농축 중 열안정성을 높임
> ⑤ 농후화 방지

33 연유 제조 시 가당을 하는 ① 목적 2가지와 ② 첨가량을 기술하라.

> **해답**
> ① 목적
> • 삼투압 작용에 의해 미생물의 발육을 억제하여 보존성을 높인다.
> • 연유 특유의 단맛을 부여한다.
> ② 첨가량 : 표준화된 원료유에 대해 16~18% 설탕을 첨가하여 제품 중에 62.5~64.5% 함유하게 한다.

34 ✦✦ 2013년 1회 출제
연유 제조 시 ① 가당을 하는 목적과 ② 진공농축 이유를 기술하라.

> **해답**
> ① 가당을 하는 목적
> ㉠ 삼투압 작용에 의해 미생물의 발육을 억제하여 보존성을 높인다.
> ㉡ 연유 특유의 단맛을 부여한다.
> ㉢ 점성이 증가한다.
> ② 진공농축 이유 : 진공상태에서 농축하기 때문에 낮은 온도에서도 농축속도가 빠르고 성분이 크게 변하지 않는다.

35 무당연유 제조 공정이 가당연유 제조 공정과 다른 점 4가지를 쓰시오.

> **해답**
> 설탕 무첨가, 균질화, 멸균, 파일롯 시험

36 유산발효유와 알코올발효유를 설명하라.

① 유산발효유 : 유산발효에 의한 것으로 산유라고도 한다. 요구르트(yoghurt), 인공버터밀크(cultured butter milk), 유산균 우유, 칼피스(calpis) 등이 여기에 속한다.
② 알코올발효유 : 유산균과 특수한 효모를 병용하여 유산발효와 알코올발효를 시킨 것이다. 쿠미스(kumiss), 유주(kefir) 등이 여기에 속한다.

37 농후발효유, 액상발효유 및 유산균음료의 차이점을 기술하라.

① 농후발효유 : 유고형분함량 8% 이상, 유산균 10^8 이상/mℓ
② 액상발효유 : 유고형분함량 3% 이상, 유산균 10^7 이상/mℓ
③ 유산균음료 : 유고형분함량 3% 이하, 유산균 10^6 이상/mℓ

38 축산물 위생관리법 상 발효유의 살아있는 유산균수는?

1000만 이상/mℓ

39 젖산균 스타터(starter)란?

발효유, 치즈, 발효버터와 같은 우유 가공품을 생산하기 위하여 최초에 첨가하는 미생물 배양액을 starter라 한다.

40 치즈제조 시 ① 우유를 응고시키는 응류효소와 ② 응류효소의 사용량은?

① rennin ② 원료유의 0.004%

41 다음은 일반적인 자연치즈 제조 공정이다. ( ) 안을 채우시오.

> 원료유 → 살균 → 냉각 → 유산균 접종 → (①) → 정치(응고) → (②) → (③)
> → 유청제거 → 커드 쌓기 → 분쇄 → 가염 → 성형 → (④) → 포장 → 숙성

해답
① rennt 첨가   ② 커드 절단   ③ 커드 가온   ④ 압착

42 치즈제조 시 나오는 황록색 투명한 액은 무엇인가?

해답
유청(whey)

43 치즈제조 시 커드(curd)를 절단(cutting)하는 목적은?

해답
표면적을 넓게 하여 유청 배출을 쉽게 하고 온도를 높일 때 온도의 영향을 균일하게 받도록 한다.

44 치즈제조 시 커드(curd)를 가온(cooking)하는 이유는?

해답
- whey 배출이 빨라진다.
- 수분조절이 된다.
- 유산발효가 촉진된다.
- curd가 수축되어 탄력성 있는 입자로 된다.

45 | 치즈 제조 시 소금을 첨가하는 ① 이유와 ② 방법은?

해답

① 소금의 첨가 이유
- 풍미를 좋게 한다.
- 이상발효를 방지한다.
- 유청을 완전히 제거하여 수축·경화한다.
- 유산발효를 억제한다.

② 소금의 첨가 방법
커드를 2시간 발효시킨 후 퇴적이 끝난 다음 잘게 자르고 다시 20분간 교반하여 적절한 산도(보통 TA 0.50~0.55)가 되면 식염을 예상 생산량에 대해 2~3% 첨가하여 충분히 혼합한다.

46 | 치즈제조 시 유산균 스타터(starter)의 ① 역할과 ② 대표적인 스타터 유산균 2가지를 쓰시오.

해답

① 유산균 스타터(starter)의 역할
- 유당에서 유산을 생성하여 curd 형성을 촉진
- 유청 배제
- 유해 미생물의 생육억제
- 치즈의 적절한 조직 형성
- 유해물질의 생성억제
- 독특한 풍미생성

② 유산균 스타터의 종류
- 구균 : *Streptococcus thermophilus, Sc. cremoris, Sc. lactis*
- 간균 : *Lactobacillus bulgaricus, L. debrueckii, L. casei, L. acidophilus*

47 자연치즈의 숙성도(ripening degree)에 대하여 설명하라.

> **해답**
> 우유의 주요 단백질인 카제인은 칼슘카제인(Ca-caseinate)의 형태로 존재하는데 레닌에 의하여 불용성인 파라칼슘카제인(paracalciumcaseinate)으로 분해되나 치즈의 숙성이 진행됨에 따라 수용성으로 변하며, 그 비율이 점차 증가됨으로써 수용성질소화합물의 양은 치즈의 숙성 정도를 나타낸다.
>
> $$\text{숙성도}(\%) = \frac{\text{수용성질소화합물(WSN)}}{\text{총질소(TN)}} \times 100$$

48 가공치즈 ① 제조원리와 ② 제조공정을 간략히 쓰시오.

> **해답**
> ① 제조원리
> Ca-paracaseinate + 유화염 + 물 $\xrightarrow{\triangle}$ Na-paracaseinate(이온교환)
> 자연치즈(gel 상태) → 가공치즈(sol 상태)
> ② 제조공정
> 원료선별 → 원료 전처리 → 절단 및 분쇄 → 혼합 → 유화(용융) → 내포장 → 냉각 → 외포장

49 일반적인 전지분유는 spray dryer로 분무 건조하여 20~30mesh의 체를 통과시켜 거친 입자들을 제거한 다음 계량하여 충전, 포장하여 제품으로 한다. 100 이하의 미립자분유는 물에 투입했을 때 여러 가지 문제점이 발생한다. 인스턴트 분유는 그러한 단점을 보충하도록 다른 방법으로 분무 건조한다. 인스턴트 분유의 ① 정의(장점)와 ② 제조방법을 쓰시오.

> **해답**
> ① 인스턴트 분유의 정의(장점)
> 보통 분유는 용해가 잘 되지 않지만 인스턴트 분유는 다공성의 단립구조를 형성하고 있어서 온수나 냉수에 습윤성, 분산성, 용해성이 좋은 제품이다.
> ② 인스턴트 분유의 제조방법
> 분무 건조된 분유 입자 표면에 다시 수분을 공급하여 괴상(clumpy)으로 단립화(agglomerates)시켜 그 괴상을 그대로 재건조(redries)하고 냉각(cools), 정립(sizes)하여 물리적으로 친수성의 분유를 만든다(A-R-C-S).

육 및 육제품 제조

01 우리나라의 3대 식육자원은 무엇인가?

> **해답**
> 소, 돼지, 닭

02 생 체중 600kg의 생우를 구입하여 350kg의 지육을 생산하였고, 또 그 지육으로부터 250kg의 정육을 생산하였다면 ① 지육률과 지육을 기준으로 한 ② 정육률은?

> **해답**
> ① 도체율(지육률, %) = $\dfrac{\text{도체무게(또는 지육중량)}}{\text{생체무게}} \times 100$
>
> $= \dfrac{350}{600} \times 100 = 58.33(kg)$
>
> * 도체(지육, carcass) : 가축을 도축한 후 내장, 머리, 다리, 꼬리 등을 제거한 나머지 고기와 뼈가 붙어 있는 고기
>
> ② 정육률(%) = $\dfrac{\text{정육무게}}{\text{도체무게(또는 지육중량)}} \times 100$
>
> $= \dfrac{250}{350} \times 100 = 71.43(kg)$
>
> * 정육 : 도체에서 뼈를 발라낸 나머지 순수한 가식부의 고기

03 ❖❖ 2013년 1회 출제
우리나라 소도체의 육질등급과 육량등급 판정기준에 대해 서술하시오.

> **해답**
> ① 소도체의 육질등급 판정기준
>   근내지방도(Marbling), 육색, 지방색, 조직감, 성숙도에 따라 1^{++}, 1^{+}, 1, 2, 3의 5개 등급으로 구분한다.
> ② 소도체의 육량등급 판정기준
>   등지방 두께, 배최장근단면적, 도체의 중량을 측정하여 육량지수에 따라 다음과 같이 A, B, C의 3개 등급으로 구분한다.

04 근육 중 함유되어 있는 탄수화물의 형태가 주로 ① 어떤 물질로 존재하며 ② 사후에는 어떤 물질로 변하는지 쓰시오.

> ① 글리코겐(glycogen) ② 젖산(lactic acid)

05 DFD육이란?

> 색이 지나치게 검고(dark), 고기가 단단(firm)하고, 건조(dry)한 고기를 말하며 돼지보다 소, 특히 수컷에 해당하는 경우가 많다.

06 육류 가공 시 DFD육이 미생물에 의해 더 오염되기 쉬운 이유는?

> glycogen이 고갈되어 젖산의 생성이 적어 pH가 낮게 떨어지지 못하고 pH 6 정도로 유지되면 미생물에 오염되기가 쉬운 조건이 되기 때문이다.

07 동물의 ① 사후강직과 ② 방지법에 대해 기술하라.

> ① 동물의 사후강직 : 도살 후 시간이 경과함에 따라 근육이 강하게 수축되어 굳어지는 현상을 사후강직이라 한다. 사후 근육 중의 글리코겐은 혐기적인 분해인 해당작용(glycolysis)에 의해서 젖산과 무기 인산이 생성하면서 감소하게 된다. 젖산이 생성되면서 육의 pH가 낮아지고 pH가 5.0 이하가 되면 산성포스타파아제가 활성화되어 ATP를 분해하고, ATP가 소실된 근육에서는 미오신(myosin)과 액틴(actin)이 결합하여 액토미오신(atomyosin)으로 되어 고기의 경직이 일어난다.
> ② 방지법 : 단백질 분해효소를 도살 직전에 혈관주사를 하는 방법이 있다. 파파인(papain)을 주로 사용한다.

08
식육은 식용에 알맞도록 일정기간 동안 숙성을 시키는 것이 바람직한데 그 숙성 중에 일어나는 주요 변화를 설명하라.

해답

① 사후강직 후 숙성 시 근육 내의 이온조성, pH 등이 변화하여 액토미오신 결합이 분해되어 근절의 길이가 길어진다.
② 근원섬유 단백질과 결합된 2가 양이온들이 1가 양이온들로 치환되어 근육 속 물 분자와 결합하여 보수성이 증가한다.
③ 사후 낮은 pH는 결체조직을 비롯한 일부 단백질의 변성 및 분해를 촉진한다.
④ 자가 단백질분해효소(protease)활성으로 근섬유 단백질, 결체단백질 등이 부분적으로 분해된다.
⑤ ATP의 핵산이 IMP, inosinic acid, hypoxanthin, ribose 등의 정미성분으로 분해되어 풍미성분으로 작용한다.

09
돼지고기의 도살 직후 pH는 7.0이다. 도축 후에는 pH가 내려가게 되는데, 그 이유와 최종 pH를 쓰시오.

해답

도축 후 근육 중에 함유된 글루코겐(glycogen)이 혐기적으로 분해되어 젖산이 생성된다. 이 젖산에 의해 도축 직후에는 육의 pH가 저하되며, 최종적으로 극한 산성인 pH 5.3~5.6에 이른다.

10
사후근육에서 ① 저온단축(cold shortening)이 무엇이며 주로 ② 어떤 고기에서 발생하는지 쓰시오.

해답

① 저온단축 : 사후강직이 완료되지 않은 고기를 0~10℃ 사이의 저온에서 급속 냉각시키면 근섬유가 심하게 수축하여 연도가 나빠지는데 이런 현상을 저온단축이라고 하며 고기가 수축되어 질겨진다.
② 소고기, 특히 등심부위

11 냉장육과 냉동육의 육질의 차이를 설명하라.

> **해답**
> ① 냉장육 : 숙성과정을 거친 후(자가소화) 판매하므로 부드럽다. 유통기한이 짧아 육질의 수분을 충분히 보유하고 있다.
> ② 냉동육 : 도축 즉시 급속 냉동되어 숙성기간이 짧아 육질이 질기고 풍미가 적다.

12 소고기의 정상육과 병육의 판정은 어떻게 하는가?

> **해답**
> ① 정상육 : 특유의 신선한 냄새가 나며 지방은 크림색, 회백색으로 비교적 단단하고, 고기의 색깔은 광택이 있는 선적갈색 또는 적갈색이다.
> ② 병육 : 혈액이 많으며 회색, 농황색을 띠며 혈액냄새 및 비린내가 난다. 기생충 유무를 검사하여 판정한다.

13 육가공에서 염지 3단계는?

> **해답**
> 혈교(피빼기, precuring) → 본염지(curing) → 수침(soaking)

14 혈교(피빼기)의 목적은?

> **해답**
> ① 남아 있는 혈액 제거
> ② 육색 유지
> ③ 고기의 결착력 증대
> ④ 고기 표면의 불순물 제거
> ⑤ 염미 부여

15. 육가공 시 사용하는 염지재료를 쓰시오.

해답
① 소금(NaCl)
② 육색고정제 : 질산염($NaNO_3$), 아질산염($NaNO_2$), 질산칼륨(KNO_3), 아질산칼륨(KNO_2)
③ 육색고정 보조제 : ascorbic acid
④ 당류 : 설탕, 물엿, 포도당, sorbitol 등
⑤ 중합인산염 : Na_3PO_4, $Na_4P_2O_7$, $(KPO_3)_n$ 등

16. 식육 연화제로 사용되는 4가지를 쓰시오.
✦✦ 2014년 3회 출제

해답
식육 연화제
- 브로멜린(bromelin) : 파인애플에서 추출한 단백질 분해효소
- 파파인(papain) : 파파야에서 추출한 단백질 분해효소
- 피신(ficin) : 무화과에서 추출한 단백질 분해효소
- 엑티니딘(actinidin) : 키위에서 추출한 단백질 분해효소

17. 육가공 시 염지의 목적을 기술하라.

해답
① 육색소를 화학적으로 반응 고정시켜 신선한 고기의 색을 그대로 유지
② 육단백질의 용해성을 높여 보수성·결착성 증가
③ 보존성 향상
④ 독특한 풍미 부여

18. 육가공 시 수침(soaking)의 목적을 기술하라.

해답
① 과잉 염분의 제거
② 염분 균일 분포
③ 오염물 제거

19 Ham과 Bacon의 제조 시 ① 훈연의 목적과 ② 방법을 기술하라.

> ① 훈연 목적
>   - 보존성 향상
>   - 독특한 풍미와 색부여
>   - 지방의 산화방지
>   - 육색소의 고정화 촉진
> ② 훈연 방법
>   - 냉훈법 : 10~30℃, 3~5일
>   - 온훈법 : 30~50℃, 3일
>   - 열훈법 : 50~90℃, 1~5시간
>   - 소훈법 : 95~104℃, 굽는다

20 육류 가열 조리 시 미오글로빈(myoglobin)의 변화를 기술하라.

> 육류의 근육 색소인 myoglobin(적자색)은 가열조리 시 oxymyoglobin(선홍색)을 거쳐 metmyoglobin(갈색)으로 된다. 이것을 계속 가열하면 변성된 metmyoglobin(갈색 또는 회색)으로 된다.

21 ❖❖ 2013년 2회 출제
햄이나 소시지를 제조 시 가열처리를 한다. 가열처리의 목적은?

> ① 미생물이나 효소를 불활성화(살균)
> ② 육단백질을 열 변성시켜 바람직한 조직 부여
> ③ 향미 생성과 육색 안정화 도모
> ④ 고기 조직을 완전하게 식용 가능한 상태로 익힘

22 ❖❖ 2013년 2회 출제
육제품(햄, 소시지 등) 제조 시 가열 처리 후 급랭시키는 이유는?

> ① 표면의 수분증발을 방지
> ② 표면 주름 형성 방지
> ③ 호열세균의 사멸효과

23 식육가공품의 제조 시에 첨가하는 아질산나트륨($NaNO_2$)의 기능을 쓰시오.

> **해답**
> ① 육색소 고정
> ② 풍미향상
> ③ 보수력, 결착력 증대
> ④ 보존성 증대

24 육제품 제조에서 육색고정제로 사용되는 첨가물은?

> **해답**
> 질산염($NaNO_3$), 아질산염($NaNO_2$), 질산칼륨(KNO_3), 아질산칼륨(KNO_2)

25 육제품에 결착제의 첨가 목적과 종류를 기술하라.

> **해답**
> ① 첨가 목적
> • 육제품의 조직력이나 유화안정성을 높여준다.
> • 열처리할 때 육단백질 망상구조가 수축되는 것을 억제하여 유수분리가 발생되는 것을 막아 준다.
> • 열처리 수율을 향상시킨다.
> • 조직감이나 식감 등을 개선한다.
> • 육의 사용량을 줄임으로써 원가절감을 할 수 있다.
> ② 종류
> • 동물성 단백질 원료 : 카제이네이트, 유청단백, 혈장단백, 난백, 콜라겐
> • 식물성 단백질 원료 : 대두단백, 밀단백, 완두단백, 옥수수배아단백
> • 탄수화물 원료 : 전분, 변성전분, 물엿, 콘시럽, 말토덱스트린
> • 검류 : 가라기난, 아가, 알긴, 로커스트빈검, 잔탄검
> • 식이섬유질 원료 : 섬유소, 셀룰로오스, 카르보시메틸셀룰로오스

26 햄류 중 ① 로인햄, ② 숄더햄, ③ 피크닉햄 부위에 대해 설명하라.

> **해답**
> ① 로인햄(loin ham) : 등심 부위 육을 원료로 가공한 것
> ② 숄더햄(shoulder ham) : 어깨 부위 육을 원료로 가공한 것
> ③ 피크닉햄(picnic ham) : 어깨등심 즉, 목심 부위 육을 원료로 가공한 것

27 육제품 제조에 사용하는 다음 기계에 대해 설명하라.

> 초퍼, 사이런트 커터, 스터퍼

해답
① 초퍼(chopper) : 염지육을 세절하는 기계
② 사이런트 커터(slient cutter) : 육을 곱게 갈아서 유화 결착력을 높이는 기계
③ 스터퍼(stuffer) : 원료육과 각종 첨가물을 케이싱에 충진하는 기계

28 수분함량에 따른 소시지의 종류(2가지)와 특징을 기술하라.

해답
① Domestic sausage : 일반적으로 수분함량이 50% 이상으로 부드럽지만 장기보존이 어렵다. pork, frankfurt, bologna, winer, liver 등이 여기에 속한다.
② Dry sausage : 케이싱에 다져 넣은 다음 낮은 온도에서 몇 시간 건조하고 훈연하여 수분함량을 25~30% 정도로 한 것으로 장기보존이 가능하다. salami, cervelat, summer, farmer 등이 여기에 속한다.

29 소시지 혼합과정에서 얼음을 첨가한다. 얼음의 역할은?

해답
① 염용성 단백질의 용출과 분산
② 유화상태의 형성
③ 연도와 탄력성 증가
④ 육의 온도 상승 억제(칼날의 마찰열 감소)

30 소시지 제조에서 육을 케이싱에 충전 시, 공기가 들어가지 않게 주의해야 한다. 그 이유는?

해답
케이싱에 공기(산소)가 들어가면 세균의 오염이 발생할 수 있고, 가열처리를 할 때에 케이싱이 파괴될 염려가 있기 때문이다.

31 소시지 meat chopping 시 10℃ 이하로 하는 이유는?

해답
소시지의 chopping 시 자체 온도가 상승하면 결착력이 저하되고, 미생물의 번식이 문제가 될 수 있으므로 육온이 10℃ 이상이 되지 않도록 유의해야 한다.

32 마요네즈 제조에 꼭 필요한 원료는?

해답
식물성 기름, 난황, 식초, 식염

33 마요네즈의 ① 배합비와 ② 제조공정을 설명하라.

해답
① 배합비 : 식용유 500g, 난황 100g, 식초 50g, 식염 소량
② 제조공정
- 난황을 교반하여 균일하게 한다.
- 일정량의 조미료와 향신료를 넣는다.
- 식용유를 소량씩(난황의 5배) 넣으면서 교반과 동시에 식초를 몇 방울씩 넣으면서 계속 교반한다.

■ 두부 제조

01 다음 두부의 제조 공정을 완성하시오.

- 보통두부 : 원료(콩) → 수침 → (①) → 두미 → (②) → 여과(두부박) → 두유 → (③) → 탈수 → 성형 → 수침
- 동결두부 : 생두부 → 절편 → (④) → 냉장 → 해동 → (⑤) → 정형 → (⑥) → 제품

해답
① 마쇄 ② 증자 ③ 응고 ④ 냉동 ⑤ 건조 ⑥ 팽연처리

02 ❖❖ 2014년 1회 출제
다음의 보통두부 제조과정을 완성하고, 응고제 종류 3가지를 쓰시오.

> 원료(콩) → 침지 → (①) → 두미 → (②) → 여과 → 두유 → (③) → 탈수 → 성형 → 수침

- 두부 제조과정 : ① 마쇄 ② 증자 ③ 응고
- 응고제 종류 : 간수($MgCl_2$, $MgSO_4$), 염화칼슘($CaCl_2$), 황산칼슘($CaSO_4$), 글루코노델타락톤(G.D.L)

03 두부를 제조할 때 원료콩을 물에 담가두는 시간은?

여름 : 6~8시간 정도, 봄·가을 : 10시간 정도, 겨울 : 12~15시간 정도

04 두부의 제조 시 마쇄할 때 넣는 물의 양은?

원료콩의 약 2~3배의 물을 넣어 마쇄한다.

05 보통 두부 제조 시 원료콩에 대하여 무게로 약 몇 배되는 물을 넣어 두미를 만드는 것이 이상적인가?

원료콩의 10배의 물을 가수한다.
※ 두부종류에 따라 원료콩에 대한 가수량은 각각 다르다. 보통두부는 원료콩의 10배, 전두부는 5~5.5배, 자루두부는 5배, 얼림두부는 15배되는 물을 넣어 두미를 만드는 것이 이상적이다.

06 두부 제조 시 삶은 콩의 마쇄 정도에 따라 여러 가지 문제점이 발생한다. ① 마쇄가 덜 되었을 때와 ② 마쇄가 너무 많이 되었을 때의 문제점을 기술하라.

> **해답**
> ① 마쇄가 덜 되었을 때 : 수용성물질 특히 단백질의 추출율이 낮아 수율이 떨어진다.
> ② 마쇄가 너무 많이 되었을 때 : 여과할 때 불용성의 고운가루가 여과포를 빠져나가므로 좋지 않다.

07 보통 두부를 만들 때, 원료콩을 마쇄해서 얻어지는 두유의 양은?

> **해답**
> 원료콩의 약 10배 정도

08 튀김두부를 만들 때, 원료콩을 마쇄해서 얻어지는 두유의 양은?

> **해답**
> 원료콩의 약 5배 정도

09 원료콩에서 나오는 보통두부의 생산량의 비율은 얼마인가?

> **해답**
> 원료콩 : 보통두부 = 1 : 4.5 → 4.5배

10 두부 제조 시 사용되는 원료콩(두유)의 pH를 측정하였더니 5.5이었다. 이 콩을 두부 제조 시 사용할 수 있는지에 대한 여부와 그 이유를 쓰시오.

> **해답**
> ① 사용가능여부 : 가능
> ② 이유 : 대두단백질의 등전점은 pH 4.5 정도이다. 두유를 산성으로 할 때 단백질의 응고가 용이하게 되며, 글루코노델타락톤은 이 반응으로 두유를 응고시킨다.

11 ❖❖ 2014년 1회 출제
두부 제조 시 가열 살균할 때 가열온도가 높을 때와 낮을 때 일어나는 문제점을 기술하라.

> ① 가열온도가 높을 때 : 단백질 변성에 의한 수율의 감소와 지방의 산패로 인한 두부 맛의 변질 그리고 조직이 단단해진다.
> ② 가열온도가 낮을 때 : 트립신 저해제가 남게 되어 두부의 영양상 문제가 된다.

12 두부를 제조할 때 두미를 솥에 넣고 얼마 정도 끓이는 것이 좋은가?

> 10~20분 정도

13 두부를 제조할 때 두유의 응고제의 종류 및 특징을 기술하라.

> ① 간수 : 주성분은 $MgCl_2$, $MgSO_4$이며 보편적으로 많이 사용되나 불순물이 있으므로 여과한 후 사용하는 것이 좋다. 최근에는 사용하지 않고 있다.
> ② 염화칼슘($CaCl_2$) : 장점은 응고시간이 빠르고, 보존성이 양호하고, 압착 시 물이 잘 빠진다. 단점은 수율이 낮고, 두부가 거칠고, 견고하다.
> ③ 황산칼슘($CaSO_4$) : 장점은 두부의 색상이 좋고, 조직이 연하고, 탄력성이 있고, 수율이 높다. 단점은 두부표면이 거칠고 사용이 불편하다.
> ④ 글루코노델타락톤(G.D.L., glucono-δ-lactone) : 장점은 사용이 편리하고, 응고력이 우수하며, 수율이 높다. 단점은 약간의 신맛이 나고, 조직이 대단히 연하다.

14 두부를 제조할 때 두유를 응고시키는 데 적당한 온도는?

> 70~80℃

15 | 두부를 제조할 때 응고제의 사용량은?

해답
두유량의 1~2%

16 | 두부 제조 시에 응고제를 넣을 때 유의할 점은?

해답
두유가 70~80℃ 되었을 때 잘 저으면서 2~3회에 나누어 섞으면 엉기게 된다.

17 | 두부 제품을 몇 시간 물에 담가두는 이유는?

해답
간수를 제거하기 위하여

18 | 두부용으로 사용할 수 있는 탈지 대두는?

해답
Hexane으로 탈지한 대두

19 | 두유를 끓이다 넘치는 경우 콩기름을 2~3방울 떨어뜨리면 거품이 꺼진다. 그 원리는?

해답
표면장력 저하로 인하여

20 | 두부를 제조할 때 주로 사용하는 소포제는?

해답
식물성유지, 아밀알코올(amyl alcohol)

21 두부의 2단 동결법이란?

> **해답**
> 두부의 외부 표면을 급히 얼리고 내부를 서서히 얼리는 방법으로 두부 내부의 빙결정을 거칠게 하여 물의 흡수를 잘되게 하는 것이다.

땅콩버터 제조

01 다음의 땅콩버터(peanut butter) 제조과정을 완성하라.

> 땅콩 → (①) → 내피제거 → (②) → 조미 → 제품

> **해답**
> ① 볶음　② 파쇄

02 땅콩버터 제조 시 원료 땅콩은 어떤 것이 좋은가?

> **해답**
> 잘 성숙하여 알이 크며, 충분히 건조된 것

03 땅콩버터 제조 시 마쇄하는 기계명은?

> **해답**
> 초퍼(chopper)

04 땅콩버터 제조 시 땅콩은 어느 정도 볶는 것이 좋은가?

> **해답**
> 종피를 벗겼을 때 약간 갈색이나 황색을 띠고 기름이 표면에 나오지 않을 정도가 적당하다. 보통 160℃에서 1시간 또는 200~250℃에서 10~16분간 볶는다.

05 땅콩버터 제조에 사용되는 제조기의 종류를 쓰시오.

해답
회전 배소기(회전 볶음기), 풍구, 마쇄기(chopper)

06 땅콩버터를 만들기 위하여 땅콩을 볶을 때 소금의 첨가량은?

해답
2~3% 정도

양갱 제조

01 "소"를 만들 때 쓰이는 콩류 중 대두, 땅콩이 적합하지 않은 이유는?

해답
소의 원료로는 팥이나 완두와 같이 전분이 많고, 단백질이 적당량 함유되어 있는 것이 좋다. 대두나 땅콩은 단백질과 지방분이 많아 적당하지 않다.

02 한천의 성질과 양갱의 제조 방법을 설명하라.

해답
① 한천의 성질
  - 더운물에 잘 녹고, 응고력이 강해 식으면 쉽게 응고된다.
  - 단백질, 회분, 색소 등의 불순물이 있으면 불투명해진다.
② 양갱의 제조 방법
  - 물에 한천을 넣고 완전히 용해되도록 가열한다.
  - 설탕을 첨가하여 용해한 후 소를 넣는다.
  - 밑이 눌어붙지 않게 약하게 가열한다.
  - 상자에 부어 냉각시킨다.
  - 냉각시켜 완전히 굳어지면 일정하게 절단한다.

03 "소"의 제조 시 끓일 때 0.02%의 증조를 넣는 이유는?

> **해답**
> - 팥의 팽화를 촉진시킨다.
> - 껍질의 파괴를 쉽게 한다.
> - 소의 착색을 돕는다.

04 "소"의 제조 시 가열공정 중에 찬물을 넣고 다시 끓이는 이유는?

> **해답**
> - 팥 외피의 파괴를 쉽게 한다.
> - 삶은 팥을 부드럽게 만든다.
> - 전분의 추출을 쉽게 한다.

05 "소"의 형성 원리는 무엇인가?

> **해답**
> 전분이 많고, 지방이 적은 콩류를 삶아서 파쇄함으로써 변화된 전분막이 막(膜)에 둘러싸여 열로 응고가 된 단백질이 그 바깥쪽을 둘러싼 상태를 말한다.

06 양갱 제조 시 생소에 대한 한천의 비율은 어느 정도가 적당한가?

> **해답**
> 건조 한천으로 생소의 4~6%

07 양갱 제조에 있어 "소"를 첨가하여 가열할 때, 심한 교반을 하지 않는 이유는?

> **해답**
> 불에 눌어붙지 않을 정도로 서서히 교반하여야 한다. 심하게 교반하면 완성된 양갱의 광택이 떨어진다.

08 양갱의 ① 정의와 주로 사용하는 ② 포장지를 쓰시오.

> ① 양갱의 정의 : 양갱은 한천 용액에 소, 설탕 등을 넣어 가열한 후 응고시킨 것이다.
> ② 사용하는 포장지 : 셀로판 포장지

■ 과일 제조

01 밀감의 박피방법은?

> 온탕처리
> 70~80℃에서 1~2분간 또는 80~90℃에서 30~60초간 온탕에 담갔다가 박피한다.

02 다음 착즙기의 용도를 설명하라.

초퍼, 펄퍼, 피니시어

> ① 초퍼(chopper) : 과육을 파쇄한다.
> ② 펄퍼(pulper) : 회전 주걱으로 망에서 밀어내어 착즙한다.
> ③ 피니시어(finisher) : 거른 조작을 한다.

03 밀감주스를 만들 때 과즙을 진공처리(탈기)하는 이유는?

> 과즙 중의 공기를 제거하면 색소, 비타민, 탄닌 등의 산화가 방지된다.

04 | 과육의 침강을 방지하기 위해 쓰이는 기계는?

> **해답**
> 균질기(homogenier)
> 미분쇄기의 일종으로 액체 중에 존재하는 고체를 분쇄하여 미립자상으로 분산시키는 기계이다.

05 | 과즙 제조에 사용되는 용기로 적당한 것은?

> **해답**
> Stainless steel 용기

06 | 떫은맛을 느끼는 기작과 떫은맛을 느끼게 하는 원인물질의 분자량과의 관련성을 설명하라.

> **해답**
> 떫은맛은 주로 polyphenol성 물질인 tannin류에 기인하는데 이것은 단백질이나 다른 고분자 화합물과 잘 결합하여 응고할 수 있는 성질이 있다. 이밖에 지방산이 산패되면 떫은맛을 낸다. 식품에서는 몰식자산 및 그 유도체의 혼합물인 tannin이 떫은맛의 원인이 되고 있으며, 이들 tannin이 중합 또는 산화되면 물에 녹지 않게 되어 수렴성이 없어진다.

07 | 채소 및 과실은 가공할 때 열처리 조작을 하는데 그 목적을 기술하라.

> **해답**
> 효소의 불활성화, 변색 및 변질 방지, 박리용이, 부피감소, 외관 및 맛 변화방지 등을 위해

03 식품제조·가공 실무

08 과실의 갈변 효소 2가지와 효소 불활성화 방법 4가지를 기술하라.

> **해답**
> ① 과실의 갈변 효소 : polyphenol oxidase, tyrosinase
> ② 효소 불활성화 방법 : 열처리(blanching), 산소제거, 아황산염 및 아황산가스 이용, pH 저하, 소금에 의한 억제, 붕산 및 붕산염의 이용 등

09 토마토 주스 제조 시 원료 처리공정 중 세척의 필요성은?

> **해답**
> 오염농약과 미생물 제거

10 토마토 주스 제조 시의 식염 배합량은?

> **해답**
> 0.5~0.7% 정도

11 토마토 주스의 순간 살균 온도는?

> **해답**
> 80~90℃에서 40~60초 또는 115~120℃에서 15~40초

12 pulper와 finisher의 다른 점은?

> **해답**
> 구조는 같으나 원통구멍의 크기가 다르다.

13 토마토 주스의 제조공정 순서를 기술하라.

> **해답**
> 원료 → 파쇄 → 가열 → 압착 → 탈기 → 가열 → 균질화 → 살균 → 냉각

14 토마토 퓨레(puree)의 제조공정을 기술하라.

> 토마토 → 씻기 → 다듬기 → 펄핑 → 농축 → 끝내기 → 밀봉 → 살균 → 제품

15 토마토 퓨레 제조 시 토마토 펄프를 만드는 열법과 냉법을 설명하라.

> 토마토의 다른 가공에서와 같이 토마토 퓨레의 제조법에는 열법과 냉법의 두 가지 처리법이 있다.
> ① **열법(hot pulping)** : 선별한 토마토를 거칠게 분쇄한 다음 가열처리하여 토마토 주스를 추출기로 생산하는 방법이다. 가열에 의하여 산화효소, 펙틴분해효소가 파괴되는 동시에 프로토펙틴이 펙틴이 되고, 또한 고무질의 용출량이 많아져 토마토 퓨레의 점조도를 높이는 효과가 있어 좋은 펄프를 얻을 수 있지만, 비타민 C의 파괴, 펙틴의 분해가 일어나 품질이 좋은 펄프를 얻기 어렵다.
> ② **냉법(cold pulping)** : 거칠게 분쇄한 과실을 가열처리 없이 직접 주스 추출기에 보내 추출하는 방법이다. hot pulping에 비하여 주스 수율은 낮으나 pulp에 pectin이나 gums의 함량이 높아 주스의 점도가 높고 고형분의 분리가 적다.

16 토마토 퓨레를 만들 때 냉법(cold pulping)으로 했을 때의 특징 4가지를 쓰시오.

> ① 열법(hot pulping)에 비하여 영양소의 파괴가 적다.
> ② 펙틴(pectin)이나 검류(gums)의 함량이 높아 주스의 점도가 높다.
> ③ 냉각할 필요가 없어서 시간과 비용이 절약된다.
> ④ 고형분의 분리가 적다.
> ⑤ 씨를 이용할 수 있고 향기가 좋다.
> ⑥ 열법(hot pulping)에 비하여 주스 수율은 낮다.

17 토마토 케첩 제조 중 가열, 농축 과정에서 원료 배합순서를 설명하라.

> 토마토 퓨레를 냄비에 끓이면서 설탕의 반 정도를 가하여 용해하면서 분말로 된 양파나 마늘을 넣고 농축시킨다. 거의 완성점에 가까워지면 서서히 온도를 낮추며 나머지 설탕, 소금, 식초 및 향신료를 가한다.

18 토마토 퓨레의 농축 완성점을 결정하는 방법을 기술하라.

> **해답**
> ① 비중계를 사용하는 방법
> ② 펄프(pulp) 감량에 의한 방법
> ③ 유하속도에 의한 방법
> ④ 굴절계에 의한 방법

19 토마토 케첩의 전고형물의 함량은?

> **해답**
> 25~30% 전후

20 토마토 통조림(tomato solid pack) 제조 중에 육질의 연화를 방지하기 위해서 하는 방법은?

> **해답**
> 구연산 칼슘, 염화칼륨 처리로 펙틴산을 펙틴산 석회로 변형시켜 조직의 연화을 방지할 수 있다.

21 사과주스의 제조공정 순서를 쓰시오.

> **해답**
> 원료 → 선과, 수세, 손질 → 마쇄 및 착즙 → 청징 → 여과 → 탈기, 밀봉, 살균 및 냉각 → 제품

22 사과주스를 파쇄 전에 일단 세척작업을 하는 이유와 방법은?

> **해답**
> 과피에는 미생물·농약·먼지 등이 묻어 있으므로 0.5~1% 염산용액, 1% 중성세제 등으로 깨끗이 씻은 다음 물로 다시 씻어야 한다.

23 | 사과 마쇄기로 마쇄할 때 갈변을 방지하기 위한 처리는?

> **해답**
> 아스코르빈산, 구연산, 소금 등의 묽은 용액(0.05%)을 혼합하여 처리한다.

24 | 사과주스 제조 시에 마쇄, 압착 후의 과즙량은?

> **해답**
> 약 55% 정도

25 | 펙틴분해를 원활하게 하기 위하여 효소제를 첨가할 때 과즙의 유지온도는?

> **해답**
> 40~50℃

26 | 사과주스 제조공정에서 여과와 청징을 목적으로 80℃로 가열하고, 펙틴분해를 원활하게 하기 위하여 펙틴가수분해효소(pectinase)를 첨가하였으나 청징효과를 얻지 못하였다. 공정상의 원인을 쓰시오.

> **해답**
> 펙틴가수분해효소(pectinase) 활성온도는 40℃ 정도이다. 80℃로 가열하게 되면 펙틴가수분해효소(pectinase)가 활성을 잃게 되어 청징효과가 떨어진다.

27 | 과즙의 청징을 위해 사용하는 ① 효소제와 ② 그 첨가량은?

> **해답**
> ① 펙틴가수분해효소(pectinase) ② 과즙의 0.02~0.05%

28 과실 주스의 청징방법을 기술하라.

해답
① 난백을 사용하는 법
② 산성백토를 사용하는 법
③ gelatin 및 tannin을 사용하는 법
④ 규조토를 사용하는 법
⑤ casein을 사용하는 법
⑥ 펙틴가수분해효소(pectinase)제를 사용하는 법
⑦ 활성탄소를 사용하는 법

29 과일주스 제조 시 여과와 청징을 목적으로 할 때의 가열온도는?

해답
80℃

30 포도 주스의 제조 공정을 기술하라.

해답
원료(포도) → 세척 → 포도알따기 → 부수기 → 가열 → 짜기 → 주석제거 → 분리 → 병에 담기 → 살균 → 제품

31 포도 주스 제조 시 주석제거를 하는 이유는?

해답
포도주스 중에 주석이 함유된 경우에 보관, 유통 중 석출되어 상품가치를 저하시키고 제품의 산도가 저하되며 색소가 침착되고 제품의 맛을 떨어뜨리므로
① 상품가치 저하 방지
② 산도 저하 방지
③ 색소 침착 방지
④ 맛의 저하 방지
등을 위해 포도주스 제조 시 주석제거를 한다.

32 당도 14%인 포도과즙 10kg으로 24% 당농도로 하기 위해 첨가할 설탕량은 얼마인가?

> **해답**
> S = w(b − a)/100 − b
> = 10(24 − 14)/100 − 24 = 1.3(kg)(w : 용량, a : 최초 당도, b : 나중 당도)

33 당도 10%짜리 과즙 800g을 20%로 만들 때 필요한 설탕량은?

> **해답**
> 설탕량 = 800(20 − 10)/100 − 20 = 100(g)

34 6% 주스 원액 1,000kg을 감압 농축하여 55%의 농축 주스로 만들었을 때 제거되는 물의 양과 농축된 주스의 양을 in put = out put을 이용하여 계산하라.

> **해답**
> 농축 전 고형분의 양 : 60kg
> 물의 양 : 940kg
> 농축 후 주스의 양 : X × 0.55 = 60 → ∴ X = 109(kg)
> 농축 후 물의 양 : 109 − 60 = 49(kg)
> 제거되는 물의 양 : 940 − 49 = 891(kg)

35 Jelly화의 3요소와 이들 성분의 비율을 기술하라.

> **해답**
> ① 당 : 62~65%   ② 산 : 0.3%(pH 3)   ③ 펙틴 : 1~1.5%

36 잼(jam), 젤리(jelly), 마멀레이드(marmalade)의 차이점을 기술하라.

> **해답**
> ① Jam : 과육을 그대로 설탕과 졸인 것
> ② Jelly : 과즙에 설탕을 첨가하여 졸인 것
> ③ marmalade : jelly에 과피를 혼입시킨 것 즉, 과즙과 과피에 설탕을 첨가하여 졸인 것

37 과육에 함유된 pectin의 정량을 간편하게 측정하는 방법은?

해답
알코올(95%) 침전방법

38 알코올 침전법을 이용하여 pectin 함량을 측정할 때 알코올에 의한 변화로 젤리 모양으로 응고될 때 필요한 가당량은?

해답
과즙량의 1/2~1/3 정도

39 과육에 함유된 유기산의 정량방법은?

해답
알칼리 적정법, pH 측정법

40 젤리 포인트를 결정하는 방법은?

해답
① 컵 테스트 : 농축된 액을 찬물을 넣은 컵 속에 떨어뜨려 밑바닥까지 굳은 채로 떨어지면 좋고, 흐트러지면 덜된 것이다.
② 스푼 테스트 : 나무 주걱에 농축액을 흘러내리게 하여 상태를 본다. 묽은 시럽상태가 되어 떨어지는 것은 불충분한 것이고 젤리모양으로 굳은 정도로 떨어지면 좋은 것이다.
③ 온도에 의한 방법 : 끓고 있는 농축액의 온도가 104~105℃가 되면 좋다.
④ 당도계법 : 65 Brix 정도가 되면 좋다.

41 잼 및 젤리를 만드는 과실로서의 필요한 요건은?

해답
산량이 적당하며, 당분과 펙틴량이 많이 함유된 과실로서 너무 익기 전에 수확하여 원료로 사용하는 것이 좋다.

42 저장 중 젤리의 수분 분리현상이 나타나는 주원인은?

> 젤리화의 적당한 pH는 2.9~3.5 정도가 좋다. pH 2.8 이하의 산성에서는 잼의 수분이 분리되는 현상인 융해(이장, synersis) 현상이 일어나고, 조직이 단단해진다.

43 젤리화 강도에 관계가 있는 인자를 기술하라.

> ① pectin의 농도
> ② pectin의 분자량
> ③ pectin의 ester화의 정도
> ④ 당의 농도
> ⑤ pH
> ⑥ 같이 들어 있는 염류의 종류

44 사과잼의 제조공정에 대해 기술하라.

> 원료 → 수세 → 껍질 벗기기 → 제심 → 절단 → 농축 → 가당 → 밀봉 → 살균 → 제품

45 사과잼 100kg 제조 시 소요되는 사과량(당도 13%)과 설탕량(순도 99%)은? (단, 제품의 당도 68 brix, 농축률 80%)

> 농축률 80%의 사과잼 100kg을 제조하려면 125kg의 원료가 필요하다.
> 원료 총량 = 사과 + 설탕
> 최종제품의 당분량 = 사과의 당분량 + 설탕의 당분량
> $(125 - x) \times 0.13 + x \times 0.99 = 100 \times 0.68$
> ∴ 필요한 설탕량 $(x) = 60.2$ (kg)
> 사과량 $= 125 - 60.2 = 64.8$ (kg)

46 ❖ 2013년 1회 출제
감귤의 ① 떫은맛을 없애는 공정이름과 ② 떫은맛 성분은?

해답
① 탈삽(온탕법, 알코올법, 탄산가스법, 동결법)
② tannin

47 ❖ 2014년 3회 출제
감의 탈삽법 세가지를 쓰시오.

해답
온탕법, 알코올법, 탄산가스법, 동결법, 감마선조사

48
감 탈삽법의 ① 종류와 ② 원리를 기술하라.

해답
① 종류 : 온탕법, 알코올법, 탄산가스법, 동결법
② 원리 : 탄닌세포 중의 가용성 탄닌이 불용성 탄닌으로 변화되므로 떫은맛을 느끼지 못하게 되는 것이다.

49
떫은맛을 느끼는 기작과 떫은맛을 느끼게 하는 원인물질의 분자량과의 관련성을 설명하라.

해답
떫은맛은 주로 polyphenol성 물질인 tannin류에 기인하는데 이것은 단백질이나 다른 고분자 화합물과 잘 결합하여 응고할 수 있는 성질이 있다. 이밖에 지방산이 산패되면 떫은맛을 낸다. 식품에서는 몰식자산 및 그 유도체의 혼합물인 tannin이 떫은맛의 원인이 되고 있으며, 이들 tannin이 중합 또는 산화되면 물에 녹지 않게 되어 수렴성이 없어진다.

50
감귤 통조림 제조 시 발생되는 혼탁의 원인물질은?

해답
헤스피리딘(hesperidine)

51 감귤통조림의 혼탁방지법을 기술하라.

> ① 완전히 익은 감귤 선택
> ② hesperidin 함량이 적은 품종 선택
> ③ 물로 완전히 세척(6~16시간)
> ④ 내용물이 변질되지 않을 만큼 가열
> ⑤ 제품의 재가열
> ⑥ 당도가 높은 당액사용
> ⑦ CMC 및 젤라틴 등의 고분자 물질을 시럽에 첨가하여 투명도 높임
> ⑧ 내열성 hesperidinase 첨가

52 밀감통조림 제조 시 밀감 박피제거의 ① 목적과 ② 방법을 기술하라.

> ① 목적 : 백탁의 원인 물질인 hesperidine 및 펙틴 제거
> ② 방법
> - 산처리 : 20~30℃로 가온한 1~3%의 HCl용액 중에서 30~150분간 침적한 다음 물로 잘 씻어 산을 제거한다.
> - 알칼리 처리 : 30~50℃로 가온한 1~2%의 NaOH용액에 10~15분(혹은 끓는 1~2%의 NaOH용액에 15~30초) 침적하여 박피하며, 흐르는 물에 담가 수세한다.

53 감귤통조림 제조 시 속껍질을 제거하는 산 박피법과 알칼리 박피법의 방법을 아래의 항목별로 쓰시오.

	산 박피법	알칼리 박피법
① 목표성분	속 껍질	hesperidine, pectin
② 사용하는 용액	1~3% 염산, 황산	1~2% 가성소다
③ 온도	20~30℃ 이상	끓는 가성소다
④ 시간	30~150분	15~30초

54 감귤을 박피한 후 흐르는 물에 오랫동안 침지하는 이유는 무엇인가?

> 헤스피리딘(hesperidine), 펙틴(pectin), 내피 잔유물 등의 용출을 위해

55 감귤류에 가장 많이 함유되어 있는 유기산은?

> 구연산(citric acid)

56 밀감 통조림의 제조공정 순서를 기술하라.

> 밀감 → 외피 박피 → 염산 처리 → 세척 → 알칼리 처리 → 시럽첨가 → 탈기 → 밀봉 → 살균 → 냉각 → 제품

57 저메톡실 펙틴을 ① 정의하고, 저메톡실 펙틴 젤리를 제조하기 위해 필요한 ② 첨가물과 ③ 사용목적을 설명하시오.

> ① 저메톡실 펙틴 정의 : 과실류나 채소류에서 얻어지는 펙틴의 % methoxyl 함량 범위는 0~14%로서 methoxy(CH_3O) 함량이 7% 이상인 것을 고메톡실 펙틴(high methoxyl pectin), 그리고 7% 이하인 것을 저메톡실 펙틴(Low methoxyl pectin)이라고 한다.
> ② 첨가물 : 칼슘
> ③ 첨가물 첨가목적 : 저메톡실기는 당의 함량이 적어도 칼슘이온과 같은 2가 양이온과의 이온결합에 의하여 망상구조를 형성한다. 당의 함량이 적으면 칼슘을 많이 첨가하여야 한다.

58 복숭아 통조림 제조공정을 기술하라.

> 복숭아 → 고르기 및 씻기 → 절단 → 씨빼기 → 껍질 벗기기 → 담기 → 당액 넣기 → 탈기 → 밀봉 → 살균 → 냉각 → 제품

59 복숭아 박피법으로 가장 적당한 방법은?

> 알칼리 박피(lye peeling)법

60 복숭아 통조림 제조에서 탈피공정 중 약품처리 방법을 설명하라.

> 제핵 후 표면부분을 열탕 처리하여 표면의 솜털과 기포를 제거하여 1~3% NaOH 용액으로 표피를 용해시킨 다음 1% 염산용액에 침지하여 잔존한 알칼리를 중화 제거한다.

61 복숭아 통조림의 알칼리처리법을 설명하라.

> 에나멜을 입힌 냄비나 나무통에 3%의 끓는 수산화나트륨 용액을 넣고 그 속에 핵을 뺀 복숭아를 조리나 소쿠리에 넣어 30~60초간 담근 후 물로 씻는다.

62 복숭아 통조림 제조 시의 ① 사용기구, ② 첨가 조미액, ③ 살균온도 및 시간을 기술하라.

> ① 사용기구 : 권체기, autoclave, 탈기함, 제핵기, 냄비
> ② 첨가 조미액 : 30~40%의 당액
> ③ 살균온도 및 시간 : 100℃에서 20~25분

63. 과일 통조림에서 내용에 따른 ① 시럽량과 ② 시럽당도를 계산하는 방법은?

해답

① $W_2 = W_3 - W_1$

② 시럽당도 : $Y = \dfrac{W_3 \cdot Z - W_1 \cdot Z}{W_2}$

W_1 : 고형물량(g)
W_2 : 주입당액의 무게(g)
W_3 : 제품내용총량(g)
X : 담기 전 과육의 당도(%)
Y : 주입할 시럽 당도(%)
Z : 제품규격당도(%)

64. 복숭아 통조림 제조 시에 복숭아의 당도 8%, 캔 301-7호관(4호관), 담는 복숭아 270g, 규격당도 19%, 제품 내용총량 430g(규정량은 425g)이라면 이때 주입할 액즙의 당도는 몇 %로 해야 하는가?

해답

$W_2 = W_3 - W_1 = 430 - 270 = 160g$

$\therefore Y = \dfrac{W_3 \cdot Z - W_1 \cdot Z}{W_2} = \dfrac{430 \times 19 - 270 \times 8}{160} = 37.6(\%)$

65. ✿✿ 2012년 2회 출제

당도가 12 brix인 복숭아시럽 5,000kg을 75 brix 시럽으로 12.4 brix 복숭아 시럽으로 만들 때 ① 75 brix 시럽을 얼마나 추가해야 하는가 ② 그리고 12.4 brix로 맞춰서 240ml캔을 분당 200캔 생산하는 소요시간은?(비중 1.0408)

해답

① 75 brix 시럽을 얼마나 추가해야 하는가?

$\text{첨가량} = \dfrac{5000(12.4 - 12.0)}{75 - 12.4} = 31.95$

② 분당 200캔 생산하는 소요시간?

$\text{소요시간} = \dfrac{5031.95}{1.0408} \times \dfrac{1}{0.240} \times \dfrac{1}{200} = 100.7(1시간41분)$

66 깐포도 통조림 제조공정 중 껍질 벗기기를 수중에서 작업하는 이유는?

> **해답**
> 포도과육의 갈변을 방지하기 위하여

67 ❖ 2013년 3회 출제
적포도를 HCl-methanol에 담갔을 때 추출되는 ① 적포도 성분, ② HCl-methanol에 추출된 색, ③ NaOH 주입 시 색변화를 기술하시오.

> **해답**
> ① 안토시안
> ② 적색
> ③ 청색

68 양송이를 채취한 뒤에 신속히 가공처리를 해야 하는 이유는?

> **해답**
> 양송이는 육질이 부드러워서 상처가 나기 쉽고, 또한 산화되어 변색되기 쉬우므로 신속히 가공처리 해야 한다.

69 양송이를 버튼 슬라이스 또는 홀 슬라이스할 때의 두께는?

> **해답**
> 약 3mm

70 양송이 통조림의 원료 채취 시 가장 적당한 원료상태는?

> **해답**
> 직경 20~40mm

71 양송이 통조림의 주입액은?

해답

소금물(2~3%)에 비타민(0.3%) 첨가

72 양송이 통조림의 제조공정을 기술하라.

해답

양송이 → 자루절단 → 고르기 → 씻기 → 데치기 → 고르기 → 슬라이스 → 담기 → 식염수 넣기 → 탈기 · 밀봉 → 살균 → 냉각 → 제품

73 채소 및 과실을 가공할 때 열처리(Blanching)를 한다. ① 열처리 목적과 ② 방법을 기술하라.

해답

① 열처리(Blanching) 목적
- 조직 내의 산화효소를 불활성화한다.
- 변색 및 변질을 방지한다.
- 박피를 쉽게 한다.
- 조직을 연화, 수축시켜 충진하기 쉽게 한다.
- 외관 및 맛의 변화를 방지한다.
- 녹색야채의 유기산을 파괴한다.
- 부착된 미생물을 어느 정도 살균시킨다.
- 기포를 제거한다.
- 이미와 이취를 제거한다.

② 열처리(Blanching) 방법
- 제품에 따라 다르지만 75~95℃, 1~10분 정도 실시한다.
- 열처리 정도를 알아보려면 catalase, peroxidase를 측정한다.

74 | 제품의 품질을 오래 유지하고자 식품을 가열하거나 냉동처리를 하는데, 냉동으로 유통하고자 하는 냉동식품(채소류)의 경우에도 blanching을 해야 하는 이유를 쓰시오.

> **해답**
> ① 조직 내의 효소를 불활성화시킨다.
> ② 조직을 연하게 하여 동결 팽창에 견디게 한다.
> ③ 부착된 미생물을 어느 정도 살균시킨다.
> ④ 녹색야채의 유기산을 파괴한다.
> ⑤ 조직 내의 공기를 밖으로 배출시켜 산화가 감소된다.

75 | 땅콩에 초콜릿을 코팅한 과자의 초콜릿 피막두께에 영향을 미치는 요인은?

> **해답**
> 초콜릿의 원료 중 카카오 콩에 들어있는 지방의 융점은 보통 32~34℃인데 초콜릿 두께는 융섬을 조절하고 냉각시킨다.

76 | ❖❖ 2013년 2회 출제
건조과실의 유황훈증의 효과 4가지를 기술하라.

> **해답**
> ① 표면의 세포가 파괴되어 건조에 도움을 준다.
> ② 산화효소(oxidase)의 불활성화로 갈변을 방지한다.
> ③ 미생물의 번식을 억제한다.
> ④ 과실 고유의 빛깔을 유지시킬 수 있다.
> ⑤ 부패 및 충해를 막는다.

김치 제조

01 | 김치 포장지가 팽창하는 이유는?

> **해답**
> 젖산균에 의한 CO_2의 생성

02 김치의 저장 중에 발생되는 문제점은?

해답
① 표면에 피막 형성
② 조직 내 연부 발생
③ 군내 등의 이취 생성

03 침채류 숙성 중의 작용 3가지를 쓰시오.

해답
삼투작용, 효소작용, 발효작용

04 ✦✦ 2013년 1회 출제
공장에서 김치 제조 시 염도가 2.0%인 절임김치가 1,000kg일 때 김치 양념의 양은 100kg으로 가정한다. 최종염도가 2.5%인 김치 10,000kg을 만들기 위해서 필요한 다음의 양은?

해답
① 절임 김치량은? (계산법 포함)

최종염도가 2.5%인 김치 10,000kg에 들어간 소금의 양을 X라고 하고 절임 김치량을 Y라고 하면 김치양념은 절임김치의 10분의 1이 들어가므로
$Y + 0.1Y + X = 10,000$
$1.1Y + X = 10,000$ ------ ㉠
염도가 2.5%가 되기 위해서는 10,000kg에 소금이 250kg 있어야 하므로
$0.02Y + X = 250$ ------ ㉡
㉠식에 ㉡식을 대입하면
$1.08Y = 9,750$
$\therefore Y = 9,027.78$
따라서 절임 김치량은 9,027.78kg이다.

② 김치 양념량은? (계산법 포함)

김치 양념량은 절임 김치량의 10분의 1이 들어가므로
$9,027.78 \times 1/10 = 902.78$
따라서 김치 양념량은 902.78kg이다.

③ 첨가량은? (계산법 포함)

소금첨가량(X)은 식 ㉠에 대입해서 구하면 된다.
$X = 10,000 - (1.1 \times 9027.78) = 10,000 - 9,930.558 = 69.44(kg)$
따라서 소금첨가량은 69.44kg이다.

05 김치숙성에 관여하는 미생물 3가지를 쓰시오.

해답

Lactobacillus plantarum, *Lactobacillus acidopilus*, *Leuconostoc mesenteroides*

06 김치를 만들기 위해 원료배추 20kg을 전처리하였더니 배추의 폐기율은 20%(w/w)였다. 전처리된 배추를 일정한 조건하에 절임한 다음 세척 탈수하여 얻어진 절임배추의 무게는 12kg이었고 이때 절임배추의 염 함량도는 2%(w/w)였다. 절임공정 중 절임수율과 원료배추의 수득률을 계산하시오. (단, 절임수율은 절임공정에서 투입된 원료배추에 대한 절임배추의 비율이며, 원료배추의 수득률은 다듬기 전 원료에서 세척 탈수된 절임배추까지의 순수한 배추만의 변화율을 의미한다.)

해답

① 절임수율
- 계산과정
  배추 폐기량 : $20 \times 0.2 = 4(kg)$
  전처리 배추량 : $20 - 4 = 16(kg)$
  절임수율 : $12/16 \times 100 = 75(\%)$
- 답 : 75%

② 수득률
- 계산과정
  염 함량 : $12 \times 0.02 = 0.24(kg)$
  염을 뺀 순수 절임배추 : $12 - 0.24 = 11.76(kg)$
  수득율 : $11.76/20 \times 100 = 58.8(\%)$
- 답 : 58.8%

07 침채류 제조에서 천일염이 정제염보다 좋은 이유는?

해답

천일염에는 주성분인 NaCl 성분 외에 불순물로 $MgCl_2$, $CaSO_4$ 등이 함유되어 있어서 마그네슘과 칼슘이 배추의 펙틴질과 결합하여 조직을 경화시켜 아삭아삭한 맛을 더해주어 씹히는 맛을 좋게 해준다.

08 피클 제조 시 사용하는 첨가물 3가지는?

해답
소금, 식초, 향신료

09 단무지를 제조할 때 쌀겨는 발효하여 단무지에 어떤 영향을 주는가?

해답
풍미와 맛을 향상시킨다.

코지

01 쌀 코지에 사용되는 미생물(3가지)은 무엇인가?

해답
① Aspergillus oryzae(황국균)
② Aspergillus niger(흑국균)
③ Aspergillus shrousamii(백국균)

02 코지 곰팡이가 생산하는 주된 효소(2가지)는?

해답
amylase와 protease

03 코지의 원료에 따른 분류 4가지는?

해답
쌀코지, 보리코지, 콩코지, 밀기울코지

04 쌀코지 제조를 위한 좋은 품질의 종국 4가지는?

> **해답**
> ① 선황녹색을 나타낼 것
> ② 포자가 가능한 한 많을 것
> ③ 코지의 독특한 향기와 단맛이 있을 것
> ④ 코지의 낟알이 단단할 것

05 쌀코지 제조용 종국 제조 시 재를 첨가하는 이유(4가지)는?

> **해답**
> ① 코지균에 인산칼륨 같은 무기질의 영양원을 공급한다.
> ② 코지가 알칼리성으로 되어 다른 유해균의 증식을 억제한다.
> ③ 국균이 생산하는 산성물질의 중화와 포자형성이 잘 되게 한다.
> ④ 찐쌀의 낟알이 서로 붙지 않게 한다.

06 쌀코지의 출국 시 좋은 코지의 색깔은 무슨 색인가?

> **해답**
> 황록색

07 보리 코지 제조 시 ① 재우기를 생략하는 이유와 코지를 오랫동안 저장하기 위해 ② 소금을 첨가하는 이유는?

> **해답**
> ① 보리는 조직이 연하여 부패되기 쉽고, 누룩곰팡이의 번식이 빠르기 때문이다.
> ② 소금은 코지균의 발육을 저지하고, 유해균의 번식을 억제한다.

08 간장 코지에 사용되는 ① 균주명, ② 주된 효소명 그리고 ③ 배양온도는?

> **해답**
> ① 균주명 : *Aspergillus oryzae*
> ② 주된 효소명 : Protease
> ③ 배양온도 : 30℃

09 전분의 효소당화에 가장 많이 쓰이는 효소 2가지와 그 효소 생산 미생물을 쓰시오.

> **해답**
> ① *Bacillus subtilis* : α-amylase
> ② *Rhizopus niveus* : glucoamylase

10 코지의 장기 저장을 위해 소금을 첨가하는 이유는?

> **해답**
> ① 코지균의 발육 저지
> ② 유해균의 생성억제

■ 된장 제조

01 콩 된장의 주된 원료 3가지는?

> **해답**
> 콩 코지, 찐콩, 소금

02 보리된장의 주된 원료 3가지는?

> **해답**
> 보리 코지, 찐콩, 소금

03 쌀된장의 주된 원료 3가지는?

> **해답**
> 쌀 코지, 찐콩, 소금

04 보리 코지 제조에서 재우기를 생략해도 되는 이유는?

> **해답**
> 찐보리의 조직이 찐쌀의 조직에 비하여 연하기 때문이다.

05 보리 코지의 저장성을 향상하기 위해서 첨가해야 할 것은?

> **해답**
> 소금(가염 코지를 만든다.)

06 된장의 구수한 맛의 주성분은?

> **해답**
> 아미노산(amino acid)

07 ✤✤ 2014년 3회 출제
된장과 청국장 제조 시 사용하는 주요 미생물을 하나씩 쓰고, 제조효소 두 개를 쓰시오(영어로 쓰시오).

> **해답**
> - 주요 미생물
>   - 된장 : *Aspergillus oryzae*
>   - 청국장 : *Bacillus subtilis*(natto)
> - 제조효소 : amylase, protease

08 | 된장 숙성에 관여하는 미생물 3가지는?

해답
국균, 효모, 세균

09 | 된장 숙성 중의 중요한 반응 4가지를 기술하라.

해답
① 당화작용(국균) : 전분 → 덱스트린 및 포도당 ⇨ 단맛
② 단백질 분해 : 단백질 → 펩타이드 → 아미노산 ⇨ 맛난맛
③ 알코올 발효(초산균) : 당성분 → 알코올 → 에스테르 ⇨ 풍미
④ 산발효(초산균) : 당 성분 → 유기산 ⇨ 신맛

10 | 된장의 숙성을 빠르게 하고 단맛이 나며, 색깔이 희게 되는 것은 된장의 무슨 원료 때문인가?

해답
쌀 또는 보리의 녹말질

11 | 된장 숙성에 관여하는 미생물을 쓰시오.

해답
Aspergillus oryzae(누룩곰팡이, 황국균), *Zygosaccharomyces ruxii*(내염성 효모), *Pediococcus halophillus*(내염성 젖산균)

12 | 된장은 어떤 성분의 맛이 결합된 맛인가?

해답
구수한 맛(아미노산), 짠맛(소금), 단맛(당), 신맛(유기산)

13 생된장 효모가 $10^6 \sim 10^7$g일 때 완전한 살균온도와 시간은?

> **해답**
> 80℃에서 10분

14 된장 제조 시 마쇄기로 좋은 것은?

> **해답**
> 초퍼(chopper)

15 된장 발효 곰팡이를 속명과 종명을 쓰시오.

> **해답**
> *Aspergillus oryzae*, *Aspergillus niger*

16 된장이 숙성된 뒤에 신맛이 날 경우, 그 원인을 3가지 쓰시오.

> **해답**
> ① 소금을 너무 적게 넣었을 때
> ② 소금의 양은 적당하지만 콩 및 코지의 수분함량이 너무 높거나 넣은 물의 양이 너무 많을 때
> ③ 콩이 덜 쑤어졌거나 원료의 혼합이 불충분하여 골고루 섞이지 않았을 때

■ 간장 제조

01 장류에 쓰이는 미생물 2가지를 쓰시오.

> **해답**
> ① *Aspergillus oryzae*(누룩곰팡이)
> ② *Bacillus natto*(고초균-청국장균)

02 | 장류제품에 쓰이는 코지는 어떤 형태의 코지가 우수한 품질인지 그 특성을 쓰시오.

해답

① 코지 특유의 상쾌한 향기와 맛을 가지며, 코지 알이 마른 밥알과 같이 단단한 것이 없고 손으로 집으면 탄력성이 있어서 떨어뜨리면 흐트러지는 것이 좋다. 냄새가 좋지 않은 것, 떫은맛, 쓴맛, 그 밖의 이상한 냄새가 나는 것은 좋지 않다.
② 코지에 균사가 잘 발육하여 코지 알에 깊고 고르게 번식한 것이 좋다.

03 | 종국(코지균)이 갖추어야 할 조건을 기술하라.

해답

① protease 및 amylase의 효소 활성이 강하고, 특히 protease가 강해야 한다.
② 양조간장의 향기가 좋아야 한다.
③ 포자 형성이 왕성하여 제국이 용이하여야 한다.

04 | 간장 코지의 ① 주원료 3가지와 ② 종류 2가지를 기술하라.

해답

① **주원료** : 볶은 밀, 찐콩, 종국
② **종류** : 가락 코지, 입상 코지

05 | 개량식 간장 제조과정을 쓰시오.

해답

볶은 밀, 찐콩, 종국 → 섞기 → 마쇄 → 코지 제조 → 담금(소금물) → 발효 → 간장덧(간장찌꺼기) → 압착 → 생간장 → 달임 → 냉각 → 여과 → 간장

06 | 아미노산 간장 제조과정을 쓰시오.

해답

단백질 원료, HCl(22° Be), 물 → 분해 → 중화 → 여과(1번액) → 용해 → 여과(2번액) → 용해 → 여과(3번액) → 가공(착색, 소금첨가, 기타)

07 | 간장 코지 제조 시 밀을 볶는 이유는?

해답
① 밀의 전분을 호화
② 간장에 고유의 색(色)을 부여
③ 찐콩의 수분 조절

08 | 간장 코지 제조에서 코지 상자를 바꿔 쌓기 하는 이유는?

해답
호흡열의 냉각(상승된 품온의 냉각)

09 | 간장 제조 시 식염수의 농도범위(%)는 얼마인가?

해답
17.5~20%의 식염수

10 | 간장 발효 시 덧의 고형원료가 떠오른다. 어떻게 해야 되는가?

해답
교반한다.

11 | 간장의 구수한 맛의 성분은 무엇인가?

해답
글루탐산(glutamic acid)

식품제조·가공 실무

12 ❖❖ 2013년 2회 출제
간장의 짠맛과 구수한 맛, 김치의 신맛과 짠맛이 나타내는 맛의 상호작용에 대해 쓰시오.

> **해답**
> 맛의 상호작용
> - 간장의 짠맛과 구수한 맛 : 맛의 억제(약화)현상
> - 김치의 신맛과 짠맛 : 맛의 강화현상

13 간장을 달이기의 온도와 시간은?

> **해답**
> 80℃에서 30분

14 간장을 달이는 목적 4가지는?

> **해답**
> ① 미생물의 살균 및 효소를 파괴한다.
> ② 생 간장에 화양(aldehyde, acetal 생성)을 부여한다.
> ③ 단백질의 응고로서 생성된 앙금을 제거한다.
> ④ 갈색을 더욱 짙게 한다.

15 간장의 향기성분 3가지는?

> **해답**
> ① γ-methylmercapt-propylacohol
> ② 4-ethyl guaiacol
> ③ Acetyl propionyl

16 재래식 간장 제조에서 식염의 농도를 너무 높게 담그면 어떤 현상이 일어나는가?

> ① 국균의 protease 작용이 저해되어 성분의 용해, 용출이 저하된다.
> ② 젖산균, 효모의 생육이 억제되므로 간장의 품질이 저하된다.

17 간장 제조 시 저장을 잘못하면 산막효모가 발생한다. 산막효모가 발생하는 주요 원인을 기술하라.

> ① 간장의 농도가 희박할 때
> ② 숙성이 불충분한 것을 짰을 때
> ③ 당분이 너무 많이 들어 있을 때
> ④ 소금의 함량이 적을 때
> ⑤ 간장을 달인 온도가 낮을 때
> ⑥ 공장, 사용기구 및 저장용기가 불결할 때

18 산 분해 간장에서 위해요소인 MCPD(monochloropropandiol)의 생성원인을 설명하라.

> 탈지대두 등 단백질 원료에 염산을 가하여 가수분해하고 NaOH를 처리하여 아미노산 간장을 제조할 때 생성되는 물질이다. 단백질이 아미노산으로 분해되고 잔존하는 지방은 글리세린과 지방산으로 분해될 때 글리세린과 염산이 반응하여 염소화합물을 생성한다.

19 아미노산 간장의 ① 장점과 ② 단점을 기술하라.

> ① 장점 : 단시간에 대량생산이 가능하고 생산단가가 싸다.
> ② 단점 : 맛, 향 등 풍미적인 요인이 양조간장에 비하여 못하다.

20. 식품첨가물 공전에 나온 간장의 종류와 그에 따른 내용을 기술하라.

해답

① 한식간장
  - 재래한식간장 : 한식메주를 주원료로 하여 식염수 등을 섞어 발효·숙성시킨 후 그 여액을 가공한 것을 말한다.
  - 개량한식간장 : 개량메주를 주원료로 하여 식염수 등을 섞어 발효·숙성시킨 후 그 여액을 가공한 것을 말한다.

② 양조간장
  대두, 탈지대두 또는 곡류 등에 누룩균 등을 배양하여 식염수 등을 섞어 발효·숙성시킨 후 그 여액을 가공한 것을 말한다.

③ 산분해간장
  단백질을 함유한 원료를 산으로 가수분해한 후 그 여액을 가공한 것을 말한다.

④ 효소분해간장
  단백질을 함유한 원료를 효소로 가수분해한 후 그 여액을 가공한 것을 말한다.

⑤ 혼합간장
  한식간장 또는 양조간장에 산분해간장 또는 효소분해간장을 혼합하여 가공한 것이나 산분해간장 원액에 단백질 또는 탄수화물 원료를 가하여 발효·숙성시킨 여액을 가공한 것 또는 이의 원액에 양조간장 원액이나 산분해간장 원액 등을 혼합하여 가공한 것을 말한다.

고추장 제조

01. 고추장의 주된 맛 4가지는?

해답

단맛, 구수한 맛, 짠맛, 매운맛

02. 고추장제조에 사용하는 미생물은?

해답

Aspergillus oryzae

03 고추장 코지와 같은 제품의 코지는?

> **해답**
> 간장 코지

04 고추장 제조 시 당화온도와 시간은?

> **해답**
> 분쇄하여 끓인 다음 반죽한 쌀에 마쇄한 코지를 넣어 혼합하고, 55~65℃에서 3시간 당화 및 단백질 분해를 일으켜 소금과 고춧가루를 넣고 섞는다.

05 고추장 제조에서 녹말의 당화 시 온도가 너무 낮을 때 번식할 수 있는 세균은 무엇인가?

> **해답**
> 젖산균

06 고추장의 숙성기간에 가장 큰 영향을 주는 것은?

> **해답**
> 소금

07 고추장의 신맛이 나는 이유는 어떤 세균의 관여 때문인가?

> **해답**
> 젖산균

08 고추장 제조 시 전분당화 중 온도가 낮으면 일어나는 현상 2가지는?

> **해답**
> ① 젖산균이 번식한다.
> ② 젖산균이 번식하여 맛이 시어진다.

청국장 제조

01 청국장 제조에 많이 사용하는 청국장 세균은?

해답
① *Bacillus subtillis*
② *Bacillus natto*

02 청국장의 끈적끈적한 점질물 성분 2가지는 무엇인가?

해답
D-glutamic acid, polypeptide의 fractan

03 청국장의 구수한 맛의 주성분은 주로 어떤 아미노산인가?

해답
glutamic acid

04 청국장균의 발육 적온은 몇 ℃인가?

해답
40℃

❖ 2013년 1회 출제
05 청국장제조에 많이 사용하는 고초균과 발육적온은?

해답
① 고초균 : *Bacillus subtillis*
② 발육적온 : 40℃

06 청국장 제조 시 콩의 수침은 원료콩의 중량비로 몇 배까지 수침시키는 것이 좋은가?

> 해답
>
> 2~2.5배

유지가공

01 지방의 변질요인을 기술하라.

> 해답
>
> ① 유지의 불포화도 : 높을수록 산패 용이
> ② 온도 : 높을수록 산패 촉진
> ③ 산소 : 많을수록 산패 촉진
> ④ 광선 : 자외선 하에서 산패 촉진
> ⑤ 방사선 : 고에너지의 방사선 조사는 산패 촉진
> ⑥ proxidant : 금속과 그 화합물 및 heme 화합물 등은 산패 촉진

02 지방의 산패에 대해 설명하라.

> 해답
>
> 유지 및 유지 식품 중의 트리글리세라이드가 물리적, 화학적, 효소 등의 작용으로 지방산으로 분해되는 현상으로 크게 나쁜 냄새의 흡수로 인한 변질, 가수분해에 의한 변질, 산화에 의한 변질로 나뉜다.

03 식용유지를 이용한 지방식품의 산패를 막는 방법을 기술하라.

> 해답
>
> ① 산소와의 접촉을 차단한다.
> ② 온도를 낮춘다.
> ③ 빛을 차단한다.
> ④ 금속(Mg, Cu, Fe 등)과 접촉을 피한다.
> ⑤ lipoxygenase를 활성화한다.

04 | 2012년 1회 출제
유지를 고온에서 장시간 가열하면 나타나는 ① 물리학, ② 화학적 변화 각각 두 가지씩 쓰시오

해답

① 물리적 변화
- 점도가 낮아진다.
- 색이 탁해진다.

② 화학적 변화
- 지방산화가 일어난다.
- 이중결합 cis형이 tran형으로 변한다.

05 | 튀김식품이 시간 경과 후 물러지는(눅눅해지는) 이유는?

해답

튀김 과정에서 식품의 수분이 제거되는 데 시간이 경과되면 식품 내로 공기 중의 수분이 들어가 눅눅해진다(수분평형상태).

06 | 경화유(hardened oil)의 ① 정의와 ② 제조방법을 설명하라.

해답

① 경화유의 정의 : 어유나 식물유와 같이 불포화지방산 중의 이중 결합을 가진 탄소원자에 수소첨가 공정으로 액체유의 융점을 높인 기름을 경화유라 한다. 경화유는 유지의 산화안정성, 물리적 성질, 색깔, 냄새 및 풍미 등이 개선된다.

② 경화유의 제조방법 : 니켈(Ni) 촉매를 혼합한 원료 유지를 내산성인 경화장치에 넣고 예열시켜 100~180℃에서 6~12기압의 수소를 불어 넣어 교반하면서 반응시킨다.

07 | 대두 부분경화유를 만들 때 트랜스지방이 생성되는 경화공정에 대해서 간략히 설명하시오.

해답

수소첨가로 경화하는 과정 중 고온 및 촉매의 영향 하에서 생성된다.

08 쇼트닝이란?

> 콩기름이나 면실유 등의 식물성 기름에 수소이온을 더해서(hydrogenation) 고체 상태로 만든 것. 각종 요리에 식용유 대신에 사용하며, 장기보관이 가능하다.

09 식품첨가물 공전상 헥산(hexane)의 사용용도는 무엇인지 간략히 쓰시오.

> 현재 가장 많이 쓰이는 유지 추출용제이다.

10 유지 정제 공정 중 탈검의 목적을 기술하라.

> 유지 중 인지질 등의 검(gum)질은 탈산 공정 중 유지와 비누용액이 유화 작용을 일으켜 중성기름의 손실을 가져오기 쉬우므로 미리 제거해야 한다.

11 유지의 탈산공정(deaciding)에서 ① 탈산의 정의, ② 탈산법의 종류, ③ 알칼리 정제법에 대해 설명하라.

> ① 탈산이란?
>   원유에는 보통 0.5% 이상의 유리지방산이 들어 있는데, 이것을 제거하는 것이 탈산이다.
> ② 탈산법의 종류
>   물리적 방법으로는 정치법, 여과법, 가열법, 원심분리법이 있고 화학적 방법으로는 흡착법, 알칼리법, 황산법 등이 있다.
> ③ 알칼리 정제법
>   수산화나트륨(NaOH) 용액으로 유리지방산을 중화(비누화) 제거하는 알칼리 정제법이 널리 쓰이고 있다. 이 방법에서는 생성된 비누분과 함께 검(gum)질, 색소 등의 불순물도 동시에 제거할 수 있다.

12 유지에서 볼 수 있는 동질다형현상(polymorphism)을 ① 화학적 조성의 측면에서 설명하고, ② 융해되면 어떤 상태가 되는지 쓰시오.

> ① 냉각에 의하여 다른 형의 결정형이 생성되는 현상을 동질다형현상이라 하며, 쇼트닝이나 마가린 제조 시 중요한 의미가 있다.
> ② 융해 시 : 고체유지를 가열하여 녹이고 이를 냉각하면 다시 고체유지가 되며, 이를 다시 가열하여 녹이면 융해되지만 처음보다 융점이 높게 되고, 이를 급속히 냉각시키면 다시 고체유지가 되고 이를 가열하여 융해시키면 융점은 전자보다 낮다.

주류 제조

01 주류의 제조법에 따른 분류를 기술하라.

> ① 양조류
> - 단발효주(알코올 발효 과정만 함) : 과일주(포도주)
> - 복발효주
>   - 단행복발효주(당화, 발효 구분) : 맥주
>   - 병행복발효주(당화, 발효 병행) : 청주
> ② 증류주 : 소주, 위스키, 브랜드
> ③ 제제주 : 합성청주, 인삼주, 매실주 등

02 알코올 음료, 발효식품의 제조 공정 중 생성되는 에틸카바메이트의 발생 원인을 쓰시오.

> **해답**
>
> $$H_2N-\overset{\overset{O}{\|}}{C}-O-CH_2CH_3$$
>
> 에틸카바메이트(ethyl carbamate)는 와인의 숙성과 운송 과정에서 자연 발생하는 것으로 알려져 있다. 알코올의 발효과정에서 생성된 에탄올(CH_3CH_2OH)과 카보닐기(C=O)가 식품 내에서 화학반응을 일으켜 생성되는 화합물이다. 서양에서는 주로 브랜디, 위스키 등의 주류에서 많은 양이 검출되었는데, 이는 이들 주류를 발효시킬 때 효모의 식량으로 첨가한 요소에서 유래한 것으로 알려져 현재는 요소를 주류첨가제로 사용하고 있지 않다. 이 물질의 '발암물질 등급'은 지난해까지 '그룹 2B(동물 발암성 증거 불충분)'이었으나, 15개 국가에서 시행된 포유류 동물실험 결과 등을 토대로 올해부터 '그룹 2A(동물 발암성 증거 충분)'로 상향 조정됐다.

03 ✚✚ 2012년 3회 출제
에틸카바메이트가 생성되는 ① 원인과 ② 줄일 수 있는 방법 2가지를 쓰시오.

> **해답**
>
> ① 원인 : 에틸카바메이트는 과일(핵과류)의 씨에 함유된 시안화합물이나 발효과정 중 생성된 요소가 에탄올과 반응하여 생성되는 유해물질이다.
> ② 줄일 수 있는 방법
> • 매실 등 씨가 있는 과일을 원료로 담금주를 만들 때 씨를 제거한 후 담근다.
> • 숙성 및 저장 시 저온(25℃ 이하)에서 보관하고 빛에 의한 노출을 최소화한다.

04 60% 전분을 함유한 500g의 절간고구마를 사용하여 주정을 제조할 경우 생성된 주정의 양(㎖)은 얼마인가? (단, 당화율 80%, 주정비중 0.8)

> **해답**
>
> 절간고구마 500g에 60%의 전분을 함유하고 있으므로 전분량은 300g이며, 당화율이 80%이므로 전분 300g에서 생성되는 포도당의 양은 240g이다.
>
> $C_6H_{12}O_6 \rightarrow 2C_2H_5OH + 2CO_2$
>   180   92
>   180 : 92 = 240 : x ∴ $x = 122.7(g)$
>
> ∴ 주정의 양(㎖) = $\dfrac{122.7}{0.8} = 153.4$(㎖)

05
효모에 의한 알코올 발효의 반응식(Gay-Lussac)을 쓰고 포도당 100kg으로부터 이론상 몇 kg의 에틸알코올이 생성되는지 계산하시오.

해답
① 반응식 : $C_6H_{12}O_6 \rightarrow 2C_2H_5OH + 2CO_2$
② 계산과정
    $180 : 46 \times 2 = 100 : x$
    $\therefore x = 51.1(kg)$

06
포도주에 사용하는 효모는 무엇인가?

해답
Saccharomyces cerevisiae var. *ellipsoideus*

07
포도주의 발효 시 발효통 입구에 설치하는 것 2가지는 무엇인가?

해답
발효관, 발효전

08
포도주의 과즙에 영향을 주는 주요 성분 2가지는?

해답
당분, 산

09
포도주의 과즙에 설탕을 첨가할 때 사용하는 당 첨가법 2가지는?

해답
당액 첨가법, 고형당 첨가법

10 | 다음은 적포도주 제조공정이다. ( ) 안을 채우시오.

> 포도 → (①) → 파쇄 → (②) → 주발효 → (③) → 즙액 → 후발효 → (④) → 담기 → 제품

해답
① 제경 ② 가당 ③ 압착 ④ 앙금 떠내기

11 | 백포도주 제조공정을 기술하라.

해답
포도 → 선립 → 제경 → 파쇄 → 압착 → 과즙 → 가당 → 주발효 → 후발효 → 앙금 떠내기 → 저장 → 청징 → 담기 → 제품

12 | 포도주의 주발효와 후발효 온도와 시간은?

해답
① 주발효 : 15~17℃, 1~2주
② 후발효 : 10~15℃, 2~3개월

13 | 포도주 제조과정에서 청징한 포도주를 얻기 위한 주요공정 1가지는 무엇인가?

해답
앙금질

14 포도주 제조 시 아황산을 첨가하는 이유를 ① 미생물학적 효과와 ② 화학적 효과로 나누어 쓰시오.

> ① 미생물학적 효과 : 포도주에 유해한 세균과 야생효모의 증식 억제 및 살균에 그 효과가 있다.
> ② 화학적 효과 : 산화를 방지하는 효과로 적색색소(안토시안계)를 안정화하고 또 과피로부터의 색소의 추출을 촉진하게 되므로 적포도주의 색소량이 증가된다. 백포도주에서는 곰팡이의 산화효소에 의한 갈변화를 방지한다.

15 포도주 제조 시 아황산의 첨가 목적을 기술하라.

> ① 유해균의 증식을 억제 및 사멸시킨다.
> ② pH의 저하로 포도주의 적색소(안토시아닌 색소)를 안정화한다.
> ③ 과피 색소용출을 촉진하게 되므로 적포도주 제조 시 색소량을 많게 한다.
> ④ 주석의 용해도가 높아져 주석의 석출을 방지한다.
> ⑤ 백포도주에서는 곰팡이의 산화효소에 의한 갈변화를 방지한다.

16 포도주 제조에서 유해 미생물의 피해를 막기 위해서 사용되는 ① 처리법, ② 약제명, ③ 약제의 사용량은?

> ① 아황산처리법
> ② 아황산나트륨($Na_2S_2O_5$), 아황산칼륨($K_2S_2O_5$)
> ③ 200ppm 첨가

17 적포도주와 백포도주는 언제 압착하는가?

> ① 적포도주 : 주발효가 끝난 다음에 압착한다.
> ② 백포도주 : 마쇄가 끝난 다음에 압착한다.

18 와인의 품질요소를 결정하는 테루아르(Terroir)를 가장 대표적인 3가지 요소를 들어 설명하시오.

> 테루아르(Terroir)란 포도밭의 토양, 지형적 조건, 기후 등을 말한다. 한마디로 테루아르는 와인의 품질을 결정하는 핵심적인 요소라 할 수 있다.
> ① 토양
>   자갈, 모래, 석회석, 진흙, 암반 등이 혼합된 상태를 품질 좋은 포도나무로 자라게 하는 대표적 토양구조라 한다.
> ② 기후조건
>   일조량을 많이 받을 수 있고 서리의 피해를 덜 받고 배수가 용이한 지역이어야 한다. 포도밭 주변에 하천이나 숲이 있으면 좋다. 여름엔 따뜻하고 화창한 날씨가 유지돼야 좋다. 가을에는 건조하고 일조량이 많아야 하며, 수확이 끝난 겨울에는 날씨 변화가 커서 포도나무가 온도에 잘 적응하고 견딜 수 있게 해주는 것이 좋다.
> ③ 자연조건(지형) 등의 포도밭의 종합적인 환경
>   약간 경사진 언덕이나 구릉 지역이 좋은 지역이고, 위치나 지형적 조건은 남 북위 30~50°에 위치하고 평균 기온이 섭씨 10~20℃를 유지하는 지역이 주산지로 분포된다.

19 효모의 알코올 발효력을 중량법으로 측정하여 발생한 CO_2량이 0.6g인 경우 이 효모의 발효력은 얼마인가?

> $$발효력 = \frac{발생한\ CO_2량}{1.75} \times 100$$
> $$= \frac{0.6}{1.75} \times 100 = 34.3$$

20 포도주 제조 시 당분이 10%인 포도과즙 10kg을 25%의 당으로 하기 위하여 첨가해야 할 설탕은 몇 kg인가?

> $$S = \frac{w(b-a)}{100-b}$$
> (S : 설탕의 중량(kg),   w : 과즙량(kg),   a : 과즙당도(%),   b : 목표당도(%))
> $$\therefore S = \frac{10(25-10)}{100-25} = 2(kg)$$

21 | 맥주의 분류방법(효모, 색도)을 기술하라.

해답

① 맥주는 발효 방식(효모의 종류)에 따라서 상면발효 맥주와 하면발효 맥주로 분류한다.
- 상면발효 맥주 : *Saccharomyces cerevisiae*라는 효모로 발효시킨 맥주이고, 발효 중 탄산가스와 함께 발효액의 표면에 뜨는 성질이 있다. 주로 영국에서 생산된다.
- 하면발효 맥주 : *Saccharomyces carlsbergensis*라는 효모로 발효시킨 맥주이다. 발효 도중이나 발효가 끝났을 때 가라앉는 성질이 있다. 독일, 일본, 우리나라에서 생산된다.

② 맥주의 색도에 따라 농색, 담색, 중간색 맥주로 분류한다.
- 농색맥주 : Muchener Bier, 상면발효의 것으로 영국의 Porter, Stout 등이 여기에 속한다.
- 담색맥주 : Pilsener Bier, Dortmunder Bier가 대표적이며 우리나라 맥주도 대부분 여기에 속한다.
- 중간색맥주 : Wiener Bier가 여기에 속한다.

22 | 맥주 제조 시에 보리를 발아시켜 맥아를 제조하는 목적 3가지는?

해답

① 효소(당화, 단백분해 효소)의 생합성 또는 활성화
② 맥아의 배조에 의해서 특유의 향미와 색소 생성시킴
③ 저장성 부여

23 | 장맥아와 단맥아의 쓰임새 한 가지씩 쓰시오.

해답

① 단맥아 : 싹이 보리알 길이의 2/3~3/4 정도로 짧다. 맥주 제조에 이용한다.
② 장맥아 : 싹이 보리알 길이의 1.2~2배 정도로 길다. 식혜, 물엿 제조에 이용한다.
※ 아밀라제의 활성은 장맥아가 단맥아보다 1.5배 정도 높다.

24 | 맥주 제조 시 맥아즙을 자비하는 목적은?

해답
① 맥아즙 농축(엑기스분 10~10.7%)
② hop의 고미성분이나 향기 추출
③ 단백질이나 탄닌 결합물 석출
④ 살균 및 효소의 불활성화

25 | 맥주 제조 시에 hop의 기능 4가지를 쓰시오.
✤✤ 2012년 3회 출제

해답
① 맥주에 특유한 향기와 쓴맛을 부여
② 거품의 지속성
③ 항균성
④ hop의 탄닌은 단백질을 침전 제거하므로 맥주의 청징과 안정화에 도움

26 | 맥주의 주성분인 alpha acid(α 산)의 주요물질 3가지 쓰시오.
✤✤ 2014년 1회 출제

해답
alpha acid(α 산)
- 휴무론(humulone), 코휴무론(cohumulone), 애드휴무론(adhumulone)

27 | 맥아즙 당화용액의 성분, 당화온도와 시간은?

해답
① 맥아당과 덱스트린
② 55~60℃에서 5~8시간

28 고형물 수득량 75kg의 맥아 100kg에 대하여 당화용수 225kg을 첨가, 사용 시에 1번 맥아즙의 농도는?

> **해답**
>
> $$맥아즙(1번)의\ 농도 = \frac{맥아\ 100kg의\ 고형물량}{맥아\ 100kg의\ 고형물량 + 담금용수} \times 100$$
>
> $$= \frac{75}{75+225} \times 100 = 25(\%)$$

29 사과주 제조에 사용하는 효모는 무엇인가?

> **해답**
>
> Saccharomyces mali ducleaux, Saccharomyces mali risler, Saccharomyces ellipsoideus, Kloeckera apiculata

30 사과주 제조 시 파쇄 후의 바로 다음 공정은 무엇인가?

> **해답**
>
> 착즙

31 사과주 제조에서 주발효가 끝난 후 맑은 사과주를 얻기 위한 가장 좋은 방법은 무엇인가?

> **해답**
>
> 앙금질(앙금빼기)

32 사과 마쇄 시에 즙액의 갈변방지를 위해서 사용하는 시액은 무엇인가?

> **해답**
>
> 0.05%의 ascorbic acid와 소금물 용액

33 청주 제조에 사용하는 효모는 무엇인가?

> **해답**
>
> *Saccharomyces cerevisiae*, *Saccharomyces sake*

34 청주의 술덧 담금에서 ① 3단계 방법의 명칭과 그 ② 담금비를 쓰시오.

> **해답**
>
> ① 초첨, 중첨, 유첨
> ② 술밑 : 초첨 : 중첨 : 유첨 = 1 : 2.0~2.3 : 3.8~4.5 : 6.0~7.2

35 청주 저장 시 백탁이나 산미가 증가하는 주된 원인은?

> **해답**
>
> 청주제조 시 살균이 부적절하면 저장이나 유통 중에 *Hiochi*균이 번식하여 백탁이 생기고 산미가 증가하며 또 diacetyl과 같은 냄새가 생기게 된다. *Hiochi*균은 모두 *Lactobacillus*에 속하는 젖산균이다.

36 약주, 탁주제조 시에 발효 품온이 35℃ 이상이면 감산패 현상이 나타나는 이유 2가지를 설명하라.

> **해답**
>
> 발효 도중에 술이 쉬는 현상은 당화 또는 발효하는 힘이 약할 때 종종 발생한다. 당화력이 강해서 당화가 빠른 속도로 진행되는 데 비해 상대적으로 효모의 발효가 약한 경우에는 유해 유산균이 침입하여 감산패를 일으키는 원인이 된다. 또한, 담금하여 어느 정도 시간이 경과한 후 온도가 빠르게 증가하지 않거나 술덧이 부글부글 끓지 않을 경우에 술이 상하는 경우가 자주 발생한다. 이때에는 효모를 좀 더 추가하거나 외부 온도를 상승시켜서 효모 발효를 도와준다.

기타 식품제조

01 | 포도당 1kg으로부터 얻을 수 있는 이론적인 ① ethanol의 양과 ② 초산의 양은?

해답

포도당으로부터 초산생성 반응식
- $C_6H_{12}O_6 \rightarrow 2C_2H_5OH + 2CO_2$
  (180)   (2×46)
- $C_2H_5OH + O_2 \rightarrow CH_3COOH + H_2O$
  (46)   (60)

① 포도당 1kg으로부터 이론적인 ethanol 생성량
   $180 : 46 \times 2 = 1000 : x$
   $\therefore x = 511.1(g)$

② 포도당 1kg으로부터 초산생성량
   $180 : 60 \times 2 = 1000 : x$
   $\therefore x = 666.6(g)$

02 | ※ 2014년 3회 출제
Glucose 한 분자가 완전히 산화되었을 때 해당작용에서 ATP, $NADH_2$의 생성 갯수, 피루브산에서부터 acetyl-CoA까지의 $NADH_2$ 생성 갯수, acetyl-CoA에서부터 TCA회로까지의 ATP, $NADH_2$, $FADH_2$ 생성 개수는?

해답

Glucose 한 분자가 완전히 산화되었을 때
- 해당작용에서 ATP, $NADH_2$의 생성 개수 : ATP 2개, $NADH_2$ 2개
- 피루브산에서부터 acetyl-CoA까지의 $NADH_2$ 생성 개수 : $NADH_2$ 2개
- acetyl-CoA에서부터 TCA회로까지의 ATP, $NADH_2$, $FADH_2$ 생성 개수 : $NADH_2$ 6개, $FADH_2$ 2개, ATP 2개
* Glucose 한 분자가 혐기적 대사(해당경로)를 거치면 2개의 피루브산이 생성된다.

03 ❖❖ 2014년 2회 출제

식품공전 기준상의 식초의 정의를 적고 그 종류 3가지를 적으시오.

> **해답**
> - 식초의 정의 : 곡류, 과실류, 주류 등을 주원료로 하여 발효시켜 제조하거나 이에 곡물당화액, 과실착즙액 등을 혼합·숙성하여 만든 것
> - 종류 : 발효식초, 합성식초, 기타식초

04 식초 제조법 3가지를 쓰시오.

> **해답**
> ① 정치법 : 발효통을 사용한다. 대패밥, 목편, 코르크 등을 채워서 산소(공기) 접촉 면적을 넓혀준다. 수율은 낮고 기간도 길다.
> ② 속양법 : 발효탑(generator)을 사용한다. Frings의 속초법이라고도 하며, 대패밥은 탱크의 최상부까지(45cm) 채운다.
> ③ 심부배양법 : Frings의 acetator라 부른다. 원료와 초산균의 혼합물에 공기를 송입하면서 교반하여 급속히 발효 덧을 초산화시킨다.

05 식초 제조 시 심부배양법의 특징 3가지를 기술하라.

> **해답**
> ① 초산균의 산소 요구량을 충분히 공급할 수 있다.
> ② 짧은 시간의 산소 결핍도 없으므로 초산발효가 정상적으로 일어난다.
> ③ 알코올과 산량이 높은 경우에도 정상적인 발효를 할 수 있다.

06 핵산 조미료의 정미성(맛난맛) 성분은 XMP, GMP, IMP 등이다. 이들 정미성의 세기를 (   )에 표시하시오.

정미성이 강한 순서는 (①) > (②) > (③)이다.

> **해답**
> ① GMP ② IMP ③ XMP

03 식품제조·가공 실무

07 ✦✦ 2014년 3회 출제
상어간유와 식물성유에 많이 함유되어 있는 불포화 탄화수소는?

해답
스쿠알렌(Squalene)
- 상어간유, 올리브, 아마란스 씨, 쌀겨, 맥아 등에 많이 함유되어 있는 불포화 탄화수소($C_{30}H_{50}$)이다.
- 인체의 여러 조직에도 존재한다.
- 식물과 인간을 포함한 거의 모든 동물들은 스쿠알렌을 생산한다.
- 스쿠알렌은 체내에서 스테로이드 호르몬과 비타민D, 담즙산, 콜레스테롤의 생합성에도 이용된다.

08 다음은 홍삼제조 공정이다. (   ) 안을 채워라.

선별 → 수세 → (   ) → 건조 → 제품

해답
찌기(증숙)

■ 식품첨가물 사용 실무

01 ✦✦ 2013년 1회 출제
식품첨가물에 관여하는 국제기구 2군데를 쓰시오.

해답
WHO(세계보건기구), FAO(유엔식량농업기구)

02 식품에 사용이 허용된 감미료는?

해답
사카린 나트륨, 글리실리진산 2나트륨, D-소르비톨, 아스파탐, 스테비오사이드, 감초 추출물

03 미생물 중 특히 곰팡이의 증식을 억제하여 치즈, 식육 가공품 등에 사용하는 합성 보존료는?

> **해답**
> 소르빈산(sorbic acid)은 물에 녹기 어려운 무색 침상 결정 또는 백색 결정성 분말로서 냄새가 없거나, 또는 다소 자극취가 있는데 그 칼슘염은 물에 녹는다. 소르빈산의 항균력은 강하지 않으나 곰팡이, 효모, 호기성균, 부패균에 대하여 1000~2000배로써 발육을 저지할 수 있다. 사용량은 소르빈산으로 치즈는 3g/kg, 식육가공품, 정육제품, 어육가공품 등은 2g/kg, 저지방마가린은 2g/kg 이하이다.

04 ✥✥ 2012년 3회 출제
식품첨가물공전에 따른 주요 용도를 쓰시오.

> **해답**
> ① 소르빈산 : 보존료
> ② L-글루타민산나트륨 : 조미료
> ③ 규소수지 : 소포제

제품개발 및 생산관리 실무

[제 1 장] 제품개발 및 실무

01 ※ 2013년 3회 출제
건강기능 식품과 의약품의 차이를 기술하시오.

> **해답**
> 건강기능식품과 의약품 목적에 따른 차이
> - 의약품은 질병의 직접적인 치료나 예방을 목적으로 한다.
> - 반면 건강기능식품은 인체의 정상적인 기능을 유지하거나 생리기능을 활성화시켜 건강을 유지하고 개선하는 데 도움을 주는 식품이다.

02 한국 2010년 성인의 섭취 열량 중 탄수화물, 단백질, 지방의 섭취비율을 쓰시오.

> **해답**
> 한국인 성인 남여(19세 이상)의 영양섭취기준(2010년)에서 탄수화물 : 단백질 : 지방의 섭취비율은 55~70% : 7~20% : 15~25% 이다.

03 GMO(유전자 재조합식품)의 안정성 평가항목 4가지를 쓰시오.

> **해답**
> 신규성, 알레르기성, 항생제 내성, 독성

04 ✤✤ 2012년 2회 출제
우수건강기능제조(GMP)의 정의와 목적을 서술하라.

> ① 정의 : 우수건강기능식품제조 및 품질관리기준을 말하며 GMP는 Good Manufacturing practice의 약자로 우수건강기능식품제조기준으로 나타낸다. 소비자에게 신뢰받는 안전하고 우수한 품질의 건강기능식품을 제조하도록 하기 위한 기준으로서 작업장의 구조, 설비를 비롯하여 원료의 구입으로부터 생산·포장·출하에 이르기까지의 전 공정에 걸쳐 생산과 품질의 관리에 관한 체계적인 기준을 말한다.
> ② 목적 : 우수건강기능식품제조기준과 우수건강기능식품제조기준 적용업소의 지정·관리 및 교육·훈련 등 이의 운영에 관하여 필요한 사항을 규정함으로써 우수한 건강기능식품을 제조·공급함을 목적으로 한다.

05 Codex 규격을 설정하는 데 참여하는 국제기구 2가지는?

> ① WHO(세계보건기구)
> ② FAO(국제연합식량농업기구)

06 최근 비만이 각종 성인병의 원인이 됨이 밝혀짐에 따라 칼로리를 낮춘 식품개발에 관심이 모아지고 있다. 통상 잼은 50% 이상의 당을 첨가하여 제조하는 고칼로리 식품이므로 소비가 기피되고 있는 실정이다. 복숭아를 사용하여 열량이 낮은 저칼로리 잼을 만들고자 할 때 꼭 필요한 부재료 2가지는?

> 저메틸톡신, 보존제

07 | HACCP(Hazard Analysis Critical Control Ponits, 식품안전관리인증기준)이란?

해답

HACCP
- 위해분석(HA)과 중요관리점(CCP)으로 구성되어 있는데, HA는 위해가능성이 있는 요소를 찾아 분석·평가하는 것이며, CCP는 해당 위해 요소를 방지·제거하고 안전성을 확보하기 위하여 중점적으로 다루어야 할 관리점을 말한다.
- 종합적으로, HACCP란 식품의 원재료 생산에서부터 제조, 가공, 보존, 유통단계를 거쳐 최종 소비자가 섭취하기 전까지의 각 단계에서 발생할 우려가 있는 위해요소를 규명하고, 이를 중점적으로 관리하기 위한 중요관리점을 결정하여 자주적이며 체계적이고 효율적인 관리로 식품의 안전성(safety)을 확보하기 위한 과학적인 위생관리체계라 할 수 있다.

08 | HACCP의 장·단점과 보완점을 기술하라.

해답

① 장점
- 식품의 위해요소를 사전에 예방
- 위해요소 부분의 중점관리 가능
- 모니터링이 신속하고 간단하게 이루어지고 신속한 수정이 가능
- 식품의 안전성에 대한 신뢰도 제고
- 식품에 대한 정부의 감시체계가 효율적이고 과학적으로 운영 가능

② 단점
- 표준화된 작업기준 및 작업 기준서에 대한 거부감
- 종사자의 위생관리 소홀
- 훈련되지 않은 종사자
- 창의력 및 장인정신의 제한
- 변경에 대한 자본 투자 필요
- 비싼 시설비

③ 보완점
- 식품의 안정성 확보
- 제품품질 향상 및 비용절감
- 작업조건 개선
- 소비자 신뢰성 확보
- 기업 이미지 및 명성 제고

09 | HACCP 도입의 효과를 기술하라.

해답

① 식품업체 측면
- 자주적 위생관리체계의 구축
  기존의 정부주도형 위생관리에서 벗어나 자율적으로 위생관리를 수행할 수 있는 체계적인 위생관리시스템의 확립이 가능하다.
- 위생적이고 안전한 식품의 제조
  예상되는 위해 요소를 과학적으로 규명하고 이를 효과적으로 제어함으로써 위생적이고 안전성이 충분히 확보된 식품의 생산이 가능해진다.
- 위생관리의 집중화 및 효율성 도모
  모든 단계를 광범위하게 관리하는 것이 아니라 위해가 발생될 수 있는 단계를 사전에 미리 집중적으로 관리함으로써 위생관리체계의 효율성을 극대화시킬 수 있다.
- 경제적 이익 도모
  HACCP 적용 초기에는 시설·설비의 보완 및 과학적이고 전문적으로 관리를 하기 위한 인력과 소요예산이 다소 증가될 것이 예상되나, 장기적인 관점에서 보면 관리인원의 감축, 관리요소의 감소 등이 기대되며, 제품의 불량률, 소비자 불만, 반품·폐기량 등의 감소로 궁극적으로는 경제적인 이익의 도모가 가능해진다.
- 회사의 이미지 제고와 신뢰성 향상
  HACCP 적용업소에서는 적용품목에 대한 HACCP 마크 부착과 이에 대한 광고가 가능하므로 소비자에 의한 기업의 이미지와 신뢰성이 향상된다.

② 소비자 측면
- 안전한 식품을 소비자에게 제공
  HACCP 시스템을 통하여 생산된 제품은 안전성과 위생을 최대한 보장하였다고 볼 수 있으므로 소비자들이 안심하고 식품을 구매할 수 있다.
- 식품선택의 기회를 제공
  제품에 표시된 HACCP 마크를 확인하고 소비자 스스로가 판단하여 안전한 식품을 선택할 수 있다.

10 | ✤✤ 2014년 2회 출제
HACCP 준비단계 5절차를 적으시오.

해답

HACCP 준비단계 5절차
- 절차 1 : HACCP팀 구성
- 절차 2 : 제품설명서 작성
- 절차 3 : 용도 확인
- 절차 4 : 공정흐름도 작성
- 절차 5 : 공정흐름도 현장확인

11 | HACCP 7원칙을 쓰시오.
※ 2012년 3회, 2014년 1회 출제

해답

HACCP 7원칙
- 절차 6(원칙 1) : 위해요소 분석 (HA)
- 절차 7(원칙 2) : 중요관리점(CCP)결정
- 절차 8(원칙 3) : 한계기준(Critical Limit; CL) 설정
- 절차 9(원칙 4) : 모니터링 방법 설정
- 절차 10(원칙 5) : 개선조치방법 설정
- 절차 11(원칙 6) : 검증절차의 수립
- 절차 12(원칙 7) : 문서화 및 기록 유지

12 |
※ 2008년 2회 출제

HACCP 선행요건에서 ① 냉장시설의 내부 온도와, ② 냉동시설의 내부 온도를 몇 도로 유지하여야 하는가?

해답

① 냉장시설의 내부 온도 : 10℃ 이하
② 냉동시설의 내부 온도 : -18℃ 이하

13 |
※ 2019년 1회 출제

집단급식소에서의 완제품 관리(HACCP 선행요건) 규정상 조리된 음식은 배식 전까지의 보관온도 및 조리 후 섭취 완료시까지의 소요시간기준을 설정·관리하여야 하며, 유통제품의 경우에는 적정한 유통기한 및 보존 조건을 설정·관리하여야 한다.

- 28℃ 이하의 경우 : 조리 후 (①)시간 이내 섭취완료
- 보온(60℃ 이상) 유지 시 : 조리 후 (②)시간 이내 섭취완료
- 제품의 품온을 5℃ 이하 유지 시 : 조리 후 (③)시간 이내 섭취완료

해답

① 2~3
② 5
③ 24

14 | HACCP의 7원칙 및 12절차란?

해답

HACCP 7원칙이란 HACCP 관리계획을 수립하는 데 있어 단계별로 적용되는 주요 원칙을 말한다. HACCP 12절차란 준비단계 5절차와 본 단계인 HACCP 7원칙을 포함한 총 12단계의 절차로 구성되며, HACCP 관리체계 구축 절차를 의미한다.

① 준비단계 5절차
  ㉠ 절차 1 : HACCP팀 구성
    → 제품에 대한 특별한 지식이나 전문적 기술을 가지고 있는 사람으로 구성
  ㉡ 절차 2 : 제품설명서 작성
    → 제품에 대한 특성, 성분조성 또는 유통조건 등의 내용을 기재
  ㉢ 절차 3 : 용도 확인
    → 제품이 어디에서, 누가, 어떤 용도로 사용될 것인가를 가정하여 위해분석 실시
  ㉣ 절차 4 : 공정흐름도 작성
    → 공정의 흐름도를 그림으로 작성
  ㉤ 절차 5 : 공정흐름도 현장확인
    → 공정의 흐름도가 실제 작업과 일치하는가를 현장 확인

② HACCP 7원칙
  ㉠ 절차 6(원칙 1) : 위해요소 분석(HA)
    → 원료, 제조공정 등에 대하여 생물학적, 화학적, 물리적 위해요소 분석
  ㉡ 절차 7(원칙 2) : 중요관리점(CCP) 결정
    → HACCP을 적용하여 식품의 위해를 방지, 제거하거나 안정성을 확보할 수 있는 단계 또는 공정 결정
  ㉢ 절차 8(원칙 3) : 한계기준(Criticall Limit: CL) 설정
    → 모든 위해요소의 관리가 기준치 설정대로 충분히 이루어지고 있는지 여부를 판단할 수 있는 관리 한계 설정
  ㉣ 절차 9(원칙 4) : 모니터링 방법 설정
    → CCP 관리가 정해진 관리기준에 따라 이루어지고 있는지 여부를 판단하기 위해 정기적으로 측정 또는 관찰
  ㉤ 절차 10(원칙 5) : 개선조치방법 설정
    → 모니터링 결과 CCP에 대한 관리기준에서 벗어날 경우에 대비한 개선, 조치방법 강구
  ㉥ 절차 11(원칙 6) : 검증절차의 수립
    → HACCP plan의 유효성과 HACCP 시스템의 준수 여부를 확인하기 위하여 적용하는 방법, 절차, 검사 및 기타 평가행위
  ㉦ 절차 12(원칙 7) : 문서화 및 기록 유지
    → 모든 단계에서의 절차에 관한 문서를 빠짐없이 정리하여 이를 매뉴얼로 규정하여 보관하고, CCP모니터링 결과와 관리기준 이탈 및 그에 따른 개선조치 등에 관한 기록 유지

15 | HACCP의 의무적용 대상에 해당하는 식품 3가지를 쓰시오.

해답

위해요소중점관리기준 대상 식품(식품위생법 시행규칙 62조, 2021년 현재)
① 수산가공식품류의 어육가공품류 중 어묵·어육소시지
② 기타수산물가공품 중 냉동 어류·연체류·조미가공품
③ 냉동식품 중 피자류·만두류·면류

*위해요소중점관리기준 대상 식품[식품위생법 시행규칙 62조, 2021년 현재]
① 수산가공식품류의 어육가공품류 중 어묵·어육소시지
② 기타수산물가공품 중 냉동 어류·연체류·조미가공품
③ 냉동식품 중 피자류·만두류·면류
④ 과자류, 빵류 또는 떡류 중 과자·캔디류·빵류·떡류
⑤ 빙과류 중 빙과
⑥ 음료류[다류 및 커피류는 제외한다]
⑦ 레토르트식품
⑧ 절임류 또는 조림류의 김치류 중 김치(배추를 주원료로 하여 절임, 양념혼합과정 등을 거쳐 이를 발효시킨 것이거나 발효시키지 아니한 것 또는 이를 가공한 것에 한한다)
⑨ 코코아가공품 또는 초콜릿류 중 초콜릿류
⑩ 면류 중 유탕면 또는 곡분, 전분, 전분질원료 등을 주원료로 반죽하여 손이나 기계 따위로 면을 뽑아내거나 자른 국수로서 생면·숙면·건면
⑪ 특수용도식품
⑫ 즉석섭취·편의식품류 중 즉석섭취식품
⑬ 즉석섭취·편의식품류의 즉석조리식품 중 순대
⑭ 식품제조·가공업의 영업소 중 전년도 총 매출액이 100억원 이상인 영업소에서 제조·가공하는 식품

16. HACCP의 ① 중요관리점과 ② 한계기준에 대해 설명하라.

해답

① 중요관리점(Critical Control Point : CCP)이란 : 식품안전관리인증기준을 적용하여 식품의 위해요소를 예방·제거하거나 허용 수준 이하로 감소시켜 당해 식품의 안전성을 확보할 수 있는 중요한 단계·과정 또는 공정을 말한다.

② 한계기준(Critical Limit)이란 : 중요관리점에서의 위해요소 관리가 허용 범위 이내로 충분히 이루어지고 있는지 여부를 판단할 수 있는 기준이나 기준치를 말한다.

※ HACCP(식품안전관리인증기준)기준에서 사용하는 용어의 정의

① "식품안전관리인증기준(Hazard Analysis and Critical Control Point : HACCP)"이라 함은 식품의 원료 관리, 제조·가공·조리 및 유통의 모든 과정에서 위해한 물질이 식품에 혼입되거나 식품이 오염되는 것을 방지하기 위하여 각 과정을 중점적으로 관리하는 기준을 말한다.

② "위해요소(Hazard)"라 함은 식품위생법(이하 "법"이라 한다) 제4조(위해 식품등의 판매등 금지)의 규정에서 정하고 있는 인체의 건강을 해할 우려가 있는 생물학적, 화학적 또는 물리적 인자나 조건을 말한다.

③ "위해요소분석(Hazard Analysis)"이라 함은 식품 안전에 영향을 줄 수 있는 위해요소와 이를 유발할 수 있는 조건이 존재하는지 여부를 판별하기 위하여 필요한 정보를 수집하고 평가하는 일련의 과정을 말한다.

④ "중요관리점(Critical Control Point : CCP)"이라 함은 식품안전관리인증기준을 적용하여 식품의 위해요소를 예방·제거하거나 허용 수준 이하로 감소시켜 당해 식품의 안전성을 확보할 수 있는 중요한 단계·과정 또는 공정을 말한다.

⑤ "한계기준(Critical Limit)"이라 함은 중요관리점에서의 위해요소 관리가 허용 범위 이내로 충분히 이루어지고 있는지 여부를 판단할 수 있는 기준이나 기준치를 말한다.

⑥ "모니터링(Monitoring)"이라 함은 중요관리점에 설정된 한계 기준을 적절히 관리하고 있는지 여부를 확인하기 위하여 수행하는 일련의 계획된 관찰이나 측정하는 행위 등을 말한다.

⑦ "개선조치(Corrective Action)"라 함은 모니터링 결과 중요관리점의 한계기준을 이탈할 경우에 취하는 일련의 조치를 말한다.

⑧ "HACCP 관리계획(HACCP Plan)"이라 함은 식품의 원료 구입에서부터 최종 판매에 이르는 전 과정에서 위해가 발생할 우려가 있는 요소를 사전에 확인하여 허용 수준 이하로 감소시키거나 제거 또는 예방할 목적으로 HACCP 원칙에 따라 작성한 제조·가공 또는 조리(유통단계를 포함한다. 이하 같다) 공정 관리문서나 도표 또는 계획을 말한다.

⑨ "검증(Verification)"이라 함은 HACCP 관리계획의 적절성과 실행 여부를 정기적으로 평가하는 일련의 활동(적용 방법과 절차, 확인 및 기타 평가 등을 수행하는 행위를 포함한다)을 말한다.

⑩ "HACCP 적용업소"라 함은 식품의약품안전청장이 고시한 HACCP을 적용·준수하여 식품을 제조·가공 또는 조리하는 업소를 말한다.

17. HACCP기준에서 ① 개선조치와 ② 검증의 정의를 쓰시오
2016년 2회, 2019년 3회 출제

해답

① 개선조치(Corrective Action) : 모니터링 결과 중요관리점의 한계기준을 이탈할 경우에 취하는 일련의 조치를 말한다.
② 검증(Verification) : HACCP 관리계획의 적절성과 실행 여부를 정기적으로 평가하는 일련의 활동(적용 방법과 절차, 확인 및 기타 평가 등을 수행하는 행위를 포함한다)을 말한다.

18. HACCP에서 물리적 위해의 정의와 원인을 기술하라.

해답

① 정의 : 물리적 위해는 식품에서 통상 발견되지는 않으나 소비자에게 질병이나 상해를 야기할 수 있는 물체에 의한 위해를 총칭한다.
② 원인 : 유해성 이물로 돌, 머리카락, 유리, 금속 등

19. 식품의 관능평가 방법 중 시간-강도 분석이 실시되는 목적은 무엇인가?
2013년 2회 출제

해답

제품의 관능적 특성의 강도가 시간에 따라 변화하는 양상을 조사하여 제품의 특성을 평가한다.

20 Recall(자진회수제도)의 목적, 의의 및 종류를 쓰시오.

① 목적
Recall제도란 식품의 안전성 확보와 소비자 보호를 목적으로 1996년 10월부터 시행된 위해식품 등의 회수명령제도
② 의의
㉠ 위해식품 등의 제조, 유통업자의 사후관리 책임을 강화하는 제도
㉡ 자발적으로 가장 신속하고 효과적인 조치를 취함으로써 위해를 방지할 수 있는 신뢰성 있는 제도
㉢ 소비자가 아닌 생산자에 의한 after service 성격을 가진 제도
③ 종류 : 일반회수명령과 긴급회수명령
㉠ 일반회수명령 : 행정당국이 영업자에 대하여 유통식품 등 식품위생상의 위해발생 또는 우려 시 당해 식품 등을 회수, 폐기토록하고 그 사실을 공표토록 하는 제도
㉡ 긴급회수명령 : 식품위생심의위원회의 심의, 권고에 의한다.

21 Recall(자진회수제도)에 대한 식품제조회사의 대응방안을 쓰시오.

① 관련법령 준수
② 행정당국의 조치에 우선하는 영업자의 조치능력 필요
③ 식품관련 영업자의 도덕적, 경제적 기반확립과 신뢰 획득

22. Recall(자진회수제도)과 PL(product liability)법을 비교하여 설명하라.

해답

① Recall(자진회수제도)
제품에 문제가 있을 때 그 제품을 생산한 제조업체나 그 제품을 유통시킨 유통업체가 자발적으로 또는 식품의약품 안전청장, 시도지사, 시장, 군수, 구청장의 회수명령에 의해서 이루어지는 일종의 자발적인 제도로 시장에 유통 중인 제품을 신속하게 회수함으로써 사전의 소비자의 피해를 최소화하려는 신뢰성 있는 제도이다.

② PL(product liability)법
제조물책임법이라 하며, 제조업자가 제품을 생산하여 출하시킨 뒤 유통 중이거나 사용 중에 발생하는 문제를 책임지는 제도이다. 즉 소비자보호를 위하여 제조업자에게 불량제품의 책임을 묻는 제도이다.

23. 3억 5000만원의 기계를 구입하여 연평균 8500만원의 원가절감을 얻을 수 있다. 이 기계의 사용기간은 6년이며 감가상각비는 6000만원이다. ① 자본 회수율과 ② 회수기간은?

해답

① 자금회수율은 연간 원가가 85,000,000원 절감되고 대신 감가상각비가 60,000,000원이니 연간 25,000,000원의 이익이 발생, 즉 기계 구입비용 350,000,000원에 대하여 14%를 회수한다.

② 자금회수년도는 350,000,000/85,000,000 = 4.12
따라서 5년 안에 기계비용 만큼의 돈을 벌어들인다.

(자금회수율)

	원가절감	감가상각비	연간이익	누적액
1년차	85,000,000	60,000,000	25,000,000	25,000,000
2년차	170,000,000	120,000,000	50,000,000	75,000,000
3년차	255,000,000	180,000,000	75,000,000	150,000,000
4년차	340,000,000	240,000,000	100,000,000	250,000,000
5년차	425,000,000	300,000,000	125,000,000	375,000,000
(자금회수년도)				
6년차	510,000,000	360,000,000	150,000,000	

식품기사 필답형 적중 모의고사 문제 1회

01 체의 표준을 mesh라고 한다. 100mesh 체에서 1inch² 길이의 체눈 개수는 몇 개인가?

체눈 개수
- 100mesh체에서 1inch 길이의 체눈은 100(10 × 10 = 100)개가 들어 있다.
- 100mesh체에서 1inch² 길이의 체눈은 10000(100 × 100 = 10000)개가 들어 있다.

※ mesh(체눈 크기의 단위)
- 1인치(가로세로 2.54cm) 체의 길이 속에 들어 있는 체눈의 수이다.
- mesh 숫자가 클수록 메시망은 촘촘하다. 체눈의 수가 많다는 의미이다.

02 다음은 영양성분표이다. 이 표를 보고 각각의 문제를 해결하시오.

영 양 성 분

1회 제공량 1개(90g)
총 1회 제공량(90g)

1회 제공량당 함량		*%영양소기준치
열량	270kcal	–
탄수화물	46g	14%
당류	23g	–
에리스리톨	1g	
식이섬유	5g	20%
단백질	5g	8%
지방	9g	18%
포화지방	2.5g	17%
트랜스지방	0g	–
콜레스테롤	80mg	27%
나트륨	150mg	8%

* %영양소 기준치 : 1일 영양소 기준치에 대한 비율

	1g당 열량
탄수화물	4
단백질	4
지방	9
알코올	7
유기산	3
당알콜	2.4
에리스리톨	0
식이섬유	2

① 총열량을 계산하시오.
② 탄수화물의 %영양소 기준치는 얼마인가?
③ 식품등의 세부 표시 기준에서 저지방의 기준은 무엇인가?

① 총열량
- 열량 계산 방법
  [탄수화물 함량g − (식이섬유 + 에리스리톨)함량g × 4kcal + (식이섬유 함량g × 2kcal) + (에리스리톨 함량g × 0kcal) + (단백질 함량g × 4kcal) + (지방 함량g × 9kcal)] = 열량 kcal
- 총열량 계산
  [46g − (5 + 1)g × 4kcal] + (5g × 2kcal) + (1g × 0kcal) + (5g × 4kcal) + (9g × 9kcal)] = 271kcal

② 탄수화물의 %영양소 기준치
  제품의 탄수화물함량(46g) ÷ 탄수화물 영양소 기준치(328g) × 100 = 14%
  ※ 3대 영양소 기준치 : 탄수화물 328g, 단백질 60g, 지방 50g

③ 식품등의 세부 표시 기준에서 저지방의 기준
  식품 100g당 3g 미만 또는 100ml당 1.5g 미만일 때
  ※ 영양소 함량 강조 표시 세부 기준

영양 성분	강조 표시	표시 조건
열량	저	식품 100g당 40kcal 미만 또는 식품 100ml당 20kcal 미만일 때
	무	식품 100ml당 4kcal 미만일 때
지방	저	식품 100g당 3g 미만 또는 식품 100ml당 1.5g 미만일 때
	무	식품 100g당 또는 식품 100ml당 0.5g 미만일 때
포화지방	저	식품 100g당 1.5g 미만 또는 식품 100ml당 0.75g 미만이고, 열량의 10% 미만일 때
	무	식품 100g당 0.1g 미만 또는 식품 100ml당 0.1g 미만일 때
트랜스지방	저	식품 100g당 0.5g 미만일 때

[식품등의 표시 기준 「별지」 영양 성분]

03 홀 슬라이드 글라스 사용 시 ① 실험 명칭과 ② 목적에 대해 쓰시오.

① 실험 명칭 : 현적배양(hanging-drop culture)
② 목적 : 세균 또는 각종 미생물의 배양 중에 살아 있는 상태로 발육 상황, 형태, 크기, 구조, 고유운동 등을 관찰하기 위해서이다.
  ※ 현적배양(hanging-drop culture)
    현미경의 덮개유리면에 재료를 놓고 배양액을 소량 떨어뜨린 후 홀갈유리(hole slideglass)의 오목(凹)한 공간 내에서 현적하도록 고정해서 배양하는 방법이다.
    • 정의 : 한 방울의 배양액에서 미생물이나 조직을 현미경으로 관찰하면서 배양
    • 이용 : 포자발아시험

04 특수의료용도식품의 정의를 쓰고, 특정 영양소(비타민, 무기질)의 섭취나 생리 활성 기능 증진의 목적이라면, 이 식품은 특수의료용도식품이라 말할 수 있는지의 근거 여부 및 이유를 쓰시오.

① **정의** : 특수의료용도등식품이라 함은 정상적으로 섭취, 소화, 흡수 또는 대사할 수 있는 능력이 제한되거나 손상된 환자 또는 질병이나 임상적 상태로 인하여 일반인과 생리적으로 특별히 다른 영양 요구량을 가진 사람의 식사의 일부 또는 전부를 대신할 목적으로 이들에게 경구 또는 경관급식을 통하여 공급할 수 있도록 제조 · 가공된 식품을 말한다.
② **근거 및 이유** : 의약품, 건강기능식품에 속하기 때문에 특수의료용도식품이 아니다.

05 유지를 고온에서 장시간 가열하면 나타나는 ① 물리학, ② 화학적 변화 각각 두 가지씩 쓰시오.

① 물리적 변화
  • 점도가 낮아진다.   • 색이 탁해진다.
② 화학적 변화
  • 지방산화가 일어난다.   • 이중결합 cis형이 tran형으로 변한다.

06 ADI, TMDI의 정의를 쓰시오.

① ADI(acceptable daily intake) : 사람이 일생 동안 섭취하여 바람직하지 않은 영향이 나타나지 않을 것으로 예상되는 화학물질의 1일 섭취량을 말한다.
② TMDI(theoretical maximum daily intake) : 잔류 허용 기준이 정해져 있거나 정해질 식품의 잔류 허용 기준량에 각 식품의 섭취량을 곱한 양을 모두 합한 양이다. 즉, 기준이 설정된 식품의 잔류허용기준(MRL, mg/kg)과 해당 식품의 1일 섭취량(kg/day)을 곱하여 이를 합한 것(mg/person/day)을 말한다.

07 5% 설탕물 1kg을 25%의 설탕물로 농축하려면 증발시켜야 할 수분의 양을 물질수지식을 이용하여 구하시오.

$1kg \times 5\% = (1kg - x) \times 25\%$
$0.2kg = 1kg - x$
$x = 0.8kg$
※ 증발시켜야 하는 수분의 양
 $1kg \times 0.05 = (1kg - x) \times 0.25$
  $x = 0.8kg$

08 비가열 살균법 3가지를 쓰시오.

자외선 살균법, 방사선 조사법, 약제살균
※ 비가열 살균법
자외선 살균법, 방사선 조사법, 약제살균, 플라즈마살균, 초임계살균, 초고압살균, 막분리에 의한 미생물 제어 방법 등

09 돼지고기의 전수분이 69.6%이고, 유리수는 22.4%일 때 결합수(%)와 보수력(%)을 구하시오.

① 결합수(%)

총수분량 = 유리수의 양 + 결합수의 양 69.6% = 22.4% + xx = 47.2%

② 보수력(%)

$$보수력 = \frac{총수분함량 - 자유수함량}{총수분함량} \times 100$$

$$= \frac{47.2}{69.6} \times 100 = 67.38\&$$

10 냉동 화상(Freeze burn) 시 식품 표면에 다공질 형태의 건조층이 생기는 이유를 쓰시오.

동결된 식품의 표면이 공기와 접하고 있으면 얼음이 승화하고 점차 내부로 진행되면서 다공질의 건조층이 생긴다.

※ 냉동화상(freeze burn)
- 정의 : 식품이 냉동 건조되어 표면이 다공질로 되면 공기와의 접촉이 커져 지방의 산화, 단백질 변성, 변색, 향미의 변패 등이 일어나는 현상이다.
- 억제 방법 : 식품을 공기에 노출되지 않도록 포장, 냉동육 표면에 빙의(glaze)입히기 등이다.

11 상압건조 시 ① 액체 시료에 해사(정제)를 사용하는 이유와 ② 고체 시료를 분쇄하는 이유를 쓰시오.

① **액체 시료에 해사를 사용하는 이유** : 수분이 많은 시료를 가열하면 표면이 말라 피막이 형성되어 내부 수분의 증발을 방해하는 경우가 있어 증발 표면적을 될 수 있는 한 크게 해 주기 위해서이다.

② **고체 시료를 분쇄하는 이유** : 표면적을 최대한 넓히기 위해서이다.

12 녹조류, 규조류, 홍조류의 색소 성분을 1가지씩 쓰시오.

- 녹조류 : 클로로필a, b, 카로티노이드
- 규조류 : 클로로필a, c, 엽황소(크산토필)
- 홍조류 : 클로로필a, d, 피코에리트린, 피코시아닌(피코빌린계 색소)
※ 갈조류 : 클로로필a, c, 갈조소(푸코잔틴)

13 L-글루타민산을 생산하는 균주의 미생물 속명을 쓰고, 페니실린을 넣어주는 이유를 쓰시오.

① *Corynebacterium*속 종명 : *Corynebacterium glutamicum*
② penicillin을 첨가하면 세포벽의 투과성이 높아져 glutamic acid가 세포외로 분비가 촉진되어 체외로 glutamic acid가 촉진된다.

14 티오글루코시데이스(thioglucosidase)의 매운맛 음식 2가지를 쓰시오.

무, 겨자, 고추냉이

15 전단속도가 $100s^{-1}$인 유체의 전단응력을 구하시오. (단, 점도는 $10^{-3} Pa \cdot s$(1 centipoint))

전단응력
전단응력 = 전단속도 × 점도
전단응력 = $100s^{-1} \times 10^{-3} Pa \cdot s$
$= 100 \cdot \dfrac{100}{S} \times \dfrac{1}{10^3} Pa \cdot s$
$= \dfrac{100}{S} \times \dfrac{1}{10^3} Pa \cdot s$
$= 0.1 Pa$

16 콜라겐 가열 시 변화되는 물질을 쓰고, 그 성분이 뜨거운 물과 찬물에서 성분 변화를 쓰시오.

① **변화되는 물질** : 젤라틴
② **뜨거운 물** : 졸(sol) / **찬물** : 겔(gel)

17 미생물 검체 채취 시 드라이아이스를 사용하면 안 되는 이유를 쓰시오.

검체가 동결될 수 있기 때문이다.

18 20℃ 물 1kg을 -20℃ 물로 냉각할 때 필요한 냉동부하(KJ)양을 계산하시오. (잠열 : 79.6, 얼음 비중 : 0.505)

$Q = c \cdot m \cdot \Delta t$
[Q : 열량(kcal or cal), c: 비열(kcal/kg · ℃)]
① 20℃ 물 → 0℃ 물
 1kcal/kg · K × 1kg × (20 - 0)℃ = 20kcal
② 0℃ 물 → 0℃ 얼음 (잠열, 상태 변화)
 79kcal/1kg = 79kcal
③ 0℃ 얼음 → -20℃ 얼음
 0.505kcal/kg · K × 1kg × 0 - (-20)℃ = 10.1kcal
④ ① + ② + ③ = 20kcal + 79.6kcal + 10.1kcal = 109.7kcal
⑤ 냉동부하(KJ) = 109.7kcal × 4.184KJ / 1kcal = 458.9848KJ
※ 1kcal = 4.184KJ

19 식품판매업 종사자가 영업에 종사하지 못하는 질병의 종류를 쓰시오.

식품 영업에 종사하지 못하는 질병의 종류[식품위생법 시행규칙 제50조]
- 제2급 감염병 중 결핵(비전염성인 경우 제외)
- 제2급 감염병 중 콜레라, 장티푸스, 파라티푸스, 세균성이질, 장출혈성대장균감염증, A형 간염
- 피부병 또는 그 밖의 고름형성(화농성) 질환
- 후천성면역결핍증(성매개감염병에 관한 건강진단을 받아야 하는 영업에 종사하는 사람에 해당한다.)

20 관능검사 시 아래 문항에 해당하는 각각의 척도를 쓰시오.

- 과일을 종류별로 분류했다. : ①
- 토스트를 구운 색이 진한 순서대로 늘어놓았다. : ②
- 설탕물 한 곳에서 농도가 더 높았다. : ③
- 커피 한쪽에서 휘발 성분이 2배가 높았다. : ④

① 명목척도
② 서열척도
③ 간격척도(등간척도)
④ 비율척도

식품기사 필답형 적중 모의고사 문제 2회

01 다음 그림은 글리신의 등전점 곡선이다. 각 B, D의 이온 상태를 구하시오. (글리신 CH₂(NH₂)COOH)

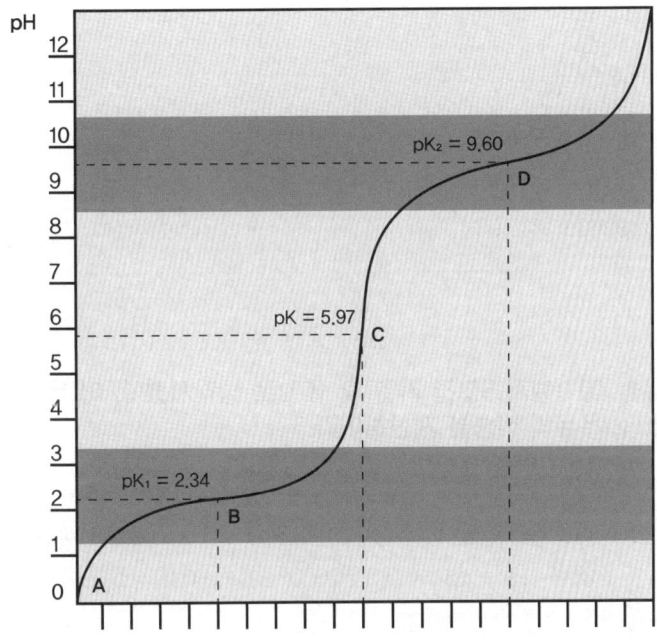

B : OH⁻ 적을 때 : $(CH_2)(NH_3^+)COOH$

D : OH⁻ 많을 때 : $(CH_2)(NH_2)COO^-$

02 대장균 시험에서 가스 발생 여부를 확인하기 위해서 시험관에 넣는 기구의 이름은 무엇인가?

듀람관(durham관)

03 설탕이 60%인 용액이 있다. 이 용액의 수분활성도를 구하시오. (단, 분자량 물(H_2O) : 18, 설탕($C_{12}H_{22}O_{11}$) : 342)

수분활성도

$$Aw = \frac{Nw}{Nw + Ns}$$

(Aw : 수분활성도, Nw : 물의 몰수, Ns : 용질의 몰수)

$$Aw = \frac{\frac{40}{18}}{\frac{40}{18} + \frac{60}{342}}$$

$$= \frac{2.222}{2.222 + 0.175}$$

$$= 0.9268\cdots = 0.93$$

04 200mL 우유를 40℃에서 5분간 가열 후 15℃로 냉각시켰다. 이 우유를 비중계에 담았더니 31이었다. 우유의 비중을 계산하여라.

비중 = 1 + 비중계의 눈금 + (측정 시 온도 − 15℃) × 0.2(보정계수) / 1000
    = 1 + 31 + (15 − 15) × 0.2 / 1000 = 1 + 0.031 = 1.031

※ 비중은 15℃ 기준으로 계산함

05 의사나 한의사가 식중독 환자를 진단하였을 때 지체 없이 바로 보고하여야 하는 관할 대상 하나를 쓰시오.

특별자치시장, 시장, 군수, 구청장

※ 식품위생법 제86조(식중독에 관한 조사 보고)

다음 각 호의 어느 하나에 해당하는 자는 지체 없이 관할 특별자치시장·시장·군수·구청장에게 보고하여야 한다. 이 경우 의사나 한의사는 대통령령으로 정하는 바에 따라 식중독 환자나 식중독이 의심되는 자의 혈액 또는 배설물을 보관하는 데에 필요한 조치를 하여야 한다. [개정 2013.5.22., 2018.12.11.] [시행일 2019.6.12.]

① 식중독 환자나 식중독이 의심되는 자를 진단하였거나 그 사체를 검안(檢案)한 의사 또는 한의사
② 집단급식소에서 제공한 식품등으로 인하여 식중독 환자나 식중독으로 의심되는 증세를 보이는 자를 발견한 집단급식소의 설치 · 운영자

06 식품공전상 제품의 온도를 표시하는 방법 4가지를 쓰시오.

보존 및 유통 온도[식품공전]
실온제품 : 1~35℃
상온제품 : 15~25℃
냉장제품 : 0~10℃
냉동제품 : −18℃ 이하
※ 온장제품 : 60℃ 이상

07 자외선으로 살균 시 조사 시간이 짧은 것부터 긴 순서대로 열거하시오.

세균 〈 효모 〈 곰팡이
※ 수분활성도가 낮을수록 조사 시간이 길다.

08 저온단축(cold shortening)의 정의와 그 영향은 무엇인가?

① **정의** : 사후강직이 완료되지 않은 고기를 0℃~16℃ 사이의 저온에서 급속 냉각시키면 근섬유가 심하게 수축하여 연도가 나빠지는데 이런 현상을 저온단축이라고 한다.
② **영향** : 고기가 질겨진다.
※ 사후강직 전 갑작스러운 저온으로 인한 수축 때문에 고기가 질겨지는 현상으로, 소고기 중 특히 등심 부위가 심하다.

09 다음 보기 중에서 괄호 안에 들어갈 말을 고르시오.

> Glucose의 혐기적 분해에 의한 (①)경로, 호기적 분해에 의한 (②)경로로 이로 인해 피루브산이 생성된다. 피루브산은 호기적 대사경로 (③)회로를 거쳐 H_2O와 CO_2를 생성한다.
> 〈보기〉 EMP, HMP, TCA

① EMP
② HMP
③ TCA

10 다음 보기를 보고 빈칸을 채우시오.

> 레이놀즈수 관속을 흐르는 유체는 원형 직선관에서 레이놀즈수가 (①) (②)이면 층류, (③) (④)이면 난류이다.
> 〈보기〉 100, 700, 2,100, 4,000, 10,000, 이상, 이하

① 2,100
② 이하
③ 4,000
④ 이상
※ 레이놀즈수(Re)
   레이놀즈수(Re) = Dvp/u(지름 × 속도 × 압력 / 점도)
   Re 〈 2,100 : 층류, 2,100 〈 Re 〈 4,000 : 중간류, Re 〉 4,000 : 난류

11 미하엘리스-멘텐식에서 Km의 정의를 쓰고, Km이 상대적으로 높은 것과 낮은 것에 대하여 비교하여 서술하시오.

① 정의 : Km이란 미카엘리스 상수라고 정의하며, 이는 효소의 기질에 대한 친화도를 의미한다.

② Km값이 상대적으로 높으면 효소와 기질의 친화도가 낮다는 것을 의미하고, Km값이 상대적으로 낮으면 효소와 기질의 친화도가 높다는 것을 의미한다.

※ Km값이 상대적으로 높으면 기질이 많이 들어가야 최대 반응 속도 절반을 채울 수 있어 효소와 기질의 친화도가 낮다는 것을 의미한다. Km값이 낮다면 기질의 양이 적어도 1/2Vmax까지 빠르게 도달할 수 있어 효소와 기질의 친화도가 높다는 것을 의미한다.

12 다음 실험 방법 중 옳지 않은 것 하나를 고르시오.

① 몰농도는 용액 1L에 녹아있는 용질의 몰수로 나타내는 농도이며, 몰랄농도는 용매 1kg에 녹아 있는 용질의 몰수로 나타낸 농도를 말한다.
② 질소량에 질소계수를 나누어 조단백질의 양으로 한다.
③ 칼피셔(Karl Fisher)법에 의한 수분 정량은 메탄올의 존재하에 수분을 정량하는 방법이다.
④ 소모기법은 환원당 정량법 중 구리 시약을 사용하는 용량분석법이다.
⑤ 산가는 유리지방산의 양을 측정하는 것이고, 요오드가는 유지의 불포화도를 측정하는 것이다.

②번
※ 질소량에 질소계수를 곱하여 조단백질의 양을 산출한다.

13 유지시료 5.6g의 산가를 측정할 때 0.1N KOH 소비량은 1.1ml, 대조구 소비량은 1.0ml이다. 이때 0.1N KOH를 표정하기 위해 안식향산 0.244g을 취해 에테르에탄올에 녹여 적정하는 데 20ml가 소비되었다. 0.1N KOH의 factor값을 구하고 산가를 계산하시오.

① factor값

안식향산 분자량 : 122.13

$1N : 122.13 = 0.1N : x$

$x = 12.213$ N/1,000ml

적정 소비량이 20ml이므로 환산하면 0.244g

factor = 시험치 / 이론치 = 0.244 / 0.244 = 1

② 산가

$$산가 = \frac{5.611 \times (a-b) \times f}{S}$$

$$= \frac{5.611 \times (1.1-1.0) \times 1}{5}$$

$$= 0.1002$$

0.1N KOH 소비량 1.1ml(본시험)

대조구 소비량 1.0ml(공시험)

S : 검체 채취량

a : 검체에 대한 KOH 소비량

b : 대조구에 대한 KOH 소비량

f : KOH의 역가

※ 노르말농도(N) : 용액 1L에 함유된 용질의 g당량수

※ N = g당량수 / 수용액의 L

※ F = 실제농도 / 이론농도

14 식품공장에서 11ton을 가공하는 데 batch 한 대당 200kg 수용 가능하며 40분이 걸린다. 8시간 일을 할 때와 필요한 기계 대수는?

40분 : 200kg = 480분 : x

$x = 2,400$kg

1대당 8시간 동안 2,400kg 가공 가능

11ton(11,000kg)을 가공하면 11,000kg / 2,400kg = 4.58

즉, 5대 필요하다.

※ 다른 풀이

40분 : 200kg × x = 480분 : 11,000kg

x = 4.58 즉, 약 5대

15 다음 표의 집락수(CFU/ml)를 구하시오.

구분	희석배수	
	1:10	1:100
집락수	14	2
	10	1

$$N = \frac{\Sigma C}{(1 \times n1) \times d}$$

$$N = \frac{14=10}{(1 \times 2) \times 10^{-1}}$$

= 24 / 0.2 = 120

※ 집락수(CFU) 산정[식품공전]

① 15 ~ 300CFU/plate인 경우

$$N = \frac{\Sigma C}{(1 \times n1) + (0.1 \times n2) \times (d)}$$

구분	희석배수		CFU/g(mL)
	1:100	1:1,000	
집락수	232	33	24,000
	244	28	

$$N = \frac{(232 + 244 + 33 + 28)}{(1 \times 2) + (0.1 \times 2) \times 10^{-2}}$$

= 537/0.022 = 24,409 ≒ 24,000

② 15CFU/plate 이하인 경우

구분	희석배수		CFU/g(mL)
	1:10	1:100	
집락수	14	2	120
	10	1	

$$N = \frac{(14 + 10)}{(1 \times 2) \times 10^{-1}}$$

= 24 / 0.2 = 120

- 15 – 300CFU/plate 이하인 경우

$$N = \frac{\Sigma C}{(1 \times n1) + (0.1 \times n2) \times (d)}$$

- 15CFU/plate 이하인 경우

$$N = \frac{\Sigma C}{(1 \times n1) \times d}$$

N : 식품 g 또는 ml 당 세균 집락수(CFU/g 또는 CFU/ml)
ΣC : 모든 평판에 계산된 집락수의 합
n1 : 첫 번째 희석배수에서 계산된 평판수
n2 : 두 번째 희석배수에서 계산된 평판수
d : 첫 번째 희석배수에서 계산된 평판의 희석배수

16 장기보존식품의 기준 및 규격에 해당하는 식품 3가지를 보기에서 고르시오.

〈보기〉 냉동식품, 레토르트식품, 통·병조림식품, 초콜릿, 식초, 주정

냉동식품, 레토르트식품, 통·병조림식품
※ 장기보존식품의 기준 및 규격[식품공전]
  1. 통·병조림식품   2. 레토르트식품   3. 냉동식품
최종고시일 : 2021년 11월 24일 고시 제 2021-97호(2021.11.24.)는 고시한 날부터 시행한다.

17 D-glucose에서 두 번째 탄소의 구조가 다른 에피머(epimer)는 무엇인지 쓰고, 해당 에피머를 Fischer법으로 구조식을 그리시오.

에피머(epimer)

① **정의**
- 탄소 사슬의 끝에서 두 번째의 C에 붙는 H와 OH가 서로 반대로 붙어 있는 이성체이다.
- 즉, D-glucose와 D-mannose 또는 D-glucose와 D-galactose 같이 히드록시기의 배위가 한 곳만 서로 다른 것을 epimer라 한다.

② Fischer법 구조식

D-Mannose
(epimer at C-2)

D-Glucose

D-Galactose
(epimer at C-4)

18 식육(제조, 가공용 원료는 제외한다.), 살균 또는 멸균 처리하였거나 더 이상의 가공, 가열 조리를 하지 않고 그대로 섭취하는 가공식품에서 검출되지 않아야 하는 식중독균 중 4가지만 쓰시오. (한글 종명 또는 종속명, 이탤릭체 종명 또는 종속명 전부 답으로 처리)

해답

살모넬라(*Salmonella* spp.), 장염비브리오(*Vibrio parahaemolyticus*), 리스테리아 모노사이토제네스(*Listeria monocytogenes*), 장출혈성 대장균(Enterohemorrhagic *Escherichia coli*), 캠필로박터 제주니/콜리(*Campylobacter jejuni/coli*), 여시니아 엔테로콜리티카(*Yersinia enterocolitica*)

19 효모에 의한 알코올 발효의 반응식(Gay-Lussac)을 쓰고 포도당 100kg으로부터 이론상 몇 kg의 에틸알코올이 생성되는지 계산하시오.

해답

Gay Lusacc식에 의하면

① 반응식

$$C_6H_{12}O_6 \longrightarrow 2C_2H_5OH + 2CO_2$$

② 계산 과정

ⓛ 180 : (2×46) = 100 : x(포도당의 분자량 : 180, 에틸알코올의 분자량 : 46)

x = 92×100 / 180

x = 51.111kg

답 : 51.11 (kg)

※ 포도당 1분자 발효 시 2분자의 에틸알코올이 생성된다.

20 HACCP 관련한 절차이다. 빈칸을 채우시오.

- (①)이란, 중요 관리점에서 위해 요소의 관리가 허용 범위 이내로 충분히 이루어지고 있는지의 여부를 판단할 수 있는 기준 또는 기준치
- (②)이란, 중요 관리점에 설정된 ①을 적절히 관리하고 있는지의 여부를 확인하기 위하여 수행하는 일련의 계획된 관찰이나 측정
- (③)란, 모니터링의 결과, 중요관리점의 ①을 이탈할 경우 취하는 일련의 조치
- (④)이란, HACCP 관리 계획의 유효성과 실행 여부를 정기적으로 평가하는 일련의 활동

① 한계 기준
② 모니터링
③ 개선 조치
④ 검증

식품기사 필답형 적중 모의고사 문제 3회

01 다음 내용을 읽고 보기 두 개 중 맞은 것을 고르시오.

> ① 식품 중에 첨가되는 식품첨가물의 양은 물리적, 영양학적 또는 기타 기술적 효과를 달성하는 데 필요한 (최소량 / 최대량)으로 사용하여야 한다.
> ② 식품첨가물은 식품 제조·가공 과정 중 결함이 있는 원재료나 비위생적인 제조 방법을 (은폐 / 교정)하기 위하여 사용되어서는 아니 된다.
> ③ 식품 중에 첨가되는 (영양강화제 / 품질안정제)는 식품의 영양학적 품질을 유지하거나 개선시키는 데 사용되어야 하며, 영양소의 과잉 섭취 또는 불균형한 섭취를 유발해서는 아니 된다.

① 최소량
② 은폐
③ 영양강화제

02 다음 글에서 해당하는 ① 감염병의 명칭을 쓰고, 아래 보기에서 ② 그 감염병에 해당하는 종류를 골라 쓰시오.

> (   )이란 생물테러감염병 또는 치명률이 높거나 집단 발생의 우려가 커서 발생 또는 유행 즉시 신고하여야 하고, 음압 격리와 같은 높은 수준의 격리가 필요한 감염병으로서 다음 각 목의 감염병을 말한다. 다만, 갑작스러운 국내 유입 또는 유행이 예견되어 긴급한 예방·관리가 필요하여 질병관리청장이 보건복지부장관과 협의하여 지정하는 감염병을 포함한다.
> 〈보기〉 야토병, 결핵, 비형간염, 신종인플루엔자, 콜레라, 보툴리눔독소증

① 제1급감염병
② 야토병, 신종인플루엔자, 보툴리눔 독소증
※ 제1급감염병의 종류에볼라바이러스병, 마버그열, 라싸열, 크리미안콩고출혈열, 남아메리카출혈열, 리프트밸리열, 두창, 페스트, 탄저, 보툴리눔독소증, 야토병, 신종감염병증후군, 중증급성호흡기증후군(SARS), 중동호흡기증후군(MERS), 동물인플루엔자 인체감염증, 신종인플루엔자, 디프테리아

03 가공식품을 분류 시 대분류, 중분류, 소분류로 분류한다. 괄호 안에 맞는 말을 쓰시오

- (①) : '제5. 식품별 기준 및 규격'에서 대분류하고 있는 음료류, 조미식품 등을 말한다.
- (②) : 식품군에서 분류하고 있는 다류, 과일·채소음료 식초, 햄류 등을 말한다.
- (③) : 식품종에서 분류하고 있는 농축과·채즙, 과·채주스, 발효식초, 희석초산 등을 말한다

① 식품군
② 식품종
③ 식품 유형

※ [식품공전, 제1. 총칙, 1. 일반원칙] 참조

04 포도당, 소금, 설탕을 수분활성도가 높은 순서대로 나열하시오.

설탕 > 포도당 > 소금

※ 분자량이 높을수록 수분활성도가 높다.

※ 수분활성도(Aw) 계산

$$Aw = \frac{Nw}{Nw + Ns}$$

(Aw : 수분활성도, Nw : 물의 몰수, Ns : 용질의 몰수)

설탕, 포도당, 소금을 각각 10%, 물을 90%로 가정하여 계산하면

- 설탕의 Aw(설탕 분자량 342)

$$= \frac{\frac{90}{18}}{\frac{90}{18} + \frac{10}{342}}$$

$$= \frac{5}{5 + 0.029}$$

$$= 0.994$$

- 포도당의 Aw(포도당 분자량 180)

$$= \frac{\frac{90}{18}}{\frac{90}{18} + \frac{10}{180}}$$

$$= \frac{5}{5 + 0.056}$$

$$= 0.985$$

- 소금의 Aw(소금 분자량 58.5)

$$= \frac{\frac{90}{18}}{\frac{90}{18} + \frac{10}{58.5}}$$

$$= \frac{5}{5 + 0.171}$$

$$= 0.967$$

05 열을 가해서 물의 증발 원리를 이용한 (①) 방법이 미생물과 효소에 끼치는 영향과 이 방법에 의해 ② 식품의 저장성이 향상된 이유를 적으시오.

〈보기〉 건조, 냉동, 한외여과, 역삼투 등

① 건조

② 이유 : 건조로 인해 자유수가 증발됨으로써 수분 함량이 낮아져 미생물에 의한 변질이나 변패 방지, 효소에 의한 산화나 갈변 방지로 인해 식품의 저장성이 향상된다.

06 잼 제조에서 젤리화에 필요한 3가지 요소는 (①), (②), (③)이고, 당도계 측정법 이외에 젤리점(젤리화의 완성점)을 확인하는 3가지 방법은 (④), (⑤), (⑥)이다.

- **젤리화의 3가지 요소** : ① 당(60~65%), ② 산(pH 3.0~3.5), ③ 펙틴(1~1.5%)
- **젤리점을 확인하는 3가지 방법** : ④ 컵법, ⑤ 스푼법, ⑥ 온도계법

※ 젤리점(잼류의 농축 시 농축 완성점)
  - 컵법 : 농축물을 냉수가 담긴 컵에 떨어뜨려 분산되는 정도로 판단
  - 스푼법 : 스푼으로 떠서 흘러내리는 정도로 판단
  - 온도계법 : 온도계로 103~104℃가 될 때 농축을 끝내는 법
  - 당도계법 : 굴절당도계로 65brix에 이를 때 농축을 끝내는 법

07 다음 빈칸에 들어갈 알맞은 말을 보기에서 골라 쓰시오.

> 1-8 염화비닐계[기구 및 용기 포장 공전]
> 가. 폴리염화비닐 : PVC
> 1) 정의
>   폴리염화비닐이란 기본 중합체 중 염화비닐의 함유율이 50% 이상인 합성수지제를 말한다.
> 2) (①) 규격
>
> | 항목 | 규격(mg/kg) |
> | --- | --- |
> | 염화비닐 | 1 이하 |
> | 디부틸주석화합물 | 50 이하 |
> | 크레졸인산에스테르 | 1,000 이하 |
>
> 3) (②) 규격
>
> | 항목 | 규격(mg/L) |
> | --- | --- |
> | 납 | 1 이하 |
> | 과망산칼륨소비량 | 10 이하 |
>
> 4) 시험 방법
>   가) 염화비닐 : Ⅳ. 2. 2-16 염화비닐 시험법 가. 잔류시험
>   나) 디부틸주석화합물 : Ⅳ. 2. 2-17 디부틸주석화합물 시험법
>   다) 크레졸인산에스테르 : Ⅳ. 2. 2-18 크레졸인산에스테르 시험법
>   라) 납 : Ⅳ. 2. 2-1 납 시험법 나. 용출시험마) 과망간산칼륨소비량 : Ⅳ. 2. 2-7 과망간산칼륨소비량 시험법
> 〈보기〉 잔류, 용출, 표준, 정량, 추출

① 잔류
② 용출

08 단백질 열변성 3가지 인자와 각 인자가 미치는 영향을 쓰시오.

① 온도 : 용해도 감소
② 수분 함량 : 효소 활성 감소
③ 등전점 : 점도 증가

09 수분활성도가 증가할수록 유리전이 온도는 (높아진다. / 낮아진다.)

낮아진다.

※ 유리전이온도(glass transition temperature, Tg)
- 얼어 있는 상태(glass state, 유리상)에서 유동이 조금씩 일어나는 온도, 즉 전이(transition) 현상이 일어나는 지점을 말한다.
- Tg 이상의 온도에서는 완전히 유체같이 흐르지는 않지만, 고체 상태에서 어느 정도 분자 단위의 움직임이 있기 때문에 좀 더 부드러운 고무 상태(rubbery state)가 된다.
- 사슬이 유연하면 잘 움직일 수 있어서 (수분이 많아지면) Tg가 낮아지고, 사슬이 뻣뻣하면 잘 움직일 수 없어서 Tg가 높아진다.

10 다음 글의 빈칸을 채우시오.

> 통조림과 레토르트 식품의 멸균은 제품의 중심 온도가 (①)℃, (②)분간 또는 이와 같은 수준 이상의 효력을 갖는 방법으로 열처리하여야 한다. pH(③)를 초과하는 저산성 식품은 제품의 내용물, 가공장소, 제조일자를 확인할 수 있는 기호를 표시하여야 한다.

① 120
② 4
③ 4.6

※ 통조림 · 레토르트식품[식품공전]
1) 제조 · 가공기준
   (1) 멸균은 제품의 중심 온도가 120℃ 이상에서 4분 이상 열처리하거나 또는 이와 동등 이상의 효력이 있는 방법으로 열처리하여야 한다.
   (2) pH 4.6을 초과하는 저산성 식품(low acid food)은 제품의 내용물, 가공 장소, 제조일자를 확인할 수 있는 기호를 표시하고 멸균공정 작업에 대한 기록을 보관하여야 한다.
   (3) pH가 4.6 이하인 산성 식품은 가열 등의 방법으로 살균 처리할 수 있다.
   (4) 제품은 저장성을 가질 수 있도록 그 특성에 따라 적절한 방법으로 살균 또는 멸균 처리하여야 하며 내용물의 변색이 방지되고 호열성 세균의 증식이 억제될 수 있도록 적절한 방법으로 냉각시켜야 한다.

11 다음은 colony수를 측정한 값이다. g당 균수를 계산하시오.

① 15 - 300CFU/plate인 경우

$$N = \frac{\Sigma C}{(1 \times n_1) + (0.1 \times n_2) \times (d)}$$

구분	희석배수		CFU/g(mL)
	1:100	1:1,000	
집락수	232	33	24,000
	244	28	

$$N = \frac{(232 + 244 + 33 + 28)}{(1 \times 2) + (0.1 \times 2) \times 10^{-2}}$$
$$= 537/0.022 = 24,409 = 24,000$$

해답

$$N = \frac{(234 + 244 + 33 + 28)}{(1 \times 2) + (0.1 \times 2) \times 10^{-2}}$$
$$= 537/0.022 = 24,409 = 24,000 \text{CFU/g(mL)}$$

12 포도당 10%, 지질 20%, 비타민C 3%, 비타민A 1%와 그 외는 물을 함유하고 있는 식품의 수분활성도를 구하시오. (단, 분자량은 포도당 180, 비타민C 176, 비타민A 286, 물 18)

해답

식품의 수분활성도
- 비타민A와 지질은 소수성 물질로 계산에 포함시키지 않음

    10 + 20 + 3 + 1 +물 = 100물 = 66%

- 수분활성도 계산(Aw)

$$N = \frac{\text{용매의 몰수(물)}}{\text{용매의 몰수(물)} + \text{용질의 몰수}}$$

$$N = \frac{66/18}{18/180 + 3/176 + 66/18}$$

$$= 0.974256 = 0.97$$

13 70% 수분을 지닌 어떤 식품 1kg에서 80% 수분을 건조시켰을 때 건조된 수분량, 건조 후 고형분 및 수분의 무게를 구하시오.

① 건조 전 식품
- 수분량 : 1kg × 70% = 0.7kg
- 고형분량 : 1kg × 30% = 0.3kg

② 80% 건조시켰을 때 건조된 수분량
- 0.7kg × 80% = 0.56kg

③ 건조 후 수분 및 고형분
- 수분량 : 0.7kg − 0.56kg = 0.14kg
- 고형분 : 0.3kg

14 수분 함량 80%인 식품의 수분 함량을 50%로 건조시킬 때 변화되기 전 식품의 무게에 대한 감소된 수분 함량(%)를 계산하시오.

식품의 무게를 1,000kg이라 가정하면
- 건조 전 수분량 : 1,000 × 80 / 100 = 800kg
- 건조 전 고형분 : 200kg
- 수분 함량 50%인 식품의 무게 : 200 × 100 ÷ (100 − 50) = 400kg
- 건조된 식품의 수분량 : 1000 − 400 = 600kg
- 감소된 수분 함량(%) : 600 / 1000 × 100 = 60%

15 다음은 과망간칼륨 용량법을 이용하여 칼슘을 정량하기 위한 계산 방법이다. 다음 식에서 0.4008이 의미하는 것은?

$$칼슘(mg/100g) = \frac{(b-a) \times 0.4008 \times F \times V \times 100}{s}$$

- a : 공시험에 대한 0.02N 과망간산칼륨용액의 소비 ml수
- b : 검액에 대한 0.02N 과망간산칼륨용액의 소비 ml수
- F : 0.02N 과망간산칼륨용액의 역가
- V : 시험용액의 희석배수

해답

0.02N 과망간산칼륨(KMnO₄) 용액 1ml에 반응하는 Ca의 mg수

16 다음 보기를 보고 조지방의 함량을 산출하는 식을 쓰시오.

〈보기〉
- W_0 : 추출플라스크의 무게(g)
- W_1 : 조지방을 추출하여 건조시킨 추출 플라스크의 무게(g)
- S : 검체의 채취량(g)

해답

$$조지방(\%) = \frac{W_1 + W_0}{S}$$

17 HPLC 분석시료 중 시료 5g의 산화방지제 10ml로 희석, 분석한 결과 표준액 5mg/kg의 피크 넓이가 125, 시료의 피크 넓이가 50일 때 시료의 산화방지제는 몇 mg/kg인지 구하시오.

해답

5mg/kg : 125 = x : 50

x = 2(mg/kg)

5g을 10ml로 희석했으므로 4mg/kg

※ 시료 5g을 2배 희석하였으므로, 시료의 산화방지제는 2mg/kg×2 = 4mg/kg

18 D_{150} = 3, Z = 5의 의미를 적으시오.

해답

① D_{150} = 3 : 150도에서 미생물을 90% 사멸시키는 데생균수를 1/10(1log)로 감소 필요한 시간은 3분이다.

② Z = 5 : D값을 1/10(1log)로 감소시키는 데 필요한 온도 상승값은 5℃이다.

19 온도에 민감한 성분의 활성에너지 3,332cal/mol, 21℃에서 반응속도 0.00157/day⁻¹일 때 25℃에서 제품 보존 기한은 며칠인가? (소수점 버림, R = 1.987, 원료 75%(25% 감소)일 때 폐기함)

① k_2구하기

T_1 = 21℃에서의 절대온도는 273 + 21 = 294k

k_1 = 21℃에서 속도상수(0.00157/day⁻¹)

T_2 = 25℃에서의 절대온도는 273 + 25 = 298k

k_2 = 25℃에서 속도상수

R = 1.987

Ea = 3,332cal/mol

25℃에서 속도상수(k_2)를 구하기 위해 아레니우스식을 이용한다.

$\ln(\dfrac{k_2}{k_1}) = \dfrac{Ea}{R}(\dfrac{1}{T_2} - \dfrac{1}{T_1})$

$\ln(\dfrac{k_2}{0.00157}) = \dfrac{3332}{1.987}(\dfrac{1}{298} - \dfrac{1}{294})$

$= 0.076560$

$\ln k_2 - \ln 0.00157 = 0.076560$

$\ln k_2 = -6.3801$

$k_2 = e^{-6.3801}$

$= 1.695 \times 10^{-3} \times day^{-1}$

$= 1.7 \times 10^{-3} \times day^{-1}$

② 1차 반응식에 대입([A] = 0.75[A0])

$\ln[A] = -kt + \ln[A0]$

$\ln \dfrac{0.75[A0]}{[A0]} = -kt$

$t = \dfrac{-\ln 0.75}{k}$

$t = \dfrac{0.287682}{0.0017}$

$t = 169 day$

20 2N HCl 200ml를 만들기 위해 10N HCl 몇 ml가 필요한가?

해답

NVF = N′V′F′
N = 표준용액의 규정농도
N′ = 표정용액의 규정농도
V = 표준용액의 적정치(ml)
V′ = 표정용액을 취한 양(ml)
F = 표준용액의 역가
F′ = 표정용액의 역가
F과 F′ 모두 1일 때,
NV = N′V′
2N × 200ml = 10N × $x$ml
x = 40ml

식품기사 필답형 적중 모의고사 문제 4회

01 수입 다진 양념에서 홍국색소가 검출되어 전량 회수 조치 되었다. 홍국색소는 홍국균의 배양물을 에탄올로 추출하여 얻어진 천연 색소로 식품 첨가물에 등재되어 일반 식품에 사용 가능하다. 일반적으로 홍국색소는 식품 가공 시 사용 가능한 식품 첨가물임에도 불구하고 회수 조치 된 이유를 쓰시오.

고추 또는 고춧가루를 함유한 향신료 조제품 제조 시 홍국색소를 사용할 수 없으므로 회수 조치 되었다. [식품공전, 향신료가공품]
※ 식품유형별 규격 및 기준 [식품공전, 장류]
고추장 제조 시 홍국색소를 사용할 수 없으며 또한 시트리닌이 검출되어서는 아니 된다.
※ 홍국적색소 사용이 금지된 식품
    천연 식품인 식육류, 어패류, 과실류, 채소류, 해조류, 두류 및 단순가공품 등을 비롯해 다류, 고춧가루 또는 실고추, 김치류, 고추장, 식초, 향신료 가공품 등이다.

02 식품 및 축산물 안전관리인증기준에 따라 집단급식소, 식품접객업소(위탁급식영업) 및 운반급식(개별 또는 벌크포장)의 작업위생관리 중 보존식에 대한 기준을 분량, 온도, 시간 포함해서 쓰시오.

집단급식소, 식품접객업소 및 운반급식의 작업위생관리 중 보존식에 대한 기준 [식품 및 축산물 안전관리인증기준]
- 조리한 식품은 소독된 보존식 전용 용기 또는 멸균 비닐봉지에 매회 1회 분량을 −18℃ 이하에서 144시간 이상 보관하여야 한다.

03 5% 소금물 10kg을 농축하여 20%로 만들 때 증발시킬 물의 양을 구하시오.

$0.05 \times 10 = 0.2(10 - x)$
$x = 7.5\text{kg}$

04 사이클로덱스트린의 사용 목적 또는 가공 효과 3가지를 쓰시오.

- 식품의 점착성 및 점도 증가
- 유화 안정성 개선
- 식품의 물성 및 촉감 향상

※ 사이클로덱스트린(cyclodextrin)
- 전분을 glucosyl transferase라는 효소로 처리하면 glucose 단위가 6, 7 또는 8개 되는 환상의 중합체가 생성된다.
- 환상 구조의 중간에 빈 공간이 있는데, 수소 원자와 glycoside 산소 원자가 내부로 향하고 있어 비교적 소수성을 가지는 반면, 극성인 OH기는 외부로 배열하여 친수성을 나타내게 된다.
- 착향료 및 착색료의 안정제, 마요네즈의 유화성 개선제, 어육제품의 탈취제 등으로 사용된다.

05 다음 중 중성지질에 대한 설명으로 틀린 것은?
① 중성지질은 하나의 melting point와 boiling point가 있다.
② 중성지질은 글리세롤과 세 개의 지방산 에스테르 결합으로 되어 있다.
③ 포화지방산은 탄소수 증가할수록 물에 녹기 어렵다.
④ 천연유지의 불포화지방산 이중결합은 cis형이다.
⑤ 다가불포화지방산의 이중결합은 비공액형이다.

①번
① 중성지질은 동일한 화합물이지만 여러 개의 결정형을 가지는 동질이상현상(polymorphism)을 보인다. 따라서 결정형에 따라 끓는점, 녹는점이 다르다.
※ 동질이상현상(polymorphism) : 단일 화합물이 2개 이상의 결정형을 갖는 현상을 말하며, 융점도 그 결정형에 따라 달라진다.
② 중성지질(triglycerides)은 구조가 글리세롤 한 분자에 지방산 세 분자가 ester결합하고 있다. 무슨 지방산이 글리세롤의 어떤 위치에 결합하느냐에 따라 전혀 다른 특성을 지닌다.
③ 포화지방산의 사슬 부분은 탄화수소로 되어있어 소수성 부위이다. 사슬 길이가 길어진다는 뜻은 이 탄화수소 부분이 많아진다는 의미로 물에 녹기 어렵다.
④ 보통 천연유지에 존재하는 불포화지방산의 이중결합은 cis형이다. 경화공정과 같은 요인으로 인해 trans형이 발생하기도 한다.

⑤ 지방산은 다른 물질들과 다르게 불안정한 구조인 비공액형의 이중결합형태로 자연 중에 존재한다.

※ 비공액형 결합은 이중결합-단일결합-단일결합-이중결합(=--=)과 같은 형태이고, 공액형 이중결합은-이중결합-단일결합-이중결합(=-=-)과 같은 형태이다.

06 잠재적 위해 식품의 수분활성도와 pH를 쓰시오.

수분활성도(Aw) 0.85 이상, pH 4.6 이상

※ 잠재적 위해 식품(potentially hazardous food, PHF)
- 잠재적 위해 식품 : 시간 및 온도에 주의하여 취급하지 않을 경우 식중독 유발 가능 식품, 일명 취급주의 식품(time/temperature control for safty food, TCS) 말하며, 주로 수분 함량 높거나(수분활성도 0.85 이상) 중성 또는 약산성(pH 4.6~7.5) 식품, 단백질 함유식품이다.
- 음식 제공 시, 뜨거운 음식은 57℃ 이상, 차가운 음식은 5℃ 이하에서 통제 필요
- 육류의 경우, 조리 시 중심온도 관리
- 음식의 재가열 시, 규정 온도 확인 요망

07 사과주스 제조공정에서 여과와 청징을 목적으로 80℃로 가열하고, 펙틴 분해를 원활하게 하기 위하여 pectinase를 첨가하였으나 청징 효과를 얻지 못하였다. 공정상의 원인을 쓰시오.

Pectinase의 활성 온도 40℃인데, 80℃ 가량의 온도에서 가열하여 pectinase가 활성을 잃었기 때문이다.

08 다당류에는 단순다당류와 복합다당류가 있다. 각각에 대한 정의를 쓰고 보기에 있는 예를 적으시오.

〈예〉 전분, 펙틴

단순다당류 : 구성 단당류가 한 가지 종류인 다당류 – 전분
복합다당류 : 구성 단당류가 두 종류 이상인 다당류 – 펙틴

09 GMO(유전자재조합식품)의 안전성검사 실질적 동등성의 의미를 쓰시오.

유전자 재조합 유래 식품과 기존 농축수산물 유래 식품을 비교하여 차이점을 찾아내고, 차이나는 물질에 대한 알레르기성, 영양 성분, 독성 등을 평가해 문제없음이 확인되면 기존 농축수산물과 안전성, 영양성 측면에서 동일한 것으로 간주하는 것.

10 미생물 보존법 중 동결건조의 원리와 장점을 쓰시오.

① **원리** : 보존하고자 하는 균주 배양액을 동결한 후 압력을 낮추어 배양액이 얼어 버린 상태로 바로 승화에 의하여 건조시키는 방법이다.
② **장점**
 • 동결 방법이나 건조 과정을 조절해 균체의 손상을 최소화할 수 있다.
 • 동결 속도와 온도로 세포의 활성과 건조의 효율성을 조절할 수 있다.
 • 앰플 상태로 실온 보관이 가능해 수송이 용이하다.
 • 완전히 밀봉되어 있어 오염 위험성이 없다.
 • 진공 상태를 유지해 세포막의 산화가 일어나지 않으므로 약 30년 이상 보존이 가능하다.
 • 균의 유전적 변이를 유발하지 않아 미생물의 성질을 안정적으로 장기간 보존 가능하다.
※ 단점
 • 건조한 환경에 취약한 미생물은 보존할 수 없다.
 • 동결 건조기 장치가 있어야 한다.

11 동결건조(Freeze drying)의 원리를 물의 상평형도를 사용하여 설명하고, 장점 2가지만 쓰시오.

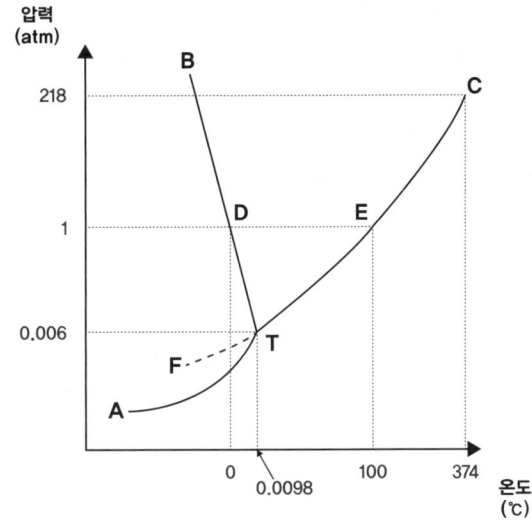

① **원리**
- 고체, 액체, 기체의 세 가지 상이 평형을 이루고 있는 삼중점인 0.006기압보다 낮은 압력에서는 얼음(고체)에서 기체(수증기)로 승화가 일어난다.
- 동결건조는 원료를 동결한 다음 용기의 압력이 0.006기압보다 낮은 진공 상태에서 얼음을 승화시켜 건조시키는 방법이다.

② **장점**
- 모양과 크기가 원래 상태로 유지된다.
- 가용 성분의 이동, 수축, 표면경화 현상이 일어나지 않는다.
- 열에 의한 손상도 최소화할 수 있다.
- 복원성이 좋고 휘발성 향기 성분이 다량 유지된다.

※ 단점
- 장비가 비싸다.
- 기계적 손상을 받기 쉽다.
- 높은 에너지 비용이 든다.
- 공정 시간이 길다.

※ 상평형도 그래프
물질의 온도를 일정하게 유지하면서 압력을 변화시키면 특정한 압력에서 세 가지 상태(고체 액체 기체) 중 두 상태 사이에서 상태 변화가 일어난다. 온도를 변화시켜 가면서 같은 과정을 되풀이하면 그 물질의 상평형 그래프를 얻을 수 있다.

T : 삼중점(triple point) – 기체 액체 고체 상태가 동시에 평형을 이루며 공존하는 점, 이 삼중점에서 세 개 선이 뻗어 나가는데 각 선은 두 가지 상태가 평형을 이루면서 공존 하는 조건을 나타낸다.
TA선 : 승화 곡선–TA선을 따라 고체와 기체가 공존한다.
TB선 : 융해 곡선–TB선을 따라 고체와 액체가 공존한다.
TC선 : 증기 압력 곡선–TC선을 따라 액체와 기체가 공존한다. 이 선은 액체 물질의 증기 압력 곡선과 같다.
C점 : 임계점

얼음을 수증기로 승화시키기 위해선 압력이 삼중점의 압력 0.0060기압보다 낮아야 한다. 이러한 현상을 이용하여 동결 건조법(freeze-drying)이 개발되었다.
이 방법은 음식을 얼린 다음 용기의 압력이 0.0060기압보다 낮은 진공 상태에서 건조시킨다.
0.0060기압 이상에서는 고체 → 액체 → 기체 상태로 상변화가 일어나 수분이 제거된다.

12 수분활성도 정의를 쓰고, 물의 몰수(Nw)와 용질의 몰수(Ns)를 이용한 계산식을 쓰시오.

수분활성도(Aw)

① 정의

어떤 임의의 온도에서 식품이 나타내는 수증기압에 대한 그 온도에 있어서의 순수한 물의 수증기압의 비로 나타낸다. 또한, 이 식품의 수증기압은 식품의 수분에 녹아 있는 용질의 종류와 양에 의해 영향을 받는다.

② 계산식

$$Aw = \frac{Nw}{Nw + Ns}$$

13 초기 세균 농도가 4×10^5이고, 유도기 없이 6시간 내에 3.68×10^7로 증식하였지만, 정지기에 도달하지 못했다. 평균 세대 시간(min)은 얼마인가? (log2 = 0.3010, log3.68 = 0.5658, log4 = 0.6021)

해답

세대시간(g) = $\dfrac{t\log2}{\log b + \log a}$

(t : 배양시간, b : 초기균수, a : 나중균수)

세대시간(g) = $\dfrac{6h \times \log2}{(\log3.68 \times 10^7 - \log4 \times 10^5)}$

$= \dfrac{6h \times \log2}{(\log3.68 + \log10^7 - \log4 - \log10^5)}$

$= \dfrac{6h \times \log2}{(\log3.68 + 7 - \log4 - 5)}$

$= \dfrac{6h \times 0.3010}{(0.5658 + 7 - 0.6021 - 5)}$

$= 0.919692417h \times 60\min/1h$

$= 55.18\min$

14 식염은 Mohr법으로 측정한다. 전처리한 검체 용액을 비커에 넣고 크롬산칼륨(K_2CrO_4) 시액 몇 방울 가한 후 뷰렛 등으로 질산은($AgNO_3$) 표준용액을 적하하면 Cl^-은 전부 AgCl의 백색 침전으로 되고 또 K_2CrO_4와 반응하여 크롬산은(Ag_2CrO_4)의 적갈색 침전이 생기기 시작하므로 완전히 적갈색으로 변하는 데 소비되는 $AgNO_3$액의 양으로 정량하는 방법이다. 식염 약 1g을 함유하는 양의 검체를 취하여 필요한 경우 수욕상에서 증발 건고 한 후 회화시켜 이를 물에 녹이고 다시 물을 가하여 500mL로 한 후 여과하여 여액 10mL에 크롬산칼륨시액 2~3방울 가하고 0.02N 질산은 액으로 적정한다.

$AgNO_3 + NaCl \rightarrow AgCl + NaNO_3$

식염 = $\dfrac{b}{a} \times f \times 5.85$(w/w%, w/v%)

a : 검체 채취량(g, ml)
b : 적정에 소비된 0.02 N 질산은 액의 양(mL)
f : 0.02 N 질산은 액의 역가

이때 5.85가 어떻게 나왔는지 서술하시오. (단, $AgNO_3$ 분자량 169.87, NaCl 분자량 58.5)

해답

적정시험은 같은 당량(eq = eq)끼리 반응한다.

위의 화학반응식을 통해 NaCl의 당량과 $AgNO_3$의 당량이 같다는 것을 알 수 있다.

500ml 중 10ml만 사용했기 때문에 500ml/10ml을 곱해주고, 노르말농도는 1L 기준이기 때문에 1L/1,000ml을 곱해 준다.

적정에 소비된 0.02N $AgNO_3$ 사용량(ml), 0.02N $AgNO_3$ 역가를 계산해 준다.

$$\frac{식염질량(g)}{58.5(g/eq)} = 0.02 \times V \times f \times \frac{500ml}{20ml} \times \frac{1L}{1,000mL}$$

식염질량(g) = $0.02 \times V \times f$

문제에 주어진 식은 식염질량(w/v%)이기 때문에

식염질량(w/v%) = $5.85 \times V \times f$ / 시료의양(ml)

---

15 이동상과 관련된 크로마토그래피 3종류를 쓰시오.

해답

액체크로마토그래피(HPLC), 기체크로마토그래피(GC), 초임계유체크로마토그래피(SFC)

---

16 식품의 소비 기한 설정실험 지표 3가지를 다음 표의 괄호 안에 채우시오.

식품의 소비 기한 설정실험 지표				
식품 종류		설정실험 지표		
식품군	식품종 또는 유형	(①)	(②)	(③)
과자류, 빵류 또는 떡류	과자	수분 산가 (유탕·유처리 식품)	세균수 (발효제품 또는 유산균 함유 제품 제외) 유산균수 (유산균 함유 제품에 한함)	성상 물성 곰팡이
즉석식품류	즉석섭취· 편의식품류		세균수 (발효제품 또는 유산균 함유 제품 제외) 대장균 황색포도상구균 바실러스 세레우스	성상

① 이화학적
② 미생물학적
③ 관능적

※ 식품, 식품첨가물, 축산물 및 건강기능식품의 소비 기한 설정 기준

[별표 2] 식품의 소비 기한 설정실험 지표

식품 종류		설정실험 지표		
식품군	식품종 또는 유형	(이화학적)	(미생물학적)	(관능적)
과자류, 빵류 또는 떡류	과자	수분 산가 (유탕·유처리 식품)	세균수 (발효제품 또는 유산균 함유 제품 제외) 유산균수 (유산균 함유 제품에 한함)	성상 물성 곰팡이
즉석식품류	즉석섭취· 편의식품류		세균수 (발효제품 또는 유산균 함유 제품 제외) 대장균 황색포도상구균 바실러스 세레우스	성상

※ 식품의 소비 기한 설정실험 지표
- 이화학적 지표 : 수분, 수분활성도, pH, 산가, TBA가, 휘발성염기질소(VBN), 산도, 점도, 색도, 탁도, 용해도, 비중 등
- 미생물학적 지표 : 세균수, 대장균, 곰팡이수, 병원성균수(황색포도상구균, 장염비브리오균, 살모넬라) 등
- 관능적 지표 : 외관(곰팡이, 드립, 색택, 외형 등), 풍미(향, 냄새, 산패취), 조직감(물성, 점성, 표면균열 등)

17 과당이 온도에 따라 감미도가 어떻게 달라지는지 화학적 구조 변화로 설명하시오.

과당은 온도가 상승함에 따라 감미도가 약한 알파형의 비율이 증가하여 감미도가 급격히 감소한다.

※ 과당의 온도에 따른 감미도 변화
- 과당은 온도가 일정하면 알파형과 베타형 이성질체의 비는 일정하게 평형 상태를 유지한다.
- 과일 속에서 일정한 평형비로 존재하던 알파형과 베타형 이성질체는 온도가 낮아지면 불안정한 알파형보다 안정한 베타형이 더 많아진다.
- 차가운 과일이 더 달게 느껴지는 이유는 바로 이 때문이다.

18 초기 수분 함량이 87.5%인 당근 5,000kg을 습량 기준 4%로 건조했을 때 ① 건조 전 당근의 고형분 무게(kg), ② 건조 후 남은 수분의 무게(kg), ③ 증발시키는 수분의 무게(kg)를 구하시오.

① 건조 전 당근의 고형분 무게(kg)

$$5,000 \times \frac{100 - 87.5}{100} = 625(kg)$$

② 건조 후 남은 수분의 무게(kg)
- 건조 후 수분 함량 4% 당근의 전체 무게

$$x \times \frac{100 - 4}{100} = 625$$

$x = 651.04$

- 건조 후 수분의 무게

$$651.04 \times \frac{4}{100} = 20.04(kg)$$

③ 증발시키는 수분의 무게(kg)

$5,000 - 651.04 = 4348.96(kg)$

19 비타민 B₁의 저장 중 파괴 속도가 Q_{10} = 2.5일 때 Z값을 계산하시오. (단, Z값의 단위를 반드시 쓰고, 계산 결과는 소수점 셋째 자리에서 반올림하시오.)

$$Z = \frac{t}{\log Qt}$$

$$Z = \frac{10}{\log Q_{10}} = \frac{10}{\log 2.5} = 25.13(℃)$$

20 착색료와 비교하여 발색제의 특징을 쓰시오.

① **착색료** : 첨가물 자체의 색을 식품에 부착시킨다.
② **발색제** : 발색제 자체에는 색이 없고(무색), 식품의 색소와 작용해서 색을 안정화시키거나 발색을 촉진한다.

식품기사 필답형 적중 모의고사 문제 5회

01 유통기한 가속실험의 설정 조건(온도)과 유통기한 조건을 쓰시오.

〈보기〉 기간 : 1개월 미만, 1개월 이상, 3개월 미만, 3개월 이상

① 온도 : 실제 보관 또는 유통 온도와 최소 2개 이상의 비교 온도에 저장하면서 선정한 품질지표가 품질 한계에 이를 때까지 일정 간격으로 실험을 진행
② 기간 : 3개월 이상

02 식품등의 표시기준에서 탄수화물 및 당류의 (   ) 알맞은 말을 적으시오.

- 탄수화물에는 당류를 구분하여 표시하여야 한다.
- 탄수화물의 단위는 그램(g)으로 표시하되, 그 값을 그대로 표시하거나 그 값에 가장 가까운 1g 단위로 표시하여야 한다. 이 경우 1g 미만은 "1g 미만"으로, 0.5 미만은 "0"으로 표시할 수 있다.
- 탄수화물의 함량은 식품 중량에서 (①), (②), (③), 및 (④)의 함량을 뺀 값을 말한다.

① 단백질
② 지방
③ 수분
④ 회분

※ [식품등의 표시기준,「별지 1」표시 사항별 세부 표시 기준]
나) 영양 성분별 세부 표시 방법
(3) 탄수화물 및 당류
(가) 탄수화물에는 당류를 구분하여 표시하여야 한다.
(나) 탄수화물의 단위는 그램(g)으로 표시하되, 그 값을 그대로 표시하거나 그 값에 가장 가까운 1g 단위로 표시하여야 한다. 이 경우 1g 미만은 "1g 미만"으로, 0.5 미만은 "0"으로 표시할 수 있다.
(다) 탄수화물의 함량은 식품 중량에서 단백질, 지방, 수분, 및 회분의 함량을 뺀 값을 말한다.

03 미생물증식곡선의 그래프를 그리고, 각각 명칭을 쓰시오.

① 미생물 증식곡선의 그래프

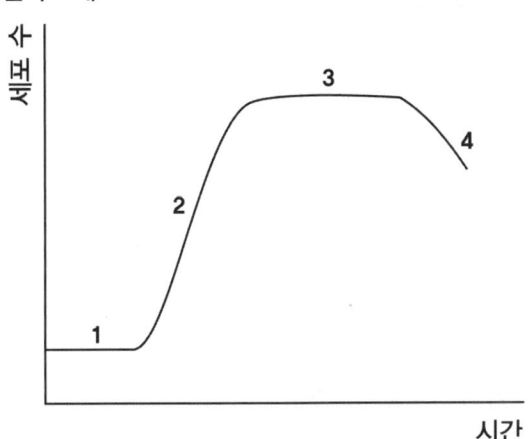

미생물 생육 곡선

② 각각 명칭
- 1 : 유도기(잠복기, lag phase)
- 2 : 대수기(증식기, logarithimic phase)
- 3 : 정상기(정지기, stationary phase)
- 4 : 사멸기(감수기, death phase)

③ 미생물증식곡선
- 유도기 : 새로운 환경에 적응하는 기간, 균수의 증가가 거의 없는 단계이다.
- 대수기 : 증식 및 성장이 대수적으로 증가한다.
- 정상기 : 생육환경이 한계인 단계로 증식과 사멸이 동시에 이루어져 수가 일정하다.
- 사멸기 : 생균수가 감소해가는 시기이며, 자가소화로 인하여 사멸되는 세포수가 증가한다.

04 Q_{10}값이 2일 때 20도에서 반응 속도가 10mol/m³s일 때 30도에서의 반응 속도를 구하시오.

$Q_{10} = \dfrac{\text{온도 T} + 10℃\text{에서의 반응속도}}{\text{온도 T℃에서의 반응속도}}$

$2 = \dfrac{30℃\text{에서의 반응 속도}}{10}$

30℃에서의 반응 속도 = 20(mol/m³)

※ Q_{10} = 2 : 10℃ 상승할 때 반응 속도 값이 2이다.

05 식품 공전에 따른 항량 뜻을 나타낸 것이다. 빈칸을 채우시오.

> 건조 또는 강열할 때 "항량"이라고 기재한 것은 다시 계속하여 (①) 더 건조 혹은 강열할 때에 전후의 (②)가 이전에 측정한 무게의 (③) 이하임을 말한다.

① 1시간
② 칭량차
③ 0.1%

06 HACCP의 7가지 원칙을 쓰시오.

HACCP 7원칙
- 절차 6(원칙 1) : 위해 요소 분석 (HA)
- 절차 7(원칙 2) : 중요 관리점(CCP) 결정
- 절차 8(원칙 3) : 한계 기준(Critical Limit; CL) 설정
- 절차 9(원칙 4) : 모니터링 방법 설정
- 절차 10(원칙 5) : 개선 조치 방법 설정
- 절차 11(원칙 6) : 검증 절차의 수립
- 절차 12(원칙 7) : 문서화 및 기록 유지

07 뉴턴 유체와 비뉴턴 유체를 비교하여 힘과 유체의 특성(또는 전단응력과 전단속도 사이의 관계)을 적고 각각에 해당하는 식품의 종류를 보기를 보고 각각 2가지씩 쓰시오.

〈보기〉: 물, 알코올, 버터, 전분

- 뉴턴유체 : 전단응력에 대해 전단속도가 일정하게 증가하며, 전단속도의 크기에 관계없이 일정한 점도를 나타내는 유체를 말한다.
  예) 물, 알코올류
- 비뉴턴유체 : 전단응력과 전단속도의 관계가 일정하게 변화하지 않는 유체를 말한다.
  예) 버터, 전분

08 다음은 어느 식중독 세균에 대한 시험이다. 이를 보고 식중독균 이름, 가열 시 특성(균, 독소 포함해 작성), 예방 대책 1가지를 다음 표의 빈칸을 채우시오.

> 분리 배양된 평판배지상의 집락을 보통한천배지(배지 8)에 옮겨 35~37℃에서 18~24시간 배양한 후 그람염색을 실시하여 포도상의 배열을 갖는 그람양성 구균을 확인한 후 coagulase 시험을 실시하며 24시간 이내에 응고 유무를 판정한다. Baird-Parker(RPF) 한천배지에서 전형적인 집락으로 확인된 것은 coagulase 시험을 생략할 수 있다. Coagulase 양성으로 확인된 것은 생화학 시험을 실시하여 판정한다.

추정세균 종속명(한글 또는 영명으로 작성)	①
독성에 대해 서술(독소를 포함하여 작성)	②
예방 방법	③

① **세균명** : 황색포도상구균(Staphylococcus aureus)
② **가열 특징** : 70℃에서 2분 정도 가열로 균은 거의 사멸되나, 황색포도상구균이 만들어 낸 장독소(enterotoxin)는 내열성이 강해 121℃에서 8~16분 가열해야 파괴된다.
③ **예방 방법**
 • 음식을 다루기 전·후 모두 손과 손톱 밑을 물과 비누로 깨끗이 씻는다.
 • 손에 상처가 났거나 피부에 화농성 질환이 있을 때는 음식 다루지 않는다.

09 포도당 20g을 물 80g에 녹였을 때 포도당 몰분율을 구하시오. (포도당 분자량 : 180g/mol, 물 분자량 : 18g/mol)

$$\text{몰수} = \frac{\text{질량}}{\text{분자량}}$$

① 포도당의 몰수 : $\frac{\text{해당성분의 몰수}}{\text{혼합물의 몰수}}$

몰분율 = $\frac{20g}{180g/mol}$

② 물의 몰수 : $\frac{80g}{18g/mol}$

③ 포도당의 몰분율 : $\frac{20/180}{20/180+80/18} = 0.0244$

10 보기에 제시된 미생물 접종 기구를 사용 용도에 알맞게 넣으시오.

> • 액체 고체 평판배지 미생물을 이식 및 도말할 때 사용 : (①)
> • 혐기적 미생물 천자 배양할 때 사용 : (②)
> • 곰팡이 포자 채취 및 이식할 때 사용 : (③)
> 〈보기〉 백금이, 백금선, 백금구

① 백금이
② 백금선
③ 백금구

11 HPLC의 분배계수에 대한 정의를 고정상과의 친화력 및 통과 속도로 설명하시오.

HPLC의 분배계수
• 분배계수 값이 크다(즉, Cs > Cm). : 성분이 고정상과 친화력이 있어 천천히 용리됨을 의미
• 분배계수 값이 작다(즉, Cm > Cs). : 성분이 고정상과 친화력이 없어 빨리 용리됨을 의미
※ HPLC의 분배계수
① 분배계수의 정의
  • 두 개의 충분히 섞이지 않는 용매로 구성된 두-상(two-phase) 시스템에서 용해되는 물질의 평형 농도의 비
  • 서로 다른 두 상이 평형을 이루고 있을 경우 그 평형 상태를 정의하는 기준
② HPLC의 분배계수 적용
  • 용질(solute A)은 컬럼을 통과하여 고정상(S)과 이동상(m) 사이에서 분배가 이루어지며 분배의 정도가 어느 쪽으로 치우쳤는지를 분배계수로 나타낼 수 있다.
  $K = Cs/Cm$
  Cs : 고정상에 분배된 시료의 농도
  Cm : 이동상에 분배된 시료의 농도
    - 분배계수 값이 크다(즉, Cs>Cm) : 성분이 고정상과 친화력이 있어 천천히 용리됨을 의미
    - 분배계수 값이 작다(즉, Cm>Cs) : 성분이 고정상과 친화력이 없어 빨리 용리됨을 의미
③ 분배계수와 컬럼에 머무른 시간과의 관련성
  $K = t_1 - t_0 / t_0$
  t_1 : 용질(solute A)이 머무른 시간
  t_0 : 컬럼을 통과하는 데 필요한 용매분자의 평균 시간(불감 시간)

12 아래 그래프를 보고 carrier gas로 ① 가장 효율적인 기체와 ② 그 이유를 HETP와 연관 지어 서술하시오.

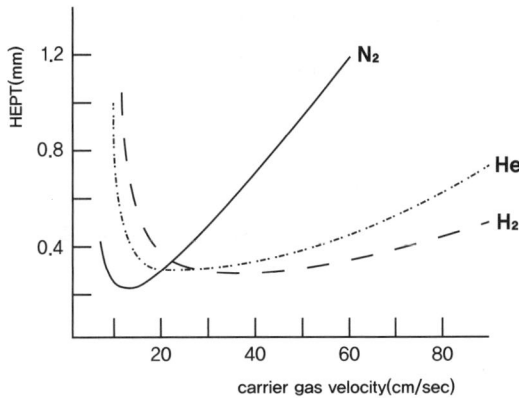

① 가장 효율적인 기체 : H_2
② 이유 : HEPT가 낮을수록, 유속 범위가 넓을수록 분리 효율이 좋다. 수소는 질소보다 넓은 유속 범위를 갖고 있고, 최저 HETP에서 헬륨보다 유속이 빨라 분리 효율이 가장 좋다.

13 FAO에서 정한 표준 단백질은 다음 표와 같다. 이에 쌀단백질 아미노산 함량은 다음과 같을 때 쌀단백질의 아미노산가를 구하시오.

	이소루신	류신	라이신	메티오닌	페닐알라닌	트레오닌	트립토판	발린
표준단백질	270	306	270	270	180	180	90	270
쌀단백질	280	520	210	270	190	220	80	370

아미노산가 = $\dfrac{1g \text{ 쌀단백질의 제1제한 아미노산}}{1g \text{ 표준단백질의 같은 아미노산}} \times 100$

= $\dfrac{210mg}{270mg} \times 100 = 77.777 ≒ 77.78$

아미노산가는 78, 쌀단백질이 표준 단백질에 비해 가장 적은 것은 라이신이고, 60mg 정도 차이 난다.

※ 제한 아미노산 : 단백질이 흡수된 후의 이용률에서 필수 아미노산의 최적 비율로 보았을 때 상대적으로 부족한 필수아미노산이다.
※ 제한 아미노산 중에서, 가장 부족 비율이 큰 것을 제1제한 아미노산이라고 하며, 이하 순차적으로 제2제한 아미노산, 제3제한 아미노산이라고 한다.

14 용액 A가 4℃에서 비중이 1.15이다. 4℃에서 용액 A의 밀도를 계산하시오. (4℃에서의 물의 밀도는 1,000kg/m3이다.)

비중 = 어떤 물질의 밀도 / 4℃ 물의 밀도
1.15 = 용액 A의 밀도 / 1,000kg/m³
용액 A의 밀도 = 1.15 × 1,000kg/m³
4℃에서의 용액 A의 밀도 = 1,150kg/m³

15 단백질의 구조 및 결합에 대한 아래 설명에서 ( )안에 알맞은 내용을 쓰시오.

단백질의 3차 구조는 단백질을 이루는 아미노산의 side chain 사이에 작용하는 힘에 의해 결정되며 구체적으로 Disulfide결합, (①)결합, (②)결합, (③)결합이 있다.

① 수소결합
② 이온결합
③ 소수성 상호작용 결합
※ 단백질의 3차 구조를 안정화시키는 힘
　① 수소결합
　② disulfide결합(S-S결합)
　③ 소수성결합
　④ 정전기적 인력
　⑤ 쌍극자 간의 인력(Van der Waals forces)

16 전분의 가수분해 함량을 측정하는 D.E.값이 A는 45, B는 90이다. 다음 괄호 안에 알맞은 단어를 입력하시오.

- 점도 : ( ) 〉 ( )
- 당도 : ( ) 〉 ( )

점도 : (A) 〉 (B)
당도 : (B) 〉 (A)
※ D.E.값
- 전분이 포도당으로 얼마나 가수 분해 되었는지의 값이다.
- D.E.가 낮으면 분해가 덜 되어서 고분자이고, 점도가 높고 당도가 낮다.

17 보기를 보고 해당하는 단백질을 적으시오.

〈보기〉 알부민, 인단백질, 젤라틴, 당단백질, 프롤라민, 펩톤

- 단순 단백질 : 프롤라민, 알부민
- 복합 단백질 : 당단백질, 인단백질
- 유도 단백질 : 펩톤, 젤라틴

18 보기를 보고 식품첨가물에의 사용 용도에 따라 구분하시오.

〈보기〉 표백제, 산도조절제, 감미료, 보존료, 산화방지제, 추출용제

- 구연산 : 산도조절제
- 자일리톨 : 감미료
- 부틸히드록시아니솔 : 산화방지제

19 25%의 물과 20%의 설탕을 함유하고 있는 식품의 수분활성도를 구하시오. (단, 분자량은 H_2O 18, $C_{12}H_{22}O_{11}$ 342)

$$Aw = \frac{\frac{25}{18}}{\frac{25}{18} + \frac{20}{342}}$$

$$= \frac{1.39}{1.39 + 0.06}$$

$$= 0.9586$$

※ 수분활성도(water activity : Aw)
- 어떤 임의의 온도에서 식품이 나타내는 수증기압(Ps)에 대한 그 온도에 있어서의 순수한 물의 최대 수증기압(Po)의 비로써 정의한다.
- $Aw = \dfrac{Ps}{Po} = \dfrac{Nw}{Nw + Ns}$

  Ps : 식품 속의 수증기압
  Po : 동일온도에서의 순수한 물의 수증기압
  Nw : 물의 몰(mole)수
  Ns : 용질의 몰(mole)수

20 관능검사 중 후광효과의 ① 개념과 ② 방지법을 설명하시오.

관능검사 중 후광효과(hallo effect)
① **후광효과의 개념** : 2가지 이상의 항목을 평가할 때, 각 항목의 점수가 서로 영향을 미쳐 한 가지 특성이 좋을 경우 다른 특성도 좋은 쪽으로 평가하려는 경향 혹은 그 반대의 경향을 말한다.
② **방지법** : 특별히 중요한 변인의 특성을 따로 분리하여 개별적으로 평가한다.

식품기사 필답형 적중 모의고사 문제 6회

01 다음 세균의 표를 보고 회귀방정식을 이용하여 Z값을 구하시오.

D값	시간(분)
100	65.5
105	25.7
110	12.2
115	4.5
120	1.8
125	0.5

$$m = \frac{n\Sigma(xy) - \Sigma(x)\Sigma(y)}{n\Sigma(x^2) - (\Sigma(x)\Sigma))^2}$$

$$m = \frac{6 \times C - B \times D}{6 \times A - B^2}$$

$$= -0.028$$

A : $100^2 + 105^2 + 110^2 + 115^2 + 120^2 + 125^2 = 76,325$

B : $100 + 105 + 110 + 115 + 120 + 125 = 675$

C : $100\log 65.5 + 105\log 25.7 + 110\log 12.2 + 115\log 4.5 + 120\log 1.8 + 125\log 0.5$
    $= 517.290079562$

D : $\log(65.5 \times 27.5 \times 12.2 \times 4.5 \times 1.8 \times 0.5) = 4.91998927721$

$Z = -\dfrac{1}{m} = -\dfrac{1}{(-0.0828)} = 12.077294 \cdots \fallingdotseq 12.08$

02 미생물 증식곡선에서 대수기의 유형과 특징을 3가지 서술하시오.

세포수가 기하급수적으로 증가하는 단계이며, 최대의 성장 속도를 보이는 시기이다. 세대 기간이 짧으며, 세포의 크기가 일정해지고, 생리적으로 예민해지며, 미생물 대사산물이 생성된다.

03 유량 1,000kg/hr으로 흐르고 있는 30% 설탕용액의 수분을 증발시켜 50% 설탕용액으로 농축시키고자 할 때, 증발되는 물의 양과 50% 설탕용액의 유량(kg/hr)을 구하시오.

- 증발된 수분의 양 : (①)kg/hr
- 50% 설탕용액의 유량 : (②)kg/hr

① 400
② 600
※ 계산식
　농축 전후의 고형분의 양은 같다.
　- $0.3 \times 1{,}000\text{kg/hr} = 0.5(1{,}000\text{kg/hr} - x)$ $x = 400\text{kg/hr}$
　- $0.3 \times 1000\text{kg/hr} = 0.5xyy = 600\text{kg/hr}$

04 식품공전에서 규정한 식품 이물시험법 시험법 세 가지를 쓰시오.

체분별법, 여과법, 와일드만 라스크법
※ 일반이물 시험법[식품공전]
체분별법, 여과법, 와일드만 라스크법, 침강법, 금속성이물(쇳가루), 김치 중 기생충(란)

05 비누화가(검화가)의 정의를 쓰고, A가 B보다 2배 더 클 때 A, B 중 고급지방산은 어느 쪽이 더 많은가?

① **비누화가(검화가)의 정의** : 지질 1g 중의 유리산의 중화 및 에스테르의 검화에 필요한 수산화칼륨의 mg 수이다.
② **고급지방산이 많은 쪽** : B
※ 비누화가는 분자량과 반비례하기 때문에 비누화가가 작을수록 고급지방산이 많다.

06 레이놀즈수가 난류일 때, 아래 보기를 어떻게 설정해야 하는지 쓰시오.

- 관의 지름 : ①
- 유체의 유속 : ②
- 유체의 밀도 : ③
- 유체의 점도 : ④

① 넓어야 한다.
② 빠르게 해야 한다.
③ 높아야 한다.
④ 낮아야 한다.

※ 서술하면 관의 지름이 넓을수록 밀도는 높을수록 관의 유속이 빠를수록 점도가 낮을수록 유체유동은 불안정해지며 난류가 된다.

※ $N_{Re} = D \cdot v \cdot \rho / \mu$

$_{Re}$: 레이놀즈수
D : 관경[m]
v : 유속[m/sec]
ρ : 유체의 밀도[kg/m&m³]
μ : 유체의 점도[kg/m · sec]

※ 레이놀즈수(Reynolds number)
 2100 이하 – 층류, 4000 이상 – 난류

※ 관의 지름이 넓을수록 밀도는 높을수록 관의 유속이 빠를수록 점도가 낮을수록 유체유동은 불안정해지며 난류가 된다.

07 식품의 기준 및 규격의 미생물시험법에서 황색포도상구균 시험을 한다. 10^{-1}의 희석용액 0.3ml, 0.3ml, 0.4ml 씩 3장의 선택배지에 도말배양하고, 3장의 집락계수를 확인 결과 100개의 전형적인 집락이 확인되었다. 5개의 집락 중 3개의 집락이 황색포도상구균으로 확인되었을 경우 시험용액 1ml의 황색포도상구균수는 얼마인지 계산하시오.

집락 100개가 확인되어 5개 중 3개의 집락이 확인됐기 때문에 3/5를 곱해 주고 10배 희석했기 때문에 10을 곱해 준다.
$10 \times 100 \times (3/5) = 600$
600CFU/ml

08 HPLC에서 가장 많이 쓰이는 partition chromatography에서 극성에 따른 분류를 쓰시오.

	정지상(극성/비극성 분류)
Reverse phase	①
Normal phase	②

① 비극성인 정지상을 사용하여 극성인 이동상이 먼저 용출된다.
② 극성인 정지상을 사용하여 비극성인 이동상이 먼저 용출된다.
※ HPLC에서 normal과 reverse phage의 극성에 따른 용출 특성
  • Reverse phase는 소수성이 큰 고정상을 사용하여 친수성의 이동상이 먼저 용출된다.
  • Normal phase는 친수성이 큰 고정상을 사용하여 소수성의 이동상이 먼저 용출된다.

09 밀가루 20g에 10ml의 물을 넣어 습부량(wet gluten)을 측정한 결과 4g일 때 습부량은 몇 %인지 계산하시오.

$$습부율 = \frac{습부\ 중량}{밀가루\ 중량} \times 100$$

$$습부율 = \frac{4}{20} \times 100 = 20\%$$

10 대장균 10개가 10분마다 분열한다고 할 때 2시간 동안 배양한 후 최종 세포수는 얼마인가?

$$세대수 = \frac{배양\ 시간}{세대\ 시간} \times 100$$

최종 세포수 = 초기세포수 $\times 2^{세대수}$

최종 세포수 = $10 \times 2^{12} = 40960$

11 역학조사에서 특정질병과 일치하는 유행곡선을 분석할 때 식중독과 감염병의 유행곡선 차이를 쓰시오.

① 식중독
- 대량으로 감염된다.
- 잠복기가 짧다.
- 유행곡선은 가파르다.

② 감염병
- 미량으로 감염된다.
- 잠복기가 길다.
- 유행곡선은 완만하다.

※ 식중독과 감염병의 차이점

경구감염병	세균성 식중독
미량의 균(체내에서 증식)으로도 감염	다량의 균(식품에서 증식)을 섭취해야 발병
병원성이 강함	병원성이 약함
2차 감염, 유행	2차 감염 없음
잠복기 긺	잠복기 짧음
예방 어려움	예방 가능
병후 면역 가능	면역성 거의 없음

12 건강기능식품에서 아래의 고시형 원료의 공통적인 기능성 내용을 서술하시오.

〈보기〉 인삼, 홍삼, 알콕시글리세롤 함유 상어간유, 알로에겔

면역력 증진에 도움을 줄 수 있음
※ 기능식품 원료별 정보[식품안전나라] 참고

식품기사 필답형 적중 모의고사 문제 6회

13 식품에 방사선을 조사하는 방사선 선원, 선종, 조사 목적 2가지를 쓰시오.

식품 조사처리 기준[식품공전]
① **식품 조사처리에 이용할 수 있는 선종** : 감마선(γ), 전자선, 엑스선으로 한다.
② **감마선을 방출하는 선원** : ^{60}Co를 사용할 수 있고, 전자선과 엑스선을 방출하는 선원은 전자선 가속기를 이용할 수 있다.
③ **조사 목적** : 식품의 발아 억제, 살충, 살균 또는 숙도 조절

14 다음 내용에 빈칸을 채우시오.

> 냉장식품은 (①) 이하의 온도에서 저장하나 신선 편의 식품, 훈제연어, 가금육 등은 (②) 이하에서 저장한다. 냉동식품은 (③) 이하의 온도를 유지해 주어야 한다.

① 10℃
② 5℃
③ -18℃

15 미생물 살균방법 중 membrane filter 사용 목적을 쓰시오.

- 연속적인 조작이 상변화 없이 가능해 에너지가 절약된다.
- 가열에 의한 열변성, 향기 성분의 손실이 없다.
- 장치와 조작이 간단하다.
- 대량의 냉각수가 필요 없다.
- 분획과 정제가 동시에 가능하다.

16 츄잉껌 제조 과정 중 유리전이온도를 조절할 수 있다면 어떤 온도에 유리전이온도를 두어야 하는가?

사람 체온(36.5℃) 근처

17 안전관리인증기준(HACCP)에서 개선 조치와 검증의 정의를 쓰시오.

① **개선 조치** : 모니터링 결과 중요관리점의 한계 기준을 이탈할 경우에 취하는 일련의 조치를 말한다.
② **검증** : HACCP 관리 계획의 유효성과 실행 여부를 정기적으로 평가하는 일련의 활동(적용 방법과 절차, 확인 및 기타 평가 등을 수행하는 행위를 포함한다.)을 말한다.

18 맥아당(maltose)와 유당(lactose)를 가수분해할 수 있는 효소를 하나씩 쓰시오.

- 맥아당(maltose) : maltase
- 유당(lactose) : lactase

19 채소류, 과일류, 곡류 등은 수확 후에도 호흡작용을 한다. 이러한 농산물의 저장을 위해서 호흡이 느리게 일어나도록 조절하는 저장고 내의 저장 방법을 무엇이라 하는지 쓰고, 해당 저장 방법의 저장고 내 기체와 온도의 조절 방법을 쓰시오.

① 저장 방법 : CA 저장법
② 기체 조절법 : 산소 농도는 낮추고(1~5%), 이산화탄소(CO_2) 농도는 높여(2~10%) 저장한다.
③ 온도 조절법 : 보통 0~8℃에서 저장한다.
※ CA 저장법 : 저장고 내에서 과채류를 저장하는 동안 저장고의 온도, 습도, 기체의 조성을 조절하여 과채류의 호흡을 지연시켜 신선도를 유지하는 방법이다.
 • CO_2가 많아지면 호흡이 감소된다.
 • 0℃ 부근에서 호흡이 가장 느리다.

20 Texture(텍스처) 정의와 반고체 식품의 Texture를 구성하는 1차, 2차 기계적 특성을 쓰시오.

① **Texture(텍스처) 정의** : 음식을 먹었을 때 입안에서 느껴지는 감촉
② **기계적 특성**
- 1차적 특성 : 기본 특성
  - 경도(hardness), 점성(viscosity), 탄력성(elasticity), 응집성(cohesiveness), 부착성(adhesiveness)
- 2차적 특성 : 기본 특성들이 복합적으로 작용하여 생기는 특성
  - 파쇄성(brttleness, fracturability), 씹힘성(chewiness), 껌성(gumminess)

Part VI 작업형 기출문제 및 예상문제(산업기사)

제1과제 분석화학실험

제2과제 미생물실험

제1과제 분석화학실험

실험 01-1 수분 정량

■ 재료, 시약, 기구 및 장치

(1) 재료
조제하여 보관된 시료(크래카)

(2) 시약 – 없음

(3) 장치 및 기구
① 칭량병 또는 칭량접시
② 건조기
③ 천칭
④ 데시케이터(desiccator)
⑤ 도가니 집게(crucible tong) 또는 면장갑

■■■ 칭량병

■■■ 칭량접시

■■■ 건조기

■■■ 천칭

■■■ 데시케이터

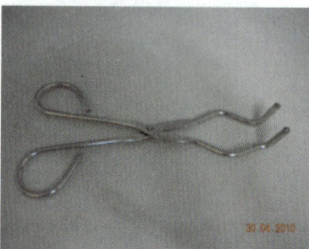
■■■ 도가니 집게

■ 실험방법

(1) 칭량접시의 항량작업

① 건조기를 적정온도(105℃)로 맞춘다.

② 칭량접시를 4시간 건조하고 15~30분 동안 방냉한다.

③ 항량에 도달할 때까지 2시간 건조, 30분 방냉을 반복 실시한다(W_1).

(2) 시료의 전처리 및 칭량작업

① 시료를 분쇄한다.
② 시료 2~5g을 항량된 칭량접시에 넣는다.
③ 천칭으로 무게를 측정한다(W_2).

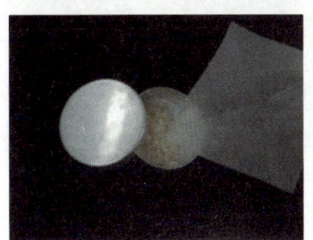 

(3) 시료의 건조 및 항량 작업

① [시료+칭량] 접시를 건조기에 넣는다.
② 건조기의 온도를 105℃로 맞추고 4시간 동안 가열한다.
③ 건조된 [시료+칭량] 접시를 건조기에서 꺼내 데시케이터로 옮겨 30분간 방냉한다.
④ 데시케이터에서 꺼내어 칭량한다.

⑤ 항량이 될 때까지 2시간 건조, 30분 방냉, 칭량을 반복한다(W_3).

실험결과

※ 수분함량 계산

$$수분함량(\%) = \frac{수분중량}{시료의\ 무게} \times 100 = \frac{W_2 - W_3}{W_2 - W_1} \times 100$$

측정항목	측정값(g)	수분함량(%)
칭량접시의 무게(W_1)	24.5854	수분함량 $= \frac{26.6687 - 26.4685}{26.6687 - 24.5854} \times 100 = 9.61(\%)$
건조 전 시료와 칭량접시의 무게(W_2)	26.6687	
건조 후 시료와 칭량접시의 무게(W_3)	26.4685	

실험 01-2 농도변경

10%의 설탕물과 2%의 설탕물을 혼합하여 5%의 설탕물 용액 100㎖를 만들고 계산 과정을 쓰시오.

■ 실험재료 및 기구

설탕, 비커, 메스실린더, 굴절당도계

■■■ 설탕

■■■ 메스실린더

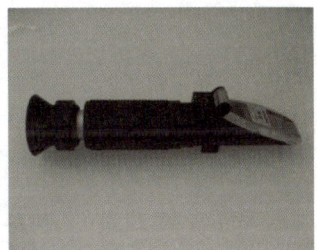
■■■ 굴절당도계

■ 농도변경 계산

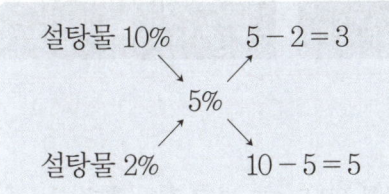

10% 설탕물 = $\dfrac{3}{3+5} \times 100 = 37.5㎖$

2% 설탕물 = $\dfrac{5}{3+5} \times 100 = 62.5㎖$

즉, 10% 설탕물 37.5㎖와 2% 설탕물 62.5㎖를 혼합하면 5% 설탕물 100㎖가 만들어진다.

실험방법

(1) 10% 설탕물 제조

① 비커에 설탕 10g을 평량한다.
② 증류수로 용해한 후 메스실린더에 넣는다.
③ 증류수를 채워 100㎖로 정용(mess up)한다.

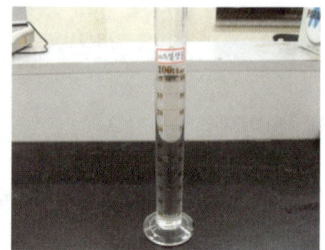

(2) 2% 설탕물 제조

① 비커에 설탕 2g을 평량한다.
② 증류수로 용해한 후 메스실린더에 넣는다.
③ 증류수를 채워 100㎖로 정용(mess up)한다.

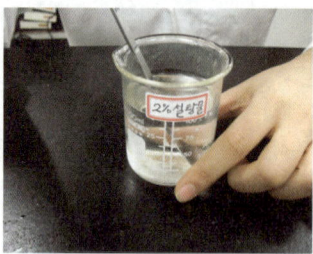

(3) 5% 설탕물 100㎖제조

① 새 메스실린더에 10% 설탕물 37.5㎖와 2% 설탕물 62.5㎖를 넣고 혼합한다.
② 스포이드로 소량을 취하여 5%가 되는지 당도계로 측정한다.

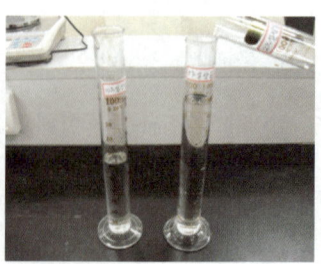

농도확인(굴절 당도계)

① 프리즘 부분을 증류수로 세척하고, 부드러운 천으로 닦는다.

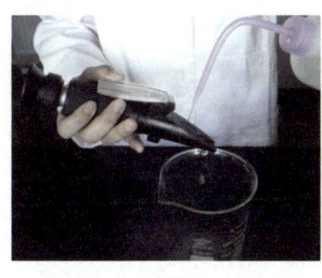 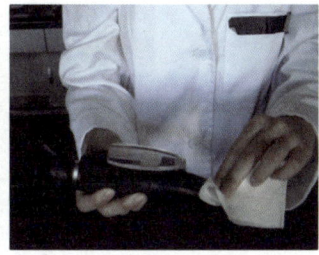

② 시료를 프리즘에 1~2방울 떨어뜨리고 투명판을 닫는다.
③ 약간 눌러 준다.

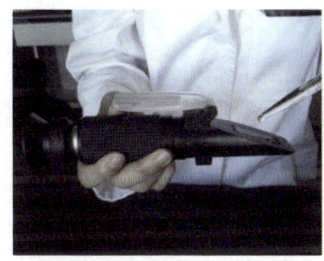 

④ 눈금과 푸른색/흰색 경계선이 일치하는 부분의 숫자를 읽는다.

 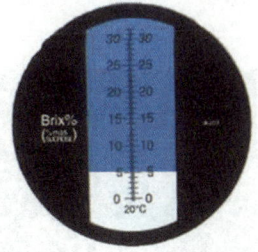

실험 02-1 조회분 정량(직접회화법)

■ 재료, 시약, 기구 및 장치

(1) 재료

　조제하여 보관된 시료

(2) 시약 – 없음

(3) 장치 및 기구

　① 자제도가니(회화 용기)

　② 전기회화로(electrical muffle furnace) 혹은 삼각로와 삼각가 및 버너(전기회화로가 없을 경우)

　③ 도가니 집게(crucible tong)

　④ 데시케이터(desiccator)

　⑤ 전기곤로

　⑥ 면장갑

　⑦ 철제 밧트

　⑧ 시약스푼

　⑨ 분석용 전자저울(직시천칭) 등

■■■ 자제도가니

■■■ 전기회화로

■■■ 전기곤로

■■■ 철제 밧트

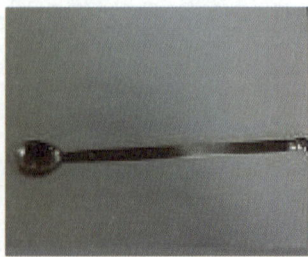
■■■ 시약스푼

실험방법

(1) 도가니 항량 작업

① 회화로의 온도를 550~600℃에 맞춘다.
② 도가니를 회화로에 넣고 2시간 동안 작열한다.

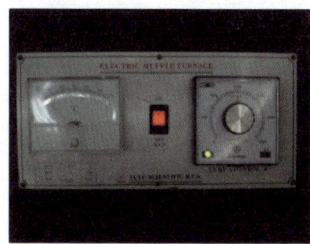 

③ 회화 용기를 밧트로 옮겨 100~300℃까지 냉각시킨 후 데시케이터에서 30분간 방냉 처리 후 전자저울로 칭량한다.

④ 반복작업(② ~ ③)을 하여 도가니 항량을 구한다(W_0).

(2) 시료의 채취 및 칭량

① 시료(곡류, 두류 등)를 마쇄한 후 도가니에 정밀히 3~5g을 달아 넣는다(W_1). 이외의 시료는 전처리가 필요하다.

② 300℃ 이하의 전기곤로에서 도가니의 뚜껑을 비스듬히 열어서 예비 회화시킨다.

(3) 회화 및 칭량 작업

① 도가니를 회화로에 옮겨 550~600℃로 온도를 맞추고 회분이 얻어질 때까지(5시간 정도) 작열한다.

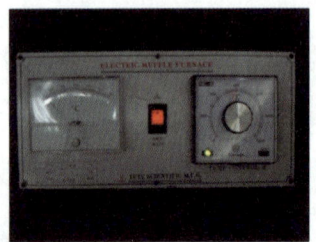 

② 회화가 다 되면 밧트에 옮겨 100~300℃까지 냉각시키고 데시케이터에 넣어 30분간 방냉한 후 전자저울로 칭량한다.

③ 반복작업(①~②)을 하여 도가니의 항량을 측정(반복 시 작열시간은 2시간, 1시간, 1시간, …)한다(W_2).

■ 실험결과

※ 조회분 함량 계산

$$조회분\ 함량(\%) = \frac{W_2 - W_0}{W_1 - W_0} \times 100 = \frac{W_2 - W_0}{S} \times 100$$

측정항목	측정값(g)	수분함량(%)
도가니의 무게(W_0)	22.9532	조회분 함량 $= \frac{23.0010 - 22.9532}{26.0052 - 22.9532} \times 100 = 1.57(\%)$
회화 전 시료와 도가니의 무게(W_1)	26.0052	
회화 후 시료와 도가니의 무게(W_2)	23.0010	

실험 02-2 농도변경

* 실험 01-2 농도변경 참고

제1과제 분석화학실험

실험 03-1 총산도(과일 중 유기산의 정량)

주어진 시료의 총산도를 측정하시오(페놀프탈레인 시액을 지시약으로 하여 수산화나트륨용액으로 적정).

실험재료 및 기구

(1) 재료

밀감류(레몬, 밀감)

■■■ 밀감

(2) 시약

0.1N NaOH(factor 1.000), phenolphthalein, D.W, 정제해사

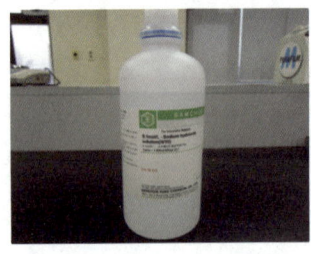

■■■ 0.1N NaOH

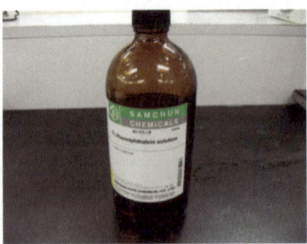

■■■ phenolphthalein

■■■ 정제해사

(3) 장치 및 기구

비커, 막자사발, 막자, 깔대기, 깔대기대, 가제, 100㎖ 메스플라스크, 200㎖ 비커, 50㎖ 뷰렛, 10㎖ 피펫

▪▪▪ 비커

▪▪▪ 막자사발, 막자

▪▪▪ 깔대기, 깔대기대

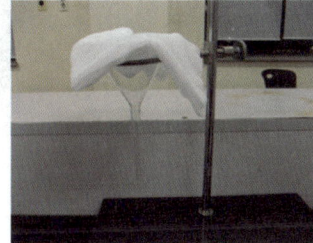
▪▪▪ 가제

▪▪▪ 100㎖ 메스플라스크

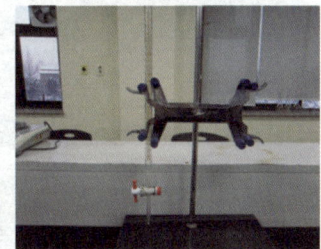
▪▪▪ 50㎖ 뷰렛

실험방법

(1) 시료용액의 조제(고체시료의 경우)
  ① 밀감류의 먹는 부분 약 10g을 비커에 단다.
  ② 막자사발에 옮긴다.
  ③ 소량의 해사와 온수를 가하여 마쇄한다.

  ④ 여과 후 100㎖ 메스플라스크에 넣는다.
  ⑤ 증류수로 표선까지 채운다.

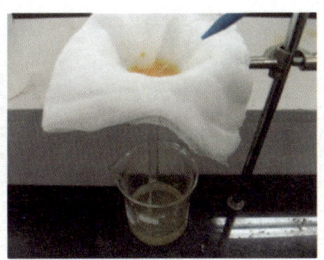

제1과제 분석화학실험

(2) 유기산 정량

① 100㎖ 삼각플라스크에 시료용액 25㎖를 취한다.
② p.p 지시약 2~3방울을 가한다.
③ 0.1N NaOH 표준용액으로 적정한다(무색→적색).

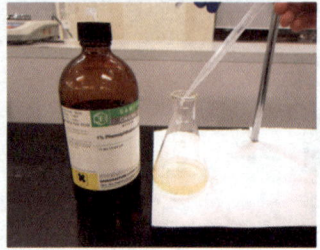
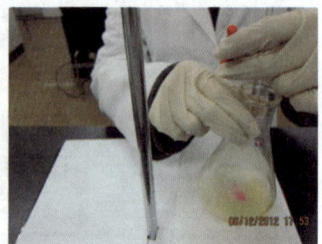

계산

$$\text{식품 중의 유기산 양}(\%) = \frac{V \times F \times A \times D}{S} \times 100$$

측정항목	측정값(g)	수분함량(%)
V : 0.1N NaOH 용액의 적정 소비량(㎖)	18.7	
F : 0.1N NaOH 용액의 역가	1	$= \frac{18.7 \times 1 \times 0.0064 \times 4}{10} \times 100$
A : 0.1N NaOH 용액 1㎖에 상당하는 유기산의 양(g)	0.0064	
D : 희석배수(100/25)	4	$= 4.79\%$
S : 시료의 채취량(g)	10	

* 0.1N NaOH 용액 1㎖에 상당하는 유기산의 양(g) : 초산(acetic acid) 0.006, 사과산(malic acid) 0.0067, 주석산(tartaric acid) 0.0075, 구연산(citric acid) 0.0064, 젖산(lactic acid) 0.009, 호박산(succinic acid) 0.0059

* 밀감류는 구연산(citric acid)으로 계산한다.

실험 03-2   총산도(식초 중 초산의 정량)

■ 실험재료 및 기구

(1) 재료

식초

■■■ 양조식초

(2) 시약

0.1N NaOH(factor 1.000), phenolphthalein, D.W

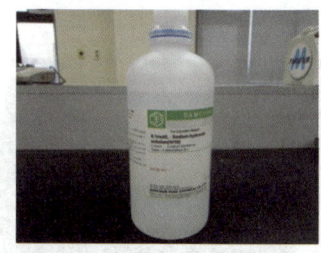

■■■ 0.1N NaOH

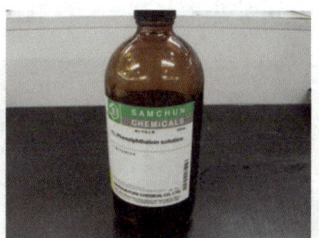

■■■ phenolphthalein

(3) 장치 및 기구

칭량병, 100mL 메스플라스크, 250mL 비커, 50mL뷰렛, 10mL 피펫

■■■ 100mL 메스플라스크

■■■ 250mL 비커

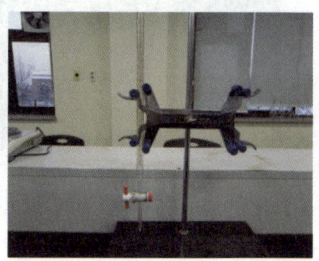

■■■ 50mL 뷰렛

분석화학실험

■ 실험방법

(1) 시료용액의 조제(액체시료의 경우)
   ① 식초 약 10g을 비커에 단다.
   ② 100㎖ 메스플라스크에 넣는다.
   ③ 증류수로 표선까지 채운다.

(2) 유기산 정량
   ① 100㎖ 삼각플라스크에 시료용액 25㎖를 취한다.
   ② p.p 지시약 2~3방울을 가한다.
   ③ 0.1N NaOH 표준용액으로 적정한다(무색 → 적색).

 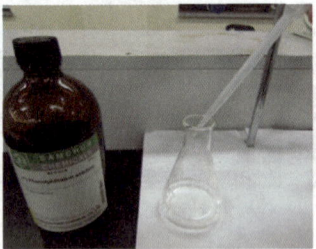 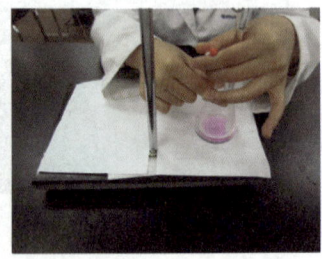

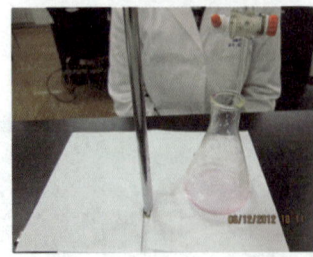

■ 계산

식품 중의 유기산 양(%) = $\dfrac{V \times F \times A \times D}{S} \times 100$

측정항목	측정값(g)	수분함량(%)
V : 0.1N NaOH 용액의 적정 소비량(㎖)	18.2	
F : 0.1N NaOH 용액의 역가	1	= $\dfrac{18.2 \times 1 \times 0.006 \times 4}{10} \times 100$
A : 0.1N NaOH 용액 1㎖에 상당하는 유기산의 양(g)	0.006	
D : 희석배수(100/25)	4	= 4.37%
S : 시료의 채취량(g)	10	

* 0.1N NaOH 용액 1㎖에 상당하는 유기산의 양(g) : 초산(acetic acid) 0.006, 사과산(malic acid) 0.0067, 주석산(tartaric acid) 0.0075, 구연산(citric acid) 0.0064, 젖산(lactic acid) 0.009, 호박산(succinic acid) 0.0059
* 식초는 초산(acetic acid)으로 계산한다.

실험 04-1 산(0.1N H₂SO₄) 조제 및 표정 : 참고

■ 실험재료 및 기구

H$_2$SO$_4$(M.W 98.08, S.G 1.84, 98%), Na$_2$CO$_3$(M.W 105.989, 99.97% 이상), 0.2% methyl orange, measuring flask(1,000㎖), 삼각플라스크, 뷰렛, 피펫, 홀피펫(20㎖), measuring pipette(10㎖)

■ 실험방법

(1) 0.1N H$_2$SO$_4$ 표준용액 1,000㎖ 조제

① 98%의 H$_2$SO$_4$ 2.72㎖를 정확히 취한다(1급 시약 사용).

비중 S(1.84), 순도 P(98%)의 H$_2$SO$_4$을 사용하여 0.1N H$_2$SO$_4$ 1,000㎖ 조제하는 데 필요한 용적 V$_0$는 다음과 같이 계산한다.

$$V_0 = \frac{4.904 \times 100}{P \times S} = \frac{4.904 \times 100}{98 \times 1.84} = 2.72(㎖)$$

② 증류수를 반쯤 채운 1,000㎖의 measuring flask에 넣는다.

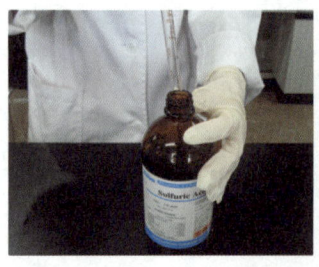
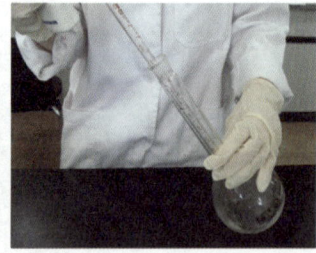

③ 증류수를 가해 표선까지 정용하고 혼합한다.

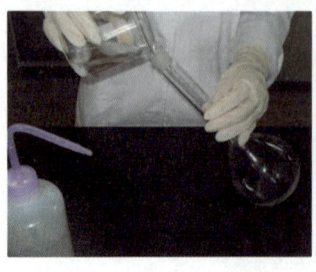
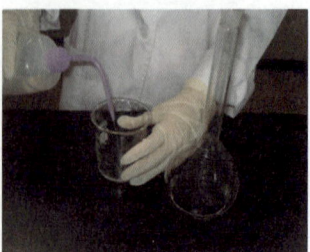
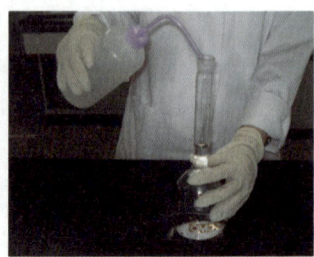

(2) 0.1N H_2SO_4 표준용액의 표정

① 건조한 최순품 Na_2CO_3(99.97% 이상)을 일정량 ag(약 0.2g) 칭량한다.

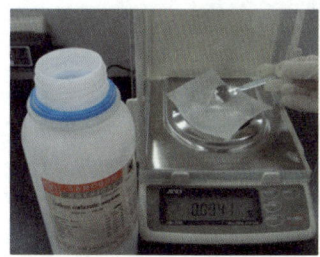

② 50㎖의 증류수에 용해시키고 지시약 methyl orange를 3방울 가한다.

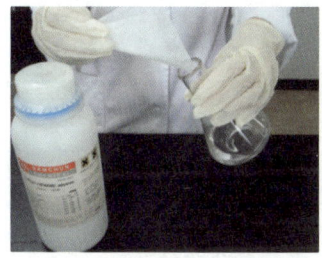
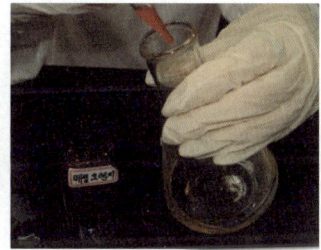

③ 표정하려는 0.1N H_2SO_4로 황색에서 적색이 될 때까지 적정한다.

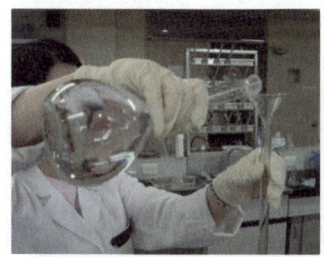
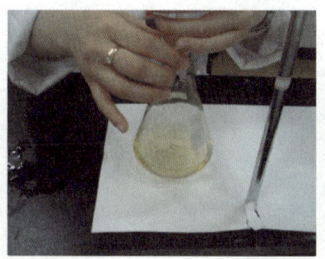
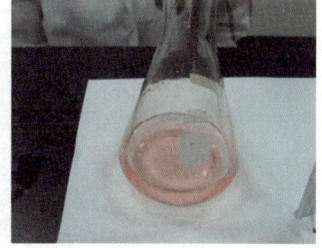

④ 용기 내벽을 소량의 물로 씻고 2~3분간 가열하여 CO_2 gas를 휘산시킨다.

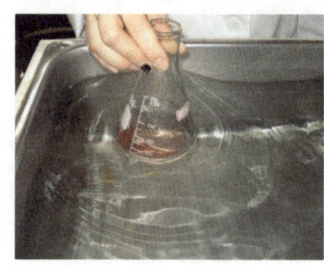

⑤ 냉각시킨 후 적색이 없어지면 다시 적색이 될 때까지 적정한다(황색 → 적색).

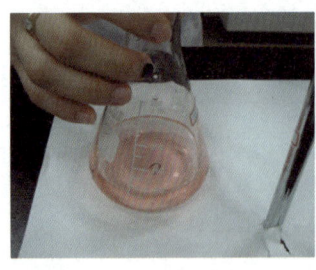 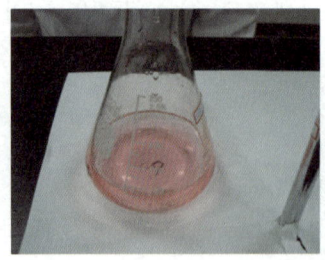

Factor 계산

$$F = \frac{a \times 1000}{5.3002 \times V} = 188.7 \times \frac{a}{V}$$

측정항목	측정값	0.1N H_2SO_4 용액의 factor
Na_2CO_3의 채취량(a)	0.20g	
0.1N H_2SO_4 표준용액의 소비량(V)	37.2㎖	$F = \dfrac{0.20 \times 1000}{5.3002 \times 37.2} = 1.014$
0.1N H_2SO_4 1,000㎖에 해당하는 Na_2CO_3의 양	5.3002g	

실험 04-2 알칼리(0.1N NaOH) 조제 및 표정

실험재료 및 기구

Volumetric flask(500㎖), 뷰렛(50㎖), 삼각플라스크(200㎖), NaOH(M.W 40.01), 0.1N HCl 표준용액(F: 1.007), p.p

실험방법

(1) 0.1N NaOH 표준용액 500㎖ 조제

① NaOH 2.2g을 정확히 칭량한다.
- 1N NaOH = NaOH 1g 당량/NaOH 용액 1,000㎖
  = NaOH 40.01g/NaOH 용액 1,000㎖
- 0.1N NaOH = NaOH 0.1g 당량/NaOH 용액 1,000㎖
  = NaOH 4.001g/NaOH 용액 1,000㎖
  = NaOH 2.00g/NaOH 용액 500㎖
  (조해성을 고려 10% 증가, 즉 2.2g 필요)

② 비커에 넣고 소량의 증류수로 용해한다.

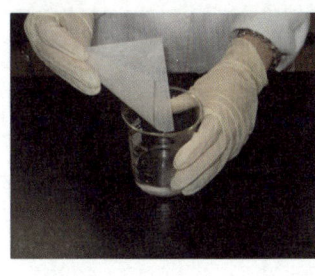 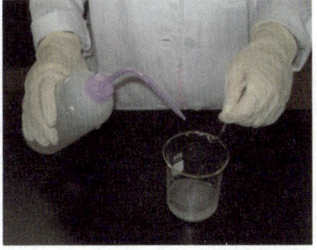

③ 500㎖의 메스플라스크에 옮겨 넣고 증류수로 표선까지 채우고 혼합한다.

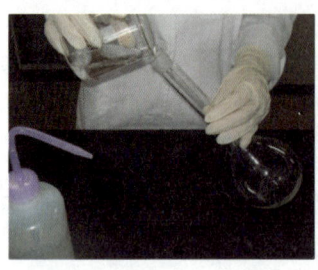
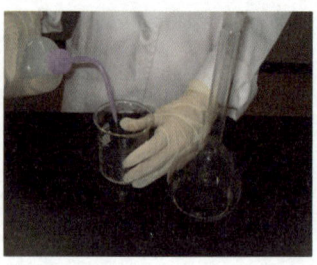

(2) 0.1N NaOH 표준용액의 표정 : 0.1N HCl(또는 H_2SO_4)로 표정

① 0.1N HCl 20㎖를 200㎖ 삼각플라스크에 정확하게 취하고 p.p 2방울을 가한다.

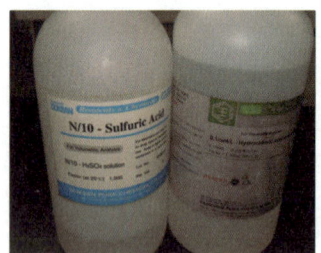
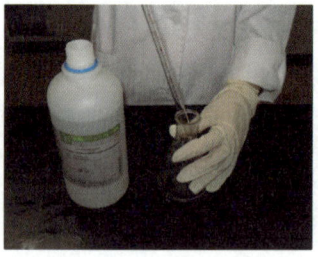
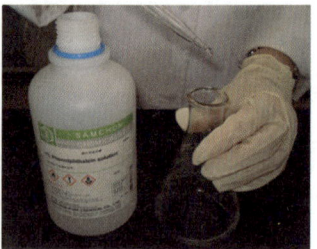

② 0.1N NaOH용액을 뷰렛으로부터 서서히 가하여 적정한다(무색 → 적색).

■ Factor 계산

$$F = \frac{0.1N\ HCl(㎖) \times F_0}{NaOH\ 용액(㎖)}$$

측정항목	측정값	0.1N NaOH 용액의 factor
0.1N HCl 용액의 채취량	20㎖	
0.1N HCl의 factor(F_0)	1.007	$F = \dfrac{20 \times 1.007}{19.8} = 1.017$
0.1N NaOH용액의 소비량	19.8㎖	

실험 05-1 조단백질 정량(Macro kjeldahl 증류법)

■ 재료, 시약, 기구 및 장치

(1) 재료

시료 : 크래카

(2) 시약

진한 H_2SO_4, 분해촉진제(K_2SO_4와 Cu_2SO_4를 9 : 1로 혼합), 30% NaOH, 0.1N H_2SO_4 표준용액, 0.1N NaOH 표준용액, 1% 페놀프탈레인 용액, 혼합(브런스위크)지시약(0.1% methyl red alcohol 용액과 0.1% methylene blue alcohol 용액의 등량 혼합액)

(3) 장치 및 기구

분해장치, 증류장치(macro kjeldahl), 뷰렛, 삼각플라스크(수기), 비등석

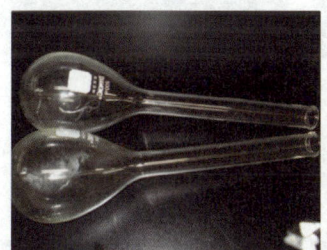
▪▪▪ kjeldahl flask(500㎖)

▪▪▪ 분해장치

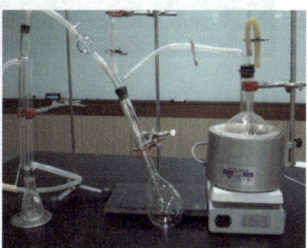
▪▪▪ macro kjeldahl 증류장치

▪▪▪ 수기

실험방법

(1) 분해

① 300~500㎖용 kjeldahl flask에 시료 0.5~10g을 정확히 칭량하여 넣는다.

② 분해촉진제 1~2g과 비등석을 넣은 후에 진한 H_2SO_4 20~30㎖를 가한다.

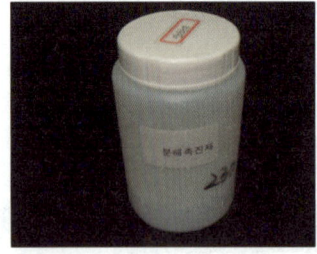

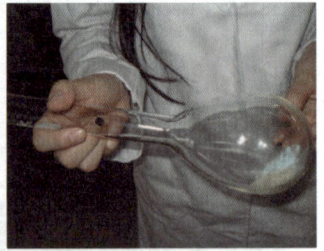

③ 시료 전체가 황산에 잠기도록 잘 혼합하여 분해장치에 설치, 가열한다.

④ 분해액이 흑갈색에서 녹갈색으로, 최후에는 청색 내지 황록색의 투명한 액으로 변하면 분해를 끝낸다.

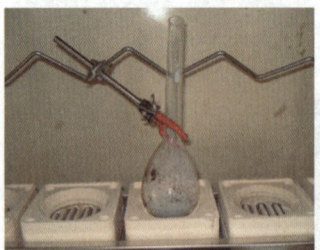

⑤ 방냉시킨 후 100~500㎖ 메스플라스크에 분해액을 넣고 표준선까지 증류수를 넣어서 mess up한다.

(2) 증류 및 중화

① 200~300㎖ 삼각플라스크에 0.1N H_2SO_4 표준용액 10~25㎖를 정확히 취하고 혼합지시약을 4~5방울 가한 후 냉각관 끝에 설치한다.

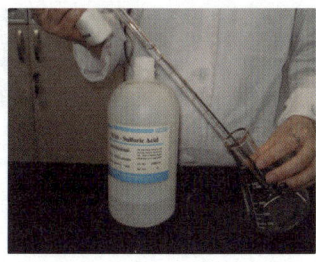

② 증류플라스크의 깔때기를 통하여 시료 분해액 10㎖와 30% NaOH 20㎖를 가하고 약 30~40분간 증류한다.

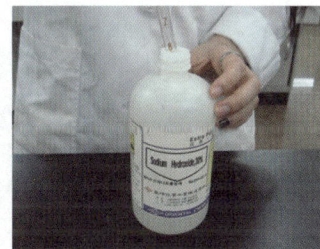

③ 증류가 끝나면 냉각관의 끝부분을 증류수로 잘 세척하여 삼각플라스크에 넣어 냉각관에서 떼어낸다.

④ 역류조작을 반복하여 증류플라스크를 세척한다.

(3) 적정

① 삼각플라스크(수기)의 잔여 H_2SO_4를 0.1N NaOH 표준용액으로 적정한다(보라색 → 회색).

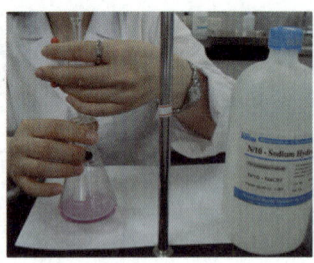

② 시료를 넣지 않고, 다른 조건은 똑같게 하여 공시험을 한다.

실험결과

※ 조단백질 계산

$$조단백질(\%) = \frac{(b-a) \times F \times 0.0014 \times D \times N}{S} \times 100$$

측정항목	측정값(g)	조단백질 함량(%)
본시험에서 0.1N NaOH의 적정치(a)	18.12	조단백질 함량(%) $= \frac{(20.15-18.12) \times 1.021 \times 0.0014 \times 10 \times 6.25}{2.4462} \times 100$ $= 7.41 (\%)$ ※ 0.0014 : 0.1N NaOH 용액 1㎖에 상당하는 질소량(g)
공시험에서 0.1N NaOH의 적정치(b)	20.15	
시료의 채취량(S)	2.4462	
0.1N NaOH의 역가(F)	1.021	
희석배수(D)	100/10	
질소계수(N)	6.25	

실험 05-2 조단백질 정량(Semimicro kjeldahl 증류법)

■ 재료, 시약, 기구 및 장치

(1) 재료

시료 : 크래카

(2) 시약

진한 H_2SO_4, 분해촉진제(K_2SO_4와 Cu_2SO_4를 9 : 1로 혼합), 30% NaOH, 0.05N H_2SO_4 표준용액, 0.05N NaOH 표준용액, 1% 페놀프탈레인 용액, 혼합지시약(0.1% methyl red alcohol 용액과 0.1% methylene blue alcohol 용액의 등량 혼합액)

(3) 장치 및 기구

분해장치, 증류장치(micro kjeldahl), 뷰렛, 삼각플라스크, 비등서

■■■ kjeldahl flask(250mℓ)

■■■ 분해장치

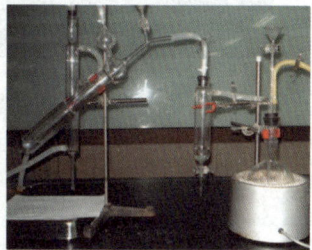
■■■ semimicro 증류장치

■■■ 역류병, 수증기발생장치

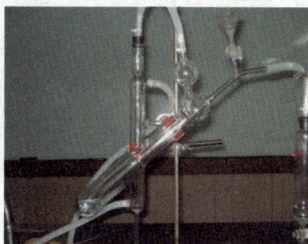
■■■ 증류플라스크, 냉각관

실험방법

(1) 분해

① 250~300㎖ 용 kjeldahl flask에 시료 0.1~0.5g을 정확히 칭량하여 넣는다.

 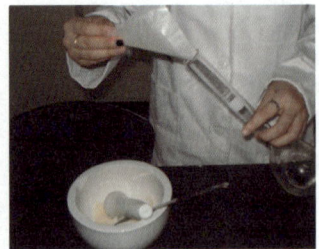

② 분해촉진제 1~2g과 비등석을 넣은 후에 진한 H_2SO_4 20~30㎖를 가한다.

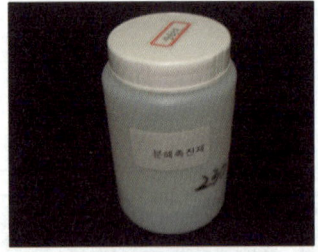 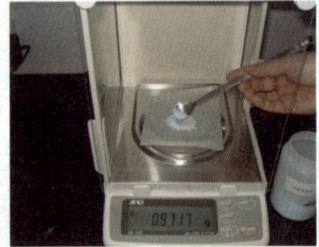 

③ 시료 전체가 황산에 잠기도록 잘 혼합하여 분해장치에 설치, 가열한다.

④ 분해액이 흑갈색에서 녹갈색으로, 최후에는 청색 내지 황록색의 투명한 액으로 변하면 분해를 끝낸다.

 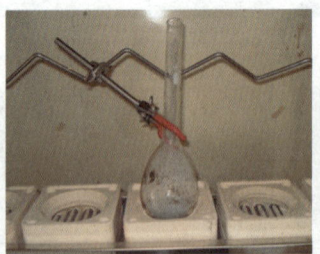 

⑤ 방냉시킨 후 100㎖ 메스플라스크에 분해액을 넣고 표준선까지 증류수를 넣어서 mess up한다.

(2) 증류 및 중화

① 200~300㎖ 삼각플라스크에 0.05N H_2SO_4 표준용액 10㎖를 정확히 취하고 혼합지시약 4~5방울 가한 후 냉각관 끝에 설치한다.

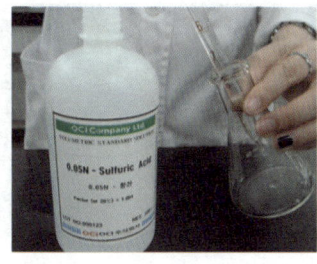

② 증류플라스크의 깔때기를 통하여 시료 분해액 10㎖와 30% NaOH 20㎖를 가하고 약 30~40분간 증류한다.

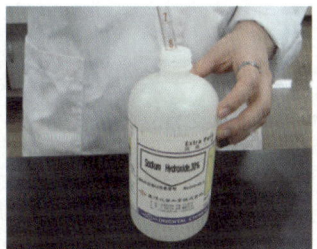

③ 증류가 끝나면 냉각관의 끝부분을 증류수로 잘 세척하여 삼각플라스크에 넣어 냉각관에서 떼어낸다.

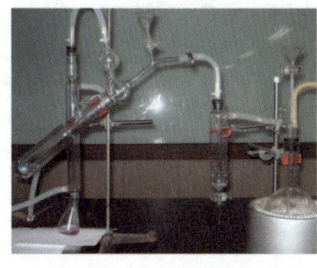

④ 역류조작을 반복하여 증류플라스크를 세척한다.

(3) 적정

① 삼각플라스크(수기)의 잔여 H_2SO_4를 0.05N NaOH 표준용액으로 적정한다(보라색 → 회색).

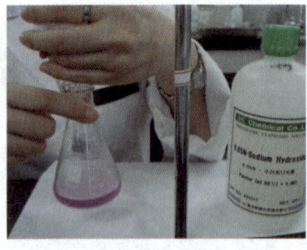

② 시료를 넣지 않고, 다른 조건은 똑같게 하여 공시험을 한다.

실험결과

※ 조단백질 계산

$$조단백질(\%) = \frac{(b-a) \times F \times 0.007 \times D \times N}{S} \times 100$$

측정항목	측정값(g)	조단백질 함량(%)
본시험에서 0.05N NaOH의 적정치(a)	18.12	조단백질 함량(%) $= \frac{(19.25-18.12) \times 1.021 \times 0.0007 \times 10 \times 6.25}{0.4462} \times 100$ $= 11.31\,(\%)$ ※ 0.0007 : 0.05N NaOH 용액 1㎖에 상당하는 질소량(g)
공시험에서 0.05N NaOH의 적정치(b)	19.25	
시료의 채취량(S)	0.4462	
0.05N NaOH의 역가(F)	1.021	
희석배수(D)	100/10	
질소계수(N)	6.25	

실험 06 산가(Acid Value) 측정

■ 실험재료 및 기구

0.1N KOH · ethanol 용액, Ether · ethanol 혼합액(1 : 1 또는 2 : 1), 1% phenolphthalein · ethanol 용액(지시약), 식용유

■ 실험방법

(1) 시료의 칭량 및 전처리

① 시료 5~20g을 200㎖ 삼각플라스크에 정확히 취한다.

② Ether · ethanol 혼합용액 20~40㎖를 가하여 완전히 녹인다.

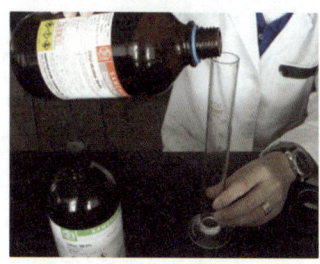 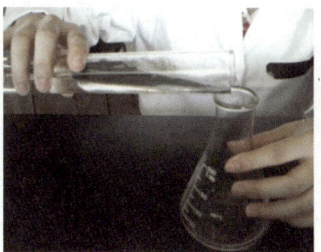 

(2) 적정

① 1% phenolphthalein 용액 2~3방울을 가한다.
② 0.1N KOH · ethanol 용액으로 신속히 적정한다(종말점 : 미홍색).

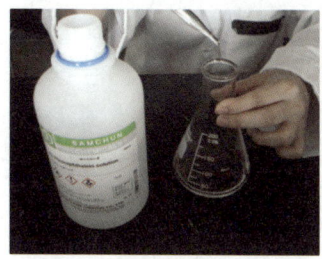 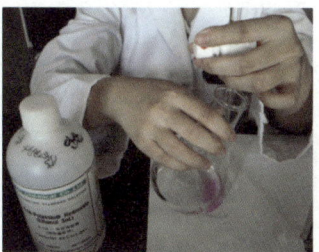 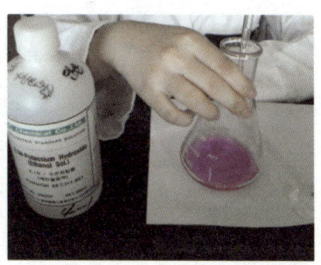

③ 시료만 가하지 않고 똑같은 방법으로 공시험을 실시한다.

 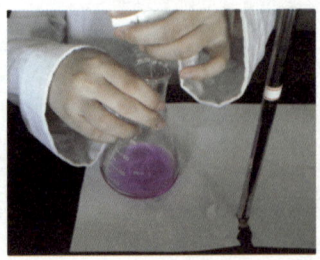 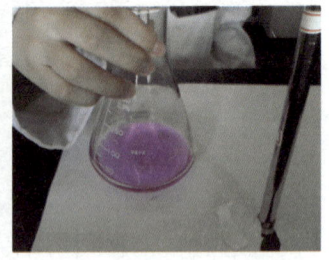

실험 결과

※ 산가의 계산

$$조산가 = \frac{(V_1 - V_0) \times 5.611 \times F}{S}$$

측정항목	측정값	산가의 계산
본시험의 0.1N KOH 용액의 적정소비량(V_1)	1.21㎖	$산가 = \frac{(1.21 - 0.25) \times 5.611 \times 1.001}{5.4663}$
공시험의 0.1N KOH 용액의 적정소비량(V_0)	0.25㎖	$= 0.9864$
시료 채취량(S)	5.4663g	
0.1N KOH 용액의 역가(F)	1.001	

실험 07 과산화물가(Peroxide Value) 측정

■ 실험재료 및 기구

빙초산, Chloroform, KI 포화용액, 1% 전분용액, 0.01N $Na_2S_2O_3$ 표준용액, 식용유

■ 실험방법

(1) 시료의 칭량 및 전처리

① 시료 0.5~1.0g을 200㎖ 마개가 있는 삼각플라스크에 취한다.

② chloroform 10㎖를 가하여 녹인다(완전히 투명한 상태가 된다).
③ 빙초산 15㎖를 가하여 혼합한다.

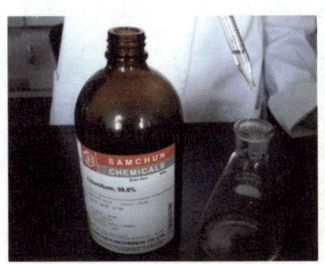
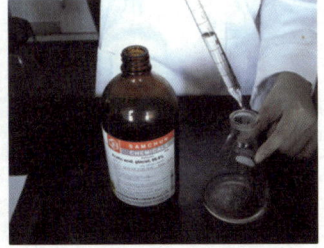

④ KI 포화용액 1㎖를 가하여 마개를 하고 1분간 진탕한 다음 5분간 어두운 곳에서 방치한다.

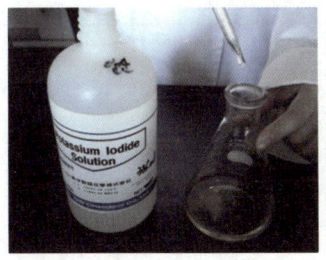
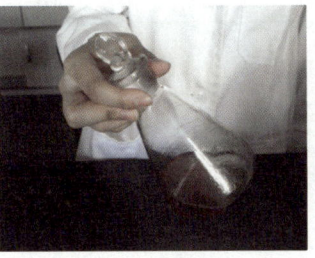

(2) 적정

① 물 75㎖를 가하여 심하게 진탕하고, 1% 전분용액 1㎖를 가한다.

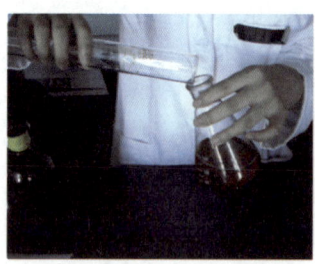  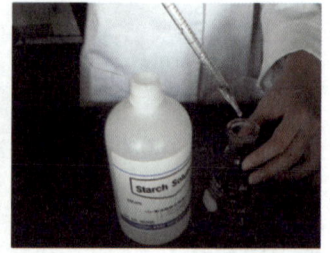

② 0.01N $Na_2S_2O_3$ 용액으로 적정한다(종말점 : 청남색 → 무색).

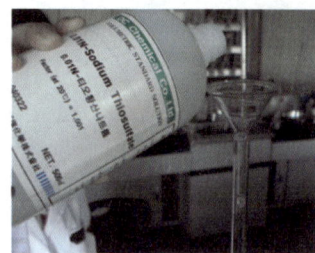  

③ 시료만을 가하지 않고 똑같은 방법으로 공시험을 실시한다.

■ 과산화물가의 계산

$$과산화물가(meq/kg) = \frac{(V_1 - V_0) \times F \times 0.01}{S} \times 1000$$

- 1N $Na_2S_2O_3$ 용액 1㎖ ≡ 과산화물 1meq
- 0.01N $Na_2S_2O_3$ 용액 1㎖ ≡ 과산화물 0.01meq

측정항목	측정값	산가의 계산
본시험의 0.01N $Na_2S_2O_3$ 용액의 소비량(V_1)	21.30㎖	과산화물가 $= \frac{(21.30 - 0.26) \times 10 \times 1.001}{0.8494}$ $= 247.94$
공시험의 0.01N $Na_2S_2O_3$ 용액의 적정소비량(V_0)	0.26㎖	
시료 채취량(S)	0.8494g	
0.01N $Na_2S_2O_3$ 용액의 역가(F)	1.001	

실험 08 총탄수화물 정량(페놀-황산법)

주어진 시료의 총탄수화물 농도를 페놀-황산법으로 측정하고, 표준검량곡선 식을 계산하여 총탄수화물 농도를 계산하시오.

■ 실험재료 및 기구

(1) 분석시료

시료 : 오렌지주스

각 용액을 200배, 400배로 용해한다.

▪▪▪ 오렌지주스

▪▪▪ 200배 희석

▪▪▪ 400배 희석

(2) 표준용액

Glucose 표준용액 : $100\mu g/m\ell$

Fructose 표준용액 : $100\mu g/m\ell$

- 각 용액을 농도별로 희석하여 튜브에 넣는다.
- 표준용액 농도 : 0, 10, 20, 30, 40, 50, 60$\mu g/m\ell$(총량 1.00mℓ)

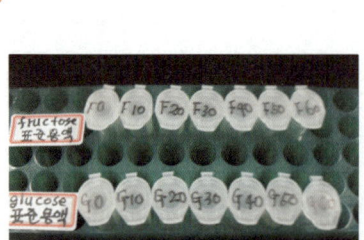

■■■ Glucose, Fructose 표준용액

(3) 시약

5% phenol 수용액

95.5% H_2SO_4

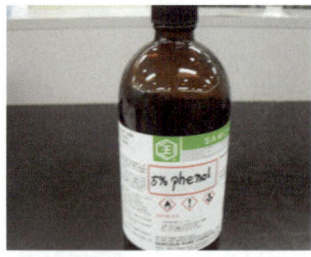

■■■ 5% phenol 수용액

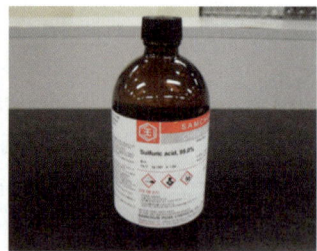

■■■ 95.0% H_2SO_4

(4) 기구

test tubes

pippets aid: 500㎕, 1000㎕

cell

spectrophotometer

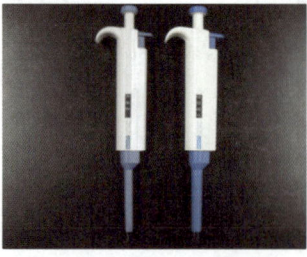

■■■ pippets aid(500, 1000㎕)

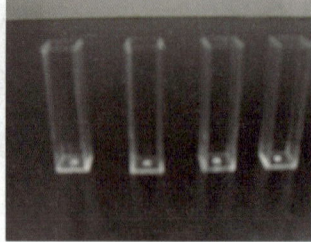

■■■ spectrophotometer cell

■■■ spectrophotometer

실험방법

① test tube에 희석한 시료 2㎖를 넣는다.

  * test tube에 표준용액 2㎖를 넣는다.

② 5% phenol 용액 1㎖를 넣는다.
③ 농황산용액 5㎖를 넣는다.

 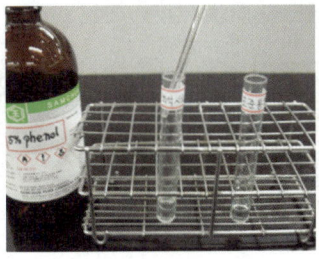 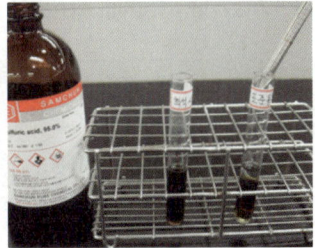

④ Vortex 한다.
⑤ 10분 동안 실온에 방치한다.
⑥ 수욕상에 15분 정도 가열한다.

 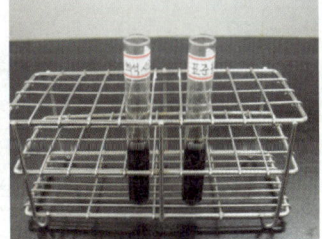 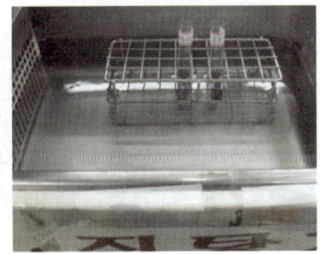

⑦ cell에 각 용액 1㎖를 옮긴다.
⑧ 492nm에서 흡광도를 측정한다.

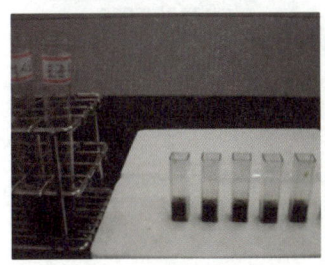  

계산

(1) 시료 B(400배 희석)의 총탄수화물 함량 계산

시료 희석배수	1회	2회	3회	평균
200배	0.101	0.103	0.102	0.102
400배	0.098	0.095	0.102	0.098

평균 흡광도 = (0.098 + 0.095 + 0.102)/3
= 0.098

(2) Glucose의 표준곡선을 이용할 경우

① Glucose의 표준곡선

당의 농도(µg)		0	10	20	30	40	50	60
OD 측정치	1회	0.053	0.077	0.113	0.136	0.168	0.205	0.217
	2회	0.048	0.077	0.109	0.142	0.169	0.201	0.227
	3회	0.046	0.075	0.105	0.138	0.179	0.203	0.219
	평균	0.049	0.076	0.109	0.139	0.172	0.203	0.221

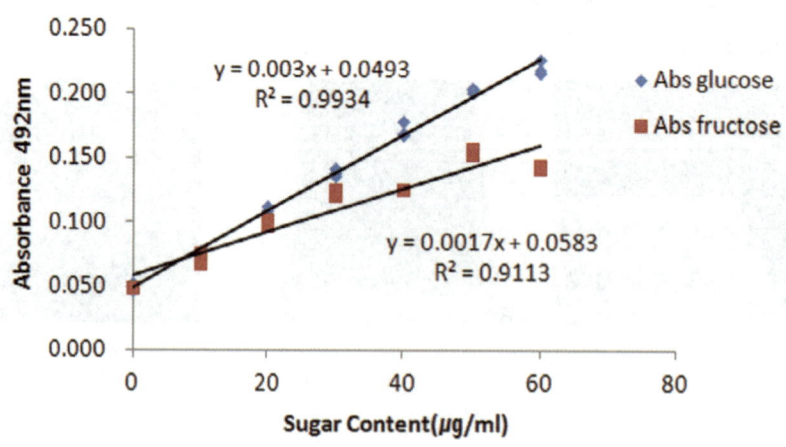

■■ 그림 8-1 페놀-황산법을 이용한 총탄수화물 정량, glucose와 fructose의 표준곡선 ■■

② 계산식

Y = 0.003X + 0.0493

Y : 흡광도, X : 당함량(µg/2.0㎖)

2.0mℓ 중 CHO함량 = (0.098 − 0.0493)/0.003

　　　　　　　　= 16.23㎍/2mℓ glucose equivalent

　　　　　　　　= 8.12㎍/mℓ glucose equivalent

③ 희석배수 계산(400배)

　1.0mℓ 중 CHO함량 = 8.12㎍ × 400/mℓ glucose equivalent

　　　　　　　　= 3248㎍/mℓ glucose equivalent

　　　　　　　　= 0.32%

(3) Fructose의 표준곡선을 이용할 경우

① Fructose의 표준곡선

당의 농도(㎍)		0	10	20	30	40	50	60
OD 측정치	1회	0.049	0.068	0.097	0.121	0.125	0.153	0.143
	2회	0.049	0.069	0.098	0.122	0.125	0.153	0.142
	3회	0.049	0.076	0.102	0.125	0.125	0.158	0.144
	평균	0.049	0.071	0.099	0.123	0.125	0.155	0.143

② 계산식

　$Y = 0.017X + 0.0583$

　Y : 흡광도, X : 당함량(㎍/2.0mℓ)

　2.0mℓ 중 CHO함량 = (0.098 − 0.0583)/0.0017

　　　　　　　　= 23.35㎍/2mℓ fructose equivalent

　　　　　　　　= 11.68㎍/mℓ fructose equivalent

③ 희석배수 계산(400배)

　1.0mℓ 중 CHO함량 = 11.68㎍ × 400/mℓ fructose equivalent

　　　　　　　　= 4672㎍/mℓ fructose equivalent

　　　　　　　　= 0.47%

제1과제 분석화학실험

실험 09   식염(NaCl)의 정량(Mohr법)

주어진 시료의 식염농도를 Mohr 법으로 측정하고, 시료의 식염 농도를 계산하시오.

■ 실험재료 및 기구

양조간장, 10% 크롬산칼륨(K_2CrO_4) 용액, 0.02N $AgNO_3$ 용액

■ 실험방법(습식법)

(1) 시료의 칭량 및 전처리

① 시료 1㎖를 정확히 취해 100㎖ 메스플라스크에 넣는다.

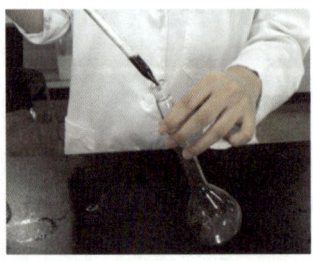

② 증류수를 넣어 100㎖로 정용한다.

(2) 적정

① 희석시료 5㎖를 100㎖ 삼각플라스크에 정확히 취한다.

② 증류수 50㎖와 10% 크롬산칼륨(K_2CrO_4)용액 1㎖를 가한다.

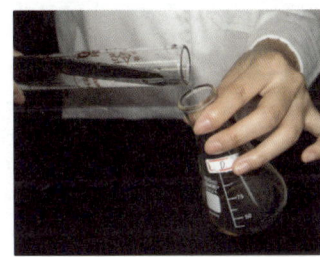 

③ 0.02N $AgNO_3$ 표준용액으로 적정한다(황백색 혼탁액 → 약간 적갈색).

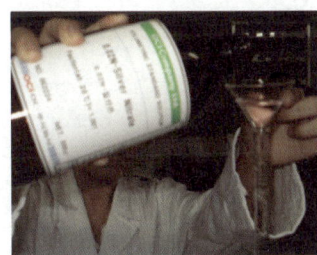 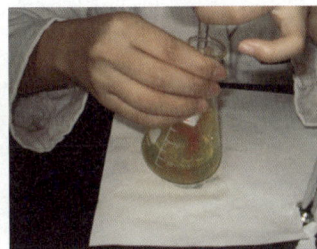 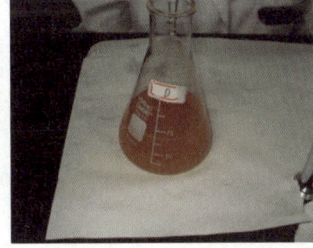

분석화학실험

■ 계산

- $Cl(mg\%) = 0.7092 \times V \times F \times D \times \dfrac{100}{S}$

- $NaCl(mg\%) = 0.00117 \times V \times F \times D \times \dfrac{100}{S}$

V : 0.02N AgNO₃ 용액의 적정소비량(㎖)
F : 0.02N AgNO₃ 용액의 역가
D : 희석배수
S : 시료채취량(g)
0.7092 : 0.02N AgNO₃ 용액 1㎖에 상당하는 Cl의 양(mg)
0.00117 : 0.02N AgNO₃ 용액 1㎖에 상당하는 NaCl의 양(g)

측정항목	측정값	식염(NaCl)의 계산
0.02N AgNO₃ 용액의 적정소비량(V)	8.30㎖	NaCl(%) $= 0.00117 \times 8.30 \times 1.001 \times 20 \times \dfrac{100}{1}$ $= 19\,(\%)$
0.02N AgNO₃ 용액의 역가(F)	1.001	
시료 채취량(S)	1㎖	
희석배수(D)	20	

＊만약 중량%(w/v)로 나타내려면 이 값을 간장의 비중(d)으로 나누면 된다.

실험 10 액상당의 pH 측정(수소이온농도)

액상당 희석액의 pH 측정시험을 하고, 희석 전 액상당 원액의 pH를 구하시오.

■ 실험재료 및 기구

(1) 시료

올리고당

■■■ 올리고당

(2) 시약

완충용액 pH 4, 완충용액 pH 7

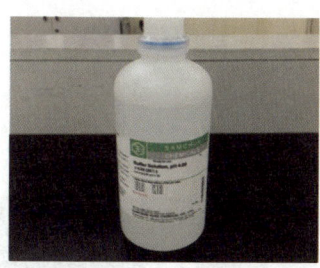 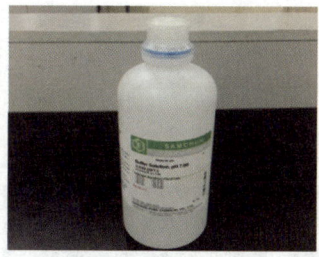

■■■ 완충용액(pH 4)   ■■■ 완충용액(pH 7)

(3) 장치 및 기구

pH meter, pH 전극봉, 비커, 유리막대, 피펫, 증류수통

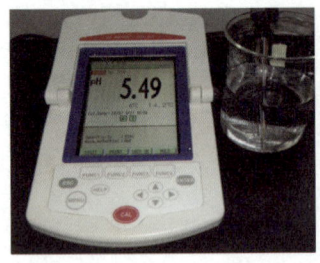
■■■ pH meter

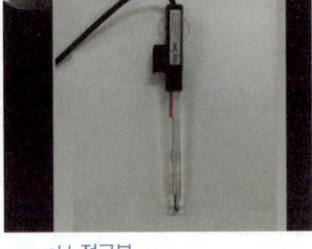
■■■ pH 전극봉

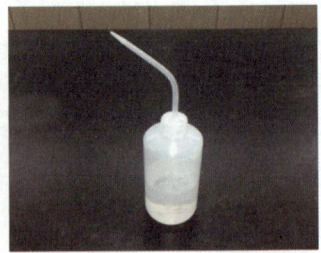
■■■ 증류수통

실험방법

(1) 시료용액의 조제(10배 희석 당용액)

① 비커에 시료(당용액) 1g을 취한다.

② 증류수 9ml을 넣어 희석한다.

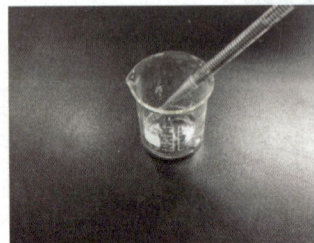

(2) 시료의 pH 측정

① 전원을 켜서 10분 이상 기다린다.

② 전극을 증류수로 씻은 다음 물기를 제거한다.

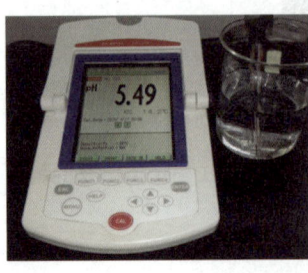
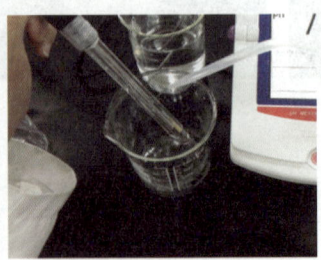
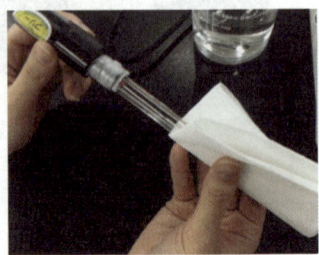

③ 완충용액(pH 7, pH 4)으로 pH를 보정한다.
④ 측정시료에 전극(온도센서 포함)을 충분히 담가 pH를 측정한다.

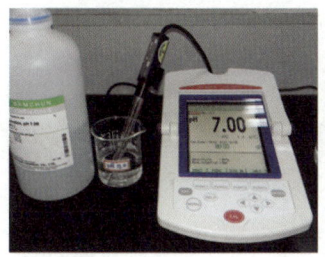 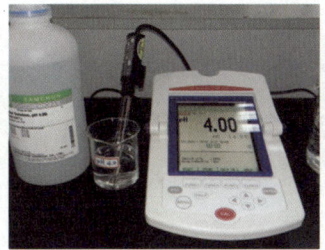 

(3) 결과

희석된 당용액의 pH 6.6

(1) 희석 전 액상당 원액의 pH 구하기

- 희석된 당용액의 pH 6.6
- 희석 배수 10
- 희석수의 pH 7

① 희석된 당용액의 $[H^+]$

$6.6 = -\log10[H^+]$

$\log10[H^+] = -6.6$

$[H^+] = 10^{-6.6}$

$[H^+] = 0.000002512M$

② 희석수의 $[H^+]$

$7 = -\log10[H^+]$

$\log10[H^+] = -7$

$[H^+] = 10^{-7}$

$[H^+] = 0.0000001M$

③ 액상당 원액의 pH

원액의 $[H^+]$을 x라 할 때

```
x                    0.0000001512      1
         0.0000002512
0.0000001            x−0.0000002512    9
```

$1*(x−0.0000002512) = 9*0.0000001512$

$x = 0.0000016120$

원액의 pH $= -\log10[0.0000016120] = 5.8$

실험 11   액체식품의 비중 측정

액체식품의 비중 측정시험을 하시오(비중병 사용).

■ 실험재료 및 기구

(1) 시료

식용유

■■■ 식용유

(2) 실험기구

비중병, 항온수조, 건조기, 저울

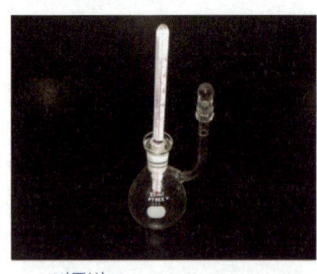  

■■■ 비중병   ■■■ 항온수조   ■■■ 건조기

※ 비중병 : 용량 10~100㎖의 것으로서 온도계가 붙은 마개와 눈금이 붙은 뚜껑을 가진 측관이 있는 것

■ 실험방법(식품공전 참조)

(1) 비중병의 건조, 방냉 및 항량 측정

① 비중병을 미리 세척하고 건조, 냉각하여 무게(W_0)를 단다(항량값).

  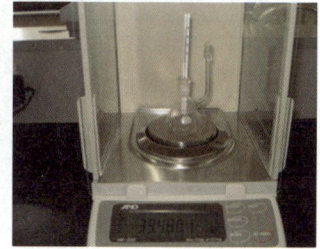

(2) 비중측정

① 마개와 뚜껑을 빼고 시료를 가득 넣은 후 규정온도(25℃)보다 1~3℃ 낮게 하고 거품이 남지 않게 주의하여 마개를 막는다.
② 서서히 온도를 올려 온도계가 규정온도를 나타낼 때 눈금보다 상위의 시료를 측관으로부터 제거하고 측관의 뚜껑을 닫는다.
③ 비중병의 외부를 잘 닦은 다음 무게(W_1)를 측정한다.

④ 같은 비중병으로 증류수를 사용하여 위와 같이 조작하고 무게(W_2)를 측정한다.

 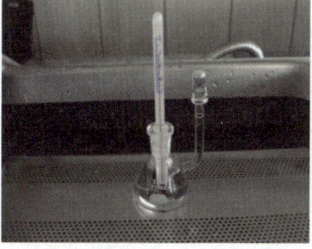 

※ 같은 비중병을 사용하기 때문에 증류수를 먼저 측정하고 유지를 측정하는 것을 권장한다. 세척을 해야 하기 때문이다.

분석화학실험

■ 비중계산

$$\text{비중} = \frac{W_1 - W_0}{W_2 - W_0}$$

측정항목	측정값	비중 계산
항량된 비중병의 무게(W_0)	39.4801	비중 = $\dfrac{64.7837 - 39.4801}{66.8476 - 39.4801}$ = 0.9246
식용유를 넣어 칭량한 무게(W_1)	64.7837	
증류수를 넣어 칭량한 무게(W_2)	66.8476	

실험 12 식품의 산도·알칼리도

주어진 식품의 산도 또는 알칼리도를 구하시오.

실험재료 및 기구

(1) 시료

압맥(눌린보리)

■■■ 보리

(2) 시약

0.1N NaOH용액, 0.1N HCl용액, 30% 과산화수소수, 0.1% phenolphtalen(pp)

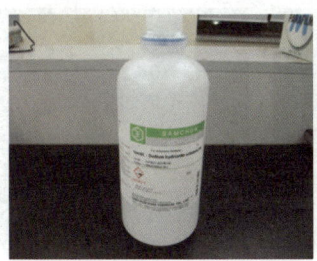

■■■ 0.1N NaOH용액

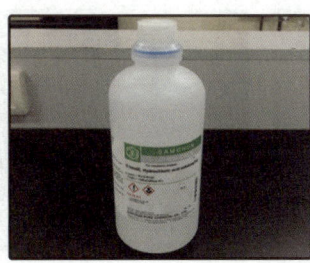

■■■ 0.1N HCl용액

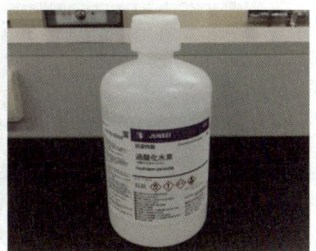

■■■ 30% 과산화수소수

(3) 실험기구

회화로, 도가니, 환류 냉각기, 전열기, 뷰렛(50㎖), 피펫(10㎖), messflask(100㎖), 삼각 플라스크(200ml), 유리봉, 석면

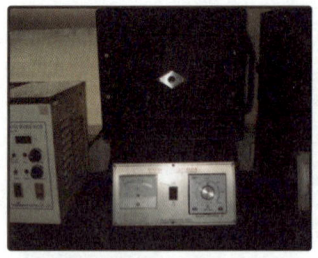
■■■ 회화로

■■■ 도가니

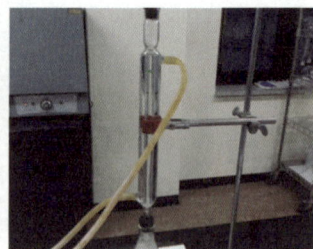
■■■ 환류 냉각기

■■■ 전열기

■■■ 50ml 뷰렛

실험방법

① 시료를 도가니에 평취 한 후, 식품 1g당 0.1N NaOH용액을 1ml를 가해 시료를 적신 후 증발 건고한다.

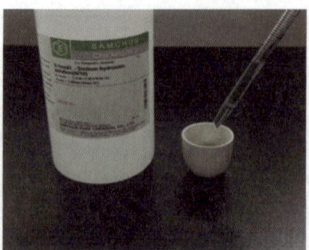

② 이것을 회분정량과 같은 방법으로 작열 회화한다.

　※ 450℃ 이하로 실시한다.

③ 회화 종료 후 도가니가 냉각하면 소량의 물 2~3ml를 가해서 유리봉으로 잘 섞는다.

④ 과산화수소용액을 5~6방울 가해서 아주 천천히 가열해서 증발건고 한 후 도가니 바닥이 미적색이 나타날 때까지 가열한다.

⑤ 방냉 후 2~3ml의 물을 가해서 잘 섞은 후, 100~200ml 삼각플라스크에 정량적으로 옮겨 넣는다.

⑥ 0.1N HCl 용액을 시료 1g당 10ml를 가한다.

  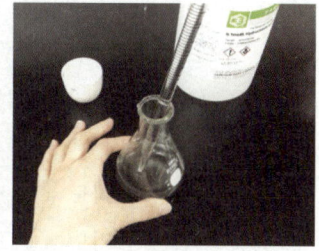

⑦ 환류 냉각기를 붙여서 15분간 조용하게 비등시킨다.
⑧ 냉각 후 0.1% pp를 2~3방울 가하고, 0.1N NaOH용액을 미홍색이 될 때까지 적가한다.

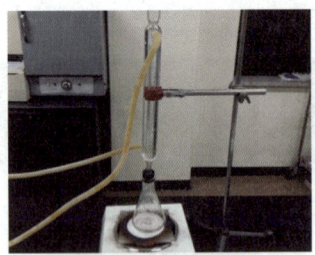

계산

① 시료명 : 압맥(눌린보리)
② 시료의 채취량 : 5g
③ A : 최초에 가한 0.1N NaOH 용액량(ml) : 5ml
④ B : 회분용해에 사용한 0.1N HCl 용액량(ml) : 50ml
⑤ C : 최후에 가한 0.1N NaOH 용액량(ml) : 51ml
⑥ 1/10 : 0.1N NaOH 용액을 사용했으므로 1N로 환산하기 위해 10으로 나눈다.
⑦ 계산

식품의 산 알칼리도 = {B − (A + C)} × 1/10 × 100/S

식품의 산 알칼리도 = {50 − (5 + 51)} × 1/10 × 100/5

= −12(산성식품)

실험 13 발효유 품질검사

발효유의 pH, 당도, 산도를 측정하시오.(pH측정기, 당도계, 적정 뷰렛 사용)

■ 실험재료 및 기구

1. pH(수소이온 농도) 검사

(1) 시료

발효유

■■■ 시료(발효유)

(2) 시약

완충용액(pH 4, pH 7) 증류수

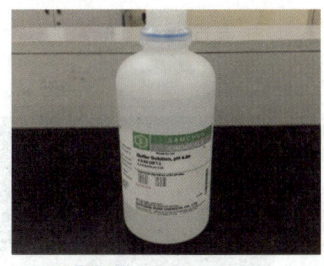

■■■ 완충용액(pH 4)

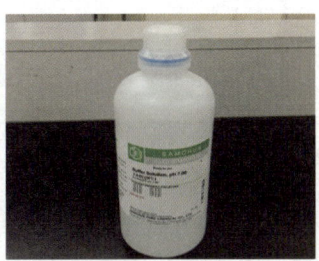

■■■ 완충용액(pH 7)

(3) 실험기구

pH meter, 비커(100ml)

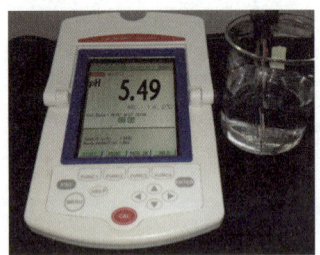
■■■ pH meter

■ 측정방법

① 전원을 켜고 10분 이상 기다린다.
② 전극을 증류수로 깨끗이 세척한 후 흡수성이 강한 종이로 물기를 제거한다.
③ 완충용액으로 pH meter를 보정한다.

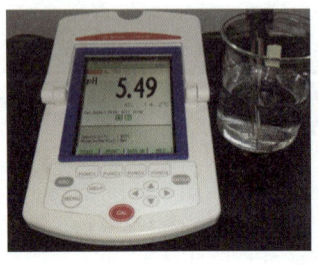 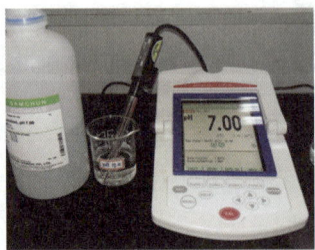 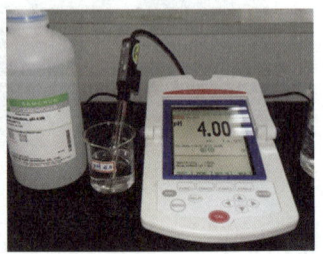

④ 시료를 잘 혼합한 후 비커에 취한다.
⑤ 전극을 세척하고 물기를 제거한다.
⑥ 시료에 전극이 충분히 잠기게 하여 측정한다.

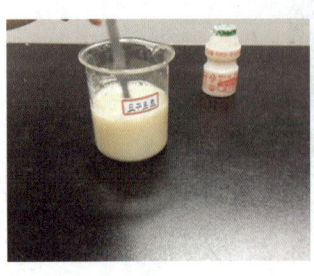 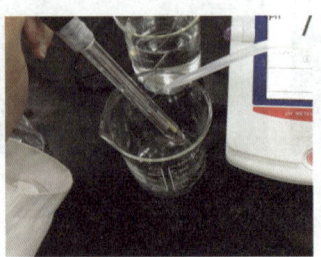 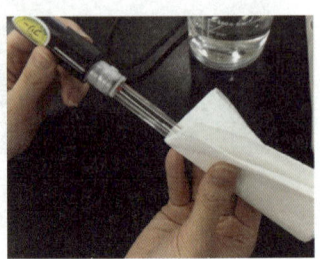

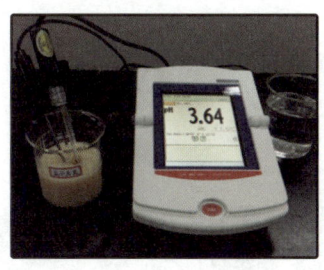

결과

요구르트 pH 3.64

2. 당도 검사

실험재료 및 기구

(1) 시료

발효유

■■■ 시료(발효유)

(2) 실험기구

굴절당도계, 스포이드, 비커(100㎖용)

■■■ 굴절 당도계

■ 측정방법

① 검사시료를 충분히 교반한다.
② 프리즘 부분을 증류수로 세척하고, 부드러운 천으로 닦는다.

  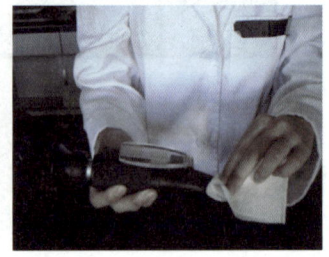

③ 스포이드로 시료를 취하여 프리즘에 2~3방울 떨어뜨리고 투명판을 덮는다.
④ 가볍게 눌러 준다.

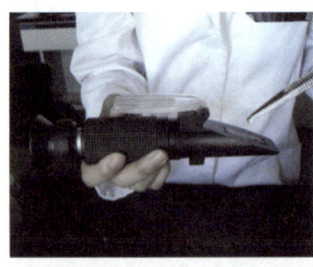 

⑤ 눈금과 푸른색/흰색 경계면이 일치하는 부분의 숫자를 읽는다.

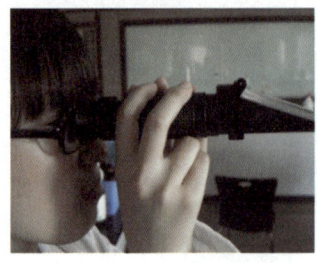 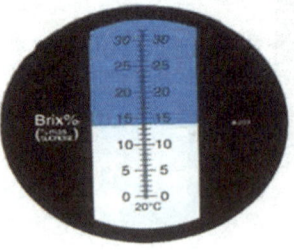

■ 결과

요구르트 당도 : 16.5

3. 적정산도(titratable acidity) 검사

실험재료 및 기구

(1) 시료

발효유

■■■ 발효유

(2) 시약

0.1N 수산화나트륨액, 1.0% 페놀프탈레인시액

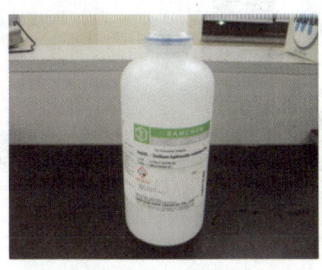 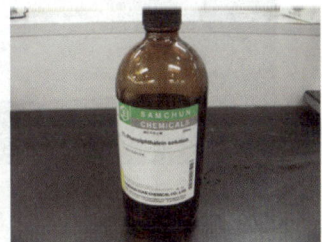

■■■ 0.1N 수산화나트륨액 　　■■■ 1.0% 페놀프탈레인시액

(3) 실험기구

자동뷰렛, 피펫(10㎖용), 비커(100㎖용)

■■■ 자동뷰렛

측정방법

① 검사시료를 충분히 교반한다.
② 시료 9g를 비커에 채취한다.
③ 탄산가스를 함유하지 않은 물 18g(시료량의 2배)을 가한다.

  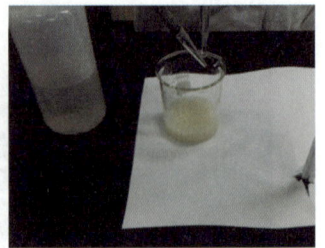

④ 페놀프탈레인시액 0.5㎖를 가한다.
⑤ 0.1N 수산화나트륨액으로 30초간 홍색이 지속할 때까지 적정한다.

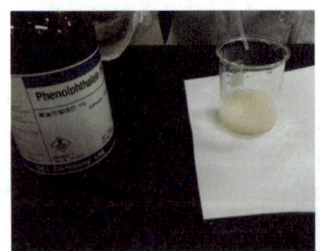 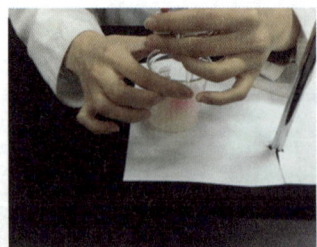 

적정산도(젖산) 계산

$$\text{적정산도(젖산\%)} = \frac{a \times f \times 0.009}{\text{검사시료 채취량}} \times 100$$

※ a : 0.1N 수산화나트륨액의 소비량(㎖) : 5.2㎖
※ f : 0.1N 수산화나트륨액의 역가 : 1.002
※ 0.009 : 0.1N 수산화나트륨액 1㎖에 상당하는 젖산의 양

$$\text{적정산도(젖산\%)} = \frac{5.2 \times 1.002 \times 0.009}{9} \times 100 = 0.52$$

결과

요구르트의 산도(TA) = 0.52

제2과제 미생물 실험

실험 01 일반세균 검사

(1) 시료의 희석

① 시험관 4~5개를 준비하여 먼저 멸균수 9㎖씩을 취한다.

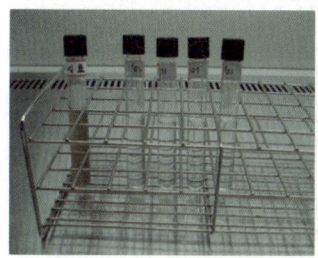

② 준비된 시험관 하나에 시료액 1㎖를 가해 혼합하여 10배로 희석한 후 다시 희석액 1㎖를 취해 다음 시험관에 가해 혼합하는 방법으로 순차적으로 시료를 10^2배, 10^3배, 10^4배로 희석한다.

 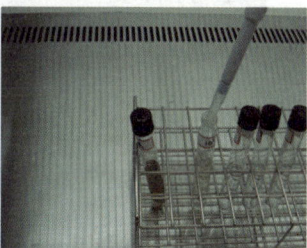 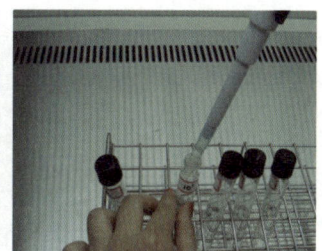

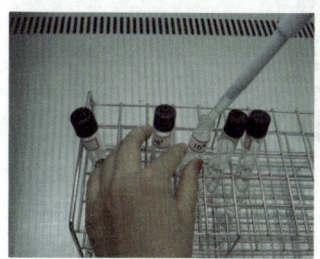 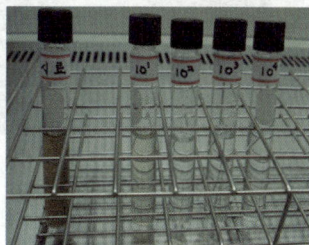

(2) 배지의 분주 및 접종

① 각 희석 시료액 1㎖를 각각 2매의 페트리 접시에 분주한다.

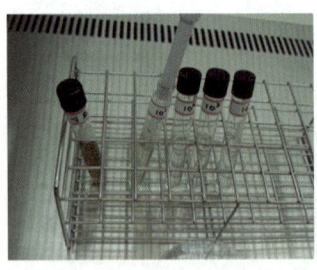 

② 용해, 살균한 표준한천배지(plate count agar)를 각 페트리 접시에 15㎖ 정도 분주한다.

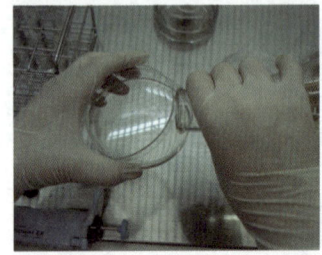

③ 배지를 응고시킨다.

(3) 배양

① petri dish를 거꾸로 하여 배양기에 넣고 35 ± 1℃에서 48 ± 2시간 배양한다.

(4) 균수 계산

희석배수		10^2배	10^3배	10^4배	일반세균수		
집락수	1회	212	48	12	$\dfrac{212+221+48+38}{\{(1\times2)+(0.1\times2)\}\times10^{-2}}$	$= 23,590$	$\fallingdotseq 24,000$
	2회	221	38	10	$\fallingdotseq 2.4\times10^4$ SPC/㎖ 또는 CPU/㎖		

실험 02 대장균군 검사(유당부이온법)

(1) 추정시험

① 추정시험용 액체배지(LB배지) 10㎖를 시험관에 취하고 durham tube를 넣는다.

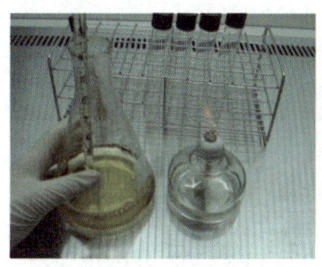  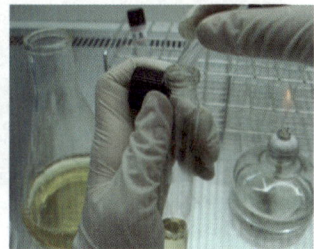

② 살균한 후 냉각한다.

 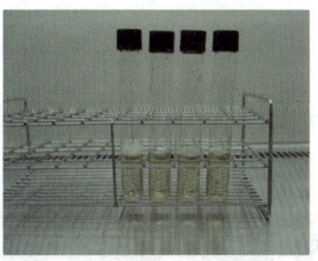

③ 시료 1㎖를 접종한 후 36±1℃에서 24±2시간 배양한다.

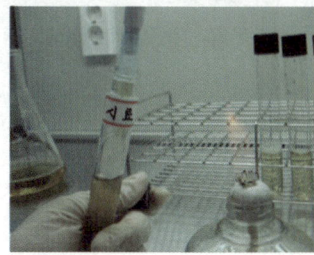 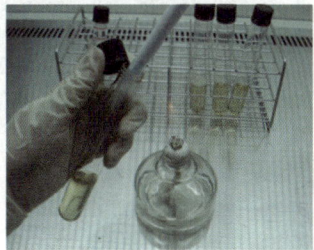 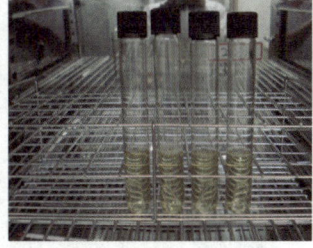

④ 결과를 판정한다.

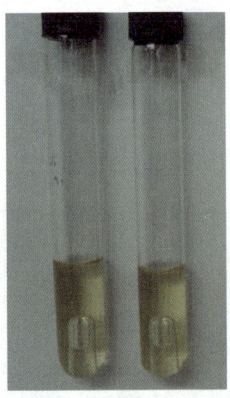
■■■ 추정시험(+)

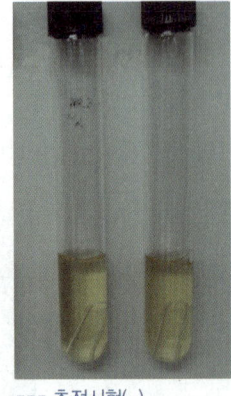
■■■ 추정시험(-)

※ 대장균군은 유당을 분해하여 가스와 산을 생성하므로 LB 발효관에 기포가 형성되면 추정시험 양성이다.

(2) 확정시험

① 추정시험 양성인 tube에서 1백금이를 취하여 확정시험용 액체배지(BGLB 부이온 배지)에 이식하여 배양(36±1℃에서 24~48시간)한다.

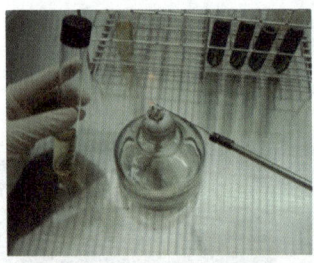
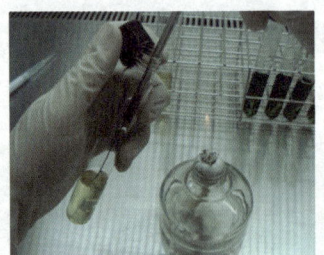
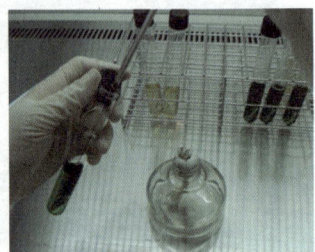

② 가스발생유무를 확인한다.

※ BGLB 부이온 배지 : 대장균군은 BGLB 배지에서 가스를 생성하므로 확정시험 양성이다.

■■■ 확정시험(+)   ■■■ 확정시험(-)

③ 가스가 발생된 BGLB 발효관에서 1백금이를 취하여 확정시험용 평판배지(EMB agar 배지 혹은 Endo agar 배지)에 획선도말 접종한다.

 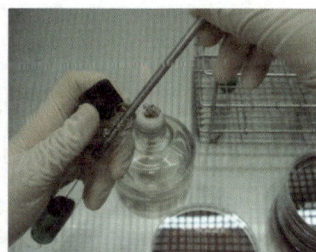 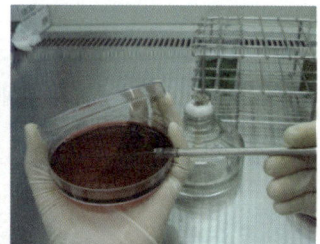

④ 페트리 접시를 거꾸로 하여 배양기에 넣고 36±1℃에서 24±2시간 배양한다.

⑤ 결과를 판정한다.

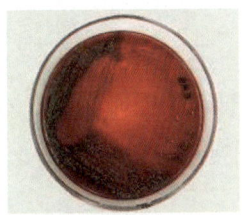
■■■ 확정시험(+)

※ EMB agar 배지 : 대장균군은 EMB 배지에서 흑녹색의 금속성 광택을 나타내므로 확정시험 양성으로 판정

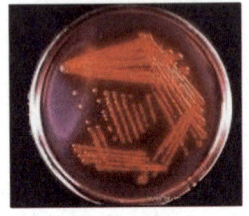
■■■ 확정시험(+)

※ Endo agar 배지 : 대장균군은 Endo 배지에서 붉은색의 colony를 나타내므로 확정시험 양성으로 판정

(3) 완전시험

① 확정시험용 평판배지에서 전형적인 대장균군의 균체를 취하여 완전시험용 액체배지(durham tube를 넣은 LB배지)와 표준한천사면배지에 각각 이식하여 35±1℃로 48±3시간 배양한다.

② 가스발생 유무를 확인하고 또한 표준한천사면배지에서 배양된 균체를 취하여 그람염색 및 IMViC test를 실시한다.

③ 결과를 판정한다.
- 그람염색 : 그람(-)균 → 완전시험(+)
- IMViC test : B, D, F, H → 완전시험(+)

	I	M	V	C
E. coli	+	+	-	-

실험 03 배지제조 및 이식

1) 액체배지의 제조

① 배지의 적량을 칭량한다.
② 비커에 넣고 증류수로 용해한다.

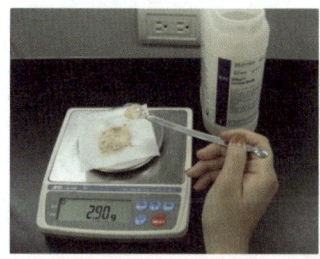 

③ 삼각플라스크나 튜브에 분주한다.

④ 고압증기멸균(121℃/15분)시킨다.

 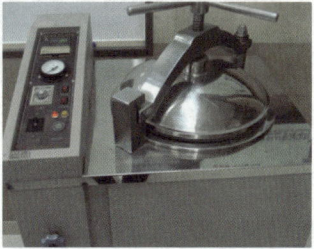

2) 고체배지의 제조

(1) 평판배지

① 배지(Plate Count Agar) 적량(5.8g/250㎖)을 칭량한다.

② 삼각플라스크에 넣고 증류수를 가하여 끓여서 완전히 용해시킨다.

③ 고압증기멸균(121℃/15분)시킨다.

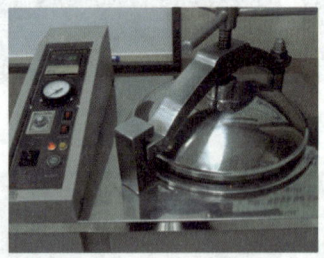

④ 멸균된 페트리접시에 분주(약 25㎖)한다.
⑤ 배지를 응고시킨다.

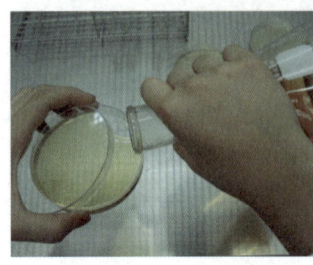
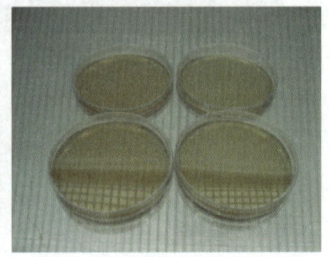

(2) 사면, 고층배지

① 배지(Plate Count Agar) 적량(5.8g/250㎖)을 칭량한다.

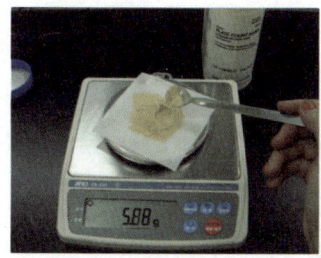

② 삼각플라스크에 넣고 증류수를 가하여 끓여서 완전히 용해시킨다.

③ 고압증기멸균(121℃/15분)시킨다.

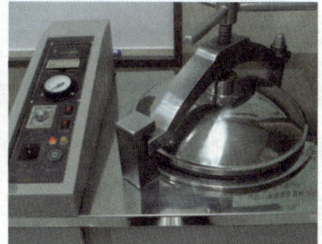

④ 멸균된 시험관에 분주한다.

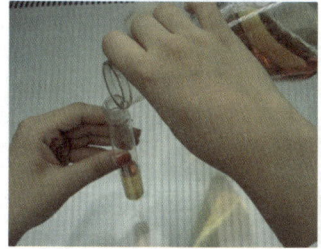

⑤ 배지를 응고시킨다.
- 사면배지 : 기울여서 응고시킨다.
- 고층배지 : 세워서 응고시킨다.

3) 이식

(1) 평판배지

① 배양된 배지 주변과 백금이를 화염멸균시킨다.

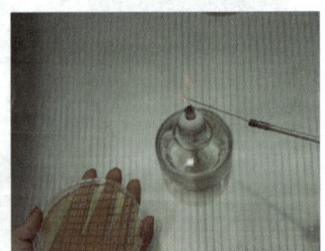

② 배양된 평판배지(혹은 사면배지)에서 백금이로 미생물을 소량 묻힌다.

③ 응고된 평판배지에 페트리접시를 돌려서 희석하면서 획선하여 접종한다.

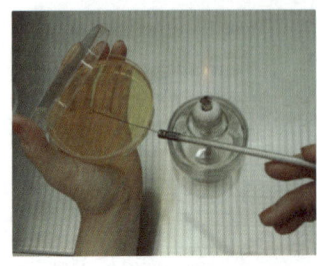
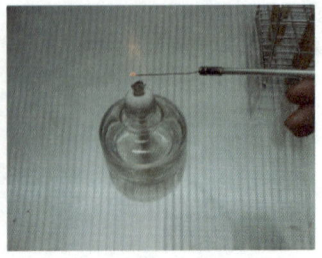

④ 배양기에 뒤집어 넣어 배양한다.

(2) 사면배지

① 배양된 배지 시험관 입구와 백금이를 화염멸균시킨다.

② 배양된 사면배지(혹은 평판배지)에서 백금이로 미생물을 소량 묻힌다.

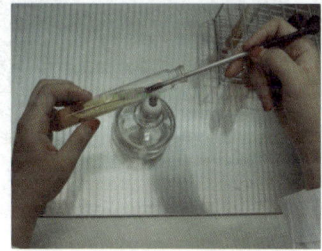

③ 응고된 사면배지 표면에 획선하여 접종한다.

 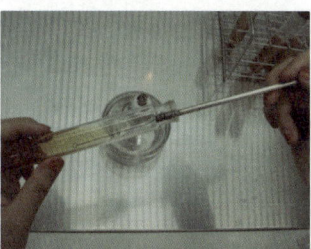 

④ 배양기에 넣어 배양한다.

제2과제 미생물 실험

실험 04 그람염색(Gram Staining)

그람염색을 실시하시오.

■ 실험재료 및 기구

(1) 고체나 액체배지에 18~24시간 배양된 균주
　① 그람 양성균 : *Staphylococcus aureus*
　② 그람 음성균 : *Escherichia coli*

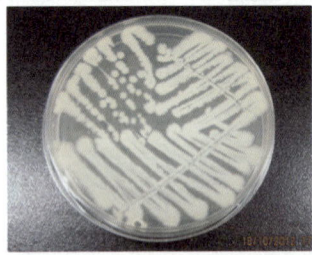
■■■ *Staphylococcus aureus*

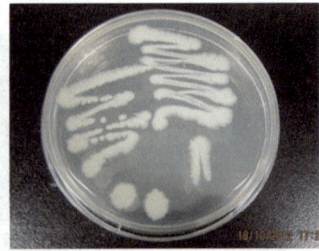
■■■ *Escherichia coli*

(2) 염색시약(Hucker's 변법)
　① Crystal violet 용액
　② Lugol 액(매염제)
　③ 95% 에틸알코올(탈색제)
　④ Safranin(대조염색액)

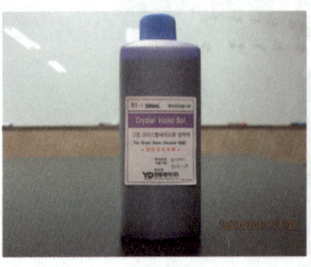
■■■ Crystal violet 용액

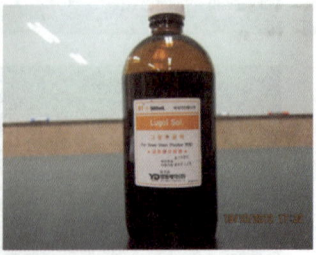
■■■ Lugol 액

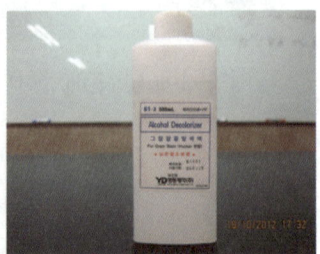
■■■ 95% 에틸알코올

■■■ Safranin

(3) 기타
슬라이드글라스, 백금이, 알코올램프, 여과지, 멸균증류수, 현미경

실험방법

① 배양된 균액 1~2 백금이를 슬라이드 글라스 위에 넓게 펴서 도말한다.
② 반대 쪽 면에 화염을 살짝 가하여 균을 건조, 고정시킨다.

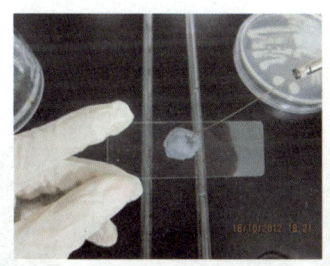 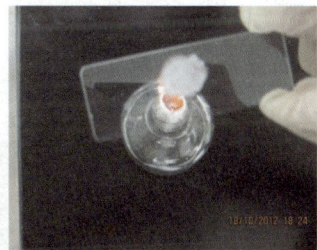 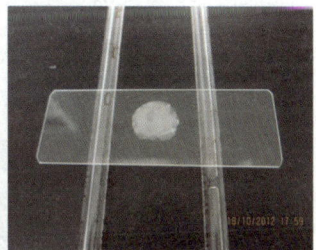

③ 슬라이드에 crystal violet을 가하여 1분간 염색한다.
④ 물로 서서히 염색액을 씻어낸다.
　* 균을 고정시킨 면에 직접 물이 닿지 않도록 반대쪽 면이나 측면에 흘려주어 간접적으로 씻어 주는 것이 좋다.

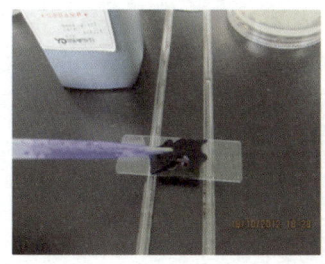 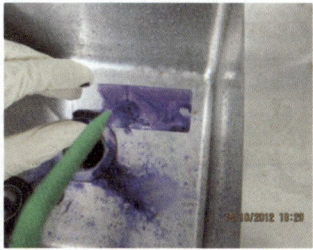 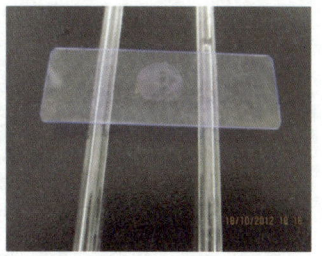

⑤ Lugol 액으로 1분간 염색한다.
⑥ 물로 씻어내고 여과지로 물을 흡수시킨다.

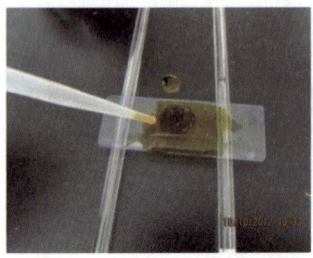 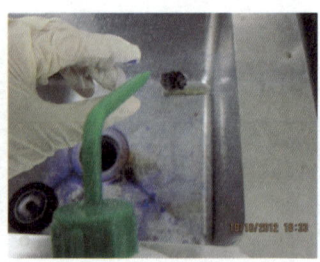

⑦ 95% 알코올에 30초 간 담그어 씻은 액이 무색이 될 때까지 탈색시킨다.
⑧ 물로 다시 알코올을 씻어낸다.

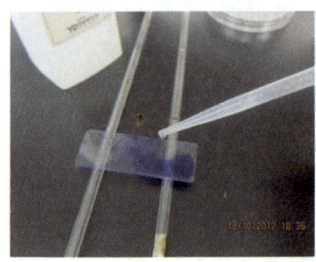 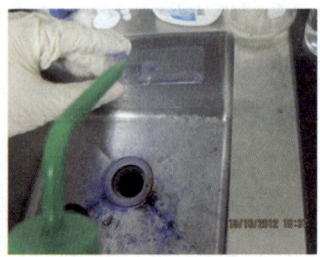

⑨ Safranin 용액으로 45초 동안 대조 염색한다.
⑩ 물로 safranin을 씻어낸다.
⑪ 여분의 수분을 건조시킨 후 검경한다.

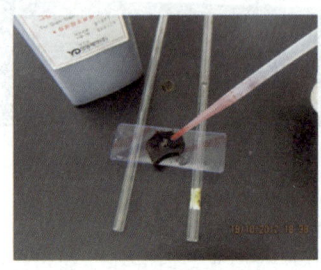 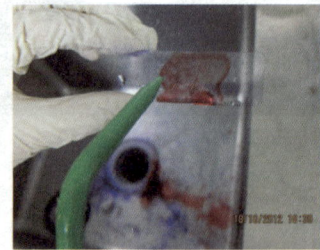 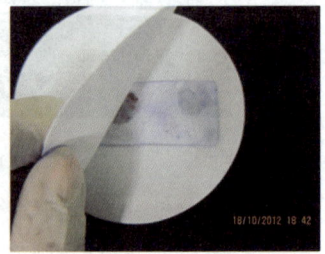

결과

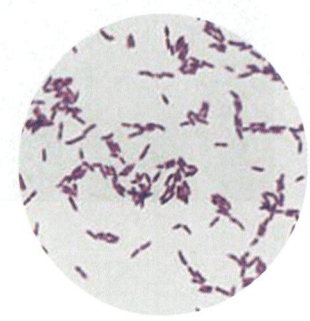 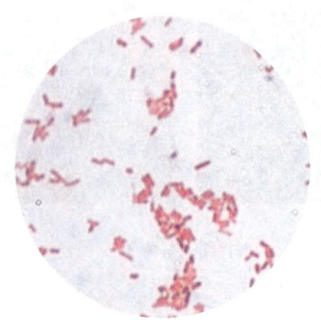

■■■ 그람 양성균은 violet color(청자색)　　■■■ 그람 음성균은 red color(적자색)

참고

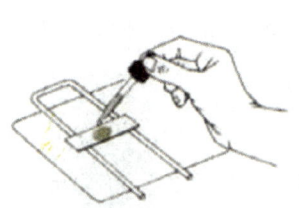
① crystal violet으로 1분간 염색한다.

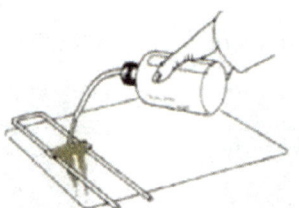
② 3초 동안 수세한다.

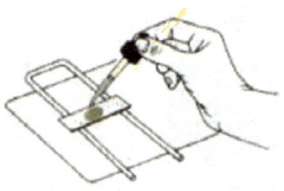
③ 요오드 용액으로 1분간 염색(매염)한다.

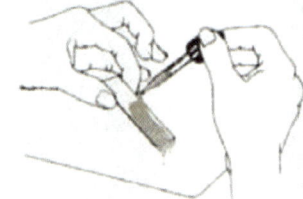
④ 95% 에탄올로 30초간 탈색한다.

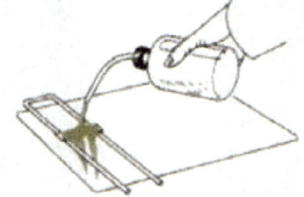
⑤ 5초간 수세한다.

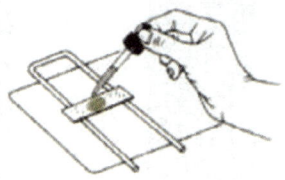
⑥ Safranin 용액으로 45초 동안 대조 염색한다.

⑦ 5초간 수세한다.

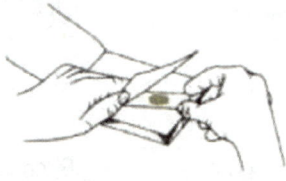
⑧ 여과지로 수분을 흡수, 건조시킨다.

■■ 그림 11-1 그람염색 순서 ■■

분석화학실험

※ IMViC test

Indol test		Methyl red(MR) test	
Simmons medium + Kovac's reagent		MR-VP broth medium + Methyl red	
S. pyogenes	E. coli	E. cloacae	E. coli
A : negative	B : positive	C : negative	D : positive
Voges-Proskauer(VP) test		Citrate test	
MR-VP broth medium + VP reagent		Simmons citrate agar medium	
E. cloacae	E. coli	E. cloacae	E. coli
E : positive	F : negative	G : positive	H : negative

668

실험 05 바실러스 세레우스(*Bacillus cereus*) 정량시험

시료의 희석, 접종, 도말, 배양 작업을 하시오.

■ 실험재료 및 기구

(1) 시료

김치

(2) 배지

MYP 한천배지, Polymyxin B 용액, 난황액

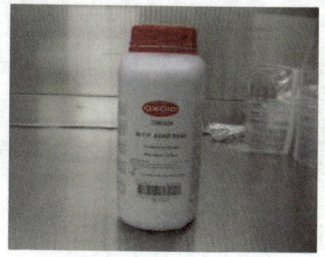
••• MYP 한천배지

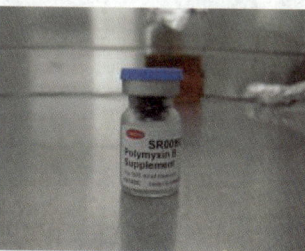
••• Polymyxin B 용액

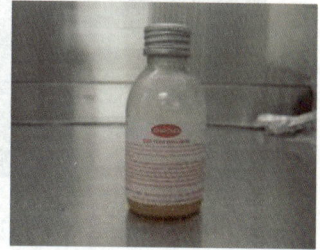
••• 난황액

(3) 실험기구

배양기(incubator), 스프레더(cell spreader), 균질기(stomacher), 시험관(cap test tube), 피펫(10ml), 마이크로 피펫(1ml), 마이크로 피펫(0.2ml)

제1과제 분석화학실험

■■■ incubator

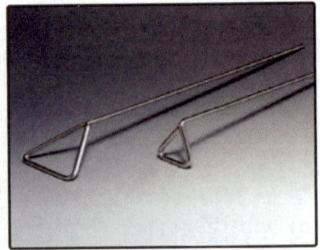
■■■ cell spreader

■■■ 균질기(stomacher)

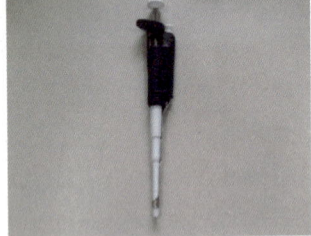
■■■ 마이크로 피펫(1ml)

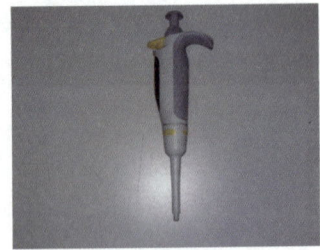
■■■ 마이크로 피펫(0.2ml)

실험방법

(1) 균수 측정

① 검체 25g 또는 25ml를 취한 후, 225ml의 희석액(멸균증류수 혹은 멸균인산완충용액)을 가하여 2분간 고속으로 균질화(stomaching)하여 시험용액으로 한다.

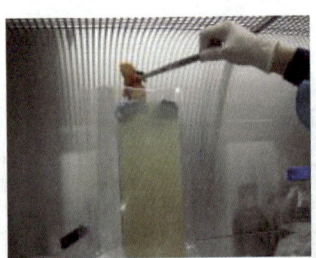

② 희석액을 사용하여 10배 단계 희석액을 만든다(일반세균 단계희석 참조).

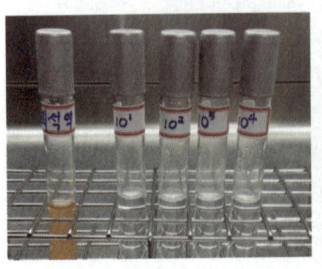
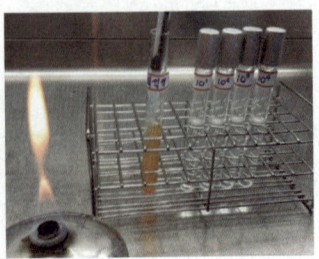
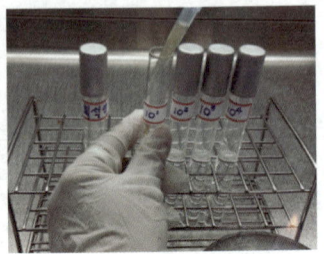

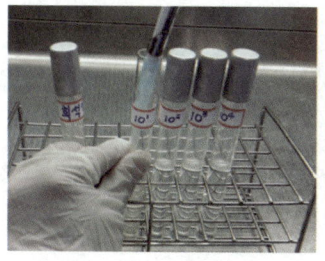 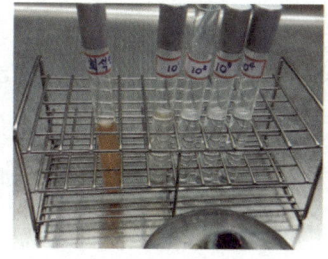 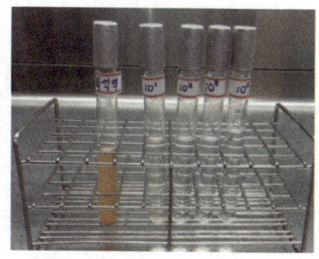

③ MYP 한천평판배지에 단계별 희석용액 0.2ml씩 5장을 스프레더(cell spreader)로 도말하여 총 접종액이 1ml가 되게 한다.

④ 배양기(incubator)에 넣어 30℃에서 24±2시간 배양한다.
  ※ 배지는 뒤집어 놓는다.

  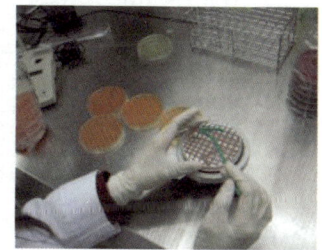

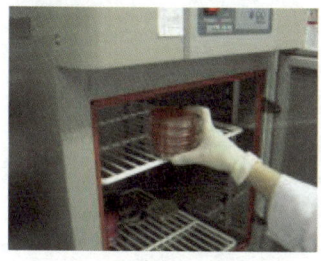 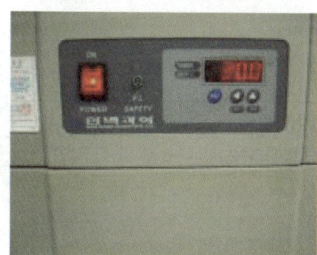

⑤ 배양 후 집락 주변에 lecithinase를 생성하는 혼탁한 환이 있는 분홍색 집락을 계수한다.

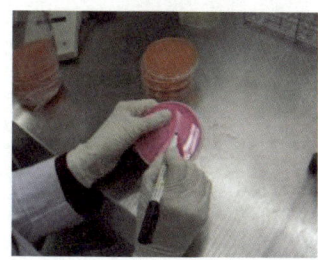 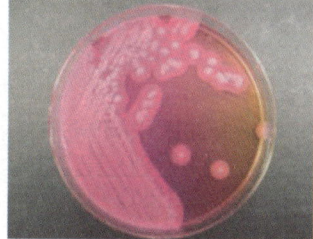

분석화학실험

(2) 확인시험

① 계수한 평판에서 5개 이상의 전형적인 집락을 선별하여 보통한천배지(배지 8)에 접종한다.

② 배양기(incubator)에 넣어 30℃에서 18~24시간 배양한 후 바실러스 세레우스 정성시험 확인시험에 따라 확인시험을 실시한다.

(3) 균수계산

- 확인 동정된 균수에 희석배수를 곱하여 계산한다.
- 예로 10^{-1} 희석용액을 0.2mL씩 5장 도말 배양하여 5장의 집락을 합한 결과 100개의 전형적인 집락이 계수되었고 5개의 집락을 확인한 결과 3개의 집락이 바실러스 세레우스로 확인되었을 경우 $100 \times (3/5) \times 10 = 600$으로 계산한다.

결과

- 10^{-1} 희석용액을 0.2mL씩 5장 도말 배양하여 5장의 집락을 합한 결과 120개의 전형적인 집락이 계수되었고 5개의 집락을 확인한 결과 2개의 집락이 바실러스 세레우스로 확인되었다.
- 집락수

    $120 \times (2/5) \times 10 = 480$

실험 06   대장균 정량검사

건조필름배지를 사용하여 정량검사를 하시오.(MSDS 내용포함)

■ 실험재료 및 기구

(1) 시료

액상차

■■■ 시료(액상차)

(2) 실험기구

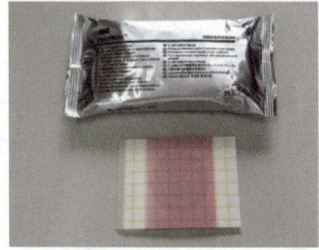

■■■ 대장균용 건조필름배지

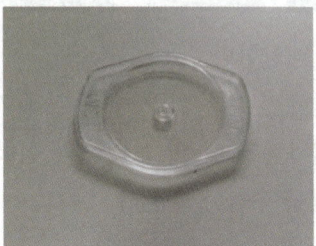

■■■ 누름판

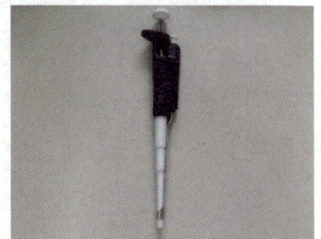

■■■ 마이크로 피펫(1ml)

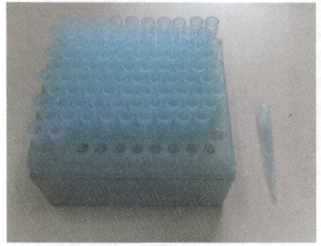

■■■ 1ml 팁(tip)

■■■ test tube

실험방법

① 시험용액 1ml와 각 10배 단계 희석액 1ml를 취한다.
② 건조필름 배지 중의 상부필름을 들어 올린 후 피펫을 수직이 되게 하여 하부필름 중간에 접종한다.

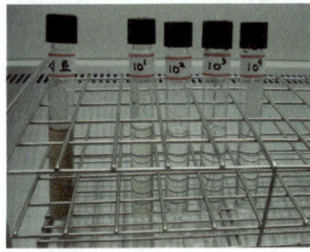 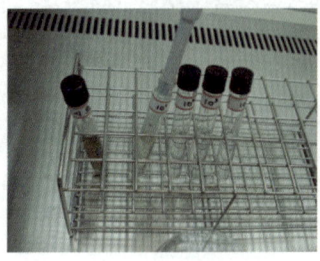 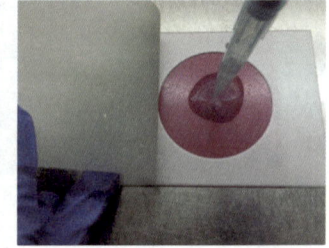

③ 공기방울이 생기지 않게 상부필름을 조심히 덮는다.
④ 누름판의 평평한 부분이 아래로 가게 하여 상부필름에 놓고 조심스럽게 힘을 가하여 시료가 골고루 퍼지게 한다.
⑤ 누름판을 들어내고 겔이 형성될 때까지 1분간 기다린다.

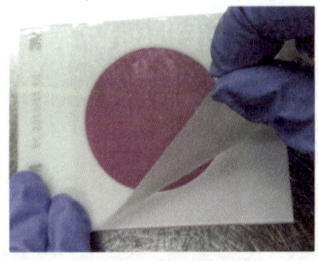 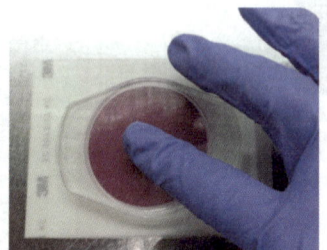 

⑥ 35~37℃에서 24±2시간 배양한다.
⑦ 대장균 건조필름배지Ⅰ에서는 푸른 집락 중 주위에 기포를 형성한 집락수를 계산하고, 대장균 건조필름배지Ⅱ에서는 남색 및 보라색의 집락수를 계산하여 그 평균 집락수에 희석배수를 곱하여 대장균군 수를 산출한다.

 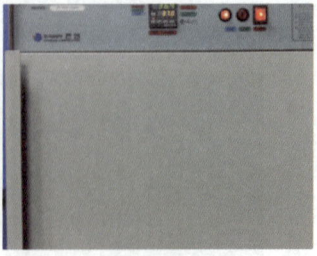

■ 계산

(1) 결과 판독

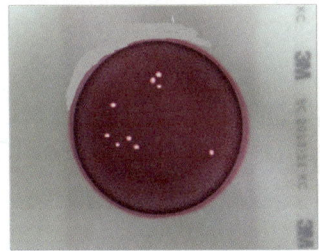
■■■ 대장균군 9균

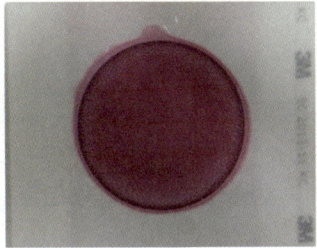
■■■ 대장균군 음성

(2) 집락수 산정 및 균수 기재
- 15~300안의 숫자만 계산하고 전 평판에 15개 이하의 집락만 얻었을 경우에 가장 희석배수가 낮은 것을 측정한다.
- 유효숫자는 2개이며 단위는 시료가 고체일 경우 CFU/g, 액체일 경우 CFU/mL이다.

예 1)

희석배수		10^{-1}	10^{-2}	대장균군
집락수	1회	121	12	$\dfrac{121 + 105}{(1 \times 2) \times 10^{-1}} = 1,130 \fallingdotseq 1,100 = 1.1 \times 10^3$ CFU/g
	2회	105	10	

예 2)

희석배수		10^{-1}	10^{-2}	대장균군
집락수	1회	13	2	$\dfrac{13 + 10}{(1 \times 2) \times 10^{-1}} = 115 \fallingdotseq 120 = 1.2 \times 10^3$ CFU/g
	2회	10	0	

식품기사 산업기사 실기시험문제

발 행 일	2023년 4월 1일 개정8판 1쇄 인쇄
	2023년 4월 10일 개정8판 1쇄 발행
저 자	식품생명과학연구회
발 행 처	크라운출판사
	http://www.crownbook.com
발 행 인	李尙原
신고번호	제 300-2007-143호
주 소	서울시 종로구 율곡로13길 21
공 급 처	(02) 765-4787, 1566-5937, (080) 850~5937
전 화	(02) 745-0311~3
팩 스	(02) 743-2688, 02) 741-3231
홈페이지	www.crownbook.co.kr
I S B N	978-89-406-4710-3 / 13570

특별판매정가 35,000원

이 도서의 판권은 크라운출판사에 있으며, 수록된 내용은
무단으로 복제, 변형하여 사용할 수 없습니다.
Copyright CROWN, ⓒ 2023 Printed in Korea

이 도서의 문의를 편집부(02-6430-7007)로 연락주시면
친절하게 응답해 드립니다.